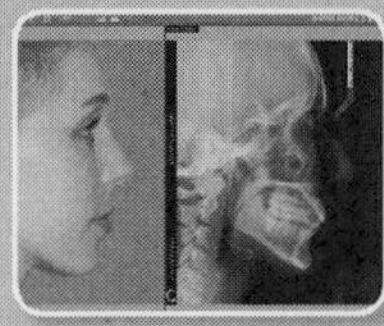
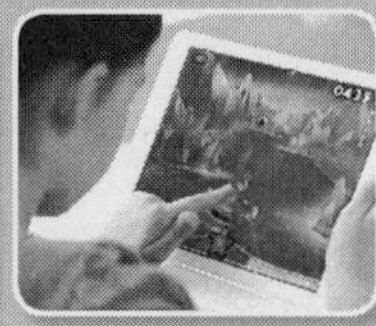

디지털 테라피

Digital Therapeutics

남상엽 · 강민구 · 서정욱 · 김낙일 · 김현식 · 고대화 · 이영신 · 정득영 공저

도서출판 상 학 당

欲爲大者 當爲人役

크고자 하거든 남을 섬기라

학습 모듈코드	1903000405_15v1

대분류	중분류	소분류	세분류	능력단위
전기전자/19	전자기기개발/03	의료장비제조/00	의료기기연구개발/04	의료기기 소프트웨어 설계제작/05

디지털 테라피 (Digital Therapeutics)

디지털 치료제(DTx : Digital Therapeutics)란 개인의 유전정보, 임상정보, 생활습관 정보 등을 분석하여 질병의 진단, 치료, 예측, 예방 및 관리를 위해 환자에게 근거 기반한 치료적 개입(Evidence-based Therapeutic Interventions)을 제공하는 소프트웨어 의료기기로서 SaMD(Software as a Medical Device)의 한 종류이다.

4세대 신약(2017년 이후)의 디지털 치료제로써 디지털 헬스케어의 데이터를 중심으로 측정, 통합, 분석을 거치면서 디지털 헬스케어가 구현된다.

디지털 치료제(PDT : Prescription Digital Therapeutics)는 디지털 기술과 의료가 접목된 새로운 형태로, 개발에 소요되는 시간과 비용이 전통적인 치료제(의약품)에 비해 크게 절감되는 장점을 이용하여 환자를 치료하는 약으로 사용하겠다는 분야이다. 특히 스마트폰 애플리케이션, 게임, VR, 챗봇, 인공지능 등의 '소프트웨어'에 기반하여 환자를 치료하는 것을 디지털 치료제로 정의하고 있다.

미국을 중심으로 여러 국가에서 디지털 치료제를 개발하는 수십 개 회사의 연합체인 '디지털 테라퓨틱스 얼라이언스'(DTA : Digital Therapeutics Alliance)에서 디지털 치료제의 정의와 특성은 질병 예방, 관리를 넘어 적응증에 대한 임상적 유효성에 근거한 치료효과를 입증해 의사처방을 통해 환자에게 사용되고 있다.

디지털 치료제의 주요 목적은 용도별로 ① 건강관리, ② 질병의 관리/예방, ③ 다른 약물과 최적화, ④ 질병치료로 나뉜다. 특히 모두 근거를 기반한 치료효과(RWE : Real World Evidence)를 입증해야 한다. 최근에는 치료제 개발이 어려운 중추신경계(CNS : Central Nervous System) 질환과 만성질환, 인지행동치료(CBT) 등의 행동변화치료에 디지털 치료제가 쓰이고 있다.

디지털 치료제와 전통적 치료제의 차이점 측면에서는 형태, 전달방식, 개발시간 · 비용, 독성 · 부작용, 생산비용, 시스템 유지비용, RWE 수집분석, 환자참여 등에서 많은 차이점이 있다. 특히 RWE(Real World Evidence) 수집분석 측면에서는 전통적 치료제(의약품)는 연속적 RWE 수집이 불가능, 즉 복약관리 불가능(평균 50% 이하), 의사는 진료시점을 기준으로 최적화된 치료법 제시, RWE 수집, 관리와 저장이 어려움(투자비용이 큼), RWE 수집, 분석, 활용이 불가능하다. 그리고 디지털 치료제의 RWE 수집분석은 연속적 RWE 수집 및 모니터링 가능하다. 즉 실시간 연속 복약관리 가능, 의사는 모니터링 데이터 기반하여 최적의 치료법 제시, RWE를 수집하여 개인 맞춤 치료에 활용, RWE 수집, 분석, 활용이 가능하다. 환자참여 측면에서도 전통적 치료제는 환자 스스로 개인 데이터 수집, 관리 불가능하고 치료에서 환자는 수동적 대상이고 디지털 치료제는 환자 스스로 개인 데이터를 수집, 관리하고 치료과정에 환자가 적극적으로 참여할 수 있다.

디지털 치료제는 의약품, 의료기기와 병용하거나 독립적으로 사용하는 모바일 앱 · VR · 챗봇 · 인공지능(AI) 등 단독 소프트웨어(SaMD : Software As a Medical Device) 또는 하드웨어에 내장된 소프트웨어(SiMD : Software in a Medical Device)로 임상 근거를 기반으로 질병을 예방 · 관리 · 치료하는 '소프트웨어 의료기기'(SaMD : Software as a Medical Device)로 분류된다.

디지털 치료제는 알츠하이머, 파킨슨, 다발성 경화증, ADHD(주의력결핍 및 과잉행동장애), 자폐증, PTSD(외상 후 스트레스 장애)와 같은 중추신경계(Central Nervous System) 등 치료제 개발이 어려운 미충족 의료수요를 개선하는 데 치료제로써 많은 도움이 될 것으로 기대된다. 또한 디지털 치료제는 식습관 · 운동 · 수면 등 생활습관과 행동변화를 이끌어 당뇨 · 고혈압 · 호흡기질환 등 만성질환과 함께 인지행동치료(CBT : Cognitive Behavioral Therapy)를 통한 약물중독 · 우울증 · 수면장애 등 신경정신과 질환상담치료 효과를 높이는 활용방안으로 평가받고 있다.

모바일 기반 디지털 치료제를 통한 온라인 상담 서비스는 시공간의 제약 없이 실시간 데이터 기반 맞춤치료를 제공해 환자의 편의성은 물론 의료서비스 확대와 치료비용 절감에도 효과적이다.

특히 디지털 헬스와 헬스케어 접목이 활발해지고 디지털 치료제가 본격 등장하면서 국제의료기기규제당국자포럼(IMDRF)과 FDA는 새로운 규제 가이드라인과 인허가 체계를 신설하는 등 디지털 치료제의 사용 및 허가 등에 대하여 선제적 대응에 나서고 있다.

디지털 치료제 시장은 아직 초기 단계이긴 하지만 점차 크게 성장할 전망이다. 시장조사 업체인 '그랜드 뷰 리서치'의 발표에 따르면 디지털 치료제 시장은 최근 기준 37.4억 달러에서 연평균 20%씩 급성장해 2030년에 이르면 500억 달러 이상 규모에 이를 전망이다. 즉, 시장 규모가 약 10배 이상 가량 성장한다는 의미이다.

디지털 치료제는 기존에 제대로 관리되지 못했던 만성질환치료, 특정 인지행동적 질환의 표적치료 및 원격치료 등에 혁신적인 효과가 있다. 이제는 디지털 치료제 산업의 성공적인 안착과 지속가능한 성장기반이 마련되어야 할 때다.

미국 FDA는 디지털 치료제가 하나의 규제영역으로 자리 잡을 수 있도록 세계 각국 규제기관의 선두역할을 하고 있다. 이에 영향을 받아 국내 규제기관도 빠르게 변화하고 있다.

데이터 3법 개정뿐만 아니라 의료기기산업 육성 및 혁신의료기기 지원법이 시행되었으며 시행규칙을 정하고 있다. 또한 식품의약품안전처는 디지털 치료제 허가를 위해 전문가 협의체를 구성해 심사방안을 마련하고 있다. 이러한 변화들로 예전보다 도전적이고 적극적인 데이터 활용이 가능해질 전망이다.

디지털 치료제 발전을 위해 남은 과제를 크게 다음과 같이 3가지로 꼽는다.

첫째, 디지털 치료제가 국가와 인종, 언어를 넘나들 수 있는지 검증해야 한다. 만약 영어권이나 미국 의료시스템 안에서만 작동한다면 치료제의 성격을 잃는 것이다. 따라서 통용 가능성을 검증하는 것이 디지털 헬스케어와 디지털 치료제를 구분하는 가늠자가 될 것이다.

둘째, 신약개발 과정에서 비용효과분석(Cost-effective Analysis)을 거치듯 디지털 치료제도 효과를 검증하는 과정에서 비용효과성을 입증해야 한다.

셋째, 디지털 바이오마커, 센서 등과 융합이 필요하다. 치료의 경과나 빈도, 강도를 조절하기 위해 어떻게 데이터를 연동할지가 디지털 치료제 업계에서 고민해야 할 부분이다. 특히 기술 알고리즘, 센서, 웨어러블, IoT와의 융합 등이 필요하다.

국내 디지털 치료제 분야와 글로벌 제약회사들은 발 빠르게 디지털 치료제 분야를 확장하고 있다. 개발비를 많이 들이지 않더라도 우리나라가 가지고 있는 디지털 역량을 충분히 융합하고 활용했을 때 우리가 주도할 수 있는 게임으로 끌고 갈 수 있을 것이다. 선진 사례를 면밀히 검토해 새로운 산업의 등장을 준비해야 할 때이다.

디지털 치료제는 환자나 의료인 등이 사용하기 전에 안전성과 유효성이 확보되어야 하며, 이러한 안전성과 유효성을 입증하는 방법으로 임상시험을 실시하는 경우가 있다. 의료기기 허가를 위한 임상시험은 대상 적응증 환자를 새롭게 모집하여 실시하는 전향적 임상시험을 주로 하였으나, 디지털 치료제 기반 의료기기(소프트웨어)는 미리 확보된 신뢰성 있는 의료데이터를 이용하여 평가하는 후향적 임상시험을 적용하는 것도 고려할 수 있다. 후향적 임상시험은 임상시험에 관한 결과를 신속하고 효율적으로 도출할 수 있어 임상시험 기간 단축 및 비용이 절감되는 큰 장점이 있다. 하지만 후향적 임상시험은 기존의 의료데이터를 이용하기 때문에 데이터 수집방법, 유효성 평가 변수 등 다양한 사항들을 고려하여 임상시험을 설계하여야 한다.

이 교재는 의료기기, 의료IT융합, 컴퓨터, 정보통신, 인공지능, 콘텐츠, 핀테크 엔지니어링, 보안 등 4차산업 관련 의료, 보건, 공학, 금융 및 경영 분야의 입문자를 대상으로 의료

IT 기술에 대한 기본적인 지식이 없어도 단계별 필요지식 및 수행과정을 꾸준히 따라오면 의료 IT 융합기술에 관련 지식을 얻어 이해하는 단계로 발전하여 능력향상이라는 숲을 볼 수 있도록 눈높이를 맞추는 데 일차적인 목표를 두었다.

이 교재의 주요 구성은 다음과 같다.

학습 1. 디지털 치료제의 개요, 학습 2. 디지털 치료제의 종류와 분류, 학습 3. 디지털 치료제의 빅데이터 기술활용, 학습 4. 디지털 치료제의 인공지능 기술활용, 학습 5. 디지털 치료제의 블록체인 기술활용, 학습 6. 디지털 치료제의 사물인터넷 기술활용, 학습 7. 디지털 치료제의 디지털 트윈 기술활용, 학습 8. 디지털 치료제의 XR 기술활용, 학습 9. 디지털 치료제의 디지털 콘텐츠 기술활용, 학습 10. 디지털 치료제의 개발 · 허가 · 심사, 학습 11. 디지털 치료제의 응용, 학습 12. 디지털 치료제의 시장동향, 학습 13. 디지털 치료제의 미래 등으로 구성되어 있다.

특히 각 장에서는 수행순서에 따른 수행질문에 따라 임의적으로 해법을 제시하여 창의적인 사고를 학생들이 추가로 작성하고, 제시된 수행과제를 보다 다양한 지식으로 상호간 문제점을 토론하고 확인할 수 있다.

이 교재가 출간되기까지 가장 많은 지원과 아낌없는 격려를 보내주신 도서출판 상학당의 남승우 사장님, 자료검토 수집에 도움을 준 남상석님의 건강회복을 기원합니다. 또한 의료 IT 융합기술 및 분석활용 관련 자문 및 논문, 보고서 사이트 등의 자료제공을 해주신 관련 교수님, 병원, 의료기기 생산업체 등 기업 및 의료 관련 단체에 대하여 지면을 빌려 깊은 감사의 말씀을 드립니다. 특히 디지털 치료제 관련 자료를 제공해주신 Bioin(생명공학정책연구센터), 인터넷 블로그 및 관련 연구소 자료집에 올려주신 저자들 등 관련 관계자 여러분에게 감사의 마음을 전합니다. 이 책에서 부족했던 점이나 기타 문의사항과 관련한 자료제공 및 지원은 도서출판 상학당을 통해 지속적으로 지원할 계획이며, 수행에 필요한 자료 등 기타 보충자료 또한 지속적으로 업데이트할 예정이므로 독자 여러분의 따뜻한 질책과 조언을 부탁드립니다.

저자 씀

차 례

디지털 테라피 학습모듈 위치

대분류	19. 전기전자
중분류	03. 전자기기개발
소분류	09. 의료장비제조

세분류	능력단위
01. 의료기기 품질관리 02. 의료기기 인·허가 03. 의료기기 생산	
04. 의료기기 연구개발	08. 의료기기 전, 임상시험 지원
	09. 의료기기 개발문서 작성관리
	10. 의료기기 생산기술 지원
	01. 의료기기 연구개발기획
	02. 의료기기 개발계획수립
	03. 의료기기 개발 위험관리
	04. 의료기기 하드웨어 설계제작
	05. 의료기기 소프트웨어 설계제작
	06. 의료기기 기구 설계제작
	07. 의료기기 성능검사

디지털 테라피 학습모듈 개요

1. 학습모듈의 목표

디지털 테라피의 학습목표는 의료와 IT의 개념을 이해하고 이를 통한 융합·활용하는 분야에 대한 분석 및 응용분야의 이해를 기본목표로 두고 있다. 그리고 의료기기의 기본적인 개념인 의료기기 연구개발에 대하여 의료기기를 개발하기 위한 연구개발기획, 개발계획수립, 개발 위험관리, 하드웨어 설계제작, 소프트웨어 설계제작, 기구 설계제작, 성능검사, 전·임상시험 지원, 개발문서 작성관리, 생산기술 지원을 포함하는 의료기기 연구개발의 전체 과정을 분석하고 활용함으로써 의료기기의 성능, 개발, 운영, 개념, 생산 등의 능력을 기초학습하는 데 부가목표로 한다.

2. 선행 학습

의료기기 시험 및 검사에 대한 이해, 설계도서, 표준시방서 이해, 전자공학 지식, 의료공학 지식, 의료기기, 블록체인 기술, 빅데이터 기술, 5G 네트워크 기술, 인공지능, 클라우스 기술, 인터넷 기술, 가상현실, 증강현실, 공간정보, ICT, 플랫폼, 바이오헬스, 컴퓨터 활용 능력, 의료기기 시장동향 보고서, 국내외 의료기기 기술기준 규격(MFDS, FDA, CFDA, CE 등), 의료기기 기술동향(기술 보고서, 신기술 보고서, 논문 등), 국내외 통계 자료(식품의약품안전처, 보건복지부, 한국보건산업진흥원 등), 인·허가 및 성능 기준 자료, 프로그래밍 언어, 소프트웨어 공학 기초, 의료기기학, 의료기기 법규 등

3. 핵심 용어

소프트웨어 밸리데이션, 라이브러리, 아키텍처 구현 도구, 소프트웨어 아키텍처 설계 생명 주기, 품질 속성 시나리오, 소프트웨어 위험 관리, 소프트웨어 개발 도구, 기증 검증과 오류, 소프트웨어 검증 보고서, 빅데이터, IoT, 인공지능, 시뮬레이션, 클라우드, 5G 분석 기술, 가시화/시각화 운영기술 의료기기 시장동향, 국내외 의료기기 기술기준 규격(MFDS, FDA, CFDA, CE 등), 소프트웨어 밸리데이션, 라이브러리, 아키텍처 구현 도구, 소프트웨어 아키텍처 설계 생명 주기, 품질 속성 시나리오, 소프트웨어 위험 관리, 소프트웨어 개발 도구, 기증 검증과 오류, 소프트웨어 검증 보고서 의료 기기 시험법 등

4. 교육과정 학점 및 이수시간

학 습	교육과정 학점 및 이수시간	
	학점	이수시간
1. 디지털 치료제의 개요	3	3
2. 디지털 치료제의 종류와 분류	3	3
3. 디지털 치료제의 빅데이터 기술활용	3	3
4. 디지털 치료제의 인공지능 기술활용	3	3
5. 디지털 치료제의 블록체인 기술활용	3	3
6. 디지털 치료제의 사물인터넷 기술활용	3	3
7. 디지털 치료제의 디지털 트윈 기술활용	3	3
8. 디지털 치료제의 XR 기술활용	3	3
9. 디지털 치료제의 디지털 콘텐츠 기술활용	3	3
10. 디지털 치료제의 개발 · 허가 · 심사	3	3
11. 디지털 치료제의 응용	3	3
12. 디지털 치료제의 시장동향	3	3
13. 디지털 치료제의 미래	3	3

디지털 테라피 학습모듈 명세서

학습명	학습내용명
1. 디지털 치료제의 개요	1-1 디지털 치료제의 탄생 및 정의 1-2 디지털 치료제의 비교 및 형태
2. 디지털 치료제의 종류와 분류	2-1 디지털 치료제의 종류 2-2 디지털 치료제의 유형별 제품분류 2-3 디지털 치료제의 회사별 제품분류
3. 디지털 치료제의 빅데이터 기술 활용	3-1 빅데이터 기술의 개요 및 제품/서비스 3-2 디지털 치료제의 빅데이터 기술의 활용
4. 디지털 치료제의 인공지능 기술 활용	4-1 인공지능 기술의 개요 4-2 디지털 치료제의 인공지능 기술의 활용 4-3 바이오 빅데이터와 인공지능 기술융합
5. 디지털 치료제의 블록체인 기술활용	5-1 블록체인 기술의 개요 5-2 디지털 치료제와 블록체인 기술의 활용
6. 디지털 치료제의 사물인터넷 기술 활용	6-1 사물인터넷 기술의 개요 6-2 디지털 치료제의 사물인터넷 기술의 활용
7. 디지털 치료제의 디지털 트윈 기술 활용	7-1 디지털 트윈 기술의 개요 7-2 디지털 치료제를 위한 디지털 트윈 기술의 활용
8. 디지털 치료제의 XR 기술활용	8-1 XR 기술의 개요 8-2 디지털 치료제의 XR 기술의 활용
9. 디지털 치료제의 디지털 콘텐츠 기술 활용	9-1 디지털 콘텐츠 기술의 개요 9-2 디지털 치료제의 디지털 콘텐츠 기술의 활용
10. 디지털 치료제의 개발 · 허가 · 심사	10-1 디지털 치료제의 가이드 라인 개요 10-2 디지털 치료기기의 판단기준 및 예시 10-3 디지털 치료기기의 허가 · 심사 방안

학습명	학습내용명
11. 디지털 치료제의 응용	11-1 디지털 치료제의 개발과 채택 영역 11-2 디지털 치료제 적용에 따른 장애와 진화
12. 디지털 치료제의 시장동향	12-1 디지털 치료제의 시장동향의 개요 12-2 디지털 치료제의 시장 전망
13. 디지털 치료제의 미래	13-1 디지털 치료제 미래의 개요 13-2 디지털 치료의 진화

학습 1	디지털 치료제의 개요
학습 2	디지털 치료제의 종류와 분류
학습 3	디지털 치료제의 빅데이터 기술활용
학습 4	디지털 치료제의 인공지능 기술활용
학습 5	디지털 치료제의 블록체인 기술활용
학습 6	디지털 치료제의 사물인터넷 기술활용
학습 7	디지털 치료제의 디지털 트윈 기술활용
학습 8	디지털 치료제의 XR 기술활용
학습 9	디지털 치료제의 디지털 콘텐츠 기술활용
학습 10	디지털 치료제의 개발 · 허가 · 심사
학습 11	디지털 치료제의 응용
학습 12	디지털 치료제의 시장동향
학습 13	디지털 치료제의 미래

학습 목표	1. 디지털 치료제의 개요를 이해할 수 있다.

1-1 디지털 치료제의 탄생 및 정의

1. 디지털 치료제의 탄생

디지털 치료제(DTx : Digital Therapeutics)는 개인의 유전정보, 임상정보, 생활습관 정보 등을 분석하여 질병의 진단, 치료, 예측, 예방 및 관리를 위해 환자에게 근거를 기반한 치료적 개입(Evidence-based Therapeutic Interventions)을 제공하는 소프트웨어 의료기기이고 SaMD(Software as a Medical Device)의 한 종류이다.

[그림 1-1]처럼 보통 1세대 신약(1900년대)은 합성신약으로 알약이나 캡슐의 형태로 제공되는 저분자 화합물(Small Molecule)이다.

2세대(1990~2000년) 신약은 바이오 의약품(Biologics)으로 주사제로 맞는 단백질 혹은 항체라고 할 수 있다.

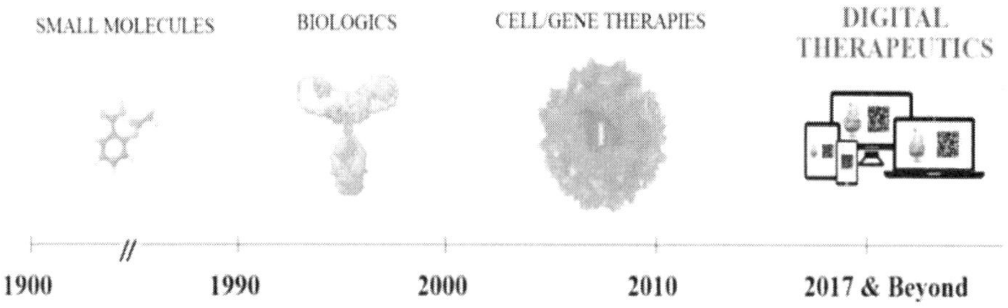

[그림 1-1] 디지털 치료제의 탄생

3세대(2000~2010년) 신약으로 세포 치료제(Cell/Gene Therapies)를 들기도 한다. 이런 정도가 현재 의료계에서 널리 받아들여지고 있는 약의 범주라고 할 수 있다.

4세대(2017년 이후) 신약으로 디지털 치료제(DTx : Digital Therapeutics)로써 디지털 헬스케어의 데이터를 중심으로 측정, 통합, 분석을 거치면서 디지털 헬스케어가 구현된다.

2. 디지털 치료제의 정의

디지털 치료제(PDT : Prescription Digital Therapeutics)는 디지털 기술과 의료가 접목된 새로운 형태로 개발에 걸리는 시간과 비용이 전통적인 치료제(의약품)에 비해 크게 절감되는 장점을 이용하여 환자를 치료하는 약으로 사용하겠다는 분야이다. 특히 스마트폰 애플리케이션, 게임, VR, 챗봇, 인공지능 등의 '소프트웨어'를 기반으로 하여 환자를 치료하는 것을 디지털 치료제로 정의하고 있다.

미국을 중심으로 9개국에서 디지털 치료제를 개발하는 수십 개 회사의 연합체인 '디지털 테라퓨틱스 얼라이언스(DTA : Digital Therapeutics Alliance)'의 디지털 치료제의 정의와 특성은 다음과 같다.

이미 디지털 치료제는 질병 예방 · 관리를 넘어 적응증에 대한 임상적 유효성에 근거한 치료효과를 입증해 의사처방을 통해 환자에게 사용되고 있다.

Tip 디지털 치료제의 정의와 특성

- 질병을 예방, 관리, 혹은 치료하는 고도의 소프트웨어 프로그램
- 독립적으로 사용될 수도 있고, 치료효과를 높이기 위해 다른 약이나 기기와 함께 사용될 수 있음
- 효능, 사용 목적, 위험도 등의 주장과 관련해서는 규제기관의 인 · 허가를 거침

현재까지 총 3건의 처방 디지털 치료제가 치료목적으로 FDA 허가를 받았다.

특히 디지털 치료제는 의약품 · 의료기기를 보완 또는 대체함으로써 치료제 개발이 어렵거나 미충족 의료 수요를 해결하고, 데이터 기반의 환자 맞춤 의료를 제공해 디지털 헬스를 실현하는 세부영역으로 주목받고 있다.

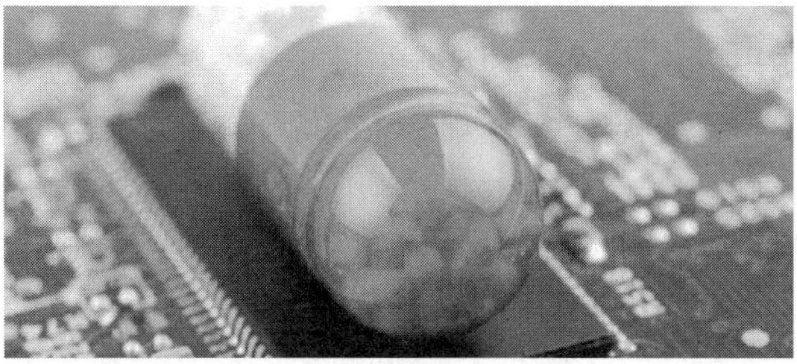

[그림 1-2] 디지털 기술을 이용한 디지털 치료제

디지털 치료제의 주요 목적은 용도별로 ① 건강관리, ② 질병의 관리/예방, ③ 다른 약물과 최적화, ④ 질병치료로 나뉜다. 특히 모두 근거를 기반한 치료효과(RWE, Real World Evidence)를 입증해야 한다. 치료제 개발이 어려운 중추신경계(CNS : Central Nervous System) 질환과 만성질환, 인지행동치료(CBT)를 행동변화에 쓰인다.

1-2 디지털 치료제의 비교 및 형태

1. 디지털 치료제와 전통적 치료제의 비교

〈표 1-1〉처럼 디지털 치료제와 전통적인 치료제 비교하였다. 치료효과와 의사처방 부분에서 공통적으로 임상시험, 결과, 논문 등의 근거 문헌, FDA 허가 등을 거쳐 특정 질병에 대한 근거 기반의 치료효과를 입증해야 한다. 또한 의사가 개별 환자에게 직접 처방하여 환자가 시용해야 하는 점이 공통점이다.

디지털 치료제와 전통적 치료제의 차이점 측면에서는 형태, 전달방식, 개발시간, 비용, 독성부작용, 생산비용, 시스템 유지비용, RWE 수집분석, 환자참여 등에서 많은 차이점이 있다. 특히 RWE(Real World Evidence) 수집분석 측면에서는 전통적 치료제(의약품)는 연속적 RWE 수집이 불가능, 즉 복약관리 불가능(평균 50%

이하), 의사는 진료시점을 기준으로 최적화된 치료법 제시, RWE 수집, 관리와 저장이 어려움(투자비용이 큼), RWE 수집 · 분석 · 활용이 불가능하다. 그리고 디지털 치료제의 RWE 수집 · 분석은 연속적 RWE 수집 및 모니터링 가능하다. 즉 실시간 연속 복약관리 가능, 의사는 모니터링 데이터 기반하여 최적의 치료법 제시, RWE를 수집하여 개인 맞춤 치료에 활용, RWE 수집 · 분석 · 활용이 가능하다.

환자참여 측면에서도 전통적 치료제는 환자 스스로 개인 데이터 수집, 관리 불가능하고 치료에서 환자는 수동적 대상이고 디지털 치료제는 환자 스스로 개인 데이터를 수집, 관리하고 치료과정에 환자가 적극적으로 참여할 수 있다.

〈표 1-1〉 디지털 치료제와 전통적인 치료제 비교

<table>
<tr><th colspan="2">구 분</th><th>전통적 치료제(의약품)</th><th>디지털 치료제</th></tr>
<tr><td rowspan="2">공통점</td><td>치료효과</td><td colspan="2">임상시험, 결과, 논문 등 근거문헌, FDA 허가 등을 거쳐 특정 질병에 대한 근거 기반 치료효과 입증</td></tr>
<tr><td>의사처방</td><td colspan="2">의사가 개별환자에게 직접 처방하고 환자가 시용</td></tr>
<tr><td rowspan="9">차이점</td><td>형 태</td><td>생화학 제제, 백신 등 다양한 형태 약제</td><td>모바일앱, 게임, VR, AI 등 소프트웨어 프로그램</td></tr>
<tr><td>전달방식</td><td>경구투여, 피부흡수, 정맥주사 등 다양</td><td>단독 또는 디지털 기기에 탑재된 소프트웨어</td></tr>
<tr><td>개발시간/비용</td><td>신약개발 경우 매우 높음(평균 5~10억, 16억 달러)</td><td>개발시간과 비용 크게 단축 절감</td></tr>
<tr><td>독성/부작용</td><td>있음</td><td>거의 없음</td></tr>
<tr><td>생산비용</td><td>다양함</td><td>상대적으로 매우 적음
(코딩 개발 비용 등)</td></tr>
<tr><td>시스템 유지비용</td><td>전반적인 시스템 비용 측정 어려움</td><td>시스템 비용 측정 및 절감 가능</td></tr>
<tr><td>RWE 수집분석</td><td>연속적 RWE 수집 불가
• 복약관리 불가(평균 50% 이하)
• 의사는 진료시점을 기준으로 최적화된 치료법 제시
• RWE 수집, 관리와 저장이 어려움(투자비용이 큼)
• RWE 수집, 분석, 활용이 불가능</td><td>연속적 RWE 수집 및 모니터링 가능
• 실시간 연속 복약관리 가능
• 의사는 모니터링 데이터 기반하여 최적의 치료법 제시
• RWE를 수집하여 개인 맞춤 치료에 활용
• RWE 수집, 분석, 활용이 가능</td></tr>
<tr><td>환자참여</td><td>환자 스스로 개인 데이터 수집, 관리 불가
치료에서 환자는 수동적 대상</td><td>환자 스스로 개인 데이터를 수집, 관리
치료과정에 환자가 적극 참여</td></tr>
</table>

* RWE(Real World Evidence : 데이터 수집의 실제 세계 증거)

출처 : 이승민, '디지털 치료제 현황 및 국내 도입을 위한 접근 방안,' 한국 KFDC법제학회.

2. 디지털 치료제의 유형

디지털 치료제는 〈표 1-2〉처럼 질병치료에 직·간접적 영향을 줄 수 있으며 그 유형에 따라 3가지 유형으로 구분한다. 독립형은 다른 약물의 개입이 없어도 독립적으로 질병을 치료하도록 설계된 것이고, 증강형은 기존 약리학적 치료요법과 병용하여 치효효과를 강화하기 위하여 만든 치료제이고, 보완형은 기존 치료법을 보완하도록 설계된 방식이다.

〈표 1-2〉 디지털 치료제의 유형

구 분	내 용
Standalone (독립형)	Standalone DTx는 다른 약물의 개입 없이도 독립적으로 질병을 치료하도록 설계된 것이다. 기존 치료제를 대체하여 단독으로 사용할 수 있고, 다른 치료와 병행하여 사용될 수 있다. 주로 인지행동치료(CBT)에 사용되는 모바일 앱이 대표적이다.
Augment (증강형)	Augment DTx는 기존 약리학적 치료요법과 병용하여 치료효과를 강화하기 위해 만들어진 치료제로, 일반적으로 당뇨병과 같은 만성질환 치료효과 향상을 지원한다.
Complementary (보완형)	Complement DTx는 기존 치료법을 보완하도록 설계된 디지털 방식으로, 치료약물과 함께 자가건강상태 관리를 개선시키며 질병의 중요요인인 비만, 고혈압 등과 관련된 행동패턴 및 생활습관을 관리한다.

출처 : GlobalData, Digital Therapeutics(DTx) and their Impact on Healthcare(2019)

디지털 치료제는 〈표 1-3〉처럼 의약품·의료기기와 병용하거나 독립적으로 사용하는 모바일 앱·VR·챗봇·인공지능(AI) 등 단독 소프트웨어(Software As a Medical Device, SaMD 미국인은 쌈디로 발음) 또는 하드웨어에 내장된 소프트웨어(SiMD : Software in a Medical Device)로 임상 근거를 기반으로 질병을 예방·관리·치료하는 '소프트웨어 의료기기(SaMD : Software as a Medical Device)'로 분류된다.

〈표 1-3〉 SaMD와 SiMD의 구분

SaMD(Software as a Medical Device)	SiMD(Software in a Medical Device)
의료기기로서의 단독 소프트웨어	하드웨어 의료기기에 내장된 소프트웨어
• 소프트웨어 의료기기	• 의료기기 소프트웨어 • MRI 기기에 내장된 SW 형식

국제의료기기규제당국자포럼(IMDRF : International Medical Device Regulators Forum)은 2013년부터 SaMD(Software as a Medical Device) 규제체계를 만들었다.

SaMD와 비슷하지만 다른 개념으로 SiMD(Software in a Medical Device)도 있다. 이는 영어 뜻 그대로 하드웨어 의료기기에 내장된 소프트웨어가 의료기기가 되는 경우이다. 만약에 MRI 사진을 판독하는 인공지능이 독립된 소프트웨어로서 출시된다면 SaMD의 범주에 들어가겠지만, MRI 기기에 아예 내장된 형식이라면 이는 SiMD로 분류할 수 있을 것이다. 사실 이 때문에 SaMD와 SiMD를 한국어로 번역하기가 쉽지 않다. '소프트웨어 의료기기', 혹은 '의료기기 소프트웨어' 정도로 번역하면 SaMD와 SiMD를 구분하기가 어렵기 때문이다.

맥킨지(McKinsey)는 〈표 1-4〉처럼 디지털 치료제를 '대체 디지털 치료제'와 '보완 디지털 치료제' 두 가지 유형으로 구분했다.

〈표 1-4〉 대체 디지털 치료제와 보완 디지털 치료제의 구분

유 형	대체 디지털 치료제	보완 디지털 치료제
내 용	질병에 대한 단독 사용으로 독립적인 치료효과를 가지거나 기존 치료제와 병용해 직접적으로 보완하는 효과가 있다.	질병에 대한 독립적인 치료효과가 없어 단독 사용이 불가능하고, 기존 치료제와 병용만 가능해 대체로 만성질환자 복약 순응도 개선을 위한 온라인 복약관리 플랫폼으로 활용된다.

대체 디지털 치료제는 질병에 대한 단독 사용으로 독립적인 치료효과를 가지거나 기존 치료제와 병용해 직접적으로 보완하는 효과가 있다.

반면 보완 디지털 치료제는 질병에 대한 독립적인 치료효과가 없어 단독 사용이 불가능하고 기존 치료제와 병용만 가능해 대체로 만성질환자 복약 순응도 개선을 위한 온라인 복약관리 플랫폼으로 활용된다.

이러한 디지털 치료제는 알츠하이머, 파킨슨, 다발성 경화증, ADHD(주의력결핍 및 과잉행동장애), 자폐증, PTSD(외상 후 스트레스 장애)와 같은 중추신경계(Central Nervous System) 등 치료제 개발이 어려운 미충족 의료 수요를 개선하는데 도움이 될 것으로 기대된다.

또한 식습관 · 운동 · 수면 등 생활습관과 행동변화를 이끌어 당뇨 · 고혈압 · 호흡기질환 등 만성질환과 함께 인지행동치료(CBT : Cognitive Behavioral Therapy)를 통한 약물중독 · 우울증 · 수면장애 등 신경정신과질환 상담 치료효과를 높이는

활용방안으로 평가받는다.

뿐만 아니라 모바일 기반 디지털 치료제를 통한 온라인 상담서비스는 시공간 제약 없이 실시간 데이터 기반 맞춤치료를 제공해 환자 편의성은 물론 의료서비스 확대와 치료비용 절감에도 효과적이다.

특히 디지털 헬스와 헬스케어 접목이 활발해지고 디지털 치료제가 본격 등장하면서 국제의료기기규제당국자포럼(IMDRF)과 FDA는 새로운 규제 가이드 라인과 인허가 체계를 신설하는 등 선제적 대응에 나섰다.

3. 디지털 치료제의 범위

1) 디지털 치료제의 범위

현재 디지털 치료는 특정 질환 및 희귀질환에 제한되는 경향이 있으나 추후 디지털 헬스케어 분야, 즉 웰니스 관련 개인 유전정보분석까지 성장할 것으로 예상된다.

또한 예측, 예방, 진단, 치료, 관리 등까지 모두 포함한다. 예측은 질병에 걸린 확률뿐만 아니라 약물반응성 및 내성 예측까지 포함한다. 특히 개인 맞춤형인 인공지능 이용한 콘텐츠 활용하는 음악, 영상 데이터를 이용한 적응, 해석 등에 응용될 것으로 예상된다.

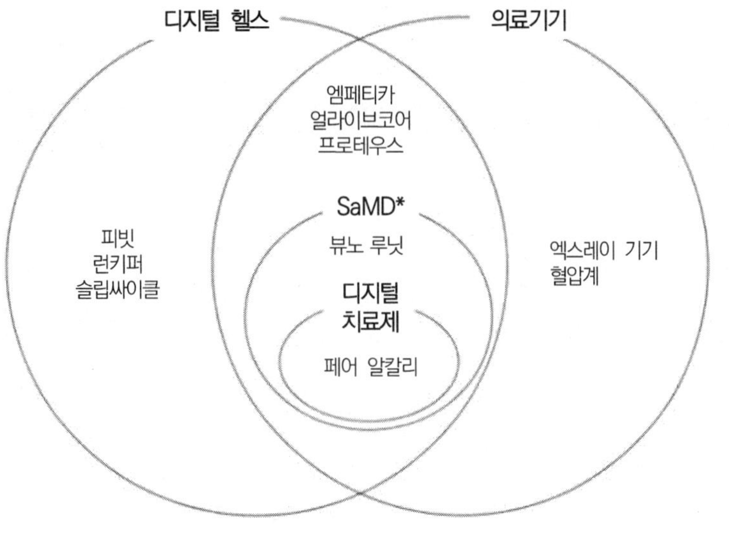

* SaMD : Software as a Medical Device

[그림 1-3] 디지털 치료제의 범위

[그림 1-3]처럼 SaMD는 디지털 헬스케어에도 속하고, 의료기기에도 속한다. 즉 디지털 헬스케어와 의료기기의 교집합에 속하는 것이 SaMD라고 할 수 있다.

더 나아가 이 SaMD에도 세부적으로는 다양한 종류의 개념이 포함되지만, 그 중에서 특히 환자의 질병 치료, 관리, 예방에 직접적으로 활용하고자 하는 것이 디지털 치료제라고 할 수 있다.

SaMD 중에서도 환자의 치료가 아니라 영상 의료 데이터를 판독하거나, IBM 왓슨 포 온콜로지와 같이 의사의 진료를 보조하는 CDSS(Clinical Decision Support System) 등은 인공지능은 디지털 치료제에 속하지 않는다.

수행 내용

재료 · 자료

- 디지털 치료제 관련 자료

기기(장비 · 공구)

- 컴퓨터, 문서작성 프로그램, 프린터, 주변기기

안전 · 유의사항

- 디지털 치료제 관련 장비의 안전 및 유의사항을 숙지한다.

수행 순서

01 디지털 헬스케어, 의료 인공지능, 디지털 치료제와 의료기기의 구분영역을 분석하라.

디지털 치료제는 최근 국내외 디지털 헬스케어 분야에서 새로운 키워드로 부상하고 있다. 영어로는 디지털 테라퓨틱스(Digital Therapeutics)라고 하는데 이 분야는 스마트폰 앱, VR, 게임 챗봇과 같은 소프트웨어를 환자를 치료하기 위해 약처럼 사용하는 것이다. FDA나 식양처 같은 규제기관에서 질병관리나 치료목적의 의료기기로 인허가로 인가받은 소프트웨어를 필요에 따라서 의사가 처방하고 도는 의료 보험도 적용되는 것이다.

[그림 1-4]처럼 디지털 헬스케어와 의료 인공지능, 디지털 치료제 및 의료기기로 구분한다. 의료기기가 하드웨어와 소프트웨어로 구분하고 디지털 헬스케어도 하드웨어와 소프트웨어로 구분된다. 단지 소프트웨어 분야에서는 의료인공지능과 디지털 치료제 등이 포함한다. 특히 SaMD는 이들 중에 포함되는 것과 안 하는 것으로 구분된다. 소프트웨어 의료기기로 분류되는 디지털 치료제는 건강 관련 데이터를 지속적으로 수집할 수 있다는 장점이 있다. 즉 시판 후 조사(Post Market Surveillance)를 통해 제한된 기간 동안 경제적 이익을 제공하며 데이터를 수집해 위험관리를 하는 전통적인 의약품과는 달리, 디지털 치료제는 디지털 기술을 활용해 지속적으로 건강 관련 데이터를 축적할 수 있는 것이다.

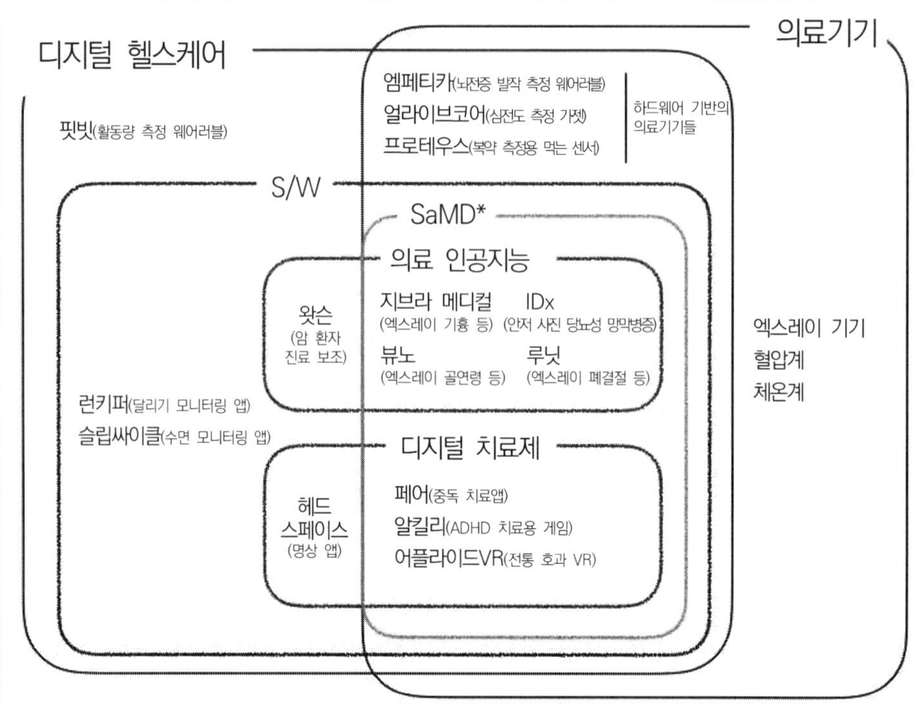

출처 : 최윤섭, 디지털 헬스케어 연구소

[그림 1-4] 디지털 헬스케어, 의료 인공지능, 디지털 치료제, 의료기기의 구분영역

축적된 데이터는 의료인공지능 등 신기술에 활용되며, 치료의 고도화를 이뤄낼 수 있다. 특히 데이터의 지속적인 축적은 오랜 관리가 필요한 암 등 중증환자의 치료에 중대한 역할을 한다.

그동안 미밴드나 핏빗 등 피트니스 트래커와 식이 및 건강관리 애플리케이션 등이 개발되었다. 그러나 최근 모바일 애플리케이션 분야에서 변화가 나타나고 있다. 웰니스 관리(Wellness Management) 애플리케이션 비중은 최근 75%에서 73%로 감소했지만, 복약관리나 특정 질환 치료목적의 애플리케이션 비중은 같은 기간에 27%에서 40%로 크게 늘었다. 웰니스 관리 애플리케이션 관련 업체들은 그동안 이용자들의 지속적인 사용이 이뤄지지 않아 판매를 확대하지 않았는데, 이제는 단순 생체신호 측정이나 건강관리 목적이 아닌 질병 관리, 치료목적의 애플리케이션에 집중하면서 수익모델을 전환하고 있다.

디지털 치료제는 만성질환, 신경정신과 질환 등 그동안 제대로 관리되지 못했던 분야에 효과적이며, '행동 변화(Behavior Change)'를 통해 치료에 직접적으로 개입한다. 이는 디지털 기술이 행동 변화 유도에 탁월한 효과가 있다는 것을 입증한다. 행동변화는 전통적인 치료제만으로는 효과가 나타나지 않았으나 이제는 디지털 치료제가 이를 보완해주는 차원에서 활용되고 있다. 이렇듯 디지털 치료제는 전통적인 치료제를 대체하는 것이 아니라 상호보완적인 관계로 기능하는 것이다.

일반적으로 디지털 치료제는 치료효과와 기존 치료제 병행 여부 등에 따라 '보완 디지털 치료제(Medication Complement)'와 '대체 디지털 치료제(Medication Replacement)' 등 2가지 유형으로 분류된다. 그리고 두 유형의 디지털 치료제의 특징을 알기 위해서는 지금까지 환자를 지원하거나 건강관리를 위해 이용되어 왔던 헬스케어 분야의 일반적인 디지털 서비스와도 비교를 해야 한다.

먼저 일반적인 디지털 서비스의 경우 환자의 행동을 개선하거나 변화를 지원하기 위한 것으로서, 기존의 치료제와는 독립적으로 이용된다. 따라서 이는 관련 기관의 승인 및 규제 대상이 아니며, 디지털 치료제로 분류되지도 않는다.

그리고 보완 디지털 치료제의 경우 간접적 치료효과를 위한 것으로서, ICT 기술을 복약 관리 등에 활용하여 기존 의약품의 치료효과를 더욱 높이는 것이 목표이다. 따라서 기존 치료제와 함께 사용하는 것이 일반적이다. 다만 보완적인 역할에도 불구하고 규제기관의 승인이 반드시 필요하다.

Proteus Digital Health가 제공하는 스마트 알약이 대표적인 사례인데, 이는 조현병을 앓고 있는 환자들을 대상으로 치료제의 복약을 관리해주는 기능의 스마트 알약이다.

대체 디지털 치료제는 직접적인 치료효과를 위한 애플리케이션이나 디지털 기기로서, 기존 치료제를 완전히 대체하거나 독립적으로 개별 사용이 된다. 따라서 규제기관의 승인이 반드시 필요하며, 엄격한 임상 테스트를 거치는 등 규제 대상이 된다.

출처 : 애틀러스리뷰(http://www.atlasreview.co.kr)
출처 : 바이오타임즈(http://www.biotimes.co.kr)

02 디지털 치료제의 특징에 대하여 분석하라.

제약사들이 디지털 치료제에 주목하는 이유는 바로 신약대비 짧은 개발기간과 적은 비용, 높은 복약순응도 때문이다.

실제 기존 신약개발의 경우 평균 3조원/평균 15년의 비용과 기간이 소요되며, 원가 규모가 다양하고 개발 비용 전체를 측정하는 기준에 대한 이견도 존재할뿐더러 임상 단계마다 결과에 대한 실패 확률이 높은 대표적인 고위험, 고수익 구조이다.

반면 디지털 치료제는 임상적으로 검증된 임상진료지침(CPG : Clinical Practice Guideline)과 임상경로(CP : Clinical Pathway)를 바탕으로 설계하여 기존 신약보다 개발비용이 상대적으로 저렴(평균 100억원~200억원)하며, 전임상 단계가 없는 등 임상시험 절차와 함께 인공지능 · 빅데이터 활용으로 개발 기간(3.5년~5년)도 상대적으로 짧은 것이 특징이다.

임상대상자 수는 기존 신약의 경우 1만명이지만 디지털 치료제는 500명 이내며, 복약순응도도 기존 신약은 60%인 반면 디지털 치료제의 경우 80%에 이른다.

중증 만성질환자들은 경증 만성질환자보다 치료과정에서 더 높은 의료비를 지출할 수 밖에 없고, 민간대체요법이나 잘못된 의학정보에 기대 불필요한 의료비를 지출할 개연성이 크므로 이에 대한 대안으로 디지털 치료제가 주목을 받고 있다.

03 디지털 치료제의 장 · 단점에 대하여 분석하라.

질병을 치료하는데 디지털 기기 또는 소프트웨어를 사용하는 '디지털 치료제'가 미래의 의료 패러다임을 바꿀 것으로 예상된다. 디지털 치료제가 의료 분야에서 중요한 역할을 할 것이라는 데 의심의 여지가 없지만, 의료 분야에 디지털 치료제를 적절하게 시행하기 전에 해결해야 하는 문제가 많아 의료인은 보수적으로 접근할 것으로 본다. 기존 약물요법보다 장 · 단점이 있지만 최근 몇 년간 강점만 강조됐다.

환자에게 새롭고 익숙하지 않은 디지털 치료제를 적절하게 사용하려면 의사는 먼저 그 단점을 이해해야 한다.

디지털 치료제는 질병을 치료하기 위해 사용되는 모바일 애플리케이션, 인터넷, 게임, 가상현실 등을 포함한다. 디지털 치료제도 약물 · 의료기기와 같이 임상시험을 통해 효능과 안전성을 입증하고 의료진으로부터 처방돼야 사용할 수 있다. 한 가지의 차이점은 모든 디지털 치료제가 보건당국으로부터 허가를 받을 필요가 없다는 점이다.

세계 최초 디지털 치료제는 미국 페어 테라퓨틱스(Pear Therapeutics)사의 중독치료용 앱 'Reset'이다. 중독치료를 위해 18세 이상 성인에게 인지행동요법을 제공하는 Reset은 2017년 미국 식품의약국(FDA)로부터 소프트웨어 치료제로 허가받았다.

국내에서는 뇌 질환 디지털 치료제 스타트업 뉴냅스가 가상현실을 이용해 뇌 손상으로 인한 시야장애를 치료하는 '뉴냅 비전(Nunap Vision)'을 개발해 2019년 7월 식품의약품안전처로부터 승인을 받았다.

디지털 치료제는 현재 당뇨병, 비만, 간질, 파킨슨병 등 다양한 만성질환을 치료하는데 사용되고 있는 만큼 전통적인 디지털 헬스케어를 전환할 가능성이 있다. 특히 효능과 안전성을 입증하기 위해 몇 년간 임상시험을 걸치는 일반 의약품과 달리 디지털 치료제 개발 기간은 짧고 저렴하다.

특히 디지털 치료제는 일반 의약품과 달리 적절한 용량 요법이 임상시험에서 확인하기 힘들어 보다 의료진의 적극적인 참여와 모니터링이 필요하다.

실시간으로 환자의 의료 데이터를 수집하고 관리하는 것이 디지털 치료제의 강점이지만 질 높은 실사용증거(RWD)를 수집하고 분석하기 위해 새롭고 차별된 노력이 필요하다.

04 디지털 치료제의 발전을 위한 3가지 과제에 대하여 분석하라.

디지털 치료제 시장은 아직 초기 단계이긴 하지만 점차 크게 성장할 전망이다. 시장조사업체 그랜드 뷰 리서치가 발표한 바에 따르면 디지털 치료제 시장은 2016년 기준 17.4억 달러(약 2조 1,513억 원)에서 연평균 20%씩 급성장해 2025년에 이르면 약 87억 달러(약 10조 7,862억 원) 규모에 이를 전망이다. 다시 말해 시장규모가 약 5배가량 커진다는 의미다. 또한 디지털 치료제는 기존에 제대로 관리되지 못했던 만성질환 등에 혁신적인 효과가 있다.

이제는 디지털 치료제 산업의 성공적인 안착과 지속 가능한 성장 기반이 마련되어야 할 때다. 따라서 정부 기관에서 규제를 완화해 업계 불확실성을 없애고 다양한 이해관계자 간의 인센티브를 조정하는 등 변화가 필요한 시기다.

미국 FDA는 디지털 치료제가 하나의 규제 영역으로 자리 잡을 수 있도록 세계 각국 규제기관의 선두 역할을 하고 있다. 이에 영향을 받아 국내 규제기관도 빠르게 변화하고 있다. 데이터 3법 개정뿐만 아니라 의료기기산업 육성 및 혁신의료기기 지원법이 시행되었으며 시행규칙을 정하고 있다. 또한 식품의약품안전처는 디지털 치료제 허가를 위해 전문가 협의체를 구성해 심사 방안을 마련하고 있다. 이러한 변화들로 예전보다 도전적이고 적극적인 데이터 활용이 가능해질 전망이다.

디지털 치료제 발전을 위해 남은 과제를 크게 다음과 같이 3가지로 꼽는다.

첫째, 디지털 치료제가 국가와 인종, 언어를 넘나들 수 있는지 검증해야 한다. 만약 영어권이나 미국 의료시스템 안에서만 작동한다면 치료제의 성격을 잃는 것이다. 따라서 통용 가능성을 검증하는 것이 디지털 헬스케어와 디지털 치료제를 구분하는 가늠자가 될 것이다.

둘째, 신약개발 과정에서 비용 효과 분석(Cost-effective Analysis)을 거치듯 디지털 치료제도 효과를 검증하는 과정에서 비용 효과성을 입증해야 한다.

셋째, 디지털 바이오마커, 센서 등과 융합이 필요하다. 치료의 경과나 빈도, 강도를 조절하기 위해 어떻게 데이터를 연동할지가 디지털 치료제 업계에서 고민해야 할 부분이다. 특히 기술 알고리즘, 센서, 웨어러블, IoT와의 융합 등이 필요하다.

국내 디지털 치료제 분야와 글로벌 제약회사들은 발 빠르게 디지털 치료제 분야를 확장하고 있다. 개발비를 많이 들이지 않더라도 우리나라가 가지고 있는 디지털 역량을 충분히 융합하고 활용했을 때 우리가 주도할 수 있는 게임으로 끌고 갈 수 있을 것이다. 선진 사례를 면밀히 검토해 새로운 산업의 등장을 준비해야 할 때이다.

출처 : 바이오타임즈(http://www.biotimes.co.kr)

05 신개념 의료기기에 대하여 분석하라.

1. 4차 산업혁명과 디지털 헬스케어 분야로 발전

4차 산업혁명의 핵심기술로 인하여 의료보건 산업분야에 지속적인 변화를 보이고 있다. 의약품, 의료기기가 IT와 융합됨으로써 신개념 의료기기가 등장하는 등 의료기기 산업에 나타나고 있는 다양한 기술의 융복합으로 의료보건 산업의 영역을 규정하는 경계를 허물어 질 것이며, 전통적인 의료산업의 영역으로 확대될 것이다. 그동안 의료영역(진단 및 치료)에 머물던 의료산업이 안티에이징(Antiaging)산업, 웰리스(Wellless)산업, 건강관

〈표 1-5〉 디지털 헬스케어 주요 분야

부 문	내 용
디지털 메디컬기기	질병 진단 혹은 치료, 예방을 위한 제품 디지털 진단을 포함하는 개념
디지털 치료제(테라피)	치료분야에서 특정한 임상적 결과를 달성하기 위한 제품 (예 당료, 천식관리를 위한 소프트웨어)
웨어러블(Wearables)	소비자용을 개발된 생체신호 측정장비
원격의료(Telehealthcare)	원거리에서 제공되는 헬스케어 서비스 원격 환자 모니터링을 포함하는 개념
분석 & 빅데이터	다양한 종류의 데이터를 결합 및 분석
기 타	헬스케어 소비자 계약 등

출처 : 이승관 글로벌 디지털 헬스케어 기술동향과 과제

리 등과 같은 건강관리 영역(예방과 관리)으로 확대되고 있다.

4차산업 핵심기술 발전으로 인하여 인공지능, 빅데이터, 로봇기술, 생명과학 등과 더불어 정보통신 융합으로 새로운 의료 융합시대의 혁신적인 변화가 예고하고 있다.

사전 예방 서비스, 관리 중심 체계로 개선된 기술이 텔레케어(Telehealthcare) 기술이다. 대상자의 평상시 생활정보를 빅데이터와 인공지능(AI)의 융복합 기술로 수집해 패턴화함으로써 응급 상황을 미리 감지할 수 있다.

최근의 게이트웨이 장비는 WCDMA망/LTE망을 이용하던 기존 장비와 달리 5G망을 사용하는 것은 물론 와이파이(WiFi), 지그비(Zigbee), 블루투스(Bluetooth) 네트워크 기술까지 모두 적용된다. 텔레커어 서비스는 가정용 알람과 휴대용 모바일로 나뉘어 사용 장소에 따라 가정용과 모바일로 나눌 수 있고, 응급 호출이 이뤄지는 방식에 따라 수동 알람과 자동 알람으로 나눌 수 있다.

디지털 헬스케어 주요 수혜분야는 EMR, EHR, PHR, 원격진단, 원격의료, 모바일 헬스 응용 분야 등으로 정보의 지속성과 접근성, 예방 및 맞춤형 진료를 가능하게 해준다.

〈표 1-6〉 디지털 헬스케어 관계 당사자별 혜택

분 야	환 자	제공자	비용 지불자
EMR(Electronic Medical Records)	읽고 이해가 용이	저장 및 활용 용이, 효율성과 생산성 증가	-
EHR(Electronic Health Recode)	향상된 진단과 치료	조정과 정보 의사결정	신속한 결제 시스템
PHR(Personal Health Records)	개인 웰니스와 관리	정보의 지속성	헬스케어 연계 및 문제예방
Remote Diagnostics	중복 검사 감소	접근성 용이	저비용
Telecare	전문가 진료 접근성 증가	생산성 증가 및 헬스케어 자원 부담 감소	저비용
m-Health applications	더 많은 진료 및 시간 절약	선제적이고 맞춤형 진료 가능	-
Big Data/Analytics	정확한 진료, 향상된 진료	진단향상 및 치료 정확도 증가	저비용

참고 : CISCO, "The Digitation of the Healthcare Industry: Using Technology to Transform Care," 2017. pp.6-7

2. 디지털 헬스케어의 핵심기술

디지털 헬스케어의 주요 핵심기술은 비침습 무구속 무자각 건강정보 측정기술, 맞춤형 진단 및 현장진단 기술, 개방형 건강관리 플랫폼 기술, 맞춤형 건강관리 서비스 기술로 구분이 가능하다.

〈표 1-7〉 디지털 헬스케어 핵심기술

핵심기술명	과제명	요소기술의 세부내용
비침습 무구속 무자각 건강정보 측정기술	비침습 자가건강진단 기술	• 비침습성 추출 생체시료(뇨, 머리카락, 타액, 눈물 등) 측정 · 분석기술 • 간소화 악침습성 생체치료(혈액, 뇌척수핵) 추출 기술
	무구속 생체신호 측정 기술	• 전기적 비접속 생체 신호 측정 기술 • 신체 접촉용 임피던스 센서 • 활동 모니터링 및 일상성 추출기술
	무자각 생활정보 패턴 측정기술	• 웨어러블 디바이스(Wearable Device, 옷, 시계, 안경 등) • u-Health 기능성 생활용품(가전제품, 가구, 주택, 자동차 탑재 센서)
	인체 이식형 생체신호 측정 기술	• 생체적합 바이오칩/센서 • 무선 인체 삽입 센서 • 원격 신호 전달 장치 • 무전원 센서
맞춤형 진단 및 현장 진단 기술	유전정보 기반 맞춤형 진단 기술	• 맞춤형 질병진단이 가능한 DNA 유전정보 기반 질병 진단침/센서 기술
	현장 진단 바이오칩/센서 기술	• 혈액 · 소변 · 타액 등의 질병 바이오 마커 농도를 현장에서 바로 측정할 수 있는 바이오칩/센서 기술
개방형 건강관리 플랫폼 기술	개인 건강 레코드 구축 · 공유 · 활용 기술	• 개인 건강 정보를 레코드로 구축하고 공유하며 활용하기 위한 기술로 개인 건강 레코드의 표준화, 개인건강 레코드의 교류 등의 기술을 포함
	건강 빅데이터 분석 기술	• 건강 관련 코호트 빅데이터 분석 기술 • 축적된 개인 건강정보의 빅데이터 분석을 통한 개인 건강 추이 예측 기술
	모바일 건강관리 서비스 플랫폼 기술	• 표준 기반 건강정보의 빅데이터 분석을 통한 개인 건강 추이 예측 기술 • 서비스를 위한 개방형 API 기술
맞춤형 원격건강 관리 서비스 기술	원격 건강 모니터링 기술	• 원격시스템에 의한 환자의 실시간 모니터링 • 실시간 모니터링에 의한 실시간 진단
	맞춤형 원격진료 기술	• 생명-의료 빅데이터 기반 환자의 맞춤형 진단 • 원격의료시스템에 의한 환자의 원격진단-원격상담, 원격병리진단, 원격방사선진단 등 • 특히 독일은 원격의료 및 모바일에 의한 연계기반의 헬스케어 디지털 진료체계 시스템 구축 및 활용기술 분야 진출이 활발하여 디지털 헬스케어 진료기술이 활성화
	맞춤형 원격치료 기술	• 원격시스템에 의한 환자의 실시간 관리-원격간호, 원격처방, 원격재활 등 • 원격 의료시스템에 의한 맞춤형 원격 치료-원격 심장치료, 원격 정신치료, 원격방사선치료, 원격 피부치료, 원격치과질환 치료, 원격수술 등

출처 : 2017 MEDICA CONNECTED HEALTHCARE FORUM, 2017.11.13./KIST, 15대 국가 융합기술 수준조사, 2014.

디지털 헬스케어의 국내 기술수준은 세계 최고 기술 보유국인 미국 대비 약 80.9%로 기술 격차는 약 1년이다. 측정 기술분야는 미국 대비 약 75%로 기술격차는 약 1.5년이며, 맞춤형 진단 및 현장진단 기술분야는 미국 대비 약 75%로 기술격차는 약 1.5년이다. 개방형 건강관리 플랫폼 기술 분야는 미국 대비 약 85%, 맞춤형 원격 건강관리 서비스 기술 분야는 미국 대비 약 88.6%로 기술격차는 약 1년이다.

06 디지털 치료제를 개발하기 위한 sw의 이해와 밸리데이션에 대하여 분석하라.

1. 소프트웨어(Software)의 이해

의료기기 측면에서의 하드웨어(Hardware)는 전원, 구동, 제어 등의 전자 회로나 모터(Motor), 스위치(Switch) 등의 구동부 그리고 고정 및 케이스 등의 기계적 구조물을 총칭하는 것으로 물리적으로 실체가 존재하는 것을 말한다.

그러나 소프트웨어는 하드웨어를 제어하고 구동시키는 프로그램(Program)뿐만 아니라 개발과정에서의 모든 산출물을 포함하는 포괄적인 개념이다.

2. 소프트웨어 밸리데이션(Software Validation)

검증이나 밸리데이션이라는 용어는 다양한 산업과 다양한 표준에서 다양한 방식으로 정의하고 사용하기 때문에 혼동이 발생할 수 있다. 어떤 면에서 '의료기기 소프트웨어 개발'은 '의료기기 소프트웨어를 위한 소프트웨어 밸리데이션'이라고 부를 수도 있다.

의료기기의 유용성과 신뢰도를 증가시킴으로써 결함 발생률, 리콜(Recall) 및 시정조치 감소, 환자 및 의료기기 취급자에 대한 위험 감소, 의료기기 제조업체에 대한 부담 경감을 위한 것으로, 의료기기에 소프트웨어를 결합시킨 후 실제 또는 모의 사용 환경에서 소프트웨어의 적절한 작동에 대한 점검을 포함하는 것이다. 용어 '소프트웨어 밸리데이션'을 사용하는 것은 안전하고 효과적인 소프트웨어를 보장하는 소프트웨어 개발의 모든 공식적인 측면을 정의하는 것일 수도 있다. 검증이란 '특정 요구사항이 충족되었음을 객관적인 증거의 제공을 통하여 확인하는 것'을 의미하며, 설계 밸리데이션은 '의료기기가 사용자의 요구 및 사용 목적에 일치함을 객관적 증거로 입증하는 것'을 의미한다. 소프트웨어가 사용된 기능에 대한 사용자 요구와 사용 목적이 소프트웨어와 일치함을 객관적 증거로 입증하는 것이다(식품의약품안전처, '의료기기 소프트웨어 밸리데이션 가이드라인', 2007).

학습활동.1 교수 · 학습 방법

교수 방법

- 디지털 치료제의 개요에 대한 관련 용어, 구성, 방식 이해 정도를 파악한 후 수업을 진행한다.
- 교수자의 주도로 디지털 치료제의 개요 등의 내용을 PPT 자료로 제시한 후 설명한다.
- 가능하면 사전에 개인별 학습 자료를 준비하여 모든 학생이 참여할 수 있는 문제 해결식 수업, 협력 수업이 가능하도록 한다.
- 디지털 치료제의 개요 전 과정을 작업의 순서에 따라 단계적으로 실습이 이루어질 수 있도록 지도한다.
- 교재를 통해 수업을 준비하는 데 있어서 필요한 모든 정보나 팁, 힌트 등 도움이 될 만한 내용을 확인할 수 있다.
- 학생들이 만들게 될 각 모델은 수업시간에 중점적으로 다뤄질 부분과 어휘, 질문, 답을 포함하고 있으며 또한 탐구할만한 추가적인 아이디어들도 포함하고 있다.

학습 방법

- 디지털 치료제의 개요에 대한 관련 용어를 숙지하고, 디지털 치료제의 개요에 대해 이해한다.
- 디지털 치료제의 개요의 각 단계별 중점 사항을 체계적으로 학습한다.
- 디지털 치료제의 개요의 수행순서의 전 과정을 실습한다.
- 디지털 치료제의 개요의 내용을 이해한다.
- 디지털 치료제의 개요를 이해하고 숙달이 될 때까지 학습한다.

학습활동.1 평가 및 피드백

평가 준거

- 평가자는 피평가자가 수행 준거 및 평가 내용에 제시되어 있는 내용을 성공적으로 수행할 수 있는지를 평가해야 한다.

학습내용	평가항목	성취수준		
		상	중	하
디지털 치료제의 개요	디지털 치료제의 개요를 이해할 수 있다.			

평가 방법

- 작업 포트폴리오

학습내용	평가항목	성취수준		
		상	중	하
디지털 치료제의 개요	디지털 치료제의 개요를 이해할 수 있다.			

- 필기시험

학습내용	평가항목	성취수준		
		상	중	하
디지털 치료제의 개요	디지털 치료제의 개요를 이해할 수 있다.			

- 체크리스트를 통한 관찰

학습내용	평가항목	성취수준		
		상	중	하
디지털 치료제의 개요	디지털 치료제의 개요를 이해할 수 있다.			

- 피드백

1. 작업 포트폴리오
   - 제출한 보고서를 평가한 후 주요 사항에 대하여 표시하여 돌려준다.
2. 필기시험
   - 평가 결과 성적이 저조한 학생은 보고서 제출 기회를 부여한다.
3. 체크리스트를 통한 관찰
   - 실습 과정에서 평가한 후 개선해야 할 사항 등을 정리하여 돌려둔다.

참 | 고 | 문 | 헌

1. 이승민, '디지털 치료제 현황 및 국내도입을 위한 접근 방안', 한국 KFDC법제학회 한국보건산업진흥원 미래산업기획단, 2020.11.15.
2. GlobalData, Digital Therapeutics(DTx) and their Impact on Healthcare, 2019.
3. marketsandmarkets, Digital Therapeutic(DTx) Market by Application, Sales Channel-Global forecasts to 2025.
4. 기술 변화에 따른 의약품의 미래 전망과 중장기 보건정책 및 거버넌스 연구, 한국보건사회연구원 연구보고서, 2019.
5. 안세희, 디지털 치료제 동향, 한국바이오협회, 2020.5.
6. 최윤섭, 디지털 치료제가 온다, http://www.yoonsupchoi.com/2019/04/09/digital-therapeutics-1/ 디지털 헬스케어 연구소.
7. 서민지, 암, 만성질환 치료 효과 높이려면? '디지털 치료제' 메디게이트뉴스, https://m.medigatenews.com/news/3579397866, 2020.4.2.
8. 편웅범, 디지털 헬스의 주도적 지위에 관한 예측; 산업동향과 제도적 지원의 관점에서, 2019.11.6.
9. 디지털 치료제 개발 동향, 생명공학정책연구센터, BioNwatch, 2019.10.29.
10. 김치원, 디지털 헬스케어 현황과 발전 방안, 2019.12.12.
11. 이승민, 디지털과 의료의 만남 : 디지털 치료제, 한국보건산업진흥원 연구원, 2019.1.
12. 디지털 헬스케어 의료기기 허가심사 방안, 식품의약품안전처 연구관, 2019.11.15.
13. 이현경, 디지털 테라퓨틱스 시대의 도래, KOTRA 미국 워싱톤무역관, KOTRA 해외시장뉴스, 2019.2.12.
14. Digital Therapeutics Market by Application, Product Type, and Sales Channel : Global Opportunity Analysis and Industry Forecast, 2019-2026, Allied Market Research, 2020.1.
15. Digital Therapeutics Market By Application, by End Use, And Segment Forecasts, 2018-2025, Grand View Research, 2017.7.
16. 송승재, 스마트 의료기기의 진화 : 디지털 치료를 중심으로, 한국디지털 헬스산업협회 회장, 한국산업기술평가관리원 산업기술 경제동향, 2019.8.
17. 김경민, EU GDPR 발효 이후 미국 IT 기업들의 대응은, KOTRA 미국 실리콘밸리무역관, KOTRA 해외시장뉴스, 2018.6.5.
18. 미국 FDA, 디지털 헬스케어 관련 혁신계획 발표, 생명공학정책연구센터, BioNwatch, 2017.8.10.
19. 김용 기자, 중증질환자 퇴원 후 관리 '사각' 사라질까, 코메디닷컴, 2017.3.2.
20. 박지훈 · 송승재 · 배민철, 디지털 치료제 기술동향과 산업전망, 한국산업기술평가관리원, 2020.3.
21. 스마트 헬스케어 유망시장 동향 및 진출전략, KOTRA, 2019.10.
22. 이승관, 글로벌 디지털 헬스케어 기술동향과 과제, IITA, 2017,12.13.
23. 프로스트 앤 설리번, Global Digital Health Outlook(2020), 2019.8.

24. 박찬호 · 이장우, 인공지능 헬스케어 산업의 실용화 동향, 정보통신기획평가원, 2020.6.17.
25. 김주한, 빅데이터 기반의 개인 맞춤의료 서비스, BioINpro 13호, 2015.
26. 스마트 헬스케어 의료기기 기술, 표준 전략 보고서, 식품의약품안전평가원, 2018.8.
27. 신현묵, 디지털 헬스, 의료IT환경의 융합, brunch.co.kr, 2016, 4.17.
28. 이광의, 미래경제뉴스(http://www.mirae.news), 2020.2.
29. 김홍진, 히트뉴스(http://www.hitnews.co.kr, 2021.1.11.
30. 류원옥 · 한인탁, IT와 의료기술 융합 전망, 정보통신연구진흥원, 2008.7.16.
31. 김승환, 의료IT융합기술 연구동향, 전자공학회지, 2016.12.
32. 애틀러스리뷰(http://www.atlasreview.co.kr)
33. 바이오타임즈(http://www.biotimes.co.kr)
34. 양희영, 디지털 헬스의료기기(SaMD) 규제기준 정립 및 진료행위 코드 마련, KHIDI, Brief, 2019.12.31.
35. 손정만 외 "05 의료기기 소프트웨어 설계제작", 의료기기연구개발 NCS 학습모듈(www.ncs.go.kr)

학습 1	디지털 치료제의 개요
학습 2	**디지털 치료제의 종류와 분류**
학습 3	디지털 치료제의 빅데이터 기술활용
학습 4	디지털 치료제의 인공지능 기술활용
학습 5	디지털 치료제의 블록체인 기술활용
학습 6	디지털 치료제의 사물인터넷 기술활용
학습 7	디지털 치료제의 디지털 트윈 기술활용
학습 8	디지털 치료제의 XR 기술활용
학습 9	디지털 치료제의 디지털 콘텐츠 기술활용
학습 10	디지털 치료제의 개발 · 허가 · 심사
학습 11	디지털 치료제의 응용
학습 12	디지털 치료제의 시장동향
학습 13	디지털 치료제의 미래

학습 목표

1. 디지털 치료제의 종류와 분류를 이해할 수 있다.

2-1 디지털 치료제의 종류

DTx Alliance에서는 디지털 치료제(DTx) 종류에 대하여 기능, 목적에 따라 〈표 2-1〉과 같이 분류하고 있다.

〈표 2-1〉의 4가지 분류 가운데 오른쪽 3가지는 이해가 쉬운데 제일 왼쪽의 건강상태 취급(Address a Medical Condition)은 애매해 보인다. 내용으로만 보았을 때는 의학적 장애나 질병관리 및 예방(Manage or Prevent a Medical Disorder or Disease)와 큰 차이가 없어 보인다.

예를 들어 효능 주장(Product Claims) 관련해서 건강상태 취급(Address~)은 의료적인 효능 주장 없음(No Efficacy Claims)라고 되어 있는데, 의료적인 효능 주장(Efficacy Claim)이 없다면 애당초 DTx에서 빼는 게 맞을 것 같다.

그리고 환자접근(Patient Access) 항목에서 건강상태 취급(Address~)은 DTC(Direct to Consumer), 의학적 장애나 질병관리 및 예방(Manage or Prevent)

은 OTC(Over-the Counter) or 의사처방(Prescription)으로 되어 있는데 DTC나 OTC 간에 의미있는 차이는 없어 보인다.

이런 관점에서 건강상태 취급(Address~)은 없애거나 의학적 장애나 질병관리 및 예방(Manage or Prevent~)에 같은 분류로 넣어도 충분할 것 같다. 이렇게 되면 DTx는 3가지로 분류할 수 있는 셈이다.

〈표 2-1〉 디지털 치료제(DTx) 종류

구분	건강상태 취급	의학적 장애나 질병관리 및 예방	복약 최적화	의학적 질병 및 장애 치료
규제기관 검증	규제기관 재량	안전성, 유효성 검증 필요	안전성, 유효성 검증 필요	안전성, 유효성 검증 필요
효능 주장	의료적 효능 주장 없음	중저 위험 질병 진행속도 관리 등	중고 위험 기존 치료제 보완·효능 개선	중고 위험 직접적인 질병 치료효과
환자접근	소비자가 직접(DTC : Direct to Consumer)	의사처방 or OTC (Over the Counter)	의사처방 or OTC (Over the Counter)	의사처방
기존 치료제와 관계	독립사용 or 병용 (기존치료 간접적 보완)	독립사용 or 병용 (기존치료 직접적 보완)	독립사용 안되고 반드시 병용 (기존치료 직접적 보완)	독립사용 or 병용 (직접치료 기존치료 직접적 보완)
임상 근거	임상시험 실시, 치료효과 검증을 위한 근거 생산			
질병 분야	만성질환			중추신경질환 (신경질환 포함)
제품 예시	〈만성질환 관리 플랫폼〉		〈복약관리 지원 플랫폼〉	〈질병치료 어플리케이션〉

2-2 디지털 치료제의 유형별 제품분류

1. 디지털 치료제 유형별 제품

디지털 치료제 제품동향은 〈표 2-2〉, 〈표 2-3〉, 〈표 2-4〉처럼 세계적으로 시판중인 유형별 디지털 치료제 제품군으로써 당뇨병, 천식, 등 만성질환, 신경질환 분야의 치료 제품으로 비중이 크다.

〈표 2-2〉 독립형(Standalone) 디지털 치료제 제품군

제 품	회 사	장치타입	적응증	특 징	현 황	파트너
Sleepio	Big Health	모바일 앱	불면증	불면증 치료	NICE 인증	Castlight Health
reSET	Pear Therapeutics	모바일 앱	약물중독 (SUD)	약물중독 온라인 상담	FDA-de novo	Novartis' Sandoz
reSET-O	Pear Therapeutics	모바일 앱	오이포이드 중독	약물중독 온라인 상담	FDA-510(k)	Novartis' Sandoz
Kaia COPD Therapy App	Kaia	모바일 앱	만성폐쇄성 폐질환 COPD	COPD 질환 통증 감소	FDA-510(k) EU-CE Mark	-
Kaia Back Pain Relief	Kaia	모바일 앱	신경 통증	요통감소	FDA-510(k) EU-CE Mark	Min Doktor
MyCOPD	My mhealth	모바일 앱	COPD	COPD 악화 감소 및 천식증상 개선	NHS 인증	-
Happify health	Happify health	모바일 앱	스트레스 근심, 우울증	우울증상 치료	규제승인전단계	-
ATENTIV mynd	ATENTIV	모바일 앱	주의력결핍장애 (ADHD)	주의력 개선	규제승인전단계	-
2Morrow	2Morrow	모바일 앱	흡연, 비만, 스트레스, 만성통증	임상시험 효과입증	규제승인전단계	CoreHealth Technologies
Natural Cycles	NaturalCycles	모바일 앱	피임	임신예방 효과 입증	FDA -510(k) EU -CE Mark	-
efil careM	LifeSemantics	모바일 앱웹 앱	암, 뇌졸중	암, 뇌졸중 예후관리	KFDA 유헬스케어 의료기기(3등급 및 2등급)	-
숨튼	LifeSemantics	모바일 앱 웹 앱	폐암, COPD	운동능력, 호흡곤란, CAT 등 개선 입증	규제승인전단계	-

〈표 2-3〉 증강형(Augment) 디지털 치료제 제품군

제 품	회 사	장치 타입	적응증	특 징	현 황	파트너
Propeller health	Reciprocal Labs Corp	천식관리를 위한 모바일 앱·센서	천식	천식증상 감소	FDA-510(k)	Novartis, Boehringer Ingelheim, GSK
Propeller health	Reciprocal Labs Corp	COPD 관리를 위한 모바일 앱·센서	만성폐쇄성폐질환 COPD	COPD 질환 통증감소	FDA-510(k) EU- CE Mark	Novartis, Boehringer Ingelheim, GSK
ProAir Digihaler	Teva	천식, COPD 관리를 위한 모바일 앱·센서	천식, COPD	COPD 질환, 천식증상 감소	FDA-510(k)	-

〈표 2-4〉 보상형(Complementary) 디지털 치료제 제품군

제 품	회 사	장치 타입	적응증	특 징	현 황	파트너
Omada	Omada health	모바일 앱	당뇨병전증, 2형당뇨병, 고혈압, 고콜레스테롤증	당뇨 예방 및 2형 당뇨병 자가관리, 체중감소	미국 질병 관리본부 (CDC)의 당뇨 예방 프로그램(DPP) 인증	-
BlueStar	WellDoc	혈당측정기에 연결된 모바일 앱 · 웹 포털	2형당뇨병	당뇨자가관리개선	FDA -510(k)	Samsung Digital Health : Voluntis
Insulia	Voluntis	모발일 앱 · 웹 포털	2형당뇨병	당뇨자가관리 개선	FDA-510(k) EU-CE Mark	WellDoc

* FDA -510(k) : 시판전신고(Premarket Notification)를 뜻하며 1 · 2등급 의료기기가 해당
* FDA-de novo: Evaluation of Automatic Class III Designation)로, 제품분류 품목조차 마련되지 않은 신개념 디지털 헬스케어 기술이 일정 수준 이상의 안전성을 증명하면 특별히 주어지는 신속허가제도
* EU -CE Mark : 제품이 안전, 건강, 환경 및 소비자 보호와 관련된 유럽 규격의 요구사항을 모두 만족한다는 의미

출처 : GlobalData, Digital Therapeutics (DTx) and their Impact on Healthcare(2019)

- 중독 치료 목적의 어플리케이션 리셋(reSET)이 2017년 9월 최초로 미국 FDA의 허가를 받아 디지털 치료제에 대한 산업계의 관심 고조되고 있다.
- 제약기업 및 ICT 기업 등은 초기 단계에 디지털 치료제 시장 진출을 위하여 파트너십 투자, 회사 인수를 통해 시장 공략 중이다.
- Roche는 2017년 디지털 치료 앱 개발업체 mySugr를 인수해 환자 중심의 디지털 당뇨 관리를 위한 개방형 플랫폼 구축, Otsuka는 Click Therapeutics에 파트너십 투자하고 있다.
- Amazon, Microsoft, Google 및 Verizon과 같은 주요 ICT 기업들, Facebook을 포함한 소셜 네트워킹 대기업들과 애플과 삼성은 유망 기업에 투자하거나 인수하기 위해 노력 중이다.
- 그 외 주목할 만한 디지털 치료제 개발 회사는 Voluntis, Propeller Health, Proteus Digital Health, Click Therapeutics, Omada Health, Akili Interactive, WellDoc, Revon Systems, Healint 등 다수가 진행 중이다.

2. 디지털 치료제의 신규 파이프 라인 제품

현재 디지털 치료제 시장에서 국외에서는 좀 더 다양한 질환을 중심으로 〈표 2-5〉처럼 새로운 파이프라인을 준비 중에 있다.

〈표 2-5〉 주요 신규 파이프라인 디지털 치료제 제품군

유 형	제 품	회 사	장치 타입	적응증	특 징	현 황	파트너
Standalone	reCALL	Pear Therapeutics	VR	외상후 스트레스 장애(PTSD) 및 관련 우울증	PTSD 치료	2021	-
	AKL-T01, AKL-T02, AKL-T03, AKL-T04	Akili	비디오게임	ADHD, 자폐증, 다발성경화증, 우울장애, 인지장애, 외상성뇌손상(TBI), 중환자실 섬망	COPD 질환 통증 감소	2020	Pfizer, Shionogi
	Cognoa Child Development	Cognoa	모바일 앱	발달장애, 자폐증, 언어장애, ADHD, 불안 및 수면장애	자폐증 환자 사회성 발달 개선	2020	SAP, Immuta
	Clickotine	Click Therapeutics	모바일 앱	금연, 급성관상동맥증후군(Clickheart), 만성통증(CT-130), 불면증(Clickadian), 우울장애(CT-152)	금연 보조 기구	2021	Magellan Health, Otsuka, Sanofi
	Ascure	CureApp	모바일 앱	금연, NASH, 정신질환	금연 보조 기구	2021	-
	Yawn	Susmed	모바일 앱	불면증	불면증 치료	2020	-
Augment	Breezhaler Inhaler	Reciprocal Labs Corp	COPD 관리를 위한 모바일 앱·센서	COPD	COPD 질환 통증 감소	2023	Novartis, Aptar
	Thrive	Pear Therapeutics	모바일 앱·웹 포털	일반 불안장애(GAD), 공황장애, 불면증(PEAR-003), 다발성경화증(PEAR-006), 정신분열증, 호흡기질환(PEAR010)	환자 임상 결과 개선	2021	Novartis
Complementary	Theraxium Oncology (TxO-VEGF, TxOCDK, TxO-BRAF/MEK, TxO-I/O, xO-Chemo, TxOEGFR)	Voluntis	모바일 앱/웹 포털	Cyclin-Dependent Kinase(CDK) inhibitors로 치료한 유방암 및 난소암, Vascular Endothelial Growth Factor(VEGF) inhibitors 치료된 암	삶의 질 향상, 치료 개선	2020	Roche, AstraZeneca

2-3 디지털 치료제의 회사별 제품분류

학습 2

DTx는 3가지 분류 기준을 바탕으로 디지털 헬스케어 제품을 분류해보면 대략 다음과 같다.

〈표 2-6〉 디지털 치료제 종류별 관련 헬스케어 회사

회 사	제 품	적응증	종 류	현 황	파트너
welldoc	BlueStar	T2 DM	1, 2	시판(FDA)	삼성
Noom	Noom	전당뇨, 체중감량	1	시판(허가 X)	Novo Nordisk
Omada	Omada	전당뇨	1	시판(허가 X)	
Livongo		DM, 고혈압, 전당뇨, 체중감량	1, 2	시판(FDA?)	
Dario Health		DM	1, 2	시판(FDA, CE)	GEMCO Medical
Happify	Happify	우울증, 불안	1	시판(허가 X)	Sanofi(MS대상버전)
Big Health	Sleepio	수면	1	시판(허가 X)	NHS
Pear	reSET	약물 사용 장애	3	시판(FDA)	Sandoz
Pear	reSET-O	마약 사용 장애	3	시판(FDA)	Sandoz
Pear	Somryst	불면, 우울증	3	FDA filing	
Pear	Pear-004	조현병	3	Mid to late R&D	Novartis
Akili	ALK-T01	ADHD	3	FDA filing	Shinogi(일본,대만 내)
Akili	ALK-T02	자폐	3	FDA filing	Shinogi(일본,대만 내)
Click	Clickotine	금연	1	시판(허가 X)	Magellan Health (환자 관리 서비스)
Click	CT-152	우울증	3?	Mid to late R&D	Otsuka
Voluntis	insulia	T2 DM	2	시판(FDA, CE)	Sanofi
Voluntis	diabeo	T1, T2 DM	2	시판(FDA, CE)	Sanofi
Voluntis	Oleena	암	1	FDA 승인	
Voluntis	THX-Onco	암	?	Mid to late R&D	
Palo Alto Health Science	Freespira	공황장애	1	시판(FDA)	
Dthere	DTHR-ALZ	치매	3	Mid to late R&D	Unnamed
Cognoa	Autism therapeutic	자폐	3	Mid to late R&D	Eversana (제약업계 지원 회사)
Cognoa	Sleep theraprutic	수면	1	Mid to late R&D	Eversana (제약업계 지원 회사)

종류 : 1. 의학적 장애나 질병관리 및 예방(Manage or Prevent a medical disorder or disease,) 2. 복약 최적화(Optimize medication), 3. 의학적 질병 및 장애 치료(Treat a medical disease or disorder)

- Proteus나 Propeller Health와 같이 하드웨어의 비중이 큰 것은 여기서 제외했다. 또, 현황을 기준으로 임상시험 및 이후 단계에 있는 제품만 포함시켰다.
- 하드웨어 기반 회사임에도 굳이 포함시킨 회사가 있는데 Dario Health이다. 스마트폰에 손쉽게 끼워서 사용할 수 있는 혈당계 및 소모품을 만드는 것으로 시작했는데 작년 하반기부터 당뇨병 관리 프로그램을 제공하기 시작했다.
- 이외에도 DarioEngage platform이라는 이름으로 당뇨 관리 공급자(예 Certified Diabetes Educators)들이 당뇨환자 관리에 사용할 수 있는 플랫폼 서비스를 제공한다고 하며 Dario Intelligence Platform이라는 이름으로 환자 데이터 비지니스를 할 예정이라고 한다. 당뇨병 관련 의료기기, 인슐린 회사들이 독자 앱을 만들면서도 당뇨병 관리 서비스와 관련해서는 외부 회사들과 협력을 하는 경우가 많은데 독자적으로 2가지를 모두 하려는 다소 예외적인 경우이다.
- 참고로 Dario health는 나스닥 상장사로 회사 자료가 공개되어 있다.

수행 내용

재료 · 자료

• 디지털 치료제 관련 자료

기기(장비 · 공구)

• 컴퓨터, 문서작성 프로그램, 프린터, 주변기기

안전 · 유의사항

• 디지털 치료제 관련 장비의 안전 및 유의사항을 숙지한다.

수행 순서

01 보완 디지털 치료제와 대체 디지털 치료제에 대하여 분석하라.

디지털 치료제에는 보완 디지털 치료제(Medication Complement)와 대체 디지털 치료제(Medication Replacement)가 존재한다.

1. 보완 디지털 치료제

보안 디지털 치료제는 간접적인 치료효과를 가지며 복약관리 등으로 기존 의약품의 치료효과를 제고하고 기존 치료제와 함께 사용한다.

대표적인 예는 Propeller사와 Adherium사의 COPD흡입 약제 조절용 스마트 흡입기, Proteus사의 위에서 녹는 먹는 스마트 알약 등이다.

2. 대체 디지털 치료제

대체 디지털 치료제는 디지털 기술 자체만으로 직접적이고 독립적인 치료효과를 내는 제품군이다. 기존 치료제 대신 단독으로 사용해도 치료효과가 있을 뿐만 아니라 기존치료와 병행해서 사용하는 경우에는 치료효과가 더 높아진다.

독립적인 치료효과를 가진 제품군이므로 임상시험과 논문, 허가기관의 검토와 승인 등 엄격한 검증절차를 반드시 거쳐야 한다. 허가를 거쳐 출시되면 디지털 치료제 또한 기존의 의약품과 동일한 경로로 의료시스템에 통합된다.

대표적인 예로써 Pear사의 약물중독(SUB)치료앱 reSET, Akili사의 소아 ADHD치료용 비디오 게임 AKL-T01이다.

02 SaMD의 분류 및 특징에 대하여 분석하라.

1. SaMD의 분류

국제 의료기기 규제기관 포럼(IMDRF : International Medical Device Regulators Forum)에서는 SaMD를 환자 혹은 잠재적 위험도에 따라 4가지 카테고리(Category I, II, III, IV)로 분류하고, 다음 요소에 기반하여 측정 및 분류한다.

의료상황 혹은 조건의 상태에 따라 ① 심각하지 않은 : non-serious → ② 심각한 : serious → ③ 위중한 : critical로 구분한다.

SaMD가 제공하는 정보가 의학적 의사결정(건강관리 방법)에 미치는 영향이 커질수록 다음과 같은 순서로 영향을 끼친다. 치료 및 진단 옵션 안내는 ① 치료 및 진단 혹은 질병의 위험 예상 지원 → ② 치료 및 진단 → ③ 즉각적인 액션으로 이어지도록 한다.

건강상태의 상황 혹은 조건	Significance of Information Provided by SaMD to Healthcare Decision		
	치료 및 진단	위중한 관리 행동	심각한 관리 정보
위중한	Ⅳ	Ⅲ	Ⅱ
심각한	Ⅲ	Ⅱ	Ⅰ
심각하지 않은	Ⅱ	Ⅰ	Ⅰ

※ 출처: IMDRF, Software as a Medical Device (SaMD): Clinical Evaluation, 2019.9.21.

1) 카테고리 Ⅰ

① 심각하지 않은(Non-serious) 상황이나 질병 상태의 임상 관리를 유도하는 정보 제공으로 영향이 적은 것(Low Impact)으로 간주

② 심각한(Serious) 상태의 질병에 대한 임상관리를 위한 안내 정보 제공

③ 심각하지 않은(Non-serious) 컨디션/상태의 질병에 대한 임상관리를 위한 안내 정보 제공

㉠ 운동기반 심장재활 모니터링을 위한 심전도, 속도, 보행 속도, 심박수, 경과 거리 등의 정보를 의료진에게 전송하는 소프트웨어

㉡ 천식 발생 예측을 위한 증상 기록 및 피크 유량계 등 환자의 정보를 수집하는 소프트웨어

㉢ 난시의 진단을 위한 눈의 움직임 등의 정보를 분석하는 소프트웨어

㉣ 웨어러블 센서를 통해 여러 만성질환이 있는 노인 환자의 건강데이터를 모니터링 서버로 전송하여 환자의 빈맥, 호흡기 감염 증상 등 의료정보를 간병인에 전달하는 소프트웨어

2) 카테고리 II

① 심각하지 않은 상황(Non-serious)이나 상태의 질병이나 상태를 치료·진단하기 위한 정보를 제공하며 중간 정도의 영향(Medium Impact)을 미치는 것으로 간주

② 심각한(Serious) 컨디션/상황의 질병에 대한 임상관리를 유도하는 정보 제공

③ 위중한(Critical) 컨디션/상황의 질병에 대한 임상관리를 위한 안내 정보 제공

㉠ 의료진의 부정맥 진단 지원을 위한 심박수 분석 소프트웨어

㉡ 개인의 건강 데이터를 기반으로 질병의 예방 및 치료 계획 수립을 위한 뇌졸중 또는 심장 질환 발병 위험 점수 예측 소프트웨어

㉢ 당뇨환자의 식사 전 혈당 및 탄수화물 섭취량에 따라 인슐린 용량 계산 및 조정을 지원하는 소프트웨어

3) 카테고리 III

① 심각한 상황(Serious)이나 상태에서 질병을 치료·진단하기 위한 정보를 제공하며 영향이 큰 것(High Impact)으로 간주

② 위중한(Critical) 컨디션/상황의 질병에 대한 임상관리를 유도하는 정보 제공

㉠ 스마트 장치의 마이크를 사용하여 수면 중에 호흡이 중단된 것을 감지하여 위험 신호를 제공하는 소프트웨어

㉡ 환자 정보를 바탕으로 특정 종양과 환자에 맞는 특정 매개 변수를 제공하여 방사선 치료 보조 또는 치료계획 수립 지원

4) 카테고리 Ⅳ

① 중요한 상황(Critical)이나 상태에서 질병을 치료 또는 진단하기 위한 정보를 제공하며 매우 큰 영향(Very High Impact)을 미치는 것으로 간주

㉠ 급성 뇌졸중 환자의 치료 결정을 위한 진단 분석

㉡ 피부 병변과 주변 피부의 프랙탈 치수를 계산하여 진단을 제공하거나 병변의 악성/양성 식별

5) 카테고리 분류

SaMD가 여러 개의 헬스케어 상황이나 컨디션에 사용된다면, 자동으로 가장 높은 카테고리로 분류된다.

2. SaMD의 특징

소프트웨어 의료기기인 SaMD 자체가 의사를 대체할 수 없지만, SaMD는 최신 기술을 기반으로 질병의 진단, 치료, 관리 등 환자를 더 잘 치료할 수 있도록 지원하며 다음과 같은 특징을 가진다.

① SaMD는 여러 종류의 가치있는 데이터를 쉽고 빠르게, 지속적으로 수집할 수 있으며, 이를 통해 사용자를 위한 의학적인 치료 및 지원에 꼭 필요하거나 의미있는 정보 제공이 가능하다.

② SaMD는 하드웨어보다 빠르고 업데이트가 쉬운 소프트웨어 솔루션을 통해 기존 의료기기의 기능을 높일 수 있으며, SaMD를 사용하거나 개발하는 회사의 경우 사용자의 빠른 피드백을 통해 제품 기능을 높이고 시장 출시 기간을 단축할 수 있다.

03 SaMD의 유효성 및 규제에 대하여 분석하라.

1. SaMD의 유효성

전문가들은 SaMD가 환자 자신의 건강관리를 보다 적극적이고 능동적으로 할 수 있으며, 임상의의 진단 정확성을 높이거나 능가할 것으로 예상하고 있다.

Google DeepMind의 3차원 망막 스캔을 분석할 수 있는 알고리즘은 임상의보다 6개월

앞당겨 안구 질환의 조기 징후를 감지할 수 있을 것으로 전망하고 있다.

특히 소프트웨어 의료기기인 SaMD는 질병 완화 및 치료를 위한 진단, 모니터링 등을 수행할 수 있으며, 동시에 다양한 정보를 제공할 수 있기 때문에 궁극적으로 질병을 예측, 예후하는 결정에 도움을 줄 수 있다. 또한 효과적인 진단과 적절한 치료를 지원하고 이를 통해 낮은 비용으로 더 나은 의료서비스 제공이 가능하다.

① 질병의 진단 및 선별의 간접적 지원 : 만성질환의 위험을 예측하고 의료진의 치료 결정을 간접적으로 지원한다.

㉠ 환자 : 진단에서 치료까지의 시간 단축 및 개인맞춤형 치료계획 설정을 지원한다.

㉡ 의료진 : SaMD를 활용하여 환자의 건강 상태, 병력 등보다 많은 정보를 통해 진단 및 치료 계획 수립이 가능하다.

㉄ MRI의 스캔과 유사한 'Genetesis社의 생체 자기 이미징 장치'는 신체 신호를 수집하고 머신 러닝을 통해 수집된 데이터 분석 제공, 이를 통해 방사선 전문의는 심전도와 같은 다른 진단 도구에서 놓친 이상 발견 가능하다.

② 지속적인 모니터링을 통한 빠른 위험 감지 기능 : 웨어러블 센서를 활용하여 생체 신호를 수집하고, 소프트웨어를 통해 모니터링 및 위험 감지 가능하다.

㉠ 환자 : 환자의 약물 복용, 신체 활동, 환경 정보를 파악하고 실시간 권장 사항을 제공함으로써 환자가 자신의 상태에 대한 효율적인 모니터링이 가능함. 이를 통해 치료에 대한 전반적인 환자의 순응도와 임상 결과를 향상시키는 데 도움을 준다.

㉡ 의료진 : 웨어러블 센서에서 데이터를 수집 및 분석하여 건강 위험 신호를 감지, 치료 결정 세분화 지원한다.

㉄ Propeller Health社는 Bluetooth 기술로 지원되는 하드웨어 및 소프트웨어를 사용하여 천식 및 만성폐쇄성폐질환(COPD)과 같은 호흡기 질환을 치료함. Bluetooth 송신기와 유선으로 연결된 흡입기는 환자의 스마트 폰과 통신하여 환자의 증상을 추적하고, 환자와 의사에게 전송한다.

③ 편리한 만성질환 및 질병 관리 : 환자와 의료진은 건강데이터를 공유하고 효과적인 치료계획 수립이 가능하다.

㉠ 환자 : 환자는 건강상태를 실시간으로 모니터링 하고 필요한 경우 의료지원 요청 가능하다.

㉡ 의료진 : SaMD를 통해 수집한 데이터를 기반으로 만성질환자를 위한 맞춤형 치료계획 설계가 가능하다.

㉄ Eli Lilly社의 당뇨병 관리 모바일앱은 혈당 수치 분석을 통해 혈당 결과에

따른 식사 권장량을 제공한다.

④ 디지털 치료 : 의료기기, 약물 등과 동등하게 질병의 치료 또는 완화가 가능하다.

㉠ 환자 : 만성질환이나 질병 치료에 도움을 줄 수 있으며, 환자의 잠재적 위험을 사전에 방지한다.

㉡ 의료진 : 질환에 대한 특징적인 질병데이터를 제공함으로써 의료진의 정확한 진단 및 치료 계획 수립을 위한 보조 역할을 한다.

㉮ Pear Therapeutics 社의 reSET은 행동 치료를 제공하여 환자가 치료 중에 알코올이나 약물을 사용하지 않도록 지원하며, 환자의 약물 사용 이력 등의 확인을 통해 의료진에게 효과적인 치료 옵션을 제공한다.

2. SaMD 규제

의료기기로 평가되는 소프트웨어(SaMD)는 전통적인 규제수단을 적용하는 것이 부적절할 뿐만 아니라, 인체에 대한 위험성이 높지 않다는 점이 계속 강조된다.

특히 세계 의료기기 규제 법규에 많은 영향을 미치는 미국의 최근 동향에서 관련된 제안들이 등장하고 있다.

FDA가 제안한 21세기 치료법(The 21st Century Cures Act)에 따라 ① 행정적 기능을 지원하거나, ② 건강한 삶을 지원하거나, ③ 전자적으로 환자에 대한 기록을 위한 데이터 저장이나 배열을 도와주거나, ④ 제한적으로 의료적 결정 지원을 제공하는 등의 특정 소프트웨어는 더 이상 의료기기라거나 의료기기로서 규제되어야 한다고 받아들여지지 않게 된다.

SaMD의 경제성, 접근성이 높아지고 기술이 점점 정교해짐에 따라 헬스케어 서비스 제공, 맞춤의학 및 의학 연구에서 혁신적인 역할을 수행할 것으로 기대되며, 급속한 기술 발전에 발맞추기 위해 관련 제품에 대한 규제가 보다 민첩해질 필요가 있다.

이에 따라 FDA는 21세기 치료법의 소프트웨어 조항에 보다 명확한 정책을 업데이트하기 위해 지침을 마련하고 있으며, FDA의 의료기기 규제를 담당하는 CDRH(Center for Devices and Radiological Health)는 최근 디지털 헬스 전담부서를 만들 정도로 적극적인 태도를 취하고 있다.

결국 세계 각국의 규제 당국은 '기존의 의료기기 또는 하드웨어를 뛰어 넘는 의료기기로서의 소프트웨어의 고유한 기능'을 감안할 때 의료기기로서의 소프트웨어에 대한 공통의 기본 틀과 원칙을 수렴할 필요성을 인식하고 관련 규제 및 제도를 적극적으로 개선하고자 함. 이에 발맞추어 국내에서도 많은 이해관계자가 관련 규정을 만들어야 하는 필요성을 절감하고 있다.

2017년 7월, 미국 FDA의 CDRH(Center for Devices and Radiological Health)는 새로운 디지털 헬스케어 기술 및 제품 등을 어떻게 규제할 것인지에 대한 액션플랜을 제시하고, 적시에 환자의 사용을 보장하면서 안전하고 효과적인 디지털 헬스 제품의 개발을 촉진하기 위한 실용적인 접근방법을 발표하였다.

04 SaMD의 임상평가에 대하여 분석하라.

2017년 12월, 미국 FDA는 IMDF(International Medical Device Regulators Forum)에서 2016년 10월 초안으로 발행한 의료기기로서의 소프트웨어, SaMD의 임상평가 내용을 바탕으로 최종 임상평가 지침을 발표하였다. 이 지침에 따르면 효과적인 SaMD 임상평가에는 세 가지 주요 구성 요소를 포함한다.

① SaMD의 목표 임상 조건과 임상 결과의 유효한 연관성

② SaMD가 입력 데이터를 올바르게 처리하고 정확한 데이터 분석

③ SaMD의 출력 데이터를 사용하여 임상 치료 측면에서 제품의 의도된 목적을 보여주는 임상적 검증

1. SaMD의 임상평가 원칙

① SaMD 제조사들은 지속적으로 제품 성능을 평가하고, 제품 출시 전부터 제조사는 제품의 정확성, 특수함, 신뢰도, 사용범위에 대한 증거를 수집한다.

㉠ 임상평가는 Quality Management System(QMS)의 일환으로서 의료기기에 관련된 임상데이터의 평가와 분석을 통해 안전성, 효율성, 성과를 검증한다.

㉡ SaMD 임상 평가는 반복적이고 지속적이어야 한다.

② 제품 출시 후, 제조사는 사용자 실제 사용 환경(Real World Environment)에서 소비자의 니즈를 이해하고 제품이 니즈를 충족하는지 지속적으로 연구함 → 이와 같은 실제 기반 정보(Real World Information)는 제조사가 문제점을 파악하고 제품의 기능을 업그레이드함으로써 경쟁력 및 소비자 만족 등을 확보하게 된다.

2. SaMD의 임상평가 목표

대부분 SaMD의 임상 평가의 목표는 임상적 유효성을 확립하고 분석적 유효성과 임상적 성과를 확인하기 위해 환자 데이터를 사용하는 평가 방법의 증거를 만들기 위한다. (SaMD의 아웃풋이 사용자의 결정에 영향을 미치기 때문에, 임상 평가는 사용자가 아웃풋을 활용하는 능력에 초점을 둔다.)

① 임상 평가는 제조사에게 SaMD의 디자인 특성, 알고리즘, 기술적 특징들을 평가하고 나아가 임상적 효율성을 최적화하여 잠재적 위험을 최소화하는 기회를 제공한다.
② 시판 후 지속적인 조사, 논문 등을 통해 데이터를 검증함으로써 SaMD의 안전성, 효율성 등을 확인 가능하다.

3. SaMD의 임상평가 방법

SaMD에 대한 임상적 데이터를 지속적으로 수집, 산출, 분석, 평가하는 체계적이고 계획된 과정으로서 과학적 유효성, 분석적 유효성, 임상적 성과를 검증한다.

① SaMD의 과학적 유효성(Scientific Validity) 산출 방법
㉠ 문헌조사(학술지, 교과서 및 지침서의 전문가 의견, 임상/과학 연구)
㉡ 제조사의 경험 데이터 확인(고객 피드백, 실제 기반 데이터, 시판 후 감시 데이터 등)
㉢ 과학적 유효성 스터디(임상적 관계를 증명하기 위한 전향적 연구, 관찰 연구, 후향 연구, 종단적 연구)
② SaMD의 분석적 유효성(Analyticial Validity) 산출 방법 : 분석적 유효성은 SaMD에 있어서 항상 요구되며, QMS(Quality Management System)의 검증 및 유효성 검사 과정에서 산출됨(인식된 표준에 기술된 알고리즘, 참조 표준 및 자료와의 비교, 다른 기기 및 SaMD와의 비교 중 한 개 이상 고려할 것)
③ SaMD의 임상적 성과(Clinical Performance) 산출 방법
㉠ SaMD의 임상적 성과 증거는 표적 인구와 의도된 사용 목적에 맞게 계획 및 디자인 되도록 한다.
㉡ 대부분의 임상적 성과는 실제 환자 상태를 반영하는 실제 혹은 모의 데이터 세트를 사용하여 산출되며, SaMD 제조사들은 임상적 성과를 증명하는데 관련된 데이터를 식별하거나 데이터의 타입과 양을 정하는 것에 책임이 있다.
㉢ 임상적 성과 관련된 데이터는 제조사가 지원하는 연구 혹은 과학 문헌(임상적 성과 조사)에서 찾을 수 있다.

고려할 사항은 다음과 같다.

① 제조사가 소유하고 있지 않으나 임상적 성과를 증명하는데 도움이 되는 임상적 성과 관련 데이터의 유무

② 실제 기반 사용 조건에서 산출된 이용 가능한 성과 데이터 종류의 유무

③ 유사한 SaMD의 아웃풋과 임상적 상태의 연관성에 대해 임상적 성과를 증명한 기존의 SaMD 및 기기의 유무

05 코로나19 종식을 위한 디지털 치료제 개발 사례에 대하여 분석하라.

가장 효율적으로 코로나를 종식시킬 전략적 자산이 필요하다. 즉 무기가 필요하다. COVID-19는 환자 특성에 따라 중증으로 발전하기도 하고 경증으로 회복되기도 한다. 또한 지속적으로 변이가 발생하고 있으며, 그로 인해 현재 개발 중인 백신 및 치료제의 효과가 제한적일 수 있다.

한미사이언스 광속 TF는 이렇게 환자별로 증상이 다르게 나타나고 변이가 계속되는 COVID-19의 특성상 기존의 감염병 치료 방식대로 효과가 있는 한 가지 약제나 백신을 통해 통제하기 힘들다는 점에 착안하여, 인공지능과 디지털 치료제를 포함한 혁신적이고 새로운 형태의 치료방법을 제시하고자 한다.

COVID-19 환자를 치료하는 가장 이상적인 방법은 24시간 환자를 정성껏 관찰하고 연구하는 동시에, 환자에 대한 충분한 이해를 토대로 다양한 맞춤형 다약제를 처방하는 MDT(Multiple Drug Therapy) 방식일 것이다. 이는 환자 개인의 특성에 따라 여러 진단과 요법, 처방 약제의 종류를 다르게 적용하는 치료 방식이다.

하지만 안타깝게도 대형 종합병원에서는 다학제 협진을 통하여 이러한 방식의 치료가 가능하지만, 현재 COVID-19 감염 환자의 극히 일부분만이 이러한 협진 진료를 받고 있다. 실제 의료 현장에서는 의료 자원 확보 여부에 따라 이상적인 치료를 제공하지 못하는 안타까운 상황이 발생하고 있는 실정이다.

'디지털 도우미를 도입한다면 어떨까', '인공지능으로 여러 환자를 다중 약제와 정밀 진단에 도움이 되도록 할 수는 없는 것일까', 이미 많은 연구자들이 이를 현실적인 의료 현장에 접목하기 위한 고민을 하고 있을 것이다.

한미사이언스 광속TF는 여러 의료계의 전문가들과 과학자들, 그리고 산업 분야에서

쌓은 노하우를 바탕으로 코로나를 종식시킬 디지털 오픈 플랫폼(covidmdt.com)을 런칭하는 계획을 가지고 있다. 이는 임상의들이 의료현장에서 사용하는 코로나 치료 요법과 약물 처방 연구 자료, 리얼 월드 데이터를 지속적으로 통합하여 활용하는 인공지능 툴로서 매우 혁신적인 기능을 하게 될 것이다.

다만 이러한 방식은 현재의 법적으로 명확히 정의된 치료 방식이 아니란 점에서 한미사이언스 광속 TF는 식약처에 사전 심사 미팅을 요청하고, 사업을 구체화해 나갈 방침이다. 펜데믹의 긴급한 의료 자원 부족 현황하에서도 단 한 명의 환자도 의료진 없이 대기중에 사망하지 않도록 하는 것이 한미사이언스 광속TF의 일차 달성 목표이다.

이것이 가능하려면 일반적인 단일 제제 임상시험 방식이 아닌, 고차원의 난이도 높은 임상시험 설계가 필요하다. 또한 병원 내에서 뿐만 아니라 생활 치료센터나 자택 격리 환자의 리얼 월드 데이터를 실시간으로 모니터링하고 수집하여 최적의 치료법을 위해 활용하도록 해야 한다. 환자군에 맞는 최적의 치료효과와 안전성을 목표로 설계된 이 치료법은 특별히 세분화된 중증환자에서 사망률을 낮추고 회복기간 역시 앞당길 수 있을 것으로 기대된다.

한미사이언스 광속TF의 일원으로서, 정밀의료기반의 디지털플랫폼 회사인 헤링스가 이러한 디지털 임상시험 플랫폼을 구축해 나간다. 이는 어댑티브 디자인(Adaptive Design)을 활용하는 우산형 플랫폼 임상시험(Umbrella Platform Clinical trial)을 기반으로 하며 혁신 기전, 리얼 월드 에비던스(RWE)를 포함하여 예후 예측, 환자군 정의, 치료효과를 나타내는 주요 평가 변수도 환자군에 따라 맞춤형으로 지속적인 자동 분석을 수행함으로써 최적의 치료방법을 찾아내는 연속 스펙트럼(Continuous Spectrum) 개념의 임상연구이며 인공지능 개념이다.

이러한 다중 분석 알고리즘을 기반으로하는 임상시험 플랫폼은 신약 재창출과 백신 등 긴급 사용 약물에 대한 임상결과의 평가를 용이하게 해 줄 뿐만 아니라 기존 임상연구 모델의 한계를 극복할 수 있는 혁신 플랫폼인 것이다. 아울러 개인 맞춤형 면역 정보를 기반으로 아스트라제네카, 화이자, 모더나 등 다종의 백신들의 효율적이면서도 정밀하고, 안전한 선택을 위한 예측 모델을 구축할 수 있으며 부작용 모니터링 등 백신 검증용 디지털 4상 임상 플랫폼으로도 활용될 수 있을 것이다.

06 디지털 치료제 개발 업체에서 준수해야할 10가지 핵심원칙에 대하여 분석하라.

디지털 치료제가 제공하는 다양한 중재 및 질병 유형을 고려할 때, 모든 디지털 치료제품은 업계에서 채택한 10가지 핵심원칙(Core Principles)을 준수하는 것이 중요하다.

다음은 10가지 핵심원칙이다.

① 의학적 장애 또는 질병을 예방, 관리 및 치료
② 소프트웨어에 의해 주도되고, 소프트웨어 또는 보완 하드웨어, 의료기기, 서비스 또는 의약품으로 제공되는 의료 개입 생성
③ 디자인, 제조 및 품질 모범 사례 통합
④ 제품 개발 및 사용성 프로세스에서 최종 사용자(End Users) 참여
⑤ 환자 개인정보 보호 및 보완 보호(Security Protections) 기능 통합
⑥ 제품 배포, 관리 및 유지 관리 모범 사례 적용
⑦ 동료 심사 저널에서 임상적으로 의미 있는 결과를 포함한 임상시험 결과 공개
⑧ 위험, 유효성 및 의도된 사용에 대한 규제기관의 검토 및 승인 필요
⑨ 임상 검증 및 규제 상태에 대한 적합한 클레임 제시
⑩ 실제 증거(Real World Evidence) 및 제품 성능 데이터 수집, 분석 및 적용

07 디지털 치료제의 개발을 위한 SW분석에 대하여 분석하라.

1. 소프트웨어의 분류

소프트웨어 개발은 하드웨어를 포함한 의료기기 전체 개방의 일부일 수도 있고, 독자적으로 소프트웨어 그 자체일 수도 있다. 이는 의료기기 개발의 기획 및 계획에서 정의된다. 의료기기에서 밸리데이션을 필요로 하는 소프트웨어는 의료기기의 사용목적에 따라 분류한다. 소프트웨어 자체, 구성이나 부속으로 사용되는 소프트웨어 그리고 자동화 또는 품질시스템에서의 소프트웨어 등으로 구분한다(식품의약품안전처, '의료기기 소프트웨어 밸리데이션 가이드라인'. 2007).

1) 설계에서의 밸리데이션 적용 소프트웨어

소프트웨어 자체가 의료기기이거나 의료기기의 구성품 또는 부속품으로 사용되는 소프트웨어

① 의료기기 목적으로 독립적(Stand-alone)으로 사용되는 소프트웨어
② 의료기기의 기능에 영향을 주거나 조절하는 소프트웨어
③ 분석/모니터링이 목적인 의료기기에 의해 나온 환자의 데이터를 분석하는 소프트웨어

2) 공정에서의 밸리데이션 적용 소프트웨어

자동화 설비(Automated Process Equipment)나 품질 시스템(Quality System) 운영에 사용되는 소프트웨어

① FA(factory automation) 제어용 소프트웨어
② PLC(Programmable Logic Controller)
③ 생산 관리, 환경 프로세스 관리, 포장, 라벨링, 추적성(Traceability), 재고 관리, SPC, 문서 관리, 고객 불만 관리 등 품질 시스템의 모든 측면에서 광범위하게 사용되는 소프트웨어

2. 소프트웨어 요구 사항의 정보 수집

소프트웨어에서의 요구 사항은 사용자 및 관리자 필요로 하는 요건으로, 소프트웨어가 어떤(What) 목적이나 기능을 어떻게(How) 수행할 것인지에 대하여 설명이다. 즉 요구 사항은 소프트웨어가 목적이나 기능을 수행할 수 있는 논리적이고 물리적인 표현으로 변환된 것이다. 소프트웨어 요구 사항은 다음과 같은 사항들을 포함하고 있으며, 의료기기 소프트웨어의 요구 사항을 이와 같이 정의하고 문서화한다(식품의약품안전처. '의료기기 소프트웨어 밸리데이션 가이드라인', 2007).

1) 물리적 특성, 기능 및 성능 요구 사항

① 소프트웨어가 수행할 모든 기능(신뢰성(Reliability) 및 시간성(Timing)을 포함)
② 소프트웨어의 응답 시간(Response Time)
③ 소프트웨어의 물리적인 특성(예 코드 언어, 플랫폼, 운영 체제)
④ 소프트웨어의 사용 환경(예 사용되는 하드웨어, 메모리 크기, 처리 장치, 네트워크(Network))
⑤ 제어 논리(Control Logic)를 포함한 논리적 구조와 논리적 처리 단계(예 알고리즘

(Algorism))

⑥ 하드웨어, 소프트웨어 및 사용 환경과의 관계를 포함하여 소프트웨어 시스템의 동작 의도를 설명한 소프트웨어 시스템의 관계(Context)

⑦ 개발 프로세서에 대한 적절한 기록이 없거나 확인되지 않은 소프트웨어(SOUP, Software of Unknown Provenance) 또는 기타 장비(예 운영 드라이버, 다른 응용 소프트웨어)와의 호환성

2) 소프트웨어 시스템 입력과 출력

① 측정 또는 기록되는 변수(Data) 특성(예 숫자, 영숫자, 형식)

② 소프트웨어가 수용할 수 있는 모든 범위, 한계 및 기본값(Value)

③ 데이터 베이스 요구 사항 및 데이터 흐름도

3) 소프트웨어 시스템 내외부의 연계성

① 모든 내부 소프트웨어와 시스템 간의 인터페이스 및 모든 외부와 사용자 인터페이스의 정의

② 링크(Communication Links)(예 소프트웨어 내부 모듈 간 링크, 보조 소프트웨어와 링크, 하드웨어와 링크 및 사용자와의 링크)

4) 소프트웨어 구동(Driven) 경보, 경고 및 운영자 메시지

① 오류 생성 요인과 처리 방법

② 오류, 경보(Alarm) 및 경고 메시지

5) 물리적 및 논리적인 보안 요구 사항

① 중요 정보의 노출 위험에 관련되는 요구 사항

② 보안 수단(접근 권한자, 인가, 통신 무결성 등)

6) 사람으로 인하여 발생하는 오류와 훈련에 민감한 인체 공학적 요구 사항

① 수동 운영 지원

② 인간-장치 상호 작용(사용자가 시스템에 상호 작용할 수 있는 방법)

③ 담당자에 대한 제약 사항7

④ 사람의 집중적인 주의가 요구되는 영역

7) 운영 및 유지 보수 현장에 인도되는 의료기기 소프트웨어의 설치 및 인수 요구 사항

8) 운영 및 유지 보수 방법과 관련된 요구 사항

① 사용자 운영 및 실행과 관련하여 개발할 사용자 설명서

② 사용자 유지 보수 요구 사항

9) 관련 법규, 규제 요구 사항

3. 소프트웨어 요구 사항의 분석

소프트웨어는 기본적으로 품질 시스템과 위험 관리 범위 안에서 개발·유지되어야 한다. 소프트웨어에 대한 위해 요인(Hazard)의 관리는 의료기기의 전체적인 위험 관리의 일부로서 이를 따로 취급할 수는 없다. 소프트웨어가 포함된 의료기기의 안전성과 효과성의 확립에는 소프트웨어 사용 의도 및 소프트웨어 사용에 따른 허용할 수 없는 위험이 발생하지 않고 그 의도가 충족된다는 사실의 증명이 필요하다. 소프트웨어로 인하여 위해 요인이 유발되거나 위해 요인의 감소 여부를 판단하기 위하여 제조업체는 의료기기 위험 관리를 이행할 수 있는 최소한의 절차, 활동 및 업무를 수행하여야 한다. 의료기기 소프트웨어의 요구 사항 분석에서는 위험 관리 방법을 포함하여야 한다(식품의약품안전처, '의료기기 소프트웨어 밸리데이션', 2007).

① 소프트웨어의 위험 요소를 확인한다. 소프트웨어의 유지·관리과정에서 문제점 해결이나 업그레이드 등을 위하여 소프트웨어, 하드웨어, 기성품(OTS) 소프트웨어 또는 사용 목적에 대한 변경(Change)이 이루어지는 경우, 이러한 변경이 기존 시스템에 방해되는지 여부 및 다음의 판단을 위하여 분석해야 한다.
   ㉠ 위해 요인에 대한 새로운 경감이 필요한지 여부
   ㉡ 변경으로 새로운 위해 요인이 추가 발생하는지 여부
   ㉢ 기존의 위해 요인으로 새로운 소프트웨어가 필요로 하는지 여부

② 소프트웨어의 안전성을 분류한다. 제조업체는 ISO 14971을 준수하는 위험 관리 프로세스를 적용해야 한다. 또한 소프트웨어 시스템에서 발생할 수 있는 환자나 작업자에 대한 위해의 영향에 따라 각 소프트웨어 시스템에 소프트웨어 안전성 등급(등급 A-부상이나 건강 피해가 없는 경우, 등급 B-등급 A를 제외하고 중상이 가능하지 않는 경우, 등급 C-사망이나 중상이 가능할 경우)을 할당하여야 한다.
   이러한 의료기기 소프트웨어 안전성 등급은 심각도에 기초하여 결정한다.

소프트웨어 밸리데이션의 활동을 위해 제조업체에서는 의료기기의 소프트웨어 고장이나 잠재적인 결함으로 인한 환자나 작업자에게 미치는 위해(harm) 영향에 따라 〈표 2-1〉과 같이 소프트웨어의 안전성을 분류해야 한다. 소프트웨어의 안전성 등급의 결정은 소프트웨어로 발생할 수 있는 가장 높은 안전성 등급으로 한다. 소프트웨어 안전성 분류 및 안전성 등급의 결정은 의료기기의 설계 및 개발의 초기 단계에서 결정되어야 한다.

〈표 2-7〉 의료기기의 안전성 분류

등 급	설 명
상 (Major)	고장이나 잠재적인 결함이 직접적인 원인으로 환자나 조작자에게 사망 또는 중상을 입힌 경우, 또는 고장이나 잠재적 결함이 간접적 원인으로 작용하여 부정확하거나 지연된 정보로 인하여 환자나 조작자에게 사망이나 중상을 입힌 경우
중 (Moderate)	고장이나 잠재적 설계 결함이 직접적 원인이 되어 환자나 조작자에게 경상을 입힌 경우, 또는 고장 또는 잠재적 결함이 간접적인 원인으로 작용하여 부정확하거나 지연된 정보로 환자나 조작자에게 경상을 입힌 경우
하 (Minor)	고장, 잠재적 설계 결함으로 환자나 조작자에게 어떤 부상이나 신체적 피해가 발생할 가능성이 없는 경우

출처 : 식품의약품안전처(2007). 『의료기기 소프트웨어 밸리데이션 가이드라인』.

여기서 언급되는 의료기기 '소프트웨어의 안전성'이란 소프트웨어의 고장 또는 잠재적 결함으로 발생할 수 있는 위해의 '소프트웨어 위해 심각성'으로 이해하여야 한다. 위험관리시스템(ISO 14971)에서 위험 평가는 식별된 각 위해요인(Hazard)으로 인한 위해의 발생 확률(Probability of Occurrence)과 심각성을 정성적 또는 정량적으로 산출하고 이러한 결과에 따라 위험 관리를 수행토록 규정되어 있다. 특히 의료기기의 적용 대상인 생체는 재현성이나 일관성이 적고 소프트웨어의 특성상 가용되는 정보나 데이터를 활용하기 때문에 쉽게 예측이 어려워 '심각성에 근거한 소프트웨어 위험을 관리함'으로 보는 것이 바람직하다. 제조업체에서 의료기기 소프트웨어의 안전성 등급이 높을 경우에는 밸리데이션 활동을 매우 중요하게 인식하고 이를 입증할 수 있어야 한다.

4. 소프트웨어 요구 사항 분석 명세서 작성

소프트웨어의 분석 명세서는 요구 사항이 충분하게 명시되어 있고 적절하다는 것을 확인하기 위하여 책임자가 소프트웨어 설계 작업을 시작하기 전에 소프트웨어 요구 사항을 평가해야 한다. 이러한 요구 사항의 평가는 분석 명세서에 포함되어야 하며 소프트웨어의 작성에 반영되기 때문에 매우 중요한 요소이다. 소프트웨어 요구 사항 분석 명세서를 작성하기 위한 주의 사항은 다음과 같다.

① 문장이나 항목은 간단, 명료하고 이해하기 쉽게 작성하여야 한다. 소프트웨어는 개발되는 의료기기를 올바르게 작동시키기 위한 것으로 참여한 개발책임자, 하드웨어 제작자, 소프트웨어 제작자 그리고 의료기기의 기능적 시험을 실시하는 시험 검사자 등이 충분히 이해할 수 있도록 작성하여야 한다. 이는 기능이나 작동에 대한 해석을 단순히 열거하거나 서술하기 보다는 문장이나 항목을 간단, 명료하게 작성하여야 한다. 또한 분석 명세서가 쉽게 이해할 수 있도록 일반적인 문구나 단어를 사용하여야 한다.

② 개발 참여자가 쉽게 활용할 수 있도록 작성하여야 한다. 소프트웨어의 요구 사항 분석 명세서는 의료기기를 개발하고자 참여하는 사람이 각 담당 분야에서 다양한 목적으로 활용할 수 있기 때문에 그 목적이나 기능에 부합하게 사용할 수 있도록 작성되어야 한다. 특히 여러 개발자가 소프트웨어를 모듈화 하여 개발할 경우에는 요구 사항 분석 명세서는 소프트웨어 개발의 기준이 되기 때문에 각 분야에서 활용이 가능하도록 작성되어야 한다.

③ 정석적 작성보다는 정량적으로 작성하여야 한다. 요구 사항 분석 명세서는 소프트웨어 개발자들이 설계하고 코딩하는 근거로 사용된다. 즉 사용자가 원하는 기능과 품질을 구현하기 위해서는 정량적으로 명확하게 제시되어야 하며 소프트웨어의 제작 목적을 충분히 달성하였는지를 확인할 수 있도록 정량적으로 명확하게 작성하여야 한다.

④ 품질의 우선순위를 부여하여 작성하여야 한다. 소프트웨어는 하드웨어를 제어하거나, 데이터를 획득하고 획득한 데이터를 처리 및 분석하여 그 결과를 도출하거나 어떠한 기능을 수행하는 일련의 과정을 모두 포함하여 제작되어야 하며 사용자가 요구하는 품질을 만족해야 한다. 그러나 어떠한 경우에는 품질이 요구 특성을 부합하지 않고 상충되는 경우도 발생하게 된다. 이러한 경우에는 우선적으로 확보해야 할 품질이 확보될 수 있도록 품질의 우선순위를 명시하여 소프트웨어를 개발해야 한다.

⑤ 제약 사항은 반드시 명시하여야 한다. 소프트웨어를 작성하기 위해 필요한 기능적 사항뿐만 아니라 제작 시 발생하는 제약 사항을 사전에 파악하여 이를 해결해야 한다. 요구 사항 분석 명세서에는 소프트웨어 작성에서 발생할 수 있는 여러 가지 제약 사항을 명확하게 작성하여 소프트웨어 제작자가 활용할 수 있도록 작성해야 한다.

학습활동.2 교수 · 학습 방법

교수 방법

- 디지털 치료제의 종류에 대한 관련 용어, 구성, 방식 이해 정도를 파악한 후 수업을 진행한다.
- 교수자의 주도로 디지털 치료제의 종류 등의 내용을 PPT 자료로 제시한 후 설명한다.
- 가능하면 사전에 개인별 학습 자료를 준비하여 모든 학생이 참여할 수 있는 문제 해결식 수업, 협력 수업이 가능하도록 한다.
- 디지털 치료제의 종류 전 과정을 작업의 순서에 따라 단계적으로 실습이 이루어질 수 있도록 지도한다.
- 교재를 통해 수업을 준비하는 데 있어서 필요한 모든 정보나 팁, 힌트 등 도움이 될 만한 내용을 확인할 수 있다.
- 학생들이 만들게 될 각 모델은 수업시간에 중점적으로 다뤄질 부분과 어휘, 질문, 답을 포함하고 있으며 또한 탐구할만한 추가적인 아이디어들도 포함하고 있다.

학습 방법

- 디지털 치료제의 종류에 대한 관련 용어를 숙지하고, 디지털 치료제의 종류에 대해 이해한다.
- 디지털 치료제의 종류의 각 단계별 중점 사항을 체계적으로 학습한다.
- 디지털 치료제의 종류의 수행순서의 전 과정을 실습한다.
- 디지털 치료제의 종류의 내용을 이해한다.
- 디지털 치료제의 종류를 이해하고 숙달이 될 때까지 학습한다.

학습활동.2 평가 및 피드백

평가 준거

- 평가자는 피평가자가 수행 준거 및 평가 내용에 제시되어 있는 내용을 성공적으로 수행할 수 있는지를 평가해야 한다.

학습내용	평가항목	성취수준		
		상	중	하
디지털 치료제의 종류	디지털 치료제의 종류를 이해할 수 있다.			

평가 방법

- 작업 포트폴리오

학습내용	평가항목	성취수준		
		상	중	하
디지털 치료제의 종류	디지털 치료제의 종류를 이해할 수 있다.			

- 필기시험

학습내용	평가항목	성취수준		
		상	중	하
디지털 치료제의 종류	디지털 치료제의 종류를 이해할 수 있다.			

- 체크리스트를 통한 관찰

학습내용	평가항목	성취수준		
		상	중	하
디지털 치료제의 종류	디지털 치료제의 종류를 이해할 수 있다.			

- 피드백

1. 작업 포트폴리오
   - 제출한 보고서를 평가한 후 주요 사항에 대하여 표시하여 돌려준다.
2. 필기시험
   - 평가 결과 성적이 저조한 학생은 보고서 제출 기회를 부여한다.
3. 체크리스트를 통한 관찰
   - 실습 과정에서 평가한 후 개선해야 할 사항 등을 정리하여 돌려둔다.

참 | 고 | 문 | 헌

1. 남상엽 외, 인공지능기술, 상학당, 2016.3.10.
2. 박종일, 스마트헬스케어와 의료AI, 2018년 주요 기업 전략기술로드맵 issue report, 2019.1.
3. 이준기 기자, R&D 데이터 통합 수집 · 공유… 신약개발 3년으로 대폭 단축, 디지털타임스, 2020.12.15.
4. 김태형, 데이터가 생명을 살린다, 한국바이오 협회, 2020.9.1.
5. 개인정보보호위원회, 가명정보 처리 가이드라인, 2020.9.
6. 관계부처합동, 신산업 네거티브 규제 발굴 가이드라인, 2018.2.
7. 이진면 외, 중국의 빅데이터산업 육성과 정부의 역할, KIET, 2018.4.
8. NCBI Data and User Services, https://www.nlm.nih.gov/about/2019CJ.html)
9. Genomics in healthcare: GA4GH looks to 2022, https://www.biorxiv.org/content/10.1101/203554v1
10. 바이오스펙테이터, 英 국민 유전체검사 시행의 의미, http://www.biospectator.com/view/news_view.php?varAtcId=5872
11. 바이오스펙테이터, "100만명 바이오 빅데이터 구축 · 연 4조 R&D 투자", http://www.biospectator.com/view/news_view.php?varAtcId=7684
12. DNA.Land is a framework to collect genomes and phenomes in the era of abundant genetic information, Nature Genetics 50, 160-165(2018), https://www.nature.com/articles/s41588-017-0021-8
13. [메디게이터] GSK와 23앤드미의 신약개발을 위한 개인 유전체 데이터 빅딜, https://www.medigatenews.com/news/1059961358
14. [메디게이터] 유전체 빅데이터 마이닝 기술 기반의 신약 개발, http://www.medigatenews.com/news/2320049700
15. Deep learning in biomedicine, Nat Biotechnol. 2018 Oct;36(9):829-838, https://www.nature.com/articles/nbt.4233
16. Combining genomics and epidemiology to track mumps virus transmission in the United States, PLOS Biology, https://doi.org/10.1371/journal.pbio.3000611, 2020.
17. Public health surveillance and data collection: general principles and impact on hemophilia care, Hematology, https://doi.org/10.1179/102453312X13336169156537, 2012.
18. Mayo Clinic to sequence 100K participants to build genomic database for improved care and research in collaboration with Helix, https://newsnetwork.mayoclinic.org/discussion/mayo-clinicto-sequence-100k-participants-to-build-genomic-database-for-improved-care-and-research-incollaboration-with-helix/
19. Through partnership with Color, 10K NorthShore patients will get whole genome sequencing, https://medcitynews.com/2019/01/color-northshore/

20. Data-sharing brings hope to rare disease patients around the globe, https://www.ga4gh.org/news/data-sharing-brings-hope-to-rare-disease-patients-around-the-globe/
21. 양희영, 디지털 헬스의료기기(SaMD) 규제기준 정립 및 진료행위 코드 마련, KHIDI, Brief, 2019.12.31.
22. 손정만 외, "05 의료기기 소프트웨어 설계제작", 의료기기연구개발 NCS 학습모듈(www.ncs.go.kr)

학습 1	디지털 치료제의 개요
학습 2	디지털 치료제의 종류와 분류
학습 3	**디지털 치료제의 빅데이터 기술활용**
학습 4	디지털 치료제의 인공지능 기술활용
학습 5	디지털 치료제의 블록체인 기술활용
학습 6	디지털 치료제의 사물인터넷 기술활용
학습 7	디지털 치료제의 디지털 트윈 기술활용
학습 8	디지털 치료제의 XR 기술활용
학습 9	디지털 치료제의 디지털 콘텐츠 기술활용
학습 10	디지털 치료제의 개발 · 허가 · 심사
학습 11	디지털 치료제의 응용
학습 12	디지털 치료제의 시장동향
학습 13	디지털 치료제의 미래

학습 목표

1. 디지털 치료제의 빅데이터 기술을 이해할 수 있다.

3-1 빅데이터 기술의 개요 및 제품/서비스

1. 빅데이터 기술 개요

데이터 3법이 개정됨에 따라서 디지털 기술을 이용한 소프트웨어로 환자를 치료하는 '디지털 치료제' 시장이 관심이다. IT신약으로 불리는 디지털 치료제는 빅데이터와 인공지능의 결합을 활용하기 때문에 의료서비스 전반에 커다란 혁신을 불로 올 것으로 기대된다.

의료 건강 바이오 빅데이터는 노령화 등으로 의료비 지출 비중이 확대됨에 따라 공공위생, 임상 적용, 산업 발전 측면에서의 빅데이터 융합이 강조되고 있다.

[그림 3-1]처럼 보건의료분야의 빅데이터로 인하여 패러다임의 변화를 통하여 의약 발전, 만성질병 예방 및 관리, 의료서비스 개선과 더불어 '인터넷+의료건강'을 중심으로 한 빅데이터 응용 등이 적극 확대되고 있다.

빅데이터는 인공지능(AI), 사물인터넷(IoT), 블록체인(Block Chain), 엣지컴퓨팅(Edge Computing), 인지 컴퓨팅(Cognitive Computing), 증강현실(AR), 상황인식(SA), 5G 등 기술과의 융합을 통해 다양한 분야에 응용되고 있다.

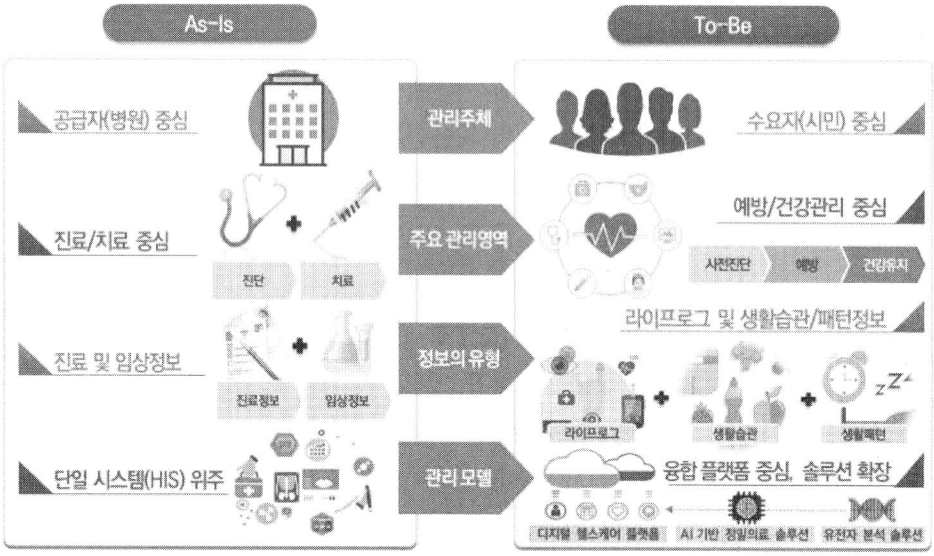

[그림 3-1] 보건의료 패러다임의 변화

2. 빅데이터 제품 및 서비스

빅데이터 제품 및 서비스는 빅데이터 하드웨어, 기초/응용 소프트웨어, 응용 서비스, 데이터 소스, 기초 인프라, 데이터 유통 등 분야를 중심으로 발전하고 있다.

1) 소프트웨어

빅데이터 플랫폼, 데이터 수집 및 전처리, DB구축 등 다양한 제품 및 서비스가 주목받고 있으며, 응용소프트웨어는 데이터 가시화 관련 수요가 높게 나타나고 있다.

2) 응용 서비스

병원, 연구, 기업 등의 운영 효율화, 리스크 관리 관련 제품이 각광받고 있으며 특히 서비스업 융복합뿐만 아니라 의료, 행정, 금융, 여론, 교통 등 분야에서의 접목이 확대되고 있다.

3) 빅데이터 소스

병원 및 개인, 또는 기업운영 생성 데이터, 정부 공개 데이터, 인터넷 데이터 수집이 주를 이루고 있으며 향후 5G 혹은 6G 추진 가속화에 따라 IoT 센서단말 등을 통한 데이터 확보의 중요성이 확대될 전망이다.

다양한 데이터 소스를 종합적으로 분석하여 환자를 그룹별로 구분하고 해당 그룹에 적합한 치료를 제공한다.

〈표 3-1〉 데이터 소스 예시

데이터 소스	예 시
유전 정보	각종 오믹스 데이터* 및 기타 등
임상 정보	영상 데이터(MRI, CT, 분자영상, 병리검사영상 등), 전자의료기록(EMR/EHR), 환자 건강 기록, 약물순응여부 등
생활습관 정보 (라이프로그)	활동량 정보, 영양 데이터, 자가 측정 임상 데이터 커뮤니케이션 데이터 등
기 타	인체유래물(바이오뱅크) 등

* 유전체(Genome), 전사체(Transcriptome), 단백체(Proteome), 후성유전체 (Epigenome), 마이크로바이옴 (Microbiome) 등

4) 기초 인프라

데이터센터 구축, 공공 및 민간 클라우드 컴퓨팅 서비스 확대를 중심으로 병원, 연구소, 기업 및 정부의 디지털화와 클라우드화에 주력하고 있다.

5) 데이터 유통

데이터 표준화, 데이터 개방 및 공유에 대한 수요가 확대되고 있는 한편 비즈니스 모델 구축과 데이터 합법성 검증 등 이슈가 초기 단계에 머물고 있어 수요확대에 제약이 있다.

〈표 3-2〉 빅데이터 제품 및 서비스

분 야	주요 제품 및 서비스
하드웨어	저장 설비, 서버, 스마트 단말, GPU, 센서 등
기초 소프트웨어	빅데이터 플랫폼, 데이터 수집, 데이터 전처리, 정형 데이터, 비정형 데이터 등
응용 소프트웨어	데이터 가시화, 사용자 프로파일링, 비즈니스 인텔리전스(BI)7), 로그 분석, 자연어 분석
기업 응용	운영 개선, 리스크 관리, 기업 관리, 제품개발, 안전 관리 · 감독, 고객 서비스, 마케팅
산업 응용	건강 · 의료, IT서비스, 행정, 금융, 도시관리, 교육, 교통 · 운수, 민생서비스 등
데이터 소스	기업운영 생성 데이터, 정부 공개 데이터, 인터넷 데이터 수집, API
데이터 기초시설	데이터 센터, 민간 클라우드, 공공 클라우드, IDC임대 서비스 등

분 야	주요 제품 및 서비스
데이터 유통	데이터 표준화, 데이터 개방 공유 플랫폼, 데이터 거래소 등
의료산업	의료체계 혁신, 의료기관 평가/감독, 의료보험료 관리, 의료자원 배분, 의료비 통제 등
임상실험	임상 의사결정 지원, 의약품 개발, 의약품 부작용 예측, DNA염기서열, 유전체 분석 등
공공위생	공공위생 기관 감독/의사결정 관리, 중대 질병 예방/통제, 예비 경보 및 긴급 대응 등
스마트진료	진료 프로세스 개선, 온라인 건강 · 의료서비스 모델 구축, 전자 진료카드 이용서비스 등

3-2 디지털 치료제의 빅데이터 기술의 활용

1. 디지털 치료제의 빅데이터

글로벌 디지털 헬스 시장의 디지털 치료제 관련 시장에서 가장 큰 규모를 차지하고 있는 영역은 '빅데이터'로 꼽힌다. 이 시장 규모는 2018년 169억달러(약 20조7954억원)에 이어 연평균 18.2% 성장률로 2023년 397억달러(약 48조8508억원)까지 확대될 것으로 전망되고 있다.

의료서비스를 통해 생성된 막대한 환자 데이터는 치료 개선과 효율성 향상에 사용될 수 있다. 때문에 데이터를 효과적으로 저장 · 관리하고, 고도화된 분석할 수 있는 기술이 중요하다. 다만 데이터 손상관리 · 정제, 보안 등은 빅데이터 시장 진입을 막는 주요 장벽이 된다.

글로벌 시장에서 병원 · 제약사 등 의료서비스 제공업체들은 빅데이터를 여러 분석시스템에 도입하거나 비용 절감, 업무 효율성 확대 등에 활용하는 데 주력한다.

예로 환자 병원도착률을 예측하거나 내부 인력을 효율적으로 활용하기 위한 작업 흐름을 설계하는 데 활용한다. 의료기관 데이터를 비교해 진료 성과를 개선하는 것과 여러 만성질환마다 가장 효과적 치료법을 결정 · 제안하는 프로그램을 개발하는 것 등에도 유용할 수 있다.

특히 빅데이터 영역은 환자 데이터 침해 · 손실을 막기 위한 '사이버보안', 빅데이터를 활용해 정밀의료로 접근할 수 있는 기술을 확보하기 위한 '데이터 분석' 등 다른 디지털 헬스 시장과도 연결돼있다.

원격의료의 경우 미국이 주도하고 있다. 2016년 미국 원격의료 시장 규모는 78억 1000만달러(약 9조 6039억원)이며, 2021년에는 283억 6000만달러(약 34조 8742억원)에 이를 것으로 추산된다.

원격의료는 ICT를 이용해 원격으로 의료정보를 제공하거나 의료서비스를 제공하는 행위로 정의된다. 때문에 개인응급대응시스템, 모바일헬스, 원격환자모니터링, 가상진료 등을 모두 포함하는 것으로 평가된다.

현재는 이 중 모바일헬스가 미국 시장에서 가장 큰 영역을 차지한다. 다만 향후에는 각 영역이 연계된 '통합 원격의료 서비스' 개념과 플랫폼이 도입 · 활용될 것으로 예측된다. 미국에서는 지난해부터 원격의료 서비스 업체 간 파트너십이 활발하게 이뤄지고 있다.

이외에 여성 건강관리 수요에 기여하는 제품 · 소프트웨어 · 서비스 등 모든 기술 영역을 뜻하는 '팸테크(Femtech)'를 비롯해 안면인식기술, 블록체인, 클라우드, 대화형 가상 도우미, 5G 무선 네트워크 등도 디지털 헬스 시장과 관련된 영역으로 주목받는다.

이같은 디지털 헬스분야 기술은 환자 진단, 질병 관리, 병원 보안, 신약 연구 등 다양한 분야에서 활용할 수 있다

2. 디지털 치료제의 소프트웨어 의료기기

소프트웨어 의료기기로서 디지털 치료제 특성상 중장기적 관점에서 건강 관련 데이터를 지속적으로 축적할 수 있는 장점을 보유하고 있다.

전통적 제약업의 경우, 출시된 기존 의약품은 시판 후 조사(PMS : Post Market Surveillance)를 통해 제한된 기간동안 경제적 이익을 제공하며 데이터를 수집해 위험관리를 하는 반면, 디지털 치료제는 디지털기술을 이용해 지속해서 건강 관련 빅데이터의 축적이 가능하다.

축적 데이터를 바탕으로 인공지능 등 신기술을 사용해 치료 고도화가 가능하며, 특히 데이터의 지속적 축적은 오랜 관리가 필요한 암 등 중증질환자 치료에 중대한 요소로 작용한다.

기본적으로 디지털 치료제는 개인에게 최적화된 맞춤형 서비스 제공을 위해 개인건강기록(PHR : Personal Health Record)을 인공지능 기술로 처리할 수 있도록 개발한다.

개인건강기록의 종류는 [그림 3-2]처럼 의료기관에 관리 책임이 주어진 진료기록 등 의료데이터, 개인용 헬스케어 기기를 통해 생성 및 수집돼 개인의 생활습관이 반영된 라이프로그(Life-log), 유전체 데이터 등 선천적 유전형(Genotype) 및 후천적 표현형(Phenotype) 데이터를 총칭한다.

[그림 3-2] 개인건강기록(PHR) 종류

보건의료 빅데이터는 [그림 3-3]처럼 건강보험공단, 건강보험심사평가원 등에 보관된 공공데이터, 의료기관의 임상진료 과정에서 생성돼 수집된 임상 데이터웨어하우스(CDW : Clinical Data warehouse) 내 데이터를 포함해 기관생명 윤리위원회(IRB) 승인을 거쳐 임상시험을 통해 수집되는 피험자 데이터, 의료기관의 전자의무기록을 기반으로 한 공통 데이터 모델(CDM : Common Data Model) 데이터로 구분되며, 비식별화된 형태로 제공이 가능하다.

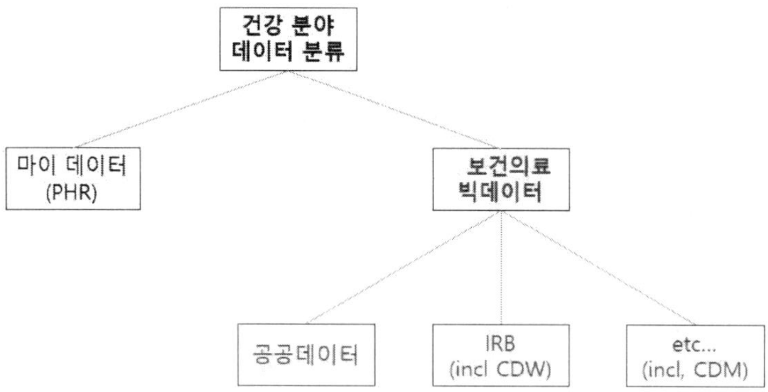

[그림 3-3] 활용 및 관리에 따른 건강관련 데이터 분류

데이터를 학습, 분석, 처리하는 데 활용되는 인공지능 기술은 컴퓨터가 명시적으로 프로그램되지 않고도 학습할 수 있는 기계학습(Machine Learning)으로 구현한다.

디지털 치료제는 빅데이터의 자료를 활용하여 질병의 발생 · 재발 · 사망 위험도에 대한 예측 알고리즘으로 분석하여 최적의 치료용 소프트웨어에 탑재가 가능하다.

[그림 3-4]처럼 의료용 빅데이터는 건강보험심사평가원(이하 HIRA)에서1995년 진료비 청구방식을 전자기록(EDI) 청구방식으로 개발 · 적용하면서 다양한 빅데이터를 구축하게 되었다. HIRA는 전국민, 전국단위 의료정보(진료정보, 의약품정보, 의료자원정보 등)를 원천 수집 · 관리하는 기관이다.

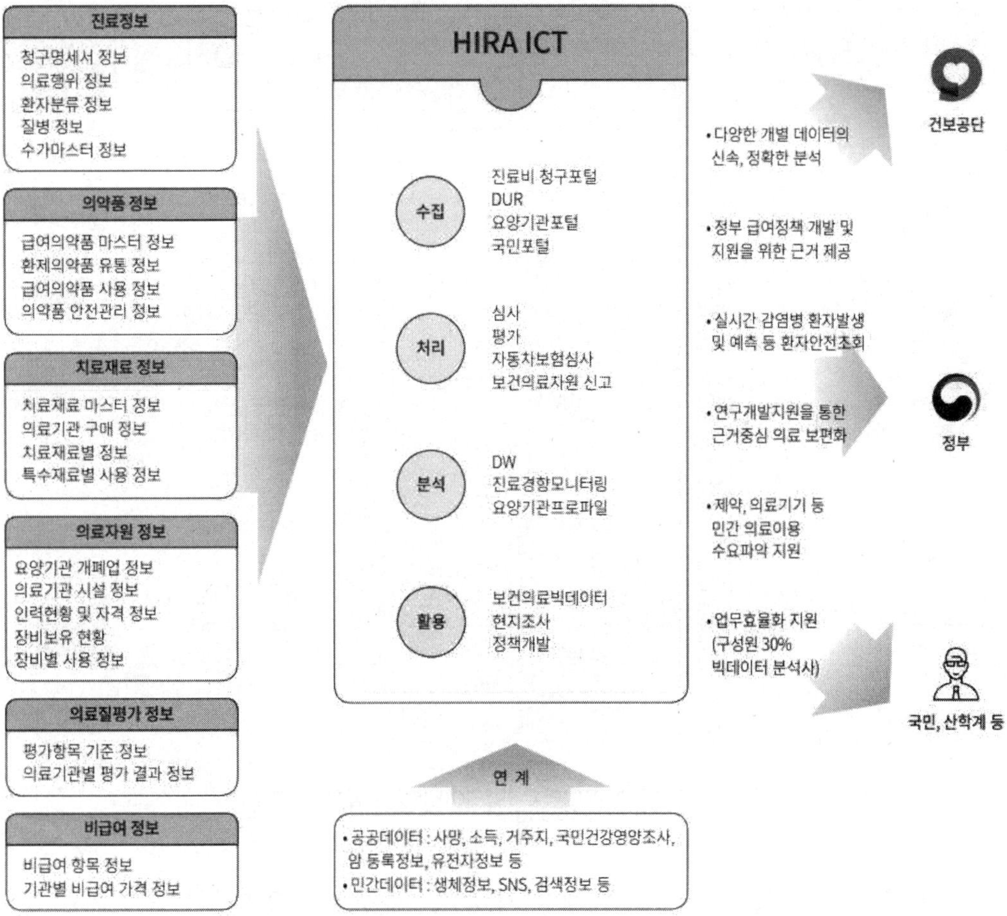

[그림 3-4] 빅데이터 원천 수집, 처리, 분석 활용체계

2015년 공공기관 최초 수요자 중심 맞춤형 '보건의료빅데이터 개방 플랫폼'을 구축하였다. 국내 보건의료분야 빅데이터 분석 · 활용 기반을 활용하여 차후 디지털 치료제에 구현을 위한 임상 자료 및 구축을 마련할 수 있다.

이것을 이용하여, 민간의 디지털 치료제를 구현을 위해 개발 활용을 위해 빅데이터센터 및 원격서비스를 운영하고 있다.

HIRA 빅데이터는 의료기관, 제약기업, 식약처, 디지털치료 등으로부터 실시간 수집 · 정제한 데이터이다. 연간 진료비 청구 14억건, 심사 진료비 65조원 등의 원천 데이터를 5,258억건의 개방 DB로 구축하여 디지털 치료제 개발을 위한 기업 및 국민에게 개방 · 공유하고 있다.

[그림 3-5]처럼 보건의료용 빅데이터 융 · 복합 플랫폼의 보건의료빅데이터는 국민 건강 향상을 위하여 폭넓게 활용이 가능하다.

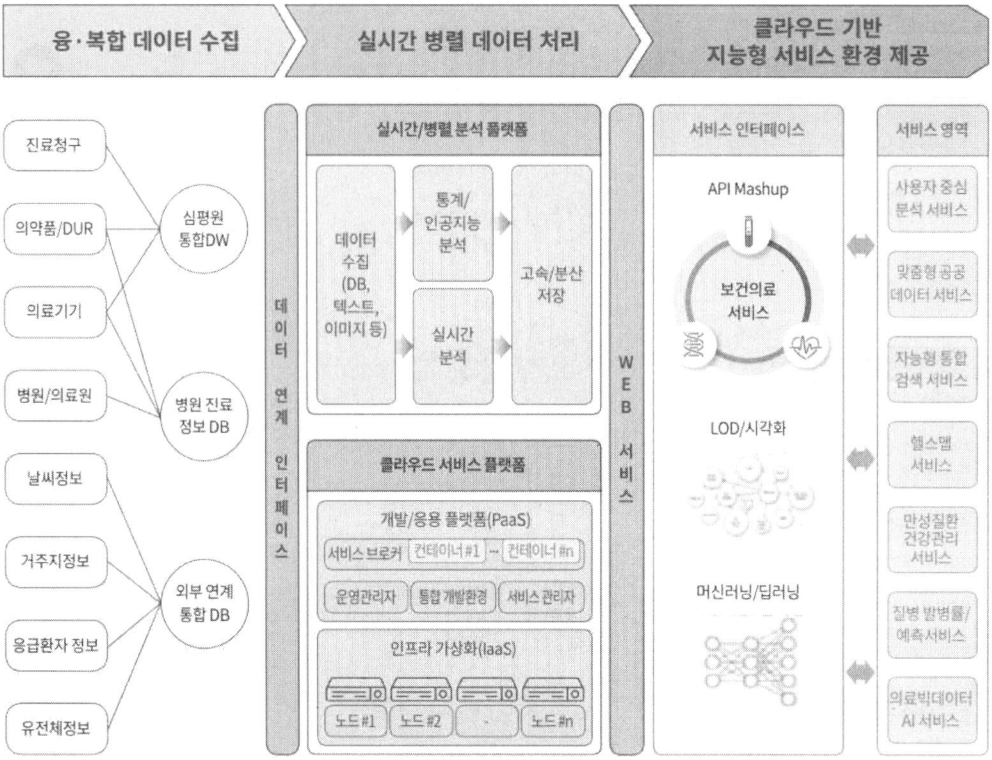

[그림 3-5] 보건의료용 빅데이터 융·복합 플랫폼

최근 빅데이터를 활용하여 디지털 치료제는 질병유발 요인분석, 의약품 효과·부작용 분석, 의료비 증가요인 분석 등 통하여 다양한 디지털 치료제 등 연구가 진행 중이다. 연구 결과는 개인별 질병·건강관리, 조기 질병진단, 감염병 감시 등 보건의료서비스 활용에 가능하다.

이러한 지원이 가능하도록 HIRA 빅데이터와 외부데이터의 연계·융합을 실시하여 '보건의료빅데이터 융·복합 플랫폼'을 구축하고 있다.

이를 통하여 전략적·상시적 모니터링을 실시하여 환자안전관리 향상, 국민의료비 효율적 지출관리 등 보건의료 위기요인에 효과적으로 대응할 수 있을 것으로 기대된다.

제4차 산업혁명이라는 거대한 변화가 우리 앞에 놓여 있다. 거대한 변화의 중심에는 인공지능과 IoT, 클라우드와 더불어 빅데이터가 있다.

빅데이터가 산업의 새로운 경쟁원천으로 부각하고 있고, 스스로 데이터를 확보할 수 있는 생태계를 구축하고 이를 활용할 수 있는 알고리즘을 보유한 기관이 시장을 주도할 것이다.

수행 내용

재료 · 자료

- 디지털 치료제 관련 자료

기기(장비 · 공구)

- 컴퓨터, 문서작성 프로그램, 프린터, 주변기기

안전 · 유의사항

- 디지털 치료제 관련 장비의 안전 및 유의사항을 숙지한다.

수행 순서

01 보건 의료분야의 빅데이터에 대하여 분석하라.

국민건강보험공단은 가입자의 자격 · 보험료, 진료 · 투약내용, 건강검진 결과 및 생활습관 정보 등 2조1천억건, 92테라바이트의 빅데이터를 보유하고 있다. 한편, 건강보험심사평가원은 진료내역, 투약내용(의약품 안심서비스), 의약품 유통 등의 2조2천억건, 89테라바이트의 빅데이터를 보유하고 있으며, 경제협력개발기구(OECD)는 한국의 건강보험 빅데이터 순위가 2위라고 발표했었다.

건보공단과 심평원은 빅데이터 수집 및 정제화 과정을 통한 양질의 데이터 확보 및 이를 저장하고 관리하는 소프트웨어 개발, 소비자 접근성이 높은 플랫폼 개발 등을 통하여. 디지털 치료제 개발 등을 위한 빅데이터를 민간에 널리 알리고 더 많이 개방하고 있다.

빅데이터를 활용하면 미국 의료부문은 연간 3,300억 달러(미정부 의료예산의 약 8%에 해당하는 규모)의 직간접적인 비용 절감 효과를 보일 것으로 전망된다.

특히 임상분야에서는 의료기관 별 진료방법, 효능, 비용 데이터를 분석하여 보다 효과적인 진료방법을 파악하고 환자 데이터를 온라인 플랫폼화하여 의료협회 간 데이터 공유로 치료효과를 제고하며 공중보건 영역에선 전국의 의료 데이터를 연계하여 전염병 발생과 같은 긴박한 순간에 빠른 의사결정을 가능케 할 전망이다.

한편 의료분야에서 빅데이터가 효과를 발휘하기 위해서는 대량의 의료정보 수집이 필수적이기 때문에, 개인정보의 보호와 빅데이터 활용이라는 두 가지 가치가 상충하게 된다. 따라서 의료분야에서 빅데이터의 활용과 보급을 위해서는 이러한 문제에 대한 가이드 라인 마련이 필요한 상태이다.

국 가	사 례
핀란드	국가 전자환자기록 도입, 환자는 포털을 이용하여 잔신의 임상기록 및 접근권한 관리
덴마크	국가에서 구축한 포털을 통해 진료기록의 99%가 병원에서 주치의에게로 전달
영국	완전한 디지털화 기반 마련 목표로 전자의무기록 등을 모도 통합한 시스템 구축중
중국	빅데이터 기술과 기존 의료산업의 융합추진, 빅데이터 병원 공실률 감소
미국	민간단체에서 영상 데이터 수집, 환자들의 리얼 월드 경험과 결과 바탕으로 100건이 넘는 논문발표

02 보건 의료분야의 빅데이터 수집 및 활용 한계에 대하여 분석하라.

1. 양질의 데이터 확보의 한계

병원마다 의료 데이터의 형태와 저장방식, 사용하는 용어의 일관성이 떨어져 데이터를 한곳에 통합하고 표준화 하는데 오랜 시간과 많은 비용이 소요된다.
의료 데이터는 오류제거의 어려움, 단순 결정하기 어려운 라벨링 문제 등 데이터의 정제와 가공에 많은 비용과 전문인력 투입이 필요하다.

학습데이터에 정답을 부여하여 분류하는 행위로 이는 전문적인 영역으로 의료진의 협력이 필수이다. 또한 질병의 특성 때문에 데이터 자체가 희귀하거나 데이터가 특정그룹에 편향되어 있어 데이터 불균형문제가 발생한다.

2. 낮은 데이터 접근성

보건 의료 데이터는 특유의 민감성 때문에 반드시 연구에 필요한 최소 수준의 데이터 요청 및 폐쇄성 환경만 활용이 가능해 데이터 접근이 매우 제한적이다.

〈표 3-3〉 보건의료 빅데이터 수집 및 활용의 문제점

구 분	내 용
데이터의 다양성	• 의료데이터는 다양한 종류의 시스템에서 생성(EMRs,HR s/w 등) • 의료데이터는 다양한 부서에서 생산(Radiology, Parmacy 등) • 의료데이터는 다양한 포맷의 파일로 구성
구조화와 비구조회	• EMR은 일관성 있는 데이터 캡처 플랫폼을 제공하지만 실제로는 사용자에 따라 다른 구조로 문서화 • EMR사용자들이 획일적 통합에 거부감 피력
데이터 정의	• 동일 질환 환자에 대한 의료진들의 진료 소견이 각자의 데이터 해석능력에 따라 차이 발생 • 하나의 의료데이터가 새로운 연구 결과와 실험결과를 통해 다른이해와 정의로 변화
복잡성	• 보험 심사과정 중 발생하는 청구자료에 비해 표준화되어 있으나 의료행위에 대한 기록만 존재 • 분산된 프로그램에서 생성되는 의료 데이터를 관리하기 위해 qhe 정교한 툴이 필요

3. 재식별 위험

최근 데이터 3법 통과로 가명처리 의료 데이터 활용의 제도적 기반이 마련되었으나 데이터 결합과정에서 개인정보 재식별 위험이 여전히 존재한다.

03 바이오 시대의 바이오 데이터 스테이션에 대하여 분석하라.

코로나19 이후 모든 산업 분야에서 디지털 전환이 한층 가속화되고 있다. 국가, 사회, 기업, 개인 모두 디지털 혁신 없이는 미래 지속가능한 발전을 담보할 수 없는 시대로 급변하고 있다. 특히 AI(인공지능), 빅데이터 등이 산업 전반에 스며드는 디지털 시대를 맞아 '21세기 신(新) 원유'로 불리는 데이터의 중요성은 시간이 갈수록 더 커지고 있다. 데이터 활용 역량이 개별 기업은 물론 국가 경쟁력까지 좌우하는 핵심 요소로 부각되고 있다.

바이오 분야도 예외는 아니다. 바이오 연구를 통해 얻어지는 데이터가 R&D 혁신을 견인하는 중요한 연구자원으로 활용되고 있다. 실제 일반 국민이나 환자들의 유전자 및 의료정보가 질병치료 및 신약개발에 활용되면서, 연구개발에 소요되는 비용과 시간을 파

격적으로 줄이고 있다. 정부도 범부처 협력으로 바이오 데이터를 통합 수집 · 제공 · 활용할 수 있는 플랫폼인 '국가 바이오 데이터 스테이션' 구축을 통해 데이터 기반 바이오시대에 박차를 가하고 있다.

바이오 데이터의 보고(寶庫), '바이오 스테이션'

바이오 데이터의 힘…"1년 만에 코로나19 백신 개발"= 지난 8일(현지시간) 영국의 90대 노인이 코로나19 백신을 세계에서 처음으로 접종했다. 연초 코로나19가 세상에 알려진 지 343일 만에 백신을 사람에게 접종하는 역사적 순간이었다.

통상 백신 개발까지 최소 10년이 걸리는 데, 코로나19 백신은 1년도 채 안 돼 개발하는 전무후무한 역사를 세웠다. 물론 전 세계적 코로나19 확산의 심각성이 커지면서 신속한 백신 개발 수요가 커진 것도 한 몫 했다.

백신 개발을 초고속으로 앞당길 수 있었던 것은 주요 선진국을 중심으로 그동안 축적해 온 바이오 연구 데이터를 신속하게 활용할 수 있었기 때문이다. 이를 토대로 코로나19 바이러스에 대해 알지 못했던 다양한 특성 등을 빠르게 파악해 치료제와 백신 개발로 연계할 수 있었다.

코로나19 백신 개발 사례에서 보듯, 바이오 데이터는 앞으로 신 · 변종 감염병 대유행 등 인류가 언제든 직면하게 될 의료 재난에 발 빠르게 대응하는 데 유용한 자원으로 활용될 것이다.

바이오 데이터가 감염병 희귀질환 치료의 보고로= 바이오 연구 데이터는 바이오 연구 수행 과정에서 생산, 활용되는 모든 데이터를 일컫는다. 대표적으로 유전체, 단백체, 임상 · 전임상 데이터, 화합물 분석 데이터 등을 꼽을 수 있다.

그동안 바이오 R&D 과정에서 생성되는 데이터는 개별 연구자 소유로 인식돼 책상 서랍이나 컴퓨터에 보관된 채 제대로 공유 · 활용되지 못했다. 하지만, 2000년대 들어 인간 유전체 해독과 차세대 염기서열 분석기술, AI 발전 등에 따라 연구 데이터량이 폭발적으로 늘어 나면서 데이터를 활용한 연구가 주목받기 시작했다.

주요 선진국은 대규모 프로젝트를 통해 대량의 데이터를 생산하고, 이를 목적 · 분야별로 수집 · 축적 · 활용하는 데 역량을 모았다. 실제, AI 기반 융복합 데이터(화합물, 유전체, 약물 등)를 활용해 10년 걸리던 신약개발 기간을 3년으로 단축시키는 발전을 이뤘다.

지금까지 국내 바이오 연구 데이터는 부처 · 기관 · 사업 · 연구자별로 흩어져 개별 관리되고 있었고, 데이터 수집 기준 · 절차도 마련돼 있지 않아 체계적 · 통합적인 수집 · 관리에 한계를 안고 있었다. 상황이 이렇다 보니 돈을 주고 해외 데이터 플랫폼에 의존하는 빈도가 높았고, 데이터를 생성, 활용하는 생태계도 취약했다.

'서랍 속 데이터'를 '바이오 스테이션'에 모은다 정부는 이처럼 열악한 바이오 데이터 생태계를 개선하기 위해 범부처 협력으로 '국가 바이오 연구 데이터 플랫폼'을 조성하는 '국가 바이오 스테이션 구축 사업'을 추진하고 있다. 이 사업은 과기정통부, 산업부, 농림부, 복지부, 환경부, 해수부 등의 국가 바이오 R&D(연구개발) 사업을 통해 창출되는 모든 데이터를 국가 차원에서 통합 수집해 산학연병에 제공하는 것을 목표로 한다. 바이오 스테이션에 수집된 데이터는 AI와 클라우드 분석 기술을 통해 통합 분석된 후, 대학과 기관, 기업 등 R&D 혁신 주체들이 공유·활용할 수 있도록 제공된다.

데이터 스테이션에 등록되는 데이터는 원클릭 등록 시스템과 데이터 표준을 기반으로 수집되고, 편리한 분석 환경과 다양한 시각화 기능 지원을 통해 데이터 활용을 최적화할 수 있도록 설계된다.

공유 목적의 빅데이터 사업의 경우, 데이터가 생산되는 즉시 등록·공개하고, 연구목적의 데이터는 데이터가 생산된 당해 연도에 등록하도록 했다. 데이터 스테이션에서 등록을 마치면 데이터 스테이션에서 등록증이 발급된다.

데이터 수집도 체계적으로 운영한다. 연구관리 전문기관은 과제 공고 시 생산되는 데이터를 공유하도록 의무화하고, 연구자는 과제계획 제출 때 데이터 관리계획을 제출해야 한다. 마지막으로 연구자가 발급받은 데이터 등록증을 연구관리 전문기관에 제출하면 과제 평가에 반영한다.

과기정통부는 특히 데이터 등록·공유가 연구현장에 조기 정착되도록 데이터를 등록하는 연구자에 마일리지를 제공하고, 마일리지 등급에 따라 과제 선정 평가 시 가산점을 부여할 예정이다. 아울러 데이터 장기 보존 공간과 슈퍼컴 인프라, 데이터 분석 바우처 등을 제공하는 한편, 연구 데이터를 연구성과물로 인정해 데이터만으로 과제를 평가하는 방안도 검토하고 있다.

과기정통부는 올해 바이오 연구 데이터 관리 기준을 마련한 후, 내년부터 데이터 등록에 본격 착수할 계획이다. 과기정통부는 이를 위해 데이터 수집을 위한 표준양식을 마련해 바이오 데이터의 디지털 전환을 지원했으며, 지난 11월에는 130명의 전문가 의견을 반영해 바이오 데이터의 표준화 작업을 마무리했다.

참고 : http://www.dt.co.kr/contents.html?article_no=2020121402100251731002

04 바이오 빅데이터 적용 사례에 대하여 분석하라.

최근 몇 년 사이에 바이오 빅데이터들을 적용해 환자들을 위해 질병 진단 및 치료에 활용된 사례들이다.

1. 미국 유행성 이하선염

2016~2017년에 걸쳐 미국 보스턴 지역에서 유행성 이하선염(볼거리) 감염이 급증했다. 매사추세츠 주의 공중 보건국과 지역 대학 보건 서비스와 협력 아래 환자들 유래 유전체 데이터를 사용해 해당 연구를 진행했다. 브로드 연구소 연구팀은 역학 데이터와 201명의 감염된 환자에게서 유행성 이하선염 전체 유전체 서열을 분석하였으며 전 세계 연구자들에

의해 시퀀싱 되고 공개된 유행성 이하선염 3646개의 GISAID 데이터베이스 내 존재하는 게놈서열들을 사용했다. 이러한 자료 및 데이터 수집을 바탕으로 실행된 연구는 실시간으로 전염병의 확산을 이해하는 데 큰 도움이 되었다. 또한 연구자들은 발생원을 찾게 되어, 전파되는 경로 및 패턴을 해결함으로써 질병의 심각도 및 백신과 진단에 영향을 줄 수 있는 유전체의 변화를 확인할 수 있었다. 적절한 데이터의 수집과 활용으로 큰 전염병의 유행을 확인할 수 있었으며, 백신 개발 부분에 있어서도 크게 도움이 되었다.

2. 미국 혈우병 환자 네트워크

미국 6개 주의 NIH와 CDC(Centers for Disease Control and Prevention)는 혈우병 감시 시스템을 후원하여, 해당 주에 거주 중인 혈우병 환자를 모두 식별하고 의료 기록에서 인구 통계 및 임상적인 특징에 대해 자세한 정보를 수집하였다. 해당 기록은 6년에 걸쳐 혈우병 환자 3000명으로부터 발생률 및 치료와 합병증의 결과를 연구할 수 있는 데 도움이 되는 데이터를 사용하게 된다. 그 결과 1975년, 미국 혈우병 환자에게 종합적인 치료를 제공할 수 있는 네트워크가 구축되었으며, 표준화된 데이터 수집 양식을 사용하여 혈우병을 비롯하여 각종 다양한 혈액 장애에 관련해서도 100여 개의 국가에서 데이터를 수집하고 있었다. 이러한 데이터를 바탕으로 가난해 최하위 의료서비스를 받을 수밖에 없는 나라에서도 혈우병 치료 및 생존율이 향상되었음이 증명되기도 하였다. 이렇듯, 의료 데이터 수집 및 활용은 공공의 이득을 추구하며 진행되는 경우도 많다. 또한 정부 차원에서의 지원이 필수적이며 관련 회사들이 협력하여, 데이터 수집뿐만 아니라 관련 신약 개발까지 나아간다면 더욱 공공의 이득이 활성화될 것이다. 그리고 환자의 데이터 수집과 더불어 개인 정보 보호와 보안은 헬스케어 분야에 있어서 시간이 갈수록 매우 중요해지고 있다.

3. 메이요 클리닉(Mayo Clinic) & 헤릭스(Helix)

2020년 초 메이요 클리닉과 캘리포니아 기반의 유전체 회사인 헤릭스와의 파트너십이 시작되었다. 올 1월 9일, 메이요 클리닉은 캘리포니아 기반의 유전체 분석회사인 헤릭스와 파트너십을 맺어 의사와 연구원이 건강 상태 모니터링을 목적으로 유전체 데이터 베이스 시스템을 개발하였다. 메이요 클리닉은 해당 파트너십을 맺고 10만 명의 동의된 환자를 모집하여 연구 데이터베이스를 개발하기 위해 유전자 검사를 실행한다. 연구에 활용될 환자 데이터는 10만 명의 환자 각각의 전체 유전체 엑솜(Exome) 맵핑을 통해 예방 조치를 취할 수 있는 초기에 사용될 수 있다. 해당 연구는 유방암 및 난소암, 유전성 고콜레스테롤 혈증 및 유전성 결장 직장암의 한 형태인 린치 증후군과 같은 유전성 질환에 대해 사용될 것이며, 이를 통해 정밀 의료 및 진단을 더욱 향상할 것을 명시했다.

4. 노스쇼어 대학 병원(NorthShore University Health System)

2020년 1월 13일, 일리노이 주 기반의 노스쇼어 대학교는 임상 유전학 서비스를 1만 명의 환자에게 제공하기 위해 미국 유전체 분석회사인 Color와의 협력을 시작했다. 1만 명의 환자 테스트 결과에 대해 시퀀싱을 진행하였고, 이러한 검사는 환자의 유방, 결장 직장암 및 심장병 등 특정 질환 발생 여부를 확인하는 데 사용이 된다. 1년 여 간의 시범 프로그램 동안 검사가 무료로 진행되었지만, 그 이후로는 환자들은 175달러 정도를 지불할 예정이다. 노스쇼어에서 제공하는 테스트 결과는 환자 치료를 위한 의사결정에 사용될 수 있으며, 환자의 치료에 직접 참여하여 질병예측 및 사전 예방을 목표로 한다.

5. 저스틴 오디세이(Justin's Odyssey)

1997년, 저스틴 배천(Justin Vachon)은 희귀 신경 장애를 갖고 태어났다. 그가 3살이 되던 해, 저수초형성(Hypomyelination)인 펠리제우스-메르츠바하 병(Pelizaeus-Merzbacher Disease)을 진단받았다. 그 후 그가 13살이 되었을 때 캐나다 이스턴 온타리오 아동병원(Children's Hospital of Eastern Ontario)의 신경학자들은 현재까지의 알려진 임상적인 질병과 저스틴의 증상이 맞지 않는다는 것을 알았다. 저스틴의 장애를 정확하게 확인하기 위해 전체 엑솜 시퀀싱(Whole Exome Sequencing)을 수행하였고, 2017년 저스틴의 신경 장애와 반응하는 유전자인 USP 7(Ubiquitin-specific-processing Protease 7)를 확인할 수 있었고, 해당 유전자를 매치메이커 익스체인지(Matchmaker Exchange)에 증상에 대한 세부 정보를 공유하여 연구자들이 관련된 다른 유전자에 대한 새로운 변화를 확인할 수 있게 되었다. 네덜란드에 거주하는 한 가족과 해당 유전자를 일치시킬 수 있었으며, 호주에서 유전자가 일치된 아이들과 저스틴이 동일한 정도의 증상을 가진 것을 확인한 후 그의 질병을 담당하는 2가지의 변종을 알아냈다. 매치메이커 익스체인지(Matchmaker Exchange)와 유전체 연구 연합 조직인 GA4GH(Global Alliance for Genomics and Health)의 노력으로 인프라를 구축하여, 희귀 질환 진단율을 높일 수 있었다.

05 디지털 치료제와 빅데이터에 대하여 분석하라.

디지털 치료제 개발을 위한 기본적인 개인 빅데이터의 세가지 축인 개인진료정보, 라이프로그, 유전체 정보는 각각의 데이터의 성격이나 생산방식은 다를지라도 최종적으로는 한 개인의 건강 및 일상에 관한 모든 정보이므로 개인 중심적이며 기존의 분석 방식이나 통계방법으로 해결할 수 없는 빅데이터라는 특성을 공유한다. 또한 IT기술의 발달 없이는 생성될 수 없었던 데이터들로써 각각은 따로 태어났더라도 IT 기술 안에서 하나로 접목되고 융합되어 새로운 응용분야를 창조해나가고 있다.

1. 개인 진료기록 분야

EHR 데이터의 경우 의료기관 사이, 의료기관 - 환자 사이의 데이터 교환에 관한 표준과 상호운영성에 관해서 오랜 기간 연구가 진행되어 왔다. 의료기관 사이 데이터 교환의 표준을 확립하고 이를 적용하게 하는 것은 많은 시간과 노력이 필요한 과제이다. 미국에서는 Obama Care의 일환으로 2014년까지 병원의 의무기록 시스템을 전산화하도록 권고하였으며, 그 결과 2001년에 18%였던 외래 EHR 사용율은 2013년에 78%까지 증가했다. EHR의 확산을 통해 임상의료결정 지원 시스템(CDSS : Clinical Decision Support System)을 병원 정보시스템에 삽입하여 처방 및 진단의 오류를 줄이고 질병 경과를 개선시킬 수 있다는 기대가 있다. 최근 IBM은 Watson이라는 인공지능 컴퓨터를 이용하여 병원 기록을 분석하였고, 이를 통해 향후 1년 이내에 심부전이 발생할 가능성이 높은 환자 8,500명을 가려내는데 성공했다.

또한 병원 내, 병원 사이 진료 정보의 교환이 쉬워짐으로써 진료의 환자 기록의 지속성을 유지하고 정보 차단에 대한 비용을 절감할 수 있다는 장점이 있다.

하지만 여전히 의료기관 사이의 데이터 교환은 병원간 진료기록의 격차와 이해관계 등 해결해야 할 과제가 많이 남아있다. 따라서 특정 병원 집단이나 보험회사 중심 혹은 플랫폼 중심으로 데이터 통합과 교류가 더 빠르게 진행되고 있다. 미국 보훈청(Department of Vaterans Affairs)은 2010년부터 'Blue Button'이라는 개인진료기록 서비스를 제공하여 개인이 진료기록을 연람 및 다운로드 할 수 있도록 지원하고 향후 진료기록을 자동으로 전송해주는 기능과 서드파티 사업자가 환자 정보를 주기적으로 확인할 수 있도록 지원하는 기능을 제공할 예정이다. 의료기관에서는 환자의 진료기록을 전자적 방법으로 자동 전송할 수 있을 뿐 아니라 이메일, 헬스케어 애플리케이션 등으로 자동 전송할 수 있게 되며, 사용자들 역시 진료기록을 직접 병원에 제출할 필요 없이 의료기관간 진료기록 전송 기능 이용이 가능하다.

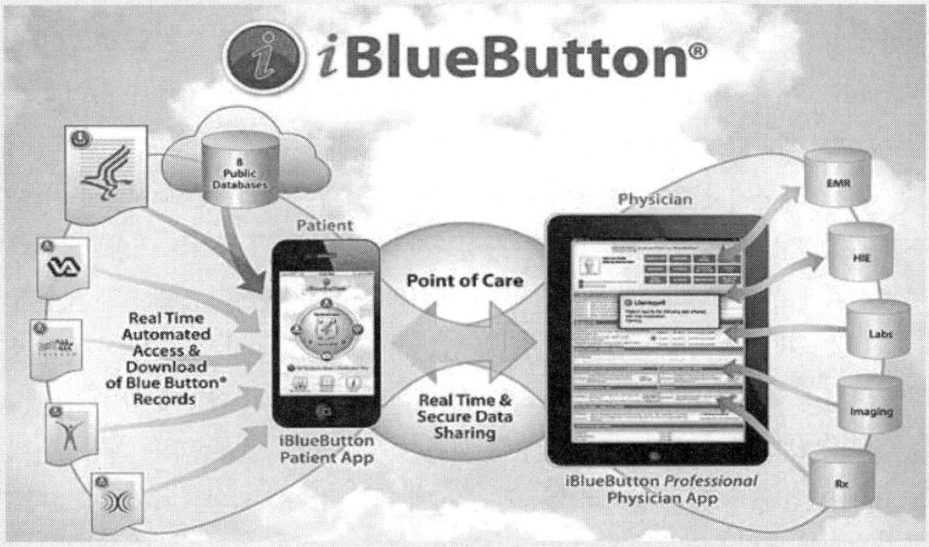

[그림 3-6] iMedical Apps

또한 미국 최대 의료보험업체인 카이저퍼머넌트는 보험상품과 연계되어 있는 의료서비스에 대해 My Health Manager 서비스를 제공하여 환자들의 병원 예약관리, 진료기록 관리, 처방기록 및 복약관리, 보험 보장 범위 조회 등의 서비스를 제공한다. 이 서비스에 가입되어 있는 병원 내 진료기록들은 그룹 내 기관들끼리 자유롭게 전송 가능하다. 미국의 메이요클리닉과 존스 홉킨스는 진료예약에서 처방과 사후관리까지 모바일 앱으로 할 수 있도록 하고 있으며, 국내에서는 지난 2010년 서울아산병원이 '내 손 안의 차트' 서비스를 통해 병원을 직접 방문하지 않고도 진료기록 확인 및 투약 관리 등을 제공하고 있다.

이러한 흐름 중 가장 독보적인 것은 애플, 구글, 마이크로소프트 등 주요 ICT 기업의 뜨거운 경쟁이다. 이들 기업들은 기존의 의료정보시스템(병원에서 사용하는 EMR, OCS 등)을 자신들의 데이터 엔진기술과 결합하여 개인건강기록(Personal Health Record, PHR) 기반의 개인 맞춤형 헬스케어 서비스를 제공하고 있으며, 이를 통해 환자 개개인에게 맞는 정확한 진단과 치료방법을 도출해내는 데이터의 기반을 제공하고 있다.

예를 들어 애플의 Healthkit은 기존의 자사 중심 생태계 구축이 아닌 개방형 플랫폼을 지향하며 병원(Mayo Clinic), 전자의무기록 솔루션 제공 사업자(Epic), 운동데이터 수집 앱 사업자(Nike) 등과 파트너십을 이루어 종합적인 건강 정보와 서비스를 제공하고 있다.

이러한 개인 건강기록(PHR) - 즉 병원에서 생성된 정보뿐 아니라 다양한 원천으로부터 생성된 개인의 건강관련 전자기록 전부를 포함한 - 서비스의 수요와 개발 노력은 빠르게 확대되고 있다. 개인건강기록은 의료기관내에서만 생성, 수집되는 EHR과는 다르게 개인이 직접 입력한 것 혹은 기기로부터 바로 전송된 데이터, 다양한 의료기관에서 제공받은 데이터가 융합된 개인의 평생 건강기록으로 통합적이고 포괄적인 성격을 띤다. 기존 의료기록과의 가장 핵심적인 차이는 개인이 소유하고 관리하여 언제 어디서나 접근 가능하다는 것이다. 개인 스스로가 자신의 건강 정보를 소유하고 관리함으로써 기존의 질병 발생 후 치료의 개념에서 자기주도적인 예방과 관리 차원으로 건강관리의 개념이 전환된다. 이러한 건강정보의 자가 소유의 개념을 현실화시킬 수 있게 된 계기는 스마트폰이다. 스마트폰은 자체로서 하나의 컴퓨터이고 가장 개인화된 장비이며, 각종 센서와 애플리케이션을 통해 개인건강정보를 통합 관리 할 수 있는 최적의 도구이다. 따라서 이전에 언급한 ICT 기업의 투자는 전통적인 의료정보 플랫폼에 한정되지 않고 환자의 행동양식과 변화상태를 모니터링하고 관리하는 상호작용형 서비스, 즉 스마트 플랫폼까지 확장되는데, 이는 PHR에서 얻을 수 없는 환자의 행동과 반응에 대한 정보를 담아낼 수 있어 보다 정교하고 효과적인 서비스를 구현할 수 있는 장점이 있다. 스마트 플랫폼에서 활용되는 다양한 정보 중 가장 중요한 것이 바로 라이프로그 데이터이다.

2. 라이프로그 분야

라이프로그(Lifelog)란 넓은 의미에서 '개인의 전반적인 일상생활의 기록이나 정보'를 의미하지만, 보다 구체적으로는 일상의 기록을 획득하거나 관리하기 위한 목적으로 컴퓨터를 착용하는 것을 말한다. 물론 소셜 미디어나 개인 기록 등도 라이프로그 데이터에 해당하지만 정보량이 방대하고 정보획득이 쉬운 디지털 신호 데이터로 정보 수집 방향이 이동하고 있다. 따라서 라이프로그를 언급할 때 연관된 개념으로 항상 언급되는 것이 웨어러블 컴퓨터(Wearable Computer)이다. 웨어러블 컴퓨터는 문자 그대로 몸에 입듯이 장착하거나 옷에 부착하는 작은 전자장치(Miniature Electronic Devices)를 말한다.

최근에는 사물인터넷(IoT : Internet of Things)의 개발이 활발하여 다양한 웨어러블 헬스케어 디바이스가 시장에 출시되고 있다.

3. 유전체 분야

유전체 정보 분석의 첫 관문은 개인별 염기서열의 차이에 관한 단일염기다형성(SNP : Single Nucleotide Polymorphism)을 활용하는 것이다. SNP란 A, G, T, C, 네 개의 염기로 이루어진 30억 길이의 염기서열 중 특정 염기 위치가 사람마다 다르게 나타나는 경우, 특정 위치에서 어떤 사람들은 A이고 다른 사람들은 G인 경우를 말한다.

염기가 서로 다르면 그 유전자 위치에 해당하는 단백질의 구조가 서로 달라질 수 있고 이러한 유전형(Genotype)의 차이가 개인마다 다른 키나 피부색 혹은 질병과 같은 표현형(Phenotype)의 차이를 설명할 수 있다.

SNP는 30억 유전체 서열의 약 0.1~0.2%에 해당하는 300만~600만의 염기위치에서 발견되는 유전형의 개인차를 의미한다. 염기변이라는 측면에서 SNP는 단일염기 돌연변이(Point Mutation)와 비슷하지만, 소수대립유전자(Minor Allele)의 빈도가 1%미만인 경우는 돌연변이로 1% 이상인 경우는 다형성으로 구분하며, 그 의학적 해석에는 큰 차이가 있다. 돌연변이가 단순형질(Simple Trait) 희귀유전질환의 원인으로 지목되는 반면, 다형성은 복잡형질(Complex Trait)을 보이는 흔한 질병의 발생기전으로 제시되었다.

소위 소비자 유전체학(Direct To Consumer Genomics) 혹은 유전체 소매상(Retail Genomics) 산업의 대부분은 이 SNP 정보 분석에 기반하며, 미국의 경우 약 800개의 회사가 경쟁하고 있다. 그 대표격인 23andMe 사는 최근 그 서비스 가격을 한화 10만원에 해당하는 100불로 낮추고 가격경쟁을 격화시키고 있어, 유전체 정보 맞춤의학 보급의 급속한 대중화를 추진하고 있다. 몇 백만 개의 SNP 정보 분석을 넘어, 전체 30억 유전체 서열 정보를 분석하는 상용화 서비스의 대중화도 그리 멀어 보이지 않는다. 23andMe 사는 최근 그 중간단계로 수 만개에 이르는 전체 유전자 서열 정보분석(Exome Sequencing) 서비스를 준비하고 있다.

개인 유전체 정보 분석은 신생아 검사에도 활발히 적용되고 있다. 고전적으로는 Genetic Counselling의 영역에 속하던 이 분야에서는 태아나 신생아의 유전적 기형 등을 조기 진단하고 적절한 처치를 하기 위해 다양한 유전자 분석을 수행해 왔다.

최근 유전체 분석 기술의 발달로 좀 더 미세하고 적극적인 검사가 가능해졌다. 한편, 미성년자에 대한 유전체 정보 분석은 해당 아동 및 청소년에 대한 편견을 가지게 할 가능성과, 이를 통해 양육과 교육에 심대한 영향을 미칠 것을 우려해서, 엄선된 고위험군이 아니면 금지하거나 최소한 자제하자는 주장도 힘을 얻고 있다.

이러한 사전적 스크리닝 테스트는 출산전 가족계획에까지 영향을 미치고 있다. 아직 태어나지 않은 자녀의 유전질환 사전진단 서비스를 제공하기 시작한 미국의 Counsyl 사는 부모의 유전자를 분석하여, 임신 여부도 결정되지 않은 자녀에게서 발생할 수 있는 100여 개의 희귀 유전 질환 위험률을 예측해주는 서비스를 350달러에 제공한다.

유전체 정보의 개인 차이를 바탕으로 탄생한 맞춤의학의 한 분야는 약물유전체학이다. 약물유전체학은 개인별 유전체 다형성에 따라 약물 반응성이 서로 다름을 밝혔고, 특히 약물대사를 담당하는 간 대사효소의 다형성에 대한 유전형 검사는 약물치료의 용량과 시간을 결정하는 핵심정보로 미국 식약처인 FDA 승인을 얻어 실제 적용되고 있다. 혈액의 응고를 막아주는 혈전 치료제 와파린은 매우 약효가 좋으나 너무 적게 투약하면 혈액 응고를 막지 못하고, 너무 많이 투약하면 출혈성이 증가하여 환자를 위험에 빠뜨린다. 심한 개인차로 적정 투여용량을 결정하기가 어려운 와파린을 간 대사 효소의 유전자 정보 분석에 따른 용량결정 알고리즘의 우수성이 국제 와파린 약물유전체 컨소시움에서 입증되었다. 이러한 성과들을 바탕으로 FDA는 100여 개에 이르는 약물에 대해 유전자 정보 분석을 강하게 권고하기에 이르렀다.

06 데이터 3법 개정을 기반으로 디지털 치료제와 빅데이터 활용방안에 대하여 분석하라.

1. 데이터 3법 개정 개요

데이터가 4차 산업혁명의 발전의 주요 요소를 부각되고 있어 빅데이터 활용범위를 확대하기 위한 데이터 규제 완화 및 개인정보보호 규제의 체계정비해야 한다. 목적은 개인정보보호 소관부처를 개인정보보호위원회로 일원화하고 중복규제를 없애 개인과 기업이 정보를 활용할 수 있는 폭을 넓히기 위해 추진한다(경과는 국회본회의 통과(2020.1.9.), 개정안 공포(2.4), 시행(8.5)). 내용은 추가 정보의 결합없이 개인을 식별할 수 없도록 처리된 기명정보 개념을 도입하였다.

2. 주요 개정 내용

개정사항	세부내용
개인정보 판단기준 명확화	• 익명정보는 개인정보보호법 적용하지 않음을 명확화
가명정보 개념 도입	• 가명정보로 통계작성, 과학적 연구 공익적 기록 보존 등을 위해 정보주체 동의없이 활용가능
데이터 전문기관을 통한 데이터 간 결합 근거 마련	• 가명정보의 결합은 데이터 전문기관을 통해 기업 또는 기관 간 데이터 결합 허용 • 데이터 전문기관은 결합된 데이터를 가명 익명정보 형태로 전달
개인정보 처리자의 책임 강화	• 기명정보 처리나 데이터 결합시 안전조치 의무 부과 및 특정 개인을 알아보는 행위금지

개정사항	세부내용
개인 정보 보호 관련 법률의 유사 중복 규정 정비 및 추진체계 효율화	• 행정안전부, 방송통신위원 금융위원회의 개인정보보호 기능을 개인정보 보호위원회로 일원화 및 위원회가 컨트롤타워 기능 수행
본인신용정보관리업(Mydata) 도입	• 장보주체가 자기정보를 데이터 보유기관, 기업에서 직접 내려받거나, 타 기관 등으로 이동하여 해당정보를 활용하도록 지원하는 Mydata산업 도입

* 전문기관 : 정부에서 지정

3. 디지털 치료제의 빅데이터 적용효과

데이터 3법 개정으로 가명정보(비식별 데이터)를 활용하여 개인정보 이용 동의없이 적극적인 의료빅데이터 활용 가능성 확대되었다.

건강보험심사평가원, 질병관리본부, 국민건강보험공단 등 각 기관별로 분산되어 있는 빅데이터 연계, 통합 후 비식별화하여 민간 연구자에게 제공가능하다.

국내 보건의료 빅데이터는 공공영역과 민간영역에서 각 기관별로 데이터 수집 및 관리하였다.

기간별 분산된 보건의료 데이터의 상호연계 통합 가능한 법,제도적 기반 부족 등으로 빅데이터 활용이 제한적인 상황이다.

기 관	데이터	기 능	주요내용
건강보험 심사평가원	임상 의료	저장, 공유, 분석	보건의료빅데이터 개방시스템을 통해 데이터 통합 및 가공 분석 후 공유
질병 관리본부	임상 의료	저장, 공유	한국인체자원은행 네트워크를 통해 의료자원 데이터 베이스 공유(국립중안인체자원은행, 17개 대학병원 인체자원단위은행 등)
국립보건 연구원	인체 자원	저장, 분석	국립중앙인체자원은행을 통해 건강보험자료 공유서비스를 통한 보건의료 정책 및 학술연구 지원
국민건강 보험공단	임상 의료	저장, 공유, 분석	질병예측정보, 건강보험통계 등 건강보험자료 공유 서비스를 통한 보건의료 정책 및 학술연구 지원
대형 종합병원	임상 의료	저장, 공유, 분석	서울아산병원, 아주대병원, 서울성모병원, 가천길병원 등 대형 종합병원의 임상의료데이터 기관별 보유

향후 기관별로 구축된 의료 빅데이터 간 연계 통합으로 제품 서비스 등에 의료빅데이터 활용이 증대될 것으로 예상된다.

분 야	디지털 치료제의 빅데이터 활용사례
개인 맞춤형 의료/관리	• 연령별, 지역별, 소득수준별 맞춤형 건강증진/검진 서비스, 만성질환 맞춤형 관리 • 개인의 신체상태, 식습관, 생활패턴 등 의료데이터를 활용하여 질병예측 및 예방을 위한 건강관리 ㉠ 셀바스AI(셉비체크업) • 유전정보 분석을 통한 미래발병 가능한 질병 예측 및 병원의료진 추천 • 사업장별(단체), 근로환경별(개인) 건강위해 요소 예측 및 조기경보
의료질과 안전향상	• 유전적 특성에 기반한 약물 효과성 분석, 예측기반 치료 최적화(맞춤약물)
임상 의사결정지원	• 질환별 새로운 학술정보와 치료법 등을 의료진에게 통합 제공 • 영상차료, 유전정보, 투약 및 수술 기록 등 데이터를 종합적으로 분석하여 인공지능과 결합하여 임상의사결정지원, ㉠ 뷰노(본에이지), 루닛(Scope), IBM(왓슨)

기업, 의료기관 등이 보유한 임상데이터를 결합하여 기업, 연구자들에게 익명화, 표준화 등의 과정을 거쳐 개인 맞춤형 의료, 임상의사결정 지원 등 활용목적에 맞게 제공한다.

기 구축된 빅데이터 활용범위 확대를 통한 빅데이터 기반 제품/서비스의 질 개선 및 신규 비즈니스 모델을 발굴한다.

4. 시사점

① 가명정보를 활용한 디지털 치료제 개발을 위한 빅데이터 정보공유 및 다양한 개인 맞춤 서비스가 활성화될 것으로 기대된다.

② 의료 빅데이터를 이용하여 연구개발이 가능해짐에 따라 디지털 치료제, 신약개발, 유전체사업 등 관련 분야의 성장전망이 있다.

③ 개인 의료정보를 통한 빅데이터 통합분석으로 정밀의료서비스, 개인 건강관리 진단서비스 등 개인 맞춤 서비스 활성화가 될 전망이다.

④ 장기적으로 의료 데이터 활용을 통한 다양한 의료서비스를 통해 경제적 비용이 감소될 것으로 전망한다.

⑤ 빅데이터에 기반한 질병관리, 임상지원, 보건복지 등 의료서비스 제공을 통한 진료업무 효율 증가와 환자가 부담하는 의료비의 절감 효과가 발생할 것으로 예상된다.

⑥ 유전정보 등 민감정보에 관한 안전한 의료 빅데이터 활용방안 모색한다.

⑦ 민감정보의 안전한 활용을 위한 가이드라인을 마련하고 의료 빅데이터 활용의 윤리적 책임의식 강화 및 사회적 공감대 형성이 필요하다.

07 빅데이터를 활용한 디지털 치료제 응용사례에 대하여 분석하라.

현재까지 정신장애와 스트레스에 연관된 대부분의 해결점은 의사와의 상담 및 약물 치료가 대부분이었으며, 이에 따른 사회적 비용 손실도 매년 증가하고 있는 추세이다.

반면 해외에서는 '디지털 치료제'가 FDA승인을 받는 등 정신건강 관련 연구가 활발하게 진행 되고 있다. 이제 빅데이터 시대에 발맞추어 이 분야도 곧 빅데이터에 기반을 둔 서비스가 활용될 전망이다.

데이터 분석 전문회사 ㈜골든플래닛은 '딥러닝 기반의 개인별 정신건강 진단과 처방 정보 큐레이션 서비스'인 '힐링봇'을 개발 중이다. 힐링봇은 휴대폰으로 스트레스 측정이 가능하고, 측정된 스트레스 지수에 따른 맞춤형 콘텐츠를 제공할 뿐만 아니라 챗봇을 활용한 사용자 맞춤형 치유와 힐링 콘텐츠 및 심리상담 서비스 제공한다는 점이 가장 큰 장점이다.

먼저 자체 개발된 '투플럭스(Tousflux) 솔루션'의 '형태소 분석기'와 '딥러닝 알고리즘'을 활용하여 대화가 축적될수록 정확도가 향상되는 진화형 챗봇을 개발 중이다.

챗봇은 대화 시나리오 관리를 통해 사용자(User)와 쌍방향 커뮤니케이션 및 대화형 방식으로 스트레스 진단 테스트, 심리 테스트 등의 설문을 제공한다. 머신러닝을 통해 분류된 고객 성향 및 스트레스 지수에 따라 맞춤형 콘텐츠가 선택되면, 해당 콘텐츠를 사용자에게 제공하고 사용자가 선택한 콘텐츠와 선택하지 않은 콘텐츠 분류 및 DB를 적재하는 방식이다.

또한 스트레스 측정 기술은 스마트폰 카메라를 이용하여 개인의 휴대폰으로 손쉽게 스트레스를 측정할 수 있는 솔루션을 개발하여 탑재했다.

현재 '힐링봇'은 챗봇을 활용한 개인별 정신건강 관리가 가능하며, 동사는 챗봇 지식베이스 고도화와 챗봇 엔진 및 대화 시나리오 추가 개발 단계에 있다. 여기에 머신러닝 기법을 활용한 정신건강 모니터링 시스템을 개발 중이다. B2C 서비스를 통해 구축된 빅데이터를 활용하여, 향후에는 다양한 기업들과 함께 협업 및 사업을 진행할 것이다.

힐링봇'을 활용하면 개인의 정신 건강 관리를 통해 정신질환 관련 사회적 비용을 줄이고, 유관 산업의 동반 성장을 도모하여 효율적인 정신건강증진 사회서비스에 기여할 수 있을 것이다.

정신장애는 심리적 요인에 의한 발현으로 그 질환을 치료하기가 아주 까다로운 질병이다. 또한 개인의 문제에서 크게는 사회적 질병으로 간주될 수도 있다. 갈수록 영향력이 높아지는 빅데이터를 접목한 디지털 치료제의 개발 서비스가 개인의 행복과 나아가서는 사회 구성원 모두의 행복이 보장되기를 기대해 본다.

08 디지털 치료제의 개발을 위한 요구사항 분석 명세서 작성에 대하여 분석하라.

1. 의료기기의 사용 목적에 따라 소프트웨어를 분류

의료기기 소프트웨어 밸리데이션에 부합하도록 독립적으로 사용되는 소프트웨어, 기능에 영향을 주거나 조절하는 소프트웨어, 그리고 데이터의 분석 및 모니터링 소프트웨어인지를 구분한다.

2. 공정에서의 밸리데이션 적용의 소프트웨어를 분류

자동화 설비 및 품질 시스템 운영에 사용되는 소프트웨어일 경우에는 FA 제어용 소프트웨어, PLC 소프트웨어, 그리고 품질 시스템의 모든 측면에서 광범위하게 사용되는 소프트웨어로 분류한다.

3. 개발 예정 소프트웨어 요구 사항의 정보를 수집

① 소프트웨어의 물리적 특성과 기능, 그리고 성능에 대한 요구 사항을 수집한다. 소프트웨어의 기능과 성능에 대한 사항을 명확하게 작성한다. 또한 사용되는 프로그래밍언어, 운영 체제, 하드웨어에서 요구하는 사항 등 물리적 특성이나 성능에 대하여 자세히 파악한다.

② 소프트웨어 시스템의 입력과 출력에 대한 흐름도를 작성한다.
측정하거나 기록되는 변수의 특성과 형태를 파악하고 소프트웨어가 표현하는 범위 및 한계 그리고 기본값을 설정하여 데이터 베이스나 내부의 데이터 흐름도를 작성한다(그림 3-7).

③ 소프트웨어 시스템의 내·외부의 연계성을 분석한다.
하드웨어와 또는 다른 소프트웨어와의 데이터 전송방법 및 인터페이스를 정의하고 각 모듈간의 링크를 분석한다.

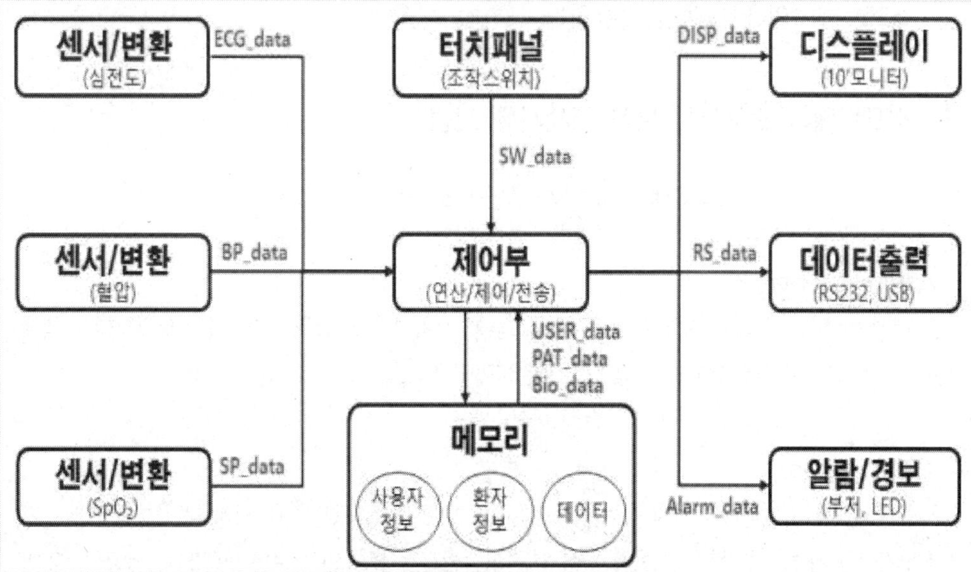

[그림 3-7] 소프트웨어 입력 및 출력 흐름도(예시)

④ 소프트웨어 구동 경보, 경고 그리고 운영자 메시지 표현 방법을 설정한다.
하드웨어나 소프트웨어에 의한 오류 생성의 요인과 처리방법을 요약하고 그에 따른 경보나 경고 메시지를 표현하는 방법을 설정한다.

⑤ 물리적, 논리적인 보안 요구 사항을 수집한다.
중요 정보의 노출 위험에 관련되는 요구 사항에 대한 정보를 수집하고 보안 수단을 결정한다.

⑥ 사람으로 인하여 발생하는 오류와 훈련에 민감한 인체공학적 요구 사항을 파악한다.
수동 운영 지원, 인간-장치 상호 작용, 담당자에 대한 제약 사항에 대한 요구 사항을 명시하고 사용자에게 집중적인 주의가 요구되는 영역을 명확하게 구분한다.

⑦ 운영 및 유지 보수 현장에 인도되는 의료기기 소프트웨어의 설치 및 인수 요구 사항을 정리한다. 또한 소프트웨어의 설치 및 운영에 대한 요구 사항을 파악한다.

⑧ 운영 및 유지 보수 방법과 관련된 요구 사항을 파악한다.
사용자 운영 및 실행과 관련하여 개발할 사용자 설명서와 사용자 유지 보수의 요구 사항 파악한다.

⑨ 관련 법규, 규제 요구 사항을 파악하여 소프트웨어 적용 방법을 모색한다.

4. 수집된 소프트웨어 요구 사항의 정보를 분석

① 소프트웨어의 위험 요소를 확인한다.

② 소프트웨어의 안전성을 분류한다.

5. 소프트웨어 요구사항 분석 명세서를 작성

〈표 3-4〉 소프트웨어 요구사항 분석 명세서(예시)

1. 소개(Introduction)

본 문서는 ㈜○○○에서 제조된 의료기기시스템에 사용되는 소프트웨어에 대한 요구사항 분석에 관한 것으로 소프트웨어 작성의 지침으로 활용하고자 한다.

2. 목표(Objective)

기존 모델(PATIENT_B_1.0)의 성능을 개선하고자 심전도, SpO2, 호흡 외에 혈압을 측정하는 기능과 부가적인 기능을 추가하여 사용자 중심의 편리한 환자감시장치인 새로운 모델(PATIENT_B_2.0)을 개발하고자 의료기기 소프트웨어에 대한 요구사항을 분석한다.

3. 주요 항목의 비교

항 목	PATIENT_B_1.0	PATIENT_B_2.0	비고
측정 대상	ECG, SpO_2, 호흡, 체온, 맥박	ECG, SpO_2, 호흡, 체온, 맥박, 혈압	추가
디스플레이	7인치 흑백	10인치 컬러	교체
입력조작부	스위치 및 다이얼	터치 패널	교체
알람/경보	부저	부저, LED	추가

4. 주요 기능

항 목	세부사항	비 고
ECG	Lead I, Lead II, Lead III, aVR, aVL, aVF를 선택적으로 측정	
맥 박	ECG 신호를 기반으로 맥박수를 추정	
SpO_2	발광부와 수광부를 가지는 투과형 센서를 사용하여 혈중 내 산소포화도를 측정	
혈 압	커프의 압력을 혈관 폐색 발생까지 증가시킨 후, 서서히 감소시켜 오실로메트리방식으로 최고혈압과 최저혈압의 추정치를 측정	

학습활동.3 교수 · 학습 방법

교수 방법

- 디지털 치료제의 빅데이터 기술에 대한 관련 용어, 구성, 방식 이해 정도를 파악한 후 수업을 진행한다.
- 교수자의 주도로 디지털 치료제의 빅데이터 기술 등의 내용을 PPT 자료로 제시한 후 설명한다.
- 가능하면 사전에 개인별 학습 자료를 준비하여 모든 학생이 참여할 수 있는 문제 해결식 수업, 협력 수업이 가능하도록 한다.
- 디지털 치료제의 빅데이터 기술 전 과정을 작업의 순서에 따라 단계적으로 실습이 이루어질 수 있도록 지도한다.
- 교재를 통해 수업을 준비하는 데 있어서 필요한 모든 정보나 팁, 힌트 등 도움이 될 만한 내용을 확인할 수 있다.
- 학생들이 만들게 될 각 모델은 수업시간에 중점적으로 다뤄질 부분과 어휘, 질문, 답을 포함하고 있으며 또한 탐구할만한 추가적인 아이디어들도 포함하고 있다.

학습 방법

- 디지털 치료제의 빅데이터 기술에 대한 관련 용어를 숙지하고, 디지털 치료제의 빅데이터 기술에 대해 이해한다.
- 디지털 치료제의 빅데이터 기술의 각 단계별 중점 사항을 체계적으로 학습한다.
- 디지털 치료제의 빅데이터 기술의 수행순서의 전 과정을 실습한다.
- 디지털 치료제의 빅데이터 기술의 내용을 이해한다.
- 디지털 치료제의 빅데이터 기술을 이해하고 숙달이 될 때까지 학습한다.

학습활동.3 평가 및 피드백

평가 준거

- 평가자는 피평가자가 수행 준거 및 평가 내용에 제시되어 있는 내용을 성공적으로 수행할 수 있는지를 평가해야 한다.

학습내용	평가항목	성취수준		
		상	중	하
디지털 치료제의 빅데이터 기술	디지털 치료제의 빅데이터 기술을 이해할 수 있다.			

평가 방법

• 작업 포트폴리오

학습내용	평가항목	성취수준		
		상	중	하
디지털 치료제의 빅데이터 기술	디지털 치료제의 빅데이터 기술을 이해할 수 있다.			

• 필기시험

학습내용	평가항목	성취수준		
		상	중	하
디지털 치료제의 빅데이터 기술	디지털 치료제의 빅데이터 기술을 이해할 수 있다.			

• 체크리스트를 통한 관찰

학습내용	평가항목	성취수준		
		상	중	하
디지털 치료제의 빅데이터 기술	디지털 치료제의 빅데이터 기술을 이해할 수 있다.			

• 피드백

1. 작업 포트폴리오
   - 제출한 보고서를 평가한 후 주요 사항에 대하여 표시하여 돌려준다.
2. 필기시험
   - 평가 결과 성적이 저조한 학생은 보고서 제출 기회를 부여한다.
3. 체크리스트를 통한 관찰
   - 실습 과정에서 평가한 후 개선해야 할 사항 등을 정리하여 돌려둔다.

참 | 고 | 문 | 헌

1. 남상엽 외, 인공지능기술, 상학당, 2016.3.10.
2. 박종일, 스마트헬스케어와 의료AI, 2018년 주오기업전략기술로드맵 issue report, 2019.1.
3. 이준기 기자, R&D 데이터 통합 수집 · 공유… 신약개발 3년으로 대폭 단축, 디지털타임스, 2020.12.15.
4. 김태형, 데이터가 생명을 살린다, 한국바이오 협회, 2020.9.1.
5. 개인정보보호위원회, 가명정보 처리 가이드라인, 2020.9.
6. 관계부처합동, 신산업 네거티브 규제 발굴 가이드라인, 2018.2.
7. 이진면 외, 중국의 빅데이터산업 육성과 정부의 역할, KIET, 2018.4.
8. NCBI Data and User Services, https://www.nlm.nih.gov/about/2019CJ.html)
9. Genomics in healthcare: GA4GH looks to 2022, https://www.biorxiv.org/content/10.1101/203554v1
10. 바이오스펙테이터, 英 국민 유전체검사 시행의 의미, http://www.biospectator.com/view/news_view.php?varAtcId=5872
11. 바이오스펙테이터, "100만명 바이오 빅데이터 구축 · 연 4조 R&D 투자", http://www.biospectator.com/view/news_view.php?varAtcId=7684
12. DNA.Land is a framework to collect genomes and phenomes in the era of abundant genetic information, Nature Genetics 50, 160-165, https://www.nature.com/articles/s41588-017-0021-8, 2018.
13. [메디게이터] GSK와 23앤드미의 신약개발을 위한 개인 유전체 데이터 빅딜, https://www.medigatenews.com/news/1059961358
14. [메디게이터] 유전체 빅데이터 마이닝 기술 기반의 신약 개발, http://www.medigatenews.com/news/2320049700
15. Deep learning in biomedicine, Nat Biotechnol. 2018 Oct;36(9):829-838, https://www.nature.com/articles/nbt.4233
16. Combining genomics and epidemiology to track mumps virus transmission in the United States, PLOS Biology, https://doi.org/10.1371/journal.pbio.3000611, 2020.
17. Public health surveillance and data collection: general principles and impact on hemophilia care, Hematology, https://doi.org/10.1179/102453312X13336169156537, 2012
18. Mayo Clinic to sequence 100K participants to build genomic database for improved care and research in collaboration with Helix, https://newsnetwork.mayoclinic.org/discussion/mayo-clinicto-sequence-100k-participants-to-build-genomic-database-for-improved-care-and-research-incollaboration-with-helix/
19. Through partnership with Color, 10K NorthShore patients will get whole genome sequencing, https://medcitynews.com/2019/01/color-northshore/

20. Data-sharing brings hope to rare disease patients around the globe, https://www.ga4gh.org/news/data-sharing-brings-hope-to-rare-disease-patients-around-the-globe/
21. 한경닷컴, https://www.wowtv.co.kr/News, 2020.12.1.
22. 이윤태, HIRA보건의료빅데이터 현재와 미래, 건강보험심사평가원, 2017.
23. 김보라 · 권오연, 인공지능을 활용한 합성데이터, 보건산업브리프, vol 315, 2020.11.13.
24. 손정만 외, "05 의료기기 소프트웨어 설계제작", 의료기기연구개발 NCS 학습모듈, www.ncs.go.kr.

학습 1	디지털 치료제의 개요
학습 2	디지털 치료제의 종류와 분류
학습 3	디지털 치료제의 빅데이터 기술활용
학습 4	**디지털 치료제의 인공지능 기술활용**
학습 5	디지털 치료제의 블록체인 기술활용
학습 6	디지털 치료제의 사물인터넷 기술활용
학습 7	디지털 치료제의 디지털 트윈 기술활용
학습 8	디지털 치료제의 XR 기술활용
학습 9	디지털 치료제의 디지털 콘텐츠 기술활용
학습 10	디지털 치료제의 개발 · 허가 · 심사
학습 11	디지털 치료제의 응용
학습 12	디지털 치료제의 시장동향
학습 13	디지털 치료제의 미래

학습 목표	1. 디지털 치료제의 인공지능 기술활용을 이해할 수 있다.

4-1 인공지능 기술의 개요

1. 인공지능의 주요 기술

1) 인공지능의 정의

인공지능(人工知能, AI : Artificial Intelligence)이란 인간처럼 학습하고 생각할 수 있는 컴퓨터 시스템이다.

인공지능은 사전적 의미로 '기계로부터 만들어지는 지능'으로 '컴퓨터 공학에서 이상적인 지능을 갖춘 존재, 혹은 시스템에 의해 만들어진 지능'을 의미한다. 즉 인공지능은 컴퓨터 기술을 이용하여 특별한 업무 수행에 인간의 학습능력, 추론능력, 지각능력, 자연어의 이해능력, 인간을 대체, 인지능력의 제고, 자연스러운 인간의 의사소통 통합, 복잡한 콘텐츠의 이해, 결론을 도출하는 과정 등 모든 지능적인 행동들을 모방함으로써 문제를 해결할 수 있는 기술이다. 인공지능은 4차 산업혁명의 핵심 기술이다.

결론적으로는 인공지능이라는 의미는 '인간을 대체할 수 있는 기계 또는 지능을 갖춘 존재로부터 의사소통, 상황의 상관관계 이해 및 결론 도출 등 인간의 행동을 모방할 수 있는 기술'이라고 정리할 수 있다.

즉 인공지능의 정의는 사고(Thought)과정, 추론 과정, 행동(Behavior), 합리성(Rationality) 중점을 두고 있다. 인공지능을 인간처럼 생각하는 시스템, 합리적으로 생각하는 시스템, 인간처럼 행동하는 시스템, 합리적으로 행동하는 시스템으로 정의하였다.

〈표 4-1〉 인공지능에 관한 정의

인간처럼 생각하는 시스템	합리적으로 생각하는 시스템
• 컴퓨터를 생각하게 만들기 위해 재미있는 새로운 노력, 즉 말 그대로 "마음을 가진 기계"(Haugeland, 1985) • 의사결정, 문제해결과 같은 행동, 즉 인간의 사고와 관련된 활동의 자동화(Bellman, 1978)	• 계산적 모델(Computational Model)의 사용을 통한 정신적 능력(Mental Faculties)에 대한 연구(Charniak and McDermott, 1985) • 지각, 추론 행동을 가능하게 하는 계산들(Computations)에 대한 연구(Winston, 1992)
인간처럼 행동하는 시스템	**합리적으로 행동하는 시스템**
• 인간처럼 지능을 필요로 하는 그러한 기능(Function)을 수행하는 기계를 창조하는 기술(Kurzwell, 1990) • 인간이 더 잘 하는 것(Things)을 어떻게 하면 컴퓨터가 하게 만들지를 연구하는 것(Rich and Knight, 1991)	• 계산 지능(Computational Intelligence)은 지능적 에이전트를 설계하는 것에 대한 연구이다(Pool et al, 1998). • AI는 인공들에서의 지능적 행동(Behavior)과 관련 된다(Nilsson, 1998).

2) 인공지능의 발전 요인

인공지능의 발전 요인은 빅데이터의 등장, 인공지능 기술의 발전 및 컴퓨터 환경의 변환 등으로 인공지능 시장은 본격적으로 확대되기 시작했다.

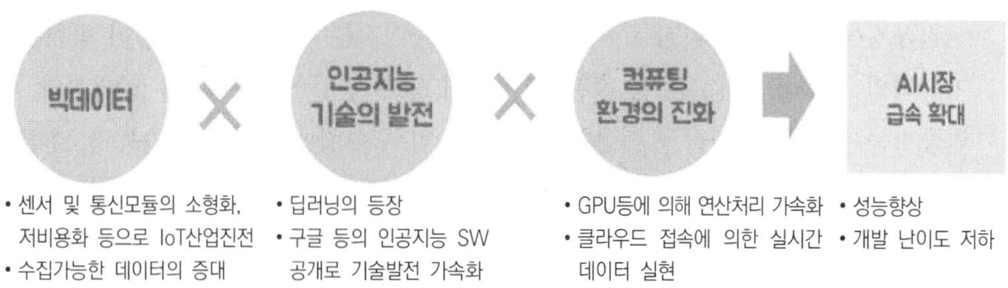

[그림 4-1] 인공지능 붐의 3가지 요인

3) 인공지능의 기술

인공지능 관련 기술 분야는 <표 4-2>처럼 광범위하고 다양하다. 이중 패턴인식, 자연어처리, 머신러닝 등 데이터 분석 및 처리를 위한 핵심기반 기술들도 여러 종류 기술이 있다.

<표 4-2> 인공지능 관련 기술 분야

관련 기술 분야	주요 내용
패턴인식 (Pattern Recognition)	기계에 의하여 도형, 문자, 음성 등을 식별시키는 것이다.
자연어 처리(Natural Language Processing)	인간이 보통 쓰는 언어를 컴퓨터에 인식시켜 처리하는 일, 정보검색, 질의응답, 시스템 자동번역, 통역 등이 포함된다.
자동제어 (Automatic control)	제어 대상에 미리 설정한 목표 값과 검출된 피드백신호를 비교하여 그 오차를 자동적으로 조정하는 제어이다.
로봇틱스(Robotics) /인지 로봇공학	로봇에 관한 과학이자 기술학으로 로봇의 설계, 제조, 응용분야를 다룬다. 인지 로봇공학은 제한된 계산차원을 사용해 복잡한 환경의 복잡한 목표를 달성하도록 하는 인식능력을 로봇에게 부여하는 기술이다.
컴퓨터 비젼 (Computer vision)	컴퓨터 비전은 로봇의 눈을 만드는 연구분야로 컴퓨터가 실세계 정보를 취득하는 모든 과정을 다룬다.
양자컴퓨터 (Quantum Computer)	양자역학의 원리에 따라 작동되는 미래형 첨단 컴퓨터 양자역학의 특징을 살려 병렬처리가 가능해지면 기존의 방식으로 해결할 수 없었던 다양한 문제해결이 가능하다.
자동추론 (Automated Reasoning)	계산기 과학의 한 분야로 추론의 다양한 측면을 이해함으로써 컴퓨터에 의한 완전한 자동추론을 가능하게 하는 소프트웨어 개발을 목표로 한다. 인공지능 연구의 일부로 이론 계산기 과학 및 철학과도 깊은 관계가 있다.
사이버네틱스 (Cybermetics)	생물 및 기계를 포함하는 계(系)에서 젱와 통신 문제를 종합적으로 연구하는 학문이다.
데이터마이닝 (Data mining)	많은 데이터 가운데 숨겨져 있는 유용한 상관관계를 발견하여 미래에 실행 가능한 정보를 추출해 내고 의사결정에 이용하는 고정이다.
지능엔진 (Intelligent Agent)	인공지능적 기능을 가진 소프트웨어 엔진, 사용자를 보조하고 반복된 컴퓨터 관련 엄무를 인간을 대신하여 실시하는 엔진이다.
시멘틱 웹 (Sematic web)	컴퓨터가 정보자원의 뜻을 이해하고 논리적 추론까지 할 수 있는 차세대 지능형 웹이다.
텍스트 마이닝 (Text Mining)	비정형 텍스트 데이터에서 새롭고 유용한 정보를 차아내는 과정 또는 기술이다.
상황인식 컴퓨팅 (Context Aware Computing)	가상공간에서 현실의 상황을 정보화하고 이를 활용하여 사용자 중심의 지능화된 서비스를 제공하는 기술이다.

2. 인공지능의 종류

1) 인공지능

인공지능과 머신러닝, 딥러닝은 모두 밀접한 관련이 있으며, 이를 도식화 하면 [그림 4-2]처럼 '인공지능 > 기계학습 > 신경망 > 딥러닝'이라고 할 수 있다.

인공지능이 나머지 두 개념을 아우르는 가장 큰 개념이며, 딥러닝이 그에 속하는 가장 작은 개념이다. 머신 러닝은 인공지능의 부분 집합이다.

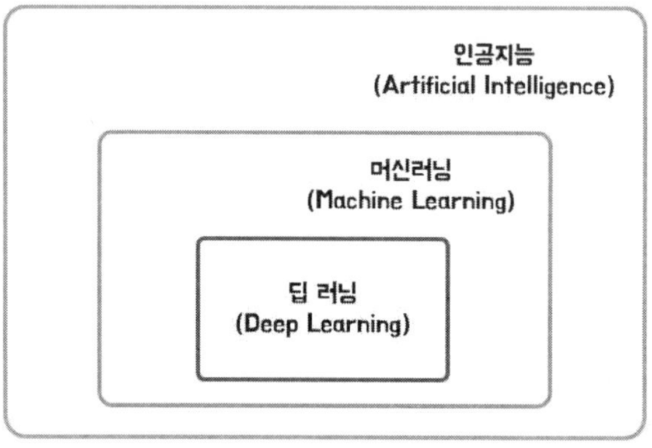

[그림 4-2] 인공지능, 머신러닝, 딥러닝의 관계도

2) 머신러닝

머신러닝(기계학습 : Machine Learning)의 핵심 요소는 데이터, 러닝 모델(러닝 알고리즘), 특징 추출(Feature Extraction)이다. 인공지능을 SW적으로 구현하는 머신러닝은 컴퓨터가 데이터를 학습하고 스스로 패턴을 찾아내 적절한 작업을 수행하도록 학습하는 알고리즘이다.

머신러닝(기계학습)은 크게 지도학습(Supervised Learning), 비지도학습(Unsupervised Learning), 강화학습(Reinforcement Learning) 등으로 분류된다.

3) 딥러닝

딥러닝(심층학습)이란 기계학습의 일부로 기계학습과 대부분의 것들이 매우 비슷하지만 일반적인 기계학습과 구별되는 두가지 큰 특징을 뽑으면 다음과 같다.

(1) 데이터의 특징을 사람이 추출하지 않는다(데이터 전체를 학습시킨다)

'데이터의 특징을 사람이 추출하지 않는다.' 라는 것은 데이터에서 일부 특징들만 사람이 뽑아서 기계에게 전달해 학습시키는 것이 아니라, 데이터 자체를 컴퓨터에게 전달한다는 것이다.

예를 들면 컴퓨터에 개와 고양이 사진을 학습시켜 특정사진의 동물이 개인지 고양이인지 분류하도록 한다면, 일반적인 기계학습의 경우 개와 고양이의 구별되는 큰 특징들만 뽑아 컴퓨터에게 전달시키지만 딥러닝은 개, 고양이 사진 자체를 컴퓨터가 학습하도록 하는 것이다.

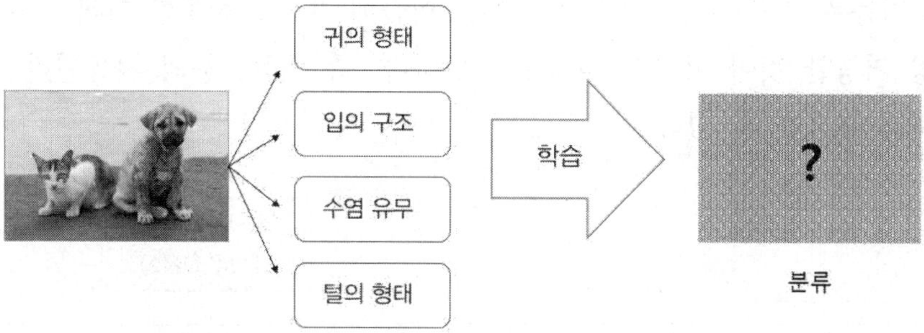

[그림 4-3] 머신러닝을 통한 개와 고양이 분류

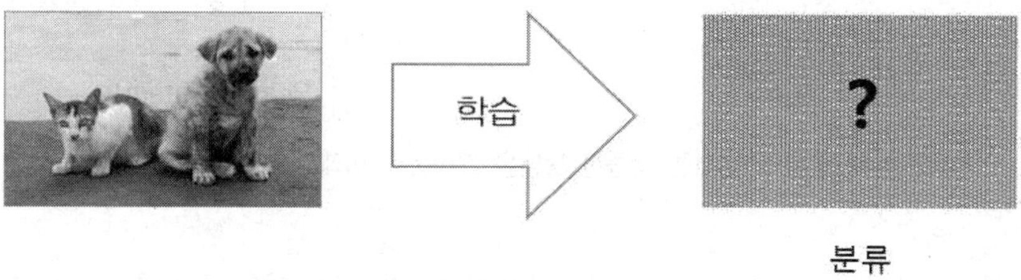

[그림 4-4] 딥러닝을 통한 개와 고양이 분류

(2) 주로 인공신경망 구조를 사용하여 학습한다

주로 인공 신경망 구조를 통해 학습한다는 것은 딥러닝이 데이터를 학습할 때

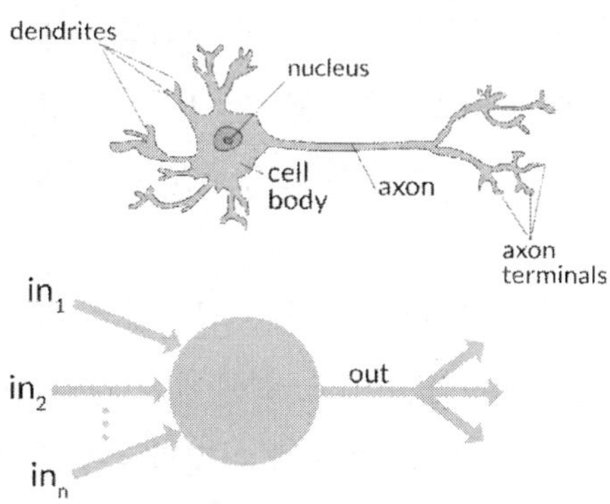

[그림 4-5] 인공신경망

출처 : https://appliedgo.net/media/perceptron/neuron.png

인간의 뇌에서 일어나는 의사결정 과정을 모방한 인공신경망(Artificial Neural Network) 구조를 통해서 학습한다는 것이다. 인공 신경망이란 간략히 말해 뇌에서 수많은 뉴런들이 모여 신호를 전달하는 과정을 모델링하여 만든 것이다.

3. 인공지능 동작원리

인공지능은 잘 정돈된 대량의 데이터를 학습해 가장 그럴듯한 미래를 예측한다. 엄청 거창한 것이 아니라 의외로 간단하다. 즉 인공지능의 자동원리는 [그림 4-6]처럼 표현할 수 있다.

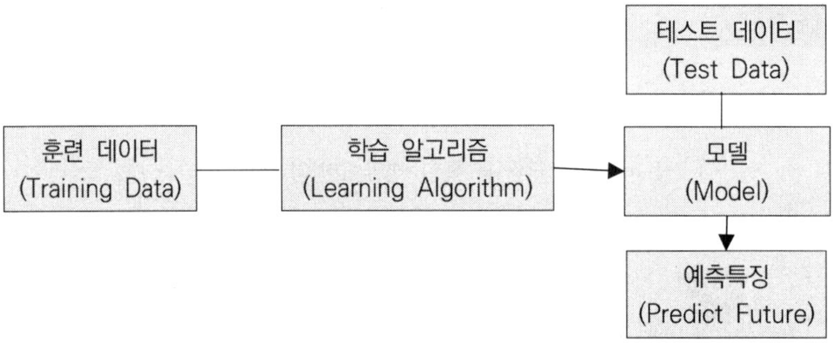

[그림 4-6] 좋은 데이터를 학습한 모델은 그럴듯한 미래를 예측가능

[그림 4-6]의 모델은 잘 정돈된 데이터를 학습한 결과물이다. 테스트 데이터(Test Data)를 모델(Model)에 입력하면 가장 그럴듯한 결과를 예측(Predict Future)한다. 즉 인공지능(머신러닝)의 성능은 얼마나 예측(Predict Future)을 잘 하는 모델(Model)을 잘 만드느냐에 달려 있다. 그리고 모델은 얼마나 풍부한 데이터를 갖고 있는지 얼마나 우수한 학습 알고리즘을 사용하고 있는지로 결정된다.

많은 인공지능 관련 연구자들은 축적된 데이터를 이용해 좋은 학습 알고리즘을 만드는데 시간을 많이 투자했고 가장 간단한 선형회귀(Liner Regression)부터 인간의 뇌의 뉴런 구조를 모방한 뉴럴 네트워크(Neural Network)까지 만들어둔 상태이다.

그런데 [그림 4-6] 방식으로 반드시 작동되는 것은 아니다. 어떤 인공지능은 데이터 없이 스스로 학습을 하기도 한다. 최근에 커제와 붙은 알파고는 다른 기보 학습없이 자기와 동일한 컴퓨터와 복제해 이것과 수많은 대국을 대결하면서 실력을 쌓았다. 전원이 공급될 때까지 자신과 맞붙으면서 더 훌륭한 기보를 학습해 가는 것이다. 이것이 자신의 한계를 실제로 극복한 사례가 아닐까 한다.

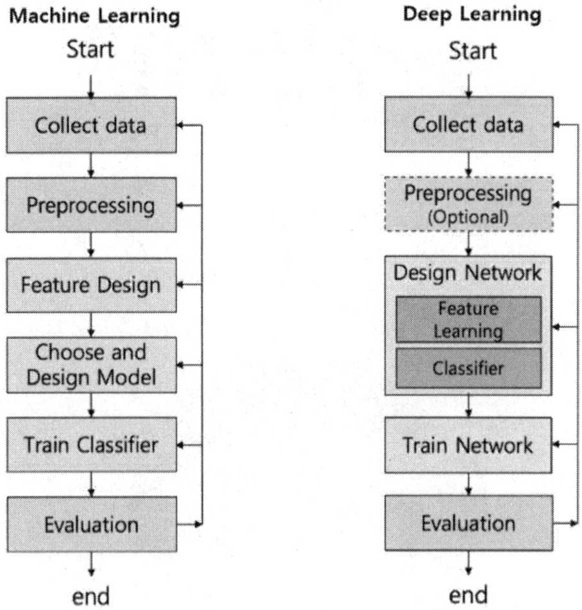

(a) 머신러닝 동작과정 (b) 딥러닝 동작과정

[그림 4-7] 머신러닝과 딥러닝 동작과정 비교

학습 4

결국 [그림 4-7]처럼 인공지능 동작 과정은 공통적으로 데이터 수집(Collect Data) 및 전처리 과정(Preprocessing)을 거친 후에 특징 선택 및 추출(Feature Design)을 하고 알고리즘을 선택(Choose and Design Model)한다. 그리고 학습(Train Classifier)과정을 통하여 최종 평가(Evaluation)하는 과정으로 동작한다.

4-2 디지털 치료제의 인공지능 기술의 활용

인공지능(AI : Artificial Intelligence) 기술이 활용된 소프트웨어 제품이 환자의 질병 진단 및 예방 등 목적으로 의료정보를 분석, 진단 또는 예측하기 위해 제조되면 의료기기에 해당된다. 크게 CDSS(Clinical Decision Support System, 임상의사결정 지원시스템)와 PDSS(Patient Decision Support System, 환자 의사결정 지원시스템) 기반 AI(Artificial Intelligence, 인공지능) 의료기기로 구분이 가능하다.

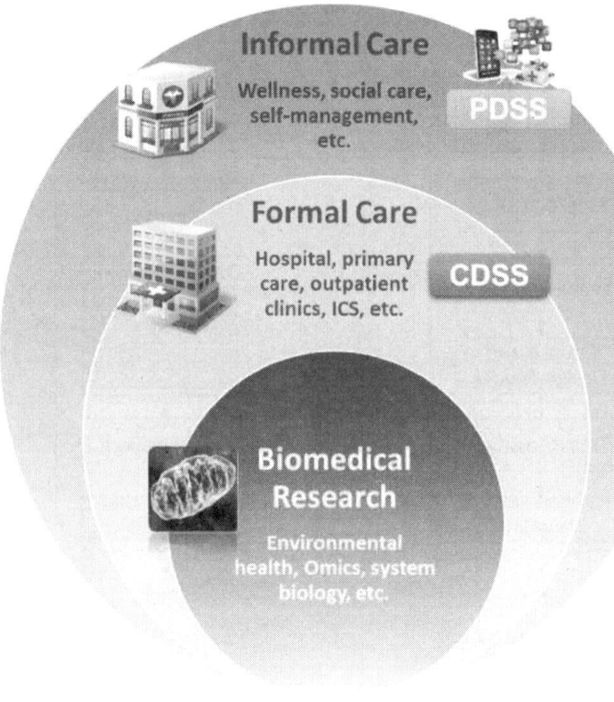

[그림 4-8] PDSS와 CDSS

출처 : https://translational-medicine.biomedcentral.com/articles/10.1186/1479-5876-12-S2-S2

디지털 치료제는 하드웨어에 종속되지 않고 단독으로 사용해 질병치료에 직간접적 효과를 나타내는 SaMD의 일종으로 CDSS AI기반의 SaMD는 진단보조용 SaMD이고, PDSS AI기반 SaMD는 디지털 치료제 SaMD로 구분된다.

1) CDSS 기반 AI 의료기기

주로 의료영상을 분석해 임상현장에서 판독 등 의료진의 진단을 보조하는 데 적용되며, 현행 빅데이터 및 인공지능 기술이 적용된 의료기기 허가·심사 가이드라인에 따라 의료영상분석장치 소프트웨어, 방사선치료계획 소프트웨어, 의료영상검출보조 소프트웨어, 의료영상진단보조 소프트웨어, 3D프린팅 등의 품목으로 분류한다.

2) PDSS 기반 AI 의료기기

의료진보다 환자의 바람직한 의사결정을 지원하는 데 적용되며, 의료영상 이외에 의료정보를 이용해 질병을 진단 및 예측하는 소프트웨어로서 현행 의료기기 품목 및 품목별 등급 규정에 적절한 품목분류가 없어 기존 품목상 내장기능 검사용기기, 혈액검사용기기 등으로 분류돼 적절한 품목분류가 필요하다.

※ 다양한 의료데이터를 활용하는 디지털 치료제 특성과 DTA가 채택한 디지털 치료제 핵심 원칙의 하나인 최종사용자(환자) 참여를 이끄는 점 등을 고려했을 때 디지털 치료제는 PDSS 기반 AI 의료기기에 근접하고 있다.

디지털 치료제는 보건의료 빅데이터를 활용해 질병예측 등 PDSS 기반 인공지능 알고리즘을 탑재하고, 치료 과정에서 축적된 사용자 라이프로그를 인공지능 기술로 처리하면서 2세대 맞춤형 디지털 치료제로 빠른 세대교체 진행 중이다.

4-3 바이오 빅데이터와 인공지능 기술융합

1. 빅데이터와 인공지능 활용 신약개발

최근 빅데이터 기반 인공지능(AI) 기술은 4차 산업을 주도하는 메가트렌트로 대두되고 있으며, 딥마인드사의 알파고로 상징되는 심층신경망을 이용한 딥러닝 기술 등 기계학습이 연구와 산업 전반의 혁신과 사회경제적 생활양식에도 근본적인 변화를 불러올 전망이다. 보건의료 및 헬스케어 부분에도 전자의무기록/전자건강기록(EMR/EHR) 등 비정형 텍스트 정보, X-ray, NMR 등 각종 의료 영상 데이터, 건강보험 청구 내역, 수백만 명 단위의 유전체 데이터 등을 기반으로 질병의 진단, 치료, 생활 습관 모니터링, 의료진의 의사 결정 지원 등 다양한 영역에서 그 적용이 확대되고 있다.

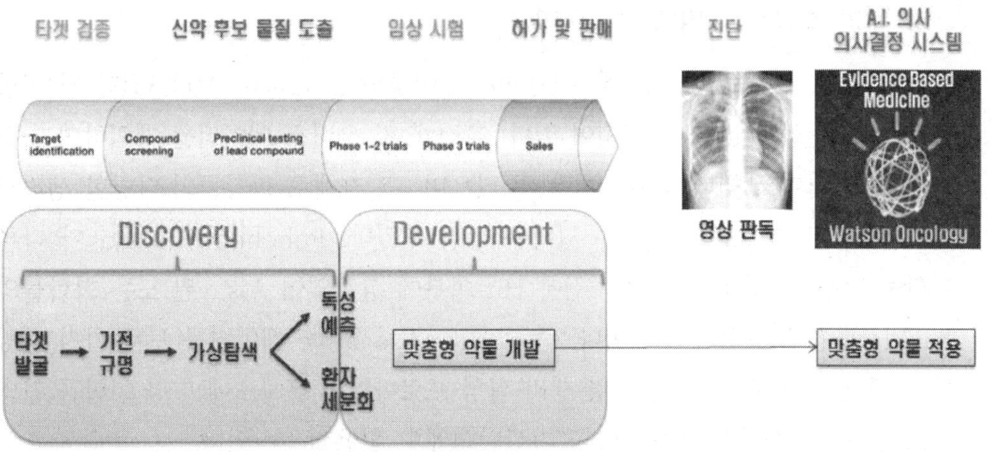

[그림 4-9] 빅데이터 및 인공지능 기반 의료기기(신약)개발 단계

[그림 4-9]처럼 신규 타겟발굴, 약물 가상탐색, 신약 재창출(Drug Repositioning), 독성 및 부작용 예측, 약물기전(Drug Mode-of-action), 정밀의료를 위한 환자 세분화(Patient Stratification) 등 신약개발의 전 과정에 걸쳐 바이오 빅데이터 분석 및 인공지능 기술을 도입하려는 시도가 활성화되고 있으며, 인공지능 기술 기반 신약개발 회사(AI 신약 벤처)의 창업 또한 국내외에서 활발하게 이루어지고 있다.

1) 바이오 빅데이터 기반 가상탐색(Data-Driven Virtual Screening)

일반적으로 신약 개발을 위한 타겟이 선정되면 HTS(High Throughput Screening)를 통해 수만~수백만 종의 화합물 가운데 대상 타겟에 대해 활성을 나타내는 약물 후보를 선별하는 화합물 스크리닝 단계를 거친다. 이에 소요되는 비용과 시간을 단축하기 위하여 타겟과 화합물의 구조 모델링을 통한 가상탐색(Virtual Screening) 기법이 발달하였고 Docking, Pharmacophore Search, QSAR 등이 이에 속한다. 특히 데이터 기반 가상탐색(DDVS : Data-driven Virtual Screening)은 구조 정보 외에도 다양한 바이오 빅데이터를 기반으로 기계학습, 인공지능 알고리즘이 중심이 된다는 점에서 전통적인 가상탐색과 구별된다. 최근 인공지능 기반 DDVS가 주목을 받게 된 것은 근래에 와서야 데이터 기반의 가상탐색을 위한 조건들이 성숙하였기 때문이다. 즉 ① 지난 수십 년 간 기계학습의 재료가 되는 화합물 활성 데이터가 일정 규모 이상 축적되었고, ② 클라우드/GPU 등 고성능 컴퓨팅 인프라에 대한 접근이용이해 졌으며, ③ 최근 심층신경망(DNN : Deep Neural Network) 기술의 발전으로 어렵고 복잡한 문제의 해결 성능이 비약적으로 높아졌다.

2) 약물 스크리닝 빅데이터 마이닝

한편 PubChem Bioassay에는 500만 건 이상의 Bioassay, 10억3천만 건 이상의 화합물 활성 Data가 축적되어 있다. 유전체 및 오믹스 데이터를 제외하면 가장 큰 규모의 바이오 빅데이터라고 할 수 있으며, 그 자체로 화합물의 다양한 생리활성 프로파일링 정보를 얻을 수 있다는 장점이 있다. Pubchem Bioassay가 다른 화합물 활성 DB들과 차별되는 점은 Hit 여부에 상관없이 Assay된 모든 화합물의 Raw Data를 포함한다는 점이다. 즉 Positive/Negative 데이터를 모두 가지고 있어 그 활용성이 매우 높다. 가령 생리 활성 프로파일의 유사도에 따라 화합물 간의 네트워크를 구성하고, 이를 약물 가상탐색에도 활용할 수 있다.

3) 약물 유도 전사체 기반 신약재창출(CMAP 분석법)

대규모 암유전체 및 멀티오믹스 연구 등을 통해 질병을 정의하는 패러다임도 변화하고 있다. 예전에 증상의 집합으로 보았던 질병을 몇몇 질환 유전자의 비정상적인 변화로 파악하는 것을 지나, 현재에는 오믹스 수준의 전체 분자 프로파일로 정의하는 추세에 있다. 약물에 의해 유도된 전사체 데이터는 기존의 약물-타겟 및 생리활성 데이터와 차별화된 정보를 제공한다.

2006년 미국 브로드 연구소에서 공개한 CMAP(Connectivity Map)은 암세포주에 약 1,300종의 약물을 처리한 후, ~7,000여 Microarray 기반 전사체 분석을 수행한 최초의 대규모 화학유전체 데이터이다. 이후 CMAP의 확대된 버전인 LINCS프로그램(http://www.lincsproject.org/)을 통해 24,000종 화합물의 약물 유도 전사체(약 1000개 유전자 발현 패턴(L1000)과 이로부터 예측된 ~12,000 유전자의 발현량)를 포함하여 KINOMEscan, fluorescence 이미징 등 다양한 화학유전체 데이터를 제공하고 있다.

즉 약물-전사체 데이터는 ① 약물의 알려진 On-target뿐만 아니라 미지의 Off-target에 의한 효과까지도 반영하며, ② 전사체 수준에서 약물 작용 기전(Mode of Action)에 대한 객관적이고 총체적인 정보를 제공하고, ③ 질환 모델 전사체와의 비교 분석을 통해 신약재창출이 가능하게 한다. 이는 질환발생 과정에서 나타나는 유전체, 후성유전체, 단백체, 대사체 등의 변화가 신호전달 및 발현조절 네트워크를 통해 직간접적으로 전사체 정보에 반영되기 때문이다. 따라서 전사체 패턴의 변화는 질환과 약물을 연결해 주는 브릿지 역할을 할 수 있다.

2. 빅데이터 기반 인공지능 기술을 활용한 디지털 치료제

빅데이터와 인공지능이 적용된 소프트웨어 의료기기인 디지털 치료제는 의료기기로서 성능과 유효성을 검증하는 것이 필수이며, 임상적 유효성은 전향적 연구와 후향적 연구, 그리고 두 연구를 병행하는 방식의 임상시험을 통해 확인한다.

국내 빅데이터 및 인공지능 기술 의료기기 허가심사 가이드라인에서는 민감도, 특이도, 양성 예측도, 음성 예측도, 곡선하면적(AUC : Area Under the Curve) 등 제품의 분석 및 진단에 대한 정확도를 확인한다.

사람의 유전체는 약 2만여 개의 단백질을 코딩하는 유전자로 구성되어 있으며 그 외에도 2만 5,000개가 넘는 비단백질 코딩 유전자가 존재하고 있다. 이들은 다양한 조합을 통해 여러 전사체를 생성하며 유전자 발현에 관여하고 있으며, 이를 통해서 세포 내 복잡한 생물학적 기능들을 담당하고 있다. 그래서 이들을 모두 이해하려면 세포가 자신의 유전체를 처리하는 것처럼 해석할 수 있는 분석능력을 갖춰야 하는데 이에 접근하는 데 있어서 인간의 인지능력 이상의 분석 능력이 요구되며 이를 가능하게 하는 시스템이 필요로 한데 딥러닝 기술이 하나의 대안으로 떠오르고 있다.

특히 차세대 유전체 해독(NGS : Next Generation Sequencing) 기술의 발전과 함께 사람마다 약 100기가 염기(Gigabase)에 해당하는 수천~수십만 건의 유전체 빅데이터를 활용할 수 있게 되면서 이러한 데이터셋을 기반으로 머신러닝/딥러닝 기술을 적용하면, 실험실에서 모델 생물을 대상으로 유전적 변이의 기능을 해석하는 것보다도 더 효율적일 것으로 보고 있다. 더 나아가 질병의 원인이 되는 변이를 발견하고 타겟 치료제를 스크리닝 하는 시도도 진행 중에 있다.

최근 CRISPR-Cas9과 같은 유전자 편집 기술이 등장하면서 유전체 정보를 자유자재로 읽고(Decoding), 쓸(Encoding) 수 있게 됨으로써 이를 기반으로 세포 내 현상 및 유전체 특정 영역의 기능을 해석하고 특정 질병과의 연관성을 분석하기 위한 다양한 데이터셋을 대량으로 얻을 수 있게 되었으며 기계학습/딥러닝을 통해 이를 분석하는 시도가 이루어지고 있다.

2014년에는 딥러닝 기술을 이용해 조직별로 다양한 엑손-인트론 스플라이싱 패턴을 예측하는 SPIDEX, 2015년에는 단백질이 결합하는 유전체 사이트를 예측하는 DeepBind와 알츠하이머 환자 임상시험 참여를 돕는 툴 등이 딥러닝으로 구현되었다. 2016년에는 현미경의 기능을 개선하는 분야를 비롯해 당뇨병성 망막증(Diabetic Retinopathy)을 스크리닝 하기 위해 적용되기도 하였다. 2017년에는 구글에서 개발한 딥베리언트(DeepVariant)는 차세대 유전체 해독(Next Generation Sequencing, NGS) 데이터에서 정확한 염기 서열의 콜링을 위해 적용되기 시작하였다. 2018년에는 EHR(Electronic Health Records)로 부터 환자의 예후를 예측하거나 단백질 구조를 예측하거나 영상 이미지를 통해 피부암을 진단하는 다양한 분야로 확장되어 딥러닝 기술이 적용되고 있다.

하지만 이들 딥러닝 기술이 학습될 당시의 성능이 실제로 임상현장에서 적용될 때와 똑같은 성능이 재현성 있게 작동될지에 대해서는 아직은 큰 의문을 가지고 있으며, 의료기관의 임상의들과 이를 심의하는 규제기관에서는 주의 깊게 이들 기술을 평가하고 고려 중에 있다. 아직 딥러닝 기술의 예측 모델을 만드는 곳에서는 제대로 된 근거를 만들기 위한 노력을 더 해야 하는 숙제가 많이 남아 있기도 하다.

수행 내용

재료 · 자료

• 디지털 치료제 관련 자료

기기(장비 · 공구)

• 컴퓨터, 문서작성 프로그램, 프린터, 주변기기

안전 · 유의사항

• 디지털 치료제 관련 장비의 안전 및 유의사항을 숙지한다.

수행 순서

01 인공지능 기반 의료기기의 임상 유효성 평가에 대하여 분석하라.

1. 인공지능 기반 의료기기의 개요

1) 배경 및 목적

인공지능은 컴퓨터 기술을 이용하여 인간의 지능(지각, 추론, 학습, 이해 능력 등)을 수행할 수 있도록 구현하는 기술을 말하며, 인공지능 기반 의료기기(소프트웨어)는 인공지능으로 의료 데이터를 분석하여 질병의 진단 또는 예측 등을 목적으로 하는 의료기기(소프트웨어)를 말한다. 즉 인공지능(AI) 의료기기는 컴퓨터를 이용해 기계학습 등으로 인간의 지적능력 일부 또는 전체를 구현하는 기술이 적용된 의료기기이다. 제품의 예를 들면 유방촬영 영상에서 인공지능을 이용하여 유방암 의심 부위 및 악성 존재 가능성을 제시하는 소프트웨어 등이다.

의료기기는 환자나 의료인 등이 사용하기 전에 안전성과 유효성이 확보되어야 하며, 이러한 안전성과 유효성을 입증하기 위한 방법으로 임상시험을 실시하는 경우가 있다.

의료기기 허가를 위한 임상시험은 대상 적응증 환자를 새롭게 모집 하여 실시하는 전향적 임상시험을 주로 하였으나 인공지능 기반 의료기기(소프트웨어)는 미리 확보된 신

학습 4

뢰성 있는 의료 데이터를 이용하여 평가하는 후향적 임상시험을 적용하는 것도 고려할 수 있다.

후향적 임상시험은 임상시험에 대한 결과를 신속하고 효율적으로 도출할 수 있어 임상시험 기간 단축 및 비용이 절감되는 큰 장점이 있다. 하지만 후향적 임상시험은 기존의 의료 데이터를 이용하기 때문에 데이터 수집 방법, 유효성 평가 변수 등 다양한 사항들을 고려하여 임상시험을 설계하여야 한다.

2) 적용범위

인공지능으로 의료 데이터를 분석하여 질병의 진단 또는 관리 하거나 예측 등을 목적으로 하는 독립형 소프트웨어 형태의 의료기기(이하 '인공지능 기반 의료기기(소프트웨어)')에 대한 임상 유효성 평가에 적용하며 의료기기 임상시험계획 승인, 제조 · 수입 허가(임상시험 검토 대상) 또는 기술문서 등 심사(임상시험 자료 심사 대상)에 적용한다.

3) 용어의 정의

① 검정력 : 대립가설이 참인 경우 귀무가설을 기각하는 올바른 결정을 내릴 확률
② 교차설계 : 한 명의 피험자에게 시험기기 및 대조기기를 모두 적용하는 방법으로 시험기기 우선 적용군의 경우 시험기기를 먼저 사용하고, 일정 기간이 지난 후 대조기기를 사용하는 방법
③ 눈가림 : 임상시험자, 평가자, 피험자가 임상시험 내용을 알게 됨에 따라 발생하는 편향(Bias)을 줄이기 위한 방법으로 단일 눈가림, 이중 눈가림 등이 있음
④ 동등성 시험 : 시험기기의 유효성이 대조기기와 동등함을 확인하는 방법
⑤ 무작위배정 : 선택 편향을 줄이기 위해 확률의 원리에 따라 피험자를 각 처치군에 배정하는 과정
⑥ 비열등성 시험 : 시험기기의 유효성이 대조기기보다 열등하지 않음을 확인하는 방법
⑦ 우월성 시험 : 대조기기에 대한 시험기기의 우월성을 확인하는 방법
⑧ 인공지능(Artificial Intelligence) : 인지, 학습 등 인간의 지적능력(지능)의 일부 또는 전체를 컴퓨터를 이용해 기계학습 등으로 구현하는 기술
⑨ 빅데이터 및 인공지능 기술이 적용된 의료기기 : 의료용 빅데이터를 인공지능 기술로 분석하여 질병을 진단 또는 관리하거나 예측하여 의료인의 업무를 보조하는 의료기기
⑩ 임상시험심사위원회(IRB : Institutional Review Board) : 임상시험 계획서 또는 변경계획서, 피험자로부터 서면동의를 얻기 위해 사용하는 방법이나 제공되는 정보를

검토하고 지속적으로 이를 확인함으로써 임상시험에 참여하는 피험자의 권리 · 안전 · 복지를 보호하는 목적으로 시험기관 내에 독립적으로 설치한 상설위원회

⑪ 표본 데이터 : 이전의 진료 또는 임상시험을 통해 획득된 피험자의 의료 데이터(의료영상, 생체신호, 병리검사, 유전정보 등)로 임상시험 내에서 피험자를 대체하는 대상

⑫ 전향적 임상시험 : 연구하고자 하는 요인을 미리 설정한 후 일정기간 동안 변화를 추적하는 연구법으로 위험요소가 일으키는 변화를 관찰하는 임상시험

⑬ 참조표준(Reference Standard) : 진단 또는 예측하고자 하는 질병의 유무나 특정한 상태를 진단한 결과

⑭ 평행설계 : 피험자를 서로 다른 처치군(2집단 또는 3집단 이상)에 배정하는 방법으로 시험군과 대조군으로 나뉨

⑮ 학습 데이터 : 질병의 진단 또는 관리하거나 예측을 위해 기계학습에 사용되는 데이터

⑯ 후향적 임상시험 : 연구대상자와 직접적으로 접촉하지 않으면서 이루어지는 연구로 피험자 모집 대신 이전의 진료 또는 임상시험을 통해 획득된 피험자의 의료 데이터(진료기록, 의료영상, 생체신호, 병리검사, 유전정보 등의 표본 데이터)를 이용하여 의료기기의 안전성 · 유효성 검증을 위해 실시하는 임상시험

⑰ 1차 유효성 평가 기준 : 임상시험의 목적을 정확하게 나타내는 기준

⑱ 피험자(의료기기법 시행규칙 제20조) : 임상시험에 사용되는 표본 데이터를 제공하는 사람

2. 인공지능 의료기기의 임상 유효성 평가 고려사항

1) 표본 데이터 선정

(1) 표본 데이터 선정방법 및 수

'표본 데이터'는 임상시험을 위해 수집하는 의료 데이터로서 진료기록 또는 기존의 임상시험 과정 중 발생한 환자 데이터 등이 해당된다. '표본 데이터'는 품질, 수집방법, 종류 등에 따라 후향적 임상시험의 임상 유효성 평가 결과에 영향을 미칠 수 있다. 따라서 '표본 데이터' 선정은 매우 중요한 과정으로서, 임상시험 설계 시에는 선정기준 및 제외기준을 명확히 하고 수립된 기준에 따라 데이터를 선정하여야 한다.

선정기준 및 제외기준은 의료기기의 적응증에 따라 질환군, 질환의 빈도, 성별 등 목표집단(Target Population)을 반영하여야 한다.

또한 '표본 데이터'는 의료기기의 개발 과정동안 사용된 학습 데이터와의 독립성이 유지되어야 하고 편향(Bias)이 발생하지 않도록 모집된 데이터 집단에서 무작위 배정을 통해 추출할 것을 권고한다.

'표본 데이터'의 수는 대상 질병, 임상시험의 목적, 임상시험 평가변수, 검정력 등을 고려하여 후향적 임상시험에 적합한 통계학적 방법에 따라 산출할 수 있다.

이러한 '표본 데이터'의 수는 1차 유효성 평가 변수의 종류, 임상결과의 기대치 정도, 비교 대상 및 방법 등에 따라 달라질 수 있으며 적절한 통계가설을 설정한 후 피험자 데이터 수 산출 공식을 적용하여 산정하도록 한다.

다만 '표본 데이터'의 수를 통계적인 방법으로 산출하는 것이 어려운 경우, 관련 근거자료(㉥ 임상논문 등)를 인용해 피험자 데이터 수를 제시할 수 있다.

(2) 피험자 동의

피험자 동의는 의료기기 임상시험 실시기준 등 관련 규정(의료기기법 시행규칙 제24조제1항제4호)에 따라 임상시험을 시작하기 전, 피험자로부터 동의를 받고 이를 문서화하여야 한다. 또한 피험자 동의서 서식, 피험자 설명서 및 그 밖의 문서화된 정보는 임상시험심사위원회(IRB)의 승인을 받아야 한다.

그러나 기존의 의료 데이터를 활용하는 후향적 임상시험에서는 피험자 동의를 받는 것이 현실적으로 어렵거나 피험자에게 미치는 위험이 매우 낮을 수 있다.

따라서 후향적 임상시험에서 피험자 동의를 면제하는 것은 충분한 검토가 필요하며 임상시험심사위원회(IRB)의 승인 여부에 따라 피험자 동의 면제를 고려할 수 있다.

2) 임상시험 방법

(1) 참조표준(Reference Standard) 확보

참조표준은 진단 · 예측하고자 하는 질병의 유무나 특정한 상태를 진단한 결과로서 단일 또는 복수의 검사나 방법으로 확보할 수 있으며 피험자의 임상적 추적관찰 등을 포함하기도 한다.

인공지능 기반 의료기기(소프트웨어)의 후향적 임상시험에 적용할 수 있는 참조표준의 예는 다음과 같다.

① 질병에 대한 명시적인 판정 기준

(예 1) 생체신호를 분석하여 고혈압의 정도를 진단 보조하는 의료기기(소프트웨어)인 경우 고혈압 판정 수치를 참조표준으로 설정

(예 2) 다양한 의료정보를 분석하여 전신성 홍반성 낭창(Systemic Lupus Erythematosus, SLE)을 진단 보조하는 의료기기(소프트웨어)인 경우 명시적으로 정의된 진단 기준을 참조표준으로 설정

※ 전신성 홍반성 낭창의 진단 기준 : 미국류마티스학회(ACR)에서 제안하는 루푸스 분류기준에 따라 '원반모양 홍반' 등 11개의 항목 중 4개 이상의 항목이 확인되는 경우

② 참조표준 의료기기를 이용한 검사결과 또는 질병의 표준검사 방법에 의한 확진 데이터

(예 1) 흉부 X-ray 영상을 이용하여 폐암을 검출하는 의료기기(소프트웨어)인 경우 CT 또는 MR 영상의 검사결과를 통해 확진된 환자의 의료영상을 참조 표준으로 설정

(예 2) X-ray 영상을 이용하여 유방암을 진단 보조하는 의료기기(소프트웨어)인 경우 조직검사를 통해 확진된 환자의 의료영상을 참조표준으로 설정

③ 임상의 전문가 그룹에 의해 확진된 데이터

(예) MR 영상을 이용하여 뇌질환을 진단 보조하는 의료기기(소프트웨어)로 질병의 명확한 판정기준 또는 기타 검사방법이 없는 경우 임상의 전문가 그룹에 의해 확진된 데이터를 참조표준으로 설정

임상의 전문가 그룹에 의해 확진된 데이터를 이용하여 참조표준을 구축하는 경우는 '질병에 대한 명시적인 판정 기준'이나 '참조표준 의료기기를 이용한 검사결과 또는 질병의 표준검사 방법에 의한 확진 데이터'가 없을 때 가능하다.

이때 임상의 전문가 그룹에 의하여 참조표준을 구축하는 경우, 의료기기의 적응증과 임상시험 목적 등에 적합한 전공과 경력을 갖춘 복수의 임상의가 참여하여야 한다.

모든 임상의는 동일한 진료 지침을 이용하여 질병을 판독하고, 판독 결과의 의견 불일치가 발생할 경우에는 적절한 합의과정을 통해 해결한다. 또한 필요한 경우 해당 질환과 관련한 임상 학회나 단체 등의 견해를 반영하여 결정할 수 있다.

다만 임상시험 시 편향(Bias)을 최소화하기 위하여 참조표준 구축에 참여한 임상의는 임상시험 평가자로 참여하지 않을 것을 권고한다.

□ 의료기기 임상시험계획서 작성 시 기재사항

- 참조표준의 유형
- 참조표준 구축 시 필요한 조건 및 구축 과정
- 참조표준 구축 시 참여하는 임상의 전문가의 전공 및 경력
- 필요할 경우 참조표준 구축 시 관련 임상 학회 또는 단체의 견해 등 기재

(2) 임상시험 디자인

임상시험 디자인은 임상시험의 목적에 맞게 설계하여야 하고 제품의 특성, 유효성 입증방법(우월성, 동등성, 비열등성 평가 등), 유효성 평가기준 등을 고려하여야 한다. 또한 후향적 임상시험도 임상시험의 목적에 따라 평행설계나 교차설계를 적용할 수 있다.

인공지능 기반 의료기기(소프트웨어)의 후향적 임상시험에 적용할 수 있는 임상시험 디자인의 예는 다음과 같다. 하지만 반드시 아래에 예시에 국한되는 것은 아니다.

① 의료기기의 진단 유효성 평가를 위한 임상시험 디자인 (예 1) 표본 데이터를 단일군으로 구성하여 참조표준과 의료기기의 판독 결과값을 비교 (예 2) 동일한 표본 데이터를 시험군과 대조군으로 각각 배정하고 시험군인 의료기기의 판독 결과 값과 대조군인 임상의의 판독 결과 값을 비교 ② 의료기기 사용으로 임상의의 진단율 향상을 평가하기 위한 임상시험 디자인 (예) 표본 데이터를 단일군으로 구성하여 해당 제품 사용 전·후의 임상의의 판독결과 정확도 등을 비교

(3) 다기관 임상시험

다기관 임상시험은 충분한 수의 표본 데이터를 모집하거나 임상시험 결과를 일반화하는데 좋은 근거를 제공할 수 있다.

후향적 임상시험에서는 다기관 임상시험이 반드시 필요하지 않으며 임상시험 의뢰자와 참여기관과의 협의 하에 다기관 임상시험 여부를 결정할 수 있다.

(4) 무작위 배정 및 눈가림

무작위 배정과 눈가림은 임상시험에서 편향을 최소화하기 위한 중요한 설계 방법이다.

후향적 임상시험에서의 표본 데이터는 미리 알려진 피험자 데이터 모집단에서 무작위로 추출하여 선정할 수 있다. 다기관 임상시험 시 무작위 배정으로 임상시험 피험자 데이터를 선정하는 경우, 무작위 배정 절차는 중앙에서 관리하고 각 임상시험 실시기관에 따라 별도로 무작위 배정을 할 수 있다.

또한 임상시험 설계 시 시험군 또는 대조군 평가에 임상의가 참여한다면 임상의는 임상시험 피험자 데이터의 판독 결과를 알 수 없도록 눈가림을 해야 한다.

□ 의료기기 임상시험계획서 작성 시 기재사항

• 편향을 최소화하기 위해 사용한 무작위 배정과 눈가림 방법 기재 • 편향을 최소화하기 위해 이외의 다른 방법을 선택한 경우 그 방법 및 근거 기재

(5) 대조군 선정 및 대조기기

의료기기의 판독 정확도와 임상의의 판독 정확도를 비교하여 임상 유효성을 평가하고자 하는 경우, 임상의는 대조군 평가자로서 참여할 수 있다. 이때 대조군 평가에 참여하는 임상의는 참조표준 구축에 참여한 임상의 전문가 그룹과는 독립적으로 구성할 것을 권고한다.

후향적 임상시험 시 대조기기의 선정은 반드시 필요하지 않으며, 임상시험의 목적에 따라 대조기기의 선정이 필요할 경우에는 이를 반영하여 임상시험을 설계할 수 있다.

□ 의료기기 임상시험계획서 작성 시 기재사항

- 대조군 평가에 임상의가 참여하는 경우 임상의의 선정 조건(전공, 경력, 임상의 수 등)
- 대조기기를 설계하는 경우 비교평가를 하는 의료기기의 허가번호, 품목명, 모델명, 제조회사 등 기재

(6) 임상의 합의 판정

복수의 임상의가 참조표준을 구축하거나 임상시험에 참여하는 경우, 질병의 진단 결과는 임상의들의 합의로 도출할 수 있다.

임상의들의 합의 방법에는 객관적인 판독 결과를 얻기 위한 절차를 포함하고 개별 판독자의 판단 근거, 불일치 사유, 합의 근거를 명확히 확인할 수 있도록 한다. 이러한 합의 방법은 임상시험에 참여하는 판독자의 수를 고려하여 업체에서 자율적으로 설정할 수 있다.

예를 들어 3인의 판독자가 참여하는 경우 2인의 일치된 판독 결과를 채택할 수 있으며, 2인의 판독자가 참여하는 경우는 관련 분야의 경력이 우수한 임상의가 주도하여 합의할 수 있다.

□ 의료기기 임상시험계획서 작성 시 기재사항

- 판독자 수, 임상들의 합의 방법 및 절차 등을 자세히 기재

3) 유효성 평가기준 및 평가방법

(1) 평가변수 설정

인공지능 기반 의료기기(소프트웨어)의 후향적 임상시험 시 임상 유효성 평가변수로는 참조표준을 이용한 진단의 민감도, 특이도, ROC Curve, AUC 등을 산출할 수 있으며 참조표준이 없는 경우에는 일치율 등을 산출할 수 있다. 필요한 경우(예 희귀질환 대상의 임상시험 등) 참조표준을 이용하여 유병률에 따른 양성 예측도, 음성 예측도를 추가적으로 산출할 수 있다.

학습 4

- 민감도(Sensitivity) : 실제로 특정한 질병에 걸린 사람들 중에서 그 질병이 있다고 분류해내는 확률
- 특이도(Specificity) : 실제로 특정한 질병이 없는 사람들 중에서 그 질병이 없다고 분류해내는 확률
- 양성 예측도(Positive Predictive Value) : 특정한 특성을 가지고 있는 것으로 분류된 사람들 가운데 실제로 그 특성을 가지고 있는 사람이 차지하는 분률
- 음성 예측도(Negative Predictive Value) : 특정한 특성을 가지고 있지 않는 것으로 분류된 사람들 가운데 실제로 그 특성을 가지고 있지 않는 사람이 차지하는 분률
- ROC(Receiver Operating Characteristic) Curve
  - 진단검사 결과를 근거로 민감도와 위양성률(1-특이도)을 이용하여 그린 그래프로, 양성과 음성을 구분하는 진단의 성능을 평가할 수 있음
- AUC(Area Under the Curve)
  - ROC(Receiver Operating Characteristic) Curve의 아래 면적으로 진단 정확도를 의미하고 0.5~1.0 사이의 값에서 1에 근접할수록 이상적인 성능이라고 할 수 있음
- 양성 일치율(Positive Percent Agreement)
  - 양성 결과를 보이는 진단법이 대조 진단법과 양성 진단 결과가 일치하는 비율
- 음성 일치율(Negative Percent Agreement)
  - 음성 결과를 보이는 진단법이 대조 진단법과 음성 진단 결과가 일치하는 비율

후향적 임상시험에서 1차 유효성 평가변수에 대한 예는 아래와 같다.

- 소프트웨어 단일군의 민감도, 특이도, AUC 산출
- 소프트웨어 판독결과의 민감도, 특이도, AUC와 임상의 판독결과의 민감도, 특이도, AUC를 산출하여 각각 비교
- 임상의의 소프트웨어 사용 전·후의 민감도, 특이도, AUC 변화 비교
- 참조표준이 없는 경우 소프트웨어 판독결과와 임상의와의 전체 일치율, 양성 일치율, 음성 일치율, Kappa 통계량 산출

민감도와 특이도, 양성 예측도, 음성 예측도 산출 시 참조표준의 결과와 비교하여 다음과 같이 2×2 표 형식으로 산출할 수 있다.

〈표 4-3〉 민감도, 특이도, 양성 예측도, 음성 예측도 산출 방법

결 과		참조표준		
		양 성	음 성	전 체
시험 의료기기 (소프트웨어)	양성	진양성(TP)	위양성(FP)	진양성 + 위양성
	음성	위음성(FN)	진음성(TN)	위음성 + 진음성
	전체	진양성 + 위음성	위양성 + 진음성	n

- 민감도(Sensitivity) = 100 × 진양성(TP)/[진양성(TP) + 위음성(FN)]
- 특이도(Specificity) = 100 × 진음성(TN)/[위양성(FP) + 진음성(TN)]
- 양성 예측도(Positive Predictive Value) = 100 × 진양성(TP)/[진양성(TP) + 위양성(FP)]
- 음성 예측도(Negative Predictive Value) = 100 × 진음성(TN)/[진음성(TN) + 위음성(FN)]

임상의 전문가 그룹에 의해 확진된 데이터를 참조표준으로 사용하거나 민감도와 특이도 산출이 어려운 경우 임상의의 판독 결과와의 비교평가를 통해 일치율 등을 산출함으로써 임상 유효성을 확인할 수 있다.

일치율은 진단의 정확도를 의미하는 지표가 아니므로 민감도와 특이도 분석에 비해 낮은 수준의 평가 방법이며 일치율에 대한 적절한 판정기준이 없으므로 해석에 유의하여야 한다.

민감도와 특이도 산출이 가능할 경우, 일치율을 평가변수로 선정하는 것을 가급적 배제하도록 하고 민감도와 특이도 산출이 어려운 경우에만 일치율을 평가변수로 선정하여 전체 일치율, 양성 일치율, 음성 일치율, Kappa 통계량을 제시하여야 한다.

〈표 4-4〉 일치율 산출 방법

결 과		비교방법		
		양 성	음 성	전 체
시험 의료기기	양 성	a	b	a+b
	음 성	c	d	c+d
	전 체	a+c	b+d	n

- 양성 일치율(Positive Percent Agreement) = 100 × a/(a + c) (%)
- 음성 일치율(Negative Percent Agreement) = 100 × d/(b + d) (%)
- 전체 일치율(Overall Percent Agreement) = 100 × (a + d)/n (%)
- Kappa 통계량 = 2 (ad − bc)/[(a + b)(b + d)(a + c)(c + d)]

  ※ Kappa 통계량 : 평가자 사이의 의견이 일치하는 지를 평가하는 통계량

(2) 평가결과의 성공기준

임상시험 평가결과에 대한 성공기준은 업체가 자율적으로 설정할 수 있으며 성공기준을 설정한 사유와 그 근거를 제시할 수 있어야 한다.

성공기준에 대한 설정 방법은 다음 3가지의 대조군 유형 중 1가지 이상을 선택하여 설정할 수 있으며 방법은 아래와 같다.

학습 4

- 신청기기 & 대조기기 : 기허가 받은 의료기기의 성능을 근거로 목표성능 설정
- 신청기기 & 과거대조군(논문) : 논문의 임상 성공기준 등을 인용하여 설정
- 신청기기 & 표준 진단법(의사 진료 행위) : 논문 등을 근거로 표준 진단법을 인용하여 설정

설정된 성공기준은 제품의 허가·심사 시 성능, 사용방법에 기재하고 사용자 매뉴얼에 명기하여 사용자가 확인할 수 있도록 해야 한다.

02 인공지능 기술이 적용된 허가, 심사 가이드 라인 및 허가 인증 현황에 대하여 분석하라.

1. 적용 범위

의료용 빅데이터를 분석하여 질병 진단 또는 예측하는 기계학습 기반의 인공지능 기술이 적용된 의료기기(소프트웨어)이다.

기계학습은 의료용 빅데이터로부터 특정 패턴이나 특성을 직접 학습하여 질병의 진단 또는 예측 알고리즘을 스스로 도출하고 업데이트하는 방식이다.

2. 구 성

빅데이터 및 인공지능 기술이 적용된 제품의 의료기기 구분기준 및 품목분류, 허가심사 방안을 제시한다.

3. 의료기기 해당여부

빅데이터 및 인공지능 기술이 적용된 제품은 사용목적, 위해도에 따라 의료기기 해당여부를 판단한다.

비의료기기는 임상논문, 가이드라인, 의약품 정보, 처방 목록, 유사 증례 등 의학정보를 검색, 저장, 출력할 수 있거나 의학정보를 이용하여 의료인에게 가이드라인, 지침, 처방 등을 권고하는 소프트웨어이다.

4. 허가심사 방안

인공지능 제품은 빅데이터(기계학습)를 기반으로 제품 개발 속도가 빠르게 진행되고

다양한 적응증을 표방하는 제품으로 안전성 및 유효성을 확보하면서 신속히 시장 진입을 할 수 있는 방안 고려한다.

대규모 임상 및 신속한 임상 진행을 위해 임상적 유효성 확인은 후향적 임상연구도 적용 가능하도록 한다.

참고 : 식약처 국문 홈페이지(www.mfds.go.kr) 〉 법령/자료 〉 자료실 〉 매뉴얼/지침

5. 인공지능 의료기기 품목별 허가 · 인증 현황

연 번	품목명(등급)	계	제 조	수 입	분 야
계		53	51	2	-
1	의료영상분석장치소프트웨어(2)	26	26	-	인공지능(AI) 기반
2	의료영상검출보조소프트웨어(2)	12	12	-	
3	의료영상전송장치소프트웨어(2)	3	3	-	
4	의료영상획득장치(2)	2	2		
5	치과용영상전송장치소프트웨어(2)	2	2	-	
6	의료영상진단보조소프트웨어(3)	5	4	1	
7	홀터심전계(2)	1	-	1	
8	지각 및 신체 진단용 기구(2)	1	1	-	
9	체외진단용소프트웨어(3)	1	1	-	

6. 인공지능 의료기기 허가 · 인증 제품 개요

연 번	업체명	품목명 (등급)	허가번호 (허가일자)	사용목적	제품외형
1	(주)뷰노	의료영상 분석장치 소프트웨어 (2)	제허 18-360호 ('18.5.16.)	골연령 분석 소프트웨어	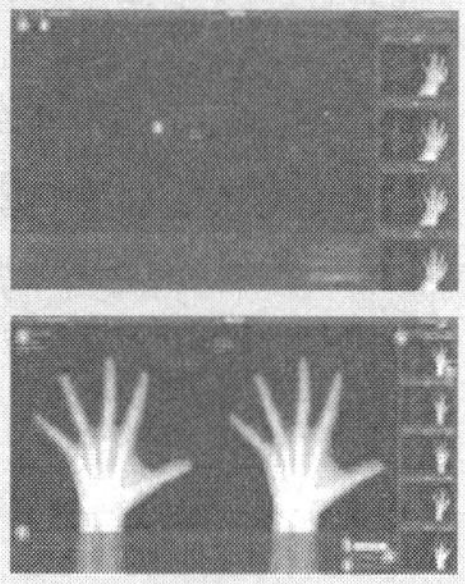

연 번	업체명	품목명 (등급)	허가번호 (허가일자)	사용목적	제품외형
2	(주)제이 엘케이 인스펙션	의료영상 진단보조 소프트웨어 (3)	제허 18-573호 ('18.8.14.)	뇌경색(허혈성 뇌졸중) 유형 분류하는 소프트웨어	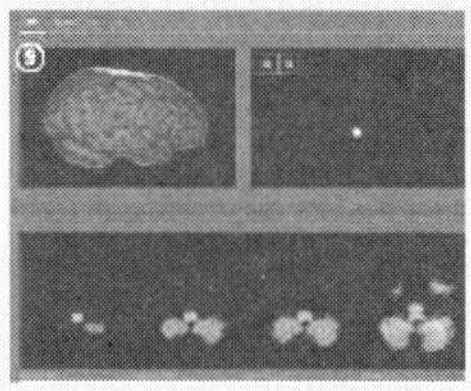 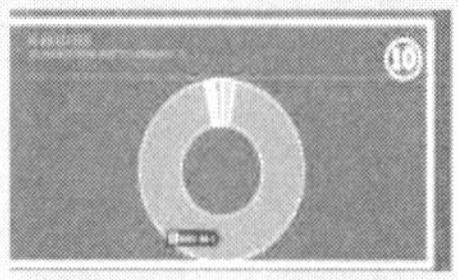
3	(주)루닛	의료영상 검출보조 소프트웨어 (2)	제허 18-574호 ('18.8.14.)	폐 결절 등 이상부위 검출하는 소프트웨어	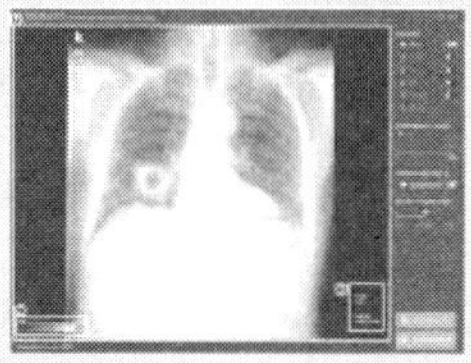
4	(주)클라리 파이	의료영상 전송장치 소프트웨어 (2)	제인 16-4704호 ('16.8.26)AI 기술 추가적용 ('18.7.17)	저선량(고잡음) CT영상을 전송받아 인공지능으로 잡음 성분의 선별 제거 소프트웨어	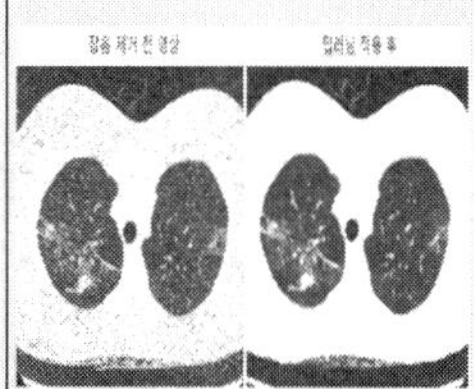
5	(주)이우 소프트	치과용영상 전송장치 소프트웨어 (2)	제인 13-751호 ('13.4.26.) AI기술 추가적용 ('19.2.26)	치과용 영상을 저장, 확대, 축소, 조회와 함께 분석, 전송 처리하는 장치 및 출력장치에 사용되는 소프트웨어(인공지능 기술로 치아, 골격 등 인체 구조 등을 표시)	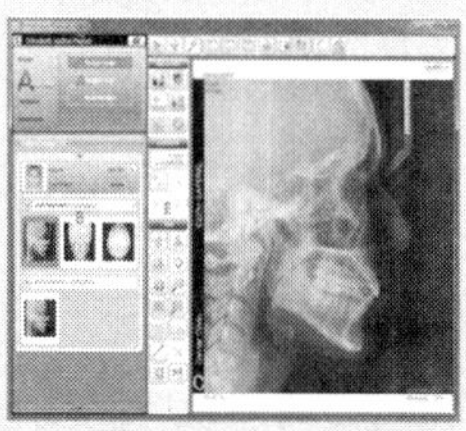
6	삼성전자 (주)	의료영상 검출보조 소프트웨어 (2)	제허 19-357호 ('19.6.7)	폐 결절 등 이상부위 검출하는 소프트웨어	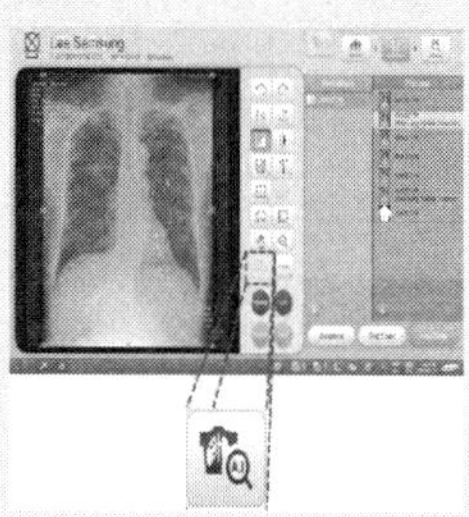

연 번	업체명	품목명 (등급)	허가번호 (허가일자)	사용목적	제품외형
7	(주)루닛	의료영상 진단보조 소프트웨어 (3)	제허 19-493호 ('19.7.29)	유방촬영술 영상(Mammography)에서 유방암 의심 부위 및 악성 병변의 존재 가능성을 제시하는 소프트웨어	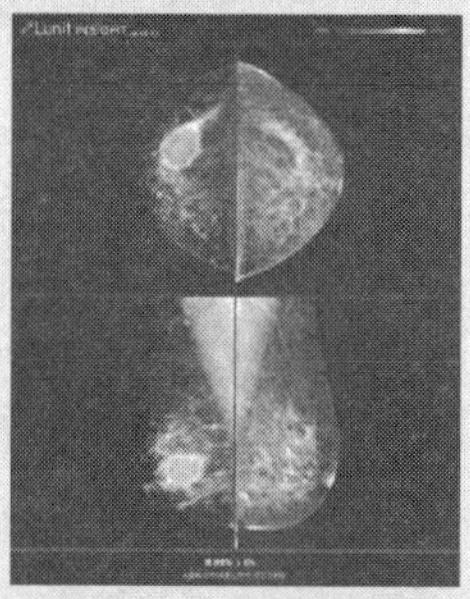
8	(주)제이엘케이 인스펙션	의료영상 분석장치 소프트웨어 (2)	제인 19-4654호 ('19.8.5)	뇌 영상에서 대뇌 하위 구조의 부피 등을 분석하는 소프트웨어	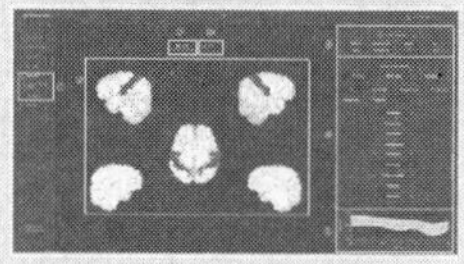
9	(주)뷰노	의료영상 검출보조 소프트웨어 (2)	제허 19-551호 ('19.8.20)	흉부 X-ray 영상에서 정상이 아닌 부위를 검출하는 소프트웨어	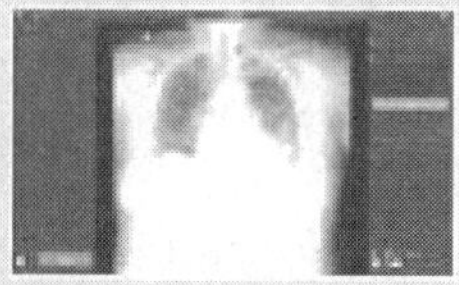
10	(주)딥노이드	의료영상 검출보조 소프트웨어 (2)	제허 19-550호 ('19.8.20)	요추 단순촬영(X-ray) 영상에서 이상 부위를 검출하는 소프트웨어	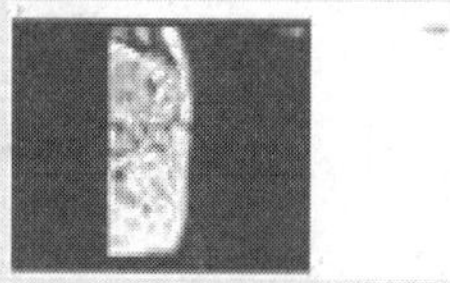
11	(주)제이엘케이 인스펙션	의료영상 분석장치 소프트웨어 (2)	제인 19-4822호 ('19.10.2)	폐 면적, 부피 등을 분석하는 소프트웨어	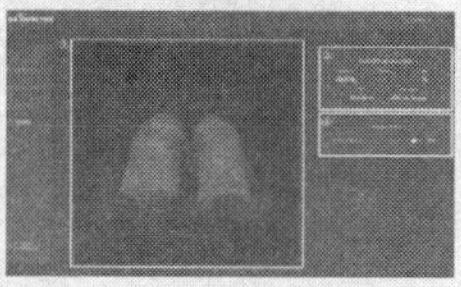
12	(주)제이엘케이 인스펙션	의료영상 분석장치 소프트웨어 (2)	제인 19-4828호 ('19.10.4)	의료영상을 획득하여 모의 치료, 모의 시술, 진단에 사용 가능하도록 분석하는 장치에 사용하는 소프트웨어(위 내시경 영상 분석)	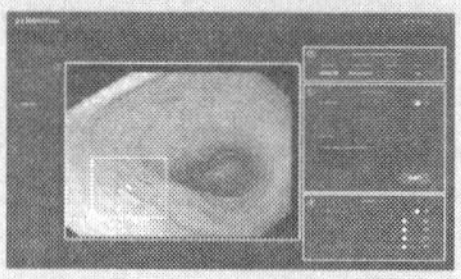
13	(주)제이엘케이 인스펙션	의료영상 분석장치 소프트웨어 (2)	제인 19-4829호 ('19.10.4)	의료영상을 획득하여 모의 치료, 모의 시술, 진단에 사용 가능하도록 분석하는 장치에 사용하는 소프트웨어(대장 내시경 영상 분석)	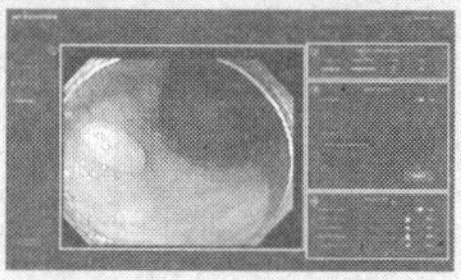
14	(주)루닛	의료영상 검출보조 소프트웨어 (2)	제허 19-660호 ('19.10.21)	흉부 단순촬영(X-ray) 영상에서 이상부위를 검출하는 소프트웨어	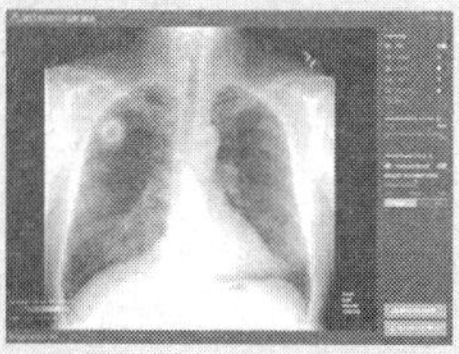

연 번	업체명	품목명 (등급)	허가번호 (허가일자)	사용목적	제품외형
15	(주)이우 소프트	의료영상 분석장치 소프트웨어 (2)	제인 20-4020호 ('20.1.9.)	치과용 영상을 저장, 확대, 축소, 조회와 함께 분석, 전송 처리하는 장치 및 출력장치에 사용되는 소프트웨어(인공지능 기술로 치아, 골격 등 인체 구조 등을 표시)	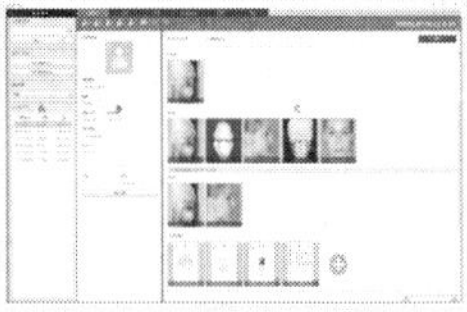 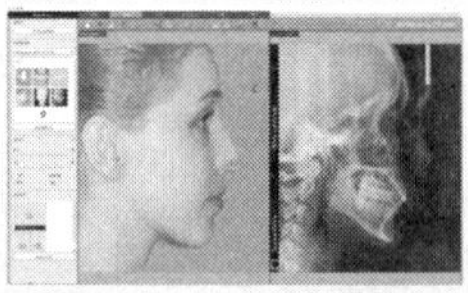
16	(주)제이엘 케이 인스펙션	의료영상 전송장치 소프트웨어 (2)	제인 20-4029호 ('20.1.13)	폐 면적, 부피 등을 분석하는 소프트웨어	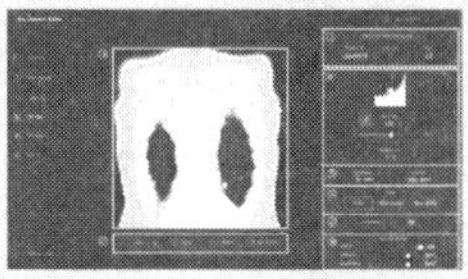
17	(주)제이엘 케이 인스펙션	의료영상 분석장치 소프트웨어 (2)	제인 20-4030호 ('20.1.13)	폐 면적, 부피 등을 분석하는 소프트웨어	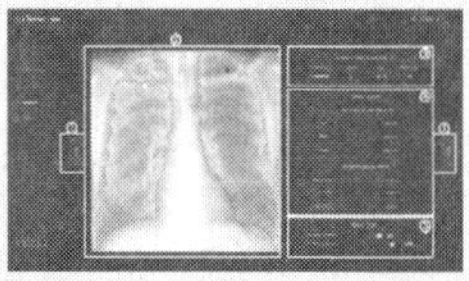
18	(주)코어라 인 소프트	의료영상 전송장치 소프트웨어 (2)	제인 16-4603호 ('16.7.21) AI기술 추가적용 ('20.2.17)	의료영상을 저장하고, 영상의 확대, 축소, 분할, 정합 기능을 사용하여 영상을 조회, 분석하여 결과를 전송 및 출력하는 장치에 사용되는 소프트웨어(AI 기술적용 폐 영역 자동 분할)	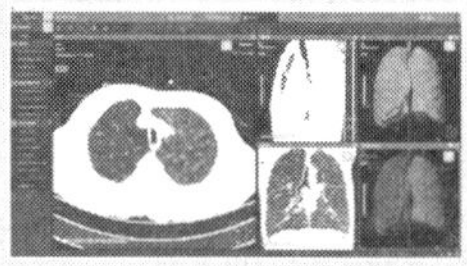
19	(주)인피니 트 헬스케어	의료영상 검출보조 소프트웨어 (2)	제인 20-4154호 ('20.2.25)	대장 내시경 이미지에서 정상과 다른 이상 부위를 검출하는 소프트웨어	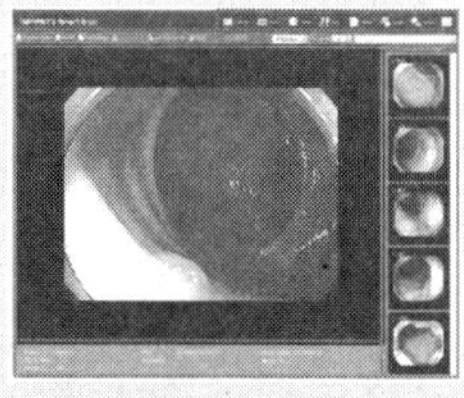
20	(주)크레스 콤	의료영상 분석장치 소프트웨어 (2)	제허 20-153호 ('20.3.3)	골연령 분석 소프트웨어	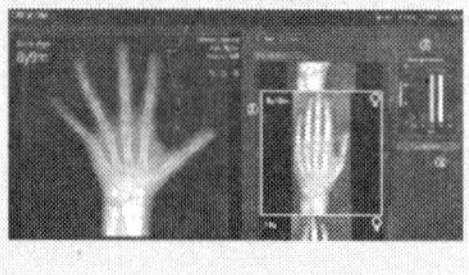

연 번	업체명	품목명 (등급)	허가번호 (허가일자)	사용목적	제품외형
21	(주)헬스허브	의료영상 분석장치 소프트웨어 (2)	제허 20-166호 ('20.3.10)	골연령 분석 소프트웨어	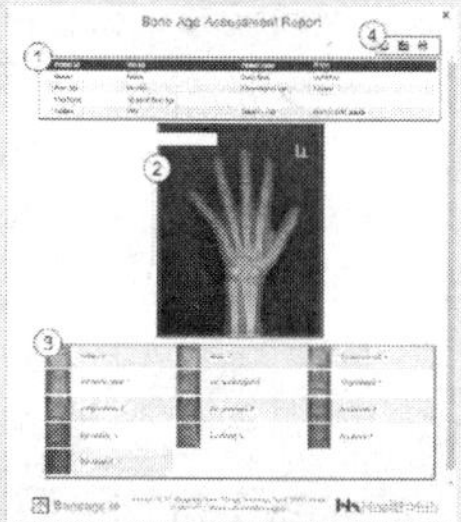
22	(주)뷰노	의료영상 진단보조 소프트웨어 (3)	제허 20-244호 ('20.4.1)	안저영상 이상소견 및 검출위치를 표시하는 소프트웨어	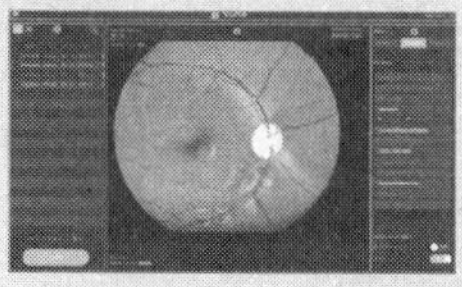
23	(주)딥바이오	체외진단용 소프트웨어 (3)	제외 제허 20-373호 ('20.05.19.)	헤마톡실린-에오신(H&E) 염색된 전립선 조직을 이용하여 암 조직 유무 분석하는 소프트웨어	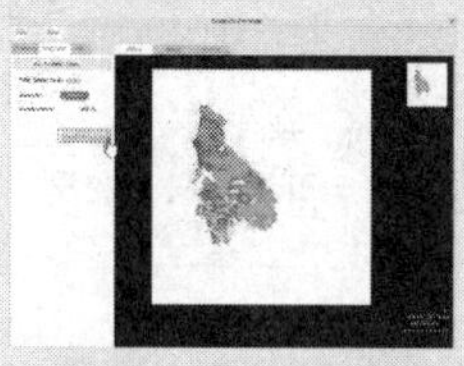
24	(주)레이언스	의료영상 분석장치 소프트웨어 (2)	제인 20-4273호 ('20.04.10.)	골연령 분석 소프트웨어	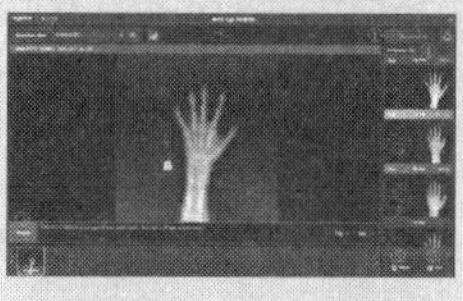
25	(주)레이언스	의료영상 검출보조 소프트웨어 (2)	제인 20-4274호 ('20.04.10.)	흉부 X-ray 영상에서 정상이 아닌 부위를 검출하고 골연령을 분석하는 소프트웨어	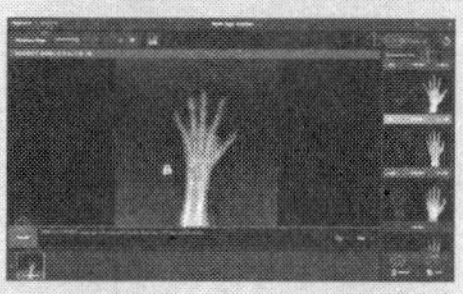 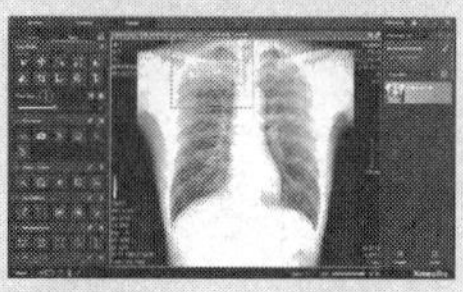
26	(주)뷰노	의료영상 검출보조 소프트웨어 (2)	제허 20-298호 ('20.4.21)	폐 CT 영상에서 폐결절을 검출하는 소프트웨어	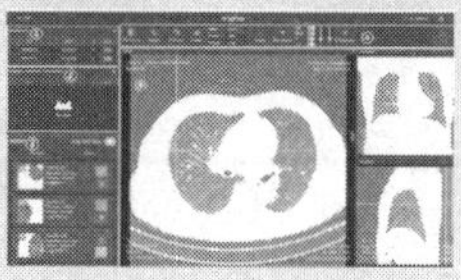
27	딥노이드	의료영상 분석장치 소프트웨어 (2)	제인 20-4378호 ('20.05.15.)	의료영상을 획득하여 모의 치료, 모의 시술, 진단에 사용가능 하도록 분석하는 장치에 사용하는 소프트웨어(X-ray 영상 밝은 영역의 모양과 크기, 위치 등 분석)	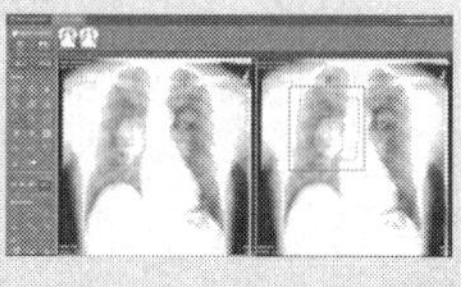

연 번	업체명	품목명 (등급)	허가번호 (허가일자)	사용목적	제품외형
28	(주)제이 엘케이 인스펙션	의료영상 분석장치 소프트웨어 (2)	제인 20-4398호 ('20.05.20.)	의료영상을 획득하여 모의 치료, 모의 시술, 진단에 사용 가능하도록 분석하는 장치에 사용하는 소프트웨어(안저 영상의 배안, 시신경 유두 등 구조 분석)	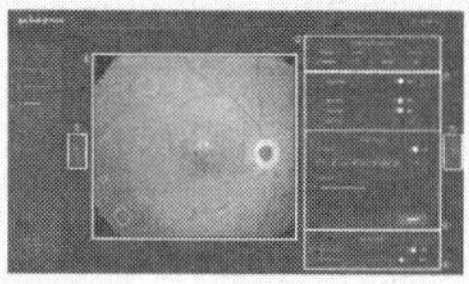
29	(주)제이 엘케이 인스펙션	의료영상 분석장치 소프트웨어 (2)	제인 20-4399호 ('20.05.20.)	의료영상을 획득하여 모의 치료, 모의 시술, 진단에 사용 가능하도록 분석하는 장치에 사용하는 소프트웨어(복부 CT 영상의 지방 및 근육 영역 분석)	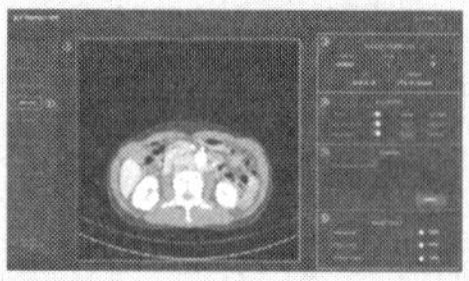
30	(주)제이 엘케이 인스펙션	의료영상 분석장치 소프트웨어 (2)	제인 20-4404호 ('20.05.21.)	의료영상을 획득하여 모의 치료, 모의 시술, 진단에 사용 가능하도록 분석하는 장치에 사용하는 소프트웨어(뇌 CT 영상의 밝은 영역 분석)	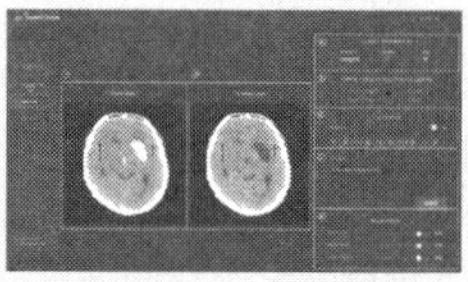
31	(주)제이 엘케이 인스펙션	의료영상 분석장치 소프트웨어 (2)	제인 20-4405호 ('20.05.21.)	의료영상을 획득하여 모의 치료, 모의 시술, 진단에 사용 가능하도록 분석하는 장치에 사용하는 소프트웨어(뇌 CT 영상의 어두운 영역 분석)	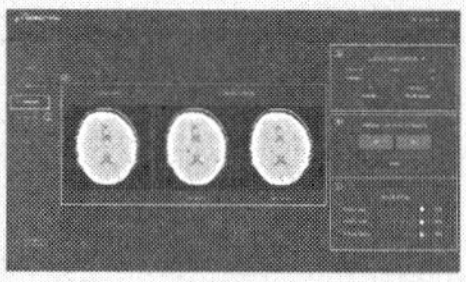
32	(주)제이 엘케이 인스펙션	의료영상 분석장치 소프트웨어 (2)	제인 20-4406호 ('20.05.21.)	의료영상을 획득하여 모의 치료, 모의 시술, 진단에 사용가능하도록 분석하는 장치에 사용하는 소프트웨어(유방영상의 밝은 영역 분석)	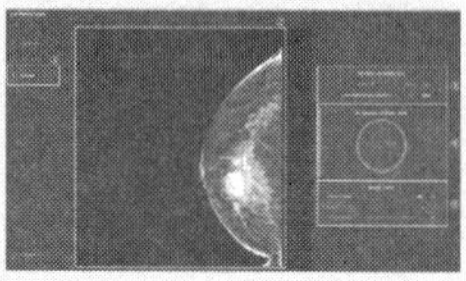
33	(주)사이 넥스	홀터심전계 (2)	수허 20-115호 ('20.05.28.)	단일 채널 심전도 신호를 기록, 저장 및 전송하는 제품으로 측정된 신호는 알고리즘을 통해 정상 상태, 심방 세동, 서맥, 빈맥 등을 분석하여 의료인의 진단을 보조하는데 사용	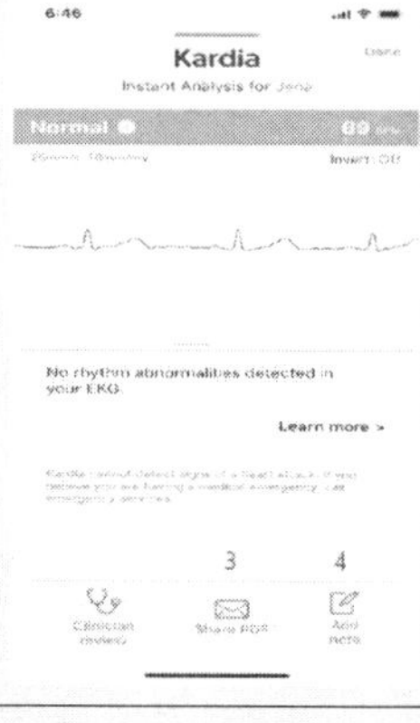

연 번	업체명	품목명 (등급)	허가번호 (허가일자)	사용목적	제품외형
34	(주)리스템	의료영상 획득장치 (2)	제인 08-226호 AI기술 추가적용 ('20.06.01.)	골연령 분석 소프트웨어 및 흉부 이상부위 검출 소프트웨어	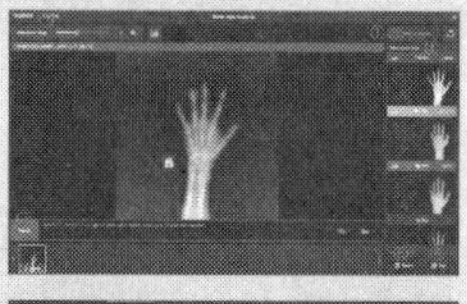 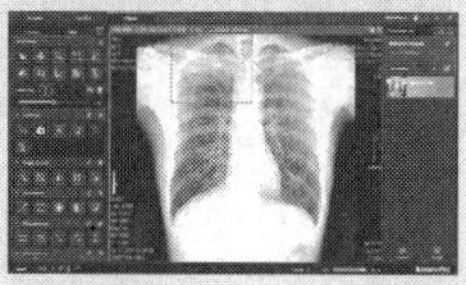
35	삼성 메디슨 (주)	의료영상 분석장치 소프트웨어 (2)	제인 20-4468호 ('20.06.02.)	의료영상을 획득하여 모의 치료, 모의 시술, 진단에 사용가능 하도록 분석하는 장치에 사용하는 소프트웨어(태아 표준 심장 초음파 영상 분류, 분할, 측정에 대한 정보 제공)	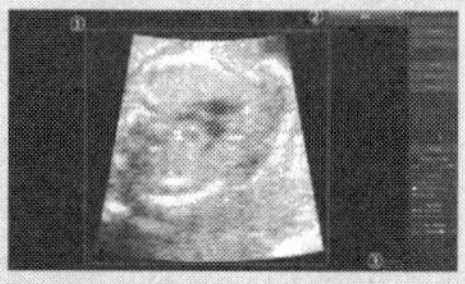
36	딥노이드	의료영상 검출보조 소프트웨어 (2)	제허 20-467호 ('20.06.10.)	뇌혈관 영상에서 뇌동맥류로 의심되는 이상부위를 검출하는 소프트웨어	
37	라온피플 (주)	치과용영상 전송장치 소프트웨어 (2)	제인 19-4368호 ('19.05.08.) AI기술 추가적용 ('20.06.11.)	치과용 영상을 저장, 확대, 축소, 조회와 함께 분석, 전송 처리하는 장치 및 출력장치에 사용되는 소프트웨어(인공지능 기술로 치아, 골격 등 인체 구조 등을 표시)	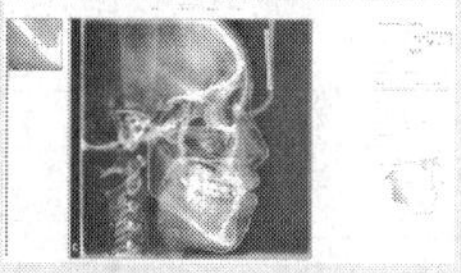
38	(주)코어 라인 소프트	의료영상 검출보조 소프트웨어 (2)	제허 20-484호 ('20.06.16.)	폐 결절 등 이상부위 검출하는 소프트웨어	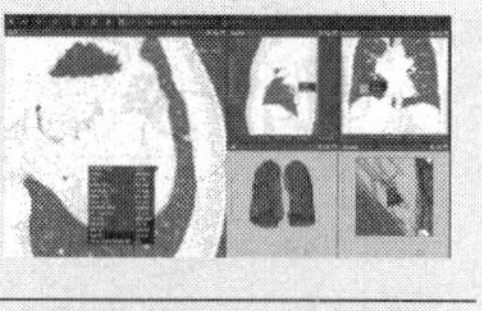
39	(주)코어 라인 소프트	의료영상 분석장치 소프트웨어 (2)	제인 20-4631호 ('20.07.16)	CT(흉부) 영상으로부터 인공지능으로 학습된 분할 모델을 기반으로 장기를 부위별로 자동 분할해 주는 소프트웨어	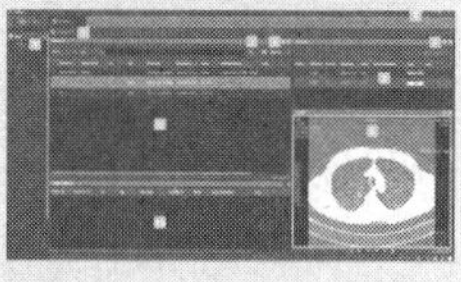
40	딥노이드	의료영상 검출보조 소프트웨어 (2)	제허 20-578호 ('20.07.16)	폐 결절 등 이상부위 검출하는 소프트웨어	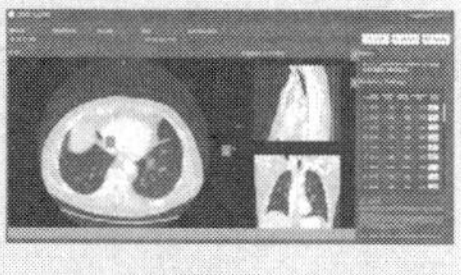

연 번	업체명	품목명 (등급)	허가번호 (허가일자)	사용목적	제품외형
41	(주)레이 언스	의료영상 획득장치(2)	제인 20-4639호 ('20.07.20.)	컴퓨터 방사선영상 장치(CR), 디지털 방사선 영상장치(DR) 등을 이용하여 의료영상을 디지털로 변환하여 영상을 저장, 전송하는 장치, 소프트웨어를 포함하기도 한다(옵션 기능 : 골연령 분석 소프트웨어 및 흉부 이상부위 검출 소프트웨어).	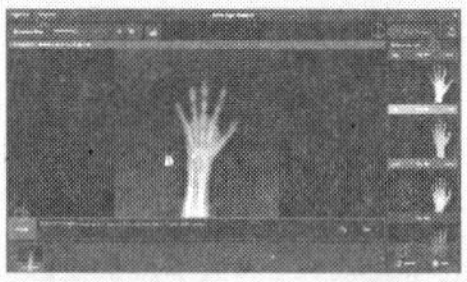 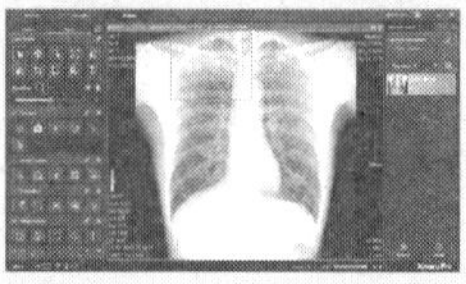
42	모니터 코퍼레이션 (주)	의료영상 진단보조 소프트웨어 (3)	제허 20-602호 ('20.07.27)	의료인(Interpreting Physician)이 흉부 CT 영상을 판독할 때 사용하는 소프트웨어로, 의료영상에서 추출한 정보를 바탕으로 폐결절 악성 가능성과 폐 결절의 위치 및 특성에 대한 정보를 제공하여 사용자의 최종 진단 및 환자 관리의 결정을 보조하는 소프트웨어	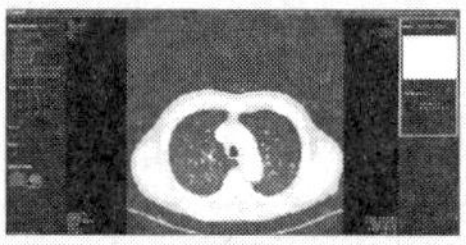
43	(주)메디 웨일	의료영상 검출보조 소프트웨어 (2)	제허 20-618호 ('20.08.03)	안저 영상을 이용하여 안저 이상 및 질병(백내장, 녹내장, 망막질환)이 의심되는 부위를 검출, 표시하여 의료인의 진단 결정을 보조하는데 사용하는 소프트웨어	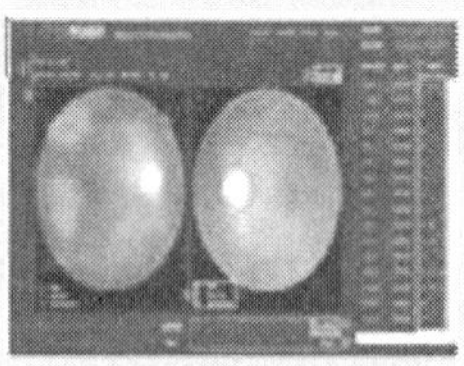
44	(주)딥노 이드	의료영상 분석장치 소프트웨어 (2)	제인 20-4709호 ('20.08.06.)	의료영상을 획득하여 모의 치료, 모의 시술, 진단에 사용가능 하도록 분석하는 장치에 사용하는 소프트웨어(척추뼈 내의 주변보다 어두운 영역을 자동으로 검출)	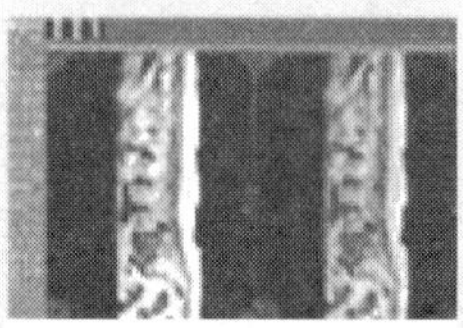
45	(주)딥노이 드	의료영상 분석장치 소프트웨어 (2)	제인 20-4742호 ('20.08.12.)	의료영상을 획득하여 모의 치료, 모의 시술, 진단에 사용가능 하도록 분석하는 장치에 사용하는 소프트웨어(유방촬영영상의 둥근 형태를 띄는 밝은 영역을 표시)	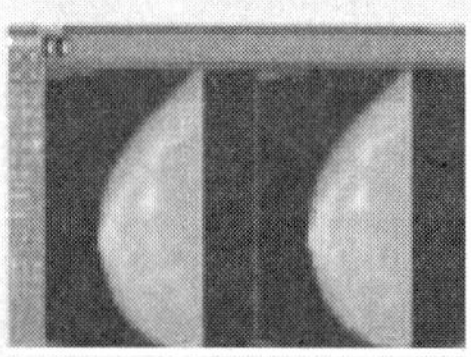
46	(주)딥노이 드	의료영상 분석장치 소프트웨어 (2)	제인 20-4743호 ('20.08.12.)	의료영상을 획득하여 모의 치료, 모의 시술, 진단에 사용가능하도록 분석하는 장치에 사용하는 소프트웨어(만곡의 양 끝 척추뼈를 자동으로 검출)	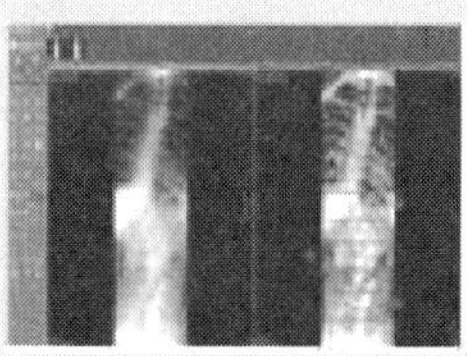

연 번	업체명	품목명 (등급)	허가번호 (허가일자)	사용목적	제품외형
47	(주)딥노이드	의료영상 분석장치 소프트웨어 (2)	제인 20-4749호 ('20.08.13.)	의료영상을 획득하여 모의 치료, 모의 시술, 진단에 사용가능하도록 분석하는 장치에 사용하는 소프트웨어(뇌 영역에서의 밝은 영역을 자동으로 검출)	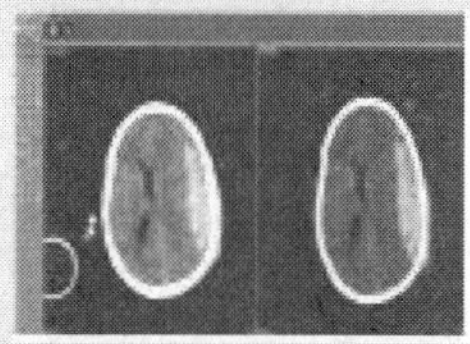
48	(주)딥노이드	의료영상 분석장치 소프트웨어 (2)	제인 20-4751호 ('20.08.13.)	의료영상을 획득하여 모의 치료, 모의 시술, 진단에 사용가능하도록 분석하는 장치에 사용하는 소프트웨어(치아 뿌리 근처의 어두운 영역을 자동으로 검출)	
49	(주)딥노이드	의료영상 분석장치 소프트웨어 (2)	제인 20-4761호 ('20.08.18.)	의료영상을 획득하여 모의 치료, 모의 시술, 진단에 사용가능하도록 분석하는 장치에 사용하는 소프트웨어(위 내시경의 융기 영역을 표시)	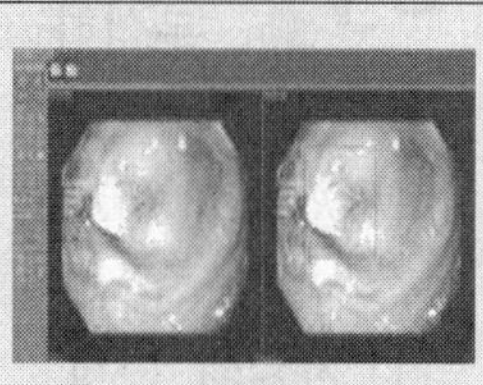
50	(주)딥노이드	의료영상 분석장치 소프트웨어 (2)	제인 20-4762호 ('20.08.18.)	의료영상을 획득하여 모의 치료, 모의 시술, 진단에 사용 가능하도록 분석하는 장치에 사용하는 소프트웨어(대장 내시경의 융기 영역을 표시)	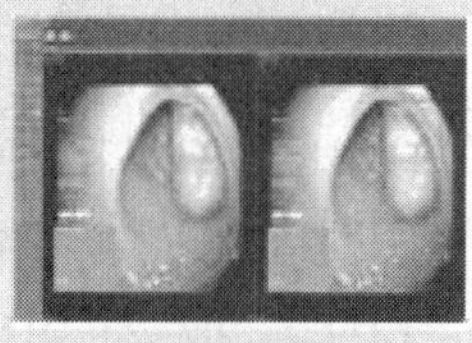
51	(주)딥노이드	의료영상 분석장치 소프트웨어 (2)	제인 20-4764호 ('20.08.19.)	의료영상을 획득하여 모의 치료, 모의 시술, 진단에 사용 가능하도록 분석하는 장치에 사용하는 소프트웨어(흉부 X-ray 영상의 폐 영역을 자동으로 검출)	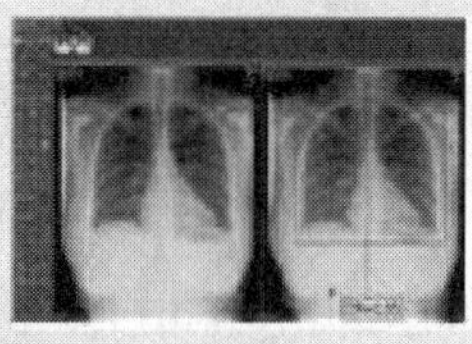
52	(주)아이메디신	지각 및 신체 진단용 기구 (2)	제허 20-750호 ('20.08.26)	기억장애형 경도인지장애(aMCI)로 의심되는 환자를 대상으로 정량 뇌파 분석을 통해 알츠하이머병 치매의 전 단계로 알려진 기억장애형 경도인지장애를 선별하는 온라인 뇌파분석기반의 경도인지장애 분류 소프트웨어로써, 학습을 통한 경도인지장애 모델을 기반으로 기억장애형 경도인지장애의 가능성을 확률로 시각화하여 관련 뇌파 분석 결과를 제시해줌으로써 의료인의 진단을 보조하는데 사용	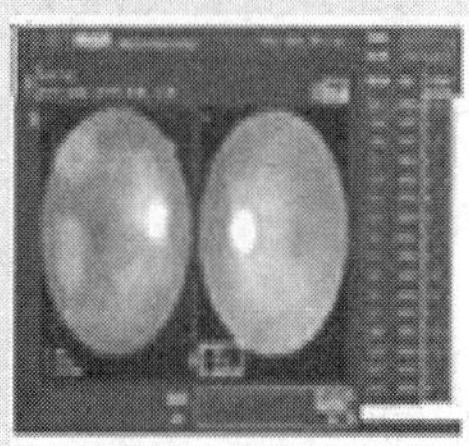

연 번	업체명	품목명 (등급)	허가번호 (허가일자)	사용목적	제품외형
53	지멘스헬시니어스(주)	의료영상 진단보조 소프트웨어 (3)	수허 20-187호 ('20.08.21)	유방촬영술 영상(Mammography)에서 유방암 의심 부위 및 악성 병변의 존재 가능성을 제시하는 소프트웨어	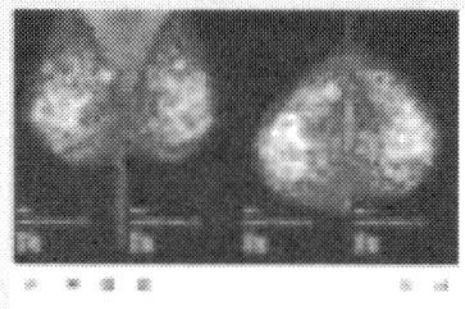

03 의료와 인공지능 기술 융합의 제약, 한계점, 협력체계 등에 대하여 분석하라.

1. 제약과 한계를 고려한 접근이 반드시 필요

1) 제약과 한계

많은 가능성이 있지만, 데이터 활용상의 제약을 비롯해 AI 예측결과를 아직 완벽하게 신뢰할 수 없거나 의료 현장에서 안심하고 사용할 수 없다는 한계점이 있다.

실제 완성도를 달성한 사례도 소수이고, 객관적인 검증 결과들이 발표되지는 않았다. 그러므로 반드시 이런 제약과 한계를 인식하고 접근하는 것이 필요하다.

2) 프라이버시와 윤리

AI 데이터를 활용하여 원하는 성과를 달성하기 위해서는 무엇보다도 고품질의 데이터 확보가 중요하나, 이 과정에서 개인정보보호 및 윤리적 문제 등도 함께 고려되고 해결되어야 한다.

2. 개방형 다학제 협력이 동반

1) 다학제 협력

감염병 재난 대응을 위한 AI 기술 분야는 의료 전문가, 감염병 전문가, 인공지능 전문가, 바이오 전문가들의 협업과 다학제 연구가 필수적이기에 이를 지원하는 노력이 필요하다.

2) 개방형 혁신

감염병 재난은 한 국가의 문제가 아니라 인류가 함께 해결해야 하는 문제이기에, 신종 감염병 위협에 빠르게 공동 대응하기 위해서는 개방과 공유에 기반한 국제 협력이 가능해야 한다. 오픈 데이터와 오픈 소스, 그리고 오픈 사이언스의 중요성이 부각되고 있으며, 개방형 협력과 혁신 노력은 AI 기술 발전과 관련 산업 발전을 더욱 가속화시킬 것이다.

3. 국제 표준 기반의 글로벌 협력 체계 구축이 필요

1) 국가간 차이 극복

국경을 초월한 국제 협력을 위해서는 데이터 신뢰도, 표준, 호환성, 품질 및 해석 기준, 국가별 규제 차이 등과 같은 많은 문제점의 해결이 함께 필요하다.

2) 신속 대응 협력 체계

신속하게 양질의 데이터가 공개되고 활용될 수 있는 체계와 익명화된 임상 데이터를 공유할 수 있는 개방형 글로벌 저장소가 필요하며, 데이터를 안전하게 교환할 수 있는 표준화된 체계와 정보보호 체계가 만들어져야 한다.

3) 표준화 체계 구축

신종 감염병 대응을 위해 의료 AI 응용들이 유기적으로 연계되고 상호호환성을 가질 수 있도록 표준화 체계 구축이 시급히 필요하며, 국내 AI기술과 IT를 기반으로 하는 국제표준화 활동을 적극적으로 지원하는 것이 필요하다.

04 디지털 치료제 개발을 위한 라이브러리에 대하여 분석하라.

라이브러리(Library)는 소프트웨어를 설계하고 제작할 때 사용되는 클래스(Class)나 서브루틴(Subroutine)들의 모임을 가리키는 것으로, 기존에 개발된 각종 프로그램 또는 자원을 일정한 장소에 모아 두고 사용할 수 있는 프로그램의 집합체를 말한다. 일반적으로 다른 프로그램과 링크(Link)가 가능하도록 컴파일(Compile) 형태로 존재한다. 이러한 라이브러리는 코드(Code) 재사용을 위한 방법으로 운영 체제(Operating System)나 소프트웨어 개발자들에 의해 다른 프로그램에서 사용할 수 있도록 제공되기도 한다.

라이브러리들은 사용자 프로그램과 링크되어 시스템(System)을 제어 또는 하나의 완전한 프로그램을 완성한다. 라이브러리는 크게 정적 라이브러리(Static Library)와 공유

학습 4

라이브러리(Shared Library) 그리고 동적 라이브러리(Dynamic Library)로 구분한다.

1. 정적 라이브러리

일반적으로 컴파일러(Compiler)에 수행되는 동작에서 호출자(Caller)에 의해 관여되고 있으며, 컴파일러(Class)와 링커(Rinker)에 의해 목적 파일과 독립된 실행 파일을 생성하기 위하여 대상 애플리케이션(Application)에 복사된다. 즉 프로그램을 다시 컴파일하지 않아도 링크가 가능하기 때문에 실제로 컴파일의 시간을 단축하는 효과를 가지게 된다. 과거에는 정적 라이브러리만을 사용하였으나 최근에는 프로세서(Processor)의 발달로 인하여 처리속도가 크게 개선되어 재컴파일되는 시간이 시스템의 구동에 미치는 영향이 크지 않기 때문에 기술의 보완이나 복제의 방지를 위해 소스 코드의 미공개 등에 사용되고 있다. 정적 라이브러리는 일반적으로 '.a', '.lib' 등의 확장자로 타나내고 있다. 또한 다른 정적 라이브러리와 목적 파일들과 빌딩 또는 링킹(Linking) 시에 단일 실행 파일을 생성하기 위하여 통합되거나 런타임(Runtime) 시 메모리(Memory)에 로드(Load)되는 실행 파일(Execution File)의 주소 공간에 로드된다.

2. 공유 라이브러리

프로그램이 시작될 때 메모리에 적재된다. 만약 하나의 프로그램이 실행되어 공유 라이브러리를 사용했다면, 그 뒤에 공유 라이브러리를 사용하는 모든 프로그램은 자동적으로 만들어져 있는 공유 라이브러리를 사용하게 된다. 이러한 공유 라이브러리의 사용으로 프로그램의 유연성이 한층 높아졌다. 정적 라이브러리와 달리 프로그램 컴파일 및 링크 시 포함되지 않고 프로그램 실행 시에 시작되므로 프로그램의 크기를 줄일 수 있는 장점은 있지만 실행 시마다 메모리에 로드되는 시간이 발생하기 때문에 문제를 일으킬 수 있는 단점을 가지고 있다.

3. 동적 라이브러리

동적 링크를 사용한 라이브러리로서 정적 링크 라이브러리와 달리 공통으로 실행되는 기능을 프로그램과 분리하여 필요할 때에만 불러서 사용한다. 즉 실행 파일에 직접 작성되는 것이 아니라, DLL 파일에 독립적으로 존재하다가 필요할 때에 동적으로 링크되어 사용되어진다. 이러한 동적 링크 라이브러리는 정적 라이브러리에 비해 다음과 같은 장점을 가지고 있다.

① 공간의 절약 : 시스템의 메모리나 하드 디스크의 공간을 절약한다.

② 시간의 절약 : 프로그램의 실행 속도가 빨라 실행 시간이 짧아진다.

③ 신속한 분석 : 라이브러리가 각각 모듈화되어 프로그램 분석이 빠르다.

즉, 라이브러리는 소프트웨어 작성 시 사용되는 프로그램의 구성 요소로서 특정한 기능을 공통으로 사용할 수 있도록 모듈화한 것이라고 볼 수 있다. 라이브러리는 완전한 프로그램이 아니라 특정한 부분의 기능만을 수행하도록 만들어져서 기계어의 형태로 존재하는 프로그램이다. 라이브러리의 분류를 표준 라이브러리(Standard Library-개발 환경에 포함되어 있는 기본적인 라이브러리)와 런타임 라이브러리(Runtime Library-프로그램의 런타임 환경에서 실행되는 라이브러리)로 구분하기도 한다.

학습
4

4. 표준 라이브러리

프로그래밍 언어에서 통용될 수 있도록 제작된 라이브러리를 말하는 것으로 보통 프로그래밍 언어의 명세에 포함되어 있다. 그러나 필요에 따라 동일한 프로그래밍 언어를 사용하는 프로그래머들이 비공식적으로 결정하기도 한다.

1) C 표준 라이브러리

C 표준 라이브러리는 1990년 ISO와 IEC에 채택되기 시작한 C 언어를 위한 표준 라이브러리로서, ANSI(American National Standards Institute, 미국규격협회) C 표준에 의해 명시되었다. C 표준 라이브러리는 매크로나 타입 정의에서부터 문자열 처리나 수학적 연산 등의 처리 그리고 입출력 프로세스, 메모리 할당 등의 시스템 제어를 포함하고 있으며 다른 운영 체제와의 서비스 작업을 위한 함수를 제공한다.

〈표 4-5〉 C 표준 라이브러리(예시)

라이브러리명	설 명
〈assert.h〉	assert 매크로를 포함하며, 이것은 프로그램의 디버깅 버전들에서 논리 오류들과 버그들의 다른 타입들을 탐지하는 것을 돕는 데 사용된다.
〈complex.h〉	복소수를 조작하는 데 사용되는 함수들의 집합이다.
〈ctype.h〉	그들의 타입에 따라 문자들을 분류하거나 대·소문자 전환에 사용되는 함수들의 집합을 정의한다.
〈errno.h〉	라이브러리 함수들에 의해 리포트되는 오류 코드들을 테스팅할 때 사용된다.
〈fenv.h〉	부동 소수점 환경을 제어하는데 사용되는 함수들의 집합을 정의한다.
〈float.h〉	부동 소수점 라이브러리의 구현된 속성을 명시하는 매크로 상수를 정의한다.

라이브러리명	설 명
〈inttypes.h〉	정확한 정수형을 정의한다.
〈iso646.h〉	여러 표준 토큰들을 표현하기 위한 대체 방식들을 구현하는 여러 매크로들을 정의한다.
〈limits.h〉	정수형 타입의 구현된 속성을 명시하는 매크로 상수를 정의한다. 〈locale.h〉 지역화 함수를 정의한다.
〈math.h〉	일반적인 수학 함수를 정의한다.
〈setjmp.h〉	setjmp와 longjmp 매크로를 선언한다.
〈signal.h〉	시그널 핸들링 함수를 정의한다.
〈stdalign.h〉	객체들의 얼라인먼트를 질의하고 명시한다.
〈stdarg.h〉	함수에 전달되는 인자들에 접근한다.
〈stdatomic.h〉	스레드 사이에서 공유되는 데이터의 원자적 동작을 한다.
〈stdbool.h〉	불린 데이터 형을 정의한다.
〈stddef.h〉	여러 유용한 타입과 매크로 정의한다.
〈stdint.h〉	정확한 정수형을 정의한다.
〈stdio.h〉	핵심 입력과 출력 함수들을 정의한다.
〈stdlib.h〉	숫자 변환 함수들, 슈도 랜덤 숫자 생성 함수들, 메모리 할당, 프로세스 제어 함수들을 정의한다.
〈stdnoreturn.h〉	반환하지 않는 함수들을 명시한다.
〈string.h〉	문자열 처리 함수들을 정의한다.
〈tgmath.h〉	포괄형 수학 함수들을 정의한다.
〈threads.h〉	다중 스레드들과 뮤텍스 그리고 제어 변수들을 관리하는 함수들을 정의한다.
〈time.h〉	데이터와 시간 처리 함수들을 정의한다.
〈uchar.h〉	유니코드 문자들과 이것을을 조작하는 함수들을 정의한다.
〈wchar.h〉	wide 문자열 처리 함수들을 정의한다.
〈wctype.h〉	그들의 형에 따라 wide 문자들을 분류하거나 대・소문자를 전환하는 데 사용되는 함수들의 집합을 정의한다.

출처 : 위키백과, C 표준 라이브러리, http://www.wikipedia.org

2) C++ 표준 라이브러리

C++ 표준 라이브러리는 C++과 C++ ISO 표준 자체로 사용된 클래스들과 함수들의 집합이다. C++ 표준 라이브러리는 여러 제네릭 컨테이너들, 그리고 이러한 컨테이너들과 함수 객체, 제네릭 문자열, 스트림, 언어 특징 그리고 숫자의 제곱근을 찾는 것 같은 작업을 위한 모든 함수들을 활용하기 위한 함수들을 제공한다.

〈표 4-6〉 C++ 표준 라이브러리 예시

라이브러리명	설 명
〈array〉	C++11과 TR1에서 새로 추가되었다. 고정 크기 배열을 위한 컨테이너인 std::array 컨테이너 클래스 템플릿을 제공한다.
〈bitset〉	비트 배열인 특수화된 std::bitset 컨테이너 클래스를 제공한다.
〈deque〉	std::deque 컨테이너 클래스 템플릿을 제공한다.
〈forward_list〉	이중 연결 리스트인 std::list 컨테이너 클래스 템플릿을 제공한다.
〈map〉	연관 배열과 멀티맵인 std::map 와 std::multimap 컨테이너 클래스 템플릿을 제공한다.
〈queue〉	단일 큐인 std::queue, 그리고 우선순위 큐인 std::priority_queue 컨테이너 어댑터 클래스를 제공한다.
〈set〉	정렬된 연관 컨테이너 또는 집합인 std::set 와 std::multiset 컨테이너 클래스 템플릿을 제공한다. 〈stack〉 스택인 std::stack 컨테이너 어댑터 클래스를 제공한다.
〈unordered_map〉	C++11과 TR1에서 새로 추가되었다. 해시 테이블인 std::unordered_map와 std::unordered_multimap 컨테이너 클래스 템플릿을 제공한다.
〈unordered_set〉	C++11과 TR1에서 새로 추가되었다. std::unordered_set 와 std::unordered_multiset 컨테이너 클래스 템플릿을 제공한다.
〈vector〉	동적 배열인 std::vector 컨테이너 클래스 템플릿을 제공한다.
〈algorithm〉	많은 컨테이너 알고리즘의 정의를 제공한다.
〈chrono〉	std::chrono::duration, std::chrono::time_point 그리고 시계 같은 시간요소를 제공한다.
〈functional〉	표준 알고리즘들과 함께 사용되는 목적으로 설계된 여러 함수 객체들을 제공한다.
〈iterator〉	반복자(Iterator)들과 함께 사용되는 클래스와 템플릿을 제공한다.
〈memory〉	C++에서 클래스 템플릿 std::unique_ptr를 포함한 메모리 관리를 위한 기능들을 제공한다.
〈string〉	C++ 표준 문자열 클래스와 템플릿들을 제공한다.

출처 : 위키백과, C++ 표준 라이브러리, http://www.wikipedia.org

3) 윈도우 라이브러리

마이크로소프트사의 윈도우 운영 체제는 'dll'이라고 알려진 라이브러리를 지원하는데, 이것들은 복사본 하나만 메모리에 올라와도 여러 프로세스에서 사용될 수 있는 코드 라이브러리이다.

〈표 4-7〉 윈도우 라이브러리 예시

라이브러리명	설 명
KERNEL32.DLL	메모리 관리, 입출력 명령, 프로세스와 스레드 생성, 그리고 동기화 함수들 같은 대부분의 Win32 베이스(base) API들을 응용 프로그램에 내보낸다.
GDI32.DLL	은 그래픽 장치 인터페이스(GDI) 함수들을 노출시키는데, 이것들은 디스플레이나 프린터에 출력되는 원시적인 드로잉 함수들을 수행하는 역할을 한다.
USER32.DLL	윈도우 USER 구성 요소를 구현한다. 윈도우 구성 요소는 창이나 메뉴 같은 윈도우 사용자 인터페이스의 표준 요소들을 생성하고 다룬다. 그러므로 프로그램들에게 그래픽 사용자 인터페이스(GUI)를 구현할 수 있게 해준다
COMCTL32.DLL	파일 오픈, 저장, 상태바 같은 다양한 종류의 윈도우 표준 컨트롤을 구현한다. 이것은 이런 UI 요소들을 위한 윈도우를 만들고 관리하기 위해 USER32.DLL와 GDI32.DLL에서 함수들을 호출한다.
MSVCRT.DLL	이 버전의 비주얼 C++로 컴파일된 프로그램과 C와 C++ 프로그램이 요구하는 일반적인 라이브러리 함수 집합들을 제공한다.

다음은 라이브러리 분석하는 순서이다.

① 라이브러리의 정보를 수집한다.

- 제작사가 제공하는 라이브러리나 표준 라이브러리의 정보를 수집한다.
- 각 부서 및 해당 관련자가 보유하고 있는 라이브러리에 정보를 수집한다.

② 라이브러리를 검토하여 목록화한다.

③ 소프트웨어 개발에 필요한 라이브러리를 분석한다.

④ 라이브러리 분석 결과를 작성한다.

학습활동.4 교수 · 학습 방법

교수 방법

- 디지털 치료제의 인공지능 기술활용에 대한 관련 용어, 구성, 방식 이해 정도를 파악한 후 수업을 진행한다.
- 교수자의 주도로 디지털 치료제의 인공지능 기술활용 등의 내용을 PPT 자료로 제시한 후 설명한다.
- 가능하면 사전에 개인별 학습 자료를 준비하여 모든 학생이 참여할 수 있는 문제 해결식 수업, 협력 수업이 가능하도록 한다.
- 디지털 치료제의 인공지능 기술활용 전 과정을 작업의 순서에 따라 단계적으로 실습이 이루어질 수 있도록 지도한다.
- 교재를 통해 수업을 준비하는 데 있어서 필요한 모든 정보나 팁, 힌트 등 도움이 될 만한 내용을 확인할 수 있다.
- 학생들이 만들게 될 각 모델은 수업시간에 중점적으로 다뤄질 부분과 어휘, 질문, 답을 포함하고 있으며 또한 탐구할만한 추가적인 아이디어들도 포함하고 있다.

학습 방법

- 디지털 치료제의 인공지능 기술활용에 대한 관련 용어를 숙지하고, 디지털 치료제의 인공지능 기술활용에 대해 이해한다.
- 디지털 치료제의 인공지능 기술활용의 각 단계별 중점 사항을 체계적으로 학습한다.
- 디지털 치료제의 인공지능 기술활용의 수행순서의 전 과정을 실습한다.
- 디지털 치료제의 인공지능 기술활용의 내용을 이해한다.
- 디지털 치료제의 인공지능 기술활용을 이해하고 숙달이 될 때까지 학습한다.

학습활동.4 평가 및 피드백

평가 준거

- 평가자는 피평가자가 수행 준거 및 평가 내용에 제시되어 있는 내용을 성공적으로 수행할 수 있는지를 평가해야 한다.

학습내용	평가항목	성취수준		
		상	중	하
디지털 치료제의 인공지능 기술활용	디지털 치료제의 인공지능 기술활용을 이해할 수 있다.			

학습 4

평가 방법

- 작업 포트폴리오

<table>
<tr><th rowspan="2">학습내용</th><th rowspan="2">평가항목</th><th colspan="3">성취수준</th></tr>
<tr><th>상</th><th>중</th><th>하</th></tr>
<tr><td>디지털 치료제의 인공지능 기술활용</td><td>디지털 치료제의 인공지능 기술활용을 이해할 수 있다.</td><td></td><td></td><td></td></tr>
</table>

- 필기시험

<table>
<tr><th rowspan="2">학습내용</th><th rowspan="2">평가항목</th><th colspan="3">성취수준</th></tr>
<tr><th>상</th><th>중</th><th>하</th></tr>
<tr><td>디지털 치료제의 인공지능 기술활용</td><td>디지털 치료제의 인공지능 기술활용을 이해할 수 있다.</td><td></td><td></td><td></td></tr>
</table>

- 체크리스트를 통한 관찰

<table>
<tr><th rowspan="2">학습내용</th><th rowspan="2">평가항목</th><th colspan="3">성취수준</th></tr>
<tr><th>상</th><th>중</th><th>하</th></tr>
<tr><td>디지털 치료제의 인공지능 기술활용</td><td>디지털 치료제의 인공지능 기술활용을 이해할 수 있다.</td><td></td><td></td><td></td></tr>
</table>

- 피드백

1. 작업 포트폴리오
   - 제출한 보고서를 평가한 후 주요 사항에 대하여 표시하여 돌려준다.
2. 필기시험
   - 평가 결과 성적이 저조한 학생은 보고서 제출 기회를 부여한다.
3. 체크리스트를 통한 관찰
   - 실습 과정에서 평가한 후 개선해야 할 사항 등을 정리하여 돌려둔다.

참 | 고 | 문 | 헌

1. 남상엽 외, 인공지능기술, 상학당, 2016.3.10.
2. 박종일, 스마트헬스케어와 의료AI, 2018년 주오기업전략기술로드맵 issue report, 2019.1.
3. 이준기 기자, R&D 데이터 통합 수집 · 공유··· 신약개발 3년으로 대폭 단축, 디지털타임스, 2020.12.15.
4. 김태형, 데이터가 생명을 살린다, 한국바이오 협회, 2020.9.1.
5. 개인정보보호위원회, 가명정보 처리 가이드라인, 2020.9.
6. 관계부처합동, 신산업 네거티브 규제 발굴 가이드라인, 2018.2.
7. 이진면 외, 중국의 빅데이터산업 육성과 정부의 역할, KIET, 2018.4.
8. NCBI Data and User Services, https://www.nlm.nih.gov/about/2019CJ.html)
9. Genomics in healthcare: GA4GH looks to 2022, https://www.biorxiv.org/content/10.1101/203554v1
10. 바이오스펙테이터, 英 국민 유전체검사 시행의 의미, http://www.biospectator.com/view/news_view.php?varAtcId=5872
11. 바이오스펙테이터, "100만명 바이오 빅데이터 구축 · 연 4조 R&D 투자", http://www.biospectator.com/view/news_view.php?varAtcId=7684
12. DNA.Land is a framework to collect genomes and phenomes in the era of abundant gene tic information, Nature Genetics 50, 160-165, https://www.nature.com/articles/s41588-017-0021-8, 2018.
13. [메디게이터] GSK와 23앤드미의 신약개발을 위한 개인 유전체 데이터 빅딜, https://www.medigatenews.com/news/1059961358
14. [메디게이터] 유전체 빅데이터 마이닝 기술 기반의 신약 개발, http://www.medigatenews.com/news/2320049700
15. Deep learning in biomedicine, Nat Biotechnol. 2018 Oct;36(9):829-838, https://www.nature.com/articles/nbt.4233
16. Combining genomics and epidemiology to track mumps virus transmission in the United States, PLOS Biology, 2020, https://doi.org/10.1371/journal.pbio.3000611
17. Public health surveillance and data collection: general principles and impact on hemophilia care, Hematology, https://doi.org/10.1179/102453312X13336169156537, 2012.
18. Mayo Clinic to sequence 100K participants to build genomic database for improved care and research in collaboration with Helix, https://newsnetwork.mayoclinic.org/discussion/mayo-clinicto-sequence-100k-participants-to-build-genomic-database-for-improved-care-and-research-incollaboration-with-helix/
19. Through partnership with Color, 10K NorthShore patients will get whole genome sequencing, https://medcitynews.com/2019/01/color-northshore/

20. Data-sharing brings hope to rare disease patients around the globe, https://www.ga4gh.org/news/data-sharing-brings-hope-to-rare-disease-patients-around-the-globe/
21. 문유정 · 강지민, 데이터 3법개정과 의료빅데이터 활용방안, 경기도경제과학진흥원, 2002.3.16.
22. 박세환, 보건의료 빅데이터 활용 의료산업 동향, HIRA 빅데이터 브리프
23. 박재은, 헬스케어 분야에서의 빅데이터 활용 동향, KDB산업은행, 2019.10.28.
24. 빅데이터 및 인공지능(AI) 기술이 적용된 의료기기의 허가 · 심사 가이드라인(민원인 안내서), 식품의약품안전처, 2017.
25. 유헬스케어 진단지원시스템 임상시험계획서 작성 가이드라인(민원인 안내서), 식품의약품안전처, 2015
26. 의약품 임상시험 통계 가이드라인(민원인 안내서), 식품의약품안전처, 2016.
27. 체외진단용 의료기기의 임상적 성능 허가심사 가이드라인(민원인 안내서), 식품의약품안전처, 2015.
28. 한 손에 잡히는 임상연구 : 설계와 실행의 모든 것, 임상시험리뷰 연구회 옮김, 2015.
29. Statistical Guidance on Reporting Results from Studies Evaluating Diagnostic Tests, FDA, 2007.
30. Use of Real-World Evidence to Support Regulatory Decision-Making for Medical Devices, FDA, 2017.
31. 김진한, 신약개발 프로세스 혁신을 위한 AI 활용, 한국제약바이오협회정책보고서, 2017.
32. 배영우, 인공지능을 이용한 신약개발 동향 및 활용사례, 생명공학정책연구센터, BioINpro, 2017.
33. 배수인, 4차 산업혁명 시대, 제약산업에서의 빅데이터 활용, 한국제약바이오협회정책보고서, 2017.
34. 배영우, 4차 산업혁명 시대, 인공지능을 활용한 신약개발, 한국제약바이오협회정책보고서, 2017.
35. 이관용 외, 의료 인공지능 현황 및 과제, 한국보건산업진흥원, 보건산업브리프, 2016.
36. Evaluate, World Preview 2016, Outlook to 2022, 2016.
37. 박순영, 인공지능을 활용한 신약개발 연구동향, 융합연구정책선터, 2018.1.
38. 전종홍 외 7, 감염병 재난에 대응하기 위한 의료인공지능의 기술 표준동향, ETRI Insight 2020.1.
39. 이영찬, 인공지능기반 의료기기 현황 및 이슈, 한국보건산업진흥원, 2018.12.31.
40. 김완규, 빅데이터 및 인공지능을 활용한 신약개발 연구 동향, 생명공학정책연구센터, 2017.11.
41. 손정만 외, "05 의료기기 소프트웨어 설계제작", 의료기기연구개발 NCS 학습모듈(www.ncs.go.kr)

학습 1	디지털 치료제의 개요
학습 2	디지털 치료제의 종류와 분류
학습 3	디지털 치료제의 빅데이터 기술활용
학습 4	디지털 치료제의 인공지능 기술활용
학습 5	**디지털 치료제의 블록체인 기술활용**
학습 6	디지털 치료제의 사물인터넷 기술활용
학습 7	디지털 치료제의 디지털 트윈 기술활용
학습 8	디지털 치료제의 XR 기술활용
학습 9	디지털 치료제의 디지털 콘텐츠 기술활용
학습 10	디지털 치료제의 개발 · 허가 · 심사
학습 11	디지털 치료제의 응용
학습 12	디지털 치료제의 시장동향
학습 13	디지털 치료제의 미래

학습 목표

1. 디지털 치료제의 블록체인 기술활용을 이해할 수 있다.

5-1 블록체인 기술의 개요

1. 블록체인의 개요

블록체인(Blockchain)이란 4차 산업혁명 시대를 이끌어갈 핵심 ICT(정보통신기술)기술 중 하나로 '블록'에 데이터를 담아 '체인' 형태로 연결하고 네트워크 내 모든 참여자가 공동으로 정보 및 가치의 이동을 기록, 검증, 보관, 실행함으로써 중계자 없이 신뢰를 확보하는 '분산형 데이터 저장기술(分散元帳, DLT : Distributed Ledger Technology)'이다.

블록체인 기술은 보안성과 정보의 공유 모두 만족시키면서 동시에 무결성, 탈중앙성 등 여러 참여자가 기록을 검증하고 위 · 변조를 방지해 보안성이 높은 기술이다. 즉 블록체인이란 다수의 온라인 거래 기록을 묶어 하나의 데이터 블록(Block)을 구성하고, 해시(Hash) 값을 이용하여 이전 블록과 이후 블록을 마치 체인(Chain)처럼 연결한 뒤, 이 정보의 전부 또는 일부를 P2P 방식으로 전 세계 여러 컴퓨터에 복사하여 분산 저장・관리하는 기술이다.

블록체인은 P2P 분산 네트워크를 기반으로 하며, 네트워크 참여자들의 검증과 동의를 통해 거래정보 블록을 형성하고 분산・저장. 암호기법을 활용해 블록체인이 형성되는 핵심 과정은 두 단계로 구성한다.

첫번째 단계는 이중지불의 위험이 없는 거래 정보나 기록을 모아 유효한 개별 블록을 형성하는 '채굴(Mining)'이라고 불리는 과정으로 네트워크 참여자들 가운데 일부가 채굴자로 활동하며 해시 함수에서 블록 생성 조건에 맞는 수(Nonce)를 찾기 위해 상당한 컴퓨팅 파워를 사용한다. 올바른 난스(Nonce) 값을 처음 찾아낸 노드(Node)가 블록을 네트워크에 전송하면 각 노드는 전송된 난스 값이 올바른지 유무와 거래가 정당한지를 확인한 뒤, 해당 블록은 승인되고 타임스탬프가 찍혀서 직전 블록의 뒤에 접속된다. 이 과정에 임의의 정보 조작이나 변경이 될 경우 검증 작업에 의해 고아 블록으로 분류되면 소멸되고, 조건에 부합하는 수를 제일 먼저 찾아낸, 유효한 새 블록을 완성한 채굴자에게는 소정의 인센티브가 주어지는 구조이다.

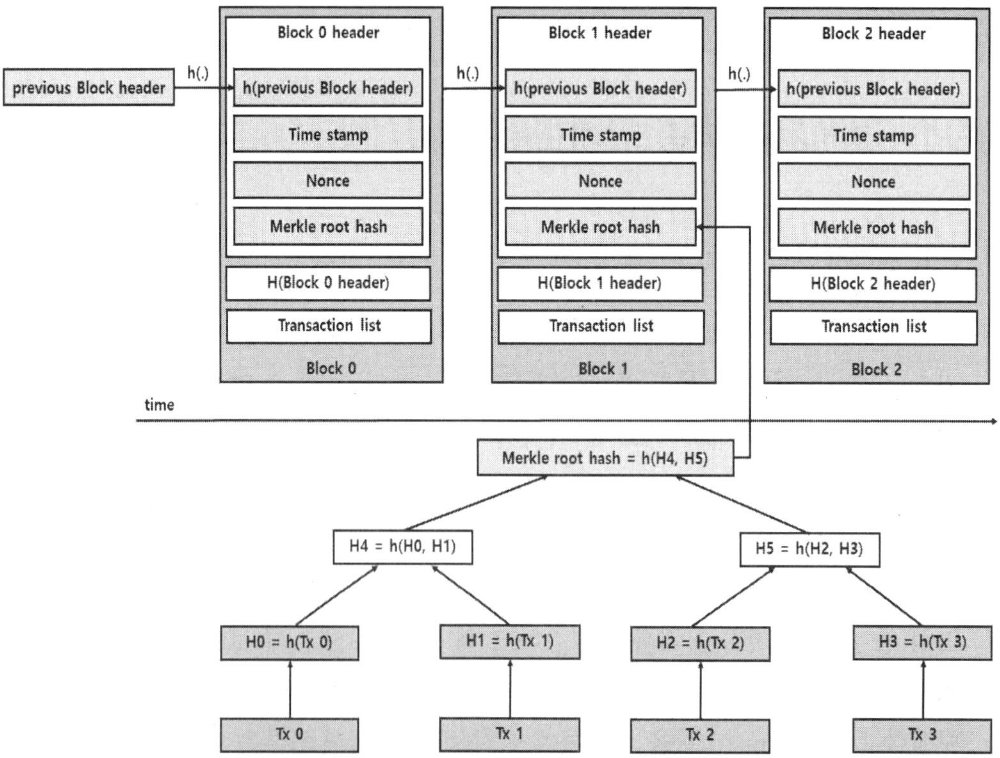

[그림 5-1] 거래 내역이 암호화되어 저장된 해시트리

유효한 후보 블록이 형성되면 두번째 단계로 넘어가게 되는데, 이 단계에서는 생성된 후보 블록이 전체 네트워크 참여자들에게 전달되고, 각 네트워크 참여자들은 전송받은 새로운 블록의 유효성과 블록에 포함된 거래의 유효성을 검증하며, 50% 이상 참여자들의 동의를 거쳐 유효성이 확인되면 비로소 후보 블록은 이전 블록과 체인으로 연결되어 블록체인 원장으로 완성된다. 이렇게 각 채굴자가 블록 만들기 경쟁을 하는 이유는 인센티브(한 개의 유효 블록당 12.5비트코인) 때문으로 전 세계에서 수많은 채굴자가 엄청난 컴퓨터 자원과 전력을 소모하며 채굴작업을 벌이고 있다. 이렇게 지나치게 소모적으로 보이는 채굴작업이 블록체인 형성과정에 포함되어 있는 이유는 수많은 경쟁자들이 서로 경쟁하고 감시함으로써 거래의 유효성을 철저히 검증하게 하는 것이며 둘째, 누구도 신규 블록을 독점적으로 만들지 못하게 함으로써 임의의 조작이나 개입을 첫 단계부터 차단하기 위한 것이고, 셋째 어려운 채굴과정을 통해 신규 블록의 형성 속도를 평균 10분 정도로 맞춰 거래의 수집과 배포, 거래의 유효성 확인 등이 무리 없이 진행될 수 있도록 하는데도 목적이 있다. 거래내역이 블록에 포함되면 특히 그 블록 위에 새로운 블록이 쌓이게 되고 그 거래 내역은 전혀 변경할 수 없게 되고(불가역성) 어디서나 그 거래를 확인할 수 있게 된다(공개성).

비트코인이라는 디지털 화폐의 경우 각각의 블록은 통화를 주고받은 거래 내역을 포함하겠지만 애플리케이션에 따라서 이미지, 계약정보 등 다양한 형태의 데이터를 다룰 수 있어 무궁무진한 서비스로의 확장이 가능하다.

블록체인 기술을 이용한 중요 기능으로 일정 조건을 만족시키면 거래가 자동으로 실행되도록 하는 프로그램인 '스마트 계약'이 있다. 소유권 이전 계약이나 상속 및 증여 등에 사용될 수 있는데, 계약 이행을 위한 조건을 스마트 계약서에 명기해 놓으면, 조건 충족과 동시에 계약 내용의 이행이 자동 실현되므로 계약 이행을 촉구하기 위한 추가적인 관리 비용이나 계약 불이행의 위험 또한 원천적으로 배제된다.

블록체인 기술이 가져올 변화의 본질은 '거래 승인 권한과 정보 유통체계의 민주화(Democratization)'이다. 이는 강력한 제3의 공인기관이나 중개자의 개입 없이 투명하고 안전한 직접 거래를 가능하게 한다. 또한 안전한 시스템에 의한 자율적 권한 위임이 가능하므로 거의 실시간 승인이 가능해지고, 정보는 네트워크 참여자 모두에게 공개 · 보관 · 관리되므로 특정 거래 정보를 조작하려면 모든 참여자의 컴퓨터를 해킹해서 블록체인 전체를 조작해야 하는 비현실적 작업이 필요하다. 이러한 특성으로 인해 블록체인 기반의 거래 시스템은 신속성, 안전성, 투명성, 비용 절감 등의 사용자 편의를 제고시키는 효과를 가져다 준다.

블록체인에 '스마트 계약' 기능을 접목시키면 사전에 합의된 조건이 충족될 경우 자동으로 후속 절차를 오류 없이 실행하도록 설정할 수 있어 계약 이행 단계마다 불필요한 개입을 최소화하고 시간과 비용을 절약할 수 있다.

기술 · 구조적 특징		특징 상대적 이점 (기존 시스템 대비)		응용주체		응용분야
탈중앙 (Dencentralization) 분산네트워크 (Distributed N/W)	⇒	보안성/신뢰성 (Secure/Reliability) 투명성 (Transparent)	⇔	암호화폐 (Cryptocurrency) 금융기관 (Finance)	⇒	화폐 결재 송금 자동차
탈중개성 (P2P-based) 타임 스탬핑 (Time-stamping)	⇒	신속성 (Instantaneous) 효율성 (Efficiency)	⇔	산업특화 (Industry) 공공조직 (Public)	⇒	의료 유통 부동산 미디어
합의 알고리즘 (Consensus Algorithm)	⇒	안정성 (Stability)	⇔	민간기업 (Firm)	⇒	IoT ⋮

기술 중심(Technology-centered) ◀────▶ 시장 중심(Market-centered)

[그림 5-2] 블록체인 특성 및 응용

자료 : ETRI 미래전략연구소 기술경제연구본부

2. 블록체인 기술의 특징

블록체인의 가장 큰 특징은 분산형 구조이기 때문에 공인된 제3자 없이 P2P(Peer to Peer) 거래를 통해 수수료를 절감할 수 있고 신뢰성을 담보할 중앙 집중적 조직이나 공인된 제3자가 필요 없다는 점이다.

〈표 5-1〉 블록체인 기술의 특징

특 징	장 점	단 점
익명성	• 개인정보를 요구하지 않음 • 은행계좌, 신용카드 등 기존 지급 수단에 비해 높은 익명성 제공	• 불법 거래대금 결제, 비자금 조성, 탈세를 가능하게 함
P2P	• 공인된 제3자 없이 P2P 거래 가능 • 불필요한 수수료 절감	• 문제 발생 시 책임소재가 모호

특 징	장 점	단 점
확장성	• 공개된 소스에 의해 쉽게 구축 · 연결 · 확장 가능 • IT 구축비용 절감	• 결제처리 가능 거래건수가 실제 경제 내 거래규모 대비 미미
투명성	• 모든 거래기록에 공개적 접근 가능 • 거래 양성화 및 규제 비용 절감	• 거래 내역이 공개되어 있어 원칙적으로는 모든 거래가 추적 가능 • 완벽한 익명성 보장이 어려울 수 있으며 조합에 의한 재식별이 가능
보안성	• 장부를 공동으로 소유(무결성) • 보안관련 비용 절감	• 개인키의 해킹, 분실 등의 경우 일반적으로 해결방법 없음 • 기밀성 제공하지 않음
시스템 안정성	• 단일 실패점이 존재하지 않음 • 일부 참가 시스템에 오류 또는 성능저하 발생 시 전체 네트워크에 영향 미미	• 채굴이 대형 마이닝 풀에 집중 • 실시간, 대용량 처리의 어려움

참고 : 블록체인 기술 금융분야 도입방안을 위한 연구

3. 블록체인의 종류

블록체인은 참여자의 범위에 따라 퍼블릭 블록체인(Public Blockchain)과 프라이빗 블록체인(Private Blockchain)으로 나눌 수 있다. 퍼블릭 블록체인은 인터넷처럼 누구나 참여할 수 있는 개방형이지만, 프라이빗 블록체인은 인트라넷처럼 제한된 사람들만 참여할 수 있는 폐쇄형 블록체인이다. 이 두 가지를 연결하거나 섞은 혼합형이 있는데, 하이브리드 블록체인(Hybrid Blockchain)이라고 부른다.

〈표 5-2〉 블록체인의 형태

	퍼블릭 블록체인	컨소시엄 블록체인	프라이빗 블록체인
관리주체	• 모든 거래 참여자(탈중앙화)	• 컨소시엄에 소속된 참여자	• 한 중앙기관이 모든 권한 보유
거버넌스	• 한번 정해진 법칙을 바꾸기 매우 어려움	• 컨소시엄 참여자들의 합의에 따라 상대적으로 용이하게 법칙을 바꿀 수 있음	• 중앙기관의 의사결정에 따라 용이하게 법칙을 바꿀 수 있음
거래 속도	• 네트워크 확장이 어렵고 거래 속도가 느림	• 네트워크 확장이 쉽고 거래 속도가 빠름	• 네트워크 확장이 매우 쉽고 거래 속도가 빠름
데이터 접근	• 누구나 접근 가능	• 허가받은 사용자만 접근 가능	• 허가받은 사용자만 접근가능
식별성	• 익명성	• 식별 가능	• 식별 가능

	퍼블릭 블록체인	컨소시엄 블록체인	프라이빗 블록체인
거래 증명	• PoW, PoS와 같은 알고리즘에 따라 거래 증명자가 결정되며, 거래 증명자가 누구인지 사전에 알 수 없음	• 거래 증명자가 인증을 거쳐 알려진 상태이며, 사전에 합의된 규칙에 따라 거래검증 및 블록생성이 이루어짐	• 중앙기관에 의하여 거래증명이 이루어짐
장점	• 안전성, 신뢰성, 익명성, 투명성 보장	• 높은 효율성과 확장성 • 높은 처리속도 • 민감 정보를 처리하는 역할 부여 가능	• 높은 효율성과 확장성 • 높은 처리속도 • 기업별 특징에 따라 특화 가능
단점	• 확장성이 낮음 • 거래 속도가 느림	• 개입이 필요할 수 있음 • 투명성과 보안성이 낮음	• 보안성이 낮음
활용 사례	• 비트코인, 이더리움	• R3CEV, 하이퍼레저, 넥스레저, 모나체인, 에이치체인	• 나스닥의 비상장 주식거래소 플랫폼인 링크(Linq)

참고 : 소프트웨어정책 연구소, 2017, "블록체인 기술의 산업적·사회적 활용 전망 및 시사점

4. 블록체인의 기술 구성

블록체인의 기술은 P2P 네트워크 내의 모든 참여자가 공동으로 거래 정보를 검증하고 기록·보관함으로써 공인된 제3자 없이도 거래 기록의 무결성 및 신뢰성을 확보하는 기술로서 [그림 5-3]처럼 해시(Hash)기술, 전자서명(Digital Signature), 암호화(Cryptography) 합의(Consensus)알고리즘(PoW, PoS) 등의 보안 기술을 활

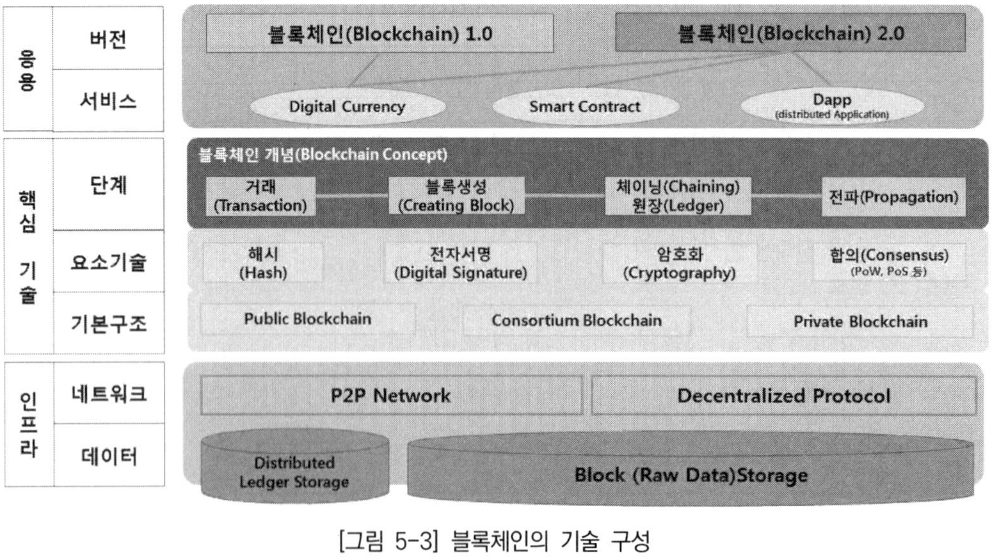

[그림 5-3] 블록체인의 기술 구성

참조 : 홍승필, 블록체인 금융분야 도입연구

용한 분산형 네트워크 인프라를 기반으로 다양한 응용서비스를 구현할 수 있는 구조를 가지고 있다.

5. 블록체인의 핵심 기술

1) 해시 기술

블록체인의 개념을 이해하기 위해서는 먼 작업증명(Proof of Work : PoW)이라는 개념을 이해해야 하는데 이를 이해하기 위해서는 해시함수의 개념을 이해해야 한다. 해시 함수는 몇 가지 성질을 가지고 있는 함수이다.

① 어떤 특정한 입력값에 한 해시함수의 결과값은 항상 동일하다.
② 입력값으로부터 결과값을 계산하는 것은 간단하고 빠르다.
③ 결과값으로부터 입력값을 계산하는 것은 사실상 불가능하다(Irreversible).

해시(Hash) 기술은 임의의 다양한 길이의 입력 메시지 데이터를 고정된 길이를 가진 데이터의 출력값으로 매핑(Mapping)한 값인 해시값으로 압축시키는 기술로 데이터의 무결성 검증 및 메시지 인증에 사용된다. 암호학이나 블록체인에서 해시는 매우 중요한 기술요소이다.

해시 함수(Hash Function)는 결정론적으로 작동하기 때문에 원래의 데이터가 같으면 해시 값도 항상 동일하다. 하지만 서로 다른 데이터가 동일한 해시값을 가질 수 있기 때문에 해시충돌이 발생할 수 있다.

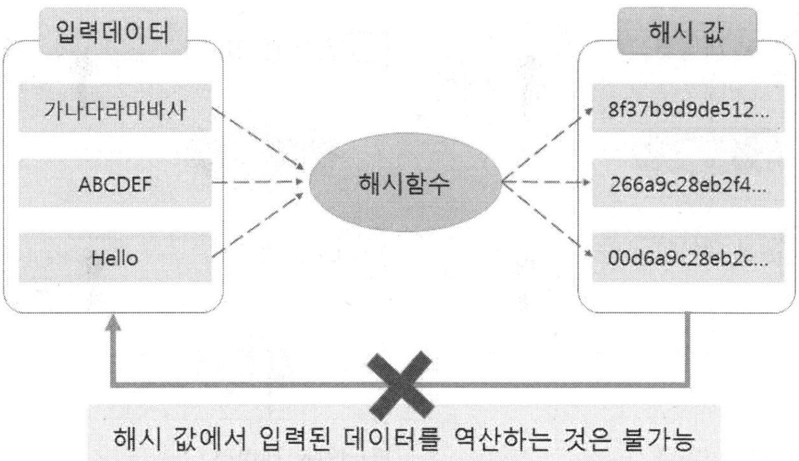

[그림 5-4] 해시 함수의 출력이미지

해시 테이블(Hash Table)은 키와 값을 매핑해 둔 데이터 구조이다. 해시 함수를 이용하여 검색하고자 하는 값을 변환하면 그 값이 저장된 위치를 즉시 알아낼 수 있다. 데이터의 양이 아무리 많아지더라도 원리적으로 해시 변환과 검색에 걸리는 시간은 항상 동일하다. 따라서 방대한 데이터에서 특정한 값을 검색할 때 해시 테이블을 사용하면 검색 시간을 획기적으로 단축할 수 있다. 해시 맵(Hash Map)은 기존 해시 테이블의 기능을 개선한 신 버전의 해시 테이블이다.

해싱(Hashing)이란 해시함수를 사용하여 주어진 값을 변환한 뒤, 해시 테이블에 저장하고 검색하는 기법을 말한다. 해싱에 사용되는 자료구조는 배열(Array)과 연결 리스트(Linked List)가 조합된 형태이다.

2) 전자서명

전자서명(Digital Signature)은 작성자로 기재된 자가 그 전자문서를 작성하였다는 사실과 작성내용이 송·수신 과정에서 위변조되지 않았다는 사실을 증명하는 기술이다.

전자서명은 우리가 일상생활에서 신원을 확인하거나 거래를 하려고 할 때 주민등록증이나 인감 날인 또는 서명 등이 필요하듯이, 인터넷 상에서도 이를 확실히 보장해 주는 수단이 바로 전자서명이다. 즉 전자서명은 인증서 형태로 발급되는 자신만의 디지털 인감이며 서명인 것이다. 결국 전자서명은 어떤 사람이 그 문서를 작성했다는 것을 증명하는 방법이므로 전자서명을 하기 위해서는 어떤 문서에 그 문서를 자신의 개인키로 암호화해서 첨부하는 것이다.

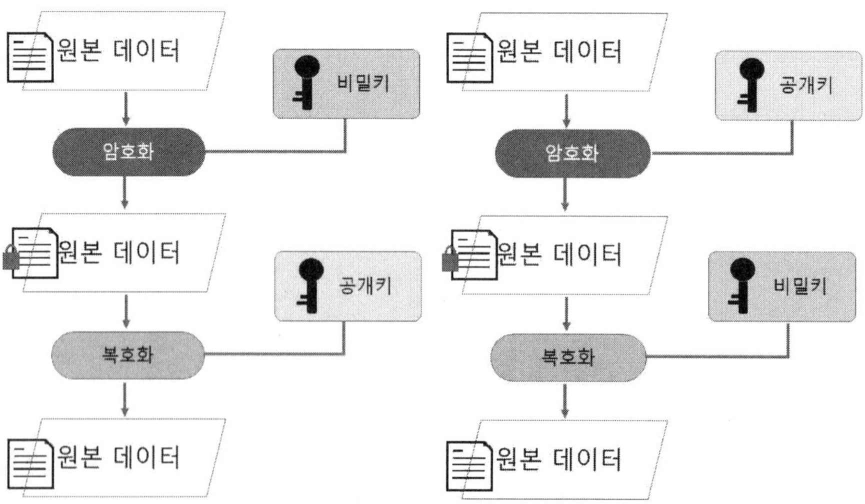

[그림 5-5] 전자서명 및 암호와 공개키 암호화 이미지

3) 암호화 기술

무결성 및 기밀성 확보를 위하여 정보를 쉽게 해독되지 않는 형태로 변환하는 기술로써 메시지의 내용이 불명확하도록 평문(Plain-text)을 재구성하여 암호화된 문장(Cipher-text)으로 변환하도록 만드는 과정이다.

〈표 5-3〉 암호화 기술과 암호 프로토콜 기술

구 분	분 류	알고리즘	사 례
암호화 기술	대칭키(비밀키) 알고리즘	블록 암호 알고리즘	DES, AES, SEED
		스트림 암호알고리즘	LFSR
	비대칭키(비밀키) 알고리즘	소인수 분해	RSA
		이산대수	DSA, ECC
		근접벡터	Lattice
암호 프로토콜 기술	기본 암호 프로토콜	개인 식별 및 인증, 전자서명, 키 분배	
	발전된 암호 프로토콜	전자화폐, 전자결제. 전자선거	

암호화는 평문을 암호화 알고리즘과 암호화 키를 이용하여 암호문을 만들고, 복호화를 수행해야 하는 경우는 암호문을 복호화 알고리즘과 복호화 키를 이용하여 평문으로 만드는 방식이다. 즉 정보의 보안을 위하여 평문을 제3자가 이해하기 곤란한 형식으로 변환하거나 암호문을 판독 가능한 형식으로 변환하는 원리나 수단, 방법 등을 다루는 기술 또는 학문 분야, 컴퓨터 보안에서 송신된 데이터가 제 3자에게 누설되거나 제3자에 의해 조작되는 것을 방지하기 위한 데이터의 암호화 및 복호화의 원리나 수단 또는 방법이다.

암호화 체계는 복호화 키와 암호화 키의 일치 여부에 따라 크게 대칭키 암호화 기법, 비대칭형 공개키 암호화 기법으로 나뉘며 그 외에도 일방향 암호화 기법인 해시 암호화 기법이 있다.

4) 합의 알고리즘 기술

합의(Consensus) 알고리즘은 P2P 네트워크와 같은 분산 네트워크에서 합의형성을 수행하기 위한 알고리즘으로써 하나의 DB인 블록체인을 유지하는 기술이다.

블록체인은 각 노드(Peer를 의미)에서 만든 블록의 정당성을 검토하고 네트워크 전체에서 공유하는 블록체인에 반영하기 위해 이 합의 알고리즘을 사용한다. 블록체인에서 사용되고 있는 대표적인 합의 알고리즘은 퍼블릭 블록체인에서 사용하는 PoW, PoS, PoI와 컨소시엄 블록체인에서 사용하는 동의에 의한 합의(Consensus-by-bet) 등이 있다.

합의 알고리즘의 역할은 하나의 블록체인을 생성 및 유지하는 역할이고 불변성(Immutability) 제공으로 내용 수정이 불가능하도록 하는 역할을 한다.

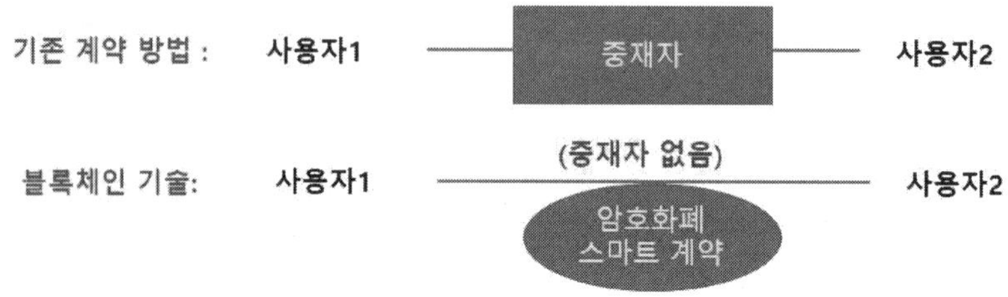

[그림 5-6] 합의 알고리즘의 역할

P2P 네트워크에서 다수의 피어가 존재하고 이 피어들이 하나의 블록체인(DB)을 유지하기 위해서 이 피어들, 더 구체적으로 채굴자들이 합의해야 한다. 따라서 블록체인 기술의 핵심은 합의 알고리즘이고, 암호화폐에서 제일 어려운 부분도 합의 알고리즘이다. 먼저 합의 알고리즘은 채굴자들이 하는 것이 중요하다. 즉 이것은 누가 블록을 채굴을 할 것(즉 채굴확률을 어떻게 결정할 것)인지와 어느 체인이 유효한지를 결정한다.

〈표 5-4〉 대표적인 합의 알고리즘

합의 알고리즘	채택 시스템
POW(작업증명 : Proof of Work)	비트코인 코어(Bitcoin Core) 이더리움 등
POS(소유증명 : Proof of Stake)	이더리움 미진(Ethereum Mijin)
POI(공헌도증명 : Proof of Importance)	NEM
PoET(Proof of Elapsed Time)	CPU의 확장 명령어 세트를 이용
Paxos	Google Chubby
Raft	RAM Cloud
PBFT(Practical Byzantine Fabric Tolerance)	Hyperledger Fabric
Sieve	Hyperledger Fabric

5) 분산원장 기술

(1) 개 요

분산원장(Distributed Ledger)은 복제, 공유 또는 동기화된 디지털 데이터에 대한 합의 기술이고 공유원장 또는 분산원장기술(DLT : Distributed Ledger Technology) 이라고 불리기도 한다.

분산 원장기술은 거래정보를 기록한 원장을 특정 기관의 중앙 서버가 아닌 사용자 개인간 직접 접속P2P(Peer-to-Peer) 네트워크에 분산하여 참가자가 공동으로 기록하고 관리하는 기술을 의미한다.

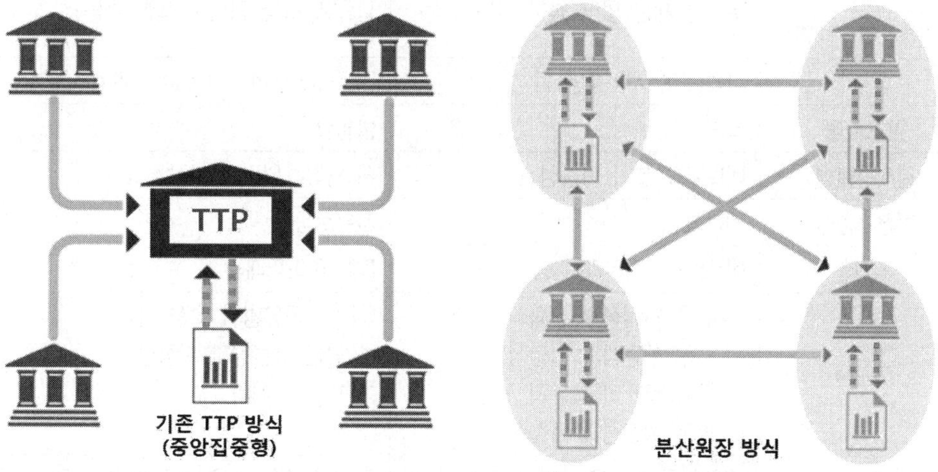

(a) 기존 중앙 집중형 시스템 (b) 분산원장 기술

[그림 5-7] 중앙 집중형 시스템과 분산원장 기술의 비교

광범위하게 널리 분포되어 있음을 의미하는 분산(Distributed)과 거래 내역을 적은 장부를 의미하는 원장(Ledger)이 합쳐진 분산원장은 블록체인 기술의 핵심이다.

분산원장을 통해 데이터들은 지리적으로 여러 사이트나, 여러 국가 또는 여러 기관에 분산되어 있게 되고 탈중앙화되어 기능이 동작하게 된다. 사용자 개인간 직접접속(Peer-to-peer) 네트워크가 필요하다면 당연히 노드 간 복제 데이터에 대한 합의 알고리즘이 수행되어야 한다.

클라이언트나 서버의 개념 없이 동등한 참가자(Peer Nodes)들이 클라이언트와 서버의 역할을 동시에 수행하며 데이터나 주변 장치 등을 공유하는 방식으로 주로 음악, 영화 등의 파일을 공유하는 서비스 등에도 활용이 가능하다.

분산원장의 장점은 중앙 집중형 방식에 비해 높은 효율성, 시스템 안정성, 보안성, 투명성이다. 기존 시스템의 경우 인증과 데이터 거래 증명을 위해 여러 중간 매개체 또는 인증기관이 필요했다. 하지만 분산원장은 사용자가 거래 내역을 직접 공유할 수 있는 시스템이라는 차별성을 가진다. 이러한 특성 때문에 중앙화된 시스템을 관리시 사용되는 비용이 줄어들고 거래 정보가 분산되어 저장되기 때문에 해킹 및 위조의 위험성도 낮아진다.

〈표 5-5〉 분산원장 기술유형별 구분

	개방형(Public)	폐쇄형(Private)
기록열람·보관 거래참여·승인	누구나 제한 없이 참여 가능	필요에 따라 임의로 제한 가능
합 의	작업증명, 지분증명 등	BFT(Byzantine Fault Tolerance)
암호화폐	필요	불필요
결제완결성	네트워크 분기 가능성	시스템상 완결성 보장
확장가능성	제한적	자유로움
사 례	비트코인, 이더리움 등	R3, 하이퍼레저 등
장단점	⇧ 높은 안전성과 신뢰성 ⇧ 높은 투명성과 익명성 ⇩ 금융거래 비밀 유지 곤란 ⇩ 낮은 확장성과 효율성	⇧ 정보공유범위 설정 가능 ⇧ 높은 효율성과 확장성 ⇩ 보안성 취약
활용 분야	해외송금, 클라우드 펀딩, 자산 및 정보 기록·보관	결제시스템, 신원·문서인증, 무역금융, 스마트계약 등

6. 스마트 계약

1) 스마트 계약의 개요

스마트 계약 또는 스마트 컨트랙트(Smart Contract)는 계약 당사자가 사전에 협의한 내용을 미리 프로그래밍하여 전자 계약서 문서 안에 넣어두고, 이 계약 조건이 모두 충족되면 자동으로 계약 내용이 실행되도록 하는 시스템이다. 기존의 블록체인 1.0 기술이 '과거에 일어났던 일'을 기록한다면, 스마트 계약 기능을 구현한 블록체인 2.0 기술은 '미래에 일어날 일'을 미리 기록해 둘 수 있다.

스마트 계약은 중간에 제3의 보증기관을 끼우지 않고 개인간(P2P)에 원하는 계약을 체결할 수 있도록 해주는 디지털 전자계약 기능이다. 스마트 계약은 1994년

닉 재보(Nick Szabo)가 처음 제안하였으나 실제로 구현하지는 못하였다.

2013년 당시 19세의 천재 프로그래머였던 비탈릭 부테린(Vitalik Buterin)은 스마트 계약 플랫폼인 이더리움(Ethereum)을 개발할 것을 제안하고, 2015년 7월 30일 이더리움 개발에 성공하여 실제 서비스를 시작했다.

솔리디티(Solidity)라는 프로그래밍 언어를 사용하여, 계약 기간, 금액, 조건 등을 미리 코딩해 두면, 부동산 거래, 중고 자동차 거래, 무역 거래 등 어떠한 종류의 계약도 자동 실행되도록 만들 수 있다.

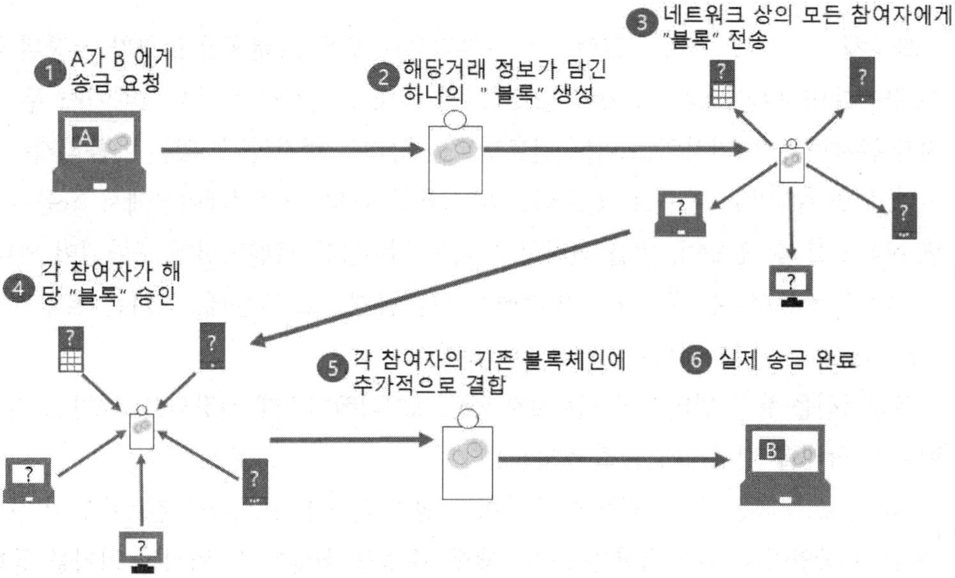

[그림 5-8] 블록체인 기술을 적용한 스마트 계약

기존의 비트코인이 블록체인 기술을 활용하여 가치의 저장과 전달이 가능한 암호화폐를 만들었다면, 이더리움은 한 단계 더 나아가 블록체인 기술을 활용하여 인간이 상상할 수 있는 모든 종류의 계약을 자동으로 실행할 수 있는 스마트 계약 플랫폼을 개발했다. 비탈릭 부테린이 이더리움을 통해 스마트 계약 기능을 구현함으로써 블록체인 기술을 비트코인과 같은 암호화폐에만 사용하는 것이 아니라, 위변조 방지가 필요한 각종 계약서 작성 등에 활용할 수 있게 되었다. 이런 점에서 기존의 비트코인을 '블록체인 1.0'이라고 부르고, 스마트 계약 기능을 구현한 이더리움을 '블록체인 2.0'이라고 부른다.

학습 5

2) 스마트 계약 플랫폼

이더리움(Ethereum)은 비트코인 스크립트 시스템의 튜링 불완전성이라는 한계를 극복하고자 나온 스마트 컨트랙트 플랫폼(Smart Contract Platform)이다. 비탈릭 부테린(Vitalik Buterin)이 창시한 이더리움 블록체인의 경우, 블록에 데이터뿐만 아니라 비트코인 스크립트 시스템의 한계인 조건문(if), 반복구문(loop) 등의 실행 코드를 포함시켜 로직의 실행을 자동화할 수 있다.

3) 스마트 계약 작동 원리

블록체인 기반 스마트 컨트랙트는 기본적으로 모든 트랜잭션 로그가 저장된 블록체인 데이터베이스와 스마트 컨트랙트의 상태를 저장하는 데이터베이스 두 가지가 존재한다. 여기서의 스마트 컨트랙트는 상태를 변경할 수 있는 애플리케이션이라고 할 수 있고, 스마트 컨트랙트의 상태는 해당 애플리케이션에서 사용하는 변수라고 할 수 있으며, 이를 변경하기 위한 입력값은 트랜잭션에 포함되어 있다.

스마트 컨트랙트는 두 가지 인터페이스를 공개하고 있는데, 하나는 트랜잭션(Transaction)이고, 하나는 쿼리(Query)이다.

트랜잭션을 통한 인터페이스는 트랜잭션 데이터베이스에 저장되고, 스마트 컨트랙트의 상태를 변경시키는 접근방법이다.

쿼리는 트랜잭션 데이터베이스에 기록이 남지 않으면서 스마트 컨트랙트의 상태를 읽는 작업이다. 트랜잭션은 쓰기, 삭제, 수정을 실행하고, 쿼리는 읽기를 통한 조회만을 실행한다.

예를 들어 '상품 거래'는 스마트 컨트랙트 시스템에서 다음과 같이 작동한다.

(1) 기록 저장

판매자가 상품을 올리겠다는 내용을 코딩하여 트랜잭션을 만든 후 블록체인에 전송한다. 상품 등록 트랜잭션 발생 시, 네트워크의 모든 노드는 상품 등록 트랜잭션을 공유하고 블록을 생성한 후 블록을 브로드캐스팅한다. 블록을 전달받은 각 노드는 해당 블록을 자신의 블록체인 맨 끝에 추가하고, 해당 블록에 저장되어 있는 트랜잭션을 적용시켜 자신의 스마트 컨트랙트 데이터베이스를 동기화 한다. 이러한 과정을 통해 모든 블록체인의 노드들이 스마트 컨트랙트 상태 데이터베이스를 공유하게 된다.

(2) 상품 조회

구매자는 블록체인 네트워크에서 상품를 조회한다. 스마트 컨트랙트에 쓰는 것는 것은 트랜잭션을 발생시키지만, 이미 저장되어 있던 값을 읽어 오는 것은 트랙잭션을 발생시키지 않는다. 블록체인의 어떤 데이터도 변경시킬 필요 없이 스마트 컨트랙트 데이터베이스 내 저장된 상태 값만 조회하면 되기 때문에 쿼리 정보는 블록체인에 동기화할 필요 없고, 블록 동기화 타이밍에 상관없이 바로 응답할 수 있다.

(3) 계약 이행

구매자가 상품 구매 트랜잭션을 보내면 트랜잭션을 공유하고 블록체인 네트워크에 동기화한다. 모든 노드의 스마트 컨트랙트 데이터베이스에 상품 구매자를 등록하고 돈을 판매자에게 전송하면, 등록된 콘텐츠의 소유권이 구매자에게로 이동한다.

이렇듯 스마트 컨트랙트는 모든 데이터를 서로 공유하기 때문에 특정한 사용자가 스마트 컨트랙트의 실행 결과를 조작하려 해도 조작할 수 없다. 블록체인이 모든 트랜잭션의 무결성을 보장해 주는 방식으로 스마트 컨트랙트의 무결성도 보장할 수 있다. 또한 조건이 충족된 경우 계약을 자동으로 이행함으로써 계약의 집행 비용 및 분쟁 가능성을 줄일 수 있다. 다만 일상 언어를 프로그래밍하는 과정에서 계약 작성 단계의 비용이 발생할 수 있고, 이 과정에서 프로그래밍 오류 문제가 발생할 가능성이 존재한다.

7. P2P 네트워크 기술

블록체인 기술은 P2P 네트워크에서 하나의 DB를 유지하는 기술이므로 P2P네트워크를 사용함으로 제3자의 인증 없이 가능하다. P2P 네트워크 전체는 하나의 블록체인(DB)을 유지하는 기술이고 피어(노드)는 블록체인(DB)복제(Sync)시스템이다.

〈표 5-6〉 Peer와 P2P 네트워크의 개념

항 목	내 용
Peer(피어 : 노드)	• 동등 또는 대등 관계 단위로써 동등한 지위로 동작하는 기능 단위 • 블록체인(DB)복제(Sync)시스템
P2P(Peer-to-Peer)	• 마스터(Master)/슬러브(Slave) 또는 Primary/Secondary 개념이 없으며, 채널 상의 모든 국(Station)들이 동등한 권한을 갖는 관계를 말한다. • 하나의 DB를 유지하는 기술

P2P 네트워크는 각 컴퓨터(노드)가 서로의 역할을 동시에 담당한다. 즉 각 노드는 서비스를 사용하는 동시에 서비스를 제공하는 기능도 한다.

비트코인이 P2P 네트워크와 하나의 DB유지를 합친 것을 최초 블록체인 기술을 제공하였다. 그러므로 P2P 네트워크의 구성은 권한이 같은 다수의 피어(노드)들이 그 중에서 일부의 피어들이 연결된다.

[그림 5-9] 비트코인이 제공한 블록체인 기술

실제로 비트코인은 최대 8개의 피어와 이더리움의 패리티는 25개의 피어와 연결된다. 이와 같이 P2P네트워크에서 다수의 피어들이 하나의 블록체인(DB)을 유지하는 것이 블록체인 기술이다.

P2P 네트워크 기술의 특징은 서버를 준비할 필요가 없고, 각 노드들이 트래픽과 자원을 할당해 부하를 분산시켜준다. 즉 노드가 증가하더라도 서비스를 유지할 수 있는 높은 확장성을 갖고 있다.

새로운 기능을 추가하거나 업데이트를 할 경우 관리가 어려워지고 네트워크 전송 시간 때문에 노드간 정보 불일치, 성능 저하가 발생하기 쉽다.

5-2 디지털 치료제와 블록체인 기술의 활용

사물인터넷, 클라우드, 빅데이터, 모바일 등 다양한 ICT 기술의 발전은 기존의 전통적인 보건의료체계를 환자·소비자 중심의 개인 맞춤형 건강관리, 예방 및 자가관리 등 새로운 패러다임으로 급격히 이동시키는데 크게 기여하고 있다. 이러한 변화는 기존의 비즈니스 프로세스와 업무 처리 방식의 변화를 수반하게 되고, 더불어 폭발적으로 증가하는 의료 데이터의 보관과 관리의 복잡성, 개인 건강 정보의 보호와 이력 추적, 트랜잭션 비용과 책임추적성, 데이터 소유권 문제 등도 이러한 변화의 크기와 영향도를 증폭시키고 있다. ONC-HIT의 상호 운용성 요구사항 증대,

MACRA 프로그램과 FDA의 디지털 헬스케어 기술의 적용 확대 움직임 등은 이러한 변화에 부응하기 위한 제도적인 움직임의 일부인데 블록체인 기술은 이러한 니즈(Needs)를 해결해 줄 방안으로 가장 주목받고 있는 기술 중 하나이다.

블록체인 기술은 헬스케어 사물인터넷에 적용되어 개인의 건강 정보 관리 능력 증대, 보험청구 · 심사 프로세스 효율화, 의료기기 및 약물 유통채널 추적, 임상시험의 안전성 향상, 연구 데이터의 공유와 활용 증대, 개인의료 · 건강 정보의 보호 강화, 의료정보 무결성 확보와 책임추적성 강화 등 헬스케어의 다양한 분야에서 유용하게 쓰일 수 있을 것으로 기대된다.

특히 기존에는 개인 의료 정보의 보호와 정보 활용성은 상호 배타적인 관계여서 정보 보호 능력이 향상될수록 정보 활용성은 떨어져 원하는 효과를 위해서는 다른 측면의 희생을 필요로 했지만, 블록체인은 정보 보호와 정보활용이라는 서로 모순적인 두 가지 측면을 모두 만족시키면서 효과를 극대화시킬 수 있다는 점에서 헬스케어 분야의 파괴적 혁신을 주도할 기술이라고 할 수 있다.

블록체인 기술은 헬스케어 분야 내부의 문제 해결에도 효과적이지만 다른 산업이나 분야와의 연계를 통해 새로운 기회를 창출할 수 있다는 점에서도 차별적인 기술이다. 금연이나 운동에 대한 보상 등 금전적 인센티브(현금, 쿠폰, 보험료 할인 등)를 원하는 사용자에 한해 의료기록과 보험기록을 연계시키는 행동경제학을 기반으로 블록체인 보험상품을 출시할 수 있다, 또한 자동차 운행기록과 운전 습관에 따른 보험료 연동, 운전 중 긴급 상황 시 최단거리 응급센터와의 호출 및 운전자 질병 · 수술 이력의 자동 전송 등은 개인 동의 기반을 전제로 새로운 가치와 혜택을 데이터 소유자에게 직접적으로 부여할 수 있다. 혜택의 수여자가 명확하고 트랜잭션 이력이 추적되고 책임추적성이 확보되면, 다양하고 새로운 기술의 발전과 폭발적인 산업간 융합을 촉발시킬 수 있다는 점에서 블록체인 기술은 의미가 크다고 볼 수 있다.

아직까지 헬스케어 분야에는 활용 사례가 풍부하지 못하고 기술적인 한계들도 존재하지만 동형암호, 양자암호, BaaS(Blockchain as a Service) 등 다양한 기술들의 도움으로 진화한다. 또한 On-Chain과 Off-Chain으로 관리 대상 데이터를 이원화시키고, 비즈니스 특성과 업무 유형에 따라 퍼블릭 · 컨소시엄 · 프라이빗 블록체인 등 적절한 유형을 적용하면서 발전시켜 나간다면, 여전히 많은 기회를 제공할 수 있다는 점에서 잠재가치가 매우 높은 기술이라고 할 수 있다.

1. 개인 주도형 건강관리 지원

블록체인 기술은 정밀 의료와 맞춤형 의료 등 환자 중심의 의료 환경 패러다임 전환을 지원하는 다양한 ICT기술들 중에서 개인의 의료·건강정보의 소유권(Ownership) 문제를 해결할 수 있는 가장 핵심적인 기술로 평가받고 있다.

기존 의료정보는 환자 데이터에 대한 적시 접근성, 시스템 상호호환성, 분산·저장되어 있는 데이터, 데이터의 불일치, 의료진의 소견이나 2차 생성한 데이터 문제 등으로 인해 환자 생성 데이터에 대한 소유권이 불명확하고 환자 데이터의 접근성이 매우 떨어져 있었다. 미국의 경우에도 뉴헴프셔주(州) 정도만 환자 소유권을 인정하고 있다.

블록체인은 개인의 진료 정보, 약제 투약정보, 의료진·의료기관 정보, 신체·생체정보, 유전체정보 등 의료 분야 데이터뿐만 아니라 식이·운동·수면·이동거리·운전상태 등 개인의 건강과 관련한 모든 데이터의 기록·저장·유통에 대한 소유권(Ownership)을 확보함으로써 개인의 건강 관리 향상과 맞춤형 치료에 기여할 수 있는 기술적 구현 방안으로 활용될 수 있다.

2. 보험청구·심사 프로세스 적용

미국의 경우 과다 청구나 부적절한 의료서비스 제공으로 인해 전체 의료비용의 5~10% 정도가 부당청구로 의심되고 있는데, CMS(Centers for Medicare and Medicaid Services)에 따르면 2014 회계연도에만 부정수급 등 의료사기 판결로 33억 달러가 회수되었으며, 1997년부터 시행된 의료사기 및 남용 통제(HCFAC : Healthcare Fraud and Abuse Control) 프로그램을 통해 278억 달러가 회수 되었다.

블록체인 기반 시스템은 이러한 의료 비용 청구 관련 사기를 최소화할 수 있는 현실적인 솔루션을 제공할 것으로 기대된다. 청구 판결 및 지불 처리 활동의 대부분을 자동화함으로써 블록체인 시스템은 검증이나 조정 단계의 필요성을 없애고 공급자 및 지불주체의 관리비용 및 시간을 줄이는 데 도움이 될 수 있다.

또한 블록체인은 신뢰성 기반 유지보수(RCM : Reliability-Centered Maintenance)의 장애 요인을 추적하는 거대 의약품·의료기기 물류 정보를 개선하기 위한 중요한 수단으로 활용될 수 있다.

블록체인은 공개된 원장(Open Ledger) 기술을 통해 전체 트랜잭션에 대한 감사 추적을 제공하여 처방전 발급, 의료비 청구, 환자 신원 사기 등 여러 분야에서 이러한 낭비를 방지할 수 있다. 최근 Gem Health는 Capital One과 함께 의료비 청구관리 솔루션을 블록체인 기반으로 개발하고 있다.

환자의 고유 확인 체계(a Singular form of National Patient Identifier)가 없어 사회보장번호(Social Security Numbers), 운전면허증(Dirver's Licenses), 보험번호(Health Insurance Numbers) 등 다양한 식별체계를 혼용하고 있는 미국에서는 환자 신원 확인 문제를 해결하는데 블록체인 기술의 활용이 더욱 주목받고 있다.

국내에서는 건강보험심사평가원을 대상으로 청구하는 의료기관의 국민건강보험 및 요양급여 비용 청구 프로세스에 적용하여 과다 · 허위 · 중복청구 등 부정 청구 행위, 의료기관간 비급여 진료비 비교, 환자의 의료쇼핑, 보험사기 예방 및 적발에 활용이 가능하다.

의료 기록과 환자 개인의 가입보험 청구 약관을 연계하여 의료보험에 대한 청구 프로세스를 자동화함으로써 미지급 의료보험비를 최소화하고 환자 편의성을 향상시키는 데 쓰일 수 있다.

학습 5

3. 의료기기, 의약품 유통채널 적용

제약업계는 위조약으로 인해 전세계적으로 연간 2,000억 달러의 손실이 발생하는 것으로 보고 있으며 개발 도상국에 판매되는 의약품의 30% 정도는 위조품으로 추정된다. 블록체인 기반 시스템은 개별 약물이나 제품 수준에서 공급망의 각 단계를 추적함으로써 관리 연속성(CoC : Chain of Custody)을 보장할 수 있을 것으로 기대된다. 또한 개인키(Private Key, 공개키 암호체계 상 비밀키)와 스마트 계약(Smart Contract) 기능을 활용해 공급망의 어느 시점에서든 의약품의 소유권을 증명하고 서로 다른 당사자간의 계약을 관리하는데 도움을 줄 수 있다.

최근 iSlove LCC라는 회사는 의약품 공급망 체인 무결성을 관리하는데 효과적인 ADLT(Advanced Digital Ledger Technology) 블록체인 솔루션을 여러 제약 회사들과의 협업을 통해 구현한다.

의약품 유통관리에 적용하여 유통기한 관리, 약물 부작용 관리, 중복 처방 및 과다 처방 관리 등에 활용할 수 있다.

기존 인체 삽입형 의료기기에 대한 추적 관리 및 3D프린팅 의료기기, 인체삽입형 로봇, 수술형 로봇, 혈관 투입형 드론 등 첨단 의료기기에 대한 임상, 인 · 허가,

인·허가 후 유통과정, 시·수술 후 부작용 탐지 등에 블록체인 기술을 활용하여 의료 안전사고에 대한 예방 및 문제 발생 시 신속한 원인 규명, 문제 해결, 책임 소재 추적에 활용할 수 있다.

4. 임상시험 안전성 향상과 데이터 공유

통상 임상 연구의 50% 정도가 보고되지 않고, 연구자가 종종 연구 결과를 공유하지 못하는 것으로 추정된다. 이러한 현상은 환자의 안전성 확보에 위협이 되며 보건정책 입안자들과 의료 관계자 간 정보 격차를 유발시킬 수 있다.

블록체인은 임상시험, 임상 프로토콜, 임상 결과에 대해 변경 불가능한 시간 기록 레코드를 부여함으로써 결과 조작이나 선택적 보고 문제를 해결할 수 있으며 임상시험 기록의 조작 및 오류 발생률을 줄일 수 있다. 또한 블록체인 기반 시스템은 정밀 의학 등 의료 연구 분야의 혁신에 참여하는 연구자들 간에 전례 없는 협력을 이끌어 낼 수 있을 것으로 기대된다.

임상 데이터에 대한 블록체인 기술 적용으로 임상 연구 참여자의 안전성 확보 및 효능·부작용을 추적·관리할 수 있다.

임상데이터, 생체정보데이터, 오믹스데이터, 약물특성데이터, 독성데이터, 약물-타겟정보 등에 대한 기술 적용으로 약물 부작용 최소화 및 안전 관리 확보가 가능하다.

5. 개인 의료정보 및 건강정보의 보호

Protenus Breach Barometer 보고서에 따르면 미국에서 2016년도에 450건의 건강 관련 데이터의 유출이 있었고, 이로 인해 2천7백만명의 환자에게 영향을 미쳤다. 데이터 유출의 약 43%는 내부자에 의해 발생했으며 27%는 해킹 및 랜섬웨어 등 외부자에 의한 공격이다.

디지털 헬스케어 기기와 기술의 발전으로 헬스케어 사물인터넷(IoMT : Internet of Medical Things) 디바이스의 사용이 급격히 증가되고 있어, 현재 수준의 Health IT 인프라 및 아키텍처로는 진화하는 IoMT 생태계를 지원하는 것은 매우 어려울 것으로 예상된다.

2025년까지 전 세계적으로 600~1000억 개의 IoMT 디바이스들이 사용될 것으로 예측되며 블록체인 지원 솔루션은 IoMT 디바이스 사용에 있어서 보안, 개인정보 보호 및 안정성을 강화시킴과 동시에 데이터 상호운용성을 보장하는 좋은 수단이 될 것으로 기대된다.

Telstra(생체인식 및 스마트 홈), IBM(인지 컴퓨팅 및 사물인터넷), Tierion(산업용 의료기기 예방관리)와 같은 회사들이 이러한 사례에 적극 활용하고 있다.

암호화된 공개·비공개 키 엑세스, 작업 증명, 분산 데이터에 대한 블록체인의 고유 속성은 헬스케어 분야에 새로운 차원의 무결성을 제공할 수 있다. 또한 블록체인 네트워크에 연결된 각각의 참여자는 개인키(비밀키)와 공용키(공개키)를 지니고 있으며 블록체인의 어떤 정보가 프로필과 관련이 있는지를 밝히려면 개인키가 반드시 필요하므로, 해커가 식별 가능한 가치 있는 정보에 접근하려면 블록체인 네트워크에 연결된 개별 사용자를 모두 해킹해야 하는 어려움으로 인해 잠재적인 해킹에 대한 악영향은 제한적이다.

블록체인에 연결된 모든 의료기관 등 헬스케어 관련 기관은 헬스케어 블록체인 원장을 유지할 수 있으며 만약 정보의 이력을 조정해야 할 경우에는 네트워크 참여자 51%로부터 변경 승인을 받아야 하는데 이러한 블록체인 기능들은 보안을 향상시키고 악의적인 위변조 위험을 방지하며 해킹으로부터 안전한 원장 보존을 가능케 한다.

학습 5

6. 디지털 헬스케어의 블록체인의 신기술 적용

1) 동형암호

희귀병 연구나 신약 개발을 위해서 환자의 게놈 데이터가 필요한 경우, 데이터가 많을수록 연구하기 좋은데 희귀병은 환자수도 적고 진료 데이터도 적으며 이로 인해 환자의 개인정보가 유출될 가능성도 높다. 여러 의료기관을 방문한 환자의 진료 기록을 모아서 연구할 수 있으면 가장 좋겠지만, 현실적인 대안은 민감한 개인식별정보를 삭제한 뒤 공통데이터모델(CDM : Common Data Model)으로 변환시켜 분석 알고리즘을 적용한 뒤 나온 결과 값만을 모아서 해석하는 방식이다.

개인 정보의 보호와 데이터 교류 시 발생할 수 있는 데이터 유출에 따른 위험을 방지하기 위한 방식이지만 데이터 활용 측면에서는 데이터 변환 대상 자체가 제한적이고 데이터의 변환에 많은 노력이 동반되며 한 번에 원하는 분석과 결과값 취득이 어렵다는 단점이 있다.

맞춤형 의료, 정밀 의료 측면에서 보면 궁극적으로 가장 많이 필요한 데이터는 결국 환자나 개인 자신을 구분할 수 있는 식별 값을 기준으로 여러 군데 분산되어 있는 다양한 형태의 데이터인데 공통데이터모델(CDM)을 이용한 방식은 이러한 요구사항을 만족시키기에는 부족한 측면이 있다.

개인의 정보를 암호화된 상태 그대로 보호한 채 분석해 개인정보 유출 위험을 원천적으로 차단한 새로운 암호기술인 동형암호(Homomorphic Encryption)을 도입하면 이러한 문제점이 상당 부분 해소될 것으로 기대된다.

동형암호는 복호화 하지 않은 상태(암호가 걸린 상태)에서 연산을 할 수 있는 수학 알고리즘으로 분석 결과는 암호를 걸기 전의 데이터로 분석한 결과와 똑같이 나오므로 상대방에 대한 정보 없이도 상태에 대한 변화를 합법적으로 증명할 수 있는 방식에 널리 사용될 수 있다.

다만 대칭키 방식 사용에 따른 필연적인 속도 저하와 키 관리 문제, 응용연산 종류에 따른 속도 차이 등의 문제점으로 인해 퍼블릭 블록체인 네트워크에서 사용하기 보다는 제한적인 블록체인 네트워크(기관 내 프라이빗 블록체인 또는 기관 간 컨소시엄 블록체인 등)상에서 특정 문제들을 해결하는데 사용한다면 매우 효과적일 것으로 예상된다.

2) 양자암호

블록체인에서 사용하는 개인키는 큰 수의 소인수 분해의 어려움을 이용한 수학적 알고리즘을 기반으로 하는데, 현존하는 슈퍼컴퓨터보다 월등한 성능을 가진 양자 컴퓨터(양자암호를 기반으로 구현한 컴퓨터)가 출현한다면 기존의 암호 체계를 완전히 무력화시켜 블록체인 시스템에 심각한 영향을 줄 수 있다.

비트코인 형태의 블록체인 시스템(블록체인 1세대)을 헬스케어 분야에 적용하는 사례를 가정할 때 양자컴퓨터가 채굴능력의 50% 이상을 가지게 되면, 이 양자컴퓨터는 분산원장을 원하는 대로 조종할 수 있게 되어 원장을 분산시켜 저장하는 의미가 사라진다. 또 다른 위협은 공개키를 기반으로 역으로 개인키를 계산해내는 상황인데 기존의 컴퓨팅 능력으로는 매우 어려운 일이지만, 양자컴퓨터는 상대적으로 매우 쉽게 처리할 것으로 예상된다.

양자암호기술의 발전에 따른 블록체인 시스템의 대응 방식은 크게 두 가지로 생각할 수 있는데 양자암호 소프트웨어를 도입함으로써 기존의 공개키 암호화 방식을 대체하거나 보완하는 것을 검토하는 것이고, 다른 하나는 양자기술에 기반한 하드웨어적 형태인 양자 컴퓨터에 저항력을 갖는 새로운 블록체인 기술(정확히는 블록체인 기술에 기반한 가상암호화폐 등 블록체인 기반의 솔루션)을 개발하는 것이다. 양자 컴퓨터에 저항력을 가지는 가상암호화폐로는 현재 QRL(Quantum Resistant Ledger), ByteBall 등이 있다.

QRL은 양자 컴퓨터에 대해 특별히 안전하도록 완전히 새로운 방식으로 설계된 블록체인 시스템을 사용하는데 XMSS(eXtended Merkle Signature Scheme)라는 해시 기반 서명 체계를 사용하여 트랜잭션에 대해 사후 양자 보안 서명(Post-Quantum Secure Signature)과 반복 되풀이 해시 체인(Iterative Hash-chains), 입증 가능한 해시 기반의 의사 난수 함수(Provably Secure Hash-based Pseudo Random Number Function)를 사용해 다른 블록체인 시스템들에 비해 양자컴퓨팅 저항력이 높은 것으로 알려져 있다.

ByteBall은 양자컴퓨팅에 저항력을 가지는 NTRU 알고리즘과 기존의 블록체인과는 다른 DAG 기술의 적용으로 보안성을 강화한 가상암호화폐 인데 헬스케어 분야에 블록체인 기술을 적용하는데 있어 여러 가지 시사점이 있는 가상암호화폐이다.

NTRU 알고리즘은 양자컴퓨팅 공격으로부터 안전하다고 알려진 PQ(Post Quantum) 공개키 암호의 일종으로, 격자(Lattice) 문제를 기반으로 다항식 환(Polynomial Rings) 상에서 구현되며 기존 공개키 암호 시스템과 비교하여 동일한 안전성을 제공하면서도 암호화 및 복호화의 연산 속도가 빠른 이점이 있다.

DAG 기술은 기존 블록체인 기술에서 과감하게 블록을 제거하여 체인만 남겨놓고 병렬적인 트랜잭션 검증을 구현한 알고리즘으로, 블록이 없기 때문에 채굴이 필요 없고(채굴에 대한 보상인 수수료도 없음) 트랜잭션 승인을 기다릴 필요가 없어 속도가 매우 빠르다. 또한 거래 승인 지연이나 병목현상이 발생하지 않아 확장성에서 이점을 가진다. 공공적인 목적으로 헬스케어 블록체인 시스템의 구현이 필요할 경우 이와 같은 방식은 매우 매력적일 수 있다.

Tip 양자암호

양자는 물리학에서 상호작용과 관련된 모든 물리적 독립체의 최소 단위이다. 양자에는 광자, 전자, 이온, 원자 등 여러 가지 종류가 있는데 양자암호에는 빛의 최소 단위인 광자를 활용한다. 양자는 양자화된 큐비트(qubit)가 0이면서 동시에 1인 상태로 존재하는 '양자 중첩', 두 양자가 떨어져 있어도 존재할 수 있는 '양자 얽힘', 서로 다른 물리량이 동시에 정확히 측정이 불가능한 '불확정성' 등 3가지 특성을 가지고 있는데, '불확정성' 특성에 따라 복제가 불가능한 양자의 특성이 양자암호 기술의 핵심이다. 또한 비가역성(원상태로 되돌릴 수 없는 특성)으로 해킹 및 감청, 스니핑, 미러링 등이 원칙적으로 불가능한 기술이다. 이러한 양자의 특성에 기반해 고안된 암호화 기술이 '양자키분배 프로토콜'이며 일반적으로 양자암호로 불린다.

3. BaaS(Blockchain as a Service)

Melanie Swan이 쓴 'Blockchain'이라는 책에서 블록체인의 발전 단계를 1.0단계, 2.0단계, 3.0단계 등으로 구분한 이래 여러 가지 해석이 있는데 일반적으로 가장 널리 알려진 암호가상화폐인 비트코인을 1세대(분산원장 기술이 도입된 블록체인 초기 개념), Smart Contract(스마트 계약 또는 자동 계약) 기술이 적용된 이더리움(Ethereum)이나 하이퍼레저(Hyperledger)를 2세대로 보고 있다. 3세대는 사회 전반에 블록체인 기술이 영향을 미치는 단계로 보고 있으나 구체적인 구현 기술이나 인프라에 대해 합의된 정의는 아직 없는 상태이다.

사회 각 분야에 다양한 블록체인 기술이 사용되기 위해서는 2세대부터 부각된 제한적인 참여자와 용도의 프라이빗 블록체인이 널리 사용될 것으로 예상되는데, 프라이빗 블록체인에 대한 기술적 이해와 기반 인프라가 부족한 의료기관이나 단체에서 용도별로 프라이빗 블록체인을 일일이 구축하는 것은 매우 어려울 것이다. 이러한 문제를 해결하기 위한 대안으로 클라우드 상에서 프라이빗 블록체인을 구축하기 편하도록 미리 기반 솔루션을 설치해 놓고 SaaS(Software as a Service) 형태로 임차해서 사용하는 BaaS(Blockchain as a Service)가 3세대 블록체인 기반환경의 하나로 각광받을 것으로 예상된다.

수행 내용

재료 · 자료

- 디지털 치료제의 융합 관련 자료

기기(장비 · 공구)

- 컴퓨터, 문서작성 프로그램, 프린터, 주변기기

안전 · 유의사항

- 디지털 치료제 관련 장비의 안전 및 유의사항을 숙지한다.

수행 순서

01 의료 및 디지털 치료제 분야에 블록체인 기술활용시 고려사항에 대하여 분석하라.

미래의료의 핵심은 데이터에 기반을 둔 개인 맞춤의료 및 예측의료의 실현이다. 이것이 가능하기 위해서는 개인의 의료데이터를 언제 어디서나 열람 및 유통이 가능한 개방형 생태계를 이루어야 한다. 하지만 의료데이터는 그 속성상 매우 민감한 개인정보를 다루기 때문에 상당한 수준의 신뢰성과 보안성이 요구되고 있다. 데이터의 관점에서 개방과 안전이라는 두 마리 토끼를 잡는다는 것은 매우 난해한 문제이다. 최근 이러한 데이터의 양면성을 해결하기 위한 기술로써 블록체인이 의료계에 크게 주목을 받고 있다. 블록체인을 이용하면 의료정보를 효과적으로 기록 및 관리 할 수 있으면서도 위 · 변조가 불가능하고 개인정보 유출 가능성을 낮출 수 있어 의료 혁신을 현실화 하는데 크게 일조할 것으로 예측되고 있다.

의료분야에서 블록체인 기술이 대두됨에 따라, 2016년 미국 국가 건강 정보기술국(ONC-HIT, The Office of the National Coordinator for Health Information Technology)에서는 보건의료 분야에서 블록체인 기술의 잠재적인 사용에 관한 조직을 구성하고 기술 및 정책적 구성요소에 관한 연구에 착수했다. 이를 통해, 블록체인을 통한 의료정보 상호운영성(Interoperability)과 유스케이스(Use Case)에 관한 다양한 어플리케이션이 제안되었고, 문제 해결을 위한 기술적 해결 방안을 제안하기도 했다.

블록체인이 특정 산업에의 적용에 제한이 있지는 않으나, 블록체인 기술을 헬스케어 분야에 활용하기 위해서는 몇 가지 고려해야 할 사항들이 있는데 가장 대표적인 두 가지는 데이터의 저장 방식과 블록체인 시스템의 운영 방식이다.

1. On-Chain Data, Off-Chain Data

국내 대형 병원에서는 정보화 여부와 관계없이 수천가지 각종 서식을 사용하고 있으며, 서식 내에서 데이터 타입(Data Type)이 정해져 있지 않은 Doctor's Notes류의 자유 형식(Free Style) 비정형 데이터가 여전히 많다.

또한 종류가 많을 뿐만 아니라 사용자에 따라 기록하는 용어나 형식도 다양해 전체 내용을 공유하기는 매우 어려운 상황이다. 원무관리, 일반행정관리, 처방전달, 검사정보 등 모든 의료기관에서 사용하는 업무가 표준화 되어 있지 않고, 양(Size)으로 병원 데이터의 대부분을 차지하는 영상 이미지 등에 블록체인 기술을 직접 적용하기에는 어려움이 있다.

HIE(Health Information Exchange)와 마찬가지로 의료기관에서 사용하는 정보를 모두 유통시키거나 유통될 필요는 없으므로 블록체인을 사용할 때 효과적인 업무를 선정해 선별적으로 사용하는 것이 필요하며, 이런 고려이후에는 해당 업무 중에서도 블록체인에 직접 저장할 'On-Chain'과 기존 기간계 시스템(Legacy System)이나 DW(Data Warehouse) 데이터베이스에 'Off-Chain'으로 어떤 정보가 저장되어야 하는지 검토하는 과정이 필요하다.

블록체인은 인구 통계 정보, 병력, 서비스 코드처럼 특정적이고 제한된 데이터 세트를 효율적으로 운영할 수 있으므로, 블록체인에 저장할 데이터의 크기와 형식을 정의하기 위한 프레임워크와 표준화 작업이 용이한 데이터는 블록체인의 'On-Chain' 정보로 저장하고, X레이나 MRI 등 대용량 이미지 정보는 블록체인에 직접 저장하기보다 기존 데이터베이스에 저장하는 방식이 유리하다. 'On-Chain' 블록체인에 저장된 링크를 통해 'OffChain' 데이터와 연계시키면 블록체인 네트워크에 영향을 주지 않으면서도 두 가지 유형의 정보를 모두 저장할 수 있는 장점이 있다.

2. 퍼블릭 · 컨소시엄 · 프라이빗 블록체인

블록체인은 '합의 프로세스'에 참여하는 사람들이 트랜잭션을 확인, 전송할 수 있는 퍼블릭 블록체인, 사전에 정한 수의 노드만 장부를 사용할 수 있는 컨소시엄 블록체인, 하나의 조직만 장부를 쓸 수 있는 프라이빗 블록체인으로 구분할 수 있다.

누구나 네트워크에 참여해 거래를 할 수 있고, 스스로 채굴이나 거래 승인 당사자로 활동할 수 있는 비트코인은 퍼블릭 블록체인의 대표적인 애플리케이션이다. 반면 이미 신뢰성이 검증되고 약속된 참여자를 지정하여 폐쇄적으로 네트워크를 운영하는 사례를 프라이빗 블록체인이라고 한다. 퍼블릭 블록체인의 경우 거래 정보의 검증 및 승인 절차에 따른 시스템 복잡성이나 인센티브로 인해 상대적으로 시스템 운영 비용이 높으나 프라이빗 블록체인의 경우 거래 정보의 검증을 누가 하는지, 누가 어느 정보까지 열람 가능한지 등을 사전에 정해놓는 등 여러 가지 제약을 둘 수 있으며 별도의 채굴 과정을 삭제할 수 있어 블록을 새로 생성하는 데 많은 비용이 들지 않는다.

결과적으로 프라이빗 블록체인은 시스템 복잡성 낮고 운영 비용도 저렴하며 특정 기업 내부 또는 제한된 파트너 사이에서 일어나는 거래를 효율적이고 안전하게 처리하고자 할 경우 활용되기 쉽다. 컨소시엄 블록체인은 반공개형 블록체인으로 퍼블릭 블록체인과 프라이빗 블록체인이 결합된 형태로 선정된 주체들만이 참여 가능하며 네트워크 확장이 용이하고, 거래비용이 거의 들지 않으며 거래 속도가 빠르다는 것이 장점이다.

블록체인을 활용한 의료산업 애플리케이션에 관심을 가지고 있는 'Gem'은 의료비 부과 및 정산 과정의 비효율로 인해 연간 3,750억 달러가 낭비되고 있다는 연구 결과를 토대로 의료비를 청구하는 과정에서 보험사, 의료기관의 관련 부서, 환자, 필요 시 대출 기관까지 하나의 블록체인으로 연계되어 지불 조정과 관리가 이뤄질 경우 환자의 비밀을 보장하면서도 전체 과정의 효율을 향상시킬 수 있을 것으로 기대된다.

국내의 경우, 공적 의료보험에 대한 의료비 청구 · 심사 및 민간 보험사에 대한 의료비 청구 · 심사 업무 프로세스에 가장 많은 이해관계자(환자, 의료기관, 보험사 등)가 참여하고 있으므로 퍼블릭 블록체인을 활용해 청구 · 심사 기간 단축, 트랜잭션 비용 절감, 지불 과정 효율성 향상 등을 기대할 수 있다.

정부나 건강보험공단, 심사평가원 등의 대형 참여자가 블록체인의 소유자가 될 경우 진정한 분산 시스템의 가치를 방해할 수 있는 위험도 있으나, 다수의 헬스케어 참여자(의료기관)를 통한 전국적인 블록체인 네트워크는 상호운용성을 강화시킴과 동시에 보안을 더욱 강화시킬 수 있으므로 기관간 임상 연구정보를 교류하는 업무 등에는 컨소시엄 블록체인의 적용이 가능할 것으로 보인다.

질병관리본부에서 전염병 관리나 식약처에서 통증완화제의 악용 등을 방지하거나 추적할 목적으로 프라이빗 블록체인을 활용할 수 있다.

데이터 구조에 대한 평가 스코어 카드를 만들어[세 개의 비트에 데이터 특성을 표기, 첫번째 비트는 작업증명(Proof-of-work), 두번째 비트는 탈중앙화(Decentralization),

학습 5

세 번째 비트는 변화 추적(Change Tracking)] 가장 적절한 데이터 저장 형태를 찾는 예시인데, 이런 툴을 활용해서 조직에 가장 적절한 데이터 저장 구조와 형태가 프라이빗 인지 퍼블릭 블록체인 형태인지 찾는데 도움을 받을 수 있다.

02 의약품과 의료기기(디지털 치료제) 유통 공급망 및 임상연구의 기존의 문제점과 블록체인 활용방안에 대하여 분석하라.

1. 의약품 공급망

의약품 공급 체계의 어려움은 의약품 공급망에서 위변조로 인한 규제 및 안전 요구 사항이 변화함에 따라 점점 더 복잡해지고 있다.

1) 품질 관리 및 보증(Quality Control and Assurance)

세포 치료제 및 바이오 의약품 공급에 있어서 제품 품질을 유지하기 위해서는 이동 시간 및 온도 조절이 가능한 운반 수단이 필요하다. 근래에는 의약품이 온도에 예민한 바이오 의약품으로 변화하면서 콜드 체인 물류에 대한 품질 준수의 필요성과 API에서부터 완제의약품 운반에 대한 가시성이 중요해지고 있다.

2) 위조(Counterfeiting)

제약회사들은 전 세계적으로 위조 의약품으로 인해 연간 최대 2천억 달러의 손실을 입고 있다. 아프리카, 라틴 아메리카 및 일부 아시아 지역과 같은 개발 도상국에서 판매되는 약의 약 30 %는 위조 의약품인 것으로 조사되었으며, 유럽 시장에서는 평균적으로 매년 3,350 만 달러의 의약품이 도난을 당하고 있는 상황이다.

3) 아편 위기(Opioid Crisis)

미국 CDC에 따르면, 약물 과다 복용 사례로 인해 매일 평균 130명 이상이 사망하였으며 아편 진통제 처방과 관련하여 2017년에는 170만 건의 약물 남용이 발생하였다. 이 또한 공급체계의 가시성 부족으로 소송 건이 발생하며 제약 제조업에 대한 부정적인 이미지가 구축되었다.

4) 규제(Regulation)

글로벌 의약품의 일련번호 및 이력추적 규제 요구 사항에 대한 글로벌 표준 및 기반이 불규칙하여 의약품 제조업체, 라이센싱 업체, 유통 업체 등에게 규정 준수를 요구하기 어렵다. 미국, 유럽, 중국 및 브라질을 포함한 40개 이상의 국가의 보건 당국은 환자의 안전을 보호하고 제품을 보장하기 위해 의약품 공급을 위한 일련번호를 요구한다. 그러나 제조업체는 기존 일련번호와 트래킹 시스템의 표준화 문제로 추적이 불가능한 문제를 가지고 있다.

Tip 블록체인이 의약품 공급망에 미치게 될 잠재적 효과

- 제조(Manufacturing : 원료 공급자와 의약품 제조업체에게 블록체인 기반 스마트 계약은 자율적으로 실사, 재고 관리 및 리콜 프로세스를 가능하다. 또한 블록체인을 통해 승인 제출 및 글로벌 규제 기관에 대한 업데이트를 전자 규정 운용 시스템으로 구현할 수 있다.
- 유통, 판매 및 마케팅(Distribution, Sales and Marketing) : 블록체인 기반 일지 작성을 통해 원료 공급 단계를 입력하여 API에서 환자에게 전달되는 최종 약물에 이르기까지 추적이 가능하다. 시판 후 연구결과를 미래의 R&D, 특히 정밀 의학 연구로 활용하는 데 도움이 된다.

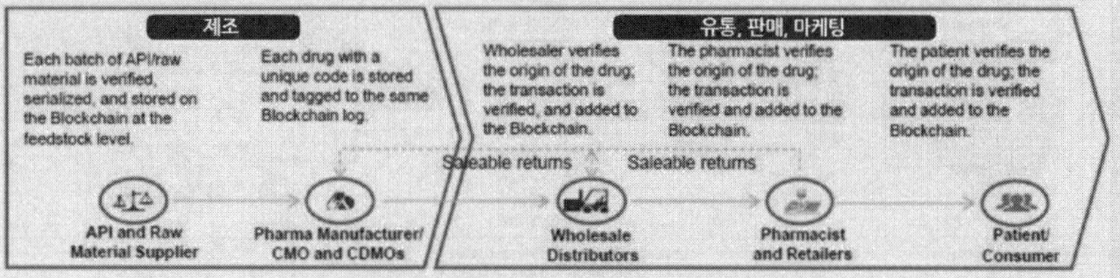

[그림 5-10] 의약품 공급망과 핵심 구성원

2. 의료기기 공급망

의료기기 서비스 주기 관리의 어려움은 의료 환경에서 사용되는 의료기기가 복잡해짐에 따라 의료기기 서비스 및 수명주기 관리에 대한 안전, 보안 및 규정을 준수하는 것이 어려워짐에 따라 벌금 및 소송 등으로 인해 매출의 7~9%가 손실로 이어진다. 의료기기 서비스에서 OEM, 병원 및 독립 서비스 기관 간의 연결 시스템 부족으로 품질과 안전도가 감소한다.

1) 사이버 보안(Cybersecurity)

다른 IT 시스템과 마찬가지로 내장된 소프트웨어와 연결된 의료기기의 대다수는 사이버 보안에 취약하다. 규제 당국이 사이버 공격의 위험성을 인식함에 따라, 사이버 보안은 의료기기 제조업체의 의무화가 되고 있다.

2) 고유식별 장치(UDI)

미국 FDA 및 유럽 MDR과 같은 주요 세계 보건 당국의 고유 식별 장치(UDI) 명령에 따라 OEM은 의료기기를 추적할 수 있어야 한다. 그러나 현 시점의 의료기기 관리 시스템은 등록하기 비효율적이거나 추적할 수 없는 경우가 있어 데이터 신뢰도가 낮다.

Tip 무선 네트워크를 통한 블록체인 활용으로 의료기기의 신뢰 및 보안 개선 방안

블록체인 기술 적용으로 스마트 주입 펌프를 원격으로 관리할 수 있으며 원격으로 소프트웨어 업데이트를 수행하고 데이터를 신뢰할 수 있는 암호화 된 보안 네트워크 구축이 가능하다.

블록체인을 통해 주입 펌프 또는 자산에 대한 식별이 가능하며 액세스 제어 및 프로세스를 사용하여 데이터의 암호화 및 영구 저장이 가능하고 스마트 계약을 통해 장치 수명주기 관리의 자동화가 의료기기 제공 업체를 위한 주요 이점이 될 전망이다.

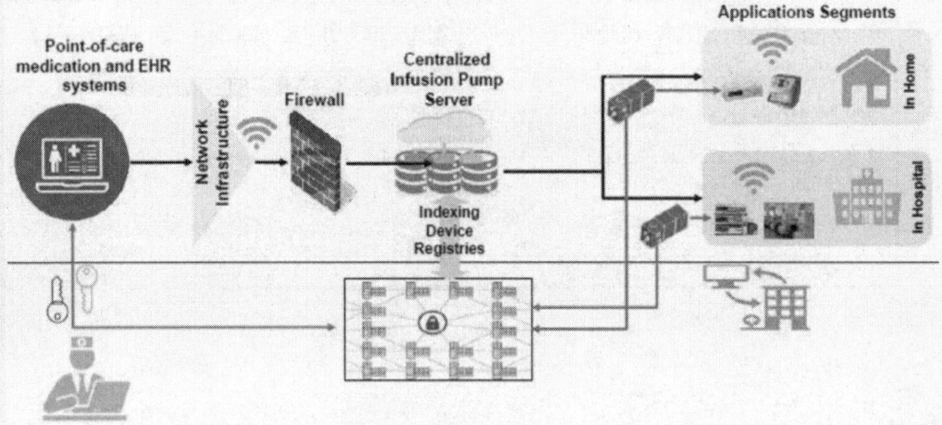

[그림 5-11] 블록체인 기반 무선 의료기기 시스템

3. 연구 및 임상시험 활용

현대 의학 연구 및 제약 임상시험에서 재현성, 데이터 공유, 개인 정보 보호 문제 및 임상시험 환자 등록 가장 어려운 과제라고 볼 수 있다.

1) 품질관리 및 보장(Quality control and Assurance)

임상시험 스폰서는 SDV(Source Data Verification)에 전체 임상시험 예산의 최대 25%를 사용하여 임상시험 규제 요건을 충족시킨다.

2) 위조(Counterfeiting)

전체 임상시험에서 약 50%는 보고되지 않는 경우가 많고 연구자들이 임상연구 결과를 공유하지 못하는 경우도 있다(Clinicaltrials.gov에 등록된 시험의 90%는 결과가 누락되었다).

3) 위기(Opioid Crisis)

임상시험의 약 80%가 마감일을 준수하지 않아 시험 약물에 대해 하루 최대 130만 달러의 손실이 발생할 수 있다. 환자 중심 시험의 부족으로 인해 환자의 최대 35 %가 임상시험을 취소하는 경우도 발생한다.

4) 규제(Regulation)

임상 연구를 위해 RWD(Real World Data)에 접근하기 위한 환자의 동의가 쉽지 않으나 임상시험은 추후에도 수정이 가능한 잠정적인 프로토콜이기 때문에 환자가 다양한 프로세스에 동의할 수 있도록 한다. 인구 조사 개념의 추세가 증가함에 따라 현 상태의 관리 프로세스에 심각한 문제가 발생할 수 있다.

학습 5

Tip 연구 및 임상시험 분야 성장 가능성

블록체인은 보건의료 데이터를 분산시켜 공유된 건강 정보의 접근을 제어할 수 있고, 신뢰성 및 투명성을 보장하는 공유 플랫폼이다. 임상시험 스폰서 및 규제 기관은 DLT기반 데이터 검증을 통해 임상시험 결과 전환, 데이터 염탐 및 선택적 보고 사례를 감소시킬 수 있다.

연구 기관 및 제약 업계는 블록체인 기술을 활용하여 공동연구를 위한 개인정보 보호를 위한 데이터 공유 모델을 개발할 수 있다.

03 의료 및 디지털 치료제 분야의 블록체인 응용 분야에 대하여 분석하라.

블록체인이 의료분야에 활용되면 건강 정보 관리 능력 증대, 보험청구 및 심사프로세스 효율화, 의료기기 및 약물 유통 채널 추적, 임상시험의 안전성 향상, 연구데이터의 공유와 활용 증대, 개인 의료 및 건강 정보의 보호 강화, 의료정보 무결성 확보 및 책임추적성이 강화 될 것으로 예견되었다.

이러한 예측은 의료 분야의 특성이 결국 데이터에 기반을 둔 산업이란 것에서 찾을 수 있는데 이러한 이유로 의료와 생명과학 분야가 그 어떤 분야보다 블록체인 응용 분야에 가장 잘 적용될 수 있는 분야로 논의되고 있다. 이 뿐만 아니라, 의료 데이터 운영 주체들 간의 상호운영성(Interoperability) 증가를 통해 진료 효율이 개선될 수 있고, 보험 청구 프로세스 개선을 통해 시간과 비용을 감소할 수도 있다. 더 나아가 경험적 진료 환경이 근거중심의 의료 환경으로 전환되어 정밀의학 실현에 이바지 할 것으로 예측 된다. 더불어 의료데이터를 개인에게 돌려줌으로써 진정한 의미의 환자중심 의료서비스 환경이 만들어질 것으로 기대된다.

현재 의료분야에서 블록체인이 응용될 다양한 서비스 모델이 시도되고 있는데 대표적으로 의료데이터 유통, 인공지능, 약물사용, 전자건강기록 개발, 웰니스, 의료비 지불, 생체이식, 신약개발, 치과치료, 의학연구, 개인건강기록, 유전체분석, 원격진료, 데이터분석기, 가상현실, 정신상담, 반려동물, 보험, 성형, 식음료, 임상시험 등 있다. 다음 〈표 5-3〉은 국내외 의료에서 블록체인 기술이 응용되는 주요 서비스 모델 개발의 예를 보여준다.

〈표 5-7〉 대표적인 의료분야의 블록체인 기술 응용

블록체인명	설 명
MedRec	블록체인 원장을 통해 환자 치료에 대한 정보를 공유하기 위해 블록체인 플랫폼이 구현되었으며, 상호운영 가능한 전자건강기록을 구현을 목적으로 한다.
Gem Health	약물 공급망, 자동차 보험, 사회기반 서비스 등 다양한 분야에서 활용 가능한 공유 ID 체계 구축을 목표로 블록체인을 구성한다.
Mediledger	의약품 운반과 공급관리를 위해 개발된 플랫폼, 모든 처방 의약품을 상호운영 가능하게 하여 공급된 의약품을 식별 및 추적관찰 가능하게 위해 고안되었다.
HealthCoin	만성질환 합병증 예방을 위해 환자의 행동을 웨어러블 기술로 추적 관찰, 보험사 및 의료기관을 연결해 의료서비스의 효율을 제고하고 참여한 환자들에게 재정적 보상을 제공한다.
Shovom	환자의 게놈 데이터를 안전하게 저장 및 유통하기 위한 블록체인 플랫폼이다.
certon	여러 의료기관을 연계한 의료 제증명 문서의 발급 및 사용 이력관리이다.
Medibloc	환자 개인이 직접 여러 의료기관에 분산된 자신의 의료정보를 통합, 관리 및 유통을 할 수 있게 하는 블록체인 기술 개발이다.
Mygenomebox	개인에게 유전체 분석 결과에 대한 서비스를 제공하고 이러한 데이터를 제약사 및 연구기관에 제공한다.

04 의료 및 디지털 치료제 분야의 블록체인 활성화 방안에 대하여 분석하라.

블록체인 기술이 의료 산업과 이와 관련된 사회 기반 구조에 성공적으로 활용되기 위해서는 퍼블릭 블록체인의 선제적 도입을 통해 기술의 성숙도 제고 및 검증체계를 확보하고, 이를 통해 프라이빗 블록체인 및 컨소시엄 블록체인과 의 협업을 통한 확산 전략이 필요하다. 이를 위해 서비스개발, R&D 지원, 전략수립 로드맵, 제도 및 지원체계 구축을 통해 보다 적극적인 국가전략 대응이 필요하다.

현재 대부분의 사회 전반 의료 시스템이 중앙 집중성이 강하기 때문에 기존의 서비스 모델, 기술 개발 및 인프라를 대체하기 위한 기술 뿐만 아니라 의식, 행동 및 제도 등 블록체인 생태계 전반에 관한 체계적 연구가 필요하며 가장 적합한 의료 적용분야를 찾는 것도 관권이다. 또한 블록체인 기술에 대한 잠재적 위험요소나 검증 미흡으로 인해 처리속도, 확장성, 비용문제, 보안성, 법제도 등 기술적 · 사회적 한계와 문제점을 극복해 기술의 안전성을 확보하는 것도 시급한 현안 과제라 볼 수 있다.

국가 차원의 의료분야 블록체인 기반 인프라 구축을 위해서는 ① 블록체인 기반 의료 서비스 모델 개발, ② 의료분야 블록체인 코어 플랫폼 기술 및 거버넌스 구축, ③ 블록체인 관련 의료 제도 및 정책 개발에 관한 투자 전략이 필요하다.

블록체인 기반 의료서비스 모델개발에는 의료분야에 블록체인 기술이 적용되어 사회 전반의 의료 시스템 혁신을 일으킬 수 있는 분야를 발굴 및 육성 하는 것으로 정부의 공공의료 서비스뿐만 아니라 보험, 식음료, 신약, 유전체, 인공지능, 개인건강기록, 웰니스 등 기존 사회 전반의 시스템 효율을 제고하는 분야를 포함하여 기존에 존재하지 않던 전혀 새로운 의료서비스 모델을 발굴하는 데 있다.

의료분야 블록체인 코어 플랫폼 기술 및 거버넌스 구축에는 의료분야에 적합한최적의 블록체인 아키텍처 및 성능 개선 알고리즘 개발과 같은 의료분야 블록체인 코어 플랫폼 기술에 대한 연구개발과 퍼블릭 블록체인과 프라이빗 및 컨소시엄 블록체인과의 통합 모델 개발이 필요하며, 의료 분야 블록체인 개발 협의체를 통한 국가 단위 거버넌스 구축이 포함되어야 한다. 블록체인을 이용한 산업이 빠르게 성장하고 있음에도 불구하고 국내에서는 대부분 이더리움 등 공개된 퍼블릭 블록체인 플랫폼의 수정 및 보안을 통해 분산형 앱(Decentralized App) 서비스 모델 위주로 개발되고 있는 것이 현실인 상황에서 블록체인이 단순한 서비스 산업이 아니라 플랫폼 산업임을 감안할 때, 블록체인 코어 기술에

학습 5

대한 투자 없이는 양질의 지적 재산권 확보는 사실상 어려울 것이라 예상된다.

한편, 의료분야 블록체인 제도 및 정책 개발은 현재의 병원이 중심이 된 중앙 집중형 정보인프라 환경에 관한 법률 및 제도를 개선하여 의료분야 블록체인 활용 촉진을 위한 국가 차원의 전략을 마련하고 블록체인 확산을 위한 기반 조성을 위한 합리적 정책도 뒤따라야 한다. 분산장부 형태의 블록체인 기술을 의료분야에 도입 및 활용하는 데에는 다양한 법적 문제의 발생 가능성이 내재되어 있으며 원인 규명이 어려운 문제의 경우 책임 소재가 불분명할 수도 있는데, 현재의 법률은 중장 집중형 관리체계에 초점을 두고 있어 탈중앙화를 기반으로 하는 블록체인 기술과는 상충된다. 또한 보유한 데이터의 폐지 및 삭제의 불가능으로 인해 개인정보보호법, 의료법, 신용정보의 이용 및 보호에 관한 법률에 정면으로 상치될 수도 있다. 따라서 블록체인 정보 인프라 환경에 관한 법률 및 제도 개선과 블록체인 활용 촉진을 위한 국가 차원의 정책적 전략 수립 로드맵이 하루 빨리 마련되어야 한다.

05 디지털 치료제 개발을 위한 소프트웨어 품질 속성에 대하여 분석하라.

품질 속성의 정의는 McCall, Boëhm, HP(FURPS), IBM(CUPRIMDSO), SEI(Software Engineering Institute)에서 정의한 모델이 존재하고 ISO/IEC 9126같은 국제 표준도 존재한다. SEI의 품질 속성은 시스템 품질 속성, 비즈니스 품질 속성, 아키텍처 품질 속성으로 분류된다. 비즈니스 품질 속성은 마케팅 관점에 가깝고, 아키텍처 품질 속성은 아키텍처 철학에 가까운 부분이며, 시스템 품질 속성은 나머지 품질 속성의 기반이 된다. 결국, 시스템이 달성해야 하는 비즈니스 품질 속성이나 아키텍처 품질 속성은 시스템 품질 속성이 뒷받침해 주어야 달성할 수 있다.

시스템 품질 속성은 비즈니스 품질 속성과 아키텍처 품질 속성을 모두 포함하여 최종적으로 표현되게 된다. 이러한 품질 속성은 소프트웨어 아키텍처 설계의 전반에 걸쳐 매우 강력하게 작용하기 때문에 중요성이 강조된다. 하지만 서로 다른 관점에서 해석 가능하고 각 속성끼리 다루는 범위가 중첩될 수 있으며 같은 속성에 속해있는 하나의 현상을 서로 다른 용어로 표현하는 등의 문제점이 존재하여 이를 명확하게 구체화하여 서로 이해할 수 있도록 하는 것이 매우 중요하다.

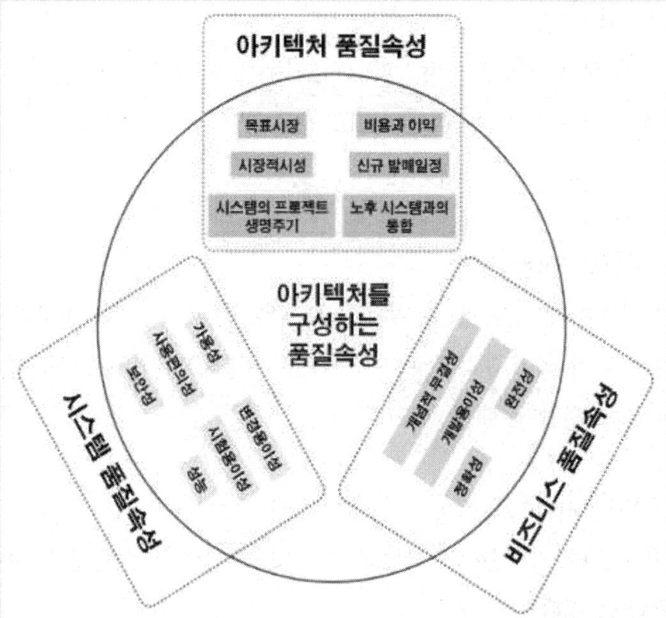

[그림 5-12] 아키텍처를 구성하는 품질 속성

1. 시스템 품질 속성

1) 가용성(Availability)

가용성은 시스템의 실패(System Failure)와 이로부터 영향을 받는 것들과 연관된다. 시스템이 더 이상 명시된 서비스를 제공하지 않는 경우 시스템 실패가 발생하고, 이러한 실패는 시스템의 사용자(사람 혹은 타 시스템)로부터 관측이 가능하다. 시스템의 가용성이란 시스템이 필요할 때 운용될 수 있을 확률로써 가용성이 99.9%이면 시스템이 필요할 때 동작하지 않을 확률이 0.1%이다.

2) 변경 용이성(Modifiability)

변경 가능성(용이성)은 변경에 대한 비용과 연관된다. 특정 변경 요구 사항이 시스템에 반영될 수 있도록 하는 소프트웨어의 능력을 의미한다. 변경 사항이 식별되면 새로운 설계, 구현, 테스트, 배포 되어야 하므로 많은 시간과 비용이 소모된다.

3) 성능(Performance)

성능은 주로 응답 시간과 관련되며, 컴포넌트 간에 얼마나 많은 상호 작용이 필요한지, 컴포넌트마다 어떤 기능이 할당되는지, 공유 자원이 어떻게 사용되는지, 어떤 알고리즘이 구현되는지 등의 요소와 관련이 있다.

4) 보안성(Security)

보안성은 올바른 사용자에게 서비스가 제공되는 동안 승인되지 않은 사용에 대응하는 시스템 능력의 정도이다. 보안을 파괴하려고 시도하는 것을 공격(Attack)이라 하며 여러 가지 형태의 공격이 있다.

5) 시험 용이성(Testability)

소프트웨어가 용이하게 시험될 수 있는 소프트웨어의 능력을 의미한다. 결함을 찾아내기 위하여 시험이 얼마나 효과적으로 수행되는지, 그리고 기대 수준만큼의 범위를 시험하기 위해 소요되는 시간에 대한 것이다.

6) 사용 편의성(Usability)

사용 편의성은 사용자가 원하는 작업을 수행하기 위해 시스템을 얼마나 쉽게 사용할 수 있는가에 관한 것이다.

2. 비즈니스 품질 속성

비즈니스 품질 속성은 주로 비용, 일정, 시장, 마케팅과 관련된다.

1) 시장 적시성(Time to Market)

시스템이나 제품이 시장에 진입하는 시간은 상용 기성품(COTS : Commercial Off-The-Shelf)이나 이전 프로젝트에서 개발 재사용 컴포넌트와 같이 이미 개발된 요소를 사용함으로써 줄일 수 있다. 시스템의 일부를 새롭게 추가하거나 배치하는 능력은 시스템의 분할에 의존한다.

2) 비용과 이익(Cost and Benefit)

서로 다른 아키텍처들은 각기 다른 개발 비용을 산출하게 된다. 유연한 아키텍처는 유연하지 못한 아키텍처에 비해 구축비용은 많이 들지만 유지 보수 및 수정 비용은 적게 든다.

3) 시스템의 프로젝트 생명 주기(Projected Lifetime of the System)

시스템의 오랜 사용 기간을 원한다면 변경 용이성, 규모 가변성, 이식성이 주요한 품질이 된다. 그러나 추가적인 하부 구조의 구축은 제품의 시장 진입 시점을 늦추게 할 것이다. 반면에 이로 인해 얻어지는 수정 및 확장이 가능한 제품은 사용 기간을 연장시켜 해당 시장에서 오랜 시간 생존하게 될 것이다.

4) 목표 시장(Targeted Market)

만약 목표 시장이 플랫폼이라면, 이식성과 기능성은 시장 점유를 위한 주요 요소이다. 관련 제품군으로 대규모 시장을 공략하기 위해서는 생산 라인(Product Line)방식도 고려해야 할 것이다.

5) 신규 발매 일정(Rollout Schedule)

현재는 제품이 기본적인 기능을 제공하고 차후에 많은 기능이 릴리즈될 예정이라면 아키텍처의 유연성과 특화성이 주요한 품질 속성이 될 것이다. 즉 출시 일정에 따라 제품의 특성이 달라질 수 있다.

6) 노후 시스템과의 통합(Integration with Legacy Systems)

새로운 시스템이 기존의 시스템과 통합되어야 한다면 적절한 통합 메커니즘이 정의되어야 한다. 특히 아키텍처의 중요한 제약 사항이 되므로 필히 분석하여야 한다.

3. 아키텍처 품질 속성

1) 개념적 무결성(Conceptual Integrity)

개념적 무결성은 흔히 일관성이라고도 하며 모든 레벨의 시스템 설계를 통합하는데 근간이 되는 개념이다. 아키텍처는 유사한 방법으로 유사한 일들을 수행해야 하고 일괄된 방식으로 적용될 수 있어야 한다.

2) 정확성과 완전성(Correctness and Completeness)

이 두 가지 품질 속성은 아키텍처가 시스템의 요구 사항과 런타임 자원에 대한 제약 사항 모두를 만족해야 한다는 가장 중요한 품질 속성이다.

3) 개발 용이성(Buildability)

구축 가능성은 개발 용이성을 말하는 것으로 개발할 능력이 있는 팀이 적절한 시기에 시스템을 완성하도록 하고, 개발이 진행되면서는 특정 변경이 가능하도록 하는 특성이다.

06 디지털 치료제 개발을 위한 품질 속성 시나리오에 대하여 분석하라.

품질 속성 시나리오란 특정 품질에 대한 요구 사항을 명시한 것으로써, 소프트웨어 아키텍처 설계 관점으로 명확히 이해하여 시스템의 품질 속성에 대한 요구 사항을 반영하기 위한 것이다. 이때 품질 속성 시나리오를 생성하기 위해 각 품질 속성에 한정하여 6개의 항목(자극 유발원, 자극, 대상체, 환경, 응답, 응답 측정)으로 정의된 테이블을 사용하여 작성한다. 이는 품질 속성의 의미적 중복성과 관점의 충돌, 그리고 같은 의미의 서로 다른 용어 등의 문제점을 해결하기 위하여 구체적인 품질 속성 시나리오의 명세를 통하여 해결한다.

1. 시나리오 작성의 목적

품질 속성 시나리오를 작성하는 목적은 품질 속성에 대하여 소프트웨어에 대한 요구 사항을 정의하기 위해서이다. 품질 속성에서 요구 사항은 정형화되거나 표준화되지 않기 때문에 시나리오를 작성하여 소프트웨어 결과물을 구체화시킨다.

2. 품질 속성 시나리오의 항목

1) 자극 유발원(Source of Stimulus)

자극을 만들어내는 존재로서 사람, 컴퓨터 시스템, 기타 장치 등이 있다.

2) 자극(Stimulus)

시스템의 반응의 원인이 되는 조건으로 무언가가 시스템에 도달했을 때 고려해 볼 필요가 있는 것이다.

3) 대상체(Artifact)

자극에 의해 자극을 받는 대상으로 전체 시스템이 될 수도 있고 시스템의 일부가 될 수도 있다.

4) 환경(Environment)

자극은 특정 상황이나 특정한 환경에서 발생한다. 자극이 발생했을 때 시스템은 과부하 상태로 존재할 수도 있으며 정상 상태에 있을 수도 있다. 해당 자극이 발생할 때나 혹은 다른 조건이 만족되었을 때 시스템의 상태를 말한다.

5) 응답(Eesponse)

자극이 시스템에 도달한 이후에 취해지는 행위이다.

6) 응답 측정(Response Measure)

요구 사항의 검증이 가능한 형태로, 응답이 발생할 때 측정이 가능한 대응의 결과값을 말한다.

학습 5

07 디지털 치료제 개발을 위한 소프트웨어 아키텍처에 대하여 분석하라.

소프트웨어 아키텍처는 의료기기 개발에서의 필수적인 요소로 인식되고 있으며 이는 최종 개발 목표의 결과물이 가져야 하는 속성이 문제없이 시스템에 포함될 수 있도록 만드는 계획이자 설명서이다. 이는 소프트웨어 개발에 있어 아키텍처에 따라 서로 다른 결과물이 제작되기도 한다.

1. 소프트웨어 아키텍처의 정의

시스템에 요구되는 속성 중 어느 하나에 치우치지 않고 서로 간의 균형을 유지시키는 기본이며 다음과 같이 정의된다.

① 아키텍처는 소프트웨어 요소 간의 관계 정보를 가진다.
② 하나 이상의 아키텍처 요소와 한 가지 이상의 연관 관계로 구성될 수 있다.
③ 시스템의 공통성을 추상화시켜 다양한 행동과 개념, 패턴, 접근 방법, 결과 등을 나타낸다.
④ 외부에 드러나는 시스템 요소의 행위는 다른 시스템 요소와의 상호 작용 방법을 제시한다.

2. 소프트웨어 아키텍처의 특징

아키텍처(Architecture)를 수립하면서 아키텍트(Architect)는 그들이 만드는 설계 규칙을 통하여 훌륭한 시스템을 만들 수 있도록 지원하여야 한다. 일반적으로 훌륭한 시스템은 다음과 같은 특징을 가지고 있다.

① 고객이 요구하는 기능을 갖추고 있다.
② 주어진 일정에 맞추어 구축할 수 있다.
③ 목적에 맞게 수행을 한다.
④ 신뢰성이 있다.
⑤ 유용하며 안정적이다.
⑥ 보안상 안전하다.
⑦ 비용이 알맞다.
⑧ 합법적인 기준을 따른다.
⑨ 이전 시스템 및 경쟁자들보다 더 오래 지속된다.
⑩ SW 아키텍처가 일반적으로 가지는 특성을 만족한다. 모든 특징을 만족할 수는 없지만 아키텍트가 제작하는 시스템의 주요 관심사와 그것을 만족시키기 위한 조건을 결정할 책임을 가지고, 시스템과 이들 내외부의 상호 관계를 적절히 구성하고 정의하여 언제나 시스템의 결과물이 요구하는 속성을 가질 수 있도록 상호 작용하는 일련의 구조적인 집합을 제시하여야 한다.

3. 소프트웨어 아키텍처의 필요성

아키텍처는 1990년도에 들어서면서 갑자기 나타난 개념이 아니다. 아키텍팅이란 개념은 선사 시대부터 존재해 왔고, 소프트웨어 아키텍처라는 개념은 1960년도부터 그 기반이 존재한다. 하지만 90년도를 전후로 해서 대규모의 복잡한 시스템이 일반화되어 크게 확산되면서 아키텍처의 필요성이 대두되었다. 이러한 소프트웨어 아키텍처의 필요성은 아래와 같다.

① 여러 이해관계자 간의 의사소통 수단이다. 소프트웨어 아키텍처는 대부분 시스템 이해관계자가 상호 이해와 합의 도출, 의사소통을 하는데 기반이 되도록 시스템을 공통화해 추상화한 표현이다. 크고 복잡한 시스템을 효과적으로 관리할 수 있는 수준에서 고려사항을 표현하고 조율하며 해결할 수 있는 공용어이다.
② 초기 설계 의사 결정 방향에 대한 선언이다. 시스템의 소프트웨어 아키텍처는 상충하는 고려사항들의 우선순위를 분석할 수 있는 최초의 산출물로서, 시스템 품질에 가장 큰 영향을 준다. 예를 들어 성능과 보안, 유지 보수 용이성과 신뢰성, 현재 개

발 노력에 드는 비용과 향후 개발에 들 비용과 같은 품질 간의 절충은 모두 아키텍처에 따라 정해진다.

③ 재사용할 수 있으며 타 시스템에도 적용 가능한 시스템에 대한 추상화된 표현이다. 소프트웨어 아키텍처는 시스템이 어떻게 구성되고 해당 구성 요소들이 어떻게 상호 작용하는지를 보여 주는 이해 가능한 규모의 모델로 구성된다. 이 모델은 시스템 간에도 적용할 수 있다. 특히 요구 사항이 유사한 시스템에 적용할 수 있으며 이를 통해 대규모의 재사용과 소프트웨어 프로덕트 라인을 촉진할 수 있다.

학습활동.5 교수 · 학습 방법

교수 방법

- 디지털 치료제의 블록체인 기술활용에 대한 관련 용어, 구성, 방식 이해 정도를 파악한 후 수업을 진행한다.
- 교수자의 주도로 디지털 치료제의 블록체인 기술활용 등의 내용을 PPT 자료로 제시한 후 설명한다.
- 가능하면 사전에 개인별 학습 자료를 준비하여 모든 학생이 참여할 수 있는 문제 해결식 수업, 협력 수업이 가능하도록 한다.
- 디지털 치료제의 블록체인 기술활용 전 과정을 작업의 순서에 따라 단계적으로 실습이 이루어질 수 있도록 지도한다.
- 교재를 통해 수업을 준비하는 데 있어서 필요한 모든 정보나 팁, 힌트 등 도움이 될 만한 내용을 확인할 수 있다.
- 학생들이 만들게 될 각 모델은 수업시간에 중점적으로 다뤄질 부분과 어휘, 질문, 답을 포함하고 있으며 또한 탐구할만한 추가적인 아이디어들도 포함하고 있다.

학습 방법

- 디지털 치료제의 블록체인 기술활용에 대한 관련 용어를 숙지하고, 디지털 치료제의 블록체인 기술활용에 대해 이해한다.
- 디지털 치료제의 블록체인 기술활용의 각 단계별 중점 사항을 체계적으로 학습한다.
- 디지털 치료제의 블록체인 기술활용의 수행순서의 전 과정을 실습한다.
- 디지털 치료제의 블록체인 기술활용의 내용을 이해한다.
- 디지털 치료제의 블록체인 기술활용을 이해하고 숙달이 될 때까지 학습한다.

학습활동.5 평가 및 피드백

평가 준거

- 평가자는 피평가자가 수행 준거 및 평가 내용에 제시되어 있는 내용을 성공적으로 수행할 수 있는지를 평가해야 한다.

학습내용	평가항목	성취수준		
		상	중	하
디지털 치료제의 블록체인 기술활용	디지털 치료제의 블록체인 기술활용을 이해할 수 있다.			

평가 방법

• 작업 포트폴리오

학습내용	평가항목	성취수준		
		상	중	하
디지털 치료제의 블록체인 기술활용	디지털 치료제의 블록체인 기술활용을 이해할 수 있다.			

• 필기시험

학습내용	평가항목	성취수준		
		상	중	하
디지털 치료제의 블록체인 기술활용	디지털 치료제의 블록체인 기술활용을 이해할 수 있다.			

• 체크리스트를 통한 관찰

학습내용	평가항목	성취수준		
		상	중	하
디지털 치료제의 블록체인 기술활용	디지털 치료제의 블록체인 기술활용을 이해할 수 있다.			

• 피드백

1. 작업 포트폴리오
   - 제출한 보고서를 평가한 후 주요 사항에 대하여 표시하여 돌려준다.
2. 필기시험
   - 평가 결과 성적이 저조한 학생은 보고서 제출 기회를 부여한다.
3. 체크리스트를 통한 관찰
   - 실습 과정에서 평가한 후 개선해야 할 사항 등을 정리하여 돌려둔다.

참 | 고 | 문 | 헌

1. 남상엽 외, 인공지능기술, 상학당. 2016.3.10.
2. 박종일, 스마트헬스케어와 의료AI, 2018년 주오기업전략기술로드맵 issue report, 2019.1.
3. 이준기 기자, R&D 데이터 통합 수집 · 공유… 신약개발 3년으로 대폭 단축, 디지털타임스, 2020.12.15.
4. 김태형, 데이터가 생명을 살린다, 한국바이오 협회, 2020.9.1.
5. 개인정보보호위원회, 가명정보 처리 가이드라인, 2020.9.
6. 관계부처합동, 신산업 네거티브 규제 발굴 가이드라인, 2018.2.
7. 이진면 외, 중국의 빅데이터산업 육성과 정부의 역할, KIET, 2018.4.
8. NCBI Data and User Services, https://www.nlm.nih.gov/about/2019CJ.html)
9. Genomics in healthcare: GA4GH looks to 2022, https://www.biorxiv.org/content/10.1101/203554v1
10. 바이오스펙테이터, 英 국민 유전체검사 시행의 의미, http://www.biospectator.com/view/news_view.php?varAtcId=5872
11. 바이오스펙테이터, "100만명 바이오 빅데이터 구축 · 연 4조 R&D 투자", http://www.biospectator.com/view/news_view.php?varAtcId=7684
12. DNA.Land is a framework to collect genomes and phenomes in the era of abundant genetic information, Nature Genetics 50, 160-165, https://www.nature.com/articles/s41588-017-0021-8, 2018.
13. [메디게이터] GSK와 23앤드미의 신약개발을 위한 개인 유전체 데이터 빅딜, https://www.medigatenews.com/news/1059961358
14. [메디게이터] 유전체 빅데이터 마이닝 기술 기반의 신약 개발, http://www.medigatenews.com/news/2320049700
15. Deep learning in biomedicine, Nat Biotechnol. 2018 Oct;36(9):829-838, https://www.nature.com/articles/nbt.4233
16. Combining genomics and epidemiology to track mumps virus transmission in the United States, PLOS Biology, 2020, https://doi.org/10.1371/journal.pbio.3000611
17. Public health surveillance and data collection: general principles and impact on hemophilia care, Hematology, https://doi.org/10.1179/102453312X13336169156537, 2012.
18. Mayo Clinic to sequence 100K participants to build genomic database for improved care and research in collaboration with Helix, https://newsnetwork.mayoclinic.org/discussion/mayo-clinicto-sequence-100k-participants-to-build-genomic-database-for-improved-care-and-research-incollaboration-with-helix/
19. Through partnership with Color, 10K NorthShore patients will get whole genome sequencing, https://medcitynews.com/2019/01/color-northshore/

20. Data-sharing brings hope to rare disease patients around the globe, https://www.ga4gh.org/news/data-sharing-brings-hope-to-rare-disease-patients-around-the-globe/
21. 문유정 · 강지민, 데이터 3법개정과 의료빅데이터 활용방안, 경기도경제과학진흥원, 2002.3.16.
22. 박세환, 보건의료 빅데이터 활용 의료산업 동향, HIRA 빅데이터 브리프
23. 박재은, 헬스케어 분야에서의 빅데이터 활용 동향, KDB산업은행, 2019.10.28.
24. 빅데이터 및 인공지능(AI) 기술이 적용된 의료기기의 허가 · 심사 가이드라인(민원인 안내서), 식품의약품안전처, 2017.
25. 유헬스케어 진단지원시스템 임상시험계획서 작성 가이드라인(민원인 안내서), 식품의약품안전처, 2015.
26. 의약품 임상시험 통계 가이드라인(민원인 안내서), 식품의약품안전처, 2016.
27. 체외진단용 의료기기의 임상적 성능 허가심사 가이드라인(민원인 안내서), 식품의약품안전처, 2015.
28. 한 손에 잡히는 임상연구 : 설계와 실행의 모든 것, 임상시험리뷰 연구회 옮김, 2015.
29. Statistical Guidance on Reporting Results from Studies Evaluating Diagnostic Tests, FDA, 2007.
30. Use of Real-World Evidence to Support Regulatory Decision-Making for Medical Devices, FDA, 2017.
31. 김진한, 신약개발 프로세스 혁신을 위한 AI 활용, 한국제약바이오협회정책보고서, 2017.
32. 배영우, 인공지능을 이용한 신약개발 동향 및 활용사례, 생명공학정책연구센터, BioINpro, 2017.
33. 배수인, 4차 산업혁명 시대, 제약산업에서의 빅데이터 활용, 한국제약바이오협회정책보고서, 2017.
34. 배영우, 4차 산업혁명 시대, 인공지능을 활용한 신약개발, 한국제약바이오협회정책보고서, 2017.
35. 이관용 외, 의료 인공지능 현황 및 과제, 한국보건산업진흥원, 보건산업브리프, 2016.
36. Evaluate, World Preview 2016, Outlook to 2022, 2016.
37. 박순영, 인공지능을 활용한 신약개발 연구동향, 융합연구정책선터, 2018.1.
38. 전종홍 외 7, 감염병 재난에 대응하기 위한 의료인공지능의 기술 표준동향, ETRI Insight 2020.1.
39. 박민주, 심사평가원, 블록체인 활용 보건의료분야 디지털 전환 기초마련, 헬스코리아뉴스(http://www.hkn24.com) 2020.12.28.
40. Global Blockchain Technology Market in the Healthcare Industry, 2018-2022.
41. 임지윤, 보건의료 블록체인 기술활용 방안, 바이오협회, 2020.3.
42. 이은지, 블록체인 기술의 국외 보건의료분야 적용사례 및 시사점, HIRA,, 3030sus 14권 2호
43. 최한준, 헬스케어 산업에서의 블록체인 기술의 활용, 보건산업브리프, 2017.5.12.
44. 유성진 · 박기성 · 김종현 · 박영호, 양자 컴퓨팅에 안전한 NTRU 기반 상용 기술 동향에 관한 연구, 한국통신학회, 2017.
45. 공개키 암호알고리즘 개발에 관한 연구. 정보통신부 한국정보보호센터, 1992.12.
46. 블록체인이 일으키는 금융, 유통, 의료, 에너지 업계의 변화. IDG DeepDive, 2017.
47. 디지털 세계의 신뢰를 확보하는 블록체인의 의미와 과제, 그리고 미래. IDG Tech Report, 2017.
48. 한현옥, 블록체인 기술의 의료분야 활용현황 및 정책제언, KHIDI, 2018.
49. 손정만외 "05 의료기기 소프트웨어 설계제작", 의료기기연구개발 NCS 학습모듈(www.ncs.go.kr)

학습 1	디지털 치료제의 개요
학습 2	디지털 치료제의 종류와 분류
학습 3	디지털 치료제의 빅데이터 기술활용
학습 4	디지털 치료제의 인공지능 기술활용
학습 5	디지털 치료제의 블록체인 기술활용
학습 6	**디지털 치료제의 사물인터넷 기술활용**
학습 7	디지털 치료제의 디지털 트윈 기술활용
학습 8	디지털 치료제의 XR 기술활용
학습 9	디지털 치료제의 디지털 콘텐츠 기술활용
학습 10	디지털 치료제의 개발 · 허가 · 심사
학습 11	디지털 치료제의 응용
학습 12	디지털 치료제의 시장동향
학습 13	디지털 치료제의 미래

학습 목표	1. 디지털 치료제의 사물인터넷 기술활용을 이해할 수 있다.

6-1 사물인터넷 기술의 개요

1. 의료 사물인터넷 개념

의료 사물인터넷(IoMT : Internet of Medical Things) 개념은 개인의 건강과 의료에 관한 정보, 기기, 시스템, 플랫폼을 다루는 분야로서 각종 의료 관련 사물에 센서와 통신 기능을 내장하여 인터넷에 항상 연결된(Connected) 환경에서 개인맞춤형 건강관리 서비스 기술로서 여기에서 사물은 웨어러블 디바이스를 비롯한 가전제품, 모바일 장치 등 다양한 사물을 지칭한다. 의료기기 데이터 및 연결성을 지원하는 시스템 및 소프트웨어의 발전과 함께 연결된 의료기기 수가 증가하면서 IoMT가 탄생했다.

웨어러블 및 연결된 이식형 의료기기, 원격 건강 모니터링 기기를 통해 중요한 데이터를 환자의 집에서 병원이나 임상의에게 직접 전송할 수 있다. 또한 이러한 장치의 활용으로 상당한 비용 절감 및 운영 효율성을 위한 잠재적 문제를 감시하고 사전 예방적 처리도 가능하다.

보건의료 IoMT의 주요 목표는 항상 연결된(Connected) 환경에서 개인 맞춤형 건강관리 서비스를 제공하는 것이다. 개인이 소유한 모바일 및 웨어러블 기기나 클라우드 병원정보시스템 등에서 확보된 데이터를 기반으로 개인중심의 건강관리 생태계를 구축한다. 개인의 생활습관, 신체검진, 의료이용정보, 질병 이력, 유전체 정보 등 다양한 유형의 데이터를 포괄한다.

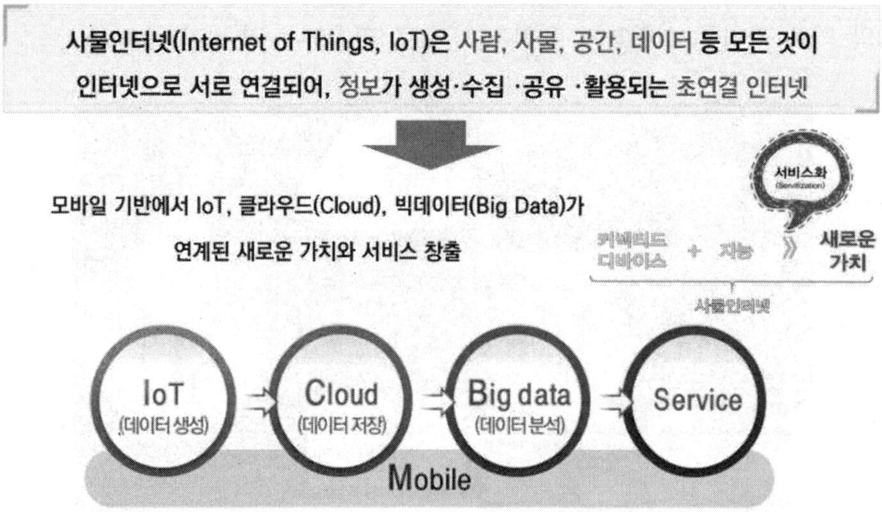

[그림 6-1] 사물인터넷의 개념도(1)

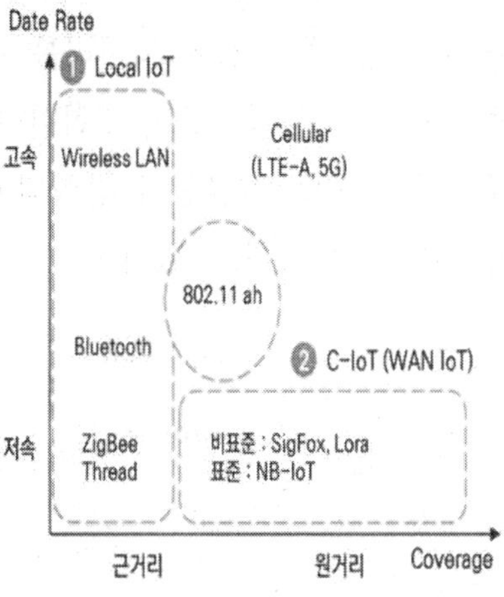

	C-IoT (WAN IoT)			Local IoT		
	SigFox	LoRa	NB-IoT	Wi-Fi (802.11ah)	Wi-Fi (802.11ac)	BT
전송속도	< 1kbps	< 5kbps	30kbps (Rel.13)	~ 7.8Mbps	> 1Gbps (Multi-stream)	~ 2Mbps
커버리지	> 10km	> 10km	> 10km	~ 1km	~ 100m (Open Space)	~ 수십
채널대역폭 (BW)	200kHz	~ 500kHz	200kHz	1/2MHz	20MHz	2MHz
주파수대역	비면허대역 (900MHz 대역)	비면허대역 (900MHz 대역)	면허대역 (LTE)	비면허대역 (900MHz 대역)	비면허대역 (5GHz대역)	비면허대역 (2.4GHz 대역)

[그림 6-2] 사물인터넷의 개념도(2)

사물인터넷 연결 주파수별 기술 비교는 [그림 6-2]처럼 서비스 속성 (B2B/B2C), 적용 시나리오 (Outdoor/Indoor), 주파수 대역(면허/비면허), 기술 특성(전송 속도, 커버리지, 전력 소모 등)으로 구분한다.

보건의료 IoT의 핵심은 환자의 증상 및 치료 관리 현황을 꾸준히 모니터링해 공백이 발생하지 않도록 하는 것이다. 환자 스스로가 본인의 의료 상황을 관리하고 의료진이 더 쉽고 편리하게 환자의 치료 및 재활상황을 파악할 수 있는 기틀을 마련한다.

의료 데이터를 통합 및 분석하는 수준을 넘어, 환자의 삶의 질을 높이고 환자중심의 의료 가치를 실현하기 위한 수단으로 활용되는 추세이다.

[그림 6-3] IoMT의 개념도

IoMT 기기에는 연결된 통신 기능을 처리할 수 있는 헬스케어 전용 웨어러블 외에도 스마트 폰, 태블릿, 가전제품, 차량, 모터, 센서 등 다양한 장치들이 포함한다.

5G 기술의 발전에 따른 무선 네트워크 인프라의 향상으로 연결성이 강화되고 하드웨어 비용 하락에 따른 IoT기능 의료기기의 채택이 증가하고 있다.

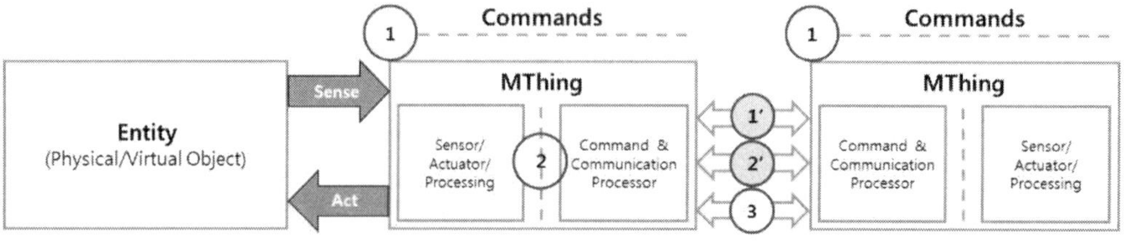

[그림 6-4] IoMT 인터페이스

최근에는 스마트홈 및 커넥티드 차량 등 IoT 애플리케이션에 대한 소비자 인지도 상승으로 인해 IoT의 한 분야인 IoMT에 대한 선호도가 증가하고 있다.

인구 고령화, 건강관리 비용 증가, 숙련된 의료인력 부족 등의 문제 해결을 위한 디지털 헬스케어 솔루션 보급 정책의 영향으로 IoMT 솔루션 배포 수요가 확대될 것으로 기대한다.

2. IoMT의 특징

IoMT의 특징은 다양한 의료 IT 시스템과 통신할 수 있는 의료기기 및 소프트웨어 응용 프로그램의 연결된 인프라를 나타내기 위해 의료 사물인터넷(Internet of Medical Things, IoMT) 개념으로 특화하였다.

의료사물인터넷(IoMT)은 네트워킹 기술을 사용하여 의료 정보 기술 시스템에 연결할 수 있도록 지원하는 의료기기 및 응용 프로그램의 융합으로 정의한다.

IoMT 시스템은 환자, 의료 제공자, 환자 가족, 보험사 등을 긴밀히 연결하여 더 신속하고 편리한 환경에서 더 나은 건강관리를 지원한다.

특히 연결된 의료기기와 지능형 데이터 분석을 통합하여 운영 효율성을 높이고 원격 모니터링, 실시간 환자 참여, 약물 관리, 입원 환자 모니터링, 의료기관의 워크플로우 관리 등을 지원한다. 이를 위해 보건의료 목적의 기기들이 활용되며, 이 같은 IoMT 장치들은 수집된 데이터를 저장하고 분석할 수 있는 클라우드 플랫폼에 연결한다.

시장조사업체 프로스트 앤 설리번(Frost & Sullivan)은 기존 IoT 기술 외에 임상용 웨어러블의 확산이 IoMT 솔루션 성장을 가속화시키고 있다고 분석한다.

현재 커넥티드 헬스케어용 웨어러블 의료기기는 주로 환자의 생체신호 측정, 모니터링과 피드백, 질환관리, 재활, 피트니스 분야 등에 응용한다.

IoMT는 기술적인 발전뿐만 아니라 보건의료 전달 비즈니스 모델의 변화로도 연결된다. IoT 지원 장치의 발전과 함께 의료 분야는 전반적인 운영비용 절감, 서비스에 대한 접근성 개선, 의료서비스의 질적 향상을 기대한다.

IoMT 솔루션은 환자의 건강 상태를 일상적인 방식으로 꾸준히 파악함으로써 의사의 진료 시간을 최소화하면서도 환자의 건강을 더 긴밀하게 관리할 수 있다.

특히 클라우드 컴퓨팅 및 빅데이터와 결합된 IoMT는 의료 분야에서 의료 데이터 분석을 통한 예방 솔루션 제공 등의 새로운 서비스를 발굴할 수 있다.

미국의 환자용 원격 인텔리전스 플랫폼인 센트리안(Sentrian)은 빅데이터 분석

기술을 활용해 환자 데이터를 모니터링하여, 입원이 필요한 시점 5일 전에 이를 예측하여 통보하는 서비스를 제공한다.

클라우드 분야에서는 IoT를 통해 확보한 영상과 장기의 모델링 화면을 수집하고, 이를 활용하여 실제 수술 성공 가능성을 높이는 사례도 등장하였다

3. IoMT 도입에 따른 수혜자 및 수혜 분야

IoMT 도입에 따른 수혜자 및 수혜 분야는 보건의료 소비자 부문과 보건의료 서비스 부문, 보건의료 산업 부문으로 구분한다.

1) 보건의료 소비자

보건의료 소비자 부문은 개인이 의료 및 건강관리 기능이 있는 웨어러블 기기 등을 구입해 직접 자신의 건강 생활을 관리하기 위해 도입한다.

〈표 6-1〉 IoMT 서비스의 활용 방안

서비스	현재 서비스의 문제점	해결 방안 및 주요 내용
일반 건강 관리	• 지속적인 동기 부여 미미 • 측정된 운동량의 단순 수치화 및 단조로운 서비스(운동량/수면패턴)	• 확실한 보상 지급을 통한 지속적인 동기 부여 (포인트 지급/보험사와의 연계 등) • 단일 디바이스를 통한 건강정보 통합 센싱 및 개인 맞춤형 콘텐츠 제공
만성질환 관리	• 고정된 기기를 통한 단발성 건강 수치 측정 • 체계적 데이터 관리 부재 • 질환자 개별에 대한 피드백 부재	• 웨어러블 디바이스를 이용한 상시 모니터링 • 개인 맞춤형 운동/식이/복약 정보 제공 • 체계적 목표 제공 및 달성도 확인
특수 직업군 건강 관리	• 직업에 따른 만성질환 경험 • 단순 진료를 통한 건강관리 • 특화된 기술, 시스템의 부재	• 생체정보를 통한 체계적인 건강관리 • 직업 특화 콘텐츠/시스템 제공
청소년 비만 관리 및 체력 증진	• 기반 시스템 부족에 따른 지속적인 관리가 어려움 • 개인 맞춤형 관리가 어려움	• 웨어러블 디바이스를 활용한 체계적인 서비스 제공 및 관리 시스템 구축 • PAPS 데이터 활용으로 맞춤형 서비스제공
응급 상황 알림	• 응급상황 초기 대처가 어려움 • 평상 시 체계적인 관리 부족 • 한정된 상황에 대한 알림 제공	• 119 연계를 통한 초기 대응 • 시공간을 초월한 통합 정보 수집을 통한 안전 관리 제공 • 보호자 긴급 알림 서비스 제공
글로벌 협진	• 화상 회의 중심 • 환자의 단발성 정보에만 의존	• 해외 거주 환자에 대한 상시 모니터링가능 • 선진 의료기술 공유를 통한 의료 효과증대

2) 보건의료 서비스

보건의료 서비스 부문은 병원, 제약회사 등 의료 기관에서 환자의 건강 치료 및 관리를 위해 IoMT 기술을 도입하는 것이다. 서비스 혁신을 통해 의료비 절감과 의료서비스 품질 제고를 도모하고, 궁극적으로 의료서비스의 새로운 시장을 창출하는 것이 목표이다.

3) 보건의료 산업

보건의료 산업부문은 의료 기관이 기관 내 업무 효율성과 생산성 증대를 위해 도입하는 것으로서 주로 비용 절감을 추구한다.

4. IoMT 시스템 구조

IoMT시스템 구조는 IoMT 기반의 기술 솔루션 및 서비스는 모든 의료 장비를 통합하여 상호 연결되며, 다양한 응용 분야에 적용할 수 있는 시스템을 구성한다.

IoMT의 시스템 구조는 다음과 같은 3단계의 계층(Layers)로 구성한다.

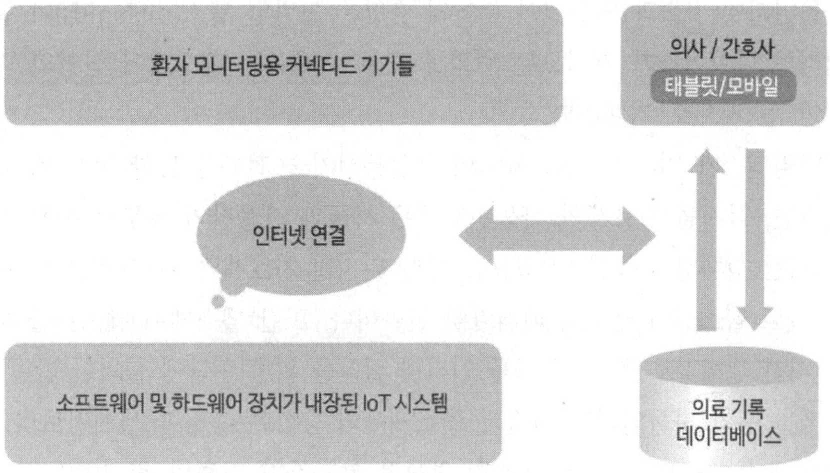

[그림 6-5] IoMT의 시스템 구조 개념도

① 첫번째 계층은 환자의 데이터를 모니터링하기 위해 이용하는 커넥티드 기기들과 의료진이 사용하는 기기들로 구성한다.

② 두번째 계층은 환자의 의료 데이터를 처리 및 전송하기 위한 웹 연결성 및 M2M 통신 기술로 구성한다.

③ 세번째 계층은 소프트웨어 및 하드웨어 장치가 내장된 IoT 계층으로서, 환자의 데이터를 저장하고 처리하는 시스템으로 구성한다.

6-2 디지털 치료제의 사물인터넷 기술의 활용

1. 디지털 치료제와 IoT 융합의 개요

1) 사물인터넷 기술의 활용

신기술인 의료와 IoT 융합을 통해 새로운 시장과 사업 영역을 지속적으로 창출해 온 헬스케어 산업도 사물인터넷과 융합을 통해 한 단계 더 성장할 수 있는 계기를 마련할 것으로 기대된다.

사물인터넷 기술은 고령층 홈케어나 만성질환 치료 및 관리 등 의료서비스 부문에 접목되어 의료비 절감 및 서비스 품질 향상에 기여할 것으로 예상된다. 또한 건강에 대한 관심 증대를 배경으로 일반 소비자 대상으로 사물인터넷 기반 건강증진 제품 및 서비스를 개발, 보급함으로써 기존에 존재하지 않았던 새로운 시장과 부가가치를 창출할 것으로 기대된다.

사물인터넷 기술과 헬스케어 분야의 융합은 모바일 헬스(mHealth)와 헬스케어 웨어러블 디바이스가 가져오는 변화를 모두 포괄하는 헬스케어 산업의 패러다임 혁신이 될 것으로 기대된다.

모바일헬스가 인간과 인간 사이의 무선통신기술 접목을 통한 헬스 케어 분야의 변화라면, 디지털 치료제와 사물인터넷은 사물과 사물간의 유무선 통신기술 접목과 실시간 생체정보 측정 및 활용을 통한 디지털 치료제와 IoT융합을 활용한 디지털 스마트 헬스케어 산업의 패러다임 전환이다. 또한 헬스케어 웨어러블 디바이스는 실시간 생체정보 측정 등 사물 인터넷 실현을 위한 수단에 불과한 반면, 디지털 치료제를 통한 사물인터넷 기술과 헬스케어의 융합은 측정한 생체정보의 분석 및 활용을 모두 포괄함으로써 새로운 경제적 부가가치 창출의 원천이다.

이제 디지털 치료제와 사물인터넷 기술은 헬스케어와 ICT 기술의 만남을 통해 실현될 것으로 기대되었던 4P(Personalized(맞춤), Preventive(예방), Predictive(예측), Participatory(참여)를 실현할 ICT 기술로 주목받고 있다.

디지털 치료제와 IoT 융합 활용한 헬스케어 산업은 사물인터넷이 가장 활발하게 적용되고 있는 분야로, 특히 일반 소비자 대상 'Mass Market'의 급성장이 이뤄질 것으로 기대된다.

디지털 헬스케어 산업은 급속한 고령화와 소득수준 증가로 인한 건강에 대한 관심 증가로 인해 소비자들의 관심과 시장 수요가 크게 급증하고 있어, 일반 소비자 대상으로 사물인터넷을 적용한 건강증진 제품 및 서비스의 개발 및 시장 출시가 활발하게 이뤄지고 판매량도 급증하였다.

대표적인 예로 피트니스 트래커의 미국 내 판매량을 살펴보면, 지난 3년간 판매량이 500% 증가하였다. 디지털 치료제와 사물인터넷 융합 기술은 의료비 절감과 의료 품질 제고를 동시에 실현할 수 있어 의료서비스 부분에서의 적극적인 적용이 시도되고 있다. 가정 내 상시적 모니터링 구축을 통한 생체정보의 수집 및 활용은 예방적 건강관리 및 맞춤형 질병치료를 가능케 하여 의료비 절감과 함께 의료의 질 제고도 동시에 가능하다.

2) 디지털 치료제와 IoT의 융합

디지털 치료제와 사물인터넷 기술 융합을 활용하는 기술은 IoT 센서에 의하여 약물의 방출을 스마트 폰 등의 디지털 기기로 제어하는 디지털 치료제를 개발하는 것이다. 디지털 치료제의 핵심 기술 중 하나는 생체투여형 IoT 원천 소재의 확보이다. IoT 소재로서 피부에 부착시키는 센서 소재의 연구가 주로 수행되어 왔으나, 향후 세계시장을 선도할 IoT 소재로서는 피부 부착형 wearable 센서 소재 외에도 경구용 센서, 주사용 센서, 이식용 센서 소재 등이 다각적으로 개발될 것으로 전망된다.

Ingestible, Implantable, 및 Injectable 센서는 아직 국제적으로도 연구 초기 단계의 수준에 머무르고 있으며, 생체 내 면역 반응에 의한 센싱 능력의 저하 및 생체 내 내구성이 확보되지 못하였다.

디지털 치료제와 IoT 융합 활용을 위한 각 유형별 생체용 센서 및 신호를 외부로 전달하는 기술은 개발되고 있으나, 센서의 정보를 활용하여 약물의 방출 및 약효 발현을 정밀하게 제어하는 연구는 진행하고 있고 디지털 치료제로써 상업화한 계속 추진되고 있다.

다양한 의약품 투여 경로에 IoT 기술을 접목시킬 수 있는 센서 소재 도출하고 효능 실증이 완료된 디지털 치료제를 개발을 추진되고 있고, 이에 따라 생체 내에서 생체신호의 수집을 통해 정확한 투약 타이밍과 최적 투여량을 실현할 수 있는 신개념 IoT 융합 활용되는 디지털 치료제 시스템에 대한 개발 요구가 증가하고 있다.

2. 디지털 IoT 기술이 적용된 의료서비스 사례

1) 원격 환자 모니터링 시스템 구축

현재는 IoT기술과 의료의 융합 서비스는 애플 '헬스킷(HealthKit)', 구글 '구글 핏(Google Fit)', 삼성 '사미(SAMI)' 등의 개방형 헬스케어 플랫폼은 다양한 웨어러블 디바이스와 스마트폰 건강 앱 등을 통해 수집한 생체정보가 한곳에 모여 처리되는 통합관리 플랫폼이다. 추후 디지털 치료제와 IoT 융합을 통하여 차츰 치료제로써 원격지원되는 상황으로 전개를 위하여 개발을 진행하고 있다.

구글의 구글핏이 의료기관과 연계되지 않은 개인의 평소 건강관리만 초점을 맞추고 있는 데에 반해, 애플의 헬스킷은 다양한 헬스케어 웨어러블 디바이스를 통해 수집한 개인별 생체정보를 기존 의료정보가 기록된 전자의료기록(EHR)과 연계 및 통합을 통해 의료 부분에 활용하려고 추진 중이다.

애플은 이미 미국의 가장 혁신적인 병원으로 손꼽히는 메이요 클리닉과 미국 최대 EHR 업체중 하나인 Epic Systems과의 제휴를 통해 아이폰으로 수집한 생체정보를 병원으로 바로 전송하여 의료서비스를 활용하고 있다.

또한 향후 의료기관과 협력관계를 확대하여 일상생활 생체정보 관리 및 연계 부문을 담당함으로써 '디지털 치료제를 위한 원격 환자 모니터링 시스템' 구축 및 맞춤의료 실현에 기여할 것으로 예상된다.

2) 고령층 홈케어 서비스

미국 스타트업 기업인 Lively는 작년 가정 내의 가구 등에 부착하여 노인의 활동 데이터를 수집하고 전송하는 '활동센서(Activity Sensor)'와 노인이 착용하는 '안전시계(Safety Watch)'로 구성된 가정 내 위치파악 시스템을 개발하였다.

24eight은 노인의 발 움직임을 감지하는 압력센서가 부착된 '스마트 슬리퍼'를 개발하였다. 국내에서는 정부가 독거노인에 대한 복지서비스의 일환으로서 '독거노인 U-care 서비스'를 실시해 오고 있다.

3) 만성질환 치료 및 관리

Sanofi의 'iBGStar', Dexcom의 '연속 혈당 모니터링(CGM) 시스템', Google의 의료용 '스마트 콘택트 렌즈' 등이 있다.

세계 3대 제약회사인 사노피가 개발한 IBGStar는 미국 최초로 FDA의 승인을 받은 의료기기 앱으로서, 기존 자가 혈당측정과 같이 채혈 후 스마트폰에 연결된 혈당측정계 악세사리에 혈액을 떨어뜨리면 앱을 통해 자동으로 혈당이 측정, 기록된다(침습, 불연속).

침습적이지만 연속적인 혈당 모니터링이 가능한 혁신적 제품으로 덱스콤사의 휴대용 CGM 시스템이 있으며, 이는 피부에 부착 가능한 패치(최대 7일 부착 가능)가 매 5분 간격으로 혈당을 측정하여 전송한다.

한편 구글은 침습적인 혈당측정계의 불편함을 해소하고자 눈물 성분을 분석하여 비침습적인 방법으로 연속적인 혈당변화를 추적할 수 있는 스마트 콘택트렌즈를 개발 중이고, 렌즈에는 혈당을 측정하는 아주 작은 포도당 센서와 전력공급 및 측정정보를 전송하는 침과 안테나가 장착돼 있다.

국내에서는 KT와 퀄컴, 질병관리본부, 경기도가 당뇨 및 혈압관리 시범 프로젝트인 큐케어 (Q-care)를 공동진행한 바 있다.

심장질환을 가진 만성질환자를 위한 사물인터넷 기술이 적용된 사례로 Corventis의 'PiiX', AliveCor의 심전도 측정기 등이 있다.

프로테우스 디지털 헬스의 스마트 알약 'Helius'는 모래알 크기의 실리콘 칩 형태의 센서로 약에 부착하여 복용하면 위 속에서 천천히 녹으며 전기가 발생시키고 이를 위장 근처에 부착한 패치가 감지하여 복약 여부와 복용 시간의 정보를 수집하는 방식이다.

바이탤리티의 'Glowcap'은 복약 여부를 파악하여 약 먹는 시간을 알려주는 지능형 무선 약뚜껑(Smart Pill Caps)으로, 정기적으로 약을 복용해야 하는 환자가 정확한 시간에 약을 복용하지 않은 경우(약 뚜껑이 열리지 않음)를 감지하여 불빛과 소리, SMS로 알림 서비스를 제공한다.

3. 디지털 치료제의 IoT활용 기대효과

1) 기술적인 측면

IoT 센서 융합형 디지털 치료제 기술 중 생체적합성 IoT 센서소재는 다양한 의료기기 시장에 핵심 부품 소재로서 활용할 수 있다.

생체내 경구/주사형태로 투여가 가능한 IoT 센서 소재는 원천 소재로서 다양한 약물군의 디지털 치료제의 제품화에 주요 부품으로 활용이 가능하다.

스마트 폰과 연계한 환자의 생체내 신호 수신 및 약물방출 제어 기술은 디지털 치료제 및 디지털 치료제의 진단제 시장에 주요한 플랫폼 기술로 활용할 수 있다.

2) 사회적인 측면

디지털 치료제와 IoT의 융합 제품은 사회 경제적으로 파급효과가 크므로 4차 산업시대에 미래형 혁신성장동력 기술이 될 것으로 기대된다.

디지털 치료제는 기존 약물 치료에 대해 보다 정밀한 치료효과를 기대할 수 있어 '정밀의료, 맞춤형 의료' 중심의 저비용 고효율서비스로 보건의료 패더라임을 변화시킬 것으로 기대된다.

디지털 치료제는 4차 산업혁명의 결과로 수명 연장 및 환자 케어시스템 강화의 장점으로 헬스케어와 ICT 기술과의 융합이 활발해질 것으로 기대된다.

3) 경제적인 측면

디지털 치료제와 IoT 융합 기술을 활용한 스마트 폰 등의 디지털 기기를 이용한 약물 방출 기술은 고부가가치 기술의 확보가 가능하다.

현재 치료제 개념의 디지털 치료제 시장은 아직 없는 상황으로 디지털 치료 및 IoT 융합 제품이 시장에 출시될 경우, 의약품 시장의 초기 점유율을 약 1%로 예측할 경우 현재 지속적으로 성장하는 세계 의약품 시장에서 약 2조 이상의 수출 효과를 기대할 수 있다.

수행 내용

재료 · 자료

- 디지털 치료제 관련 자료

기기(장비 · 공구)

- 컴퓨터, 문서작성 프로그램, 프린터, 주변기기

안전 · 유의사항

- 디지털 치료제 관련 장비의 안전 및 유의사항을 숙지한다.

수행 순서

학습 6

01 사물인터넷의 주요 요소기술 구성에 대하여 분석하라.

사물인터넷을 구성하는 주요 요소기술로는 센싱기술, 유무선 통신 및 네트워크 인프라 기술, 서비스 인터페이스 기술, 보안기술 등이 있다.

1. 센싱기술

센싱기술은 물리적, 화학적 정보 측정을 위해 온도, 습도, 가스, 조도, 위치, 영상 등의 정보를 획득할 수 있는 다양한 소자가 이용된다.

센싱기술은 최근 센서는 단순 측정에서 데이터 처리, 자동 보정, 자가 진단, 의사결정 등의 기능을 수행하는 스마트 센서로 발전 중이다. 스마트 센서의 핵심 기술로는 MEMS(Micro Electro Mechanic System) 기술, SoC(System-on-Chip) 기술, 임베디드 소프트웨어 기술이 있다.

스마트 센서는 MEMS 및 반도체 공정을 이용하여 제작하므로 개발비는 높지만 양산 단가가 낮고 초소형화, 저전력화가 가능하다. 스마트 센서는 모바일 및 웨어러블 기기, 자동차, 헬스케어 등에서 이용이 확대되면서 매년 연평균 10% 이상의 성장이 예상된다.

2. 유무선 통신 및 네트워크 인프라 기술

유무선 통신 및 네트워크 인프라 기술은 획득한 정보를 전달하기 위해 근거리에서는 Bluetooth, Wi-Fi, RFID, 적외선 등이 이용되며, 원거리에서는 Ethernet, WCDMA, LTE 등이 사용되고 있다.

통신 기술은 사물인터넷에서 사물은 배터리를 이용하는 경우가 많기 때문에 전력소모가 적은 근거리 통신 프로토콜을 통해 인터넷 연결이 가능한 장치와 접속하는 방식으로 네트워크를 구성하고 있다.

시장에서는 여러 프로토콜이 경쟁 중이며 저전력 블루투스(BLE, Bluetooth Low Energy), 지그비(ZigBee), Z-웨이브(Z-Wave), 인스테온(Insteon), 웨이트레스(Weightless) 등이 대표적이다.

1) 저전력 블루투스(BLE : Bluetooth Low Energ)

저전력 블루투스는 '블루투스 스마트'라고도 불리며 최신 스마트폰 및 운영체제들은 이를 지원하며 웨어러블 디바이스, 비콘 서비스 등에 이용되고 있다. 전통적 블루투스 통신기술 보다 전력소모량이 1/2에서 1/10까지 줄었으며, 128-bit AES를 사용하여 보안이 강화되었다.

2) Z-Wave

Z-Wave는 덴마크 소재의 Zensys와 Z-Wave 얼라이언스에서 개발하고 있으며 스마트 홈, 센서네트워크 등 저전력, 저대역(9600bps 또는 40Kbps) 서비스에 활용되고 있다.

현재 300개 기업, 1200여 제품에 사용되고 있으며 국가별로 다른 주파수 대역을 이용하며, 국내에서는 LG전자, LG U+가 참여하고 있다.

3. 서비스 인터페이스 분석추론 기술

서비스 인터페이스 분석추론 기술은 액추에이터(Actuator)가 특정 기능을 수행할 수 있도록 수집된 정보를 가공, 처리, 저장, 분석, 추론하는 기술로 최근에는 기계학습이 주목받고 있다. 분석 · 추론 기술은 빅데이터로 대표되는 분석 · 추론 기술은 센서를 통해 획득된 데이터를 실시간으로 처리하여 개인-맞춤형 추천, 기업의 생산성 향상, 범죄 예방, 재난 · 재해 예방 등에 이용된다. 스스로가 사물이나 데이터를 군집화, 분류 등을 통해 스스로 학습하는 기계학습이 많이 이용되고 있다. 기계학습의 핵심 알고리즘으로는 의사결정나무, 베이지안망, 서포트벡터머신(SVM), 인공신경망 등이 이용된다. 인공신경망은 높은 정확도 대신 느린 속도를 보였으나 이를 개선한 딥러닝(Deep Learning) 알고리즘이 주목받고 있다.

4. 보안기술

보안기술은 사물인터넷의 각 구성요소별 보안 취약성과 이를 통합한 시스템의 보안 취약성 외에도 접근권한, 프라이버시 보호 등을 해결하고자 한다. 보안기술은 사물인터넷 제품은 낮은 프로세싱 능력, 배터리 소모 최소화 요구, 상대적 무관심 등으로 해킹에 취약하여 새로운 위협과 해결방안 모색이 시급하다. 사물인터넷 서비스는 여러 서비스 제공자의 자원을 접근하기 때문에 인증·접근권한에 대한 문제해결이 선결되어야 한다.

웨어러블 기기 및 스마트 홈의 확산에 따라 사물을 구별하기 위한 식별자는 프라이버시 문제의 원인이 되면서 이를 해결하여야 한다. 지난해 DDoS 공격에 대학의 냉난방 관리 셋탑박스, 가정 및 사무실의 공유기 등이 이용되면서 사물인터넷 보안의 중요하다

02 착용 디바이스 요소기술에 대하여 분석하라.

학습 6

1. 액세서리형 웨어러블 디바이스

〈표 6-2〉 액세서리형 웨어러블 디바이스 관련 요소기술

항 목	분 류	요소기술
액세서리형 웨어러블 디바이스	실감 증강정보 표현이 가능한 스마트 안경	초소형/정밀 비전 센서 기술, 박막형 See-through 디스플레이 기술, 시점·초점 기반 UI 기술, 디바이스 협업 및 UI/UX 기술, 초소형/고용량 배터리 기술, 저전력 SoC 기술, 소셜 기반 디바이스 협업을 통한 집단 지성 증강 기술
	스마트 안경을 위한 박막형 See-through 디스플레이 기술	박막형 See-through 디스플레이기술, 센서 일체형 디스플레이 기술
	작업환경 지원 스마트 헬멧/글러브 기술 개발	스마트 헬멧, 기술, 스마트 글러브 기술
	개인정보 기반 서비스 지원 스마트 워치	착용형 개인정보 인증 기술, 손목시계형 단말 UI/UX 기술, 초경량/초박형 Thin 웨어러블 단말 기술, 초소형/고용량 배터리 기술, 저전력 SoC 기술
	PAN 무선접속 기술	HMD/AP 무선 전송 기술, HDMI over Wi-Fi 기술
	형태 변형에 따라 기능이 변하는 착용형 단말 기술	형태 변형 단말 기술, 형태 변형인식 기술, 형태 변형 기반 UI/UX 기술

출처 : 미래창조과학부 차세대 스마트 디바이스 코리아 2020

2. 신체 부착형 디바이스

〈표 6-3〉 신체 부착형 디바이스 관련 요소기술

항 목	분 류	요소기술
신체 부착형 디바이스	무구속 · 무자각 신체 부착형 웨어러블 플랫폼 기술	고분자 회로 Board 및 플랫폼 기술, 전자소자(MCU, 센서) 패키징 기술, 안테나 및 통신 기술, 소재 및 탈부착 기술
	개인 의료 라이프로깅을 통한 건강 상태 모니터링 디바이스	정보수집을 위한 부착형 단말 기술, 웨어러블 모바일 사용자 인지 보조 기술, 개인정보 보장을 위한 퍼스널 데이터 단말기술, 개인 의료 라이프로깅을 통한 건강 상태 모니터링 및 예측기술

출처 : 미래창조과학부 차세대 스마트 디바이스 코리아 2020

3. 스마트 의류

〈표 6-4〉 스마트 의류 관련 요소기술

항 목	분 류	요소기술
스마트 의류	직물형 시스템(SoT : System-On-Textile) 기반 스마트 의류	SoT 기술, 상황기반 색/무늬 변화 기술, 모션인식 의류 기술, 의류 디스플레이
	전투수행 능력 향상을 위한 웨어러블 군용 디바이스 기술	병사 생체신호 센싱 기술, 몸 동작 센싱 기술, 부상 부위 센싱 기술, 스마트 입출력 지원 군복 기술

출처 : 미래창조과학부 차세대 스마트 디바이스 코리아 2020

4. HMD

〈표 6-5〉 HMD 관련 요소기술

항 목	분 류	요소기술
HMD	PAN 무선 접속 기술	HMD/AP 무선 전송 기술, HDMI over Wi-Fi 기술
	실감형 UI/UX 기술	시선 추적 제스처 인식

출처 : 미래창조과학부 차세대 스마트 디바이스 코리아 2020

03 사물인터넷 관련 제품에 대하여 분석하라.

1. IoT Performance(Co-existence) Program

1) 주요기능

① 다양한 종류의 무선기술이 공존하는 환경에서 RF 스펙트럼의 할당의 제한으로 인한 무선 성능 충돌 영향을 평가 및 무선 충돌의 회피하고, 간섭 영향에 대한 위험요소를 최소화 하는 능력의 평가 및 검증을 제공

② 무선 co-existence

㉠ IoT 기술을 탑재한 의료기기에 대한 미국 FDA 환경 규격 및 요구사항에 대한 능력 평가

㉡ 특정의 사용환경에서 잠정적으로 예상되는 전자기적 간섭 원인 분석

㉢ IoT 의료기기간의 인접 및 동일 채널에서의 간섭 및 다른 주파수밴드를 사용하는 무선과의 간섭 영향에 대한 위험 분석

③ 무선신호 및 데이터의 보안

㉠ 의료 데이터 또는 병원 네트워크에의 승인되지 않은 접근을 방지하고, 수신된 정보 및 데이터가 기기의 의도된 목적에 부합하는 것에 대한 보장

㉡ 무선 의료기기의 암호화 기술과 데이터 접속관리, 인증 프로세서 에 대한 관리를 위한 위험분석 평가

2) 특징 및 장점

① Co-existence 시험

㉠ In-band (동일 채널 및 인접 채널), Out-band, 동일 환경에서 근접 전자계 환경에서 간섭이 지속 상황에서의 Failure 모드, 임계 레벨(Threshold) 결정

㉡ 국제규격 IEEE/ANSI C63.27-2017에서 요구하는 규정에 따른 평가

㉢ FDA Recommendation Risk 평가를 통하여 FRA Premarket Submission 활용

② 무선신호 및 데이터의 보안

㉠ 무선 데이터전송의 관리를 위한 소프트웨어 차단 및 비승인된 무선 접속에 대한 차단

㉡ 무선기기의 내장 데이터의 비승인 접속을 차단(프로토콜 포함 암호화 및 승인 프로세서)

학습 6

3) 서비스 구성도

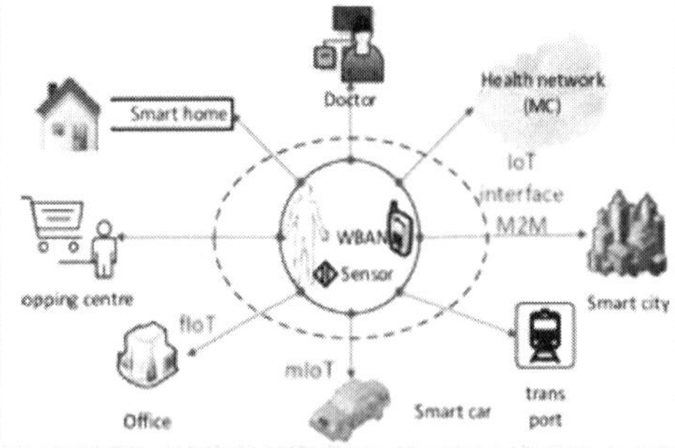

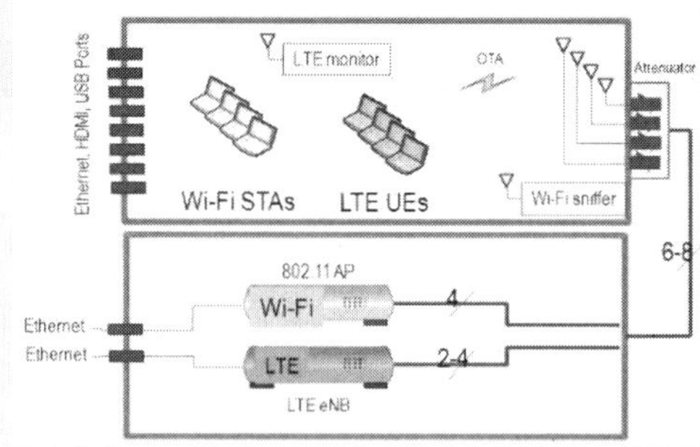

4) 활용분야

① IoT 기술을 적용한 다양한 의료기기에 적용

㉠ 무선 의료 원격 서비스(Wireless Medical Telemetry Service, WMTS)

㉡ 의료기기 무선 통신 서비스(Medical Device Radiocommunication Service)

㉢ 의료용 저전력 및 신체 내장 무선서비스 네트워크(Medical Micropower 및 Body Area Network)

2. 개방형 헬스케어 서비스플랫폼(Redwood Health Platform)

1) 주요기능

① 개방형 PHR 서비스 제공

㉠ PHR기반 서비스 개발에 필요한 다양한 Open API와 다양한 헬스케어 기기와의 연동 지원

㉡ 서비스 개발에 필요한 개발가이드, 표준 SDK, 테스트 및 개발자 커뮤니티 포털 운영

② 자기주도형 PHR 데이터 수집 및 공유

㉠ 건강보험공단의 건강검진 및 의료기관의 PHR 데이터를 손쉽게 수집/저장 할 수 있는 자기주도형 서비스 제공

㉡ 블록체인 기반의 개인 주도형 PHR 데이터 수집과 데이터 거래 정보 공유

③ 의료빅데이터 활용한 질병 예측

㉠ 개인맞춤형 서비스 제공을 위한 AI기반 질병 예측 서비스 제공

㉡ AI기반 정밀의료 서비스에 필요한 Data Sandbox 기반의 데이터분석 및 시각화 도구 제공

2) 특징 및 장점

① 적용 표준

㉠ HL7 FHIR, HL7 CDA/CCR 헬스케어 표준규격 준수

㉡ PHR 표준 규격 및 가이드라인을 적용하여 서비스 시스템 상호 호환성 제공

② 개방형 헬스케어 서비스 아키텍처

㉠ 건강관리서비스 개발을 위한 PHR 표준 SDK와 데이터 수집을 위한 PHR 수집 앱 제공

㉡ FHIR 표준 인터페이스를 통해 공통 API, PHR API 예측API 및 Mash-up API 제공

3) 서비스 구성도

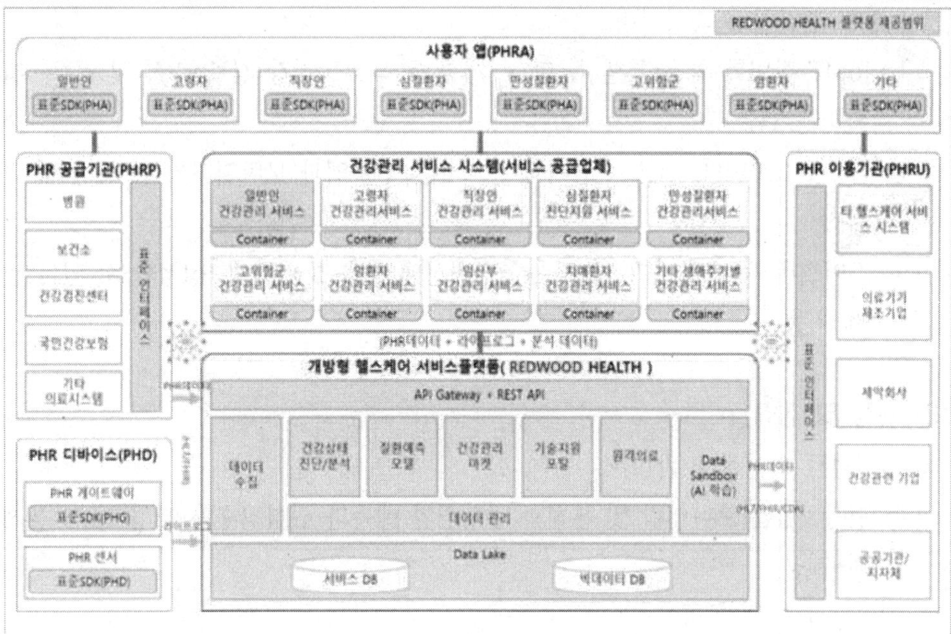

3. 만성질환관리 KW플랫폼

1) 주요기능

① 블록체인 건강정보 관리서비스

㉠ 온체인/오프체인 형태로 블록체인 시스템 구성을 통한 연결고리 기반 분산 데이터 저장

㉡ DID방식(분산신원증명)의 사용자 인증을 통한 개인별 블록체인식별 및 서비스

통합인증 처리

㉢ 트랜잭션 처리에 맞는 병행 제어 및 회복 작업 시 모듈, 외부 시스템으로의 메시징 처리

㉣ 사용자 권한에 따라 블록에 저장 된, 온체인 및 오프체인 정보를 조회하는 기능

② AI 심뇌혈관 관리서비스

㉠ 수집 정보의 구조화 및 분류, 분석을 위한 의료데이터 전처리(Raw Data Pre-processing)

㉡ 혈당 · 혈압 패턴(아침, 점심, 저녁 식전/식후 및 취침전) 상시 모니터링 및 예측 관리

㉢ AI 분석결과(이미지작업, 텍스트작업, 음성작업, 동영상 작업) 조회 등 연동 API 제공

③ IoMT 건강정보 측정서비스

㉠ IoMT 장비를 활용한 혈압, 혈당, 체중 등 의료 · 건강 정보 측정 및 공유 · 활용 관리시스템

㉡ 블루투스, WiFi, LTE 등을 통해 스마트폰 전용앱과 모바일기기 등 통신 및 자동 수집

㉢ 스마트폰 등 모바일기기(Divice) 장비상태 등을 모니터링, 설정할 수 있는 관리자 기능

2) 특징 및 장점

① 심뇌혈관 만성질환 관리

㉠ 혈당 · 혈압 모니터링 및 분석과 만성질환 예측과 위험징후 사전경고, AI 분석결과 제공

② 심뇌혈관 예방 관리

㉠ 잠재적 위험군 분류, 운동량을 측정 · 분석하여 맞춤형 건강코칭(운동/식단 추천)

㉡ 수집된 라이프로그를 통한 건강/의료 데이터 수집/생산 및 AI 건강분석

③ 성과관리

㉠ 지속적인 참여를 유도하고 주기적 성과목표 제시 및 달성여부 측정

㉡ 매일 걷기 등 운동량과 출석 미션으로 성과달성 시 정책 인센티브를 통한 보상체계

④ 모바일App 서비스 : 문진관리, 처방관리, 투약관리, 운동관리, 스트레스관리 등

3) 서비스 구성도

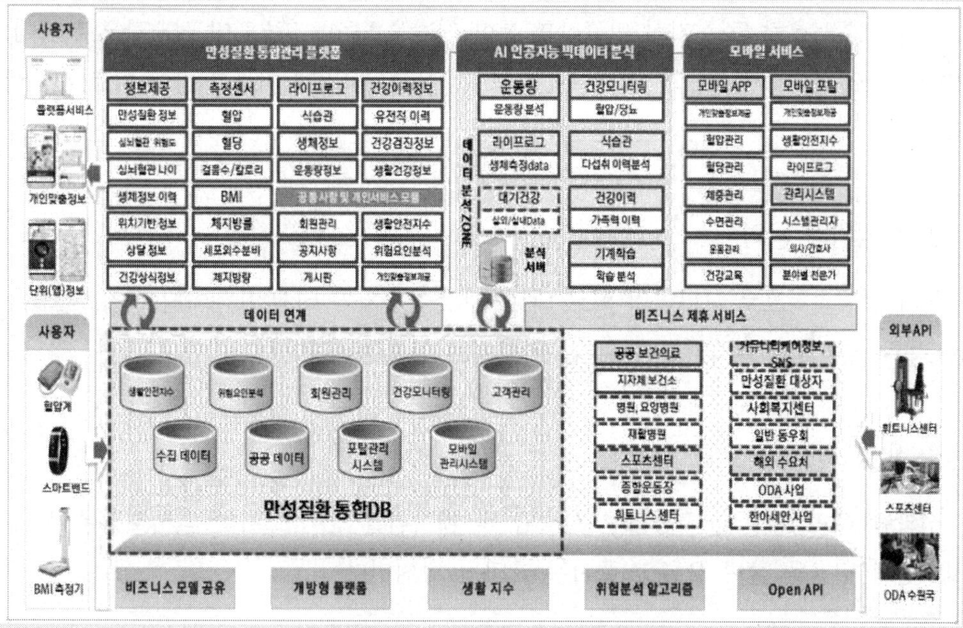

4) 활용분야

① 심뇌혈관 만성질환자, 비만, 흡연자, 도내 보건소, 병의원, 약국, 전국 지자체, 해외 수요처

② 개인별 건강관리, 환자별 맞춤형 건강관리

③ 본인의 혈당, 혈압, 라이프 로그 수집을 통한, 맞춤형 서비스

04 디지털 치료제에 사물인터넷 관련 융합기술 적용을 위한 장점에 대하여 분석하라.

디지털 치료제 분야에 IoT기술 적용의 장점은 실시간 추적을 통한 환자들이 시의 적절하게 진단 및 치료를 받을 수 있고, 이를 통해 의료비 절감에 기여한다는 점이다.

1. 비용절감

환자를 실시간으로 모니터링 가능하므로 불필요한 병원 방문 및 입원을 줄일 수 있다.

학습 6

2. 치료효과 확대

클라우딩 컴퓨팅 또는 가상 인프라를 통한 진단을 받고, 간병인이 실시간으로 이에 근거한 의사결정 및 치료를 제공할 수 있으므로 적절한 시기에 치료를 받아 치료효과 향상된다.

3. 질병관리 용이

환자가 지속적으로 모니터링 되고 의료서비스제공자가 실시간 데이터에 접근할 수 있는 경우 질병의 치료시기를 놓치기 전에 치료가 가능해진다.

4. 오류 감소

정확한 데이터 수집, 자동화된 시스템 및 데이터를 중심으로 한 의사결정은 시간적, 시스템적 비용을 줄여 오류를 줄이는 효과적 방법이다.

5. 환자 편의성 증대

인터넷을 통한 건강관리시스템의 연결성은 환자의 필요성이 중점이 되며, 사전치료, 진단의 정확도 향상, 의사의 적절한 개입 및 치료결과의 향상으로 신뢰를 높일 수 있다.

6. 약물관리 편의성 향상

의약품 개발과 관리는 헬스케어 산업에서 소요 비용이 많은 분야이므로 이 분야에 IoT 프로세스 및 장치를 이용하면 비용 절감에 효과적이다.

05 디지털 치료제에 사물인터넷 관련 핵심융합기술 적용사례에 대하여 분석하라.

1. Open APS(Open Artificial Pancreas System)

누구에게나 공개되는 오픈소스로 인공췌장 시스템을 이용하여 야간시간에서 아침식사 사이에 혈당이 유지되도록 인슐린 펌프를 조절하여 제1형 당뇨병을 조절가능하게 도움을 준다.

2. CGM(Continuous Glucose Monitoring) System

Eversense사가 최초 이식형 당뇨조절 시스템으로 환자의 팔에 CGM센서를 이식해 최대 90일 동안 환자의 혈당 수치를 충전식 송신기에 전송하고, 이 정보를 블루투스 방식으로 환자 스마트폰에 설치된 앱으로 실시간 전송해 실시간 혈당 모니터링이 가능하다.

3. 의료기록 자동 저장장치

미국의 MSK(The Memorial Sloan Kettering Cacner Center)와 Medidata 연구소가 다발성 골수 환자들의 생활패턴 데이터를 조사하기 위해 개발되었다.

환자가 추적정치를 치료 1주일 전부터 여러 치료기간동안 입고 있으면서 스마트폰 앱으로 자동으로 관련 자료가 저장되어 진단과 치료에 도움을 줄 수 있으며 암이나 중요한 치료를 결정해야 하는 질병치료에 사용될 것이다.

4. 앱을 이용한 약물사용 기록저장

노바티스사에서 Qualcomm, Propeller Health사와 함께 만성폐쇄성폐질환(COPD) 환자들을 위한 연구중으로 맞춤형 센서를 통해 수동으로 기록을 입력하고 전송하여 환자와 의사들에게 플래폼으로서 정보를 제공한다.

5. 삼킬 수 있는 센서

Proteus Digital Health는 디지털 의학의 한 예로 삼킬 수 있는 센서를 발표하였는데 항정신성 약물이나 고혈압 약과 같은 꾸준한 복용이 중요한 경우에 사용한다.

약제가 위에서 녹아 작은 신호를 발산하게 되고 이를 스마트폰 앱에서 전송받아 지속적으로 약물을 복용하고 있는지 관찰이 가능하다.

6. 스마트 콘텐트 렌즈

Novartis사의 Alcon(안과부문)은 구글의 스마트 렌즈기술 중 하나인 비외과적인 내장형 콘텐츠 렌즈 기술을 인가 받았다.

환자의 안구의 눈물을 이용하여 혈당을 측정하고 정보를 모바일 기기로 전송하는 시스템으로 앞으로 노안에도 도움을 줄 것으로 기대된다.

7. 혈응고 검사

Roche에서 블루투스를 이용한 혈액 응고 속도를 빠르게 측정할 수 있게 하는 첫번째 기기를 개발한 것으로, 항응고 질환을 앓고 있는 환자들이 스스로 뇌졸중이나 출혈에 대비할 수 있도록 한다. 따로 의료기관을 방문하여 검사하지 않아도 실시간으로 검사가 가능하다.

8. 스마트와치를 이용한 우울증 치료

Takeda사에서 Apple의 스마트 와치 앱을 이용하여 우을증을 앓고 있는 환자들의 30일간의 치료에 이용한다.

사전 인지기능 평가한 내용과 실시간으로 사용자가 직접 입력한 테스트 결과 혹은 자동으로 수집되는 데이터를 모두 수집하여 비교 평가할 수 있게 한다.

9. 류마티스 관절염 환자들의 삶의 질 측정

Apple의 ResearchKit를 이용한 최초의 제약회사인 GSK는 환자의 생존에 대한 질병 영향을 연구하면서 시작한다.

300명이 sasms 류마티스 관절염을 앓고 있는 환자들에게 3개월간 일반적인 증상과 함께 다른 삶의 질에 대해서도 측정하여 추적한다.

10. 파킨슨병의 경과 모니터링

화이지와 IBM이 공동으로 임상연구를 진행중인 Prpject Blue Sky는 모바일 기기, 센서, 머신러닝 기술을 이용하여 실시간으로 24시간 내내 의사들과 연구자들에게 질병의 증상 정보를 제공하는 것이다.

파킨슨의 경과 및 치료를 모니터링 하기 위한 제품이 개발되었다.

06 디지털 치료제 개발을 위한 시스템 SW분석에 대하여 분석하라.

1. 의료기기 소프트웨어의 요구 사항

식품의약품안전처에서는 제조업체의 의료기기 소프트웨어 개발에 필요한 사항을 참조할 수 있도록 '의료기기 소프트웨어 밸리데이션 가이드라인(2007)'을 발표하였다. 이에 소프트웨어의 안전성 등급을 A, B, C로 구분하도록 하였으며 여러 사항을 소프트웨어 요구 사항을 포함하도록 하였다.

1) 기능 및 성능 요구 사항

① 소프트웨어의 사용 및 목적, 시점 요구 사항 등의 성능

② 코드 언어, 플랫폼, 운영 체제 등의 물리적 특성

③ 시스템의 하드웨어 상에서의 프로세서의 속도 및 성능, 메모리의 크기, 각종 처리 장치, 처리 시간, 네트워크 기반구 조 등의 소프트웨어가 수행되는 전산 환경

④ 업그레이드나 복수의 SOUP 또는 기타 장비 버전과의 호환성 요구

2) 소프트웨어 시스템 입력과 출력

① 데이터 특성(예를 들어 숫자, 영숫자, 형식)

② 범위

③ 한계

④ 기본값

3) 소프트웨어 시스템과 다른 소프트웨어 사이의 연계성

4) 소프트웨어 구동 경보, 경고 및 운영자 메시지

5) 보안 요구 사항

① 중요한 정보의 노출 위험에 관련되는 요구 사항

② 정체 확인(Authentication)

③ 인가

④ 심사 추적

⑤ 통신 무결성

6) 사람에 의해 발생하는 오류와 훈련에 민감한 활용성 공학 요구 사항

① 수동 운영 지원

② 인간-장치 상호 작용

③ 담당자에 대한 제약 사항

④ 사람의 주의 집중이 필요한 영역

학습 6

7) 데이터 정의 및 데이터 베이스 요구 사항

① 형태

② 적응성

③ 기능

8) 운영 및 유지 보수 현장에 인도된 의료기기 소프트웨어의 설치 및 인수 요구 사항

9) 운영 및 유지 보수 방법에 관련된 요구 사항

10) 개발할 사용자 설명서

11) 사용자 유지 보수 요구 사항

12) 규제적 요구 사항

2. 아키텍처(Architecture)

아키텍처라는 말은 다양한 의미와 용도로 쓰이고 있으나 정확하게는 시스템 구축을 위한 시스템 전체 구조를 정의하고, 시스템을 구성하는 컴포넌트와 데이터 간 관계를 정의하는 것을 의미한다. 과거의 아키텍처에는 필요한 시스템의 구조만을 단순히 나타내었지만 현재에는 비즈니스 환경의 변화에 따라 유연하게 대처할 수 있는 장기적 관점의 아키텍처가 요구되고 있다. 아키텍처 설계는 소프트웨어 요구 사항과 전략적 접근 방법을 하나의 그림으로 도식화한 것으로 사용자나 개발자와의 의사소통이 가장 중요한 작업이다.

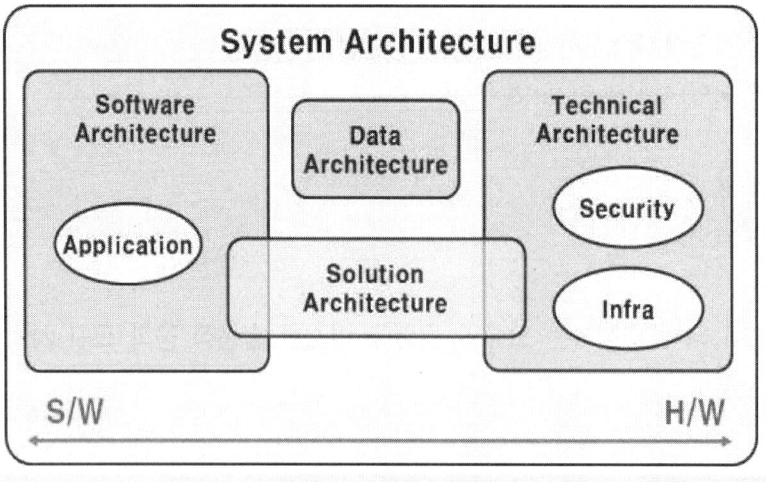

[그림 6-6] 아키텍처의 종류

시스템이 복잡해지고 소프트웨어의 중요성이 높아지는 요즘에는 아키텍처 설계의 중요성이 더 강조되고 있다. 복잡하거나 대형의 소프트웨어를 개발하기 위해서는 전체적인 구조가 유기적으로 잘 구성되어야 한다. 또한 사용자의 요구 분석과 설계 단계에서부터 소프트웨어 품질 특성을 고려하여야 하며 이를 위해 소프트웨어 아키텍처가 필요하게 된다.

1. 소프트웨어 아키텍처의 특징

소프트웨어 아키텍처는 소프트웨어의 골격이 되는 기본 구조로서 여러 가지 복잡성을 단순화하기 위해 다음과 같은 특징을 나타내고 있다.

① 개발할 소프트웨어에 대한 전체적인 구조를 다룬다. 소프트웨어 개발에 따른 관계자(사용자, 개발책임자, 하드웨어 제작자, 소프트웨어 제작자 등)들이 시스템의 성질을 이해하고 목적에 부합하는 동작을 알 수 있도록 소프트웨어의 골격을 나타내는 전체적인 구조를 제공한다.

② 소프트웨어를 이루고 있는 주요 구성 요소를 다룬다. 주요 구성 요소를 어떻게 구분하여 나누고 각 구성 요소 간의 관계와 전체적인 구조의 조화를 고려하여 일관성을 유지한다.

③ 구성 요소들의 상호 작용을 정의한다. 각 구성 요소는 서로 유기적인 관계를 유지하고 외부에서 사용이 가능하도록 인터페이스를 제공한다. 그리고 이러한 인터페이스를 이용하여 각 구성 요소는 상호 작용한다.

④ 소프트웨어의 전반적인 사항들을 포함하여야 한다. 사용자의 요구 사항을 충분히 반영하여 소프트웨어의 목표에 부합하는 결과물을 제공하기 위해서 프로그램 작성에 활용되어야 한다. 소프트웨어의 구조, 주요 구성 요소, 속성, 관계와 상호 작용을 결정하는 것을 의미한다.

2. 소프트웨어 아키텍처의 역할

소프트웨어 아키텍처는 소프트웨어와 관련된 기술 및 운영, 솔루션, 컴포넌트의 구성과 컴포넌트 간의 관계를 도식화한 것을 의미한다. 사용자 요구 사항에는 소프트웨어와 사용자 간 인터페이스, 디자인, 기능 편의성이 포함되고 비즈니스 요구 사항은 비즈니스 프로세스, 보안, 시스템 안정성이 포함된다. 마지막으로 시스템 요구 사항은 하드웨어와 네트워크, 시스템 사용에 필요한 환경과 제약 사항이 포함된다. 세 가지 요구 사항은 상충하는 부분이 반드시 있다. 효율적인 시스템 구축을 위해서는 상충하는 요구 사항의 타

학습 6

협점을 찾아 균형을 맞추고 구조화시키는 것이 필요하다. 이런 것을 위해서 아키텍처 설계 원칙이 필요하다. 아키텍처 설계 원칙에는 기술적 요소에 대한 원칙뿐만 아니라 개발과 품질활동, 운영에 필요한 기간, 조직에 대한 원칙, 시스템 구성을 위한 기반 기술 적용 원칙 등을 정의한다. 소프트웨어 아키텍처를 잘 설계하려면 다음과 같은 기능을 고려하여야 한다(식품의약품안전처, "의료기기 소프트웨어 밸리데이션 가이드라인", 2007).

① 의사소통의 도구로 충분히 활용할 수 있어야 한다. 시스템의 공통된 추상적 이미지를 제공하고 이해 관계자들의 이해를 돕는 의사소통 도구로서 활용이 가능하여야 한다. 이러한 아키텍처는 소프트웨어 개발의 초기 단계에서 의사 결정에 영향을 미친다. 즉 소프트웨어 개발의 목적에 부합하는 여러 사항을 올바르게 결정할 수 있도록 도와준다.

② 소프트웨어의 구현에 대한 제약 사항을 정의하여야 한다. 소프트웨어 개발에 있어 개발 기간과 개발 비용, 이해관계자들의 역량 등을 고려하여야 한다. 이는 소프트웨어 구현에 필요한 사항뿐만 아니라 그에 대한 제약 사항들도 함께 정의한다.

③ 소프트웨어 품질 속성을 결정하여야 한다. 소프트웨어 아키텍처는 개발할 소프트웨어의 특성에 따라 우선순위를 정하여 품질 속성을 결정하여야 한다. 이는 이해관계자들이 서로 다른 중요 품질 속성의 순위를 가지고 있기 때문에 품질 요구 사항을 충분히 반영하여 시스템의 품질 속성을 결정한다.

④ 소프트웨어는 재사용이 가능하도록 설계해야 한다. 소프트웨어 구성 요소를 표준화하고 구조화하여 재사용할 수 있도록 설계하여야 한다. 재사용은 개발의 생산성을 높일 수 있는 장점을 가지고 있다.

3. 소프트웨어 개발 수명 주기상의 아키텍처 정의

일반적으로 아키텍처의 정의가 소프트웨어의 개발 수명 주기를 완벽하게 반영하지는 않지만 일부분으로 직시하여야 한다. 아키텍처 정의가 시스템을 설계하고 구축하기 위해 다양한 방법론이 제시되고 있다. 폭포수 모델, 반복적 접근법, 애자일 개발방법론이 대표적이며 이는 다음과 같다.

1) 폭포수 모델(Waterfall Model)

순차적인 소프트웨어 개발 프로세서로 개발의 흐름이 마치 폭포수처럼 지속적으로 아래로 향하는 것을 의미하며 고전적인 방법에 속한다. 폭포수 모델의 흐름은 소프트웨어 요구 사항 분석 단계, 소프트웨어 설계, 소프트웨어 구현, 소프트웨어 시험, 소프트웨어 통합 그리고 소프트웨어 유지 보수 단계를 순서대로 수행한다. 폭포수 모델을 따르기 위해서는 완전히 순차적으로 한 단계씩 진행하여야 하며 전 단계가 수행되어 완료되기 전까지는 다음 단계로 진행할 수 없도록 제한하고 있다.

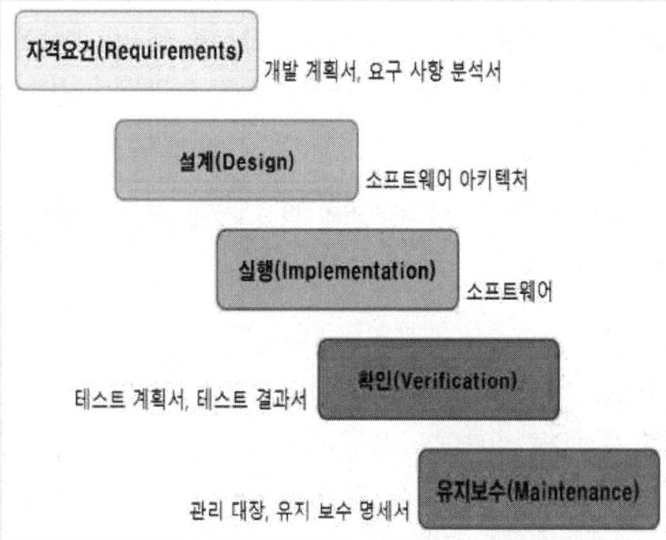

[그림 6-7] 폭포수 모델의 순서 및 결과물

2) 반복적 모델(Iteration Model)

초기 반복 주기에 리스크를 포함시켜 개발하는 방식으로 짧은 개발 시기에 완료하여 위험을 최소화하는 모델이다. 각 반복은 대개 심각한 위함을 나타내는 하나의 영역에 초점을 맞추고 있으며 사전에 정의된 입력물과 산출물을 통해 구조화된 작업으로 나누어진다.

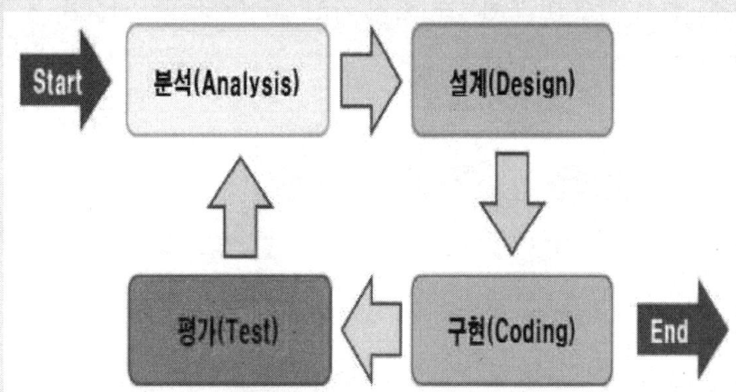

[그림 6-8] 반복적 모델의 순서

3) 애자일 개발방법론(Agile Software Development)

소프트웨어 개발과정에서 지속적으로 발생하는 변경에 유연하고 기민하게 대응하여 생산성과 품질 향상을 목표로 하는 협력적 소프트웨어 개발 방법으로 개발 팀원 간의 상호 작용과 이해관계자의 협업을 중심으로 이루어진다. 즉 애자일 모델은 문서를 통한 개발 방법이 아니라 실제 코딩을 통한 방법론으로 특징은 다음과 같다.

(1) 탄력적인 요구 사항 수용

사용자와 소프트웨어 개발자간의 지속적인 의사소통을 통하여 변화하는 요구 사항을 적절히 수용한다.

(2) 목표의 통합성

사용자가 요구하는 사항을 가장 우선으로 시행하고 개개인의 개발자의 가치보다는 개발부서의 목표를 우선으로 한다.

(3) 지속적인 소프트웨어의 점검

개발자는 서로의 현황과 문제점을 해결하기 위하여 주기적인 협의를 통하여 소프트웨어 개발을 점검한다.

(4) 지속적인 피드백의 적용

제품의 시현을 실시하고 사용자로부터 피드백을 받아 요구 사항을 적용한다.

(5) 조직의 간편화로 비용절감

소프트웨어의 품질 향상을 우선으로 하며 개발 조직의 구조 형성을 통한 비용절감을 목표로 한다.

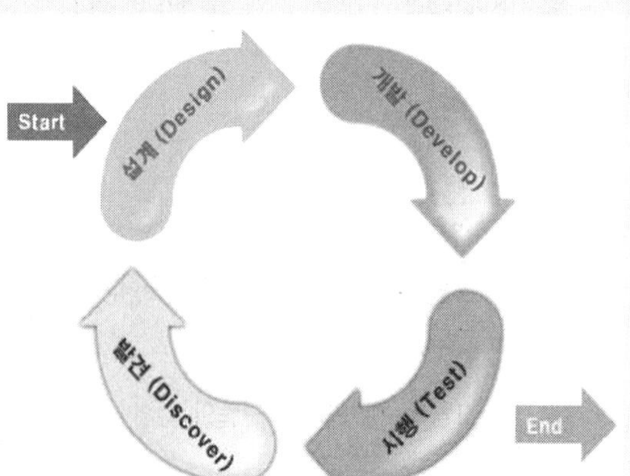

[그림 6-9] 애자일 방법론 순서

4) 소프트웨어 아키텍처 설계

① 제조업체는 의료기기 소프트웨어 요구 사항을 소프트웨어 구조(Structure)로 설명하며 소프트웨어 항목(Item)을 식별하는 아키텍처로 변환하여야 한다.

② 소프트웨어 항목과 소프트웨어 항목 외부의 구성 요소(소프트웨어와 하드웨어) 간의 연계성과 소프트웨어 항목 간 연계성을 위한 아키텍처를 개발하고 문서화하여야 한다.

③ 이 활동을 수행하려면 제조업체가 소프트웨어의 주요 구조적 구성 요소, 외부에서 확인할 수 있는 특성 및 특성간의 관계를 정의하여야 한다.

④ 어느 한 구성 요소의 작동 상태가 다른 구성 요소에 영향을 줄 경우 그 작동 상태를 소프트웨어 아키텍처에 서술하여야 한다. 이 서술은 소프트웨어 이외의 의료기기 구성요인에 영향을 미칠 수 있는 작동 상태에 특히 중요하다.

⑤ 다른 구성요인에 영향을 줄 수 있는 구성요인의 작동 상태를 이해(파악)하지 못하면 시스템이 안전하다고 언급하는 것은 거의 불가능에 가깝다.

⑥ 소프트웨어 아키텍처는 소프트웨어 요구 사항의 정확한 이행에 필수적이다. 소프트웨어 아키텍처는 모든 소프트웨어 요구 사항이 식별된 소프트웨어 항목으로 이행할 수 없는 한 완성되지 않는다.

⑦ 소프트웨어 설계와 이행은 아키텍처에 따라 결정되기 때문에 아키텍처를 확인하여야 하며, 일반적으로 아키텍처의 확인은 기술 평가에 의해서 이루어진다. 소프트웨어 항목이 SOUP로 식별된 경우 제조업체는 의도한 사용에 필요한 SOUP 항목에 대한 기능, 성능 요구 사항 및 적절한 운영 지원에 필요한 시스템 하드웨어와 소프트웨어(프로세서 유형과 속도, 메모리 유형과 크기, 시스템 소프트웨어 유형, 통신 및 디스플레이 소프트웨어 요구 사항을 포함하여)를 명시하여야 한다(식품의약품안전처, '의료기기 소프트웨어 밸리데이션 가이드라인, 2007).

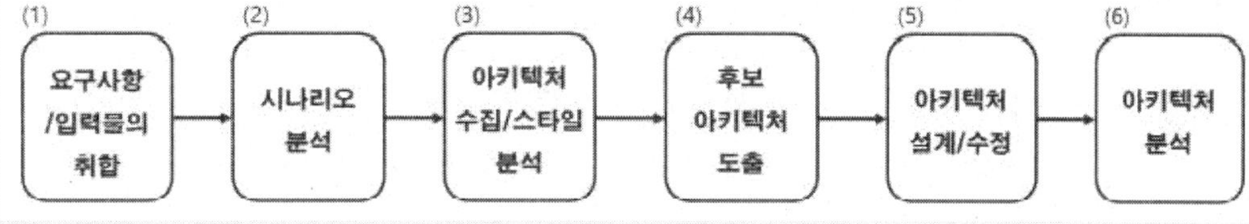

[그림 6-10] 아키텍처 작성 순서

(1) 요구 사항/입력물의 취합

소프트웨어의 요구 사항과 입력물 등을 분석하여 서로의 일관성을 유지하고 아키텍처 설계에 대한 기준을 마련한다.

(2) 시나리오 분석

소프트웨어에서 요구되는 가장 중요한 속성을 발굴하고 사용자가 요구하는 기능 및 품질의 요건을 충족시키고 시나리오의 집합을 생성한다.

(3) 아키텍처 수집/스타일 분석

기존 아키텍처의 스타일 목록을 검토하고 현재의 아키텍처와 연관성이 있는 것을 선별한다.

(4) 후보 아키텍처 도출

여러 아키텍처 중에서 기본적인 아키텍처의 구상을 정의하는 것으로 시점 또는 관점 그리고 스타일을 활용한다.

(5) 아키텍처 설계/수정

초기의 아키텍처 모델에 시나리오를 적용하여 아키텍처의 작동을 확인하고 불확실성을 해결한다.

(6) 아키텍처 분석

사용자와 소프트웨어 개발자 등의 이해관계자가 아키텍처를 평가한다.

학습활동.6 교수 · 학습 방법

교수 방법

- 디지털 치료제의 사물인터넷 기술활용에 대한 관련 용어, 구성, 방식 이해 정도를 파악한 후 수업을 진행한다.
- 교수자의 주도로 디지털 치료제의 사물인터넷 기술활용 등의 내용을 PPT 자료로 제시한 후 설명한다.
- 가능하면 사전에 개인별 학습 자료를 준비하여 모든 학생이 참여할 수 있는 문제 해결식 수업, 협력 수업이 가능하도록 한다.
- 디지털 치료제의 사물인터넷 기술활용 전 과정을 작업의 순서에 따라 단계적으로 실습이 이루어질 수 있도록 지도한다.
- 교재를 통해 수업을 준비하는 데 있어서 필요한 모든 정보나 팁, 힌트 등 도움이 될 만한 내용을 확인할 수 있다.
- 학생들이 만들게 될 각 모델은 수업시간에 중점적으로 다뤄질 부분과 어휘, 질문, 답을 포함하고 있으며 또한 탐구할만한 추가적인 아이디어들도 포함하고 있다.

학습 방법

- 디지털 치료제의 사물인터넷 기술활용에 대한 관련 용어를 숙지하고, 디지털 치료제의 사물인터넷 기술활용에 대해 이해한다.
- 디지털 치료제의 사물인터넷 기술활용의 각 단계별 중점 사항을 체계적으로 학습한다.
- 디지털 치료제의 사물인터넷 기술활용의 수행순서의 전 과정을 실습한다.
- 디지털 치료제의 사물인터넷 기술활용의 내용을 이해한다.
- 디지털 치료제의 사물인터넷 기술활용을 이해하고 숙달이 될 때까지 학습한다.

학습활동.6 평가 및 피드백

평가 준거

- 평가자는 피평가자가 수행 준거 및 평가 내용에 제시되어 있는 내용을 성공적으로 수행할 수 있는지를 평가해야 한다.

학습내용	평가항목	성취수준		
		상	중	하
디지털 치료제의 사물인터넷 기술활용	디지털 치료제의 사물인터넷 기술활용을 이해할 수 있다.			

학습 6

평가 방법

• 작업 포트폴리오

학습내용	평가항목	성취수준		
		상	중	하
디지털 치료제의 사물인터넷 기술활용	디지털 치료제의 사물인터넷 기술활용을 이해할 수 있다.			

• 필기시험

학습내용	평가항목	성취수준		
		상	중	하
디지털 치료제의 사물인터넷 기술활용	디지털 치료제의 사물인터넷 기술활용을 이해할 수 있다.			

• 체크리스트를 통한 관찰

학습내용	평가항목	성취수준		
		상	중	하
디지털 치료제의 사물인터넷 기술활용	디지털 치료제의 사물인터넷 기술활용을 이해할 수 있다.			

• 피드백

1. 작업 포트폴리오
   - 제출한 보고서를 평가한 후 주요 사항에 대하여 표시하여 돌려준다.
2. 필기시험
   - 평가 결과 성적이 저조한 학생은 보고서 제출 기회를 부여한다.
3. 체크리스트를 통한 관찰
   - 실습 과정에서 평가한 후 개선해야 할 사항 등을 정리하여 돌려둔다.

참 | 고 | 문 | 헌

1. 남상엽 외, 인공지능기술, 상학당, 2016.3.10.
2. 박종일, 스마트헬스케어와 의료AI, 2018년 주오기업전략기술로드맵 issue report, 2019.1.
3. 이준기 기자, R&D 데이터 통합 수집 · 공유… 신약개발 3년으로 대폭 단축, 디지털타임스, 2020.12.15.
4. 김태형, 데이터가 생명을 살린다, 한국바이오 협회, 2020.9.1.
5. 개인정보보호위원회, 가명정보 처리 가이드라인, 2020.9.
6. 관계부처합동, 신산업 네거티브 규제 발굴 가이드라인, 2018.2.
7. 이진면 외, 중국의 빅데이터산업 육성과 정부의 역할, KIET, 2018.4.
8. NCBI Data and User Services, https://www.nlm.nih.gov/about/2019CJ.html)
9. Genomics in healthcare: GA4GH looks to 2022, https://www.biorxiv.org/content/10.1101/203554v1
10. 바이오스펙테이터, 英 국민 유전체검사 시행의 의미, http://www.biospectator.com/view/news_view.php?varAtcId=5872
11. 바이오스펙테이터, "100만명 바이오 빅데이터 구축 · 연 4조 R&D 투자", http://www.biospectator.com/view/news_view.php?varAtcId=7684
12. DNA.Land is a framework to collect genomes and phenomes in the era of abundant genetic information, Nature Genetics 50, 160-165, https://www.nature.com/articles/s41588-017-0021-8, 2018.
13. [메디게이터] GSK와 23앤드미의 신약개발을 위한 개인 유전체 데이터 빅딜, https://www.medigatenews.com/news/1059961358
14. [메디게이터] 유전체 빅데이터 마이닝 기술 기반의 신약 개발, http://www.medigatenews.com/news/2320049700
15. Deep learning in biomedicine, Nat Biotechnol. 2018 Oct;36(9):829-838, https://www.nature.com/articles/nbt.4233
16. Combining genomics and epidemiology to track mumps virus transmission in the United States, PLOS Biology, 2020, https://doi.org/10.1371/journal.pbio.3000611
17. Public health surveillance and data collection: general principles and impact on hemophilia care, Hematology, https://doi.org/10.1179/102453312X13336169156537, 2012.
18. Mayo Clinic to sequence 100K participants to build genomic database for improved care and research in collaboration with Helix, https://newsnetwork.mayoclinic.org/discussion/mayo-clinicto-sequence-100k-participants-to-build-genomic-database-for-improved-care-and-research-incollaboration-with-helix/
19. Through partnership with Color, 10K NorthShore patients will get whole genome sequencing, https://medcitynews.com/2019/01/color-northshore/

20. Data-sharing brings hope to rare disease patients around the globe, https://www.ga4gh.org/news/data-sharing-brings-hope-to-rare-disease-patients-around-the-globe/
21. 문유정 · 강지민, 데이터 3법개정과 의료빅데이터 활용방안, 경기도경제과학진흥원, 2002.3.16.
22. 박세환, 보건의료 빅데이터 활용 의료산업 동향, HIRA 빅데이터 브리프
23. 박재은, 헬스케어 분야에서의 빅데이터 활용 동향, KDB산업은행, 2019.10.28.
24. 빅데이터 및 인공지능(AI) 기술이 적용된 의료기기의 허가 · 심사 가이드라인(민원인 안내서), 식품의약품안전처, 2017.
25. 유헬스케어 진단지원시스템 임상시험계획서 작성 가이드라인(민원인 안내서), 식품의약품안전처, 2015.
26. 의약품 임상시험 통계 가이드라인(민원인 안내서), 식품의약품안전처, 2016.
27. 체외진단용 의료기기의 임상적 성능 허가심사 가이드라인(민원인 안내서), 식품의약품안전처, 2015.
28. 한 손에 잡히는 임상연구 : 설계와 실행의 모든 것, 임상시험리뷰 연구회 옮김, 2015.
29. Statistical Guidance on Reporting Results from Studies Evaluating Diagnostic Tests, FDA, 2007.
30. Use of Real-World Evidence to Support Regulatory Decision-Making for Medical Devices, FDA, 2017.
31. 김진한, 신약개발 프로세스 혁신을 위한 AI 활용, 한국제약바이오협회정책보고서, 2017.
32. 배영우, 인공지능을 이용한 신약개발 동향 및 활용사례, 생명공학정책연구센터, BioINpro, 2017.
33. 배수인, 4차 산업혁명 시대, 제약산업에서의 빅데이터 활용, 한국제약바이오협회정책보고서, 2017.
34. 배영우, 4차 산업혁명 시대, 인공지능을 활용한 신약개발, 한국제약바이오협회정책보고서, 2017.
35. 이관용 외, 의료 인공지능 현황 및 과제, 한국보건산업진흥원, 보건산업브리프, 2016.
36. Evaluate, World Preview 2016, Outlook to 2022, 2016.
37. 박순영, 인공지능을 활용한 신약개발 연구동향, 융합연구정책선터, 2018.1.
38. 전종홍 외 7, 감염병 재난에 대응하기 위한 의료인공지능의 기술 표준동향, ETRI Insight 2020.1.
39. 박민주, 심사평가원, 블록체인 활용 보건의료분야 디지털 전환 기초마련, 헬스코리아뉴스(http://www.hkn24.com) 2020.12.28.
40. Global Blockchain Technology Market in the Healthcare Industry, 2018-2022.
41. 임지윤, 보건의료 블록체인 기술활용 방안, 바이오협회, 2020.3.
42. 이은지, 블록체인 기술의 국외 보건의료분야 적용사례 및 시사점, HIRA, 3030sus 14권 2호
43. 최한준, 헬스케어 산업에서의 블록체인 기술의 활용, 보건산업브리프, 2017.5.12.
44. 유성진 · 박기성 · 김종현 · 박영호, 양자 컴퓨팅에 안전한 NTRU 기반 상용 기술 동향에 관한 연구, 한국통신학회, 2017.
45. 공개키 암호알고리즘 개발에 관한 연구. 정보통신부 한국정보보호센터, 1992.12.
46. 블록체인이 일으키는 금융, 유통, 의료, 에너지 업계의 변화. IDG DeepDive, 2017.
47. 디지털 세계의 신뢰를 확보하는 블록체인의 의미와 과제, 그리고 미래. IDG Tech Report, 2017.

48. 김수범, 글로벌 의료사물인터넷 시장동향, 보건산업브리프, https://www.nexeonmed.com/, 2017. 12.1.
49. Frost & Sullivan (2017) "Internet of Medical Things (IoMT) is an amalgamation of medical devices and applications that can connect to healthcare information technology (IT) syste ms using networking technologies."
50. 2020년도 AIoT 서비스 제품 및 기업편람, 한국지능형사물인터넷협회, 2020.
51. 최한곤 · 김광명 · 오경택, IoT기술 융합형 디지털 신약개발 플랫폼 구축 및 실증사전 기획연구, 한양대, 2018.8.
52. 헬스케어에 활용되는 10가지 IoT기술, 보건의료 R&D 동향, 한국보건산업진흥원, 2017.5.
53. 손정만 외, "5 의료기기 소프트웨어 설계제작", 의료기기연구개발 NCS 학습모듈(www.ncs.go.kr)

학습 1	디지털 치료제의 개요
학습 2	디지털 치료제의 종류와 분류
학습 3	디지털 치료제의 빅데이터 기술활용
학습 4	디지털 치료제의 인공지능 기술활용
학습 5	디지털 치료제의 블록체인 기술활용
학습 6	디지털 치료제의 사물인터넷 기술활용
학습 7	**디지털 치료제의 디지털 트윈 기술활용**
학습 8	디지털 치료제의 XR 기술활용
학습 9	디지털 치료제의 디지털 콘텐츠 기술활용
학습 10	디지털 치료제의 개발 · 허가 · 심사
학습 11	디지털 치료제의 응용
학습 12	디지털 치료제의 시장동향
학습 13	디지털 치료제의 미래

학습 목표

1. 디지털 치료제의 디지털 트윈 기술활용을 이해할 수 있다.

7-1 디지털 트윈 기술의 개요

1. 디지털 트윈의 개요

디지털 트윈(Digital Twin)은 물리적 자산이나 프로세스를 디지털로 복제(Modeling)한 것으로, 물리적 자산으로부터 생산되는 데이터와 상시 연계되어 있는 살아 있는 시스템이다. 디지털 트윈의 구성요소는 물리적 대상, 가상모델 및 데이터 연결이다.

디지털 트윈 기술은 실제 생산공장, 플랜트, 선박, 항공기, 오일과 가스 설비, 에너지 등 자산 중심의 산업분야에서 물리적인 물체 및 시스템을 운용상의 위험과 안정을 효과적으로 관리하면서도 고효율과 저비용의 혁신을 기대할 수 있는 가상의 디지털 세계에 고스란히 재현하는 방식의 복제하는 기술을 의미한다.

디지털 트윈을 지원하는 기술은 계속 확대되어 지금은 빌딩이나 공장, 도시 등

거대한 실체까지도 재현의 대상이 되고 있을 뿐 아니라, 사람이나 프로세스도 디지털 트윈으로 재현할 수 있다는 의견도 대두하는 등 그 개념 자체도 계속 확장되고 있다.

[그림 7-1] 디지털 트윈의 구성요소

실세계의 데이터를 활용하여 디지털 트윈 공간에서 모니터링, 분석, 예측, 시뮬레이션 등을 통해 얻은 정보를 현실세계에 반영하여 운영 최적화, 문제해결, 사전 예방 가능하다.

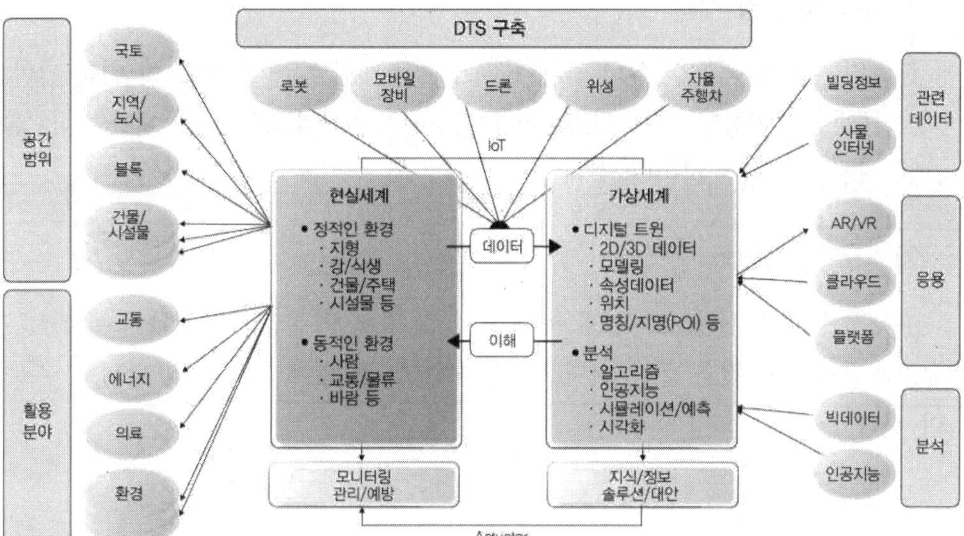

[그림 7-2] 디지털 트윈 공간의 개념적 모델

학습 7

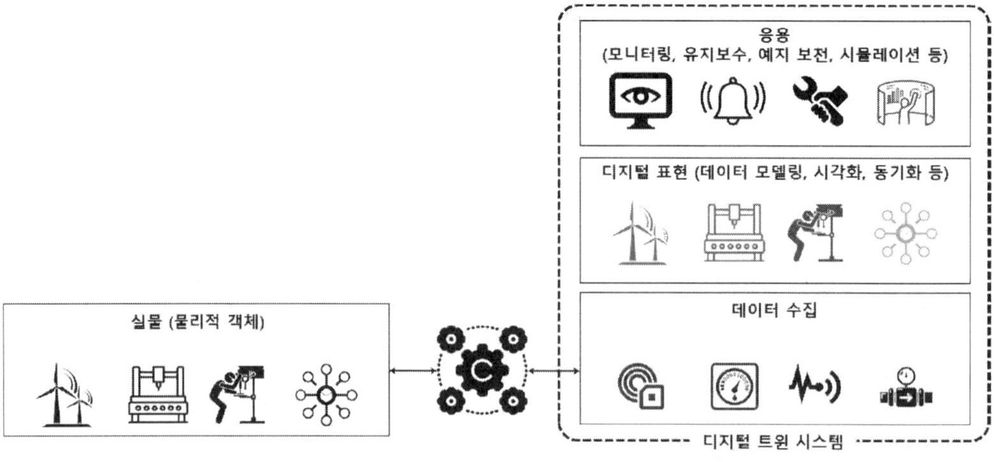

[그림 7-3] 디지털 트윈 기술의 종합체

[그림 7-3]처럼 디지털 트윈 기술은 IoT, Cloud, AI, BigData 기술의 종합체이다.

완성된 디지털 트윈 모델은 실제 물리적인 물체 및 시스템의 성능과 잠재적인 문제에 대한 인사이트 제공이 가능하다.

디지털 트윈 기술 과정은 수학적 모델 개발(Developmemt), 디지털 트윈의 구축(Generation), 최적화 가동(Operation)의 3가지로 구분한다.

1) 수학적 모델 개발

재현의 대상이 되는 현실의 물체나 시스템에 대한 데이터 수집 및 이를 기반으로 시뮬레이션 가능한 입/출력(Input-Output)기반의 수학적 모델 개발(수학/통계/데이터전문가 참여)하여야 한다.

2) 디지털 트윈의 구축

수학적 모델을 기반으로 실제 특정 기계 및 장비에 특징을 고려하여 통계 및 프로그래밍 능력을 갖춘 현장 엔지니어 참여하여 가상모형인 디지털 트윈의 구축해야 한다.

3) 최적화 가동

실제 데이터를 입력하여 시뮬레이션 실행하여 완성된 디지털 트윈의 가동을 통한 성능과 잠재적인 문제에 대한 인사이트 제공 가능해야 한다.

이후 컴퓨터 프로그램이 물리적 물체와 시스템에 대한 실제 데이터를 입력받아

그 데이터들이 어떻게 작용할 것인지에 대한 예측과 시뮬레이션을 출력, 이 과정을 통해 성능과 잠재적인 문제에 대한 인사이트 획득이 가능하다.

기본적으로 디지털 트윈은 데이터 과학 및 응용 수학의 전문가들이 물리적 물체와 시스템에 대한 실제 데이터를 연구·조사하고, 이를 기반으로 디지털 공간에서 실제 원본을 시뮬레이션하는 수학적 모델을 개발하는 방식이다.

2. 디지털 트윈의 구성기술

디지털 트윈의 구성기술은 [그림 7-4]처럼 크게 현실 사물, 분석시스템 및 디지털 트윈으로 이루어져 있다고 볼 수 있다. 현실의 사물이 존재해야 하고 이를 바탕으로 분석과 처리를 수행할 수 있는 시스템과 3D의 가상세계를 구현하는 디지털 트윈(Digital Twin)이 구성되어야 한다.

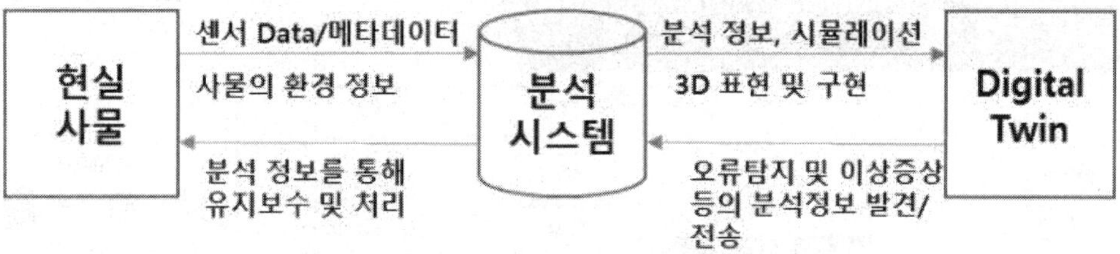

[그림 7-4] 디지털 트윈의 구성

[그림 7-4]처럼 디지털 트윈은 실제 현실 사물의 모델을 바탕으로 현실과 가상화 모델을 통합 구성하고, 가상화 모델 분석/시뮬레이션을 통하여 분석 피드백을 통하여 제어 모니터링의 오류를 탐지하게 된다.

〈표 7-1〉 디지털 트윈의 세부기술

구 분	구성기술	세부 기술
현실 세계 정보 수집	• Sensor • Actuator • Controller	• 센서/메타 데이터 수집 • 마모도 등 공정 데이터 수집 • WPAN, PLC, Modbus, RS485
가상세계 구성 측면	• 디지털 스레드 • 가상공간자산 • 3D 모델링	• 물리자산의 디지털화 • 디지털 사물 설계, 테스트, 피드백 등 공정의 디지털화
현실/가상 통합 측면	• VR/AR 연계 • 양방향 전달 • 공정제어	• 현실세계와 가상세계 연결 • 가상세계에서 다양한 테스트 및 시뮬레이션 가능

학습 7

〈표 7-1〉처럼 디지털 트윈의 상세 구성기술로는 센싱을 위한 IoT, ZigBee, NFC 등의 센싱 기술과 환경의 정보를 취합할 수 있는 온/습도 정보, 적외선 센서, 분석을 처리할 수 있는 Big Data와 AI 기술 등이 필요하며, 마지막으로 시뮬레이션을 진행할 수 있는 3D 영상 기술이 필요하게 된다.

3. 디지털 트윈의 구현

1) 디지털 트윈의 구현 단계

디지털 트윈의 기술은 [그림 7-5]처럼 수준에 따라 가트너 리서치에서 제시한 3레벨이다. [그림 7-6]에서서는 디지털 트윈의 레벨별 정의에 구체적으로 서술하였다.

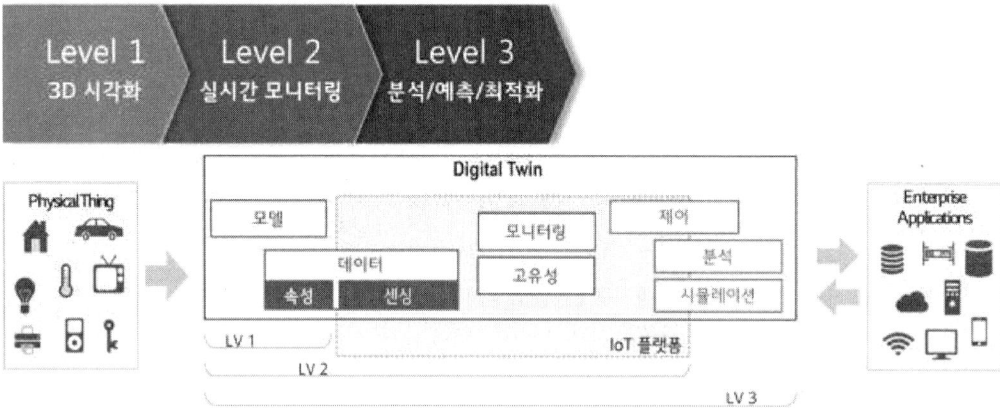

[그림 7-5] 디지털 트윈 기술의 구현 레벨

(1) 레벨 1

가장 단순한 단계로써 디지털 객체로만 존재하는 레벨 1이다. 즉 트윈 모델에 속성 정보를 입력하여 3D 시각화만 하거나 속성정보변경 등을 통한 시뮬레이션까지 포함하면 구현한 것이 레벨 1(Functional DT)이라 할 수 있다.

(2) 레벨 2

실세계와 연결되며 센싱 데이터로 포함하고 단순분석 및 시뮬레이션하는 레벨 2이다. 즉 IoT 플랫폼을 통해 실시간 센싱 데이터를 받으면 동시에 현실 세계에 있는 실제 사물이나 시스템들과 1 대 1 매칭이 되고 모니터링이 되면 레벨2(Connected DT)를 구현했다고 할 수 있다.

(3) 레벨 3

지능형 단계로써 AI, 고급분석을 적용하여 전문분석 및 시뮬레이션하는 레벨 3이다. 즉 레벨 3(Intelligent DT)의 수준은 운영 중인 모델을 기반으로 예측 및 분석하면서 시뮬레이션을 해보고 이를 기반으로 실제 사물을 제어하는 영역까지 구현하게 되는 것을 의미한다. 이를 구현하기 위하여 3D모델링 구축 갱신기술, 분석기술, 기시화 운영기술, 현실과 가상을 연계하는 연결 기술, 그리고 보안기술이 필요로 된다.

[그림 7-6] 디지털 트윈 레벨별 정의

2. 디지털 트윈 구현 과정

1) 목적에 적합한 상태변수, 상태천이함수 설정

디지털 트윈에는 현실 세계의 대상을 적절하게 컴퓨터로 구현하는 모델링 기술이 핵심적이다.

모델링의 목적에 따라 상태변수(S), 상태천이함수(T)를 설정하는 것이 가장 먼저이다. 목적을 어떻게 설정하는지에 따라 모델링을 하는 데에 필요한 변수가 달라진다.

2) 데이터 측정 및 변수 입력

디지털 트윈을 위해서는 시스템의 외형(모습)과 내부 작동 기능을 모두 구현해야 한다.

따라서 현실 대상의 형태적 이미지(2D)를 수집하고 3D CAD를 이용해 모델이 동일한 외형을 갖도록 구현한다. 또한 시스템의 고유한 특성(구성 물질, 시스템

작동 기능, 상호작용)에 관련된 데이터를 측정해야 하며 이를 변수에 반영해야 한다.

3) 학 습

시스템에 대한 이해를 바탕으로 설정한 상태천이함수(T)는 식의 형태(예 Y = ax + b)만 알 뿐이지 정확한 계수는 알지 못한다. 따라서 측정된 데이터를 바탕으로 머신러닝과 같은 기법으로 학습을 하면 정확한 상태천이함수를 얻을 수 있다.

4) 시간에 따른 결과를 시각적인 시뮬레이션으로 확인

학습이 완료되면 시스템에 대한 완벽한 모델을 얻게 된다. 외형과 동작 특성, 내부 모습, 고유한 특성까지 모두 현실 세계의 대상과 일치하는 디지털 트윈이 구현된 것이다. 따라서 시간과 외부 조건을 바꿔가며 시뮬레이션을 하면 시각적이면서도 정확한 결과를 얻게 된다.

5) 의사결정

구현된 디지털 트윈은 시뮬레이션 조건만 손쉽게 바꿔가며 시간에 따른 시뮬레이션 결과를 얻을 수 있다. 따라서 현실 세계 대상에 대한 의사결정을 내리는 데에 있어서도 높은 신뢰도로 의사결정을 내릴 수 있다.

3. 디지털 트윈의 구현 형태

디지털 트윈은 그 특성에 따라 크게 3가지 형태로 활용된다.

1) 관제의 모델(Observation Model)

데이터 스트림(Data Stream)을 통해 물리적 대상의 상태를 모니터링하는 방식이다. 예를 들면 제조현장의 기계운영 현황을 분석해서 이상 징후를 포착하고 경고를 한다거나 장애의 대응 방안을 도출하는데 활용한다.

2) 운영의 모델(Operation Model)

디지털 트윈에 파라미터를 설정하여 물리적 대상을 제어할 수도 있다. 조명이나 설비의 밸브를 원격 제어하거나 공조설비를 제어하여 실내온도를 조절하는 것을 예를 들 수 있다.

3) 최적화 모델(Optimization Model)

디지털 트윈이 궁극적으로 지향하는 활용 모델이라고 할 수 있으며 대상의 기능 매개변수(Functional Parameters), 상황정보(Contextual Data) 등을 활용하여 운영을 최적화하기 위한 시뮬레이션을 의미한다. 풍력발전기 날개의 경사각을 시뮬레이션하여 최적화하고 그 결과로 발전량을 증대하는 것이 대표적인 사례이다.

4. 디지털 트윈 기술의 구성

1) 디지털 트윈의 요소기술

초소형 정밀센서 가격이 최근 10년 동안 1/3수준으로 하락, IoT · Al Big data, Cloud, 5G. VR/AR/MR 등의 다양한 핵심요소 기술 발전으로 디지털 트윈 시장이 본격적 성장하고 있다.

〈표 7-2〉 디지털 트윈의 요소 기술

기 술	내 용
IoT	물리적 객체의 실시간 데이터 수집과 물리/기상 객체간 데이터의 원활하고 정확한 양방향 전송촉진
AI	새로운 데이터로부터 학습을 촉진하고 예측모델을 지속적으로 향상
Big Data	패턴을 유추 및 유용한 정보 발굴을 위한 양적 데이터 제공
Cloud	센서, 다양한 플렛폼으로부터 온 엄청난 양의 데이터를 담아 유연성, 확장성 지원
5G	실시간 정보 전송 능력으로 디지털 트윈의 반응성 향상
VR/AR/MR/HR	실제 물리적 환경과 동시에 가상 세계의 디지털 트윈 인식 지원
모델링	제품, 공정, 시스템 등의 형상을 가상공간에 구현

학습 7

2. 디지털 트윈 기술의 구성

디지털 트윈 관련 기술은 〈표 7-3〉처럼 가상공간을 구축하고 갱신하는 기술, 데이터로부터 정보를 얻는데 필요한 분석기술, 분석한 결과를 이해하기 쉽고 명료하게 표현하는 가시화 기술, 센서들과 가상공간의 안정적 연결을 보장하는 초연결 기술, 각종 데이터와 정보를 외부침입으로부터 막을 수 있는 보안기술 등으로 구성된다.

〈표 7-3〉 디지털 트윈의 주요기술

기 술	내 용
3D모델링 구축 갱신기술	3D 콘텐츠 제작, 데이터 정밀도 재고 기술, 기존 데이터 통합기술, 자동 인식 및 인공지능기술, 실시간 갱신기술
분석기술	3차원 환경에 적합한 분석기술, 알고리즘 중심 분석기술, 빅데이터 분석 및 AI활용 등의 선도기술
기시화/시각화 운영기술	다양한 기기에 적용이 가능한 기술, AR/VR중심 가시화 기술, 게임의 빠른 영상 처리기술과 같은 데이터의 압축/검색/운용기술
현실과 가상을 연계하는 연결기술	데이터와 가상객체의 연결기술, Geo-IoT관련 기술, 유관부야 데이터와 연계/융합기술
보안기술	공간 데이터에 대한 암호화기술, 데이터 보안 및 사이버 보안기술

7-2 디지털 치료제를 위한 디지털 트윈 기술의 활용

1. 디지털 치료제의 가상공간에서 현실 조건 재현, 임상실험

디지털 치료제의 디지털 트윈 기술은 의료 임상부문에서 매우 유용하다. 인간을 대상으로 직접 임상실험을 하기 곤란하거나 위험요소가 따르는 경우가 많다. 이런 경우 특정한 사람에게 실험 중인 약물이나 치료제를 투입했을 때의 상황을 디지털 기술에 의한 가상적인 상황을 만들어 본다.

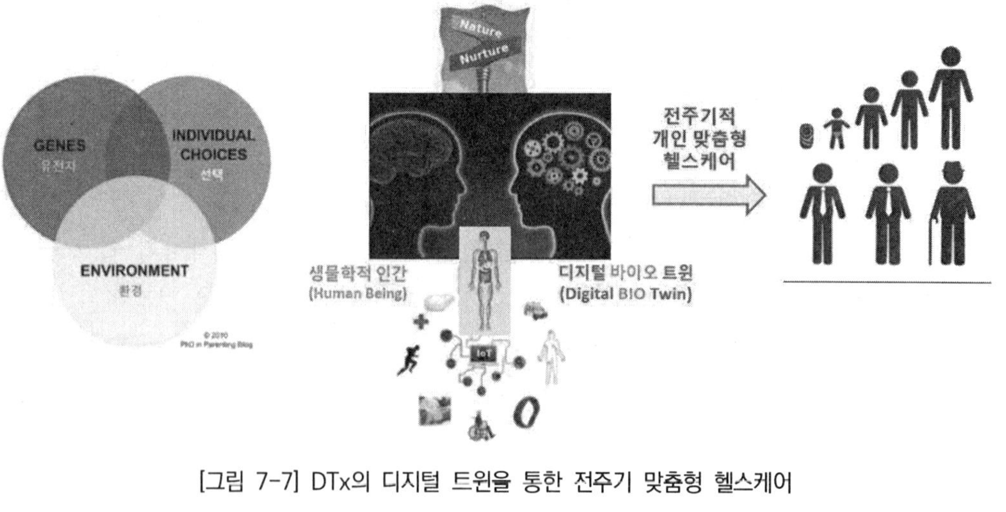

[그림 7-7] DTx의 디지털 트윈을 통한 전주기 맞춤형 헬스케어

그런 실제 인물과 같은 조건으로 가상 인물에 약물을 투여했을 때의 반응이나 치료효과, 혹은 부작용 등 위험요소를 정확하게 판단해낼 수 있다. 이 경우 임상실험 대상인 인물의 성별, 나이, 신장, 기저질환 여부 등과 같은 신체 조건에 따른 변화를 측정하고 이에 맞는 솔루션을 개발할 수 있다.

2. 스마트시티에 적용한 디지털 트윈의 코로나19 원천 퇴치의 비책

디지털 트윈 기술을 적용하여 '코로나19' 확진자, 혹은 '코로나19' 감염의 위험도, 회복될 확률, 그리고 무증상 감염자를 포함해 이미 감염 상태인 사람을 대중 속에서 식별해낼 수도 있다. 전문가들은 만약 이런 디지털 트윈을 현재 개발, 보급 중인 스마트 시티에 적용하면 원천적으로 '코로나19' 등 감염 질환을 방지할 수 있을 것이다.

즉 스마트화된 도시 권역 전체에 대해 지역별 조건과 상황을 가상공간화하고, 감염과 전염 가능성과 조건 등 디지털 트윈을 적용하는 것이다. 그 결과 어느 자치구, 혹은 어느 동이나 특정 지역별로 안전 지역과 위험 지역을 구별하고 모니터링할 수도 있다.

학습 7

3. IoT · 데이터링 · AI로 더욱 고도화

디지털 트윈 기술이 날로 발달하면서 사물인터넷(IoT), 인공지능, 데이터 분석 세계와 융합하면서 더욱 고도화되고 있다. 복잡한 '사물'과 연결되고 데이터를 생성할 수 있는 능력을 갖게 되면서 이젠 각종 산업이나 사회 각 분야에도 응용되고 있다. 이는 예측하기 힘든 미래나 직접 해보지 않고는 알 수 없는 결과치 등을 미리 알아낼 수 있기 때문이다. 현실의 물체나 시스템에 대한 실제 데이터를 입력값으로 취하고 그것이 어떤 영향을 받을 것인가를 예측하거나 시뮬레이션할 수 있는 것이다.

4. 실존과 가상세계의 쌍방향 데이터 소통

실존하는 실체와 가상의 객체가 단순하게 존재만 하는 것이 아니다. 양쪽은 양방향으로 데이터를 주고받으면서 각각의 변화를 반영해 그대로 구현할 수도 있다.

예를 들어 물리적인 자산의 상태에 대한 실시간 모니터링을 제공해 유지보수 비용이나 시행착오도 크게 줄일 수 있다. 무턱대고 고장 수리를 시도했다가 비용과 시간만 들며 번번이 실패하는 경우가 많다. 이럴 때 디지털 트윈 기술을 적용하면 미리 최적화된 유지 · 보수 방법을 찾아낼 수 있어 매우 효율적이다.

5. 각종 감염병 · 난치병 치료 · 예방에도 요긴

각종 감염병이나 난치병 치료와 예방에도 요긴하게 응용될 수 있는 특성이다. 신약이나 각종 치료제 등을 개발할 때 혹은 업그레이드 시킬 때 직접 사람을 상대로 한 임상실험을 하면서 시행착오를 감수할 필요가 없다는 설명이다.

임상실험의 대상인 인물, 혹은 난치병 환자의 현재 질병 조건을 가상공간의 시뮬레이션화하고, 여러 결과치를 미리 파악할 수 있는 것이다. 그래서 최근엔 '코로나19'의 백신이나 치료제 개발, 그리고 광범위한 역학조사와 질병 관리 등의 대안으로 디지털 트윈이 새삼 주목받고 있다.

이런 영향으로 인해 최근 마켓앤마켓에 따르면 오는 2020년 31억 달러이던 전 세계 디지털 트윈 시장이 오는 2026년이 되면 482억달러에 달할 것으로 예상되고 있다. '포스트 코로나' 시대의 가장 중요한 디지털 기술로 부상하고 있는 것이다.

6. 질병의 예측 및 통제

질병의 예측 및 통제 부분에서 전염병의 발생을 막기 위해 지리적 및 교통 정보 등을 결합하여 활동과 관계 패턴을 매핑하는 디지털 트윈와 결합하여 확산을 정확하게 예측함으로써 사이버 공간에서 가상 사회를 만들 수 있다.

교통 및 인간의 흐름을 제어하고 학교 또는 원격 학습에서 클래스 폐쇄에 대한 결정을 내리고 가장 적합한 병원의 자동 검색 및 예약을 가능하게 하여 감염의 발생을 실시간으로 능동적으로 제어할 수 있다.

수행 내용

재료 · 자료

- 디지털 치료제 관련 자료

기기(장비 · 공구)

- 컴퓨터, 문서작성 프로그램, 프린터, 주변기기

안전 · 유의사항

- 디지털 치료제 관련 장비의 안전 및 유의사항을 숙지한다.

수행 순서

학습 7

01 디지털 치료제와 의료분야에 적용되는 디지털 트윈이 부상하는 이유에 대하여 분석하라.

첫째, ICT만으로는 혁신활동과 생산성 개선을 더 이상 기대할 수 없기 때문이다.

미국 노스웨스턴대학 경제학지인 로버트 고든은 "최근의 ICT에 의한 혁신이 전기, 내연기관, 배관기술, 석유화학, 전화 등이 그런 것처럼 세상의 작동방식을 바꿀 정도로 혁신적이지는 않고 있다"고 말했듯이, ICT 단독에 의한 생산성이 최근 들어 기대했던 것보다 둔화되고 정체되고 있다.

둘째, 초연결 생태계 구축을 통해 생산성 향상과 사회문제 해결을 기대하기 때문이다.

다양한 사회 주체, 경제 주체가 보유하고 있는 유무형 자원을 효율적으로 연결하고 새로운 가치를 창출하는 시대가 도래하고 있다. 제조 관점에서는 단지 부문 최적화가 아닌 엔드-투-엔드 엔지니어링으로 확산되고 있다. 기획 단계에서부터 설치, 유지보수, A/S까지 통합되면 유휴자원을 최소화할 수 있고 이를 통해 생산성을 극대화할 수 있다고 본다. 도시 관점에서는 대규모 인프라 투자만으로는 한계에 도달했다. 디지털 트윈 생태계로 교통/주택/환경 등 사회문제를 저비용으로 해결할 수 있다.

셋째, 인구 구조 변화 한계를 극복하는 근본적인 해결책이 필요했다.

독일, 일본, 미국 등에서는 20~30년 전부터 핵심 생산가능 인구가 감소하기 시작했다. 그때까지 우리가 선택했던 방법은 개도국으로의 공장 이전이었다. 그러나 개도국에서도 인건비가 오르면서 한계에 봉착했다. 디지털 트윈을 통해서 노동력 감소 부분을 해결하고 생산성 문제를 향상할 수 있다면 공장을 이전하지 않고도 충분히 인구 구조 변화에 따른 한계를 극복할 수 있다.

넷째, 도시화 가속이다.

우리가 생각했던 것보다 도시화는 매우 빨라지고 있다. 개도국도 제조업의 발전 속도를 뛰어넘어서 사람들이 도시로 몰리고 있다. 도시화의 특성은 다양한 사람들이 모이기 때문에 다양한 요구를 하게 된다. 즉 고령화 가속, 1인 가구 증가, 이민 확대 등 도시로의 인구유입은 다양성 요구 증가와 함께 또 다른 사회적인 문제를 발생시킨다. 디지털 트윈은 고객 맞춤의 솔루션을 제공함으로써 도시화에 따른 다양한 난제를 해결할 수 있을 것으로 기대되고 있다.

다섯째, 기술의 대중화이다.

센서, 로봇 등 관련 요소기술 가격이 동시 다발적적으로 하락하면서 디지털 트윈 구현 비용이 감소했다. 예를 들어 MEMS 센서 경우 20년전 개당 3.5달러 했던 가격이 2007년도에 스마트폰이 나오면서 빠르게 급락했고, 2014년 이후에는 평균 단가가 1달러 밑으로 떨어졌다. 생산자 입장에서는 대량생산을 하지 않으면 유지하기 어렵겠지만, 소비자 입장에서는 가격이 떨어졌기 때문에 이러한 신기술들을 도입하는 데 부담이 없어지고 있는 상황이다.

02 디지털 치료제와 의료에 적용되는 디지털 트윈의 주요기술에 대하여 분석하라.

1. 디지털 트윈 공간 갱신기술

1) 데이터의 정확성과 정밀도를 높일 수 있는 기술

데이터의 정확성과 정밀도를 높일 수 있는 기술이 개발되어야 한다.

디지털 트윈 공간의 정확성과 정밀도가 높아질수록 디지털 트윈 공간의 활용도도 높아진다. 특히 분석이나 시뮬레이션을 수행하는 경우 데이터의 품질이 담보되지 않으면 결과를 신뢰하기 어렵다.

최근에는 모바일 매핑 시스템(MMS)에 장착된 센서를 이용하여 데이터를 취득하는 방법이 가장 유용하게 활용되고 있으나, 객체 추출의 자동화와 정확성을 확보하는 것이 주요한 숙제다.

2) 기존 데이터를 효과적으로 통합기술

기존 데이터를 효과적으로 통합해야 한다. 기존 데이터를 활용하여 디지털 트윈 공간을 구축하기 위해서는 우선 데이터를 변환 또는 통합할 수 있어야 한다.

개별적으로 구축된 3차원 공간정보, 실내 공간정보, 지하공간정보 등을 변환 또는 통합하여 디지털 트윈 공간을 구현하고 보완하는 것이 보다 효율적이다. 또한 CAD 형식의 빌딩 정보 모델링(BIM : Building Information Modeling)은 실내 공간을 구현하는데 매우 중요한 데이터이다.

BIM 데이터를 이용하기 위해서는 BIM 데이터의 상대좌표를 절대 좌표로 변환하는 기술을 개발해야 하며, BIM 데이터의 선택적 활용을 통해 적절한 LOD를 구현할 수 있는 변환 기술 역시 개발해야 한다.

3) 자동인식 및 인공지능 기술

자동인식 및 인공지능 기술 역시 중요한 역할을 할 것이다.

현재는 MMS를 통해 취득된 클라우드 데이터로부터 객체를 추출하는 데는 많은 시간과 비용이 소요된다.

수시로 변하는 환경을 신속하게 디지털 트윈 공간에 반영하기 위해서는 센싱된 데이터를 공간데이터로 변환하는 시간이 짧아야 한다. 이를 위해서 원시데이터로부터 자동 또는 반자동으로 객체를 추출하는 기술이 필요하다. 향후 인공지능 기술을 적용한다면 객체를 인식하는 시간을 줄일 뿐 아니라 정확도도 높아질 것으로 예상된다.

4) 실시간 갱신 기술을 개발

실시간 갱신 기술을 개발해야 한다. 실시간으로 공간 데이터를 갱신하기 위해서는 사람의 개입이 최소화되어야 한다. 기계가 읽고 판단하여 갱신하는 기술의 개발과 함께 차선이나 도로표식 등도 기계가 인식할 수 있도록 개선되어야 한다.

2. 분석기술

데이터와 정보는 엄밀히 구분됨에도 불구하고 우리나라에서는 데이터와 정보를 포함하여 '공간정보'라고 표현하고 있다. 경우에 따라서는 공간데이터는 그 자체가 정보가 되기도 한다.

예를 들면, 고해상도 영상자료는 육안으로 약 70%의 정보를 얻을 수 있다. 그러나 엄밀히 말하면 우리의 뇌가 분석 소프트웨어가 되고, 이를 통해서 알고 싶은 정보를 얻는 것이다. 이처럼 정보는 데이터를 분석하여 얻어지게 되므로 분석기술은 디지털 트윈 공간의 핵심역량이라고 할 수 있다.

4차 산업혁명은 5G, 빅데이터, 인공지능, 사물인터넷, 클라우드 컴퓨팅 등의 기술을 활용하여 자율주행차, 스마트 시티, 로봇 등의 관련 산업을 발전시키고 있다. 최신 지능정보기술과 활용분야를 연결시켜 주는 핵심 인프라가 공간정보기술이다. 예를 들면, 자율주행을 위해서는 정밀 도로지도와 공간 분석 및 인지 기술이 필요하며 사물인터넷, 가상/증강현실 기술을 구현하기 위해서는 3차원 공간데이터와 분석기술의 역할이 추가되어야 한다.

디지털 트윈 공간에는 2, 3차원 공간데이터뿐만 아니라 실시간 센싱데이터, 속성데이터, 통계데이터, 행정데이터, 빅데이터 등 다양한 데이터가 존재한다. 미래에는 센서와 IoT 기술, 모바일 기술, 인공지능 기술 등의 발달로 인해서 지금과는 다른 종류와 수준의 데이터가 생겨날 가능성이 높다. 디지털 트윈 공간는 객체기반의 3차원 공간이면서 시공간이 자유롭기 때문에 다차원의 입체적 분석에 대한 수요가 증가할 것이다.

기술환경의 변화에 따라 데이터의 형태와 차원도 달라질 것이다.

〈표 7-4〉 기술환경의 변화에 따른 데이터 형태 및 차원의 변화

현 재	미 래
2차원	다차원
물리적 공간	Cyber/IoT/ICT 공간
공간(Space)	시공간(Temporal Space)
캡처(Capture)	모니터링(Monitoring)
Snap-Shot	Streaming
정적(Static)	동적(Dynamic/Moving)
Slow	Real-Time
소량(Small)	대량(Large/Big)
정형(Structured)	비정형(Non-Structured)
단순한 형식(Simple Format)	다양한 형식(Various Formats)

〈표 7-4〉에서 보는 바와 같이 미래의 공간정보는 2차원에서 다차원으로, 물리적 공간에서 사이버공간으로, 정적인 데이터에서 동적인 데이터로, 정형데이터에서 비정형데이터 등으로 데이터의 형태와 차원이 변화할 것으로 예상된다.

따라서 다양한 형태의 데이터 환경에 부합하는 새로운 공간분석기술이 개발되어야 하며, 이러한 데이터와 기술을 기반으로 디지털 트윈 공간에서 다양한 정보를 생산할 수 있다.

현재 공간분석 기술은 대부분 2차원 공간 데이터를 대상으로 하고 있으며 대부분 안정된 상용소프트웨어를 사용하고 있다. 그러나 3차원 벡터 데이터, 3차원 격자 데이터, 영상자료의 입체적 분석과 관련한 기술은 아직 미비한 실정이다.

차세대 공간분석 기술을 개발하기 위해서는 순차적으로 접근해야 한다. 우선 2차원 벡터, 실내/지하 공간 데이터 등과 같은 기존 데이터의 분석기술을 고도화한 후, 3차원 공간분석을 위한 기반기술과 비정형데이터의 분석과 같은 차세대 공간분석을 위한 기술의 개발에 집중하는 전략이 필요하다.

그 과정을 좀 더 자세히 세분하면 다음과 같다.

① 국가공간정보 사업을 통해서 구축한 데이터의 성격과 수준을 분석
② 디지털 트윈 공간에서 요구하는 공간정보 수요를 도출
③ 공간정보 수요에 부합하는 분석기술의 리스트를 정하고 우선순위를 고려한 공간분석 기술 로드맵을 작성

또한 종합적이고 체계적인 계획과 기반기술의 확립, 부가적인 분석기술, 융합활용기술 등이 유기적으로 이루어 질수 있는 생태계를 조성해야 한다.

디지털 트윈 공간 기반의 미래지능정보사회를 구현하고 글로벌 수준의 공간분석기술을 확보하기 위해서는 고급인력 양성 및 관리, 연구중심의 R&D 체계, 특화된 공간정보 연구기관 지원 등 중장기적인 정책도 필요하다. 특히 소프트웨어 개발인력을 양성하는데 상당한 시간이 소요되기 때문에 인력양성 전략을 조기에 추진할 필요가 있다.

3. 가시화 기술

가시화(Visualization)는 공간정보의 최대 장점 중 하나다. 우리는 시각적 표현을 통해서 상황을 이해하거나 유용한 정보를 얻을 수 있다. 공간특성을 가시화하면 부가적인 설명 없이도 직관적으로 정보를 얻을 수 있기 때문에 비전문가도 쉽게 아이디어를 제시하거나 의사결정에 참여할 수 있다. 그런데 공간을 구성하는 객체가 복잡할수록, 제공해야 할 정보가 많을수록, 입체적 요소가 많을수록 가시화가 어렵다. 또한 데이터가 무겁고

클수록, 모바일 장비와 무선통신을 사용할수록 시각적 표현이 느리다. 정보를 충분하게 표출하지 못하거나 표출하는 속도가 느리면 사용자와 멀어지게 된다. 따라서 디지털 트윈 공간에서 가시화 기술은 사용자에게 직접적인 영향을 미치기 때문에 중요하게 다루어야 할 과제다.

최근 3차원 공간데이터를 구축하고, 객체와 관련한 정보를 입체적으로 표현하는 기술에 관심이 집중되고 있다. 예를 들면 2차원 지도는 평면에 장소, 이름 등을 표현했지만 3차원에는 입체적으로 POI를 표현해야 한다. 이를 위해서 건물의 3차원 위치에 해당 POI를 표기하는 '3D POI'가 개발되고 있다.

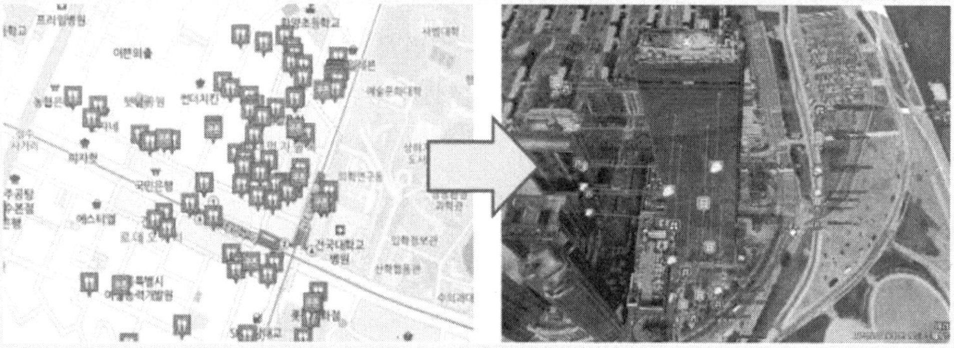

[그림 7-8] 기존 위치정보 표기와 3D POI표기

가시화 기술을 개발하기 위해서는 다음과 같은 사항이 고려되어야 한다.

1) 다양한 기기에 적용 가능한 가시화 기술개발

다양한 기기에 적용이 가능한 가시화 기술이 개발되어야 한다.

언제 어디서나 어떤 기기로 활용하더라도 일관된 서비스를 제공할 수 있는 가시화 기술이 중요하다. 디지털 트윈 공간을 활용한 서비스는 모바일 기기에서 활용될 가능성이 매우 높다. 모바일 환경에서는 표출대상 데이터의 압축과 선택적 표출 기술 등이 필수적 요소이다.

2) AR/VR을 고려한 가시화 기술개발

AR/VR을 고려한 가시화 기술이 개발되어야 한다.

AR/VR은 미래의 서비스 기술로 주목받고 있으며, 사용자에게 실제와 같은 느낌을 주기 때문에 향후 디지털 트윈 공간의 주요한 표현 방식이 될 것이다. 따라서 디지털 트윈 공간의 가시화는 AR/VR로 표출될 가능성이 매우 높기 때문에 이를 위한 기술을 개발해야 한다.

3) 빠른 영상처리 기술과 데이터를 압축 · 검색 · 운용할 수 있는 기술개발

인터넷 게임처럼 빠른 영상처리 기술과 데이터를 압축, 검색, 운용할 수 있는 기술 등이 개발되어야 한다. 또한 방대한 이미지 데이터의 선택적 검색, 검색된 데이터의 선택적 표출, 선택되지 않은 데이터에 대한 압축 및 표출 등에 대한 기술을 지속적으로 개발해야 한다. 현재 최근 GPS와 INS장치의 발전으로 차량에 공간정보 획득 센서를 탑재한 MMS(Mobile Mapping System)에서 생산되는 3차원 데이터 처리의 대부분은 외산 소프트웨어에 의존하고 있다. 향후 증가하는 3차원 공간정보의 수요를 고려한다면 하드웨어와 소프트웨어를 국내에서 개발해야 한다.

4. 초연결 기술

종전의 3차원 공간정보는 현실세계를 정적인 형태로 표현한 것인데 비해 디지털 트윈 공간은 사이버공간의 객체와 현실세계가 연결되어 있다는 점에서 다르다.

초연결 기술이 없었다면 현실세계와 가상세계를 연계한 사이버물리시스템은 세상에 나타나지 않았을 것이다. 따라서 초연결 기술은 디지털 트윈 공간의 필수적 요소이다. 국내외 정보통신 기업들은 초연결을 위한 통신 인프라를 개발하고, 초연결 서비스 시장을 선점하기 위해 치열한 경쟁을 벌이고 있다.

대표적인 예로 '커넥티드 카(Connected Car)'를 들 수 있다. 자동차 내부의 모든 장치가 서로 연결되어 있는 것은 물론이고, 외부에서 자동차의 상태를 모니터링하거나 원격으로 문제를 해결하기도 한다. 이와 같은 초연결 기술 때문에 디지털 트윈 공간을 구상하고 제안할 수 있게 된 것이다.

초연결의 대상은 디지털 트윈 공간상의 객체와 현실세계의 데이터로, 이를 어떻게 효과적으로 연결할 것인가가 중요하다. 디지털 트윈 공간에는 매우 많은 객체와 이와 관련된 데이터가 존재할 것이다. 객체와 데이터를 얼마나 효율적으로 연계하고 관리할 수 있는지가 디지털 트윈 공간 운용의 핵심이 될 것이다. 따라서 초연결을 위해 우선적으로 객체와 데이터의 연계에 대한 기술을 개발해야 한다.

다음으로는 실시간 상태정보를 취득하는 기술이 중요하다. IoT 기술은 빠르게 발전하고 있지만 아직까지 공간적인 요소를 고려하지 못하는 한계가 있다. 예를 들면, 자동차에 부착된 센서를 통해서 수집된 교통정보가 실시간으로 디지털 트윈 공간에 반영되기 위해서는 정확한 위치와 주변환경의 정보가 필요하다. 이때 위치정보와 함께 수집된 교통정보를 프로세스할 수 있는 기능이 센서에 장착되어 있다면 필요한 정보를 가공해서 디지털 트윈 공간으로 보낼 수 있으며, 이 경우 별도의 데이터 처리 없이 바로 디지털 트윈 공간에 반영되므로 시차가 발생하지 않을 뿐 아니라 데이터가 가벼워서 속도도 빠르고 전송에 필요한 에너지도 최소화할 수 있다. 이러한 과정을 지원하는 기술이 Geo-IoT 기반 실시간 정보의 연계·통합 기술이라고 할 수 있다.

또한 유관분야의 데이터와 연계 및 융합하는 기술을 개발해야 한다. 디지털 트윈 공간의 활용을 높이기 위해서는 관련된 분야의 다양한 데이터를 연계·융합하는 것이 중요하다. 이를 통해 더욱 풍부한 서비스를 제공할 수 있다.

초연결을 기반으로 수집되는 다양한 데이터를 연계하고 통합하는 플랫폼 기반 서비스 기술이 개발되어야 한다. 디지털 트윈 공간은 수없이 많은 기기들로부터 데이터를 수집하게 될 것이며, 이에 따른 엄청난 양의 데이터를 직접 수용하기에는 한계가 있다. 따라서 데이터를 클라우드에 저장한 후 활용목적에 따라 연계하거나 통합하는 플랫폼의 기능이 필요하며, 이와 관련한 기술이 개발되어야 한다.

5. 보안기술

디지털 트윈 공간에는 공간데이터를 비롯하여 센싱데이터, 통계데이터 등 다양한 데이터가 존재하기 때문에 개인정보는 물론, 안보와 관련된 내용이 포함될 수밖에 없다.

특히 한국은 다른 나라에 비해 국가안보와 관련된 공간정보의 공개에 매우 민감하다. 디지털 트윈 공간 구축 및 운영 시 이러한 정보에 대한 철저한 보안책이 없다면 디지털 트윈 공간의 가치가 훼손될 우려가 있다. 따라서 디지털 트윈 공간을 위한 보안기술의 개발은 필수적 사항이다.

보안과 활용은 동전의 양면과도 같다. 보안을 강화하면 활용이 제한되고, 활용성을 높이면 보안위험이 높아진다. 디지털 트윈 공간는 가능한 많은 분야와 사람들이 활용하게 될 것이므로 보안의 위협 또한 증가하게 될 것이다. 따라서 활용성을 저해하지 않는 보안기술의 개발이 중요한 과제다. 디지털 트윈 공간의 특성을 고려할 때 두 가지 접근방법이 있을 수 있다. 하나는 디지털 트윈 공간 구조 속에서 주요 정보나 주요 객체에 대한 보안을 강화하는 방법으로, 정보에 대한 제공 여부를 현재와 같이 지정하는 방식이다. 이 방식은 기술보다는 제도를 기반으로 운영되기 때문에 최초에 보안수준을 정할 때 많은 고민이 필요하다. 다른 방법은 신기술을 도입하여 보안을 강화하는 것이다. 4차 산업혁명의 주요 기술 중 하나인 블록체인(Block Chain) 기술이 이에 해당한다. 블록체인은 네트워크를 통해 관리되는 분산형 데이터 기술로써 비트코인을 통해 그 실효성이 입증되고 있다. 블록체인 기술은 현재 은행 지불 시스템, 사이버 보안, 보험, 개인운송, 클라우드 스토리지 등 다양한 분야에서 활용 중이다. 따라서 디지털 트윈 공간에 블록체인 기술을 적용하는 방안을 모색해야 한다.

보안기술의 개발을 위해서는 공간데이터에 대한 암호화 기술이 개발되어야 한다. 현재는 데이터의 해상도나 위치에 따라 공개를 제한하고 있고, 이 방식은 해당 공간에 대한 서비스를 제약하는 원인이 되고 있다. 이를 보완하는 방안으로 서비스는 제공하되 공개하지 않아야 할 정보를 암호화하는 기술을 개발하여 적용하는 것이다. 공개하기 어려운 정보를 암호화하거나 가상화해서 서비스 한다면 활용을 제한하지 않으면서 정보를 보호하는 효과를 거둘 수 있을 것이다.

다음으로는 해킹 등으로부터 데이터를 보호하는 보안기술이 중요하다. 디지털 트윈 공간상에 존재하는 데이터를 해킹하는 보안사고가 발생할 경우 그 피해를 예측하기 어렵다. 특히 사이버공간을 통해서 실제 교통상황이나 시설물 등을 제어할 경우 해킹은 심각한 문제를 일으킬 수 있다. 따라서 디지털 트윈 공간에 대한 사이버 보안 기술의 개발이 필요하다.

〈표 7-5〉 보안기술의 분류

구성요소	분 류	필요 보안기술
공 통	암호 기술 사용자 인증 보안 로그 규제 대응	대칭/비대칭, 해시/메세지 인증코드, 키 관리 패스워드 관리, 이중 인증, PKI인증 접속 기록, 시각 동기화, 이용자 알림 프라이버시 보호, IoT 보안 인증
서비스	웹 서비스 보안 모바일 앱 보안	안전한 웹 인터페이스, TLS, 업데이트 보안, 앱 서명
디바이스	네트워크 기능 펌웨어 관리 디바이스 인증 권한 관리 하드웨어 보안	퍼징, 무선랜 인증, 정적 분석, 기기 방화벽 펌웨어 암호화 및 서명, 시큐어 업데이트, 패치 초기 키 주입, 상호 인증, 대칭키/인증서 기술 역할 기반 통제, 시큐어 디버그, 메모리 보안 시큐어 스토리지, 템퍼링 방지

〈표 7-6〉 주요 보안기술

구성요소	설 명	필요 보안기술
경량 암호화 기술	128비트 암호화 알고리즘(예 : AES)을 실행할 수 없는 제약이 심한 기기에서도 적절한 수준의 암복호화 수행	LEA, HIGHT SIMON, SPECK
암호화	DB 및 파일로 저장되는 중요정보/개인정보에 대한 암호화	AES-128, ARIA, SEED, KCMVP

구성요소	설 명	필요 보안기술
TLS/DTLS	Transport Layer Security의 약어로 통신구간 암호화 및 인증 Datagram Trasport Layer Security : IoT 환경에 적합한 경량 TLS 프로토콜	TLSv1.2 완전 순방향 비밀성 DTLS v1.0, v1.2
펌웨어 암호화 및 서명	펌웨어를 암호화 및 서명하여 기밀성, 무결성, 데이터 인증	AES-128 암호화 RSA-2048 서명
시큐어 업데이트	IoT 기기에 체계적이고 신뢰할 수 있는 방법으로 보안 패치를 적용하는 방법	주기적인 패치 제공 안전한 암호 알고리즘
SSO, IAM	다수 서비스에 대한 단일한 통합인증 체계를 제공하고 ID/PW, NPKI, GPKI, FIDO 등 다양한 인증수단 사용을 지원하고 인증토큰에 대한 발행 및 접근권한 관리	SSO, PKI, FIDO SAML, Oauth
상호 인증	기기는 서버를 인증하고 서버는 기기를 인증하여 상호 인증된 상태로 안전하게 통신	초기 키 주입 보안칩에 키 저장 키 개별화 및 갱신
공개키 핀	서버 인증서가 전송 중에 변조되지 않음을 탐지하여 중간자공격 차단	공개키 정보(SPKI) 체인 검증, 키 갱신
칩 보안	기기에 보안 칩을 장착하여 안정성 확보 후 소프트웨어를 실행하면서 이상 유무 확인	SE TEE PUF
시큐어 부팅	기기 부팅 및 실행 전 서명 검사를 통해 해킹이나 악성코드 침투에 의한 소프트웨어 위/변조를 근원적으로 방지	Root of Trust RSA 서명 및 검증
시큐어 디버그	디버그 포트에 전기적인 무작위공격을 가하더라도 반응하지 않도록 응답 차단하고, 별도의 하으웨어 장치를 연결하여 비밀 키를 송수신한 경우에만 접근 활성화	암호화 통신 시큐어 JTAG/UART
버퍼오버플로 방지	스택, 힙, 라이브러리 메모리 공간의 버퍼 오버플로가 발생하지 않도록 실행 방지, 메모리 랜덤 할당, 덮어쓰기 탐지 등을 OS 및 바이너리 빌드 시 적용	NX(non-execute) ASLR Stack Smashing Protector
NW접근통제	비인가 Device가 Network환경에 연결되는 것을 탐지/차단 주요 NW에 대한 비인가 접속 차단	NAC Firewall WIPS
침입탐지/차단	Network상에서 악의적인 공격 탐지 및 차단	IPS
이상행위/패턴 모니터링	Sensing Layer의 다양한 device에서 발생되는 이벤트를 분석해 비정상적인 행위에 대한 모니터링 및 대응	SIEM 지능형보안관제
악성코드 방지	사용자 PC 및 모바일단말에 대한 악성코드 탐지 및 치료/삭제	모바일 백신
키로깅 방지	스마트시티 서비스 이용간 인증정보 및 결제정보 등 입력 시 키로깅툴에 의한 중요정보 유출방지	키로깅방지 SW
App 보안	스마트시티 앱 설치파일 분석 통한 중요정보 노출, 앱 취약점 공격 등에 대한 방어	앱 난독화 Secure coding

03 의료의 조기진단을 위한 디지털 트윈 기술의 핵심 5가지에 대하여 분석하라.

디지털 트윈 기술은 환자와 의사에게 조기 진단을 위한 통찰력과 혁신적인 치료 옵션을 제공함으로써 개개인의 건강에 대한 통제력을 높이고 있다. 인간 생리학의 3D 모델링에서부터, 연구를 개념화하고 치료하기 위한 혁신 플랫폼에 이르기까지 개인화된 헬스케어의 추세를 주도하는 Top 5 핵심 기술인 3D 모델링과 3D 프린팅, AI(인공 지능), 병용요법(Combination Therapy) 및 혁신 플랫폼을 사례별로 분석한다.

1. 3D 모델링

뇌동맥류, 뇌의 동맥류 파열은 생명이 매우 위태로운 상태로 파열 자체는 혈관 조영술을 통해 볼 수 있지만, 외과의사는 수술이 시작되기 전까지 무슨 일이 일어나고 있는지 정확히 알 수 없다. 하지만, 인간 신체의 디지털 모델인 '디지털 트윈(Digital Twin)'을 통한 혁신 덕분에 이러한 상황이 개선되고 있다.

프랑스계 미국 기반 의료기술 기업인 Biomodex는 소프트웨어를 사용하여 CT, MRI 및 에코 스캔과 같은 의료 이미징들을 정확한 디지털 모델로 변환시킨다. 이 소프트웨어는 환자 혈관의 정확한 꼬임과 회전을 모델링 한 다음 환자의 생체 역학 특성을 디지털 모델에 추가하여 외과의사가 정확한 수술 계획을 세울 수 있도록 돕는다.

인체 스캔 이미지 파일을 디지털 모델로 변환하는 것 외에도, Biomodex는 동맥류의 정확한 복제본을 3D 프린팅할 수 있다. Biomodex는 환자의 복잡한 뇌혈관을 파악할 수 있는 맞춤형 가상 모델을 제작하여, 외과 의사가 수술 전에도 수술에서 무엇을 해야 하는지 정확하게 파악하고, 미리 연습해 볼 수 있다.

Biomodex는 환자의 수술 중에 급하게 내리는 결정보다 수술 전에 안전하고 반복 가능한 환경에서 치료에 관한 더 많은 중요한 결정들을 내리도록 돕는 것이다.

Biomodex가 하고 있는 일은 실제 세계의 증거들을 디지털 트윈에 입력하면 양자역학에서 인체 장기에 대한 시뮬레이션까지 헬스케어와 관련한 모든 시나리오들을 분석해 볼 수 있으며, 현실에서는 테스트가 불가능한 헬스 모델링을 만들어 낼 수 있게 된다.

가치 있는 의료서비스를 지원하기 위해 디지털 트윈과 가상 인간 모델을 사용한다는 것이 과학 소설처럼 들릴 수 있다. Biomodex와 같은 기업은 대세를 바꾸는 진보한 과학기술을 적극 활용하여 현실과학으로 만들어 놓고 있다.

2. 3D 프린팅

3D 프린팅은 또 다른 획기적인 기술로서, 각 환자의 필요에 따라 맞춤화된 경량의 저렴한 보철물을 생산할 수 있다.

Unlimited Tomorrow는 의수로 사용할 수 있는 매우 사실적인 3D 프린팅 로봇 손 전문이다. 이 기업은 의수가 필요한 환자의 가족들에게 휴대용 3D 스캐너를 제공하여, 아직 남아있는 팔의 디지털 모델을 스캔해 보내도록 한다. Unlimited Tomorrow는 이 데이터를 사용하여, 매우 정확한 마치 거울에 비친 듯 똑같은 의수를 들어 낸다. 이 의수에는 피부의 반점들도 표현되어 있고, 페인트 칠이 가능한 손톱도 가지고 있다.

전산화 된 센서와 제어 장치와 함께 의수는 몸짓을 할 수도 있다. 보통 기존의 의수들은 미화 10만 달러 이상의 가격을 가지고 있어 많은 사람들이 쉽게 접하지 못하였으며, 특히 빠르게 성장하는 어린이들에게는 비실용적이었다. 하지만 Unlimited Tomorrow의 의수들은 약 5천달러 정도의 가격이다. 맞춤형 3D 모델 생성을 자동화 하고, 개인화된 의수를 3D 프린팅할 수 있게 한 소프트웨어 덕분이다.

한국의 SG 로보틱스는 하반신 완전 마비 환자가 다시 걸어 다닐 수 있게 해주는 웨어러블 로봇을 맞춤형 설계하는데 유사한 기술을 적용하고 있다. SG 로보틱스는 실제 모형을 만드는 데는 시간이 많이 걸리는데 물리적으로 조립하기 전에 소프트웨어를 사용하여 부품을 시각적으로 프로토타입 한다.

3. 인공 지능

인공 지능(AI)은 맞춤형 헬스케어의 또 다른 트렌드이다. Frost & Sullivan은 최근세계 AI 시장 규모는 약 100억 달러 시장으로 성장할 것으로 예상하여 복합 연평균 성장률 40%를 달성할 것으로 전망했다.

캐나다 기업 Meta는 AI를 사용하여 매주 발행되는 수천 개의 과학 논문을 읽고 분석한 후 연구원들에게 통찰력을 제공한다.

한편 영국의 제약회사 글락소 스미스 클라인(GSK)은 AI의 전문화 된 형태인 머신러닝 기술을 이용해 보다 신속한 개발을 실현하고 있다.

영국 바이오 뱅크에 DNA를 기증한 50만 명의 지원자들의 유전 정보를 이용해 GSK는 모든 유전자의 질병에 대한 영향을 모델링하고 예측하기 위해 인공 지능을 사용하고 있다. 특정 조건을 가진 사람의 유전자 패턴을 확인하면 GSK가 신약을 보다 빨리 개발할 수 있도록 어떤 유전자를 조정할지에 대한 로드맵을 제공받을 수 있다.

GSK은 머신 러닝을 통해 신약 개발 시간을 약 5년에서 1년으로 단축 가능하다고 예측했다.

Axendia의 연구는 생명과학 기업들이 의미 없는 데이터들에 시달리고 있음을 보여준다. 업계는 법적 및 규제 요구 사항을 충족시키기 위해 데이터를 수집, 보관하는 데 집착하고 있다. 하지만 안타깝게도 대부분의 회사들은 이를 이용하지 않는다. GSK가 추구하는 것은 AI가 신약의 품질과 효과를 개선함과 동시에 시장 출시 시간을 단축시키기 위해 이러한 데이터의 가치를 높이는 데 기여할 수 있다.

4. 병용 요법

때로는 약물이 다른 물질과 결합하여 더 잘 듣거나, 독창적인 장치 또는 포장으로 전달될 때 복용하기가 더 쉽다. 예를 들어 아스피린, 혈압 강하제 및 스타틴을 하나의 알약으로 병용하는 치료법은 환자의 복용 일정을 준수하면서 심장 질환의 위험 요소를 줄이는 것으로 나타났다. 병용 요법은 두 가지 이상의 약물, 생물학적 제제 또는 의료기기를 결합하는 등 다양한 형태로 제공될 수 있다.

미국 메사추세츠 주 캠브리지에 본사를 둔 의료기기 회사인 Portal Instruments는 대형 분자 치료를 위한 신기술을 개발했다. 정밀 고압 기술을 이용하여 바늘 없이도 피부를 직접 관통하여 머리카락보다 가는 주사액을 주입하는 주사기이다.

일본의 Takeda Pharmaceutical Company는 Portal과 제휴하여 궤양성 대장염을 앓고 있는 성인을 위한 단일 클론 항체인 Entyvio를 투여하기 위해 해당 주사기를 사용했다.

5. 혁신 플랫폼

자동차 공유 예약 서비스나 음원 다운로드를 위한 수단으로 잘 알려져 있는 플랫폼 방식은, 이제 여러 맞춤형 헬스 혁신 솔루션 개발을 촉진하는 수단으로도 사용된다. 예를 들어 클라우드 기반 플랫폼은 개별 시스템 간을 연결하여 작동될 수 있기 때문에 정보 교류를 가로막았던 장벽을 제거하여 문제해결을 촉진한다.

클라우드 기반 혁신 플랫폼은 인증된 사용자들이 인터넷에 연결된 웹 브라우저를 통해 간단히 접속할 수 있기 때문에 조직 내에서뿐만 아니라 여러 외부 파트너와의 공동작업도 가능하게 한다.

예를 들어 뇌동맥류 수술을 계획할 때, 환자의 손상된 뇌동맥을 모델링하는 것은 Biomodex만으로는 충분하지 않다. 파열된 동맥을 치료하기 가이드하기 위해 Biomodex는 동맥이 실제로 어떻게 움직이는지를 알 수 있는 방법을 개발해야 했다.

Biomodex는 환자의 정보와 진단 데이터 및 의사 입력을 결합하여 Invivotech라는 알고리즘을 개발했으며, 모든 필요 정보는 회사의 협업 플랫폼에서 자동으로 수집되고

학습 7

구성, 분석 및 모델링 된다. 그 결과 몇 주 또는 몇 달이 아니라 몇 시간 만에 유기 조직의 생체 내 역학을 모방한 3D 프린팅 모델을 만들어 낼 수 있다.

이것은 헬스케어 분야의 긍정적 의미의 파괴적 혁신이다. 혁신 기술이 정밀의학 분야의 혁명을 가능하게 하여, 결과적으로 우리 모두의 건강을 증진한다.

04 디지털 치료제와 의료에서 디지털 트윈 기술을 적용하는 기능에 대하여 분석하라.

1. 시뮬레이션(Simulation)

디지털 트윈을 구축하기 위한 도구의 성능과 정교함이 증가하고 있다. 이제 복잡한 가상 시뮬레이션을 설계하고, 감지된 실제 조건에서 역추적하고, 과도한 시스템없이 수백만 개의 시뮬레이션 프로세스를 수행할 수 있다.

또한 공급 업체 수가 증가함에 따라 옵션의 범위가 계속 증가하고 확장된다.

마지막으로 인공지능의 기계 학습 기능은 통찰력의 깊이와 유용성을 향상시킨다.

2. 새로운 데이터 소스(New Sources of Data)

LIDAR(Light Detection and Ranging, 빛 감지 및 거리 측정) 및 FLIR(Forward-Looking Infrared, 전방 적외선)과 같은 실시간 자산 모니터링 기술의 데이터를 이제 디지털 트윈 시뮬레이션에 통합할 수 있다.

마찬가지로 기계 또는 공급망 전체에 내장된 IoT 센서는 운영 데이터를 시뮬레이션에 직접 제공하여 지속적인 실시간 모니터링을 가능하게 한다.

3. 상호 운용성(Interoperability)

지난 10년 동안 디지털 기술을 현실 세계와 통합하는 능력이 크게 향상되었다. 이러한 개선의 대부분은 IoT 센서 간의 통신, 운영기술 하드웨어 및 다양한 플랫폼과 통합하려는 공급 업체의 노력에 대한 향상된 산업 표준 때문일 수 있다.

4. 가시화(Visualization)

디지털 트윈 시뮬레이션을 생성하는데 필요한 엄청난 양의 데이터는 분석을 복잡하게 만들고 의미있는 통찰력을 얻기 위해 노력할 수 있다. 고급 데이터 시각화는 실시간으로 정보를 필터링하고 추출하여 이러한 문제를 해결하는 데 도움이 될 수 있다. 최신 데이터 시각화 도구는 기본 대시 보드 및 표준 시각화 기능을 훨씬 뛰어 넘어 대화형 3D, VR 및 AR 기반 시각화, AI 지원 시각화 및 실시간 스트리밍을 포함한다.

5 수단(Instrumentation)

내장형 및 외장형 IoT 센서는 점점 더 작아지고, 더 정확하고, 저렴하고, 강력 해지고 있다. 네트워킹 기술 및 보안이 향상됨에 따라 기존 제어 시스템을 활용하여 가상모델과 통합 할 실제 조건에 대한보다 세밀하고 시기 적절하며 정확한 정보를 얻을 수 있다.

6. 플랫폼(Platform)

강력하고 저렴한 컴퓨팅 성능, 네트워크 및 스토리지의 가용성과 액세스 향상은 디지털 트윈의 핵심 요소이다. 일부 소프트웨어 회사는 디지털 트윈 트렌드를 활용할 수 있도록 클라우드 기반 플랫폼, IoT 및 분석 기능에 상당한 투자를 하고 있다. 이러한 투자 중 일부는 산업별 디지털 트윈 사용 사례의 개발을 간소화하기 위한 지속적인 노력의 일부이다.

학습 7

05 디지털 치료제 개발을 위한 SW알고리즘 구현에 대하여 분석하라.

1. 알고리즘의 특징

알고리즘은 주어진 문제를 해결하기 위한 잘 정의된 동작들의 유한 집합으로서 알고리즘에는 제시된 문제와 문제를 해결하기 위한 순서적인 동작들이 있다. 알고리즘을 구현하기 위해서는 가장 먼저 주어진 문제를 잘 이해해야 하며, 여기서는 문제가 주어지는 상황도 포함한다. 알고리즘의 요건은 다음과 같다.

① 입력 : 외부에서 제공되는 데이터가 0개 이상이어야 한다.
② 출력 : 적어도 하나 이상의 결과를 출력하여야 한다.
③ 명확성 : 명령이 단순하고 명확하며 모호하지 않아야 한다.
④ 유한성 : 명령대로 한정된 수의 작업 후에는 반드시 종료하여야 한다.

⑤ 유효성 : 모든 명령이 수행 가능하여야 한다.

⑥ 효율성 : 알고리즘은 프로그램의 구현을 효율적으로 나타내어야 한다.

2. 알고리즘의 성능

알고리즘의 성능이란 동일한 알고리즘이라도 프로그램 수행의 속도가 빠르고 사용하는 메모리를 적은 것을 말하는 것으로 최근에는 대부분의 프로그램에 알고리즘을 구현하여 적용한다.

3. 알고리즘의 표현

알고리즘은 일반적인 컴퓨터 언어로 기술하거나 인간이 사용하는 언어나 의사 코드(Pseudo Code)로 기술이 가능하다.

1) 자연어

한글이나 영어 등 인간이 사용하는 언어로 작성되며 프로그래머의 입장에서는 알고리즘의 작성이 용이하고 표현이 자유롭다. 그러나 성자에 따라 언어의 모호성이 발생하기 때문에 명확성을 유지하기 어렵다.

2) 순서도(Flow Chart)

알고리즘을 표현하는 방법 중 직관성이 높은 시각적인 표현으로 간단, 명료하게 표현이 가능하다. 그러나 소프트웨어 시스템이 클 경우에는 코딩이 어려운 단점이 있다.

3) 의사 코드

프로그래밍 언어에 가까우며 특정 언어의 구조에 대하여 제약을 받지 않으며, 각 언어로 표현된 절차 단계들을 명시적으로 구조화시킨 형태이다. 그러나 매번 실행을 위해서는 새로이 코딩하여야 한다.

4. 알고리즘 설계 기법

1) 분할 정복(Divide and Conquer) 전략

해결하고자 하는 문제를 작은 단위로 나누어 순환적으로 해결하는 하향식 접근 방식으로 나누어진 작은 단위들은 원래 문제와 동일한 성격과 특징을 지닌다. 이진 탐색, 퀵 정렬, 합병 정렬 등이 있다.

2) 동적계획법(Dynamic Programming) 전략

하위 문제부터 해결하면서 전체 문제를 해결하는 상향식 접근 방식으로 하위의 단순한 문제에서 도출된 해를 테이블에 저장하고, 이를 이용하여 복잡한 상위 문제를 해결한다. 이러한 동적계획법 전략은 최적화 문제를 해결하기에 적합하다. 플로이드(Floyd)의 최단 경로 알고리즘 등이 있다.

3) 탐욕 알고리즘(Greedy Algorithm) 전략

좋은 해결책을 찾아가는 기법으로 상황에 맞는 최상의 해결책을 찾는 것이다. 즉 완벽한 해결책을 찾기 보다는 차선책(Suboptimal)으로 구현한다. 이는 각각의 해를 구하는 일련의 선택 과정마다 최선의 방법을 선택하면 전체적으로 최적의 해를 구할 수 있다는 방법론을 적용한 것이다. 따라서 항상 최적의 해가 맞는지를 확인하는 절차를 필요로 한다. 최소 비용 신장 트리를 구하는 알고리즘[(크러스컬(Kruskal) 알고리즘, 프림(Prim) 알고리즘)] 등이 있다.

```
#include <stdio.h>

int main(void)
{
    printf("Hello \ n");
    printf("Hello \ n");
    printf("Hello \ n");
    printf("Hello \ n");
    printf("Hello \ n");
    printf("Hello \ n");
    printf("Hello \ n");
    printf("Hello \ n");
    printf("Hello \ n");
    printf("Hello \ n");

    return 0;
}
```

(a) 적용 전

```
#include <stdio.h>

int main(void)
{
    int i;
    for(i=0 ; i<10 ; i++)
    {
        printf("Hello \ n");
    }

    return 0;
}
```

(b) 적용 후

[그림 7-9] 알고리즘의 구현(예시)

[그림 7-9]는 'Hello'라는 단어를 10번 반복적으로 줄을 바꾸어가며 화면에 출력하는 프로그램으로 (a)에서는 단순히 10번을 출력하는 프로그램이고, (b)는 알고리즘을 적용하여 작성한 예시를 보여주고 있다.

06 디지털 치료제 개발을 위한 인터페이스에 대하여 분석하라.

인터페이스(Interface)는 어떤 동작을 수행하기 위한 사용자와 대상 또는 대상과 대상의 의사소통을 나타내는 것으로 시스템 구성 요소들 간의 커뮤니케이션(Communication)과 프린터(Printer), 모니터(Monitor), 키보드(Keyboard), 마우스(Mouse), 카메라(Camera) 등과 시스템 구성 요소와 사용자와의 커뮤니케이션을 모두 포함한다.

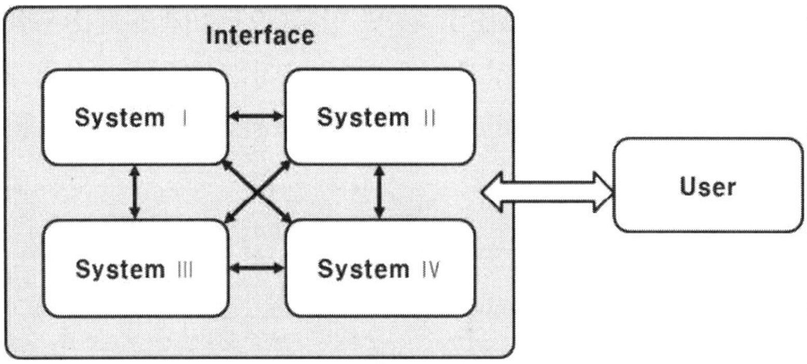

[그림 7-10] 인터페이스의 구조도

사용성 측면에서 잘 설계된 인터페이스는 학습 시간, 수행 속도, 에러율 그리고 사용자의 만족도에 영향을 미친다. 이러한 기준들은 인터페이스의 설계 목표이며 소프트웨어 개발의 성공 여부를 평가하는 평가 기준이 된다.

1. 사용자 인터페이스 설계의 조건

사용자 인터페이스는 사용자와 시스템 사이에 발생하는 것으로 시스템을 사용함에 있어 사용자로부터 정보를 입력받아 시스템에 전달하는 역할을 한다. 사용자 인터페이스를 설계하기 위해서는 다음과 같은 조건을 만족시켜야 한다.

① 일관성을 유지하여야 한다. 언제나 규칙에 변화 없이 모든 양식을 통일시키는 것이 사용자에게는 일관성을 유지시키는 것이다.

② 명확하게 제시되어야 한다. 인위적인 형태나 불확실한 명령어, 체계를 만들지 않고 실제로 해야 할 일과 그 일을 발생하기 위해서는 동작들을 적절히 대응시킨다.

③ 설명을 자세히 제시하여야 한다. 다음에 발생할 동작에 대한 단서를 제공하고 각

사항마다 설명을 제시하며 동작마다 명확하게 표현하여야 한다. 또한 진행사항이나 결과를 제시한다.

④ 조작하기 쉬워야 한다. 사용자가 편리하게 사용할 수 있도록 인식이 쉬운 형태의 명령어 체계를 사용한다.

⑤ 올바른 동작을 유도하여야 한다. 잘못된 동작에 대해서는 사용자가 인지할 수 있도록 제시하고 올바른 동작이 가능하도록 답변을 나타낸다.

2. 통신 인터페이스

일반적으로 시스템 간 데이터 전송은 시리얼 통신이 주류를 이루고 있다. 경우에 따라서는 병렬 통신이나 무선 통신을 사용하기도 하지만 의료기기에서 정확한 데이터 전송을 위해 아직까지는 많은 시스템에서 직렬 통신을 사용하고 있다.

1) RS232

RS232는 IBM 호환 PC에서 쓰이는 시리얼 연결로서 컴퓨터를 센서 또는 모뎀에 연결하거나 시스템의 컨트롤 등 여러 용도로 사용하고 있다. 최장 15m(50ft)까지 통신 가능하며, PC 시리얼 포트와 디바이스간 포인트 투 포인트 연결로만 사용이 제한된다.

2) RS422

RS422는 애플사의 매킨토시 컴퓨터에서의 시리얼 통신으로 RS232가 접지 참조된 불균형(Unbalanced) 신호를 채택하고 있는 것과 달리 차동 전기 신호를 사용한다. 차동 전송 방법은 신호 송수신시 2개의 라인을 각각 사용하며, RS232에 비해 소음이 적고 장거리 통신이 가능하다는 장점이 있다.

3) RS485

RS485는 디바이스 수를 10개에서 32개로 확대하고, 최대 부하에서 적절한 신호 전압이 있음을 확인하는 전자 특성을 정의하기 때문에 RS422 보다 강화된 장치이다. RS485는 RS422의 상위 집합이므로 모든 RS422 디바이스는 RS485에 의해 컨트롤되며 1.2Km (4000ft) 케이블 시리얼 통신을 수행할 수 있다

4) USB(Universal Serial Bus)

공통의 다양한 주변기기를 접속 가능하게 하는 인테페이스 규격으로 다중 이용 시에는 허브를 추가설치 하여 최대 127개의 기기 접속이 가능하다. 또한 전원이 들어가 있는

상태로 인스톨이 가능하기 때문에 새로운 전원 케이블을 접속하지 않고 동작하는 것이 가능하게 된다.

5) HL7(Health Level Seven)

다양한 보건의료정보시스템 간의 정보를 교환하기 위하여 미국국립표준연구소(ANSI, 62 American National Standards Institute)가 인증한 표준으로 전 세계적으로 가장 널리 사용되고 있다. 기존의 보건의료정보시스템은 시스템별, 기관별로 데이터의 형태나 생성방법 그리고 전달방법 등이 서로 다르기 때문에 시스템 간에 서로 데이터를 전송하거나 통합하기 위해서는 처음부터 모든 것을 다시 시작하여야만 하였다. 이러한 문제점을 해결하고자 이벤트 중심의 프로토콜로 메시지 단위로 정보의 전송을 실시하고 있다.

6) DICOM(Digital Imaging and Communications in Medicine)

의료용 디지털 영상 및 통신을 나타내는 것으로 의료용 시스템에서 디지털 영상 표현과 통신에 사용되어지는 여러 표준을 말한다. DICOM은 표준화와 디지털화라는 두 가지 의미를 가지고 있으며, 이를 통하여 서로 다른 제품간의 호환성이 가능하게 되었다.

학습활동.7 교수 · 학습 방법

교수 방법

- 디지털 치료제의 디지털 트윈 기술활용에 대한 관련 용어, 구성, 방식 이해 정도를 파악한 후 수업을 진행한다.
- 교수자의 주도로 디지털 치료제의 디지털 트윈 기술활용 등의 내용을 PPT 자료로 제시한 후 설명한다.
- 가능하면 사전에 개인별 학습 자료를 준비하여 모든 학생이 참여할 수 있는 문제 해결식 수업, 협력 수업이 가능하도록 한다.
- 디지털 치료제의 디지털 트윈 기술활용 전 과정을 작업의 순서에 따라 단계적으로 실습이 이루어질 수 있도록 지도한다.
- 교재를 통해 수업을 준비하는 데 있어서 필요한 모든 정보나 팁, 힌트 등 도움이 될 만한 내용을 확인할 수 있다.
- 학생들이 만들게 될 각 모델은 수업시간에 중점적으로 다뤄질 부분과 어휘, 질문, 답을 포함하고 있으며 또한 탐구할만한 추가적인 아이디어들도 포함하고 있다.

학습 방법

- 디지털 치료제의 디지털 트윈 기술활용에 대한 관련 용어를 숙지하고, 디지털 치료제의 디지털 트윈 기술활용에 대해 이해한다.
- 디지털 치료제의 디지털 트윈 기술활용의 각 단계별 중점 사항을 체계적으로 학습한다.
- 디지털 치료제의 디지털 트윈 기술활용의 수행순서의 전 과정을 실습한다.
- 디지털 치료제의 디지털 트윈 기술활용의 내용을 이해한다.
- 디지털 치료제의 디지털 트윈 기술활용을 이해하고 숙달이 될 때까지 학습한다.

학습활동.7 평가 및 피드백

평가 준거

- 평가자는 피평가자가 수행 준거 및 평가 내용에 제시되어 있는 내용을 성공적으로 수행할 수 있는지를 평가해야 한다.

학습내용	평가항목	성취수준		
		상	중	하
디지털 치료제의 디지털 트윈 기술활용	디지털 치료제의 디지털 트윈 기술활용을 이해할 수 있다.			

평가 방법

• 작업 포트폴리오

학습내용	평가항목	성취수준		
		상	중	하
디지털 치료제의 디지털 트윈 기술활용	디지털 치료제의 디지털 트윈 기술활용을 이해할 수 있다.			

• 필기시험

학습내용	평가항목	성취수준		
		상	중	하
디지털 치료제의 디지털 트윈 기술활용	디지털 치료제의 디지털 트윈 기술활용을 이해할 수 있다.			

• 체크리스트를 통한 관찰

학습내용	평가항목	성취수준		
		상	중	하
디지털 치료제의 디지털 트윈 기술활용	디지털 치료제의 디지털 트윈 기술활용을 이해할 수 있다.			

• 피드백

1. 작업 포트폴리오
   - 제출한 보고서를 평가한 후 주요 사항에 대하여 표시하여 돌려준다.
2. 필기시험
   - 평가 결과 성적이 저조한 학생은 보고서 제출 기회를 부여한다.
3. 체크리스트를 통한 관찰
   - 실습 과정에서 평가한 후 개선해야 할 사항 등을 정리하여 돌려둔다.

참 | 고 | 문 | 헌

1. 남상엽 외, 인공지능기술, 상학당. 2016.3.10.
2. 박종일, 스마트헬스케어와 의료AI, 2018년 주오기업전략기술로드맵 issue report, 2019.1.
3. 이준기 기자, R&D 데이터 통합 수집 · 공유… 신약개발 3년으로 대폭 단축, 디지털타임스, 2020.12.15.
4. 김태형, 데이터가 생명을 살린다, 한국바이오 협회, 2020.9.1.
5. 개인정보보호위원회, 가명정보 처리 가이드라인, 2020.9.
6. 관계부처합동, 신산업 네거티브 규제 발굴 가이드라인, 2018.2.
7. 이진면 외, 중국의 빅데이터산업 육성과 정부의 역할, KIET, 2018.4.
8. NCBI Data and User Services, https://www.nlm.nih.gov/about/2019CJ.html)
9. Genomics in healthcare: GA4GH looks to 2022, https://www.biorxiv.org/content/10.1101/203554v1
10. 바이오스펙테이터, 英 국민 유전체검사 시행의 의미, http://www.biospectator.com/view/news_view.php?varAtcId=5872
11. 바이오스펙테이터, "100만명 바이오 빅데이터 구축 · 연 4조 R&D 투자", http://www.biospectator.com/view/news_view.php?varAtcId=7684
12. DNA.Land is a framework to collect genomes and phenomes in the era of abundant genetic information, Nature Genetics 50, 160-165(2018), https://www.nature.com/articles/s41588-017-0021-8
13. [메디게이터] GSK와 23앤드미의 신약개발을 위한 개인 유전체 데이터 빅딜, https://www.medigatenews.com/news/1059961358
14. [메디게이터] 유전체 빅데이터 마이닝 기술 기반의 신약 개발, http://www.medigatenews.com/news/2320049700
15. Deep learning in biomedicine, Nat Biotechnol. 2018 Oct;36(9):829-838, https://www.nature.com/articles/nbt.4233
16. Combining genomics and epidemiology to track mumps virus transmission in the United States, PLOS Biology, 2020, https://doi.org/10.1371/journal.pbio.3000611
17. Public health surveillance and data collection: general principles and impact on hemophilia care, Hematology, https://doi.org/10.1179/102453312X13336169156537. 2012.
18. Mayo Clinic to sequence 100K participants to build genomic database for improved care and research in collaboration with Helix, https://newsnetwork.mayoclinic.org/discussion/mayo-clinicto-sequence-100k-participants-to-build-genomic-database-for-improved-care-and-research-incollaboration-with-helix/
19. Through partnership with Color, 10K NorthShore patients will get whole genome sequencing, https://medcitynews.com/2019/01/color-northshore/

20. Data-sharing brings hope to rare disease patients around the globe, https://www.ga4gh.org/news/data-sharing-brings-hope-to-rare-disease-patients-around-the-globe/
21. 문유정 · 강지민, 데이터 3법개정과 의료빅데이터 활용방안, 경기도경제과학진흥원, 2002.3.16.
22. 박세환, 보건의료 빅데이터 활용 의료산업 동향, HIRA 빅데이터 브리프
23. 박재은, 헬스케어 분야에서의 빅데이터 활용 동향, KDB산업은행, 2019.10.28.
24. 빅데이터 및 인공지능(AI) 기술이 적용된 의료기기의 허가 · 심사 가이드라인(민원인 안내서), 식품의약품안전처, 2017.
25. 유헬스케어 진단지원시스템 임상시험계획서 작성 가이드라인(민원인 안내서), 식품의약품안전처, 2015.
26. 의약품 임상시험 통계 가이드라인(민원인 안내서), 식품의약품안전처, 2016.
27. 체외진단용 의료기기의 임상적 성능 허가심사 가이드라인(민원인 안내서), 식품의약품안전처, 2015.
28. 임상시험리뷰 연구회 옮김, 한 손에 잡히는 임상연구 : 설계와 실행의 모든 것, 2015.
29. Statistical Guidance on Reporting Results from Studies Evaluating Diagnostic Tests, FDA, 2007.
30. Use of Real-World Evidence to Support Regulatory Decision-Making for Medical Devices, FDA, 2017.
31. 김진한, 신약개발 프로세스 혁신을 위한 AI 활용, 한국제약바이오협회정책보고서, 2017.
32. 배영우, 인공지능을 이용한 신약개발 동향 및 활용사례, 생명공학정책연구센터, BioINpro, 2017.
33. 배수인, 4차 산업혁명 시대, 제약산업에서의 빅데이터 활용, 한국제약바이오협회정책보고서, 2017.
34. 배영우, 4차 산업혁명 시대, 인공지능을 활용한 신약개발, 한국제약바이오협회정책보고서, 2017.
35. 이관용 외, 의료 인공지능 현황 및 과제, 한국보건산업진흥원, 보건산업브리프, 2016.
36. Evaluate, World Preview 2016, Outlook to 2022, 2016.
37. 박순영, 인공지능을 활용한 신약개발 연구동향, 융합연구정책선터, 2018.1.
38. 전종홍 외 7, 감염병 재난에 대응하기 위한 의료인공지능의 기술 표준동향, ETRI Insight 2020.1.
39. 박민주, 심사평가원, 블록체인 활용 보건의료분야 디지털 전환 기초마련, 헬스코리아뉴스(http://www.hkn24.com) 2020.12.28.
40. Global Blockchain Technology Market in the Healthcare Industry, 2018-2022.
41. 임지윤, 보건의료 블록체인 기술활용 방안, 바이오협회, 2020.3.
42. 이은지, 블록체인 기술의 국외 보건의료분야 적용사례 및 시사점, HIRA,, 3030sus 14권 2호.
43. 최한준, 헬스케어 산업에서의 블록체인 기술의 활용, 보건산업브리프, 2017.5.12.
44. 유성진 · 박기성 · 김종현 · 박영호, 양자 컴퓨팅에 안전한 NTRU 기반 상용 기술 동향에 관한 연구, 한국통신학회, 2017.
45. 공개키 암호알고리즘 개발에 관한 연구, 정보통신부 한국정보보호센터, 1992.12.
46. 블록체인이 일으키는 금융, 유통, 의료, 에너지 업계의 변화, IDG DeepDive, 2017.
47. 디지털 세계의 신뢰를 확보하는 블록체인의 의미와 과제, 그리고 미래. IDG Tech Report, 2017.
48. 김수범, 글로벌 의료사물인터넷 시장동향, 보건산업브리프, https://www.nexeonmed.com/, 2017.12.1.

49. Frost & Sullivan (2017), "Internet of Medical Things (IoMT) is an amalgamation of medical devices and applications that can connect to healthcare information technology (IT) systems using networking technologies."
50. 2020년도 AIoT 서비스 제품 및 기업편람, 한국지능형사물인터넷협회, 2020.
51. 2017 MEDICA CONNECTED HEALTHCARE FORUM, 2017.11.13./KIST, 15대 국가 융합기술 수준조사, 2014.
52. 이승관, 2017. 글로벌 디지털 헬스케어 기술 동향과 과제, IITP.
53. CISCO, "The Digitation of the Healthcare Industry: Using Technology to Transform Care.", 2017. pp.6-7.
54. KOTRA, 2015. 스마트 헬스케어 유망시장 동향 및 진출전략
55. 김재욱 외, 미래형 건강인지 케어 서비스 개발 방향, 정보통신기획평가원, 2019.7.3.
56. IITP, "ICT 기반의 미래 융합서비스 개발 방향", 2019.5.
57. 정기철 외, "수요자 중심의 헬스케어 산업 전망과 대응전략," 과학기술정책연구원 정책연구, 2018.12.20.
58. 질병관리본부, "2018 만성질환 현황과 이슈,"
59. 관계부처 합동, "국가 비만관리 종합대책," 2018.7.
60. 건강보험공단, 건강수명 향상을 위한 보험자 비만관리사업 개선방안 연구, 2017.
61. Stolk et al., Validity and reproducibility of ultrasonography for the measurement of intra-abdominal adipose tissue, Int. J. of Obesity, 2001.
62. Glucotrack, http://www.integrity-app.com/the-glucotrack, accessed by 2019.5.10.
63. Luciane de Souza, MSc et. al., "Further Validation of Actigraphy for Sleep Studies", Sleep,
64. Anand Chandrasekhar et al. "Smartphone-based blood pressure monitoring via the oscillometric finger-pressing method," Science Translational Medicine, 2018.
65. 강민영 · 박도휘 · 김광석, "스마트 헬스케어의 현재와 미래," 삼정KPMG 경제연구원, 2018.1.
66. 김지섭, "스마트헬스 데이터," 디지털타임즈, 2016.5.22.
67. 홍윤정 · 김무웅, "글로벌 유전체 시장 및 산업동향," 생명공학정책연구센터, 2014.10.
68. 김보림, "농업과 ICT의 융합-스마트팜", 융합정책연구센터, 2016.
69. 농림수산식품기술기획평가원, "종자산업지원 효율성 제고 전략수립", 2015.1.
70. 동아 비즈N, 보건산업진흥원 자료 재구성, 2017.
71. KISTI 마켓리포트, "정밀의료 서비스", 2017.4.
72. IITP, 미래융합서비스혁신기술개발 예비타당성 보고서, http://it.chosun.com/site/data/h, 2019.2.14.
73. 애플경제, http://www.apple-economy.com.
74. https://www2.deloitte.com/us/en/insights/focus/tech-trends/2020/digital-twin-applications-bridging-the-physical-and-digital.html
75. 손정만 외, "05 의료기기 소프트웨어 설계제작", 의료기기연구개발 NCS 학습모듈(www.ncs.go.kr)

학습 7

학습 1	디지털 치료제의 개요
학습 2	디지털 치료제의 종류와 분류
학습 3	디지털 치료제의 빅데이터 기술활용
학습 4	디지털 치료제의 인공지능 기술활용
학습 5	디지털 치료제의 블록체인 기술활용
학습 6	디지털 치료제의 사물인터넷 기술활용
학습 7	디지털 치료제의 디지털 트윈 기술활용
학습 8	**디지털 치료제의 XR 기술활용**
학습 9	디지털 치료제의 디지털 콘텐츠 기술활용
학습 10	디지털 치료제의 개발 · 허가 · 심사
학습 11	디지털 치료제의 응용
학습 12	디지털 치료제의 시장동향
학습 13	디지털 치료제의 미래

학습 목표

1. 디지털 치료제의 XR 기술활용을 이해할 수 있다.

8-1 XR 기술의 개요

1. XR의 정의

XR(VR+AR+MR : Extended Reality)을 통칭하여 실감기술이라고 부른다.

XR은 물리적, 시간적 제약 없이 가상공간에서 원하는 콘텐츠를 경험할 수 있는 기술을 말한다. 이러한 기술에는 가상현실(VR)과 증강현실(AR), 혼합현실(MR) 등이 포함된다. XR을 활용하면 우리가 흔히 접하는 게임 분야뿐만 아니라 산업, 의료, 공공 분야 등 다양한 분야로의 적용 가능성이 높다. 특히 비대면 서비스 시장 활성화의 감초 역할도 기대되고 있다.

의료 분야의 XR 서비스의 활용은 수술 도구의 위치를 찾거나 환자 몸의 혈관 분포를 피부에 투사해 진단하는 등에서 활용되고 있다.

가상현실(VR : Virtual Reality)은 현실 세계를 차단한 완벽한 디지털 환경을 의미하며, 현실감은 증강현실보다 다소 떨어지지만 컴퓨터 그래픽을 활용하여 다양한 입체감 있는 영상을 만들 수 있는 장점을 가지고 있다. 즉 컴퓨터로 만들어 놓은 가상의 세계에서 사람이 실제와 같은 체험을 할 수 있도록 하는 최첨단 기술을 말한다. 머리에 장착하는 디스플레이 디바이스인 HMD를 활용해 체험할 수 있다.

증강현실(AR : Augmented Reality)은 현실에 3차원 가상 이미지를 겹쳐서 보여주는 기술로, 실제 환경을 기반으로 가상의 오브젝트를 보여주는 것을 의미한다. 즉 현실(Reality)에 기반하여 정보를 추가(증강 : Augmented) 제공하는 기술로 현실 세계의 이미지나 배경에 가상의 이미지를 추구하여 보여주는 발전된 가상현실 기술이다.

혼합현실(MR : Mixed Reality)은 VR과 AR이 합쳐진 개념으로서 실제 현실과 가상환경 사이에 존재하는 것으로, 사람의 시력에 따라 가상 이미지를 만들어 사람들이 가상객체와 즉시 상호작용할 수 있도록 하는 것이 특징이다. 즉 가상의 컴퓨터 그래픽을 실제 3차원 장면에 투영하는 것이다.

각 현실 기술은 고유한 특징과 차이점을 가지고 있으며, 〈표 8-1〉과 같이 요약할 수 있다

〈표 8-1〉 VR, AR 및 MR의 비교

구 분	VR	AR	MR
환경	완전히 인공적인 디지털 환경	가상의 대상물을 실제 공간에 표시	가상의 환경이 실제 공간과 혼합
이미지 소스	컴퓨터 그래픽, 컴퓨터로 만든 실제 이미지	컴퓨터 이미지와 실제 생활 대상물 혼합	컴퓨터 이미지와 실제 생활 대상물 혼합
시각	가상의 대상이 가상공간에서 움직임	가상의 대상이 실제공간에서 움직임	가상의 대상이 실제공간에서 움직임
현장감	현실 세계와 분리된 가상의 공간	새로운 요소와 대상이 추가된 실제 공간	새로운 요소와 대상이 추가된 실제 공간
몰입	가상 환경에 완전한 몰입	디지털 대상물에 의해 강화된 현실 공간	실제 공간과 가상 환경이 상호작용
지각	가상의 대상이 실제처럼 느껴짐	가상의 대상을 구분 가능	가상의 대상이 실제처럼 느껴짐

가상현실은 의료교육 및 수술 시뮬레이션, 재활, 통증 관리 등 폭넓은 분야에서 관련연구가 진행되고 있다. 가상현실을 이용한 의료 교육은 사용자가 실제 현장에

몰입하는 것처럼 가상현실 속에서 상호작용할 수 있도록 하며, 임상에서도 가상의 장기와 조직을 제공하여 의사와 환자 간에 진단 및 치료를 위한 상호 의사소통을 효과적으로 지원한다. 이러한 방법은 저비용 및 비침습적인 작업이 가능하며, 치료를 위한 교육과정 도중에 환자에게 불필요한 위험을 가할 우려가 없다는 점에서 큰 장점을 가지고 있다. 그러나 경우에 따라 이를 장시간 사용할 경우 투통 및 어지럼증, 매스꺼움을 유발할 수 있어 이에 대한 개선이 필요하다.

증강현실은 기존의 모니터, 종이, 사진 등과 같은 매체를 통해 이용되는 정적인 의료 정보를 동적으로 변화시킬 수 있다. 특히 정보의 형태(텍스트, 이미지, 오디오, 동영상 등)에 제한을 받지 않기 때문에, 의료진들은 원하는 정보를 장소에 구애받지 않고 제공받게 된다. 외과적 수술에서도 환자의 약물 알레르기와 같은 고유의 특성이나 신체 및 장기에 대한 부가정보를 실시간으로 확인시켜줌으로써, 수술실 내에서의 의료 과정을 더 효과적으로 운용할 수 있게 지원한다.

혼합현실은 앞서 설명한 가상/증강현실에 비해 더 미래 지향적인 기술이다. 혼합현실은 증강현실을 통해 가상 객체와 상호작용하므로 증강현실보다 더 나은 현실감과 상호작용 기능을 제공한다. Acer나 Microsoft와 같은 글로벌 IT기업들은 가상현실과 증강현실 외에도 혼합현실 관련 제품들을 출시하고 있으며, 특히 Microsoft의 HoloLens 스마트 안경은 관련 콘텐츠 개발 업체로부터 많은 관심을 받고 있다

[그림 8-1] 가상/증강/혼합현실 개념

8-2 디지털 치료제의 XR 기술의 활용

1. 가상/증강/혼합현실의 특성

가상/증강/혼합현실은 현재 점차 인프라와 관련 기술들이 발전하면서, 더 이상 새로운 것이 아니라 우리 주변에서 흔히 접할 수 있는 단계에 들어서고 있다. 마치 과거 스마트폰이 생태계를 구축하는 방식과 매우 유사하다. 보건의료에서도 이러한 기술의 도입은 한걸음 더 가까이 다가올 것으로 전망된다. 해외에서는 이미 다양한 제품들이 출시되어 있고, 의료당국에서는 관련 인증 및 승인에 대한 절차를 마련하고 있으며, 병원에서는 이를 임상에서 테스트하거나 도입하는 사례가 늘어나고 있다. 국내에서도 국내 특허출원 동향을 보면, 점차 관련 기술이 활기를 띌 것으로 전망된다.

다만 보다 더 적극적인 자세로 정책적 지원을 마련해야 할 것으로 보인다. 즉 국내 시장에서 이를 추진해야 할 동기가 충분하지 않다. 효과와 생산성을 고려해 이를 제도권 안으로 포함시키는 작업이 필요하다. 면허시험이나 인증시험 등에 보다 더 적극적인 활용이 필요하며, 이를 제도 안으로 가져오는 방안이 필요하다. 이를 통해 보다 구체화된 성장 동력을 마련해야만 한다. 향후 이러한 인식을 기반으로 정부, 기업, 의료계가 충분히 공론화 과정을 거쳐 가상/증강/혼합기술에 대한 다양한 지원이 이루어지길 기대한다.

가상/증강/혼합현실의 장점으로 가상/증강/혼합현실기술을 적용하면 의료서비스의 생산성 향상과 부가가치 증대를 도모할 수 있다. 실제 인체 장기에 가깝게 재현할 수 있는 가상/증강/혼합현실 시뮬레이션의 활용으로 의대생이나 수련의 교육에 소요되는 인체 사체 및 장기, 의료 장비 등을 절약할 수 있고, 외과수술 활용 및 정신과, 재활치료 등에 활용되어 효율성이 향상된다.

1) 의료 데이터의 가시화

CT, MRI 단층촬영장치의 단면 영상을 3D영상으로 재구성하여 가상의 카메라로 인체기관의 내부를 검사 등으로 의료 데이터의 가시화되었다.

3D 인체 장기의 모델화, 진단과 수술 연습이 가능한데, VR은 환자의 수술 부위를 자유자재로 돌려가며 시뮬레이션할 수 있는 3D 가상 수술 시뮬레이터를 통해

학습 8

외과수술 교육과 훈련에 활용된다.

영상진단학과 외과학에서는 3D 기법을 활용해 실제 인체 장기를 모델화하며, VR을 영상진단학에 응용하기 위해 실제 인체 장기에 가깝게 재현할 수 있을 정도의 고도의 컴퓨터 그래픽스를 이용해 현실감 향상 기술에 중점을 두고 있다.

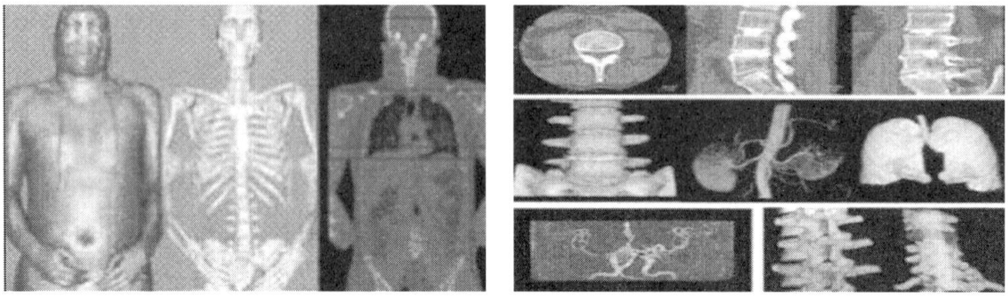

(a) Visible Human(해부학 등에 활용) (b) 인체 장기 3D영상(병증진단 활용)

[그림 8-2] 의료 데이터의 가시화

2) 가상치료 및 재활

가상의 자극에 적응하도록 유도하고 게임기술을 활용하여 치료에 대한 동기를 지속적으로 유지하여 환자들을 치유하는 데 활용한다.

(a) 공포치료(게임방식의 가상현실을 활용해 공포증을 치료) (b) 재활치료(동적상황 인식이 가능한 VR콘텐츠)

[그림 8-3] 가상치료 및 재활

1990년대 미국에서 참전 군인들의 외상 후 스트레스장애를 치료하기 위해 처음 개발됐고, 각종 공포증 치료 등에 저렴하고 편리하게 이용되고 있다. 국내에서는 2005년에 정신건강 의학과에서 공포증을 치료하기 위해 도입한 후 적용되기 시작됐다. VR을 이용하면 보다 안전하고 통제된 환경에서 질병이나 장애의 원인을 살펴보고 재현하며, 사람의 인지구조에서 절대적인 시각과 뇌의 연계가 용이하고, 게임 요소를 가미해 치료효과를 높일 수 있다.

3) 가상 수술

360도 수술장면 중계 활용 교육 및 CT, MRI 3D모델 위에 종양 등의 정보를 가시화하여 수술과정을 수술 전에 시뮬레이션하여 수술의 위험을 줄여준다.

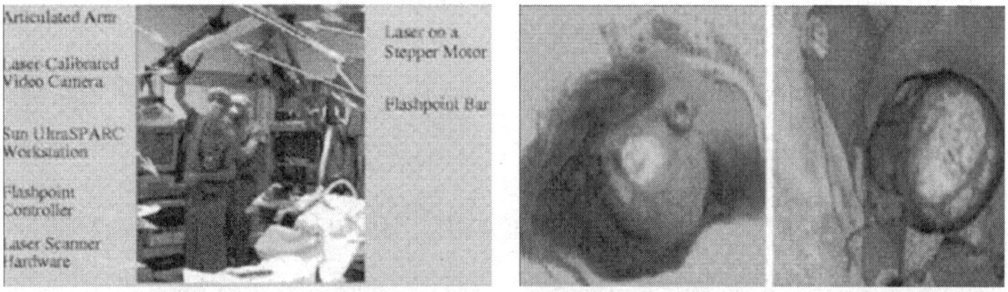

(a) 360도 수술 중계(다양한 의료수술 경험 및 수련기회 제공)

(b) 데이터 정합기술(뇌수술과 같은 세밀수술의 위험관리)

[그림 8-4] 가상수술 사례

360도 수술 동영상 중계를 한 샤피 아메드가 창업한 회사로 4k 360도(수술현장 영상), VR Anatomy(수술 관련 해부 영상 및 정보 제공), 시험(학습 전 테스트와 학습 후 테스트) 콘텐츠를 제공한다.

Gear VR, 구글 DayDream, 안드로이드, iOS 기술환경에서 제공하고 분당서울대병원, 세브란스병원, 삼성서울병원 등 국내 대형병원들도 VR을 활용해 교육과 수술 등에 활용하고 분당서울대병원은 '가상현실 교육시스템을 도입하고 있다.

4) 원격수술

의사가 원격장소에서 가상현실 시스템을 활용하여 실제 수술장소에 있는 것처럼 느끼며 시술한다.

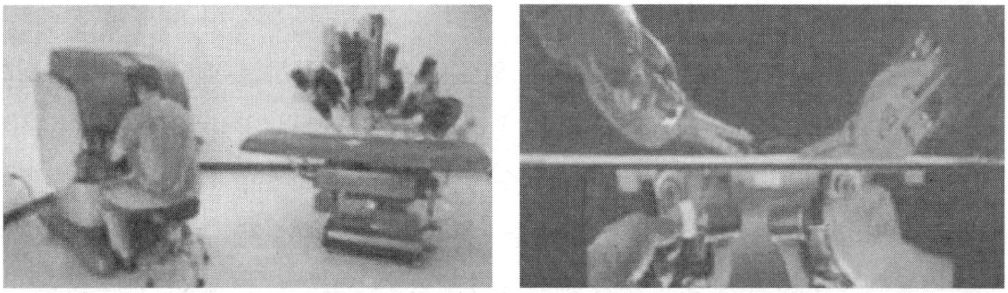

(a) Da Vinci Surgical System(세밀한 작업을 요하는 복강경 수술에 활용)

(b) 햅틱수술(사라와 가상환경의 상호작용에 실감적인 수술환경을 제공)

[그림 8-5] 원격수술 사례

2. 의료분야의 가상/증강/혼합현실의 적용 분야

보건의료분야의 가상/증강/혼합현실의 적용 분야는 의학교육 및 수술훈련 분야, 재활의료 분야, 심리치료 분야로, 크게 3가지로 나누어 볼 수 있다. [그림 8-6]은 이러한 형태의 실제 제품을 각 분야별로 나타낸 것이다.

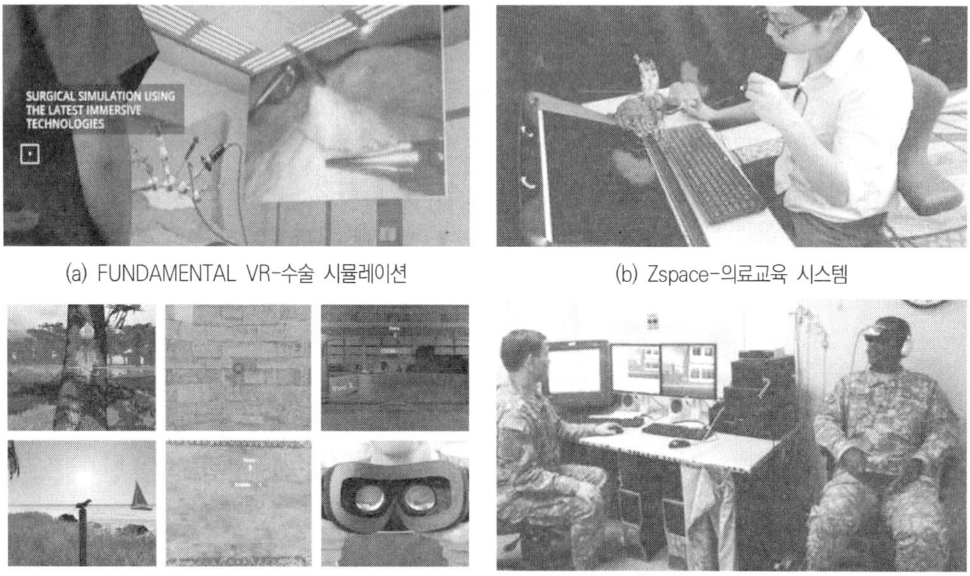

(a) FUNDAMENTAL VR-수술 시뮬레이션 (b) Zspace-의료교육 시스템

(c) KineQuantum-재활치료 시스템 (d) Virtual Better-심리치료 시스템

[그림 8-6] 보건산업 분야의 가상/증강/혼합현실의 적용 분야 예

1) 의학교육 및 수술훈련 분야

일반적으로 의학을 전공하는 학생들은 풍부한 경험을 가진 의료진을 통해 수술 현장 가까이에서 수술이 진행되는 과정을 직접 보는 것이 매우 중요하다. 그러나 현장에서 이러한 교육을 자주 접하기란 쉽지 않다. 가상/증강/혼합현실 영상은 이러한 상황에 좋은 대안이 될 수 있다. 특히 가상환경은 다양한 형태의 콘텐츠를 손쉽게 보여줄 수 있어, 높은 수준의 의료 교육을 제공하는 데 큰 도움이 된다. 최근에는 해부학 교육에서 Zspace의 장비와 같이 3차원 영상을 이용하여, 장기 및 해부학 정보를 효과적으로 학습할 수 있는 교육 장비들이 속속 개발되고 있다. 이러한 기술은 의료진에게도 큰 도움을 준다. 의료진은 실제 수술하기 전에 환자의 정보를 통해서 구체적인 수술 계획을 수립할 수 있으며, 더 나아가 수술 현장과 동일한 환경에서 환자의 신체정보와 유사한 가상 신체를 통해 수립된 수술 계획에 따라 수술을 모의할 수 있다. FUNDAMENTAL VR의 수술 시뮬레이션 제품은 환자의

의료 정보를 통해 가상의 신체를 이용하여 수차례 반복적인 수술 시뮬레이션을 수행할 수 있게 하므로 수술 시 발생할 수 있는 위험요소를 줄이는데 큰 도움을 준다.

2) 재활의료 분야

가상/증강/혼합현실은 환자로부터 다양한 몸의 움직임을 유도해 낼 수 있으며, 환자가 고통스러운 재활 과정을 이겨내고 참여할 수 있도록 한다. 뇌졸중, 파킨스, 다발성 경화증 등 다양한 병증에서 이를 이용한 재활치료가 이루어지고 있다. 이러한 시스템은 환자의 움직임에 대한 기록을 실시간으로 보관하여, 재활치료에 대한 지속적인 모니터링과 효과에 대한 평가를 객관적으로 진행할 수 있록 지원한다.

Kine Quantum의 재활훈련 시스템은 환자의 상태에 맞는 도전과제를 제공하여 환자가 재활치료에 집중할 수 있도록 지원한다. 특히 이러한 훈련정보는 자동으로 기록되며, 재활치료를 받는 환자들을 비교 분석할 수 있도록 하여 집단에서의 환자 위치를 평가할 수 있도록 한다. 이러한 정보는 물리치료사가 환자의 상태를 보다 정확하게 진단하는 데 도움을 주며, 향후 물리치료에 대한 계획을 수립할 때, 중요한 정보로 활용된다. 또한 이외에도 시력장애나 발달장애 등보다 다양한 병증의 재활치료에 이를 활용하기 위한 움직임도 활발하다.

3) 심리치료 분야

고소공포증, 공황장애 등과 같이 심리적 치료가 필요한 환자들은 실제 의료진에게 자신이 겪고 있는 어려움에 대해서 효과적으로 설명하기 어렵다. 의료진은 환자들의 주관적인 견해를 기반으로 진단해야 하므로, 환자의 증상을 파악하는데 많은 시간을 소모해야만 한다. 가상/증강/혼합현실은 이러한 상황을 보다 더 객관적으로 판단할 수 있도록 지원한다. 즉 의사는 환자가 고통 받는 상황을 가상현실을 통해 재현할 수 있으며, 이러한 가상현실 속에서 환자가 느끼는 반응을 직접 의료진이 확인하여 평가함으로써 정확한 진단을 내릴 수 있게 된다. 특히 이 과정에서 발생되는 다양한 생체정보는 가상현실과 동기화되기 때문에 환자가 느끼는 고통을 객관적인 정보로 기록할 수 있다. 또한 치료에 있어서도 환자가 가상환경을 통해 안전한 상태에서 공포를 노출시킬 수 있기 때문에 의료진은 환자가 이를 극복할 수 있도록 체계적인 계획 하에서 치료를 진행할 수 있다.

Virtual Better는 가상현실을 이용하여 심리치료 서비스를 개발하였으며, 외상후 스트레스와 같은 질병에도 이와 같은 치료를 확대해 나가고 있다. 이외에도 최근 통증완화 치료에 이를 활용하고자 하는 움직임이 활발해지고 있다. 가상현실을 통해 다른 자극을 뇌가 받아들임으로써 통증을 완화시키는 방식이다.

약물치료나 방사선 치료를 받고 있는 환자에게 이를 적용하는 시도도 이루어지고 있다. 소아의 경우에는 마약성 진통제 처방이 매우 어렵고, 내성에 대한 우려가 있기 때문에 이에 대한 대안이 절실한 상황이다.

3. 의료분야의 가상/증강/혼합현실의 응용제품 구조

현재 대부분의 보건의료분야의 가상/증강/혼합현실 제품들은 기 개발된 하드웨어에 관련 소프트웨어를 적용하는 방식으로 개발되고 있다. 물론 경우에 따라 하드웨어와 콘텐츠를 모두 개발하는 업체도 있지만, 대부분은 업체들은 하드웨어와 콘텐츠를 구분하여 개발하며 가상, 증강, 혼합현실의 콘텐츠 형태에 따라 적합한 하드웨어를 선택해 개발하고 있다. 특히 가상현실을 제공하는 장비와 증강/혼합현실을 제공하는 장비는 그 특성(시야각, 해상도, 재생 빈도 등)이 달라, 콘텐츠들 또한 이를 기반으로 제작된다. 〈표 8-2〉은 보건의료 분야에 주로 사용되는 하드웨어를 나타난 것이다.

〈표 8-2〉 보건산업에 사용되는 대표 하드웨어 업체

기업명	내 용	제품형태
Oculus(가상)	Oculus는 가장 먼저 구축된 VR 플랫폼이며, 의료서비스에서는 FUNDAMENTAL VR, OSSO VR, Surgical Threater 등에서 이를 이용하고 있음	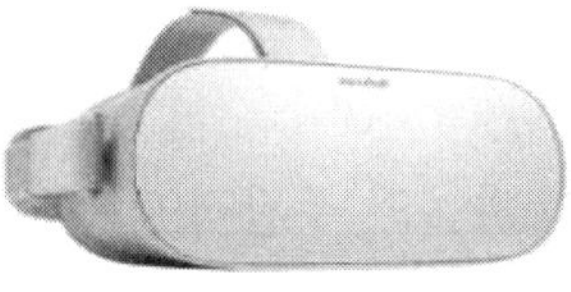
HTC vive(가상)	대만의 모바일 회사로 2015년에 Vive를 출시함. 세계 최대게임 유통 플랫폼인 STEAM을 개발한 게임업체 VLAVE와 협력, 무선 컨트롤러 및 전용 게임까지 개발 완료.ImmersiveTouch가 의료수술부문에 이를 도입함	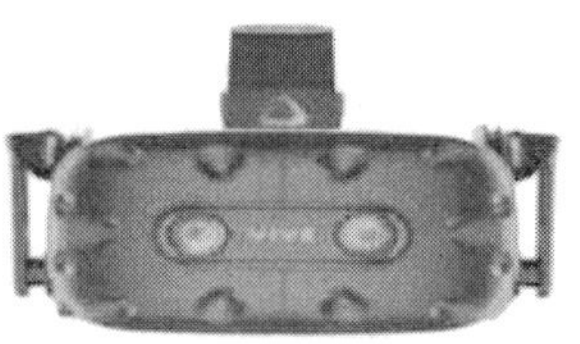
Microsoft(증강/혼합)	2015년 1월 22일 공개되었으며, 혼합현실에 한 걸음 다가가는 계기를 마련함. 2019년 2분기에 새로운 제품을 출시할 예정임. FUNDAMENTAL VR와 SENTIAR가 이를 기반으로 함	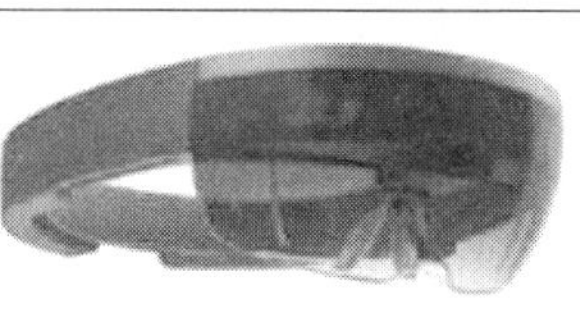

기업명	내 용	제품형태
Google(증강)	전통적인 증강현실 제품으로, 2017년 기업용을 대상으로 재출시됨. 2019년 2세대가 출시될 예정이며, PowerBrain, AUGMEDIX가 이를 기반으로 하고 있음	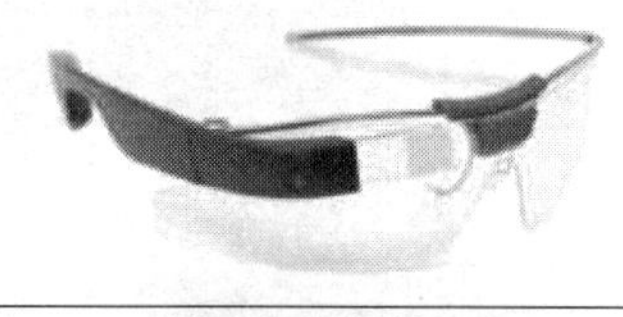
Zspace(증강)	Zpace는 컴퓨터에서 가상현실과 증강현실의 요소를 결합한 혼합현실 시스템을 개발하였으며, Echopixel과 같은 다양한 콘텐츠기업과 제휴해 제품을 개발하고 있음	

가상현실에서는 대표적으로 Oculus가 많이 활용되며, 경우에 따라 삼성의 Galaxy Gear, HTC의 Vive 등이 이용되고 있다. 증강/혼합현실에서는 Google의 Google Glass, 혼합현실에서는 Microsoft의 hololens가 주로 이용되고 있다. Zspace는 다른 제품들과 달리 평판디스플레이 기반으로 증강현실을 구현하는 것이 특징이다.

콘텐츠 제공 방식에도 조금씩 변화가 시작되고 있는데, 바로 플랫폼화이다. 현재는 증강현실을 중심으로 시작되고 있으며, Google은 ARcore를, Apple은 ARkit이라는 플랫폼을 통해 관련 콘텐츠의 유통 플랫폼을 구축하기 시작했다. 이러한 경향은 마치 초기 스마트폰 시장의 앱 플랫폼과 유사하며, 그 경쟁은 증강현실에서 재현될 것으로 보인다.

이러한 움직임은 증강현실 디바이스 시장에도 영향을 미치고 있다. Google은 이미 2017년에 기업용 제품을 출시하고, GE, AGCO, DHL 등을 유치하였다. 특히 1세대를 도입한 기업들은 업무 생산성이 30% 이상 증가한 것으로 나타나 더 많은 기업들이 이를 도입할 가능성이 높아졌다. Google은 이러한 시장 확대를 위해 현재는 2세대 제품 출시를 준비하고 있다.

Apple도 증강현실 디바이스 장비 업체인 Akonia를 인수하여 관련 시장 진입을 빠르게 준비해 나가고 있다. Apple의 기업 인수는 일반적으로 차세대 제품을 출시하기에 앞서 전격적으로 이루어지기 때문에 향후 행보가 주목된다. 이처럼, 글로벌 기업들은 플랫폼을 기반으로 생태계를 형성해 추진하고 있으며, 보건산업에도 유사한 형태로 영향을 미칠 것으로 보인다. 그러므로 콘텐츠 개발에 있어서도 이러한 변화에 지속적인 관심이 필요하다. [그림 8-7]은 Apple과 Google의 증강현실 플랫폼 서비스를 보여준다.

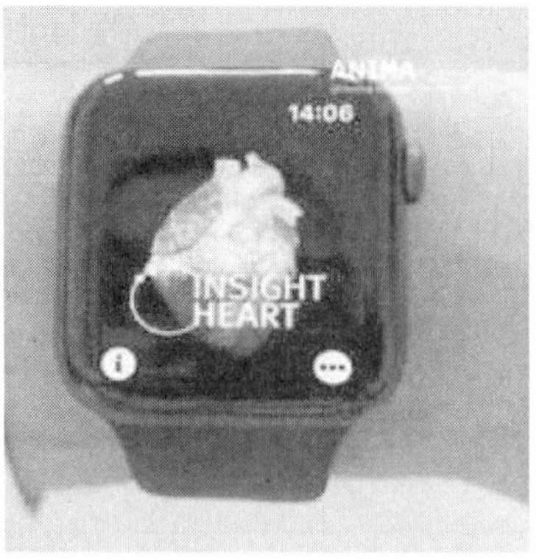

(a) Apple의 ARkit 기반의 의료교육 응용 프로그램 ANIMA RES

(b) 기업용 Google Glass-AUGMEDIX 시스템

[그림 8-7] Apple과 Google 플랫폼을 활용한 보건산업의 증강현실 서비스

3. 보건의료의 가상/증강/혼합현실의 분야별 국외 기술 동향

의료 교육 및 수술 훈련 분야는 보건산업 분야에서 많은 기업들이 진출하고 있는 분야이다. 과거, VIRTAMED, Symbionix와 같은 기업들은 이미 다양한 수술(복강경, 내시경, 관절 시술 등) 시뮬레이션 제품을 출시해 왔는데, VIRTAMED의 경우 스위스에서 2013년 정형외과 인증시험에 시뮬레이션 제품을 공급하였으며, 현재는 의사면허시험에서부터 다양한 전문의 인증시험에 이르기까지 공급을 확대해 나가고 있다. 그러나 기존의 전통적인 제품들은 몇 가지 문제점을 가지고 있었다. 우선 기능적으로 비슷하지만, 실제 수술 시 발생되는 종합적인 모의가 어려웠고 다양한 수술에 대응하기 위해서는 장비 구입이 추가되어야 하므로 비용 증가로 인해 도입 장벽이 높았다.

최근 가상/증강/혼합현실 기술의 도입은 새로운 전환점을 가져왔다. 3차원 영상을 통해 가상수술환경을 구축하는 것이 용이하여 비용의 증가 없이 종합적인 수술 과정을 모의할 수 있게 된 것이다. 현재 3D Systems는 Symbionix를 인수하여 Lab Mentor VR이라는 제품을 출시하였고, FUNDAMENTAL VR, OSSO VR, Surgical Theater, ImmersiveTouch, Augmented Intelligence 등이 속속 관련 제품을 출시하고 있다.

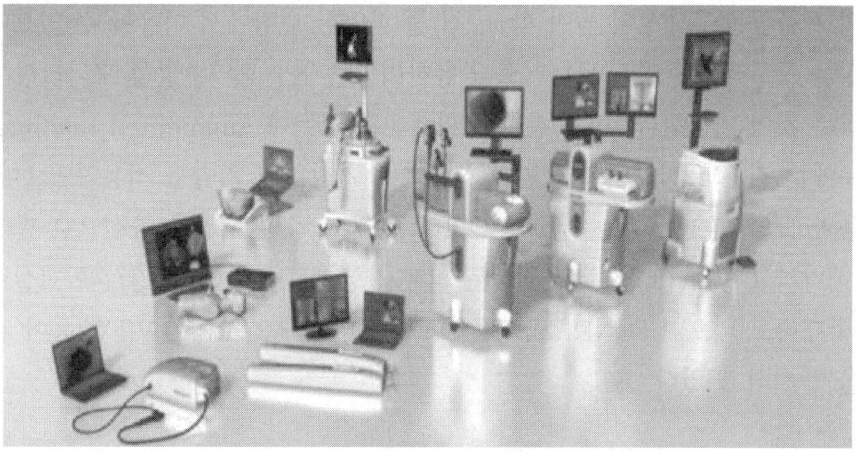

[그림 8-8] 전통적인 수술 시뮬레이션 장비

[그림 8-9]는 이들 기업이 출시하고 있는 제품을 정리한 것이다. 3D Systems, FUNDAMENTAL VR과 같은 기업들은 시뮬레이션 장비에 수술도구나 햅틱을 복합적으로 적용한 제품을 출시하고 있으며, ImmersiveTouch, Augmented Intelligence, OSSO VR 등은 VR 장비만을 통해 보다 더 저렴하게 가상현실에서 모의수술을 진행할 수 있는 제품을 제공하고 있다.

(a) 3D Systems의 Lab Mentor VR

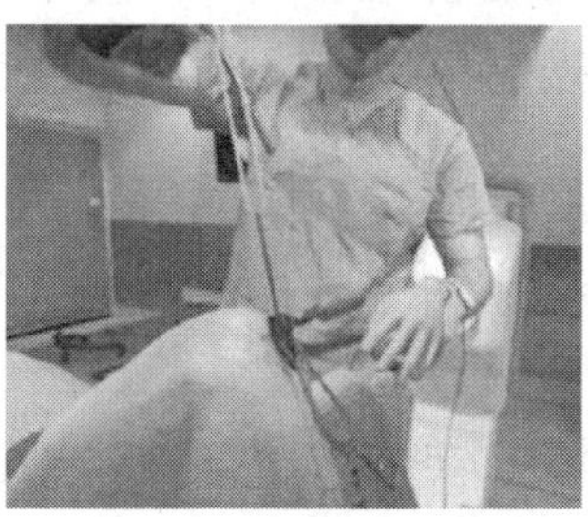

(b) OSSO VR 제품

(c) FUNDAMENTAL VR 제품

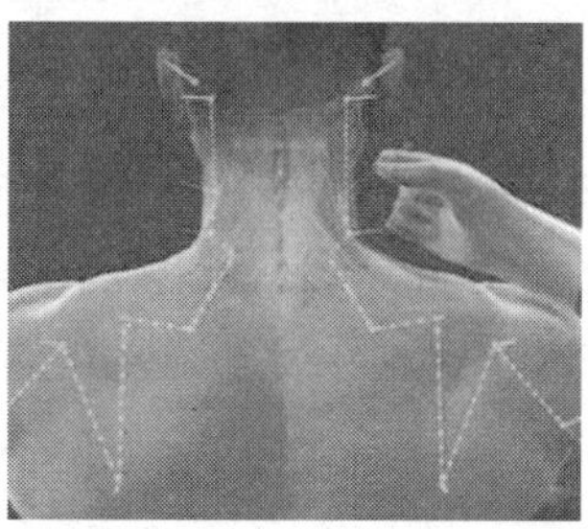

(d) Augmented Intelligence 제품

[그림 8-9] 의료교육 및 수술훈련 분야 제품

이 제품들은 휴대성이 높아 학교, 집 등 다양한 현장에서 이용할 수 있으며 해당 영상을 프로젝터나 TV, 모니터로 공유하여 제3자가 모의수술을 모니터링하고 평가하는 것이 가능하다. 적용 분야도 확대되고 있는데 Augmented Intelligence의 경우에는 기존의 서양의학을 넘어 한의학에 가상현실 기술을 적용하였으며, 침술 교육과 모의 시술에 이를 활용하고 있다. 현재는 중국 시장을 중심으로 판매 활동을 해나가고 있다. 또한 관련 제품은 이제 가상현실을 넘어, 증강/혼합현실로 영역을 확대하고 있으며 FUNDAMENTAL VR, SENTI AR, REAL VIEW 등이 관련 제품을 출시하고 있다.

2. 재활훈련 분야

재활훈련 분야는 그 적용 범위가 점점 더 넓어지고 있다. 뇌졸중, 파킨스, 다발성 경화증, 안구질환 등 다양한 분야에 가상/증강/혼합현실을 활용하려는 움직임이 활발하다. 2011년에 설립된 MindMaze는 뇌졸중부터 척추손상, 수족 절단 등 다양한 분야의 재활훈련 제품을 개발/출시하고 있다. 특히 주변에서 구할 수 있는 가전제품을 활용해 체계적인 재활치료를 받을 수 있도록 소프트웨어 패키지를 출시해 큰 호응을 얻고 있다.

MindMaze가 수족 장애 재활훈련에 집중을 하고 있다면, Vivid Vision은 시력장애 재활훈련에 집중하고 있다. Vivid Vision은 미국의 스타트업으로 사시 및 약시로 고통 받고 있는 환자를 위해 시각 트래킹을 통해 양안시를 자극하여 뉴런의 기능을 향상시키는 안구 운동 제품을 개발하고 있다.

현대사회에 들어 스마트폰이나 모니터를 많이 접하게 되어 사람들에게 다양한 안구질환이 발생하고 있어 매우 유용한 제품으로 주목받고 있다. 이외에도 SYNCTHINK는 이를 한 차원 진화시켜 구기종목의 선수들을 대상으로 시각 훈련을 수행하는 제품을 개발하여 사전에 이와 관련된 안구 운동을 수행할 수 있도록 한 운동력 향상 제품을 출시하였다.

Brain Power는 자폐증을 겪고 있는 환자를 대상으로 증강현실/혼합현실을 활용한 재활훈련 제품을 개발하고 있다. 자폐 환자의 경우 상대방의 감정을 읽는 것이 매우 어려워 많은 훈련이 필요한데, 이 제품은 이러한 훈련을 간편하게 수행할 수 있도록 지원한다. 특히 증강현실을 이용하여 얼굴인식에 대한 정보를 부가적으로 제공함으로써, 이를 통해 환자가 상대방의 감정을 읽을 수 있게 하는 것이 특징이다. [그림 8-10]은 이러한 재활훈련 관련 제품을 보여주고 있다.

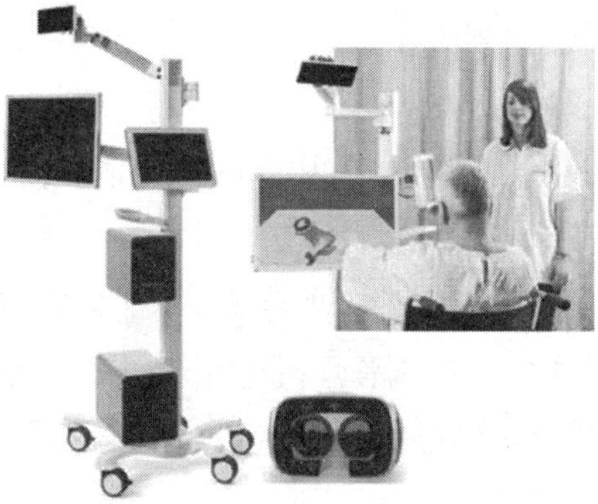

(a) MindMaze 제품

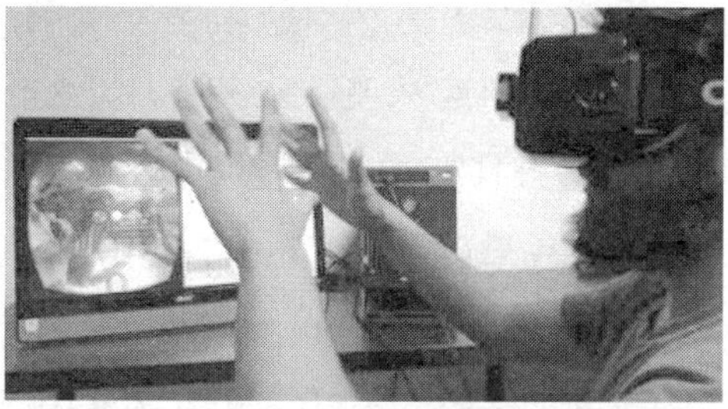

(b) Vivid Vision 제품

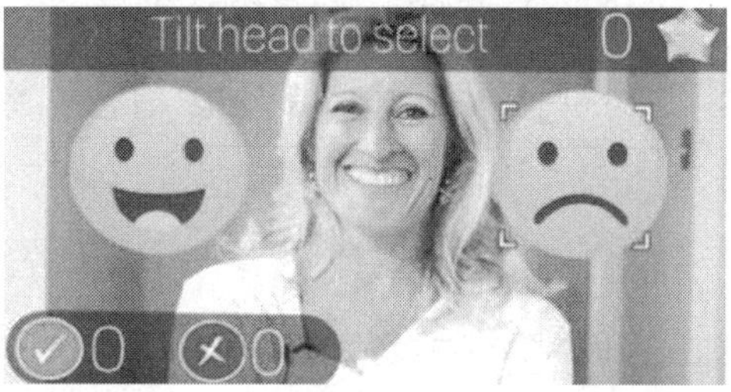

(c) Brain Power 제품

[그림 8-10] 재활훈련 분야 제품

3. 심리관련 분야

이 분야의 제품들은 크게 심리치료(고소공포, 공황장애, 외상 후 스트레스 등)를 목적으로 하는 제품과 통증 완화를 목적으로 하는 제품으로 구분된다. Psious, Limbix는 심리치료 제품을, Firsthand Technology, FeelsGood, appliedVR는 통증 완화 제품을 각각 출시하고 있다. Psious, Limbix는 비행기, 대중교통, 강의실과 같은 가상환경을 심리치료가 필요한 환자에게 제공하고, 의료진이 이를 통해 환자들의 반응 및 신체 변화를 객관적으로 측정할 수 있도록 지원한다.

(a) psious 제품

(b) Limbix 제품

[그림 8-11] 심리치료 관련 제품

또한 의료진은 이러한 제품을 통해 가상환경을 편집, 조작할 수 있으며, 환자들에게 단계별로 공포감을 노출시킴으로써 스스로 이를 통제할 수 있도록 지원한다. [그림 8-11]은 이와 관련된 제품들을 나타낸 것이다.

이와는 달리 Firsthand Technology, appliedVR, FeelsGood은 통증을 완화하는데 방점을 두고 있다. 이는 가상환경을 이용할 경우 환자가 통증에 대한 생각을 최대 50% 줄일 수 있다는 연구에 착안한 것으로 약물 없이도 환자가 고통을 피하고 관리할 수 있도록 지원한다. Feels Good의 경우에는 암 환자들에게 화학 요법 및 방사선 치료 등으로 인한 진통을 완화하기 위한 제품을 개발하고 있으며, 인공지능과 기계학습을 통해 성별, 나이, 병리학적 특징을 기반으로 적합한 콘텐츠를 환자에게 추천 및 제공할 수 있도록 지원한다.

appliedVR은 이 중에서도 소아를 대상으로 어린이들이 흥미를 가질만한 콘텐츠를 개발하는데 집중하고 있는데, 의료진이 아닌 환자 보호자도 손쉽게 이를 이용할 수 있도록 UX/UI를 대폭 개선한 점이 특징이다. 현재 로스앤젤레스의 Cedars-Sinai 의료센터와 보스턴아동병원(Boston's Children Hospital)에서 임상실험을 진행 중이다. [그림 8-12]는 이와 관련된 제품들을 나타낸 것이다.

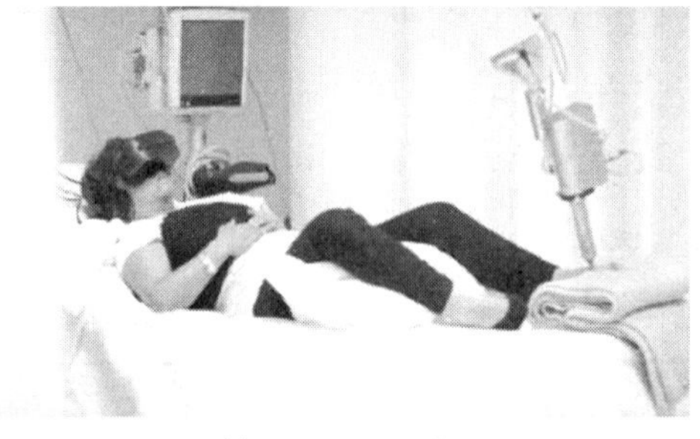

(a) FeelsGood 제품

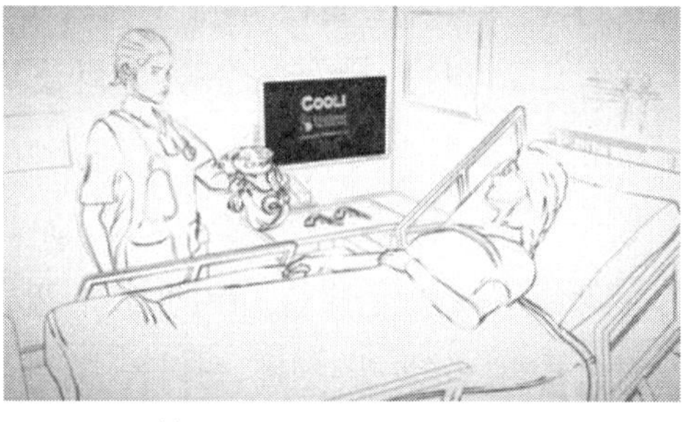

(b) Firsthand Technology 제품

[그림 8-12] 통증완화 관련 제품

수행 내용

재료 · 자료

- 디지털 치료제 관련 자료

기기(장비 · 공구)

- 컴퓨터, 문서작성 프로그램, 프린터, 주변기기

안전 · 유의사항

- 디지털 치료제 관련 장비의 안전 및 유의사항을 숙지한다.

수행 순서

01 디지털 치료제와 의료분야에 적용되는 XR 기술의 성능 유효성 검증에 대하여 분석하라.

학습 8

1. VR/AR 기술의 개요

1) 배경 및 목적

가상 · 증강현실 기술이 의료기기에도 활용됨에 따라 각종 부작용 등에 대하여 선제적으로 대응하고자, 이미 개발되었거나 조만간 등장할 것으로 예상되는 제품들에 대해 의료기기로서 관리 필요성을 평가하고 의료기기 판단기준과 관리방안을 제시하는 데 그 목적이 있다.

가이드라인은 「의료기기법」 제2조, 제3조, 제6조, 제12조, 제15조, 「의료기기 허가 · 신고 · 심사 등에 관한 규정」, 「의료기기 품목 및 품목별 등급에 관한 규정」을 기반으로 가상 · 증강현실 기술이 적용된 의료기기의 분류기준과 허가 · 심사 방안을 제시하고, 민원인에 정보를 제공하여 민원편의 및 허가 · 심사 업무의 투명성을 제고하고자 한다.

2) 적용범위

가상현실 및 증강현실 기술을 활용하여 질병을 진단 또는 치료하는 장비 또는 소프트웨어(콘텐츠 포함) 형태의 의료기기에 적용한다.

3) 용어의 정의

이 기준에서 사용되는 용어의 정의는 다음과 같다.

(1) 가상현실(VR : Virtual Reality)

현실과 유사한 가상의 허구적 환경이나 상황을 구현하고 이용자로 하여금 마치 실제 환경에서처럼 시각, 청각, 촉각 등으로 감지하고, 상호작용이 가능한 기술이다.

(2) 증강현실(AR : Augmented Reality)

현실에 가상의 영상 또는 유의미한 정보를 합성하여 사용자의 경험이 증강되도록 구현하는 기술이다.

(3) 혼합현실(MR : Mixed Reality)

현실세계와 가상세계가 혼합된 상태로, 현실환경에 가상정보를 부가하거나 가상환경에 현실정보를 부가하여 사용자와 상호작용하는 기술이다.

(4) 헤드 마운트 디스플레이(HMD : Head Mount Display)

사용자의 머리에 장착하여 입체화면을 표시하고 아울러 머리의 움직임을 검출하여 이를 가상현실에 반영하거나 로봇, 혹은 제어시스템에도 이용하는 장치로, 비투과형(Closed Type) 또는 투과형(See-through Type)이 있다.

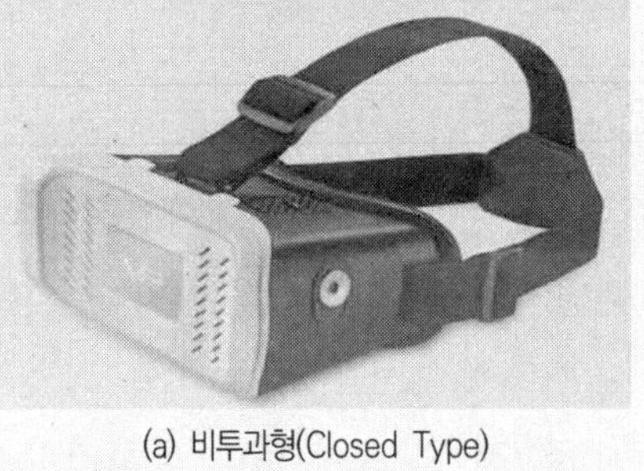

(a) 비투과형(Closed Type)

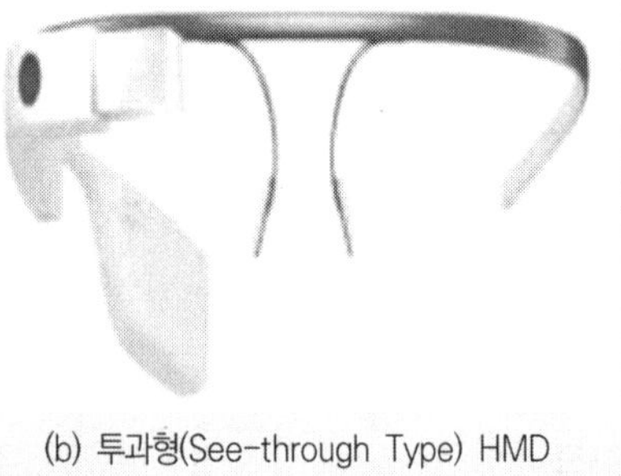

(b) 투과형(See-through Type) HMD

[그림 8-13] HMD의 예

4) 가상 · 증강현실 적용기기의 구성 및 특성

(1) 가상 · 증강현실 적용 기기

가상 · 증강현실을 적용한 기기의 형태는 디스플레이 장비(HMD, 2,3차원 디스플레이, 홀로그램 등) 포함와 소프트웨어로 구성되며 센서, 웨어러블 기기, 재활장비 및 장치(모션 플랫폼, 햅틱장치 포함), 모바일 PC, 타 의료기기와 상호작용하는 기기 등이 추가 구성될 수 있다.

(2) 가상·증강현실 기술의 특성

① 가상현실은 사용자가 가상적으로 체험하도록 만들어진 비현실 혹은 현실과 유사한 세계를 의미하며 가상현실을 구현하기 위해서는 인간의 다양한 감각(시각, 청각, 촉각 등)적 현상을 조합한 기술들을 포함한다. 또한 가상의 공간에서 사용자가 임의대로 움직일 수 있으며 가상 물체와의 상호작용을 할 수 있는 특성이 있다.

(a) 정신신경과학 분야 (b) 생체신호와 연동한 가상현실 치료 분야

[그림 8-14] 가상현실 기술적용 예시

② 증강현실은 결과물이 실제 환경과 가상 환경의 공간·대상물이 결합되는 형태이며, 실제 환경에 증강되는 가상의 공간·대상물과 사용자가 실시간으로 상호작용 가능하다. 또한 실제 환경의 3차원 공간에 맞도록 가상 환경의 공간·대상물을 정합할 수 있다.

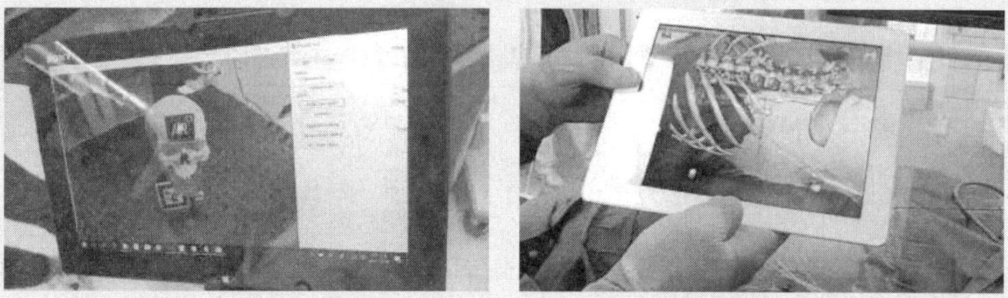

(a) 치과분야 사전 수술 모의 장면 (b) 외과수술시 증강(AR)현실 적용

[그림 8-15] 증강현실 기술적용 예시

2. 의료기기 구분기준

1) 의료기기의 정의

의료기기란 「의료기기법」 제2조제1항에 따라 사람이나 동물에게 단독 또는 조합하여

사용되는 기구·기계·장치·재료 또는 이와 유사한 제품으로서 다음 각 호의 어느 하나에 해당되는 제품을 말한다.

의료기기법 제2조 (정의) ① 이 법에서 "의료기기"란 사람이나 동물에게 단독 또는 조합하여 사용되는 기구·기계·장치·재료 또는 이와 유사한 제품으로서 다음 각 호의 어느 하나에 해당하는 제품을 말한다. 다만 「약사법」에 따른 의약품과 의약외품 및 「장애인복지법」 제65조에 따른 장애인보조기구 중 의지(義肢)·보조기(補助器)는 제외한다.
1. 질병을 진단·치료·경감·처치 또는 예방할 목적으로 사용되는 제품
2. 상해(傷害) 또는 장애를 진단·치료·경감 또는 보정할 목적으로 사용되는 제품
3. 구조 또는 기능을 검사·대체 또는 변형할 목적으로 사용되는 제품
4. 임신을 조절할 목적으로 사용되는 제품

2) 의료기기 판단기준

(1) 판단의 일반원칙

가상 증강현실 기술을 활용하는 의료기기의 해당여부는 사용목적에 따라 판단한다. 사용처와 관계없이 당초 제조자가 의도한 사용목적이 의료기기법 제2조에 부합하는 경우 의료기기로 판단한다. 다만 추후 제품 개발동향 및 사용현황 등을 반영하여 의료기기로 관리 필요성을 지속적으로 검토할 예정이다.

(2) 구체적인 범위 및 예시

의료기기 판단기준에 따라 의료기기와 비의료기기의 범위는 다음과 같다. 예시로 든 사례는 기준의 이해를 돕기 위한 것이며, 실제로 제품별 특성과 상황, 과학적 근거 등을 고려하여 사안별로 판단될 수 있다.

① 의료기기에 해당하는 가상·증강현실 기반 기기/소프트웨어

Tip 비의료기기 예시

- CT, MRI 등으로 촬영한 종양의 위치나 크기를 증강현실 기술이 가능한 태블릿 PC에 입력해서 환자 수술시 사용하는 기기
- CT 등 실제 환자의 영상정보를 이용하여 수술 전 또는 수술 중에 골절 또는 골변형 등에 대한 치료계획 수립 및 시뮬레이션 기기
- 대장검사 등을 위한 내시경처럼 CT 촬영영상을 3D로 재구성하여 진단목적으로 대장 등을 가상으로 보여주는 소프트웨어
- HMD기기와 생체신호(뇌파, 근전도)가 연동되어 재활치료에 활용하는 기기
- 가상·증강 기술이 주기능으로 재활치료에 적용되어 치료효과가 임상적으로 입증된 재활기기

② 의료기기에 해당하지 않는 가상·증강현실 기반 기기/소프트웨어

㉠ 의료인의 교육 훈련 목적의 기기/소프트웨어

Tip 비의료기기 예시

- 의료인의 교육·훈련을 위해 환자의 CT/MRI 영상 등을 재편집한 후 수술연습에 적용한 수술 시뮬레이션 기기/소프트웨어
- 해부학 및 생리학 등 교육을 위해 가상현실기술을 적용한 시뮬레이션 기기/소프트웨어
- 증강현실을 이용한 정맥주사 훈련용 시뮬레이션 기기/소프트웨어

㉡ 일상적인 건강관리 목적의 가상 증강현실 적용 기기/소프트웨어

Tip 비의료기기 예시

- 약의 작용원리와 효능, 부작용 등 정보를 표시하는 스마트폰 증강현실 애플리케이션
- 물고기잡기, 기억력테스트 게임 등의 기억력 훈련 등에 도움을 주기 위한 가상현실 적용 기기 또는 소프트웨어
- 가상현실을 통해 항암치료를 사전 경험함으로써 항암제 부작용 우려(구토 등)를 완화시키는 소프트웨어

※ 세부기준은 「의료기기와 개인용 건강관리(웰니스) 제품 판단기준」에 따른다.

③ 기능성게임 등을 통해 사회생활 적응에 도움을 주기 위한 기기/소프트웨어

Tip 비의료기기 예시

- 가상의 무대나 발표장을 만들고 사람 대신 캐릭터들이 있는 환경에서 말하기 연습을 시행하여 무대공포 완화에 도움을 주기 위한 기기/소프트웨어
- 상대선수 등과의 가상경기 등으로 운동선수의 경기 직전 긴장감 완화에 도움을 주기위한 기기/소프트웨어
- 절벽길을 운전하는 것과 같은 화면을 보면서 공포를 느끼는 가상의 상황에 지속적으로 노출을 시켜 두려움 완화에 도움을 주기 위한 기기/소프트웨어
- 대인관계에 큰 어려움을 겪어 정상적인 사회생활 영위에 문제점을 가진 사람들을 도와주기 위한 기기/소프트웨어

(3) 비의료기기에 해당하는 경우의 관리방안

식품의약품안전처는 의료기기 규제적용의 필요성을 판단하기 위하여 국내 외 자료를 조사 분석하거나 주기적으로 실태조사를 실시하며, 개발 중인 제품들에 대해 위해요소가 확인되는 경우에는 의료기기로 분류하여 관리할 수 있다. 이 경우 가이드라인 또는 고시 개정 절차를 통해 이해관계인의 의견을 수렴하는 등 충분한 논의과정을 거칠 계획이다.

3. 허가, 심사 방안

가상 증강현실 기술이 주기능으로 적용된 의료기기의 허가 심사 시 다음과 같은 사항들이 추가로 고려되어야 하며, 보조기능으로 적용된 의료기기의 경우는 의료기기 허가 · 신고 · 심사 등에 관한 규정」 [별지 3]의 '본질적 동등품목비교표'를 이용하여 이미 허가받은 의료기기의 허가사항과 비교한다. 또한 일반적으로 의료용 소프트웨어의 허가 · 심사 시에 고려되어야 할 사항은 「의료기기 소프트웨어 허가 · 심사 가이드라인(2015)」을 참고한다.

1) 안전성 검증

(1) 하드웨어

① 가상 증강현실을 적용한 의료기기의 안전성을 검증한다.

㉠ 전기를 사용하는 의료기기의 경우 : 「의료기기의 전기 기계적 안전에 관한 공통기준규격」, 「의료기기의 전자파 안전에 관한 공통 기준 규격」을 적용하며, 제품의 특성에 따라 「의료기기 기준규격」 중 해당 규격을 적용한다.

㉡ 인체 접촉, 삽입 등을 하는 의료기기 및 부분품의 경우 : 「의료기기의 생물학적 안전에 관한 공통기준규격」을 적용한다.

㉢ 가상 증강 현실 적용 의료기기를 사용하는 중간에 조작자(Operator) 또는 환자가 긴급한 상황에서 종료할 수 있는 비상정지장치 또는 비상정지장치에 대응할 만한 기능 설계나 준비가 되어 있어야 한다.

② HMD 착용에 따른 안전성을 검증한다.

㉠ HMD 착용에 따른 불편함*을 최소화하도록 설계 및 제작되어야 한다.

㉡ 발광 및 발열로 인한 화상 및 안과적 안전문제(광과민성 반응 등)가 발생하지 않도록 설계 및 제작되어야 한다.

③ HMD착용으로 인한 주변 이미지의 변화나 왜곡으로 불편함이 없어야 한다.

(2) 소프트웨어

의료기기 소프트웨어의 안전성 등급을 판단하기 위해서는 소프트웨어의 사용목적 및 해당 의료기기의 안전성 관련 특성 식별, 의료기기 소프트웨어 위해요인 분석, 의료기기 소프트웨어 위험 산정이 필요하며 이러한 과정 후 의료기기 소프트웨어에 대한 안전성 등급이 결정된다.

---

* 불편함 : 착용에 따른 머리/안면 압박에 의한 통증 등

의료기기 소프트웨어의 안전성 등급은 〈표 8-3〉과 같이 심각한 상해 또는 사망의 가능성이 있는 경우 C등급, 심각하지 않은 상해의 가능성 있을 경우 B등급, 의료기기 소프트웨어 사용으로 건강상의 상해 또는 손상이 없는 경우 A등급으로 구분할 수 있다.

〈표 8-3〉 의료기기 소프트웨어 안전성 등급 정의

등 급	의료기기 소프트웨어 안전성 등급 정의
A등급	부상이나 신체적 피해가 발생할 가능성이 없음
B등급	심각하지 않은 부상(경상)이 발생할 가능성이 있음
C등급	심각한 부상 또는 사망이 발생할 가능성이 있음

가상 증강현실 적용 소프트웨어의 경우 기존 소프트웨어 등급 기준을 따르되, 기기의 특성에 따라(㉠ 인체에 미치는 영향 정도 등) 제조사에서 해당 소프트웨어의 사이버 멀미 및 피로도 유발 정도 등의 정보를 제공해야 한다.

2) 성능 및 임상적 유효성 검증

가상 증강현실 기술이 적용된 의료기기의 경우 제품의 특성에 따라 전임상, 임상적 유효성 검증이 필요할 수 있으며 성능은 정확도, 반응속도 등의 항목을 이용하여 검증하고 수술/치료 방법 등에 따라 달라질 수 있다.

(1) 정확도

① 정의 : 가상 · 증강 현실 트래킹이 실제 값과 얼마큼 가까운지 나타내는 기준

② 기준

㉠ 가상공간에서의 사용자(아바타)의 위치 트래킹이 가능해야 한다.

[그림 8-16] 정합 정확도 시험용 팬텀 예시

㉡ 증강현실을 이용한 수술용 장치에서 네비게이션 장비의 위치 지정 정확도는 영상과 환자의 정합 정확도에 의해 결정되며 오차는 2mm 이내를 만족해야 한다.

※ 정합 정확도는 ISO10360-1(Standard for Coordinate Measuring Machines), ASTM F2554:10 국제규격에 따른 팬텀을 활용하여 확인할 수 있다.

㉢ 증강현실에서 가상객체가 실제공간에서 정합되는 정확도는 수 mm 이내이어야 한다.

(2) 반응속도(Latency)

① 정의 : 사용자의 시선(머리 움직임)과 동작(팔, 다리 등의 몸 움직임)을 반영하여 가상의 영상으로 갱신하는 속도

② 기준

㉠ 별도 입력장치가 없는 경우 반응속도는 20ms6) 이내

㉡ 별도 입력장치가 있는 경우 반응속도는 60ms7) 이내

(3) 영상 재현 성능

① 화각(Field of View) : HMD장비에서 보여주는 영상의 시야각으로 각도로 표시하며, 실제 시야각과 가상 시야각은 가능한 일치해야 한다.

② 해상도(Resolution) : 제조사는 HMD장비에서 보여주는 영상의 해상도를 가로×세로 픽셀의 개수로 제시하여야 한다.

③ 프레임률(Frame Rate) : 가상현실 소프트웨어의 초당 프레임은 최소 30fps, 그래픽 기반(사용자 인터랙션)의 경우 60fps 이상이어야 한다.

※ 일반 영상의 경우 1초에 24번 또는 30번, 부드러운 영상표시를 위해서는 1초에 60~120번의 프레임을 적용

3) 심사시 고려 사항

가상 증강현실 기술이 적용된 의료기기의 경우 해당 의료기기가 안전하고 합리적으로 사용할 수 있도록 필요한 최신의 안전성 관련 사항을 모두 기재하여야 하며 특히 아래와 같은 주의사항을 추가 제공하여야 한다.

① 안전사고 예방을 위한 수칙 준수를 권고하고, 소프트웨어 내에 주위 환경 안내에 대한 메시지

② 병원 등에서의 공중사용 시 다수의 사용자가 단일기기를 사용할 경우 감염 등의 위험을 최소화하는 방법

③ 어지럼증, 두통 등 부작용을 예방하고 소프트웨어를 안전하게 이용하기 위한 연령별, 대상별 사용시간 권고사항

④ 가상현실의 경우 사용분야에 대한 권고사항과 오작동시 비상정지 등의 안전장치 구비사항

4) 제출자료의 범위

가상 증강현실 기술이 적용된 의료기기의 허가 시 「의료기기 허가 · 신고 · 심사 등에 관한 규정」[별표 7]에 따라 이미 허가받은 제품과 사용목적, 작용원리가 상이할 경우 임상시험 자료 제출 대상이며, 동등한 경우 기술문서심사 대상이다.

구분 \ 제출자료		1	2	3	4-가	4-나	4-다	4-라	4-마	4-바	4-사	**5**	6	7
		본질적 동등품목 비교표	사용목적	작용원리	전기	방사선	전자파	생물학적	성능	물리화학	안정성	임상	기원·발견 및 개발경위	외국사용현황
1. 새로운 제품	가. 사용목적이 다른 것	○	○	X	○	△ 주4)	○	X	○	X	X	**O**	○	○
	나. 작용원리가 다른 것	○	X	○	○	△ 주4)	○	X	○	X	X	**O**	○	○
	다. 원재료가 다른 것	○	X	X	X	X	X	X	X	X	X	**X**	X	X
2. 개량제품	라. 성능이 다른 것	○	X	X	X	X	X	X	○	X	X	**△ 주1)**	X	X
	마. 시험규격이 다른 것	○	X	X	○ 주2)	△ 주2) 4)	○ 주2)	X	X	X	X	**X**	X	X
	바. 사용방법이 다른 것	○	X	X	X	X	X	X	X	X	X	**△ 주3)**	○	○
3. 동등제품		○	X	X	X	X	X	X	X	X	X	**X**	X	X

○ : 제출하여야 하는 자료, × : 면제되는 자료, △ : 개개 제품에 따라 판단하여야 하는 자료

주 1) 임상을 통해서만 개량된 성능을 확인할 수 있는 경우(예 : 의료용소프트웨어에 CAD(Computer Aided Diagnosis)기능이 추가되어 성능이 일부 달라진 경우)

주 2) 식약처장이 인정한 시험규격 이외의 규격을 설정한 경우

주 3) 적용부위 및 조작방법이 달라 안전성 · 유효성 확인이 필요한 경우(예 : 하지의 부분마비 환자의 보행기능을 개선하기 위하여 하지신경(배골신경, 대퇴신경 등)에 사용되는 전기자극기를 뇌 · 척수에 사용하는 경우)

주 4) "방사선에 관한 안전성자료"는 방사선기기에 한함

※ 조합되거나 한벌 구성된 의료기기 또는 인체에 접촉하는 부분품이 있는 경우는 '의료용품분야'의 자료를 추가로 제출하여야 함

학습 8

02 디지털 치료제나 의료분야에 적용되는 가상융합 기술(XR)의 분야별 프로젝트에 대하여 분석하라.

국내산업의 강점 · 특성과 XR 활용효과를 고려하여 6대 산업 'XR 플래그십 프로젝트' 추진한다.

① 제 조

㉠ 화학 · 자동차 : 제조 현장 디지털 트윈 구현, 현장 설계 · 운영 · 관리 등 全공정 XR 적용(과기정통부)

㉡ 조선해양 : '버추얼 조선소' 구축, 가상환경에서 다자간 협업 기반 선박 설계 및 품질 검증(과기정통부 · 산업부)

② 의 료

㉠ 가상의료훈련 : 국군간호사관생도 등 의료진을 대상으로 중증 외상상황 처치훈련 시스템(과기정통부 · 국방부)

㉡ 디지털 치료 : XR 기반 치매 · 우울 · 공포증 등 정신장애 치료, 신체장애 재활 서비스(과기정통부)

③ 건 설

㉠ 건축설계 : 건축토목 구조물 가상 설계 · 시뮬레이션 기반 분석 · 검증 시스템(과기정통부)

㉡ 시설관리 : 시설물, 환경플랜트 시설 정보 AR로 제공, 시설 유지관리에 활용(과기정통부 · 국토부 · 산업부)

④ 교 육

㉠ 초중고 가상실험 : 전국 초중고 대상 XR · AI 기반 과학실험공간 '지능형 과학실' 구축(교육부)

㉡ 경찰 훈련 : 특공대원 대상 AR 기반 복합테러 상황 대응 교육훈련 시스템(과기정통부 · 경찰청)

⑤ 유 통

㉠ 물류관리 : AR 기반 물품정보 실시간 시각화로 대형 물류센터 운영관리(과기정통부)

㉡ 가상전시 : 가상공간 제품 전시로 비대면 제품 시연 · 마케팅이 가능한 '가상컨벤션'(과기정통부)

⑥ 국 방

㉠ 육군 : 육사 훈련에 'VR 기반 정밀사격훈련, 전술훈련, 지휘통제훈련 시스템' 시범 적용(국방부 · 과기정통부)

㉡ 공군 : 공군 조종관제, 항공수송, 항공기 복구 등 7대 분야 VR · AR 가상훈련 시스템(국방부 · 과기정통부)

03 디지털 치료제와 의료분야에 적용되는 가상현실이 미래 산업으로 발전하기 위한 해결 과제에 대하여 분석하라.

첫째, 현재 출시된 VR 기기들은 헤드셋 형태로 스마트폰을 꽂아서 감상하는 방식으로 안경을 쓴 사람은 착용하기 어렵고, 무거워 오랫동안 사용하면 불편함을 느끼기 때문에 기술적으로 개선할 필요가 있다. 또 다양한 사용자경험(UX)이 가능하도록 새로운 타입의 센서와 장시간 사용 배터리 등 보조장치, VR 구현용 360도 영상 촬영이 가능한 특수카메라가 필요하다.

둘째, 의료서비스 이해관계자의 이해충돌로 인해 VR 기반의 의료서비스 추진에 어려움이 예상되어 VR 의료 콘텐츠 시장 확대를 위한 기반을 조성해야 한다. 1차 진료병원, 대형병원, 의사, 약사 등 VR 의료 이해관계자들이 상생할 수 있는 모델의 연구를 통해 콘텐츠 시장의 확대를 도모해야 한다. 또한 전국적인 힐링 콘텐츠 훈련센터 구축 등 관련 시범사업을 추진해 국민적 관심이 높은 헬스케어의 킬러 콘텐츠 개발 및 플랫폼 구축 시범사업추진을 지원해 VR 디바이스의 보급을 촉진할 필요가 있다.

셋째, 국내는 선진국에 비해 가상현실(VR), 증강현실(AR), 혼합현실(MR) 등의 원천기술 수준이 낮고 사용할 수 있는 콘텐츠도 매우 제한되어 있으며, 헬스케어 및 의료장비 수준도 외국에 비해 매우 열악한 수준이다. 선진국과의 기술적 열세를 극복하고 활용분야를 확대하기 위해서는 정부의 기술개발 투자, 출연연의 원천 및 기반기술 개발 등이 필요하다. 또한 산 · 학 · 연 공동으로 VR 의료 기술수준 및 활용 실태를 조사하고 선진국에 비해 취약한 분야를 선정해 기술개발 및 상용화 촉진, 법 · 제도 정비 등을 분담해야 한다.

넷째, VR 기기는 눈에 가까워 장시간 이용하면 눈으로 보는 것과 뇌로 판단하는 차이가 누적되어 시각적 피로감을 유발해 어지럼증, 멀미, 두통을 동반한다. 반복적으로 사용하면 근시로 이어질 확률이 높으며, 심할 경우 광과민성 발작 증상으로 이어질 우려가 있다. 또 장기간 사용하면 'VR 중독'을 초래해 VR 기기를 30분 사용하면 10~15분 휴식을 취해야 한다.

그리고 VR 의료는 사람을 대상으로 하기 때문에 인체 안전성 및 적합성의 문제와 법적 규제에 대한 기준안이 마련되어야 한다. VR 기술을 도입한 장치의 의료기기 인정여부, 보험 적용 여부 등 정부 차원의 대응이 필요하다.

다섯째, VR 의료의 범용화를 위해 주요 기업체 · 대학 · 병원 · 연구소 간 협업으로 제품화를 촉진할 필요가 있다. 현재는 각 병원이나 연구소의 연구비로 자체 개발한 프로그램에만 의존하고 있는데, 시장이 커지고 대중화되려면 기업체 · 학교 · 병원 · 연구소 등 협업으로 처음부터 제품화하도록 노력할 필요가 있다. 또한 환자가 각 가정 컴퓨터를 이용해 VR 치료를 받으려면 원격의료가 가능해야 하지만 의료법 개정을 놓고 의사협회와 정부가 대립하고 있어 설득과 절충을 통해 해결할 필요가 있다.

의료 환경 특수성을 고려해 병원과 의사의 참여가 필수적이며 기업과 병원이 함께 고민하는 생태계 구축이 필요하다. VR 전문가와 의료인뿐만 아니라 빅데이터 처리, 인공지능, 센서, 바이오 피드백 전문가간 지속적인 교류와 협력이 필수적이다.

04 VR/AR 기술이 디지털 치료제와 의료부문에 적용하는 사례에 대하여 분석하라.

1. 영상진단

Bioflight VR은 진단의 정확성을 높이기 위해 VR 환경에 데이터를 업로드 할 수 있는 솔루션을 구축해 CT 스캔과 MRI 데이터를 3D 이미지로 볼 수 있으며, 플랫폼은 GPU(Graphics Processing Unit)를 이용하여 가상환경을 통해 제공하고 있다. 상세한 정보 덕분에 환자의 상태를 좀 더 세부적으로 분석 · 파악할 수 있고, 의사들은 수술 계획을 세울 시간을 절약하고 정확하게 환자 상태를 진단해 치료를 제공한다.

EchoPixel은 True 3D System을 개발해 초음파, CT 스캔, MRI 이미지를 3D 형태로 표준화함으로써 세계 의료 이미징분야에 영향력을 행사하고 있다.

True 3D 시스템의 상세한 이미지들은 내과의사에게 환자의 구조와 질병에 대한 이해를 깊게 해 뛰어난 진단과 치료를 제공한다.

도쿄여자의과대학은 증강현실(AR : Augmented Reality)을 이용하여 수술 도중 집도의가 의료용 화상 관리 시스템을 조작할 수 있는 솔루션 개발을 진행하고 있다. 수술을 집도하는 의사는 각종 디바이스나 키보드를 만질 수 없어 의료용 화상을 보려면 간호사나 스태프가 화상관리 시스템을 조작해야 하는데, 이를 개선하기 위해 해당 솔루션을 개발해 집도의는 화상관리 시스템에 저장된 CT 데이터를 어느 위치에 삽입할지, 어느 위치에 배치할지 등을 손의 움직임으로 조작할 수 있다.

대구경북과학기술원(DGIST)은 증강현실을 이용하여 실제 수술도구와 가상 수술도구를 함께 표시함으로써 수술자의 원활한 수술을 가능하게 한다. 장기 이미지 내 지점을 기준으로 3차원 렌더링하여 가상의 장기 모형 간의 깊이 정도를 파악하는수술 내비게이션 시스템 운용방법, AR과 VR의 전환 통해 운동시차를 만들어 깊이감을 파악한다[3].

2. 외 과

영국의 Center for Surgical Invention & Innovation는 M. Anvari 박사 주도하에 원격수술을 성공시켰다. 원격조종 로봇, VR 모니터, 햅틱장갑을 이용해 원거리에 있는 환자에 대한 수술 시행이 가능하고 국가 간 의료장벽을 허물 수 있을 것으로 기대되고 있다.

뉴욕 마운트 시나이(Mount Sinai) 병원의 J.Bederson 박사는 2016년 8월 Leica와 Brainlab이 함께 개발한 수술 AR 플랫폼 'CaptiView'를 이용해 동맥류 수술을 마쳤다. 집도의가 현미경을 통해 환자의 뇌 화면 위에 수술 전에 촬영된 환자 뇌내부의 2D/3D 영상이 겹쳐서 나타나 고개를 돌릴 필요가 없다. 수술과 관련된 기타 의료 정보도 현미경 화면에 불러올 수 있으며, 의사가 수술하는 동안 어느 곳을 보는지를 파악하여 자동으로 초점을 맞추어 주는 기능도 탑재됐다.

일본 고베대 부속병원 소화기내과는 임상수술현장에서 VR과 3D프린터를 연간 약 50건 이상 활용하고 있다. 환자의 몸을 CT로 촬영한 후, CT 검사에서 얻을 수 있는 2D의 평면으로 표현되는 이미지를 다시 3D 데이터로 변환해 환자가 병원에서 CT 검사 촬영 데이터를 가져오면, 자신의 몸을 3D로 볼 수 있게 해 주고 있다. 또한 환자의 몸에 프로젝션 매핑 기술로 영상을 투영하면, 몸을 열지 않아도 내부 장기 위치를 볼 수 있는 VR 기술을 적용하고 있다.

일본 국제의료복지대 의대 스키모토 마키 교수는 홀로렌즈를 이용해 VR 간 수술을 하고, VR을 이용해 전립선암 수술을 시행하였다.

분당서울대병원 정형외과 조환성 교수팀은 DGIST 로봇공학과 홍재성 교수팀과 함께 2017년 3월 세계 최초로 태블릿 PC에서 증강현실 시스템을 적용한 골종양 수술을 성공적으로 수행하였다.

증강현실 시스템은 CT, MRI 등 영상진단이미지를 통해 확보한 종양의 위치와 크기를 프로그램에 입력하면 종양의 위치 정보를 태블릿 PC에 표시된다. 또한 정강이뼈에 골종양이 발생한 환자의 수술에 증강현실 시스템을 적용해 불필요한 절제를 최소화하면서도 종양을 안전하게 절제한다.

3. 안 과

비비드 비전(Vivid Vision)사는 약시나 사시를 앓는 환자를 위한 VR 헤드셋을 개발하였다. 게임을 이용해 좌우 눈에 미묘하게 다른 이미지를 투사해 잠자던 뇌를 자극하고, 눈과 뇌의 연계를 복원해 시력을 강화한다. 안과의사와 병원을 대상으로 VR 게임을 이용한 치료 프로그램을 제공하고 있는데 미국 내 90개 이상의 병원이 이 프로그램을 도입했고, 2017년 말 환자의 편의성을 높이기 위해 시각장애 환자가 직접 구매해 가정에서 사용할 수 있는 버전을 출시하였다.

케임브리지 컨설턴트(Cambridge Consultants)는 2016년 9월 스마트폰으로 녹내장을 검사할 수 있는 VR 기기를 개발했다. 사방에서 빛이 쏘아지는 것을 구현하기 때문에 실제 녹내장 검사기와 비슷한 효과를 발휘한다. 모바일 앱과 블루투스로 연동해 다양한 색감을 표현한 빛 패턴을 보여주며, 이용자는 검사에 맞춰 색감인지를 구분하는 버튼을 누르기만 하면 된다.

삼성전자의 사내벤처 C랩(Creative Lab)은 2017년 8월 시각보조 애플리케이션 '릴루미노(Relumino)'를 공개하였다. 저시력자의 불편을 덜어주는 앱으로 갤럭시 스마트폰과 스마트폰에 호환되는 '기어 VR'이 있으면 되는데, 스마트폰 카메라로 받아들인 영상을 AR로 변환해 시각장애인이 인식하기 쉬운 상태로 바꿔준다. 굴절장애와 고도 근시를 겪는 시각장애인에게 유용하다.

4. 이비인후과

캐나다 Ottawa 대학은 평형기능을 담당하는 귓속 달팽이관에 이상이 있어 어지럼증을 호소하는 환자의 전정기능 재활(Vestibular Rehabilitation)을 위해 VR 활용 장비를 이용해 치료한다. 사람의 동작, 인지, 계획, 판단, 행동 등 각 단계의 데이터와 장애의 유무와 정도를 계측하는 것이 가능하며, 측정 결과를 이용해 적합한 재활치료를 계획하고 훈련시킬 수 있다.

5. 재활의학

VirZOOM의 VR 바이크는 페달을 돌려 액티브 모션 컨트롤로 VR 게임을 제공하고 사용자로 하여금 경주 트랙, 전쟁터, 떠오르는 하늘, 그림과 같은 시골풍경을 F1 드라이버, 탱크 사령관, 사이클 선수, 페가수스(Pegasus) 형태로 체험하게 한다.

스위스의 스타트업 마인드 메이즈(MindMaze)는 환자의 몸 동작을 디지털로 변환하는 모션 캡쳐 기술로 신경 재생을 촉진하는 VR 재활 플랫폼 'MindMotion Pro'를 선보였다. 뇌졸중과 외상성 손상(Traumatic Injury) 환자의 재활에 이용되는데, 팔을 들어 올리거나 손가락을 움직이는 연습을 도와주는 VR 기기로 팔을 움직일 수 없지만 시각적·청각적 피드백으로 동기를 부여해 환자가 반복적으로 행동을 연습할 수 있게 한다.

일본 Tsukuba대의 신체장애자를 위한 특수교육 대학과 FOVE는 'Eye Play the Piano'를 개발했는데, VR 헤드셋 FOVE에 '시선추적(Eye Tracking)'기술을 적용해 장애 어린이가 피아노를 연주할 수 있다.

가천대 길병원은 2018년 1월 VR 기술을 외상 후 스트레스장애나 공황장애 치료에 접목하는 '가상현실 치료센터'를 개소해 VR을 이용한 자극에 외상 후 스트레스장애나 공황장애를 앓는 환자들을 반복적으로 노출해 익숙해지도록 돕는다.

분당차병원은 뇌졸중으로 팔을 잘 쓰지 못하는 환자 162명에게 게임방식의 VR 재활치료를 진행해 상당한 효과를 보고 있다. 환자를 VR로 치료하기 위해 컴퓨터와 VR용 안경·컨트롤러 등의 장비를 구비해 VR용 안경을 착용하면 사방으로 망망대해가 펼쳐지고, 바다 한 가운데에 떠 있는 배를 타고 있는 등 VR 프로그램이 바닷속을 배경으로 해 재미와 환상을 심어준다.

분당서울대병원은 2014년 서울대공대와 공동연구로 마이크로소프트의 3차원 동작인식카메라 '키넥트'를 이용한 VR 치료 프로그램을 개발해 뇌졸중 환차 치료에 활용하였다. 상태가 비슷한 환자끼리 가상공간에서 대결을 벌이면서 치료를 이어가는 것은 물론 병원에 오지 않고도 집에서 로그인만 하면 언제 어디서나 재활을 이어갈 수 있게 하는 것을 목표로 하고 있다.

6. 정신건강의학과

정신건강의학과에서 VR은 트라우마 치료, 각종공포증 완화, 자폐증 치료 등 다양한 영역에서 적용되고 있다. Virtual Vietnam은 PTSD(외상 후 스트레스장애) 치료를 위해 VR을 최초로 이용한 솔루션으로, 1997년에 베트남 참전 군인들의 치료를 위해 조지아 공대에서 시도했다. VR은 정글을 헤치고 나가는 상황과 군용 헬리콥터를 타고 날아가는 두 가지 시나리오를 재현해 군인들이 실제 베트남에 있는 것처럼 느끼게 한다. 심리치료에 효과를 못 보던 환자들이 시험에 참여해 효과를 보았다.

학습 8

Virtual Iraq는 남가주대(UCS)의 정신과 전문의 Albert Rizzo 박사가 주도하여 2005년 이라크전 참전군인들의 PTSD 치료를 위해 개발하였다. 엑스박스의 전쟁게임 'Full Spectrum Warrior'의 개발환경을 재사용한다. 오락용으로 가상으로 전쟁의 긴장감을 즐기기 위해서 개발된 게임이 전쟁 참상을 겪은 군인들의 후유증을 치료하기 위해 활용됐다.

미시간대 병원은 장기 입원을 하고 있는 어린이들에게 지루함을 덜어주기 위해 오큘러스 리프트(Oculus Rift)를 이용해 병원 밖을 체험시킨다. 어린이용 프로그래밍 스쿨인 GameStart School과 입원 중인 어린이가 보통 어린이와 같은 체험과 감동을 얻는 것을 목적으로 한다.

Floreo는 자폐증 어린이의 스킬 개발을 지원하고 자립하는 것을 돕는 협동 시스템을 제공하는데, 지도를 맡은 사람은 렌즈에 애플 아이패드를 사용한다. VR 기반 치료는 개인 특성에 맞춰 관리, 조정이 가능해 학습능력 장애를 가진 어린이와 가족으로부터 호의적인 반응을 얻었다.

옥스포드대 연구팀은 고소공포증 환자들에게 2주간 4~6회 VR 치료 프로그램을 받게 하고, 환자들은 가상현실 속에서 높은 건물에 올라가 사과를 따거나 고양이를 구하는 등의 과제를 수행해 고소공포증 증상을 평균 68% 감소시키는 효과를 보았다.

일본 얀센파마(Janssen Pharmaceutical)는 2016년 5월 환청이나 망상을 유사 체험할 수 있는 장치 'Virtual Hallucination'을 개발하였다. 골판지로 만든 조립식 헤드셋과 앱을 설치한 스마트폰을 사용해 보여주는데, 영상은 상하좌우로 180도까지 머리를 움직이며 볼 수 있다. 이는 환청을 체험하고, 4가지 에피소드를 준비해 환자 가족들이 질환에 대해 깊은 이해를 하는 것을 돕고 있다.

7. 의학교육/시뮬레이션

Zspace는 의료 등 다양한 분야에서 교육의 질을 개선하기 위해 VR과 증강현실(AR : Augmented Reality)을 합친 혼합현실(MR : Mixed Reality)을 적용하고 있다. 의료분야에서는 4,600개 이상의 해부구조를 포함한 Human Anatomy Atlas가 있는데 남성과 여성의 신체의 주요 모든 장기와 체계를 망라하고 있다.

이스라엘의 3D기업 Simbionix의 VR 수술실(Operating Room)은 복강경(Laparoscopic) 트레이닝을 위한 실감나는 세팅을 제공한다. 시뮬레이터에서 수련생들의 실습은 가상 OR팀, 환자, 장비, 실감나는 생활소음 등을 포함해 수술실 환경에 몰입하게 한다. 복잡한 수술을 준비하는 의사에 D2P SW, 3D 모델링 등을 제공한다.

Surgical Theater는 MRI나 CT 이미지를 바탕으로 3D 모델을 구축하는 'Precision

VR'을 개발하였다. CT스캔이나 MRI 등에서 촬영한 영상을 입체화하고 의사가 VR 헤드셋을 착용해 몸의 내부를 돌아다니며 살펴볼 수 있는 기능을 갖추고 있어 질병의 진단, 수술 계획 및 예행연습, 의대생의 학습도구 등으로 사용된다.

Touch Surgery는 VR 환경에서 수술 교육할 수있는 가능성을 보여주었다. 스마트폰이나 태블릿 컴퓨터용 '모바일 수술 훈련' 앱을 통해 흉부외과, 정형외과, 안과, 성형외과, 신경외과 등 다양한 진료과의 100여 가지의 수술의 과정을 3D 이미지와 터치스크린을 통해서 배울 수 있다.

BioDigital은 클라우드 기반 가상 3D 의료영상의 선구자로 해부와 질병치료를 위한 신체를 시각화해 진단 및 의학교육에 활용된다. 3D 영상을 통해 학생들은 몸 안의 장기를 상세하게 확인할 수 있고, 의사는 용이하게 3D 진단을 실현한다.

Open Simulator는 3D 기술을 이용해 헬스케어 교육과 병 간호에 활용하고 있다. 가격이 저렴한 복강경 수술 훈련 시뮬레이터를 개발해 수술 스태프를 양성하고 적절한 외과치료를 받지 못하고 있는 사람을 구할 수 있다.

Medical Augmented Intelligence는 VR 3D와 AR을 이용해 인터랙티브 인체 3D 모델을 제공하는데, 침구 치료의 시술자를 훈련하기 위한 것이다. 학생은 VR을 사용해 디지털화된 인체 위에 손을 움직여 근육이나 신경의 침구를 놓을 위치를 확인시킨다.

프랑스의 비지블 페이션츠(Visible Patients)사는 CT나 MRI 같은 2D 영상 이미지를 바탕으로 3D로 환자의 이미지를 생성한다. 수술 환자의 해부학적 구조를 3D 모델링하는 기술로 직접 수술할 특정 환자의 3D 모델을 만들고 VR을 통해 분석한다.

후지쓰(Fujitsu)는 2017년 9월 도쿄대와 심장 시뮬레이터를 개발하였다. 실제 MRI나 CT로 촬영한 심장 이미지에 기초해 슈퍼컴퓨터 '케이'로 심장박동을 심근세포에서부터 정밀하게 재현한다. 심장 시뮬레이터 출력 데이터를 콘텐츠로 이용해 심장 흥분전파를 360도 VR로 볼 수 있어 심전도가 흥분 전파과정에서 생성되는지 이해에 도움이 된다.

분당서울대병원의 VR 교육시스템은 수술 현장을 360도 카메라로 촬영해 외과, 정형외과 관련 VR 콘텐츠 3개를 제작해 수련의 교육에 활용하고 있다. 환자 안전을 위해 충분한 숙련도와 체험이 필요하고, 현장 교육에 제약이 큰 수술 분야에 도입하였다.

분 야	국 가	업체/기관	제품/서비스	내 용
이비인후과	캐나다	오타와대	어지럼증 재활장비	어지럼증 환자 전정기능 재활 VR 이용
재활의학	미 국	VirZOOM	VR Bike	페달돌려 모션컨트롤 VR 게임 제공
	스위스	MindMaze	MindMotion Pro	모션캡쳐기술로 신경재생촉진 VR 재활
	일 본	쓰쿠바대/FOVE	Eye Play the Piano	VR 헤드셋 착용해 장애아 피아노 연주

학습 8

분 야	국 가	업체/기관	제품/서비스	내 용
재활의학		mediVR	VR재활프로그램	VR을 이용해 보행훈련 체간 균형 유지
	한 국	가천대길병원	VR치료센터	VR을 이용해 편측무시환자 재활치료
		분당차병원	VR게임재활	뇌졸중환자를 VR게임 이용해 재활치료
		분당서울대병원	VR치료실	뇌졸중환자 재활 위해 키넥트 VR 치료
정신과	미 국	조지아공대	Virtual Vietnam	베트남전참전군인 외상 후 스트레스 치료
		USC의대	Virtual Iraq	참전군인 PTSD 치료에 Xbox게임 활용
		Virtual Better	BraveMind	Virtual Iraq 업그레이드해 PTSD 치료
		Psious	VR 공포증 치료	VR 상상력으로 공포나 두려움 완화
		미시간대 의대	어린이 VR 치료	오큘러스 리프트 병원 밖 체험
		휴스턴대병원	VR 알코올중독치료	VR을 이용해 알코올중독환자 치료
		USC의대	심리상담시뮬레이터	환자 표정에서 감정정보를 파악
		Floreo	VR 자폐증 치료	VR 이용해 자폐증 어린이 자립심 도움
		스탠포드의대	VR 전환장애 치료	VR로 심리갈등, 부담감 전환장애 치료
영상진단	미 국	Bioflight	Bioflight VR	VR로 CT 스캔과 MRI 3D 이미지 봄
		EchoPixel	True 3D System	초음파, CT 스캔, MRI 3D 표준화
	일 본	도쿄여의대	AR화상관리시스템	집도의가 의료용 화상관리시스템 조작
	한 국	DGIST	AR이용로봇시스템	실제 수술도구와 가상 수술도구 표시
외 과	미 국	Microsoft	Hololens	척추수술 중 환부 위에 정보 오버레이
		CSII	Remote Surgery	원격조종 로봇 이용 원거리 환자 수술
		UCLA병원	뇌 진단/수술	뇌 진단이나 수술에 VR기술 활용
		Leica& Brainlab	CaptiView	AR 플랫폼 이용해 동맥류 수술
	일 본	고베대병원	3D프린터와 VR	환자 몸 CT 촬영 후 3D 데이터로 변환
		국제의료복지대	홀로렌즈수술	홀로렌즈를 이용해 간, 전립선암 수술
	한 국	분당서울대병원	AR골종양수술	태블릿PC를 사용해 골종양 AR 수술
안 과	미 국	Vivid Vision	약시/사시VR헤드셋	VR게임을 이용해 약시 및 사시 치료
	영 국	Cambridge	Consultants	스마트폰 녹내장 VR검사 모바일 앱과 블루투스로 연동해 다양한 색감 표현한 빛 패턴 보여줌
	한 국	삼성전자 C랩	릴루미노	저시력자 불편 더는 시각보조 앱
의학교육/시뮬레이션	미 국	Zspace	해부학	VR MR로 인체 해부구조 장기/체계 교육
		LA소아병원	AiSolve	VR 시뮬레이션으로 수술과정 재현
		Simbionix	VR 수술실	복강경 트레이닝 등 VR 솔루션 제공
		ImmersiveTouch	VR 시뮬레이션	VR 이용 감염관리, 응급상황 수술 교육

분 야	국 가	업체/기관	제품/서비스	내 용
의학교육/ 시뮬레이션	미 국	Renznick	OSATS	인체모형을 VR 이용해 모델링화 교육
		Touch Surgery	VR 시뮬레이션	수술과정 3D이미지와 터치스크린 배움
		Virtual Graphics	3D 그래픽	HTC Vive로 인간 몸안을 3D로 관찰
		BioDigital	3D 의료 영상	해부와 질병치료를 위한 신체 시각화
		OSSO VR	VR 시뮬레이션	시뮬레이션 통해 의료장비 사용 교습
		스탠포드대의대	수술 시뮬레이션	햅틱, 3D 수술 시뮬레이션 환경 도입
		네브라스카의대	VR 의료 교육	VR을 이용해 의사와 간호사 교육
	영 국	킹스칼리지	HapTEL	햅틱기술 VR 이용해 치과의사 교육
	프랑스	Visible Patients	3D 모델링	CT, MRI 이용해 3D 환자 이미지 생성
		다쏘시스템	3D 시뮬레이션	인간의 심장 혈관을 VR로 모방 수술
	스위스	VertaMed	외과시뮬레이터	의료훈련용 고실감 외과수술 이용
	일 본	Holoeyes	VR 인체 장기	CT로 스캔한 인체장기 VR 모델 축적
		후지쓰	심장 뷰어	3D 입체 VR로 보여주며 심전도 강의
		국제의료복지대	OsiriX	의료용 무료공개 SW 3D 동영상
	한 국	분당서울대병원	VR 교육시스템	의료진 및 의대생 교육에 VR 이용
		네비웍스	의료 VR	전문의 수술훈련 VR 서비스 플랫폼

출처 : ETRI 기술경제연구본부, 2019.1.

05 디지털 치료제와 의료부문에 적용하는 XR 콘텐츠 UI/UX 평가 체계설계 및 구축에 대하여 분석하라.

1. 휴먼팩터 요소를 사용한 평가 수행체계 제안

1) 신체동요 측정

① 측정장비 : Force Platform

② 측정방법 : XR트윈 프로그램 사용 전 후 Force Platform 위에서 일정한 자세를 취하게 한 후 전후, 좌우 방향으로의 신체 동요의 크기를 측정해 XR 콘텐츠 전과 후의 차이를 비교해 평가한다.

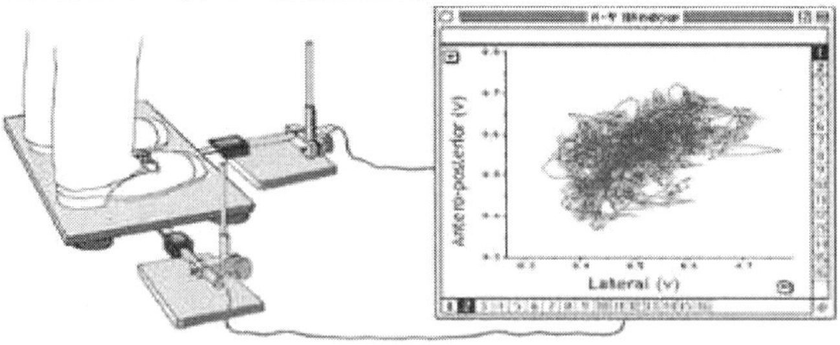

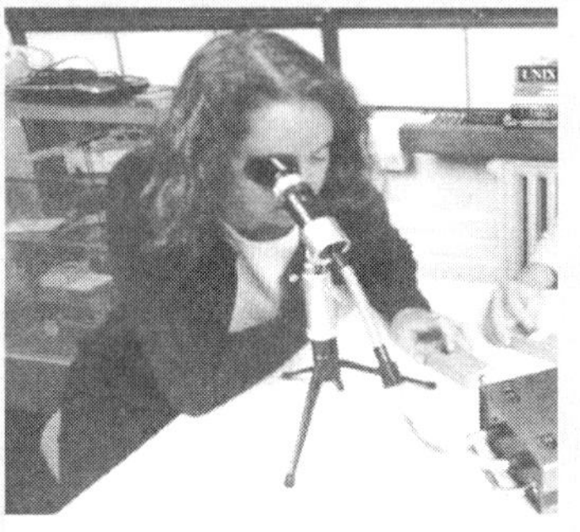

2) 시각피로 측정

① 측정장비 : FFF(Flick Fusion Frequency) 측정장비

② 측정방법 : XR 콘텐츠 전 후 눈에서 감지해낼 수 있는 FFF(단위 Hz)의 역치를 찾아내 비교한다. XR 콘텐츠 후 시각피로가 발생하면 XR 콘텐츠 전, 후의 FFF 값의 차이가 발생한다.

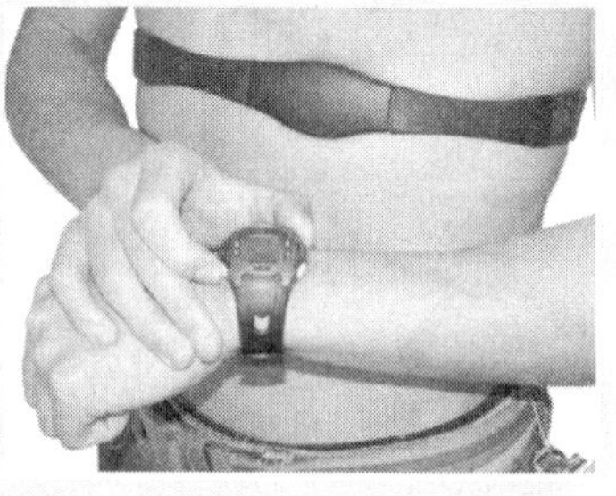

3) 신체부담 측정

① 측정장비 : 심박수 측정기

② 측정방법 : XR 콘텐츠 전과 XR 콘텐츠 중의 심박수를 측정해 XR 콘텐츠가 부과하는 신체부담을 평가한다.

4) 행동범위 측정

① 측정장비 : 동작분석기

② 측정방법 : XR 콘텐츠 중의 신체 행동범위를 3차원 동작분석 장치 등을 이용해 측정 후 다른 사람이나 장애물에 부딪칠 수 있는 지의 여부를 평가한다.

5) 인체진동 측정

① 측정장비 : 3축 전신진동측정기

② 측정방법 : XR 콘텐츠 중의 신체에 가해지는 x,y,z 3축 방향의 진동을 측정하여 ISO 진동 노출기준과 비교 평가한다.

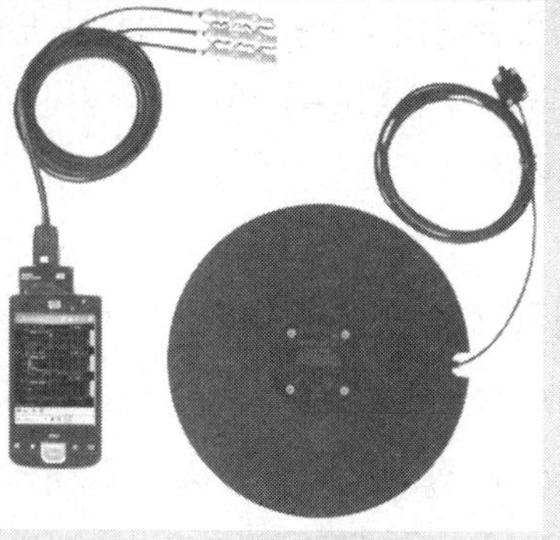

6) 인체자세 평가

① 측정장비 : 캠코더와 RULA, REBA Sheet

② 측정방법 : XR 콘텐츠 중의 자세를 일정 시간 간격으로 샘플링하여 각 자세별 부하를 RULA나 REBA를 이용하여 평가한 후 자세의 불편도나 부하를 평가한다.

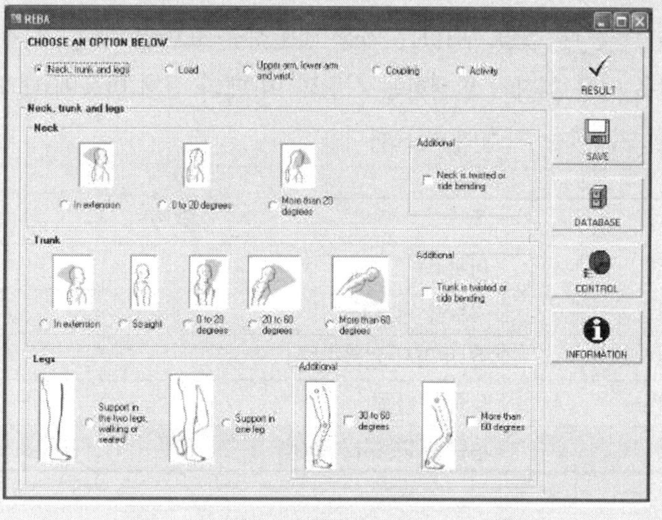

[그림 8-17] 전신작업부하 평가(REBA) 프로그램

2. 도식화된 XR 콘텐츠 UI/UX 디자인 평가 요인 제안

일반적으로 XR콘텐츠에서 발생하는 멀미를 측정하는 방법은 자기 보고(Self Reporting)와 일정한 설명 중에서 자신이 해당하는 항목을 선택하는 숫자 기반의 척도(Numeric Rating Scale)를 선택하는 방식으로 이루어진다. 이러한 자기보고 방식은 XR콘텐츠의 사용 경험이 부족하면 활용하기 어려운 한계점이 있고 피험자에게 언어적 설명을 위해 대면을 통한 수행이 반드시 요구된다.

학습 8

본 과제에서는 언어적 설명을 최소화하고 직관적으로 반응을 보고 할 수 있도록 다음의 그림과 같이 설명과 관련된 신체 반응을 아이콘, 이미지 등으로 도식화(Diagram) 한 형태의 평가 도구를 개발한다.

1) 비 전문가를 위한 평가 설문지 개발 개요

일반적으로 사용자는 가상 증강현실 멀미'라는 생소한 용어에 대한 이해도가 낮기 때문에 표현의 방법이 상이할 수 있고, 형태나 경중에 대해서는 측정하기 어렵다.

또한 자의적 표현 보다 물어보는 질문에 '그렇다', '아니다'를 표현하는 정도에 그칠 수 있으며, 물어보는 질문자의 의도를 파악하여 이상적인 답변을 시도할 수 있기 때문에, 어린이의 멀미감 측정을 위한 상기의 설문지는 간단히 만들어져야 하고, 대표적인 증상에 대한 질문으로 축소하되 경중을 측정해서는 안된다.

다음 표의 비전문가를 위한 멀미감 측정 질문지를 구성한 것으로, 대표적인 증상의 유무를 파악하기 위한 목적으로 가지고 있으며, 문항 5의 '콘텐츠를 이용하기 싫음'은 이용자가 불편함을 느낄 때 취할 수 있는 가장 일반적인 표현일 수 있다. 따라서 문항 5에 해당하는 콘텐츠 이용 회피가 발생하는 시점과 이 때의 신체 반응에 대해서 자세히 기록하여 설문지를 보완하는 과정이 필요하다.

	문 항
1	어지러움
2	구토할 거 같음
3	잘 보이지 않음
4	트림이 나옴
5	콘텐츠 이용하기 싫음

2) 멀미감 측정 도구 개발

멀미감 경험 측정 도구 설계에 있어 일반적으로 고려해야 하는 핵심 요소는 이용자가 느끼는 멀미 감을 어떻게 잘 표현할 수 있게 하는 방법에 관한 것이다.

일반적으로 성인을 대상으로 하는 연구에서는 자기 보고(Self Reporting)와 일정한 설명 중에서 자신이 해당하는 항목을 선택하는 숫자 기반의 척도(Numeric Rating Scale)가 많이 사용되고 있으나, 이는 즉각적인 반응을 평가 하거나 측정하는데 어려운 측면이 있다.

언어적 설명을 최소화시키는 방법으로 설명과 관련된 신체 반응을 아이콘, 이미지 등으로 도식화(Diagram)하여 사용하는 방법을 제안할 수 있다. 다음 그림은 실제로 사용되는 통증 그림(Pain Diagram) 측정 방법으로서 언어적인 의사소통이 어려운 어린아이나 노인, 병으로 언어능력을 잃은 환자 등의 통증을 평가하는 데 사용된다.

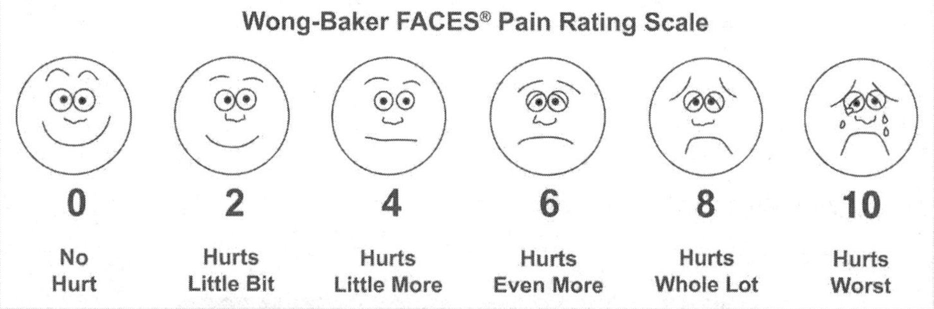

나이 성별과 상관없이 멀미의 발생에 따른 공통적인 신체적 반응은 구토(Nausea)를 들 수 있다. 따라서 멀미 발생 여부와 정도에 있어서 멀미에 따른 구토 반응을 도식화(Diagram)하여 척도 문항으로 사용할 예정이다. 구토 반응의 도식화는 다양한 실험을 통해 이미 검증된 Boogaerts JG 의 그림을 사용하고, 이를 통해 완성된 유아를 위한 멀미감 경험 측정 도구는 다음 그림과 같다.

3) 이용자의 멀미감 빈도 측정 도구 개발

멀미감 빈도 측정의 경우 성인을 대상으로 하는 연구에서는 멀미 발생 빈도에 대한 수를 적게 하는 자기 보고(Self Reporting)나 발생 빈도에 해당하는 항목을 선택하는 숫자 기반의 척도(Numeric Rating Scale)가 많이 사용된다.

그러나 실제 현업에서 업무와 함께 사용되는 XR 트윈의 특성 상 인지부하가 요구되는 숫자 기반의 척도를 사용하기 어려운 측면이 있을것으로 예상된다. 따라서 언어와 수리적 이해를 최대한 제외하는 측정 방법이 요구되고, 이러한 이용자의 특성을 고려해 볼 때 사용할 수 있는 방법으로는 아래 그림과 같이 시각상사척도(Visual Analogue Scale)를 제안할 수 있다.

시각상사척도는 아무런 표시도 없는 10cm의 가로 방향의 직선에서 환자 스스로가 자신의 통증 정도 또는 빈도를 표시하는 방식으로, 사용과 채점이 간편하고 빠르며 실험자의 관여를 최소화할 수 있다는 점과 언어와 상관없이 만 5세 이상의 환자에게 적용 가능한 장점이 있다.

학습 8

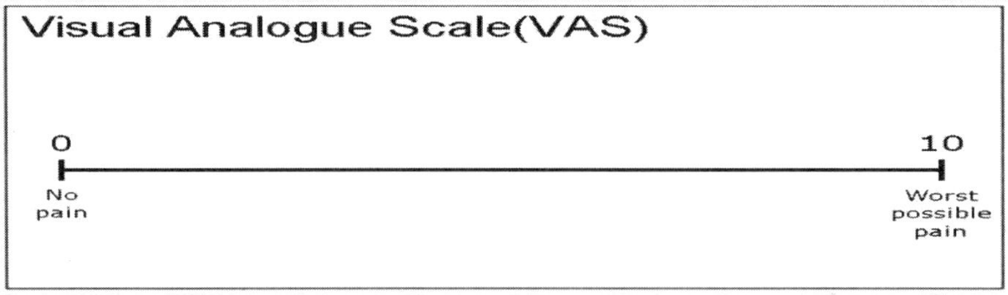

4) XR 기반 멀미 측정 도구 구현

① 실행 화면

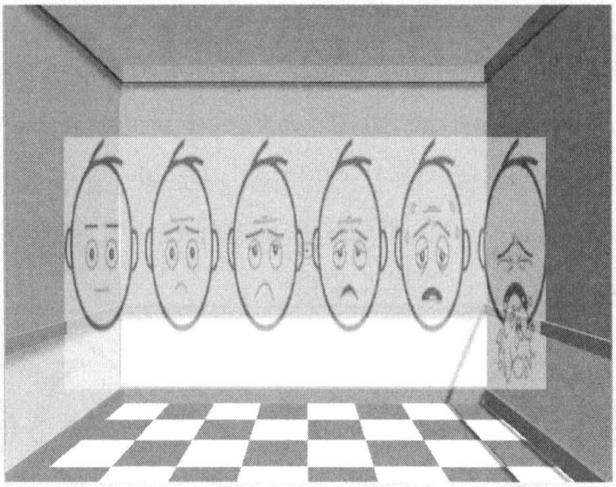

② 설문 선택 화면

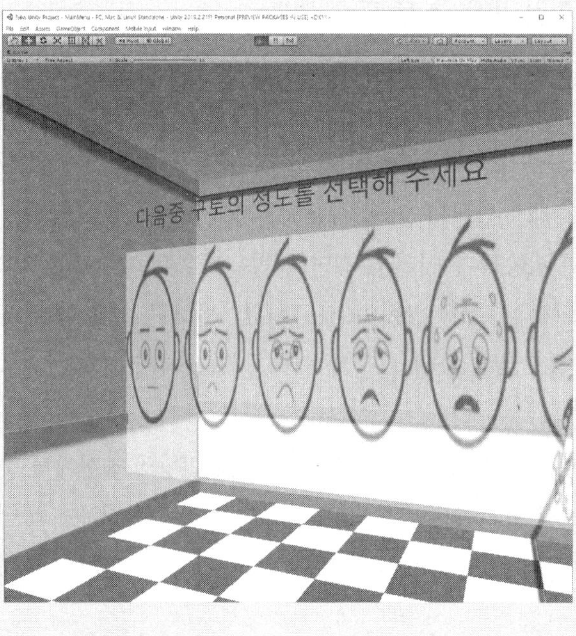

③ 설문 선택 결과 통보

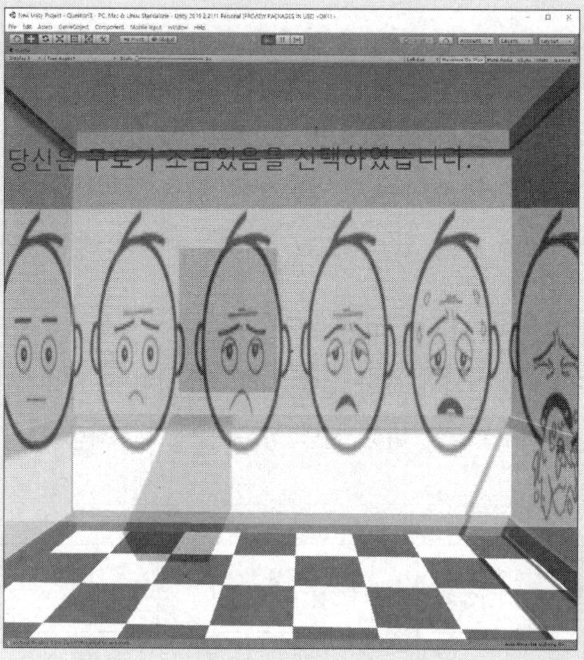

④ 소스 코드 구성

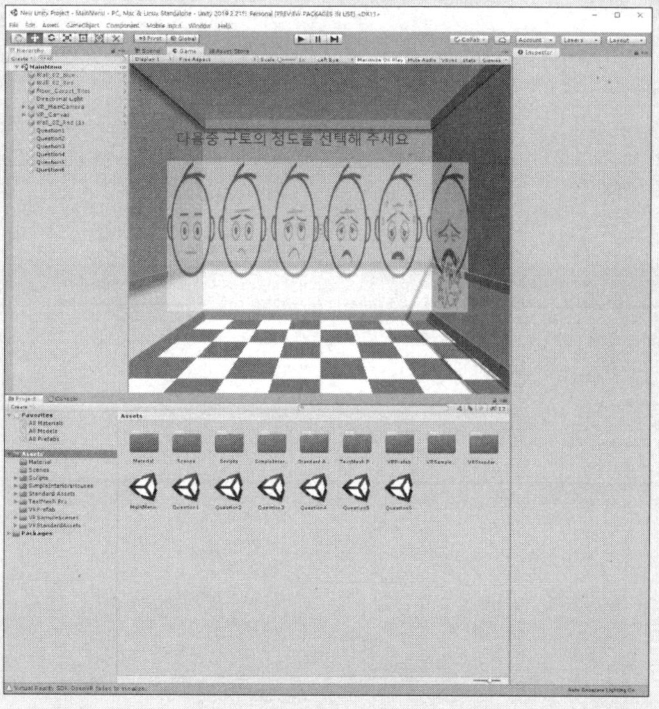

3. 웹기반 비대면 평가 프로토 타입 제안

사용성 (작업부하) 평가 요인 검사 및 평가를 효율화하기 위해 다음과 같은 비대면 평가수행을 위한 웹기반평가 프로토타입을 개발하여 수행한다.

개발 언어는 모든 브라우저에서 활용할 수 있는 HTML5이며, 범용성을 위해 별도의 DB서버를 거치지 않고 Java Scripts로 작동할 수 있도록 구성하였다. 추후 평가 DB 등이 구축되면 해당 내용을 추가 할 수 있는 코드를 추가할 예정이다.

1) 웹기반 비대면 평가 시스템 구조

각 페이지의 구조는 ① 평가에 대한 설명 시행, ② 피험자, 평가 과업을 입력, ③ 항목별 평가수행, ④ 가중치 설명을 위한 랜덤 항목 선택, ⑤ 최종 평가 결과 도출 순으로 수행하도록 구현한다.

평가 개요 → 피험자, 평가과업입력 → 항목별 평가수행 → 가중치 설정 → 최종 평가결과

2) 평가 시스템 구축 결과

① 평가 개요 화면

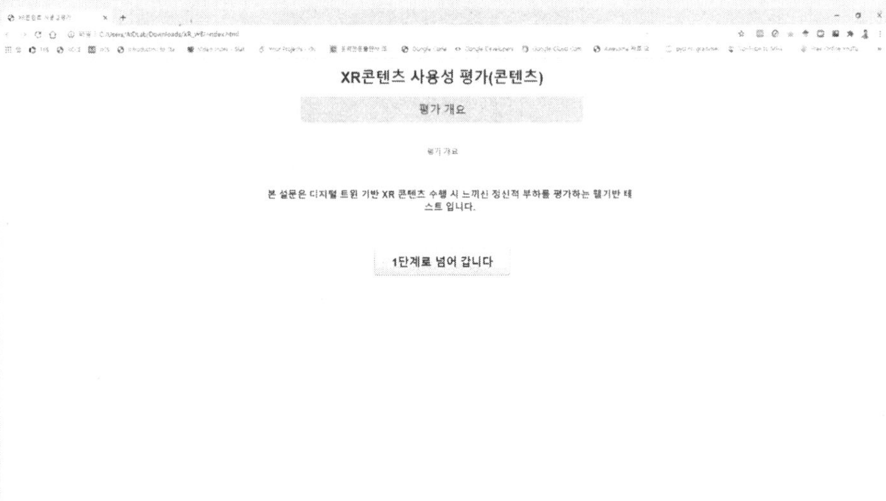

② 평가 입력 화면

③ 평가 결과 화면

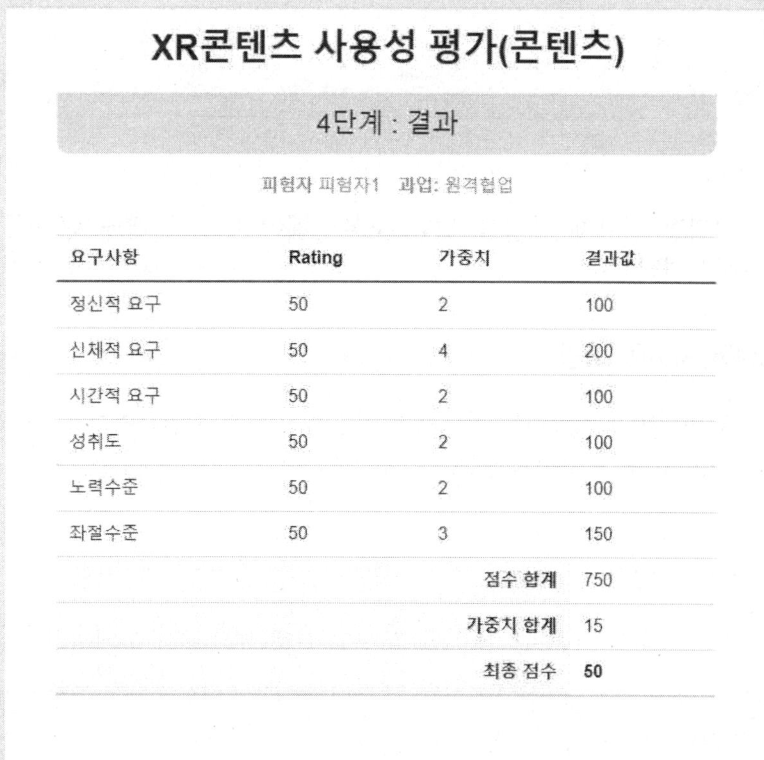

XR콘텐츠 사용성 평가(콘텐츠)

4단계 : 결과

피험자 피험자1 과업: 원격협업

요구사항	Rating	가중치	결과값
정신적 요구	50	2	100
신체적 요구	50	4	200
시간적 요구	50	2	100
성취도	50	2	100
노력수준	50	2	100
좌절수준	50	3	150
		점수 합계	750
		가중치 합계	15
		최종 점수	**50**

학습 8

3) 웹 기반 비대면 평가 도구 소스 코드(HTML5) 구성(XR_WBI)

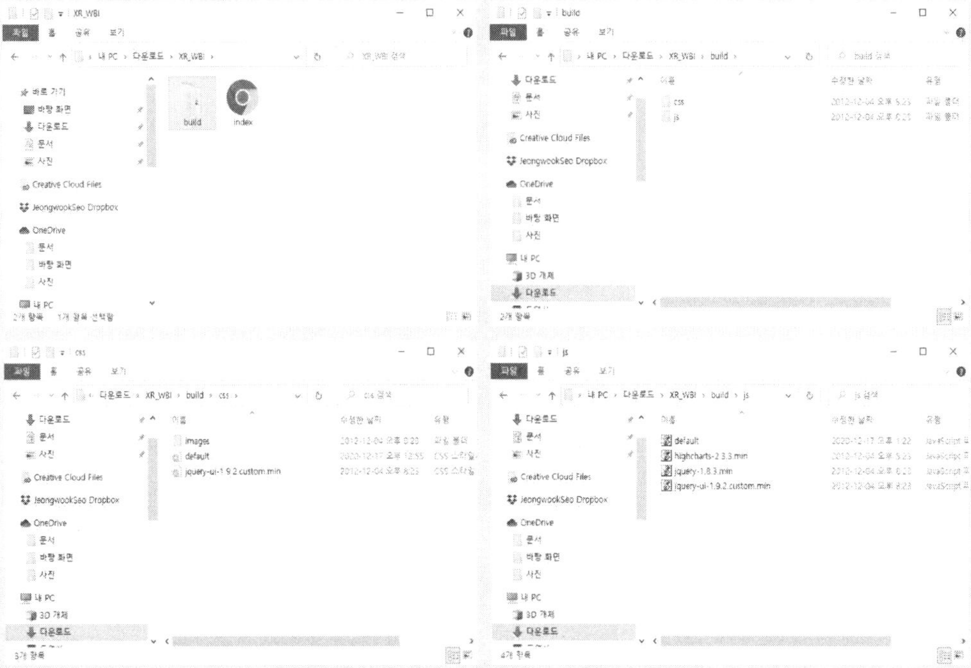

06 디지털 치료제 개발을 위한 소프트웨어 도구 선택에 대하여 분석하라.

1. 하드웨어 사양을 확인

개발 도구를 설치하기 위해서는 하드웨어 사양을 반드시 확인하여야 한다. 하드웨어의 처리속도, 메모리 용량, 하드디스크 용량 등을 자세히 알아보고 설치를 준비하여야 한다.

2. 개발 도구를 설치

① 홈페이지 접속하여 다운로드할 개발 도구를 선택한다. 해당 홈페이지(http://www.codeblocks.org)에 접속하여 상단 메뉴에서 "Downloads"를 선택하여 다운로드 창이 열리면 "Download the binary release"를 선택한다.

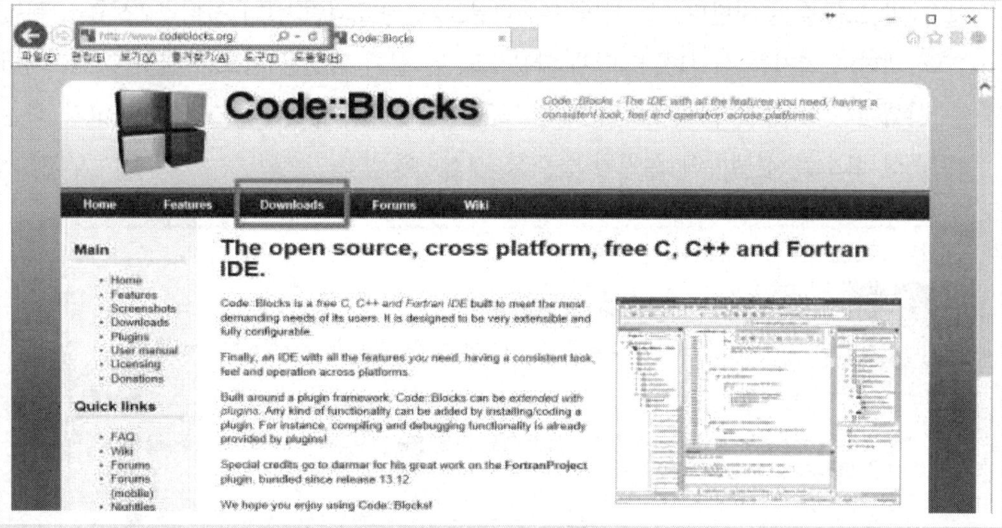

출처 : http://codeblocks.org

[그림 8-18] Code::Blocks 다운로드를 위한 홈페이지 접속(예)

② 설치파일을 다운로드한다. 개발 환경의 운영 체계에 맞는 도구를 선택하여 설치 파일을 다운로드 한다.

출처 : http://codeblocks.org,

[그림 8-19] 설치파일 선택(예)

③ 개발 도구를 설치한다. 설치 파일이 다운로드 완료되면 설치 폴더, 구성요소 등을 선택하여 설치를 시작한다. 이때 다운로드 된 설치 파일은 반드시 관리자 모드에서 실행시킨다. 설치가 시작되면 해당 도구의 라이선스에 동의하고 설치하고자 하는 구성 요소를 선택하여 설치될 폴더를 지정한다.

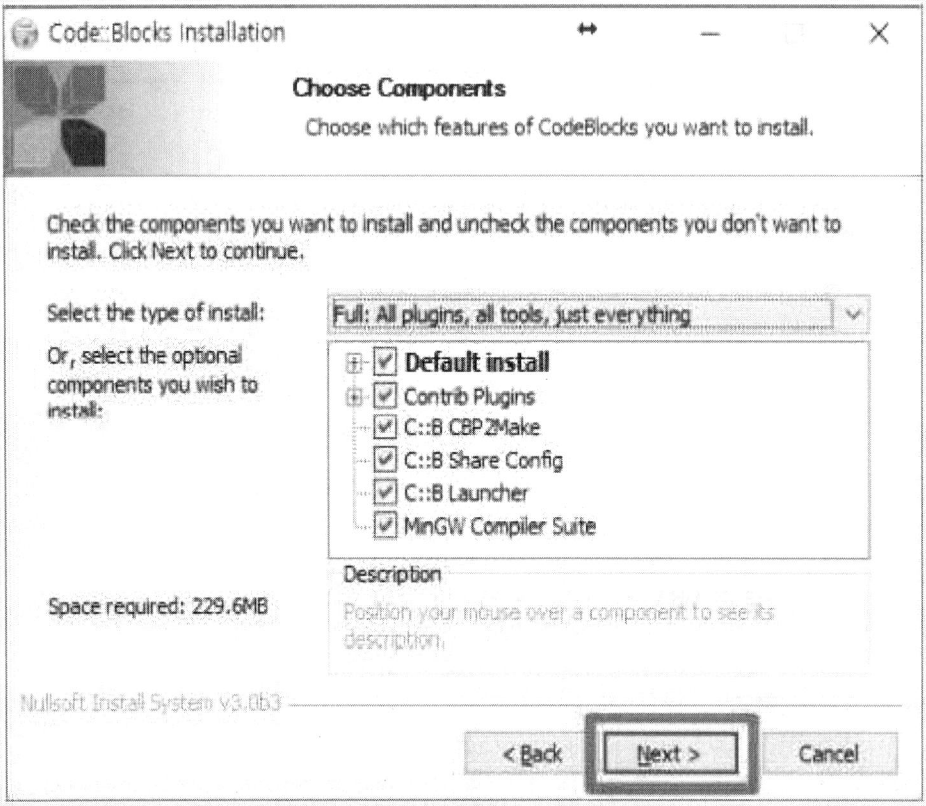

[그림 8-20] 구성 요소의 선택(예)

④ 소프트웨어 개발 도구를 실행한다. 개발 도구 설치가 완료되면 설치된 소프트웨어 개발 도구를 실행한다. 새로운 프로젝트를 생성하고 프로젝트 이름과 저장 폴더를 지정하며 환경을 지정한다.

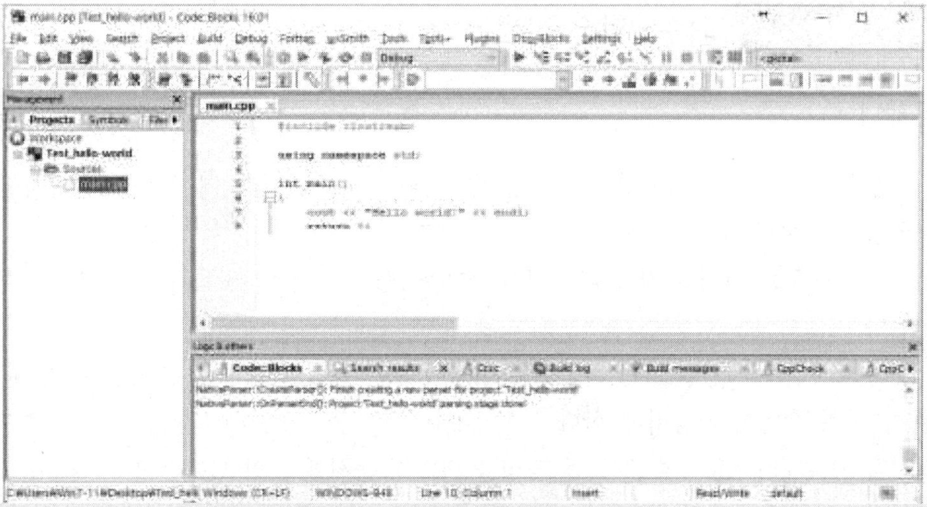

[그림 8-21] 소프트웨어 도구의 실행(예)

⑤ 소프트웨어 개발 도구의 작동 상태를 확인한다. 동작여부를 확인하기 위하여 기본적인 테스트 프로그램을 작성하여 실행한 후, 결과 값을 확인한다. [그림 8-22]에 'Hello world!'를 화면에 출력하는 결과를 나타내었다.

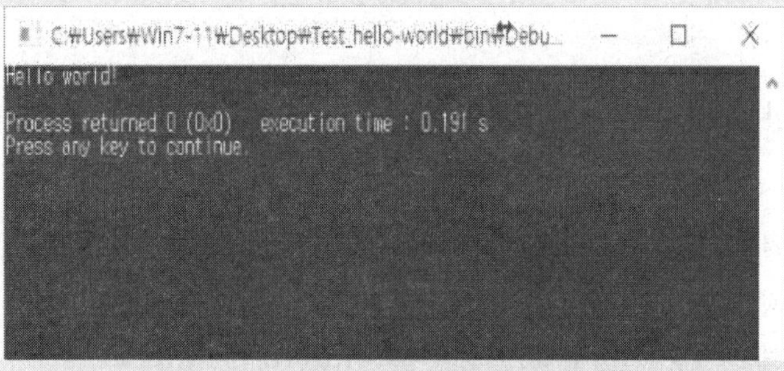

[그림 8-22] 테스트에 의한 결과값 확인(예)

Tip

- 하드웨어의 사양과 소프트웨어의 기능과 요구 사항 명세서를 고려하여 소프트웨어 개발 도구를 선정한 후, 설치한다.
- 소프트웨어 개발 도구를 선정하기 전에 유료인지 무료인지를 확인하고 사용 가능한 라이선스의 범위를 반드시 확인한 후 설치하여 사용하여야 한다.

학습활동.8 교수 · 학습 방법

교수 방법

- 디지털 치료제의 XR 기술활용에 대한 관련 용어, 구성, 방식 이해 정도를 파악한 후 수업을 진행한다.
- 교수자의 주도로 디지털 치료제의 XR 기술활용 등의 내용을 PPT 자료로 제시한 후 설명한다.
- 가능하면 사전에 개인별 학습 자료를 준비하여 모든 학생이 참여할 수 있는 문제 해결식 수업, 협력 수업이 가능하게 한다.
- 디지털 치료제의 XR 기술활용 전 과정을 작업의 순서에 따라 단계적으로 실습이 이루어질 수 있도록 지도한다.
- 교재를 통해 수업을 준비하는 데 있어서 필요한 모든 정보나 팁, 힌트 등 도움이 될 만한 내용을 확인할 수 있다.
- 학생들이 만들게 될 각 모델은 수업시간에 중점적으로 다뤄질 부분과 어휘, 질문, 답을 포함하고 있으며 또한 탐구할만한 추가적인 아이디어들도 포함하고 있다.

학습 방법

- 디지털 치료제의 XR 기술활용에 대한 관련 용어를 숙지하고, 디지털 치료제의 XR 기술활용에 대해 이해한다.
- 디지털 치료제의 XR 기술활용의 각 단계별 중점 사항을 체계적으로 학습한다.
- 디지털 치료제의 XR 기술활용의 수행순서의 전 과정을 실습한다.
- 디지털 치료제의 XR 기술활용의 내용을 이해한다.
- 디지털 치료제의 XR 기술활용을 이해하고 숙달이 될 때까지 학습한다.

학습활동.8 평가 및 피드백

평가 준거

- 평가자는 피평가자가 수행 준거 및 평가 내용에 제시된 내용을 성공적으로 수행할 수 있는지를 평가해야 한다.

학습내용	평가항목	성취수준		
		상	중	하
디지털 치료제의 XR 기술활용	디지털 치료제의 XR 기술활용을 이해할 수 있다.			

평가 방법

• 작업 포트폴리오

학습내용	평가항목	성취수준		
		상	중	하
디지털 치료제의 XR 기술활용	디지털 치료제의 XR 기술활용을 이해할 수 있다.			

• 필기시험

학습내용	평가항목	성취수준		
		상	중	하
디지털 치료제의 XR 기술활용	디지털 치료제의 XR 기술활용을 이해할 수 있다.			

• 체크리스트를 통한 관찰

학습내용	평가항목	성취수준		
		상	중	하
디지털 치료제의 XR 기술활용	디지털 치료제의 XR 기술활용을 이해할 수 있다.			

• 피드백

1. 작업 포트폴리오
   - 제출한 보고서를 평가한 후 주요 사항에 대하여 표시하여 돌려준다.
2. 필기시험
   - 평가 결과 성적이 저조한 학생은 보고서 제출 기회를 부여한다.
3. 체크리스트를 통한 관찰
   - 실습 과정에서 평가한 후 개선해야 할 사항 등을 정리하여 돌려둔다.

참 | 고 | 문 | 헌

1. 남상엽 외, 인공지능기술, 상학당, 2016.3.10.
2. 박종일, 스마트헬스케어와 의료AI, 2018년 주오기업전략기술로드맵 issue report, 2019.1.
3. 이준기 기자, R&D 데이터 통합 수집 · 공유… 신약개발 3년으로 대폭 단축, 디지털타임스, 2020.12.15.
4. 김태형, 데이터가 생명을 살린다, 한국바이오 협회, 2020.9.1.
5. 개인정보보호위원회, 가명정보 처리 가이드라인, 2020.9.
6. 관계부처합동, 신산업 네거티브 규제 발굴 가이드라인, 2018.2.
7. 이진면 외, 중국의 빅데이터산업 육성과 정부의 역할, KIET, 2018.4.
8. NCBI Data and User Services, https://www.nlm.nih.gov/about/2019CJ.html)
9. Genomics in healthcare: GA4GH looks to 2022, https://www.biorxiv.org/content/10.1101/203554v1
10. 바이오스펙테이터, 英 국민 유전체검사 시행의 의미, http://www.biospectator.com/view/news_view.php?varAtcId=5872
11. 바이오스펙테이터, "100만명 바이오 빅데이터 구축 · 연 4조 R&D 투자", http://www.biospectator.com/view/news_view.php?varAtcId=7684
12. DNA.Land is a framework to collect genomes and phenomes in the era of abundant genetic information, Nature Genetics 50, 160-165, https://www.nature.com/articles/s41588-017-0021-8, 2018.
13. [메디게이터] GSK와 23앤드미의 신약개발을 위한 개인 유전체 데이터 빅딜, https://www.medigatenews.com/news/1059961358
14. [메디게이터] 유전체 빅데이터 마이닝 기술 기반의 신약 개발, http://www.medigatenews.com/news/2320049700
15. Deep learning in biomedicine, Nat Biotechnol. 2018 Oct;36(9):829-838, https://www.nature.com/articles/nbt.4233
16. Combining genomics and epidemiology to track mumps virus transmission in the United States, PLOS Biology, 2020, https://doi.org/10.1371/journal.pbio.3000611
17. Public health surveillance and data collection: general principles and impact on hemophilia care, Hematology, https://doi.org/10.1179/102453312X13336169156537, 2012.
18. Mayo Clinic to sequence 100K participants to build genomic database for improved care and research in collaboration with Helix, https://newsnetwork.mayoclinic.org/discussion/mayo-clinicto-sequence-100k-participants-to-build-genomic-database-for-improved-care-and-research-incollaboration-with-helix/
19. Through partnership with Color, 10K NorthShore patients will get whole genome sequencing, https://medcitynews.com/2019/01/color-northshore/
20. Data-sharing brings hope to rare disease patients around the globe, https://www.ga4gh.org/news/data-sharing-brings-hope-to-rare-disease-patients-around-the-globe/

21. 문유정 · 강지민, 데이터 3법개정과 의료빅데이터 활용방안, 경기도경제과학진흥원, 2002.3.16.
22. 박세환, 보건의료 빅데이터 활용 의료산업 동향, HIRA 빅데이터 브리프
23. 박재은, 헬스케어 분야에서의 빅데이터 활용 동향, KDB산업은행, 2019.10.28.
24. 빅데이터 및 인공지능(AI) 기술이 적용된 의료기기의 허가 · 심사 가이드라인(민원인 안내서), 식품의약품안전처, 2017.
25. 유헬스케어 진단지원시스템 임상시험계획서 작성 가이드라인(민원인 안내서), 식품의약품안전처, 2015.
26. 의약품 임상시험 통계 가이드라인(민원인 안내서), 식품의약품안전처, 2016.
27. 체외진단용 의료기기의 임상적 성능 허가심사 가이드라인(민원인 안내서), 식품의약품안전처, 2015.
28. 한 손에 잡히는 임상연구 : 설계와 실행의 모든 것, 임상시험리뷰 연구회 옮김, 2015.
29. Statistical Guidance on Reporting Results from Studies Evaluating Diagnostic Tests, FDA, 2007.
30. Use of Real-World Evidence to Support Regulatory Decision-Making for Medical Devices, FDA, 2017.
31. 김진한, 신약개발 프로세스 혁신을 위한 AI 활용, 한국제약바이오협회정책보고서, 2017.
32. 배영우, 인공지능을 이용한 신약개발 동향 및 활용사례, 생명공학정책연구센터, BioINpro, 2017.
33. 배수인, 4차 산업혁명 시대, 제약산업에서의 빅데이터 활용, 한국제약바이오협회정책보고서, 2017.
34. 배영우, 4차 산업혁명 시대, 인공지능을 활용한 신약개발, 한국제약바이오협회정책보고서, 2017.
35. 이관용 외, 의료 인공지능 현황 및 과제, 한국보건산업진흥원, 보건산업브리프, 2016.
36. Evaluate, World Preview 2016, Outlook to 2022, 2016.
37. 박순영, 인공지능을 활용한 신약개발 연구동향, 융합연구정책선터, 2018.1.
38. 전종홍 외 7, 감염병 재난에 대응하기 위한 의료인공지능의 기술 표준동향, ETRI Insight 2020.1.
39. 박민주, 심사평가원, 블록체인 활용 보건의료분야 디지털 전환 기초마련, 헬스코리아뉴스(http://www.hkn24.com), 2020.12.28.
40. Global Blockchain Technology Market in the Healthcare Industry, 2018-2022.
41. 임지윤, 보건의료 블록체인 기술활용 방안, 바이오협회, 2020.3.
42. 이은지, 블록체인 기술의 국외 보건의료분야 적용사례 및 시사점, HIRA, 3030sus 14권 2호
43. 최한준, 헬스케어 산업에서의 블록체인 기술의 활용, 보건산업브리프, 2017.5.12.
44. 유성진 · 박기성 · 김종현 · 박영호, 양자 컴퓨팅에 안전한 NTRU 기반 상용 기술 동향에 관한 연구, 한국통신학회, 2017.
45. 공개키 암호알고리즘 개발에 관한 연구, 정보통신부 한국정보보호센터, 1992.12.
46. 블록체인이 일으키는 금융, 유통, 의료, 에너지 업계의 변화. IDG DeepDive, 2017.
47. 디지털 세계의 신뢰를 확보하는 블록체인의 의미와 과제, 그리고 미래. IDG Tech Report, 2017.
48. 김수범, 글로벌 의료사물인터넷 시장동향, 보건산업브리프, https://www.nexeonmed.com/, 2017.12.1.
49. Frost & Sullivan, "Internet of Medical Things (IoMT) is an amalgamation of medical devices and applications that can connect to healthcare information technology (IT) systems using networking technologies", 2017.

학습 8

50. 2020년도 AIoT 서비스 제품 및 기업편람, 한국지능형사물인터넷협회, 2020.
51. 김잔디, VR · AR 의료기기개발 돕는다…허가 · 심사 가이드라인 제정, https://www.yna.co.kr, 2018.
52. 류제택, 보건산업의 가상현실 기술 동향, 2019.
53. 박세환, 의료 분야 VR/AR 적용 사례 및 시장성 분석, 2018.
54. 하세정, 가상현실 콘텐츠에 의한 의료 서비스 혁신, nipa, 2018.
55. 전황수, 가상현실의 의료분야 적용 동향, 2019.4.
56. 한국 식품 의약품 안전 평가원. 가상 · 증강 현실(VR.AR) 기술이 적용된 의료기기의 허가 · 심사 가이드라인, 2018.
57. 의료기기 소프트웨어 허가 · 심사 가이드라인(민원인 안내서), 식품의약품안전처, 2015.
58. 기술영향평가보고서-가상 증강현실기술, 한국과학기술기획평가원, 2016.
59. 국내VR산업 실태조사, 정보통신기술진흥센터, 2016.
60. Simulator Sickness in Virtual Environments, Eugenia M. Kolasinski, 1995.
61. Variation and extrema of human interpupillary distance, Neil A. Dodgson, 2004.
62. ASTM F2554:10, Standard Practice for Measurement of Positional Accuracy of Computer Assisted Surgical Systems, 2010.
63. Image-guided surgery : what is the accuracy?, Robert F. Labadie, Bryan M. Davis and J. Michael Fitzpatrick, 2004.
64. 멀미 저감을 위한 머리 장착형 영상 장치 기반 가상현실 콘텐츠 제작 지침(TTAK.KO-10. 10130), 한국정보통신기술협회, 2017.
65. 임상우 · 서경원, “AR/VR 기술”, 한국과학기술기획평가원, 2018.7.
66. 김수범, “메디컬 증강현실(AR)/가상현실(VR) 시장동향 분석”, 보건산업진흥원, 2017.12.
67. 특허청, “미래 건강을 책임질 AR/VR 기반 의료기술-AR/VR을 이용한 의료기술 특허 출원급증”, 2018.12.
68. Min-Chai Hsieh, Jia-Jin Lee, iMedPub Journals, “Preliminary Study of VR and AR Applications in Medical and Healthcare Education,” 2018.2.
69. Deloitte, “Digital reality in life sciences and healthcare,” 2018.6.
70. 케이벤치, “구글, 2세대 기업용 ‘구글 글래스’ 미FCC 인증 통과”, 2018.11.
71. The Science Times, “스마트폰 다음 주자는 ‘AR글래스’”, 2019.1
72. VirtaMed, “Better surgeons through mandatory simulator exam: ‘We will not take a step backwards,” 2017.3.
73. maize, “Healthcare goes virtual: healing by feeling,” 2018.5.
74. 가상융합경제 발전전략, 관계부처협동, 2020.12.10.
75. 강민구외 7, XR 콘텐츠 UI/UX 디자인 평가 가이드라인 및 체계 개발 보고서, 한신대 산학협력단, 2020.12.
76. 손정만 외, “05 의료기기 소프트웨어 설계제작”, 의료기기연구개발 NCS 학습모듈(www.ncs.go.kr)

학습 1	디지털 치료제의 개요
학습 2	디지털 치료제의 종류와 분류
학습 3	디지털 치료제의 빅데이터 기술활용
학습 4	디지털 치료제의 인공지능 기술활용
학습 5	디지털 치료제의 블록체인 기술활용
학습 6	디지털 치료제의 사물인터넷 기술활용
학습 7	디지털 치료제의 디지털 트윈 기술활용
학습 8	디지털 치료제의 XR 기술활용
학습 9	**디지털 치료제의 디지털 콘텐츠 기술활용**
학습 10	디지털 치료제의 개발 · 허가 · 심사
학습 11	디지털 치료제의 응용
학습 12	디지털 치료제의 시장동향
학습 13	디지털 치료제의 미래

학습 목표

1. 디지털 치료제의 디지털 콘텐츠 기술활용을 이해할 수 있다.

9-1 디지털 콘텐츠 기술의 개요

학습 9

1. 디지털 콘텐츠의 정의

디지털 콘텐츠는 영화, 음반, 게임 등과 같은 콘텐츠의 기획, 제작, 유통, 소비 등과 이에 관련된 다양한 이용 범위에 따라서 서비스 형태가 다양하다.

2. 디지털 콘텐츠의 범위

디지털 콘텐츠산업은 정보콘텐츠산업 및 교육콘텐츠산업과 함께 콘텐츠산업을 구성한다. 다만 디지털 콘텐츠산업의 개념상 분류는 비교적 용이하나 실제로는 디지털 콘텐츠산업의 범위가 명확하게 설정되어 있지 않아, 디지털 콘텐츠산업 관련 통계가 체계적으로 정비되어 있지 못한 실정이다.

분류기준이 비교적 명확하고 디지털 콘텐츠산업 내 매출규모가 상대적으로 큰 게임, 출판, 방송, 음악 등의 분야를 중심으로 디지털 콘텐츠 산업을 분석한다.

3. 디지털 콘텐츠의 분류

콘텐츠산업의 범위는 최근 정보통신기술의 발전 및 디지털화의 진전 등으로 크게 확대된다. 콘텐츠의 분류는 기술 적용방식, 콘텐츠 구현 매체, 유통경로, 콘텐츠 내용 등에 따라 다양하게 이루어진다. 콘텐츠 이용 형태 측면에서 보면 디지털 콘텐츠산업은 정보콘텐츠산업 및 교육콘텐츠산업과 함께 콘텐츠산업을 구성된다.

〈표 9-1〉 디지털 콘텐츠의 분류

<table>
<tr><th colspan="3" rowspan="2">구 분</th><th colspan="3">이용 형태</th></tr>
<tr><th>디지털 콘텐츠산업</th><th>정보콘텐츠산업</th><th>교육콘텐츠산업</th></tr>
<tr><td rowspan="3">기술 적용 방식</td><td rowspan="2">디지털 콘텐츠</td><td>온라인 콘텐츠</td><td>MP3, 음악파일 전자책 콘텐츠, 그래픽, 온라인용으로 제작 및 편집된 방송프로그램 등의 영상물 등</td><td>웹페이지, 전자메일 등의 형태로 유통되는 교육, 보건, 산업 등 각종 정보콘텐츠, DB콘텐츠 등</td><td>원격강의</td></tr>
<tr><td>오프라인 콘텐츠</td><td>디지털 영화, 디지털 애니메이션, DVD, CD-ROM타이틀 음반 CD 등</td><td>디지털로 작성되었으나 온라인에서 유통되지 않은 각종 정보콘텐츠</td><td>교육용 타이틀 및 소프트웨어 등</td></tr>
<tr><td colspan="2">일반콘텐츠</td><td>영화, 애니메이션, 서적, 그림, 사진 등 디지털화 되지 않은 문화콘텐츠</td><td>디지털화되지 않은 일반 정보콘텐츠</td><td>디지털화 되지 않은 학교, 학원 등 각종 교육내용 및 정보</td></tr>
</table>

자료 : 최봉현, 디지털 콘텐츠산업의 현황과 정책적 시사점 산업연구원, 2002.12 재구성

의료부문과 IT부문의 융합 측면에서 콘텐츠 시장의 주도권 경쟁을 [그림 9-1]과 같이 아날로그 기반의 올드 미디어 의료 콘텐츠들은 디지털 기술발전에 따른 신기술 및 새로운 VR/AR/MR의 융합 콘텐츠의 확산이 기존 콘텐츠 부문에 심각한 위협을 초래할 것이라는 판단하에 디지털 콘텐츠 융합을 기반한 의료용 콘텐츠로 빠르게 전환될 것으로 본다.

즉 그동안 수직적 통합 모델에 초점을 맞추어 왔으나, 융합시대를 맞이하여 제휴와 협력을 기반으로 하는 수평적 인터넷 및 모바일 비즈니스의 모델로 의료부문 등과 새로운 서비스의 융합 전환하여 시장경쟁에 뛰어 들게 될 것이다.

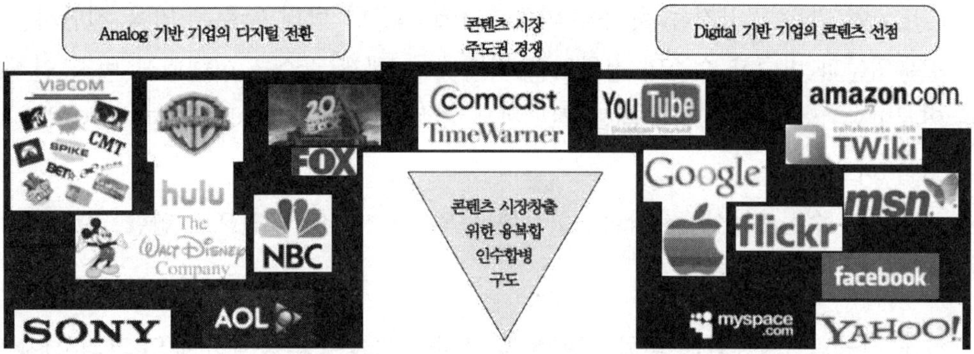

[그림 9-1] 의료와 콘텐츠 융합을 통한 시장구조변화

2. 의료융합 콘텐츠 서비스 변화

의료와 IT기술이 융합하면서 HW기기 및 인간중심의 의료서비스가 SW 중심 콘텐츠 서비스로 변화하며 새로운 의료 융합 서비스 형태의 콘텐츠 유형으로 신사업의 융합 규모가 증가하고 있다.

〈표 9-2〉 의료융합 콘텐츠 서비스 변화

구 분		As Is	To Be
정상인		• 정신건강 관련 콘텐츠 및 서비스 부족 • 획일화된 헬스테인먼트 콘텐츠 • 공급자 중심의 획일적인 건강관리 서비스	• AI기반 정신건강 모니터링 · 관리 서비스 및 실감 콘텐츠를 통한 힐링 서비스 • 개인 맞춤형 건강관리 콘텐츠 서비스 • 개인 맞춤형 콘텐츠와 결합된 건강유지 서비스
환 자		• 병원, 의사 일방적인 콘텐츠 공급	• 진단 데이터와 결합된 개인 맞춤형 정보서비스 제공
의료인	교육	• 텍스트, 이미지 중심의 교육 • 도제식 교육	• AR/VR, 시뮬레이터 등 실감콘텐츠 활용 체험형 교육 • 지능형 가이드 방식 교육
	진단	• 의사 지식에 기반한 진단	• AI, 의료 빅데이터 기반의 지능형 진단 보조 서비스
	치료	• 의사 개인 술기에 기반한 시술 및 수술	• AR 기반 영상 가이드 콘텐츠 활용 • 사전수술(Pre Surgery) 계획 및 수술 가이딩 콘텐츠
	의료현장	• 의사 지시에 의한 의료현장 관리	• 멀티미디어 콘텐츠 기반의 의료현장 관리 가이드
실 버		• 노인 감성 서비스 부족	• 노인 감성 콘텐츠 서비스 제공 (예 노인 우울증, 외로움 대응 서비스)

출처 : 과학기술정보통신부 휴먼케어발전전략

IBM이 만든 인공지능 왓슨을 의료분야에 적용한 탁터 왓슨은 암을 진단하는데 전문의들과 비슷한 수준의 정확도를 기록했다. 현재 왓슨은 현행법상 법적 인격을 인정할 수 없어 의사의 지위를 취득하는 것이 불가능해 의사의 의료적 조력자 역할을 하고 있다.

데이터 수집 · 분석 · 시각화 · 실감화 등의 IT 기술의 발전으로 인한 의료산업의 변화하고 있다.

① 자동화 : 자동화는 의료 행위에 인공지능 기술이 활용되면서 인간(의사)에 의존하였던 진단 · 수술 · 처방 · 치료 등 행태의 자동화가 추진되고 있다.
② 정밀화 : 정밀화는 개인 유전체 분석 및 ICT 기술의 발전과 더불어 의료서비스는 보다 정밀화된 맞춤화가 진행된다.
③ 일상화 : 일상화는 모바일 기기와 IoT 기술이 발전하면서 의료서비스는 치료중심에서 일상적인 예방중심으로 변화한다.
④ 효율화 : 효율화는 인공지능이 R&D 단계에서 활용됨에 따라 신약 개발 기간 단축 및 개발 성공률 향상으로 인한 R&D 효율화 추진된다.

9-2 디지털 치료제의 디지털 콘텐츠 기술의 활용

1. 의료에서의 소프트웨어 기반 치료

1) 디지털 치료제

(1) 디지털 치료제의 정의

스마트폰 어플리케이션, 게임, VR, 음악, 미술, 챗봇, 인공지능 등의 소프트웨어에 기반을 두어 환자를 치료하는 것으로 질병이나 장애를 예방, 관리, 치료하기 위해 환자에게 근거 기반의 치료적 중재(Evidence-based Therapeutics Intervention)를 제공하는 고도화된 소프트웨어 의료기기로 정의한다. 이를 디지털 치료제(DTx : Digital Therapeutics)라고 한다.

〈표 9-3〉 디지털 치료제의 정의와 특성

• 질병을 예방, 관리, 혹은 치료하는 고도의 소프트웨어 프로그램 • 독립적으로 사용될 수도 있고, 치료효과를 높이기 위해 다른 약이나 기기와 함께 사용될 수 있음 • 효능, 사용 목적, 위험도 등의 주장과 관련해서는 규제기관의 인허가를 거침

(2) 디지털 치료제의 유형

디지털 치료제는 〈표 9-4〉처럼 질병치료에 직·간접적 영향을 줄 수 있으며 그 유형에 따라 3기지 유형으로 구분한다. 독립형은 다른 약물의 개입이 없어도 독립적으로 질병을 치료하도록 설계된 것이고, 증강형은 기존 약리학적 치료요법과 병용하여 치료효과를 강화하기 위하여 만든 치료제이고, 보완형은 기존 치료법을 보완하도록 설계된 방식이다.

〈표 9-4〉 디지털 치료제의 유형

구 분	내 용
Standalone (독립형)	Standalone DTx는 다른 약물의 개입 없이도 독립적으로 질병을 치료하도록 설계된 것으로, 기존 치료제를 대체하여 단독으로 사용할 수 있고, 다른 치료와 병행하여 사용될 수 있다. 주로 인지행동치료(CBT)에 사용되는 모바일 앱이 대표적이다.
Augment (증강형)	Augment DTx는 기존 약리학적 치료요법과 병용하여 치료효과를 강화하기 위해 만들어진 치료제로, 일반적으로 당뇨병과 같은 만성질환 치료효과 향상을 지원한다.
Complementary (보완형)	Complement DTx는 기존 치료법을 보완하도록 설계된 디지털 방식으로, 치료약물과 함께 자가건강상태 관리를 개선시키며 질병의 중요요인인 비만, 고혈압 등과 관련된 행동패턴 및 생활습관을 관리한다.

출처 : GlobalData, Digital Therapeutics(DTx) and their Impact on Healthcare(2019).

(3) 디지털 치료제의 범위

현재 디지털 치료는 특정 질환 및 희귀질환에 제한되는 경향이 있으나 추후 디지털 헬스케어 분야, 즉 웰니스 관련 개인 유전정보분석까지 성장할 것으로 예상된다.

또한 예측, 예방, 진단, 치료, 관리 등까지 모두 포함한다. 예측은 질별에 걸린 확률뿐만 아니라 약물반응성 및 내성 예측까지 포함한다. 특히 개인 맞춤형인 인공지능 이용한 콘텐츠 활용하는 음악, 영상 데이터를 이용한 적응, 해석 등에 응용될 것으로 예상된다.

[그림 9-2]처럼 SaMD는 디지털 헬스케어에도 속하고, 의료기기에도 속한다. 즉 디지털 헬스케어와 의료기기의 교집합에 속하는 것이 SaMD라고 할 수 있다.

더 나아가 이 SaMD에도 세부적으로는 다양한 종류의 개념이 포함되지만, 그중에서 특히 환자의 질병 치료, 관리, 예방에 직접적으로 활용하고자 하는 것이 디지털 치료제라고 할 수 있다.

학습 9

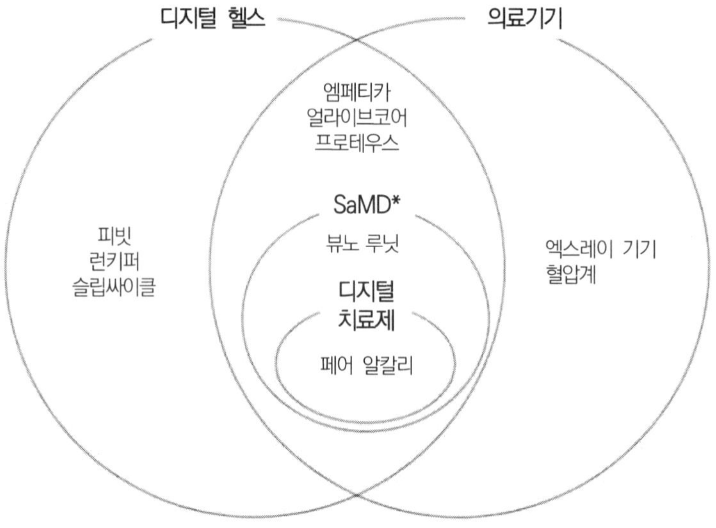

* SaMD : Software as a Medical Device

[그림 9-2] 디지털 치료제의 범위

SaMD 중에서도 환자의 치료가 아니라 영상 의료 데이터를 판독하거나, IBM 왓슨 포 온콜로지와 같이 의사의 진료를 보조하는 CDSS(Clinical Decision Support System) 등은 인공지능은 디지털 치료제에 속하지 않는다.

2) 기능성 게임 분야

게임산업은 경제적으로 부가가치가 높은 문화산업임에도 불구하고 게임 과몰입, 사행성 조장 등과 같은 일부 역기능으로 인해 청소년들에게 유해하다는 인식이 많이 퍼져 있다. 하지만 게임의 근본적인 목적은 규칙에 맞게 행동하고 그 결과에 이르는 일련의 과정에서 수반되는 즐거움을 통해 삶의 행복을 느낄 수 있게 해주는 긍정적인 기능을 갖고 있다.

바로 이러한 게임의 본질적인 순기능을 살리는 환경, 운동, 교육 등과 같은 더욱 다양한 목적들을 이루며 공공과 개인들에게 도움을 제공하는 것이 기능성 게임이다.

기능성 게임은 질병 통제 및 예방, 대중보건교육, 건강관리 홍보, 보건 정보 제공 등을 목적으로 환자에게 치료효과에 대한 이해를 돕고 치료과정의 불안감과 공포심을 이겨낼 수 있도록 한다.

(1) 가능형 게임 사례

① 버추얼 키친 : 주방보조 영역의 직업훈련을 통해 발달장애 학생들의 독립적인

생활 능력과 사회 적응력을 향상시킬 수 있는 가상현실 기반 콘텐츠 및 훈련 VR게임이다.

㉠ 게임 소개 : 발달지체, 자폐성 장애, 정서행동장애와 같은 광범위성 발달장애 학생들의 직업교육의 어려움이 나타나고 있고, 이를 위해 주방보조 영역의 직업훈련을 제공하는 VR 게임이다. 손님을 응대하는 방식으로 타이쿤 게임을 하는듯한 재미와 흥미요소를 통해 독립적인 생활 능력과 사회 적응력을 향상시킬 수 있고 음식 재료 손질부터 음식 전달까지 주방의 전체적인 업무를 게임화하여 학습과 재미를 모두 추구하는 가상현실 기반의 몰입형 직업 훈련 게임이다

② 특수체육게임 : 발달장애 학생을 위한 동작인식 체육 기능성게임 특수체육게임은 발달장애 아동과 학생의 체육 활동을 위한 기능성 게임 프로그램으로 작인식 기술을 사용하여 아동이 집중력을 잃지 않고 플레이 할 수 있도록 했다. (사)스페셜올림픽코리아의 자문을 받아 개발한 기능성 게임이다.

㉠ 게임 소개 : 정확한 동작인식을 통한 특수체육활동과 연계된 기능성게임으로 각 단계는 게임요소 접근법으로 구현 다음단계로 진행하고자 하는 목표와 동기를 부여한다. 3종의 인지게임 〈하노이타워〉, 〈짝맞추기〉, 〈사탕공장〉 과 3종의 동작게임 〈스노우슈잉〉, 〈골키퍼〉, 〈태껸〉으로 구성되어 있다.

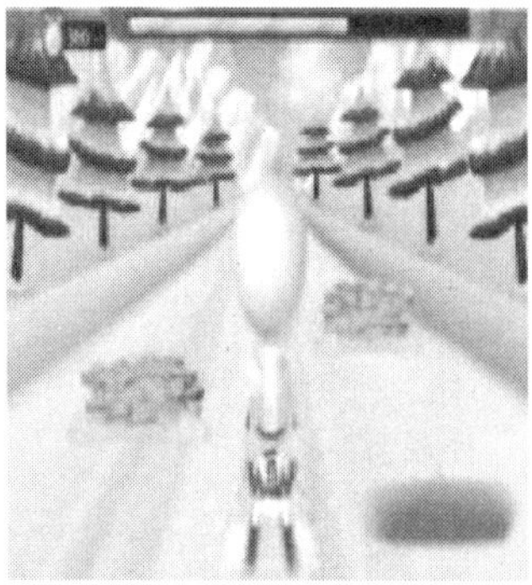
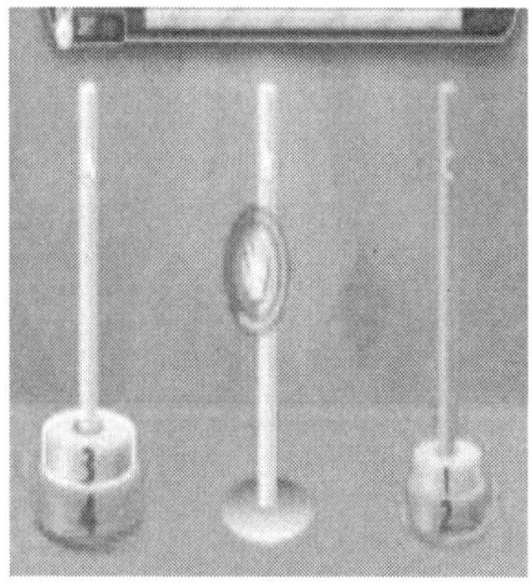

③ 두더지 : 두더지 잡기로 핸드폰 전화번호를 외우며 치매 예방을 스마트폰에 저장되어 있는 핸드폰 속 전화번호를 '두더지 잡기' 게임을 통해 외우며 두뇌 트레이닝 및 치매 예방을 하게 하는 기능성게임이다.

① 게임 소개 : 스마트폰 사용자가 암기하고 있는 전화번호 수는 평균 7.2개이다. 지금 당신이 암기하고 있는 전화번호는 몇 개인가요? 두더지 게임으로 내 핸드폰 속 전화번호를 재미있게 외우세요. 그리고, 재미있는 브레인게임으로 매일 두뇌스트레칭도 하세요.

3) 음악 치료분야

음악은 호흡의 리듬을 조절하고 근육경직을 이완하고 편안한 분위기를 조성해 심장박동 및 혈압을 낮추고 뇌의 알파 파장을 증가시켜 긴장을 완화하는 효과를 준다.

음악치료에서의 치료방법은 매우 다양하며 환자의 나이, 감정적 상태, 인지적 상태, 신체적 상태 등을 고려하여 여러 가지 다양한 음악활동 들을 적용할 수 있다. 중요한 것은 치료사가 일방적으로 음악을 제공하는 것이 아닌, 함께 만들어 나가는 과정 안에서의 능동적인 음악적 경험이다.

(1) 수행음악 의료

기능적 음악이란 음악치료의 외부 구성 요소로 의료기관에서 다양한 배경음악의 사용, 레크레이션을 위한 음악, 의료인의 사기진작을 위해 사용하는 음악 등이 있다.

수행음악 의료란 음악인 자신들의 의료적이고, 심리적 문제를 치료하기 위해 사용하는 것이다. 음악 소리가 클 때와 템포가 빠를 때는 심장박동이 증가하고, 음악이 느리고 작을 때에는 감소한다는 사실이 밝혀진 것이다.

정신신경 면역학이라는 학문이 새롭게 등장하면서 음악이 면역 증가에 크게 기여한다는 사실이 증명되기도 했다.

(2) 음악과 의료의 분류 모델

음악과 의료의 분류 모델은 다음과 같다.

의료적 음악치료는 건강유지와 질병치료에 음악치료 전략을 사용하는 것으로, 환자의 통증을 감소시키는데 음악이 직접 사용되는 것이다. 환자가 치료받기 좋은 여건을 만들어 주는 지지 요소로서 적용되는 것이다. 음악치료와 의료가 같은 비중으로 사용되고, 환자가 질병을 극복하기 위해 환자의 생활방식을 변화시키는데 적용하는 것 등이다.

(3) 음악치료 적용대상

의사소통기술, 학습기술, 운동기술, 정서적 행동, 사회적 기술, 조직화 능력, 음악적 기술의 영역에서 각 아동/청소년에게 가장 적절한 치료를 시행한다. 또한 불안 및 우울한 성인, 정신질환, 섭식장애, 공황장애, 대인공포 등을 가지고 있는 성인, 각종 스트레스, 알콜/도박 중독, 약물남용, 폭력피해의 성인, 내적 성장, 통찰력 증진, 자아발견 및 정체성 강화를 원하는 성인, 뇌졸중 및 뇌손상으로 인한 언어, 보행, 호흡/운동기능 정서장애 성인, 치매 및 파킨슨 증후군 등으로 어려움을 겪고 있는 노인, 건강한 노화를 경험하고자 하는 노인 등에게 적용할 수 있다.

(4) 음악치료 적용 사례

학습 9

① 마취제 또는 진정제의 기능 : 음악은 고통, 불안, 스트레스를 줄여 주는 마취제 또는 진정제의 기능이 있다. 신장투석 시 오랜 시간 동안 불편한 상태(고통, 어지러움 등)를 해소하기 위한 기분 전환 역할로 음악을 사용한다. 한편 신생아실에서는 자장가가 신생아의 움직임과 체중 증가에 도움을 주었으며, 미숙아 또는 아픈 아기들의 체중을 늘리고 고통과 스트레스를 줄여 입원 기간을 7~10일 단축하기도 했다.

㉠ 수술 전후 야기되는 긴장의 정도에도 음악을 감상한 환자들의 경우 그렇지 않은 환자에 비해 훨씬 덜 긴장한 것으로 나타났다. 구체적으로 불안을 죽이고 마음을 편안하게 하는 목적으로 음악을 사용했을 때 스트레스 호르몬이라 칭하는 콜티졸, 부신피질 자극 호르몬, 플로락틴(뇌하수체 전엽의 성 호르몬), 베타-엔돌핀의 수치가 음악을 사용하지 않은 환자보

다 현저히 낮게 나타났다. 또한 수술 후 48시간 동안에 필요한 마취제 양을 줄여 주고 마취제로 인한 두통, 구역질, 불면 등을 덜어 주기 위해 음악을 사용했다. 한편 음악을 사용한 그룹이 그렇지 않은 그룹보다 진정제나 신경안정제의 양을 약 절반으로 줄일 수 있었으며, 더욱이 음악 사용에 대해 환자들 97퍼센트가 호의적이었다고 한다.

㉡ 공격적 성향을 가진 아동 A는 다른 사람들을 때리는 행동으로 분노조절 및 스트레스 완화를 위한 음악치료 프로그램에 의뢰되었다. A는 다른 악기보다 특히 큰 북을 연주하는 것을 좋아했으며 충분히 해소될 때까지 쉬지 않고 북을 연주하는 모습을 보였다. 1년이 넘은 지금, A는 화를 내는 횟수가 줄어들었고 스스로 참으려는 노력을 하였으며, 집에서는 화가 날 때 음악을 듣거나 실로폰을 치며 감정을 조절할 수 있게 되었다.

② 주의를 집중하고 호흡력 증진 : 음악은 주의를 집중하고 운동을 조직화하여 근육 수축으로 인한 고통을 덜어 주며 뼈와 관절의 운동을 증진시킬 뿐만 아니라 호흡력 증진을 도와준다. 음악은 호흡의 리듬을 조절하고 근육경직을 이완하고 편안한 분위기를 조성해 심장박동 및 혈압을 낮추고 뇌의 알파 파장을 증가시켜 긴장을 완화하는 효과를 준다.

㉠ 음악치료 프로그램에 참여한 산모들이 그렇지 않은 산모들보다 출산에 대해 훨씬 긍정적인 반응을 보였다. 음악은 산통과 출산 시 호흡을 조직적으로 도와주었고 통증을 줄여 주기 위해 사용되었다. 또한 산모에게 출산 시 배경 음악을 들려 주었을 때 출산의 고통이 훨씬 줄어든 것을 발견했는데, 이것은 산모가 느끼는 긴장과 고통의 표현을 측정함으로써 알 수 있었다. 또한 재활목적으로 보행 향상을 위해 걸음걸이의 길이, 폭, 리듬을 잡아 주고 지속성을 증대하기 위해 음악을 사용하기도 한다.

③ 인간관계 강화 : 음악은 치료사와 환자 및 가족 간의 관계를 강화해 준다. 자신이나 가까운 사람의 질병(말기 암, 영구장애, 심각한 병)으로 인한 심한 정신적 고통을 겪는 환자들이나 가족들에게 음악은 카운셀링 작용을 할 뿐만 아니라 정신적 고통과 쇼크 및 불안을 줄여 준다. 한 가지 음악활동에 적극적으로 참여하도록 하는 것은 환자들로 하여금 통증에서 주의를 돌릴 수 있게 하며 걱정과 불안의 짓눌림에서 벗어나게 한다.

④ 오감 자극을 통한 의식 강화 : 음악은 청각과 다른 종류의 감각(촉각, 후각, 시각등)을 자극함으로써 의식을 강화시킨다.

㉠ 교통사고로 혼수상태인 13세 소년이 전두엽 뇌 절단 수술 후 자극에 대한 반응이 없어서 음악치료사는 환자가 선호하는 음악을 선택하여 청각을 자극하고 음악과 관련된 기억들을 회생시키고자 후각(꽃, 사과, 레몬, 바닐라 향등)과 촉각(가벼운 터치, 마사지) 등 다양한 자극 활동과 병행함으로써 환자의 뇌 자극을 활성화시켰다. 이후 환자는 반응 능력이 크게 향상되어 넉 달 반 만에 퇴원했는데,이때 환자는 음악치료사에게 "음악이 나를 행복하게 해요."라고 말했다고 한다.

㉡ 격리된 화상 환자, 장기 이식 환자들이나 이런 장기 입원환자들은 고립으로 인한 심한 우울증으로 고통받는 경우가 많다. 음악치료가 우울증 완화에 효과가 있을 것이라는 이론적 근거는 음악활동이 신체적 활동량을 자연스럽게 늘리고 뇌의 자극과 집중력, 인지력, 상상력 등을 증가시킨다는 데에서 출발한다. 우울증 환자들을 대상으로 조사한 결과 각 곡마다 특별히 강조하는 이미지들을 밝혀 내어 우울증 환자를 위한 음악의 치료적 활동에 크게 기여했다. 음악은 우울증 환자가 흔히 겪는 수면장애를 해소하는 데도 기여할 수 있는데, 이 경우 음악을 선곡할 때 수면장애자가 잘 모르는 새 곡이라든가 갑작스러운 템포나 리듬의 변화가 많은 음악은 오히려 수면을 청하는 데 방해를 주므로 피해야 한다.

⑤ 지각과 자기통제, 조절기능 향상 : 음악은 생리적 반응을 강화하여 생리 상태의 지각과 자기 통제, 조절 기능을 향상시킨다. 음악은 교감 신경계(심장, 맥박 등)와 부교감 신경계(위장, 침, 소화액)등 자율신경에 대해 영향을 미친다. 간질 환자인 경우 발작 직전 징후인 극도의 피로감과 스트레스를 음악으로써 안정감을 유도하여 발작 횟수를 줄이는 데 사용하였다. 또한 음악이 인체의 호르몬 분비 및 혈액수치에 영향을 미친다는 여러 연구 결과에 의하면, 음악이 엔돌핀 호르몬의 증가와 당뇨환자들의 당뇨수치를 감소시킨 것으로 나타났으며, 한편 음악은 인체의 면역체계 호르몬인 인터루킨과 콜티졸 변화에도 영향을 가져왔다고 나타났다.

⑥ 긍정적인 인간관계 : 음악은 즐겁고 긍정적인 인간관계를 이루게 하여 장기입원 환자들이나 특히 아이들에게 입원으로 인한 스트레스를 줄여 준다. 즉 병원과의 그룹 음악 활동은 노래, 작곡, 즉흥 연주 또는 적극적인 음악감상과 토의를 통해 환자들과의 상호 긍적적인 유대 관계를 이끌어 자유롭고 편안한 공간을 제공하여 좀 더 즐거운 병원생활을 위한 중요한 역할을 담당한다.

4) 미술치료 분야

미술치료는 미술이라는 상징적 언어를 통해 은유적으로 표현하도록 함으로서 저항을 줄이고, 안전감(Sense of Safety) 속에서 표현을 돕고 촉진하는 심리치료이다. 나아가 미술 치료에서의 미술작업은 그 자체가 심리치료과정에서 요구되는 공감대적인 그릇(Emphatic Vessel)과 적절한 치료환경(Facilitating Environment)을 가능하게 한다.

대상마다 치료목표는 조금씩 다를 수 있으나, 공통적으로 가장 중요시 여기는 부분은 자기주도성이다. 심리적 고통을 겪는 많은 경우가 자기주도성을 잃고 적절하게 자신을 표현하지 못한 감정들이 쌓여서 여러 가지 형태의 심리적 증상을 나타내는 경우가 많다.

자기주도성이 보장된 창의적 미술치료 과정을 통하여 억압되고 내재된 자신의 욕구를 발현하고 강한 생명력을 느끼게 되는데, 이러한 과정 안에서 진정한 자신을 만날 수 있게 된다. 이것이야말로 미술치료의 본질이다.

미술치료는 아동, 청소년, 중년, 노인들의 다양한 심리학적 문제들을 다루며 신경증, 정신증, 정서 및 발달 지체, 각종 약물 중독, 비행 청소년, 치매노인뿐만 아니라 내적성찰을 하고자 하는 사람들에게도 적용할 수 있다. 미술치료는 '치료'라는 단어 때문에 '아픈 사람(환자)'을 전제로 하는듯한 인상을 주지만, 삶에 고민이 있거나 생활 속에서 겪게 되는 우울감이나 스트레스와 같은 심리적 불편감을 가지고 있는 사람, 삶을 더 의미 있게 알아가고자 하는 사람에게도 효과적이다. 그리고 아동, 청소년에게는 집중력 강화, 창의성향상의 목적으로 이용되는 등이다.

건강하고 균형 있는 발달을 지속할 수 있도록 쓰이기도 한다. 정신과적 증상의 경우 약물치료등과 함께 시너지 효과를 발휘해 증상 완화에 도움이 될 수 있다.

교통사고 후 엄마가 다가오는 것을 거부하고 말을 거의 안하던 5세 여아는 놀이형식으로 진행된 미술치료를 통하여 사고 당시의 놀라고 무서웠던 감정을 표현하고, 현재는 살아있다는 안전감(Sense of Safety)을 느끼면서 웃음을 되찾았다.

수행 내용

재료 · 자료

- 디지털 치료제 관련 자료

기기(장비 · 공구)

- 컴퓨터, 문서작성 프로그램, 프린터, 주변기기

안전 · 유의사항

- 디지털 치료제 관련 장비의 안전 및 유의사항을 숙지한다.

수행 순서

01 디지털 치료제와 의료 분야에서 적용되는 디지털 콘텐츠 기술의 의미에 대하여 분석하라.

초고령화 시대와 경쟁심화로 인한 심리질환 등 의료서비스 수요 증가에 대응하기 위해 의료전문가 육성 및 심리치료의 대안으로 디지털 콘텐츠 기술이 부상하고 있다.

높은 가격 및 윤리적인 문제 등으로 의료장비로 인체를 수술, 치료 훈련에 사용하기 어렵기 때문에 수술에 몰두하는 상황에서 의료교육을 진행하기 용이하지 않다.

일대일 대면치료 방식의 심리치료 및 재활치료에 디지털 콘텐츠 기술을 활용함으로써 한명의 의료진이 다수의 의료서비스 수요에 대한 대응이 가능하다.

게임 중심으로 발전 중인 디지털 콘텐츠의 응용분야로 의료분야가 새롭게 부상하고 있다.

IT와 같은 신기술 분야는 기술기업이 시장창출 노력을 추진 중이나 의료분야의 경우 병원에서 디지털 콘텐츠 기술을 적극적으로 도입하려는 시도가 추진 중이다.

디지털 콘텐츠 기술업계도 의료서비스가 대표적인 디지털 콘텐츠의 B2B 시장이 될 것으로 예측하고 전통적인 의료기업과 파일럿 프로젝트를 시도하며 영업력을 집중 중이다.

의료진단, 모의수술, 재활훈련, 심리치료 등에 디지털 콘텐츠 기술을 적용할 경우 의료서비스의 생산성 향상과 부가가치 증가가 있을 것으로 예상된다.

의료와 디지털 콘텐츠 기술이 손을 잡고 있다. 기술력으로만 공존할 수 없으며, 거기에 따른 다양한 콘텐츠가 핵심이다.

스마트폰 환경의 메디컬 어플리케이션 콘텐츠인 병원찾기 서비스를 제공하는 것이다. GPS 시스템을 통해 내 주변의 병원 위치를 검색 할 수 있고 질환 및 의학 정보, 질환 환자교육자료, 최신 논문, 의료뉴스, 실시간 강의 등 의료 전반의 모든 콘텐츠를 실시간으로 제공하는 것이다.

의료, 헬스케어 산업에 사회전반으로 확산되고 있는 모바일서비스를 접목해 의료계에 더욱 다양한 마케팅 툴을 제공하고, 변화하는 의료 소비자 트렌드에 발맞추는 것이다.

우리 병원만의 어플이나 또는 모바일 웹환경 구축해달라는 요청이다. 이미 다양한 어플을 가지고 있는 병원들이 있다. 서울아산병원이 대표적으로 중독정보 'toxicology' 등은 이미 잘 알려져 있으며, 분당서울대병원은 아이폰으로 EMR환경 구축이 가능하다고 발표해 이목을 끌었다. 의료진이 원내에서 실시간으로 환자 정보를 검색할 수 있는 '스마트 EMR'을 개발했다는 것이다. 컴퓨터 없이도 환자 정보를 검색할 수 있고 다른 과에서 의뢰한 진료내역도 바로 확인할 수 있게 됐다. 추가 개발을 통해서는 외래와 응급실 등에서도 활용할 수 있도록 용도를 확대하고, 진료기록과 처방내역 등 다양한 업무를 수행할 수 있도록 업그레이드한다.

어플 개발이 아닌 상대적으로 구축이 간단한 모바일 웹 환경 구축으로 진료예약을 편하게 만든 병원들도 있다. 을지대병원은 모바일 홈페이지를 구축하여 서비스를 시작했다. 휴대폰 하나만으로 병원 소식, 병원과 의료진 소개, 진료시간표 조회, 온라인 상담과 진료예약 서비스를 실시한다.

서울대병원도 진료예약이 가능한 모바일 홈페이지를 정식 오픈하여 지난 기존 모바일 홈페이지에 예약시스템을 추가 개발한 것으로, 음성지원서비스(Non-Active)를 제공한데 이어, 인터넷증명서 발급서비스, 다국어서비스, 진료예약 및 수납서비스 등도 제공하고 있다.

삼성서울병원도 진료예약이 가능한 스마트폰 어플 개발 계획을 검토하는 등 여러 병원에서 다양한 시도가 이어지고 있다.

그러나 보통 진료예약이 필요한 경우 스마트폰으로 하기 보다는 인터넷으로 하는 경우가 많기 때문에 큰 효용성은 기대하기 힘들다. 따라서 어플 개발과 마케팅 수단으로의 기대는 스마트폰 자체에 대한 관심을 보다 이끌어내고 사용하는 이들이 늘어나야 한다는 전제조건이 뒤따른다. 스마트폰에 대한 관심이 높지만 실제 사용하는 이들이 많지 않으면 고민이 될 것이다. 더욱이 병원 환자들의 경우에는 50대 이상의 중노년층 환자가 많은데, 스마트폰을 잘 모르는 이들을 타깃으로 하기에는 실효성이 있는지 검토가 필요하다.

단순히 정보를 제공하는 어플 하나만으로는 승부수를 띄우기 어렵지만 소비자들에게 보다 쉽게 가깝고 편리하고 무엇보다 즐겁게 접근할 수 있도록 하는 수단을 만들기 위해서는 필요하다.

그럼에도 스마트폰으로 환경 자체를 바꾸려는 시도는 많이 엿보인다. 전적으로 의존할 수는 없지만, 변화에 따르지 않으면 안된다는 것이다.

인피니트헬스케어는 스마트폰, 아이패드 등을 활용한 PACS 활용의 계획이며, 유비케어를 제외한 17개의 의료IT 협의체는 아이패드를 기반으로 한 EMR 플랫폼 통합을 진행하고 있다.

스마트폰 환경이 보다 강화되면 정보 공급자가 많이 늘어날 것이며 사전에 선점하는 것이 중요하다. 앞으로 어플에 다양한 정보를 제공하면서 단계별로 무료와 유료를 정하거나, 자신의 정보를 퍼트리고 싶어하는 이들로부터 비용이 발생해 수익을 내는 방법을 찾을 수 있을 것이다.

02 디지털 치료제의 디지털 콘텐츠 유형별 제품에 대하여 분석하라.

디지털 치료제의 디지털 콘텐츠 제품동향은 〈표 9-5〉, 〈표 9-6〉, 〈표 9-7〉처럼 세계적으로 시판 중인 유형별 디지털 치료제 제품군으로써 당뇨병, 천식, 등 만성질환, 신경질환 분야의 치료 제품으로 비중이 크다.

〈표 9-5〉 독립형(Standalone) 디지털 치료제 제품군

유 형	제 품	회 사	장치타입	적응증	특 징	현 황	파트너
독립형 (Standalone)	Sleepio	Big Health	모바일 앱	불면증	불면증 치료	NICE 인증	Castlight Health
	reSET	Pear Therapeutics	모바일 앱	약물중독 (SUD)	약물중독 온라인 상담	FDA-de novo	Novartis' Sandoz
	reSET-O	Pear Therapeutics	모바일 앱	오이포이드 중독	약물중독 온라인 상담	FDA-510(k)	Novartis' Sandoz
	Kaia COPD Therapy App	Kaia	모바일 앱	만성폐쇄성 폐질환 COPD	COPD 질환 통증 감소	FDA-510(k) EU-CE Mark	-

학습 9

유 형	제 품	회 사	장치타입	적응증	특 징	현 황	파트너
	Kaia Back Pain Relief	Kaia	모바일 앱	신경 통증	요통감소	FDA-510(k) EU-CE Mark	Min Doktor
	MyCOPD	My mhealth	모바일 앱	COPD	COPD 악화 감소 및 천식 증상 개선	NHS 인증	-
	Happify health	Happify health	모바일 앱	스트레스 근심, 우울증	우울증상 치료	규제승인전단계	-
	ATENTIV mynd	ATENTIV	모바일 앱	주의력결핍 장애(ADHD)	주의력 개선	규제승인전단계	-
	2Morrow	2Morrow	모바일 앱	흡연, 비만, 스트레스, 만성통증	임상시험 효과입증	규제승인전단계	CoreHealth Technologies
	Natural Cycles	NaturalCycles	모바일 앱	피임	임신예방 효과 입증	FDA -510(k) EU -CE Mark	-
	efil careM	LifeSemantics	모바일 앱 웹 앱	암, 뇌졸중	암, 뇌졸중 예후관리	KFDA 유헬스 케어 의료기기 (3등급 및 2등급)	-
	숨튼	LifeSemantics	모바일 앱 웹 앱	폐암, COPD	운동능력, 호흡곤란, CAT 등 개선 입증	규제승인전단계	-

〈표 9-6〉 증강형(Augment) 디지털 치료제제품

유 형	제 품	회 사	장치 타입	적응증	특 징	현 황	파트너
증강형 (Augment)	Propeller health	Reciprocal Labs Corp	천식관리를 위한 모바일 앱 · 센서	천식	천식증상 감소	FDA-510(k)	Novartis, Boehringer Ingelheim, GSK
	Propeller health	Reciprocal Labs Corp	COPD 관리를 위한 모바일 앱 · 센서	만성폐쇄 성폐질환 COPD	COPD 질환 통증감소	FDA-510(k) EU- CE Mark	Novartis, Boehringer Ingelheim, GSK
	ProAir Digihaler	Teva	천식, COPD 관리를 위한 모바일 앱 · 센서	천식, COPD	COPD 질환, 천식증상 감소	FDA-510(k)	-

〈표 9-7〉 보상형(Complementary) 디지털 치료제 제품군

유 형	제 품	회 사	장치 타입	적응증	특 징	현 황	파트너
보상형 (Complementary)	Omada	Omada health	모바일 앱	당뇨병전증, 2형당뇨병, 고혈압, 고콜레스테롤증	당뇨 예방 및 2형당뇨병 자가관리, 체중감소	미국 질병 관리 본부(CDC)의 당뇨 예방 프로그램 (DPP) 인증	-
	BlueStar	WellDoc	혈당측정기에 연결된 모바일 앱/ 웹 포털	2형당뇨병	당뇨자가관리 개선	FDA -510(k)	Samsung Digital Health; Voluntis
	Insulia	Voluntis	모발일 앱/ 웹 포털	2형당뇨병	당뇨자가관리 개선	FDA-510(k) EU -CE Mark	WellDoc

* FDA -510(k) : 시판전신고(Premarket Notification)를 뜻하며 1 · 2등급 의료기기가 해당
* FDA-de novo : Evaluation of Automatic Class III Designation)로, 제품분류 품목조차 마련되지 않은 신개념 디지털 헬스케어 기술이 일정 수준 이상의 안전성을 증명하면 특별히 주어지는 신속허가제도
* EU -CE Mark : 제품이 안전, 건강, 환경 및 소비자 보호와 관련된 유럽 규격의 요구사항을 모두 만족한다는 의미

출처 : GlobalData, Digital Therapeutics (DTx) and their Impact on Healthcare(2019)

중독치료 목적의 어플리케이션 리셋(reSET)이 2017년 9월 최초로 미국 FDA의 허가를 받아 디지털 치료제에 대한 산업계의 관심 고조되고 있다.

제약기업 및 ICT 기업 등은 초기 단계에 디지털 치료제 시장 진출을 위하여 파트너십 투자, 회사 인수를 통해 시장 공략 중이다.

Roche는 2017년 디지털 치료 앱 개발업체 mySugr를 인수해 환자 중심의 디지털 당뇨 관리를 위한 개방형 플랫폼 구축, Otsuka는 Click Therapeutics에 파트너십 투자하고 있다.

Amazon, Microsoft, Google 및 Verizon과 같은 주요 ICT 기업들, Facebook을 포함한 소셜 네트워킹 대기업들과 애플과 삼성은 유망 기업에 투자하거나 인수하기 위해 노력 중이다.

그 외 주목할 만한 디지털 치료제 개발 회사는 Voluntis, Propeller Health, Proteus Digital Health, Click Therapeutics, Omada Health, Akili Interactive, WellDoc, Revon Systems, Healint 등 다수가 진행 중이다.

03 디지털 치료제의 디지털 콘텐츠 형태별 신규 파일프라인에 대하여 분석하라.

현재 디지털 치료제 시장에서 국외에서는 좀 더 다양한 질환을 중심으로 〈표 9-8〉처럼 새로운 파이프라인을 준비 중에 있다.

〈표 9-8〉 주요 신규 파이프라인 디지털 치료제 제품군

유 형	제 품	회 사	장치 타입	적응증	특 징	현 황	파트너
독립형 (Standalone)	reCALL	Pear Therapeutics	VR	외상후 스트레스 장애(PTSD) 및 관련 우울증	PTSD 치료	2021	-
	AKL-T01, AKL-T02, AKL-T03, AKL-T04	Akili	비디오게임	ADHD, 자폐증, 다발성경화증, 우울장애, 인지장애, 외상성 뇌손상(TBI), 중환자실 섬망	COPD 질환 통증 감소	2020	Pfizer, Shionogi
	Cognoa Child Development	Cognoa	모바일 앱	발달장애, 자폐증, 언어장애, ADHD, 불안 및 수면장애	자폐증 환자 사회성 발달 개선	2020	SAP, Immuta
	Clickotine	Click Therapeutics	모바일 앱	금연, 급성관상동맥증후군(Clickheart), 만성통증(CT-130), 불면증(Clickadian), 우울장애 (CT-152)	금연 보조 기구	2021	Magellan Health, Otsuka, Sanofi
	Ascure	CureApp	모바일 앱	금연, NASH, 정신질환	금연 보조 기구	2021	-
	Yawn	Susmed	모바일 앱	불면증	불면증 치료	2020	-
증강형 (Augment)	Breezhaler Inhaler	Reciprocal Labs Corp	COPD 관리를 위한 모바일 앱·센서	COPD	COPD 질환 통증 감소	2023	Novartis, Aptar
	Thrive	Pear Therapeutics	모바일 앱/ 웹 포털	일반 불안장애(GAD), 공황장애, 불면증(PEAR-003), 다발성경화증(PEAR-006), 정신분열증, 호흡기질환(PEAR010)	환자 임상 결과 개선	2021	Novartis

유 형	제 품	회 사	장치 타입	적응증	특 징	현 황	파트너
보상형 (Complemen Tary)	Theraxium Oncology (TxO-VEGF, TxOCDK, TxO-BRAF/ MEK, TxO-I/O,Tx O-Chemo, TxOEGFR)	Voluntis	모바일 앱/ 웹 포털	cyclin-dependent kinase (CDK) inhibitors로 치료한 유방암 및 난소암, vascular endothelial growth factor (VEGF) inhibitors 치료된 암	삶의 질 향상, 치료 개선	2020	Roche, AstraZen eca

04 디지털 치료제 및 의료분야에 적용되는 UI/UX 디자인 및 사용성 평가 가이드라인 개발을 위한 자료 수집에 대하여 분석하라.

1. 자료 수집 개요

소프트웨어, 콘텐츠 사용성 평가 제조 공정과 관련된 국제 표준, 가이드라인을 중심으로 다음 표와 같은 자료를 조사하고 분석을 수행한다.

자료 명칭	수집 검토 목적
ISO/IEC 9241-11, 소프트웨어 사용성 평가 모델	XR콘텐츠 사용성 평가 정의
VRAR 이용 및 제작 안전 가이드라인	사용성 평가 요인 및 문항, 사용성 평가 절차/수행 프로토콜 개발
가상현실 기술 휴먼팩터 가이드라인	사용성 평가 요인 및 문항, 사용성 평가 절차/수행 프로토콜 개발
NASA-TLX(Task Load Index)	사용성 평가 요인 및 문항 개발
ISO 10075-3:2004 인간공학표준을 활용한 적합성평가절차	사용성 평가 절차/수행 프로토콜 개발

2. ISO 소프트웨어 사용성 평가 모델 검토

소프트웨어 품질의 특성과 품질 평가의 매트릭을 정의한 국제표준 ISO/IEC 9241-11에 의하면 사용성은 크게 효과성(Effectiveness), 효율성(Efficiency), 만족도(Satisfaction)로

학습 9

구성되어 있다. 여기서 효과성은 사용자 과업 수행의 정확성과 수행을 완수했는지 여부를 의미하며, 효율성은 사용자 과업 수행 과정에서 투입한 자원과 결과의 관계를 의미한다.

마지막으로 만족도는 사용자가 소프트웨어를 사용하면서 얼마만큼 만족했는지에 대한 주관적인 느낌을 평가하는 것으로 구성한다. 이러한 사용성에 영향을 주는 요인으로는 이해가능성(Understandability), 학습성(Learnability), 운용성(Operability), 친밀성(Attractiveness), 준수성(Compliance)을 제시한다.

소프트웨어의 사용성을 평가하는 측정 요인으로 크게 단순성, 접근성, 효율성, 정보제공성, 학습성, 사용자 지원 등과 같이 6가지 지표가 주로 사용된다.

이러한 지표를 활용하여 사용자 평가를 수행하는 구체적인 지침으로는 제이콥 닐슨(Jakob Nielson)의 사용성에 관한 10가지 원칙이 가장 많이 사용되고 있음을 발견할 있었다.

3. VRAR 이용 및 제작 안전 가이드라인

위 가이드라인은 VR 체험시설 구축을 위해 검토해야 할 주요 이슈에 대한 이해를 돕기 위해 마련되었다. 다만 보고서는 유희 목적의 내용을 검토하고 있어서 디지털 트윈 기반 XR 콘텐츠 평가에 그대로 적용하기에 한계를 가지고 있다.

해당 보고서에서 사용성 평가에 관련된 항목으로 9. UI(User Interface) 배치를 들 수 있고, 해당 항목의 내용을 정리하면 다음과 같다.

① UI를 사용하는 경우에는 3D 객체화시켜 3차원 공간 상에 배치하는 것을 권장한다.
② 유저 움직임의 자연스러움을 위해 시야에서 많은 부분을 차지하는 물체의 움직임을 최소화한다.
③ HUD형 UI 구현 시에는 3차원 객체의 깊이값과 일치시켜서 구현해야 한다.
④ VR 영상 콘텐츠에 자막을 삽입할 때는 스피어리컬 왜곡을 적용할 것을 권고한다.

4. 가상현실 기술 휴먼팩터 가이드라인

가이드라인은 가상현실 교육 분야 적용을 위해 해당 기술의 사용성과 효과성에 영향을 미치는 휴먼팩터(Human Factor)를 분석하고 교육현장에 적합한 가이드라인을 도출하여 안전하고 효율적인 기술활용을 도모하고자하는 목적에서 제작한다.

가이드 라인은UX/UI 보다는 이용에 초점이 맞추어져 있으며 ① 이용 전, ② 이용 후, ③ 관리자를 위한 점검으로 구성하고, 그 외에 UI 확인 요인을 통해 UX/UI를 테스트 한다.

1) 이용 전 가이드 라인

이용에 대한 사용자의 건강을 확인하는 내용으로 구성한다.

건강 상태에 대한 자가진단 체크리스트 및 동의서

오늘은 가상현실을 활용한 교육활동을 할 예정입니다. 가상현실을 활용한 교육에 앞서 자신의 건강 상태를 스스로 점검해보아야 합니다. 다음 항목에 해당되는 사항에 ○를 해주시기 바랍니다.

- 자가진단 체크리스트 -

항목	점검결과	
	예	아니오
• 오늘 아래와 같은 증상이 있습니까? ※ 소화장애, 스트레스, 불안, 감기, 독감, 두통, 편두통, 귓병, 눈병, 피부병 등		
• 현재 복용하고 있는 약물이 있습니까?		
• 현재 피곤하거나 수면이 필요한가요?		
• 과거에 발작이나 경련, 의식 상실 등과 관련된 증상을 겪은 적이 있습니까?		
• 심장박동기, 보청기, 제세동기 등 의료 기기를 사용하고 있습니까?		

은 건강 자가진단 결과 정신적, 신체적 증상이 없으며, 가상현실을 활용한 교육에 참여할 하는 것을 동의합니다. 단, 가상현실을 활용한 교육활동에서 정신적, 신체적 이상 증세가 발견되면 언제든지 요청하여 그만둘 수 있습니다.

2018년 00년 00일

본인 성명: (서명)
보호자 성명: (서명)

2) 이용 후 가이드 라인

이용 후 이용자의 건강 상태를 확인하기 위한 내용으로 구성된다.

항 목	점검결과	
	예	아니오
• 체험 후 아픈 곳이 있습니까? (피로, 근육통 등)		
• 피부의 불편함이 있나요? (따금거림, 마비, 화끈거림, 경직 등)		
• 눈의 불편감이 있나요? (눈의 피로, 경련, 무의식적 움직임, 시력 저하, 흐릿함, 복시(사물이 두 개로 보이는 현상) 등		
• 메스꺼움, 어지러움 같은 불편함이 있나요?		
• 현실 세계와 가상세계 사이에 구분이 안 되어 혼란스러운가요?		

학습 9

3) 관리자 가이드라인(이용전)

구 분		항 목	점검결과	
			예	아니오
이용전	기기정보 및 상태	• VR기기(HMD, 컨트롤러 등)의 이용연령, 착용방법, 조작방식을 확인하였는가?		
		• 콘텐츠와 기기의 버전 정보를 확인하였는가?		
		• 기기의 크기가 대상 이용자에게 적절한가?		
		• 대상인원에 맞게 VR기기가 확보되었는가?		
		• VR기기가 정상적으로 작동하는가?		
		• VR기기가 충분히 충전되었는가?		
	활용 공간	• 동작범위(앉는 방식, 서는 방식)에 따른 공간이 충분히 확보되었는가?		
		• 학생들이 활동하는 공간의 장애물을 모두 제거하였는가?		
	위생 점검	• 일회성 VR마스크나 소독제를 준비하였는가?		
		• VR기기를 청결한 상태로 준비하였는가?		
	콘텐츠 선정	• 대상의 연령에 맞는 콘텐츠인가?		
		• 보유하고 있는 VR기기에서 콘텐츠를 실행할 수 있는가?		
		• 성취기준이나 교육목표에 적합한 콘텐츠인가?		
	건강 상태	• 이용자의 건강상태에 대해 자가진단을 실시하였는가?		
		• 이용자의 교육 참여 동의서를 받았는가?		
		• 이용자의 건강 상태에 따라 이용 여부를 결정하였는가? - 사용금지 학생 : - 요 관찰 학생 :		
이용중	건강 및 인지상태	• 건강에 이상 증세를 보이는 학습자가 있는가?		
		• 가상과 현실에 대해 혼란스러워 하는 이용자가 있는가?		
	이용 상태	• 이용자가 콘텐츠의 핵심내용을 학습하는가?		
		• 이용시간과 휴식시간을 준수하여 사용하였는가?		
	기기 상태	• VR기기가 이상 없이 작동하는가?		
		• 무선 네트워크가 원활히 작동하는가?		
이용후	건강 및 인지 상태	• 이용자의 건강 및 인지 상태에 대해 자가진단을 실시하였는가?		
		• 건강에 이상 증세를 보이는 이용자가 있는가?		
	기기 상태	• 파손되거나 작동하지 않는 VR기기가 있는가?		
		• VR기기의 본체나 패드가 오염되었는가?		

4) UI 확인 요소

- UI가 흐리게 보이는 부분은 없는가?
- UI는 양안의 보이는 영역 내에 모두 위치하는가?
- 이용자가 UI를 통해 제공되는 정보를 인지할 수 있도록 충분히 제공되는가?
- UI가 시선의 초점 조절에 방해를 주지는 않는가?
- UI와 객체의 거리차로 인해 입체감에 혼란을 주지는 않는가?
- 디스플레이에 표시된 UI를 이용자가 정상적으로 인지하고 활용할 수 있는가?
- 사용된 간접 또는 축약 표시들이 대중적으로 약속된 의미에 부합하는가?
- 디스플레이에서 UI가 표시되는 부분에 왜곡이나 사각이 있지는 않은가?
- 인터페이스가 이용에 불편을 주지는 않는가?

5. XR 콘텐츠 사용성 평가 방법 검토

현재 가상현실에 콘텐츠의 사용성 평가와 관련된 연구는 사용자 입장보다는 개발자 입장의 기술적 품질 연구에 치우쳐 있는 경우가 많다. 또한 적용 영역에 있어 게임, 관광과 같은 엔터테인먼트 목적의 콘텐츠에 집중되는 경향을 보이고 있다.

이러한 이유로 사용성 평가 방법, 요소에 있어 일반적인 콘텐츠의 사용성 평가 방법과 다른 경향을 보인다. 일반적으로 소프트웨어의 사용성 평가 방법이 설문지, 휴리스틱 평가(Heuristic Evaluation), FGI(Focus Group Interview) 등의 방법을 사용하는 반면, 가상현실 콘텐츠는 EEG, PPG와 같은 휴먼팩터 요소를 통하여 측정하는 방법을 선호하는 경향을 보인다.

가상현실 콘텐츠의 사용성 평가 방법에 있어 휴먼팩터 요소를 통해 측정하는 방법을 선호하는 이유는 다음과 같이 두 가지 이유로 정리될 수 있다.

첫 번째 가상현실 콘텐츠의 사용성 및 품질 가이드라인에서 공통적으로 강조하는 요인으로 가상, 증강현실 콘텐츠에서 발생할 수 있는 멀미 현상의 예방이 있다.

가상현실 콘텐츠에서 발생하는 멀미는 사용자가 가상현실 환경에 노출되면서 발생하는 불쾌한 증상의 집합으로 정의한다. 일반적으로 보통 눈 스트레스를 비롯한 두통 및 메스꺼움, 현기증 등으로, 몇 분에서 최대 며칠까지도 지속되는 경향을 보임 이러한 가상현실 멀미 현상을 측정하는 가장 효과적인 방법으로 휴먼팩터 요소를 활용한 사용성 방법이 예방되었다.

두 번째 현재까지 나와있는 가상, 증강현실 콘텐츠 평가 방법의 적용 영역이 주로 게임과 같이 엔터테인먼트 목적의 콘텐츠에 집중되어 있다는 점이다.

엔터테인먼트 목적의 소프트웨어의 효과성은 주로 재미, 몰입과 같이 일반적인 사용성 평가로 측정하기 어려운 요소이기 때문에, 이를 즉각적으로 알려 줄 수 있는 휴먼팩터 기반의 측정 방법이 선호될 수밖에 없다. 하지만 디지털 트윈 기반 확장현실 콘텐츠의 경우 엔터테인먼트적 목적보다 공정 예측, 원격 협업, 교육훈련과 같은 기능적 목적으로 많이 사용되기 때문에 이에 맞는 측정 방법이 요구된다는 점을 발견한다.

디지털 트윈 기반 혼합현실 콘텐츠의 사용성 평가 모형을 개발하기 위한 탐색 연구의 목적으로 소프트웨어 표준에 나타난 사용성 평가 정의와 현재 사용되고 있는 가상, 증강현실 콘텐츠의 사용성 평가 방법을 분석하였다. 그 결과를 요약하면 〈표 9-9〉와 같다.

〈표 9-9〉 사용성 요인과 VR/AR 콘텐츠 측정방법

사용성 요인	VR/AR 콘텐츠 측정 방법
효과성(Effectiveness)	EEG, PPG와 같은 휴먼팩터 요소를 활용하여 재미, 몰입감, 자극의 정도를 측정
효율성(Efficiency)	평가 방법 정의되지 않음
만족도(Satisfaction)	EEG, PPG와 같은 휴먼팩터 요소를 활용하여 몰입의 집중도를 측정

이러한 기존의 가상현실 증강현실 콘텐츠 측정 방법은 디지털 트윈기반 XR 콘텐츠의 정의와 목적에 비추어 볼 때 다음과 같은 한계점과 개선 방향을 찾아낼 수 있었다.

첫번째 디지털 트윈은 가상의 세계에 현실을 반영한 모델로서 주로 공정 예측, 원격 협업, 교육훈련과 같은 기능적 목적으로 많이 활용되고 있을 예정이다. 따라서 현재 엔터테인먼트 목적의 가상, 증강현실 콘텐츠의 효과성 평가를 위해 휴먼팩터 요소를 활용하여 재미, 몰입감, 자극을 측정하는 기존의 사용성 평가 방법 외에도 기존에 소프트웨어 사용성 평가로 사용되고 있는 설문지, 휴리스틱 기반의 사용성 평가 방법에 관한 추가적인 연구의 필요성 발견하였다.

두번째 재미, 감정적 목적의 콘텐츠에서는 측정이 필요 없는 효율성을 측정하기 위한 사용성 평가 요인, 방법 개발의 필요성이 요구된다. 특히 원격 협업, 교육훈련의 목적으로 확장현실 콘텐츠가 사용되는 경우에 사용자 인터페이스 및 콘텐츠가 사용자의 업무를 방해하지 않는지에 대한 평가가 반드시 요구된다. 따라서 이를 측정하기 위해서는 사용자의 인지 부하를 측정할 수 있는 평가 도구의 분석과 검토가 필요할 것으로 예측된다.

마지막으로 사용성 평가 요인, 방법에 대해 소프트웨어 품질의 특성과 품질 평가 표준

에 맞는 방법으로 실행할 수 있는 절차의 개발이 요구된다.

현재 가상, 증강 현실 콘텐츠를 모두 포함하여 사용성 요인을 모두 측정할 수 있는 평가 방법과 절차가 정의되어 있지 않기 때문에, 추후 연구를 통해 준수성을 만족하게 할 수 있는 평가 방법의 개발이 필요하다.

05 디지털 치료제 개발을 위한 프로그램 작성에 대하여 분석하라.

1. 프로그램 작성을 위한 환경을 구축

① 통합 개발 환경 도구를 실행시킨다. 하드웨어의 MCU 회사가 제공하거나 사용되는 OS에 따른 통합 개발 환경 도구가 설치되었는지를 확인한다. 만약 설치되지 않았다면 통합 개발 환경 도구에서 제공하는 매뉴얼을 참조하여 하드웨어 사양이나 소프트웨어 사양을 확인한 후 인스톨 한다.

② 컴퓨터와 하드웨어 보드를 연결한다. 하드웨어 보드에 전원을 연결하고 컴퓨터와의 통신 케이블을 연결한다. 이 때, 일반적으로 는 USB 케이블을 사용하는 경우가 많으나 전용 케이블을 사용할 경우도 있다.

③ 디바이스 인식을 확인한다. 컴퓨터의 제어판 또는 설정의 장치 관리자를 열어서 하드웨어 보드의 디바이스가 인식되었는지 확인한다.

④ 통합 개발 환경 도구의 통신 환경을 확인한다. 디바이스 인식이 완료되면 통합 개발 환경 Tool의 통신포트 번호, 통신 속도, 인터페이스 규칙 등을 확인한다.

2. 소프트웨어의 기본 프레임을 코딩

전체 통합시스템은 각 모듈에서의 동작을 통제하고 모듈간 데이터 전송에 관여하게 된다. 이러한 모듈 간의 작동에 대한 데이터 송수신의 처리와 제어를 위한 메인 함수를 구현한다. 메인함수의 동작을 이해하기 위해 상세 설계에서 작성된 플로차트 등을 이용하여 참조한다. [그림 9-3]은 체온계의 메인 프로그램을 플로차트로 구성한 예를 보여 주고 있다.

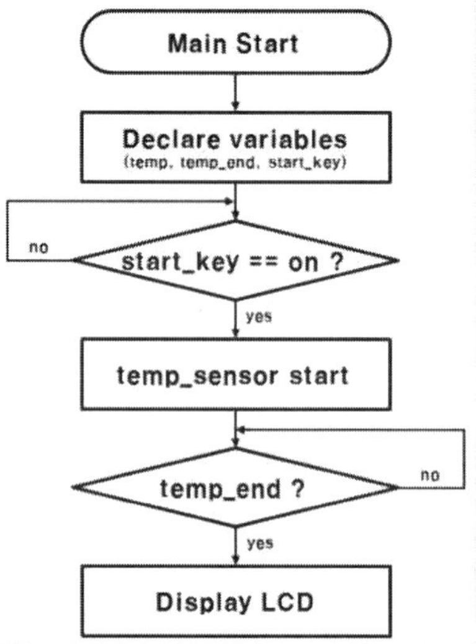

[그림 9-3] 프로그램의 플로차트(예)

1) 통신 드라이브 함수 구현

하드웨어간 테이터 전송을 위하여 통신 드라이버를 구현한다. 이러한 데이터 통신을 위해서는 하드웨어 간 통신 규약을 전제로 작성되어야 한다. 다음은 USB 통신의 초기화 프로그램의 일부이다.

```
int main( void)
{
    int fd;
    struct termios newtio;
    fd = open( "/dev/ttyS0", O_RDWR ¦ O_NOCTTY ¦ O_NONBLOCK );
    memset( &newtio, 0, sizeof(newtio) );
.........................
```

[그림 9-4] USB 통신 드라이버 함수(예)

2) Key-pad 드라이버 함수 구현

하드웨어의 작동에 대한 스위치의 동작을 입력 받아 해당 key에 대응하는 동작을 시키거나 값을 입력받을 경우에 key-pad 드라이버 함수를 구현하여야 한다. 하드웨어의 스위치로부터 입력을 받을 경우 대부분 matrix 형태로 설계되는 형태가 대부분이다. 이는 사용되는 입출력 포트를 절약하는 장점이 있다. 만약 key-pad가 4×4 key matrix로 구성되어 있다면 16개의 key의 상태를 확인하기 위해서는 8개의 출력과 입력의 데이터를 제어하기 때문에 하드웨어 구성이 많은 효율성이 있다. 라인의 개수를 계산하면 16개의 key가 동작하는 것을 확인할 수 있는 프로그램을 작성하여야 한다.

```
void Matrix_Key(int Key_out , int Key_in){
    switch(out){
        case 1:
                if(Key_in==1)      { dbg("key 4 is pressed₩n");     key_value=4;}
                else if(Key_in==2){ dbg("key 8 is pressed₩n");     key_value=8;}
                else if(Key_in==4){ dbg("key 12 is pressed₩n");    key_value=12;}
                else if(Key_in==8){ dbg("key 16 is pressed₩n");    key_value=16;}
                break;
        case 2:
                if(Key_in==1)      { dbg("key 3 is pressed₩n");     key_value=3;}
                else if(Key_in==2){ dbg("key 7 is pressed₩n");     key_value=7;}
                else if(Key_in==4){ dbg("key 11 is pressed₩n");    key_value=11;}
                else if(Key_in==8){ dbg("key 15 is pressed₩n");    key_value=15;}
                break;
..............................
```

[그림 9-5] Key-pad 드라이버 함수(예)

3) LCD 드라이버 함수 구현

하드웨어의 동작 상태나 결과 값을 나타내기 위해 LCD 디스플레이를 사용할 경우에는 LCD 드라이브 함수를 구현한다. 최근에는 하드웨어 개발 시 LCD를 설계하여 해당 의료기기에 필요한 사항만을 표시할 수 있는 전용 디스플레이를 제작하여 디스플레이 되도록 제작하고 있는 추세이다.

〈표 9-10〉 LCD 모듈의 제어 명령표

기 능	제어신호		제어명령								실행 시간
	RW	RS	D7	D6	D5	D4	D3	D2	D1	D0	
Clear Display	0	0	0	0	0	0	0	0	0	1	
Return Home	0	0	0	0	0	0	0	0	1	0	1.64ms
Entry Mode Set	0	0	0	0	0	0	0	1	I/D	S	1.64ms
Display On/Off Control	0	0	0	0	0	0	1	D	C	S	40us
Cursor of Display Shift	0	0	0	0	0	1	S/C	R/L	0	0	40us
Function Set	0	0	0	0	1	D/L	N	F	0	0	40us
Set CG RAM Address	0	0	0	1CG RAM Address							40us
Set DD RAM Address	0	0	BF Address Counter								40us
Read Busy Flag and Address	1	0	BF Address Counter								0us
Data Write to CG RAM of DD RAM	0	1Write Address									40us
Data Read to CG RAM of DD RAM	1	1Read Address									40us

또한 〈표 9-10〉에 텍스트 LCD 모듈의 제어 명령표를 나타내었다. 텍스트 LCD 제어를 위한 2개의 제어 비트(RS, R/W)와 데이터 비트(D0~D7)에 명령어로 세팅한 후 Enable 클록을 On/Off함으로써 텍스트 LCD로 데이터를 전송할 수 있다.

LCD를 처음 사용할 때 초기화하는 방법은 다음과 같은 순서로 이루어진다.

① Function Set(이진수: 0x001x xx00)을 LCD에 보낸다.
② Display On/Off Control(0x0000 01xx)을 LCD에 보낸다.
③ Entry Mode Set(0x0000 01xx)을 LCD에 보낸다.
④ DD RAM 주소를 LCD에 보낸다.

```
static void LCD_init(void){
        CLCD_CMD_ADDR = 0x38;
        mdelay(10);
        CLCD_CMD_ADDR = 0x38;
        mdelay(10);
        CLCD_CMD_ADDR = 0x38;
        mdelay(10);
        CLCD_CMD_ADDR = 0x0e;
        mdelay(10);
        CLCD_CMD_ADDR = 0x02;
        mdelay(10);
        CLCD_CMD_ADDR = 0x01;
        mdelay(10);
}
```

[그림 9-6] LCD 드라이버 함수(예)

3. 프로그램을 코딩

[그림 9-7] 프로그램의 코딩(예)

4. 컴파일을 수행(에러 발생 시 디버깅한다)

코딩이 완료되면 MCU 회사에서 제공되는 컴파일이나 프로그래밍 언어에서 제공되는 컴파일을 이용하여 컴파일 과정을 거쳐 코딩의 에러 유무를 확인한다. 에러 발생 시에는 해당 코드에 대하여 에러 메시지를 통하여 확인할 수 있다. 발생된 에러에 대해서는 원인을 분석하여 에러를 수정한다. 만약 치명적인 문제를 일으키지 않는 경우에는 'warning'으로 표현되고 있으나 잠재적 에러 발생을 가지고 있기 때문에 수정하는 것이 바람직하다. 코딩에 에러가 없을 경우에는 컴파일 수행 시 바이너리 또는 "HEX" 형태의 파일이 생성된다.

학습 9

5. 하드웨어에 프로그램을 이식

생성된 바이너리 또는 HEX 형태의 출력 파일을 하드웨어 보드에 다운로드 하여 이식한다. 만약 코딩에 문제가 없는 경우에도 하드웨어가 올바르게 동작하지 않을 경우에는 하드웨어의 문제로 인하여 발생할 수 있으므로 디버깅용 출력 포트를 할당하여 프로그램을 모니터링할 수 있도록 설계하는 것이 바람직하다.

6. 하드웨어를 구동하여 동작을 확인

하드웨어에 전원을 공급하고 작동시켜 점검한다. 하드웨어의 올바른 작동 순서에 따라 정상적으로 동작하는지를 확인한다.

06 디지털 치료제 개발을 위한 프로그램 오류 수정에 대하여 분석하라.

1. 작성된 프로그램을 불러온다.

통합 개발 환경 도구를 실행하여 작성된 프로그램을 불러온다. 불러온 프로그램의 코드를 확인하여 눈으로 확인할 수 있는 오류를 점검한다.

2. 프로그램을 컴파일한다.

통합 개발 환경 도구에서 컴파일을 실행한다.

3. 각 오류를 수정한다.

실행된 프로그램의 컴파일 오류를 확인하여 수정한다. 예를 들어 명령어가 잘못 기입된 경우에 컴파일 오류가 발생하며 명령어를 수정한다.

```
MgBox( "Hello World" )
```

→

```
MssBox( "Hello World" )
```

[그림 9-8] 컴파일 오류의 수정(예)

실행된 프로그램의 런타임 오류를 확인하여 수정한다. 예를 들어 "hours = 0"으로 "speed = miles / hours"의 수식은 수행되지 않아 런타임 오류가 발생하며 "hours = 2"로 수정한다. Dim miles As Integer = 0

```
Dim miles As Integer = 0
Dim hours As Integer = 0
Dim speed As Integer = 0

miles = 55
speed = miles / hours
MsgBox(CStr(speed)& "miles per hour" )
```

→

```
Dim miles As Integer = 0
Dim hours As Integer = 2
Dim speed As Integer = 0

miles = 55
speed = miles / hours
MsgBox(CStr(speed)& "miles per hour" )
```

[그림 9-9] 런타임 오류의 수정(예)

실행된 프로그램의 결과값을 확인하여 논리 오류를 확인하여 수정한다. 경우에 따라서는 각 코드를 차례로 실행하여 확인하여야 한다. 예를 들어 같은 프로그램을 실행하면 "Average speed 0.03333334"라는 결과를 나타낸다. 그러나 10분 동안 5마일을 이동한 경우의 올바른 답은 30 miles per hour이어야 한다. 프로그램에서 GetMPH 함수에 두 개의 인수인 Sp_hours와 Sp_miles가 순서대로 전달되었다. 그러나 Function GetMPH(ByVal Sp_miles As Double, ByVal Sp_hours As Double)의 함수 선언에서는 첫 번째 인수는 Sp_miles이고 두 번째 인수는 Sp_hours인 것을 알 수 있다. 따라서 MsgBox("Speed of Average"& GetMPH(Sp_miles, Sp_hours))로 수정한다.

```
Dim Sp_minutes As Integer = CInt(Textbox1.Text)
Dim Sp_miles As Double = CDbl(Textbox2.Text)
Dim Sp_hours As Double = 0
hours = Sp_minutes / 60
MsgBox( "Speed of Average" & GetMPH(Sp_hours, Sp_miles))

Function GetMPH(ByVal Sp_miles As Double, ByVal Sp_hours As Double)
As String
    GetMPH = CStr(Sp_miles / Sp_hours)
End Function
```

⬇

```
Dim Sp_minutes As Integer = CInt(Textbox1.Text)
Dim Sp_miles As Double = CDbl(Textbox2.Text)
Dim Sp_hours As Double = 0
hours = Sp_minutes / 60
MsgBox( "Speed of Average" & GetMPH(Sp_miles, Sp_hours))

Function GetMPH(ByVal Sp_miles As Double, ByVal Sp_hours As Double)
As String
    GetMPH = CStr(Sp_miles / Sp_hours)
End Function
```

[그림 9-10] 논리 오류의 수정(예)

Tip 수행

- 작성된 프로그램을 수정할 경우에는 수정 내용을 프로그램에 주석을 작성하거나 수정 목록을 수정전과 수정 후를 구분할 수 있도록 문서화한다.

학습 9

학습활동.9 교수 · 학습 방법

교수 방법

- 디지털 치료제의 디지털 콘텐츠 기술활용에 대한 관련 용어, 구성, 방식 이해 정도를 파악한 후 수업을 진행한다.
- 교수자의 주도로 디지털 치료제의 디지털 콘텐츠 기술활용 등의 내용을 PPT 자료로 제시한 후 설명한다.
- 가능하면 사전에 개인별 학습 자료를 준비하여 모든 학생이 참여할 수 있는 문제 해결식 수업, 협력 수업이 가능하도록 한다.
- 디지털 치료제의 디지털 콘텐츠 기술활용 전 과정을 작업의 순서에 따라 단계적으로 실습이 이루어질 수 있도록 지도한다.
- 교재를 통해 수업을 준비하는 데 있어서 필요한 모든 정보나 팁, 힌트 등 도움이 될 만한 내용을 확인할 수 있다.
- 학생들이 만들게 될 각 모델은 수업시간에 중점적으로 다뤄질 부분과 어휘, 질문, 답을 포함하고 있으며 또한 탐구할만한 추가적인 아이디어들도 포함하고 있다.

학습 방법

- 디지털 치료제의 디지털 콘텐츠 기술활용에 대한 관련 용어를 숙지하고, 디지털 치료제의 디지털 콘텐츠 기술활용에 대해 이해한다.
- 디지털 치료제의 디지털 콘텐츠 기술활용의 각 단계별 중점 사항을 체계적으로 학습한다.
- 디지털 치료제의 디지털 콘텐츠 기술활용의 수행순서의 전 과정을 실습한다.
- 디지털 치료제의 디지털 콘텐츠 기술활용의 내용을 이해한다.
- 디지털 치료제의 디지털 콘텐츠 기술활용을 이해하고 숙달이 될 때까지 학습한다.

학습활동.9 평가 및 피드백

평가 준거

- 평가자는 피평가자가 수행 준거 및 평가 내용에 제시되어 있는 내용을 성공적으로 수행할 수 있는지를 평가해야 한다.

학습내용	평가항목	성취수준		
		상	중	하
디지털 치료제의 디지털 콘텐츠 기술활용	디지털 치료제의 디지털 콘텐츠 기술활용을 이해할 수 있다.			

평가 방법

- 작업 포트폴리오

학습내용	평가항목	성취수준		
		상	중	하
디지털 치료제의 디지털 콘텐츠 기술활용	디지털 치료제의 디지털 콘텐츠 기술활용을 이해할 수 있다.			

- 필기시험

학습내용	평가항목	성취수준		
		상	중	하
스마트로봇 EV3의 개요 및 구성	스마트로봇 EV3의 개요 및 구성을 이해할 수 있다.			

- 체크리스트를 통한 관찰

학습내용	평가항목	성취수준		
		상	중	하
디지털 치료제의 디지털 콘텐츠 기술활용	디지털 치료제의 디지털 콘텐츠 기술활용을 이해할 수 있다.			

- 피드백

1. 작업 포트폴리오
   - 제출한 보고서를 평가한 후 주요 사항에 대하여 표시하여 돌려준다.
2. 필기시험
   - 평가 결과 성적이 저조한 학생은 보고서 제출 기회를 부여한다.
3. 체크리스트를 통한 관찰
   - 실습 과정에서 평가한 후 개선해야 할 사항 등을 정리하여 돌려둔다.

참 | 고 | 문 | 헌

1. 남상엽 외, 인공지능기술, 상학당, 2016.3.10.
2. 박종일, 스마트헬스케어와 의료AI, 2018년 주오기업전략기술로드맵 issue report, 2019.1.
3. 이준기 기자, R&D 데이터 통합 수집 · 공유… 신약개발 3년으로 대폭 단축, 디지털타임스, 2020.12.15.
4. 김태형, 데이터가 생명을 살린다, 한국바이오 협회, 2020.9.1.
5. 개인정보보호위원회, 가명정보 처리 가이드라인, 2020.9.
6. 관계부처합동, 신산업 네거티브 규제 발굴 가이드라인, 2018.2.
7. 이진면 외, 중국의 빅데이터산업 육성과 정부의 역할, KIET, 2018.4.
8. NCBI Data and User Services, https://www.nlm.nih.gov/about/2019CJ.html)
9. Genomics in healthcare: GA4GH looks to 2022, https://www.biorxiv.org/content/10.1101/203554v1
10. 바이오스펙테이터, 英 국민 유전체검사 시행의 의미, http://www.biospectator.com/view/news_view.php?varAtcId=5872
11. 바이오스펙테이터, "100만명 바이오 빅데이터 구축 · 연 4조 R&D 투자", http://www.biospectator.com/view/news_view.php?varAtcId=7684
12. DNA.Land is a framework to collect genomes and phenomes in the era of abundant genetic information, Nature Genetics 50, 160-165, https://www.nature.com/articles/s41588-017-0021-8, 2018.
13. [메디게이터] GSK와 23앤드미의 신약개발을 위한 개인 유전체 데이터 빅딜, https://www.medigatenews.com/news/1059961358
14. [메디게이터] 유전체 빅데이터 마이닝 기술 기반의 신약 개발, http://www.medigatenews.com/news/2320049700
15. Deep learning in biomedicine, Nat Biotechnol. 2018 Oct;36(9):829-838, https://www.nature.com/articles/nbt.4233
16. Combining genomics and epidemiology to track mumps virus transmission in the United States, PLOS Biology, https://doi.org/10.1371/journal.pbio.3000611, 2020.
17. Public health surveillance and data collection: general principles and impact on hemophilia care, Hematology, https://doi.org/10.1179/102453312X13336169156537, 2012.
18. Mayo Clinic to sequence 100K participants to build genomic database for improved care and research in collaboration with Helix, https://newsnetwork.mayoclinic.org/discussion/mayo-clinicto-sequence-100k-participants-to-build-genomic-database-for-improved-care-and-research-incollaboration-with-helix/
19. Through partnership with Color, 10K NorthShore patients will get whole genome sequencing, https://medcitynews.com/2019/01/color-northshore/

20. Data-sharing brings hope to rare disease patients around the globe, https://www.ga4gh.org/news/data-sharing-brings-hope-to-rare-disease-patients-around-the-globe/
21. 문유정, 강지민, 데이터 3법개정과 의료빅데이터 활용방안, 경기도경제과학진흥원, 2002.3.16.
22. 박세환, 보건의료 빅데이터 활용 의료산업 동향, HIRA 빅데이터 브리프
23. 박재은, 헬스케어 분야에서의 빅데이터 활용 동향, KDB산업은행, 2019.10.28.
24. 빅데이터 및 인공지능(AI) 기술이 적용된 의료기기의 허가 · 심사 가이드라인(민원인 안내서), 식품의약품안전처, 2017.
25. 유헬스케어 진단지원시스템 임상시험계획서 작성 가이드라인(민원인 안내서), 식품의약품안전처, 2015.
26. 의약품 임상시험 통계 가이드라인(민원인 안내서), 식품의약품안전처, 2016.
27. 체외진단용 의료기기의 임상적 성능 허가심사 가이드라인(민원인 안내서), 식품의약품안전처, 2015.
28. 한 손에 잡히는 임상연구 : 설계와 실행의 모든 것, 임상시험리뷰 연구회 옮김, 2015.
29. Statistical Guidance on Reporting Results from Studies Evaluating Diagnostic Tests, FDA, 2007.
30. Use of Real-World Evidence to Support Regulatory Decision-Making for Medical Devices, FDA, 2017.
31. 김진한, 신약개발 프로세스 혁신을 위한 AI 활용, 한국제약바이오협회정책보고서, 2017.
32. 배영우, 인공지능을 이용한 신약개발 동향 및 활용사례, 생명공학정책연구센터, BioINpro, 2017.
33. 배수인, 4차 산업혁명 시대, 제약산업에서의 빅데이터 활용, 한국제약바이오협회정책보고서, 2017.
34. 배영우, 4차 산업혁명 시대, 인공지능을 활용한 신약개발, 한국제약바이오협회정책보고서, 2017.
35. 이관용 외, 의료 인공지능 현황 및 과제, 한국보건산업진흥원, 보건산업브리프, 2016.
36. Evaluate, World Preview 2016, Outlook to 2022, 2016.
37. 박순영, 인공지능을 활용한 신약개발 연구동향, 융합연구정책선터, 2018.1.
38. 전종홍 외 7, 감염병 재난에 대응하기 위한 의료인공지능의 기술 표준동향, ETRI Insight 2020.01
39. 박민주, 심사평가원, 블록체인 활용 보건의료분야 디지털 전환 기초마련, 헬스코리아뉴스(http://www.hkn24.com) 2020.12.28.
40. Global Blockchain Technology Market in the Healthcare Industry, 2018-2022.
41. 임지윤, 보건의료 블록체인 기술활용 방안, 바이오협회, 2020.3.
42. 이은지, 블록체인 기술의 국외 보건의료분야 적용사례 및 시사점, HIRA, 3030sus 14권 2호
43. 최한준, 헬스케어 산업에서의 블록체인 기술의 활용, 보건산업브리프, 2017.5.12.
44. 유성진 · 박기성 · 김종현 · 박영호, 양자 컴퓨팅에 안전한 NTRU 기반 상용 기술 동향에 관한 연구, 한국통신학회, 2017.
45. 공개키 암호알고리즘 개발에 관한 연구, 정보통신부 한국정보보호센터, 1992.12.
46. 블록체인이 일으키는 금융, 유통, 의료, 에너지 업계의 변화. IDG DeepDive, 2017.
47. 디지털 세계의 신뢰를 확보하는 블록체인의 의미와 과제, 그리고 미래, IDG Tech Report, 2017.

48. 김수범, 글로벌 의료사물인터넷 시장동향, 보건산업브리프, https://www.nexeonmed.com/, 2017. 12.1.
49. Frost & Sullivan, "Internet of Medical Things (IoMT) is an amalgamation of medical devices and applications that can connect to healthcare information technology (IT) systems using networking technologies." 2017.
50. 2020년도 AIoT 서비스 제품 및 기업편람, 한국지능형사물인터넷협회, 2020.
51. 김잔디, VR · AR 의료기기개발 돕는다…허가 · 심사 가이드라인 제정, retrieved from https://www.yna.co.kr/view/AKR20180314046800017, 2018.
52. 류제택, 보건산업의 가상현실 기술 동향, retrieved from http://www.bioin.or.kr/InnoDS/data/upload/tech/824ebe2c31ae4a1890c56d7a779c09b1.pdf, 2019.
53. 박세환, 의료 분야 VR/AR 적용 사례 및 시장성 분석, retrieved from http://www.ndsl.kr/ndsl/search/detail/report/reportSearchResultDetail.do?cn=KOSEN000000000001104, 2018.
54. 박정식, 메디컬 증강 · 가상현실 시장 30조원 눈앞 "정부 · 기업 · 의료계 공론화 과정 거쳐 지원책 마련해야", retrieved from http://health.chosun.com/news/dailynews_view.jsp?mn_idx=294906, 2019.
55. 전황수, 가상현실의 의료분야 적용 동향, 2019.4.
56. 한국 식품 의약품 안전 평가원. 가상 · 증강 현실(VR.AR) 기술이 적용된 의료기기의 허가 · 심사 가이드라인, 2018.
57. 의료기기 소프트웨어 허가 · 심사 가이드라인(민원인 안내서), 식품의약품안전처, 2015.
58. 기술영향평가보고서-가상 증강현실기술, 한국과학기술기획평가원, 2016.
59. 국내VR산업 실태조사, 정보통신기술진흥센터, 2016.
60. Simulator Sickness in Virtual Environments, Eugenia M. Kolasinski, 1995.
61. Variation and extrema of human interpupillary distance, Neil A. Dodgson, 2004.
62. ASTM F2554:10, Standard Practice for Measurement of Positional Accuracy of Computer Assisted Surgical Systems, 2010.
63. Image-guided surgery : what is the accuracy?, Robert F. Labadie, Bryan M. Davis and J. Michael Fitzpatrick, 2004.
64. 멀미 저감을 위한 머리 장착형 영상 장치 기반 가상현실 콘텐츠 제작 지침(TTAK.KO-10. 10130), 한국정보통신기술협회, 2017.
65. 메디칼업저버; http://www.monews.co.kr
66. 강민구외 7, XR 콘텐츠 UI/UX 디자인 평가 가이드라인 및 체계 개발 보고서, 한신대 산학협력단, 2020.12
67. 손정만 외, "05 의료기기 소프트웨어 설계제작", 의료기기연구개발 NCS 학습모듈(www.ncs.go.kr)

학습 1	디지털 치료제의 개요
학습 2	디지털 치료제의 종류와 분류
학습 3	디지털 치료제의 빅데이터 기술활용
학습 4	디지털 치료제의 인공지능 기술활용
학습 5	디지털 치료제의 블록체인 기술활용
학습 6	디지털 치료제의 사물인터넷 기술활용
학습 7	디지털 치료제의 디지털 트윈 기술활용
학습 8	디지털 치료제의 XR 기술활용
학습 9	디지털 치료제의 디지털 콘텐츠 기술활용
학습 10	**디지털 치료제의 개발 · 허가 · 심사**
학습 11	디지털 치료제의 응용
학습 12	디지털 치료제의 시장동향
학습 13	디지털 치료제의 미래

학습 목표	1. 디지털 치료제의 개발 · 허가 · 심사를 이해할 수 있다.

10-1 디지털 치료제의 가이드 라인 개요

1. 디지털 치료제의 가이드라인 발간 배경 및 목적

식품의약품안전처는 디지털 뉴딜 사업에 발맞추어 디지털 치료기기 정의, 판단 기준 등을 주요내용으로 하는 디지털 치료기기 허가 · 심사 가이드라인을 발간했다.

'디지털 치료기기(DTx : Digital Therapeutics)'는 치료 작용기 전에 대한 과학적 · 임상적 근거를 바탕으로 질병의 예방 · 관리 · 치료를 목적으로 사용하는 소프트웨어 의료기기(SaMD)이다.

이는 하드웨어에 종속되지 않고 의료기기의 사용목적에 부합하는 기능을 갖는 독립적인 형태의 소프트웨어만으로 이루어진 의료기기로 약물중독이나 우울증 등 정신 · 신경계 질환뿐 아니라 천식, 당뇨 등 다양한 질환의 치료에 적용될 수 있으며, 전임상 단계가 없는 등 기존 신약 개발에 비해 비용이나 시간이 적게 소요된다.

학습 10

지난 3월 한국산업기술평과관리원에 따르면 디지털 치료기기와 기존 신약 개발 비교 개발비용을 비교했을 때 디지털 치료기기는 100~200억원, 기존 신약 평균 3조원이었으며 개발 기간은 디지털 치료기기 3.5~5년, 기존 신약 15년으로 나타났다.

디지털 치료기기 허가심사 가이드라인의 발간은 최근 정보통신기술(ICT)의 발달로 새롭게 부상하는 '디지털 치료기기' 분야의 허가심사 방안을 선제적으로 마련해, 의료기기 업체의 연구 · 개발에 도움을 주기 위해 추진하였다.

주요내용은 디지털 치료기기의 ① 제품 범위, 정의 등 기본개념, ② 판단 기준 및 제품 예시, ③ 기술문서 작성, 첨부자료 등 허가심사 방안 등이다.

참고로 국내에서 디지털 치료기기로 허가된 사례는 없으나, 뇌손상으로 인한 시야장애 치료를 위한 가상현실(VR) 기반 디지털 치료기기가 '19년 6월 식약처의 의료기기 임상시험계획을 승인받아 국내 의료기관에서 임상시험 중에 있다.

또한 식약처는 '혁신의료기기 단계별 심사 가이드라인'과 '혁신의료기기소프트웨어 중대한 변경대상 가이드라인' 2종도 함께 발간하였다.

이번 가이드라인은 지난 5월 1일 「의료기기산업 육성 및 혁신의료기기 지원법」이 시행됨에 따라 디지털 치료기기를 포함하는 혁신의료기기의 신속한 허가심사를 지원하기 위해 마련하였다.

식약처는 이번 가이드라인 발간이 비대면 시대의 핵심 기술이 될 디지털 기반 의료기기 등 혁신의료기기의 신속 제품화에 도움이 될 것으로 전망한다고 밝혔다.

가이드라인은 「의료기기법」 및 「의료기기법시행규칙」, 「의료기기 허가 · 신고 · 심사 등에 관한 규정」(이하 '규정'이라 함.)을 기반으로 현재의 시점에서 디지털 치료기기에 해당하는 제품의 범위, 판단기준,허가 · 심사 방안 등을 제시함으로써 민원 편의 및 허가 · 심사 업무의 투명성을 제고하고자 한다.

2. 디지털 치료제의 적용 범위

가이드라인은 의학적 장애나 질병을 예방, 관리 또는 치료하기 위해 환자에게 근거 기반의 치료적 개입을 제공하는 디지털 치료기기의 제조 · 수입 허가 · 인증, 기술문서 등 심사, 임상시험계획승인 등에 적용한다.

3. 디지털 치료제의 용어 정의

1) 디지털 치료기기(Digital Therapeutics)

의학적 장애나 질병을 예방, 관리, 치료하기 위해 환자에게 근거 기반의 치료적 개입을 제공하는 소프트웨어 의료기기(SaMD)이다.

※ 디지털 치료기기의 사용은 치료적 개입이 필요한 '환자'를 대상으로 한다.

2) 소프트웨어 의료기기(SaMD : Software as a Medical Devices)

하드웨어에 종속되지 않고 의료기기의 사용목적에 부합하는 기능을 가지며 독립적인 형태의 소프트웨어만으로 이루어진 의료기기이다.

3) 실사용증거(RWE : Real World Evidence)

실사용 데이터(Real World Data : RWD)를 분석하여 파생된 증거로서 실사용 데이터(RWD) 분석을 통해 얻은 의료기기의 사용 결과나 잠재적 이익 또는 위험성에 관한 임상적 근거, 임상문헌을 분석하여 파생된 새로운 증거도 포함한다.

4) 전향적 임상시험(Prospective Clinical Study)

연구하고자 하는 요인을 미리 설정한 후 일정기간 동안 변화를 추적하는 연구법으로 위험 요소가 일으키는 변화를 관찰하는 임상시험이다.

10-2 디지털 치료기기의 판단기준 및 예시

1. 디지털 치료기기의 판단기준

디지털 치료기기의 대상 여부 판단은 「의료기기법」 제2조에 따른 사용목적과 [그림10-1]과 같은 판단기준을 고려하여 종합적으로 검토하여야 한다. 다만 판단기준에 따라 디지털 치료기기에 해당되지 않더라도 의료기기 또는 의료기기가 아닌 것으로 분류될 수 있다.

일반적으로 의료기기에 해당하는지의 여부를 판단하기 위해서는 의료기기법 제2조의 사용목적으로 사용되는 것으로서, 제품에 대한 사용 목적은 제조자의 의도에 따라 그 제품의 구조와 형태, 표방하는 사용 목적과 효과, 판매하고자 할 때의 광고 또는 설명 등이 종합적으로 고려되어야 한다.

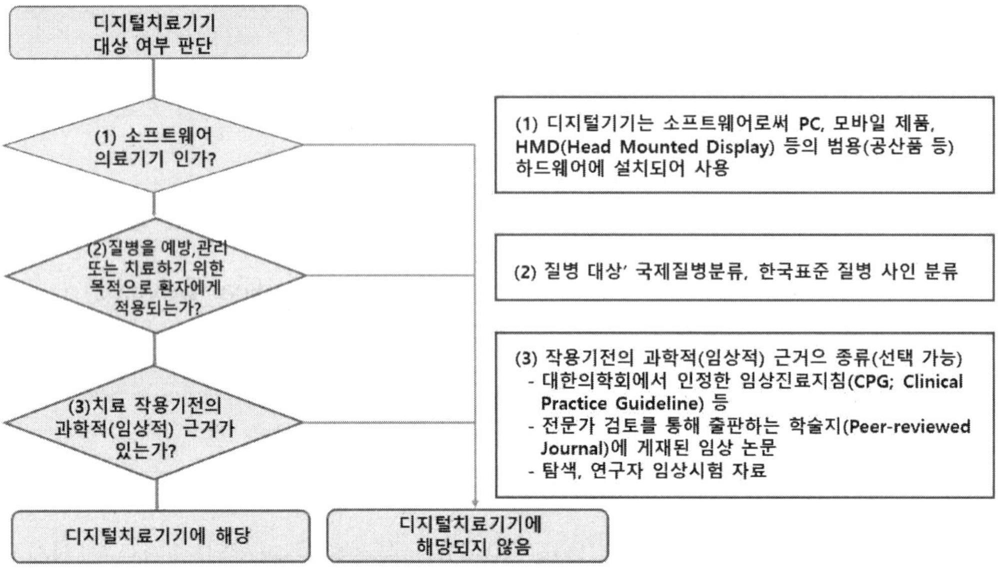

[그림 10-1] 디지털 치료기기 대상여부 판단기준 및 절차

2. 디지털치료 기기의 예시

디지털 치료기기에 해당될 수 있는 제품에 대해 다음의 예시로 제시하였다.

다음 예시에 해당되는 제품이더라도 치료 작용기전의 과학적(임상적) 근거에 해당하는 자료가 있어야 디지털 치료기기에 해당되며, 제품의 특성(대상 환자, 작용기전 등)을 고려하여 다양한 임상분야에서의 제품이 디지털 치료기기에 해당 될 수 있다.

1) 예방 및 관리의 예시

① 뇌전증 환자를 대상으로 인지행동교정 및 이완요법을 통해 뇌전증 재발을 예방하는 소프트웨어

② 황반 및 후극부 변성 환자를 대상으로 시력 값에 따른 약물의 용량조절을 통해 시력저하를 예방하는 소프트웨어

③ 경도인지장애 환자를 대상으로 인지재활훈련을 통해 알츠하이머 치매를 예방하는 소프트웨어

④ 조현병 환자를 대상으로 약물 치료 및 약물 조절을 통해 조현증상 발생을 줄이는 소프트웨어

⑤ 위암 환자를 대상으로 매스꺼움, 통증 모니터링 및 약물 투여량 조절을 통해 약물부작용을 관리하는 소프트웨어

⑥ 편두통 환자를 대상으로 인지행동치료를 통해 편두통 재발을 관리하는 소프트웨어

⑦ 근감소증 환자를 대상으로 운동 부하 조절 요법, 재활요법을 통해 근감소증을 관리하는 소프트웨어

⑧ 고혈압 환자를 대상으로 혈압을 모니터링하고 항고혈압 약물 조절을 통해 정상 혈압을 유지 관리하는 소프트웨어

⑨ 인슐린 의존성 당뇨 환자를 대상으로 측정 혈당에 따른 투약 조절을 통해 정상 혈당을 유지 관리하는 소프트웨어

2) 치료 예시

① 만성 폐쇄성 폐질환(COPD) 환자를 대상으로 고강도 운동부하조절 호흡재활을 통해 운동능력을 향상시키고 호흡곤란 증상을 경감하는 소프트웨어

② 담배흡연에 의한 정신 및 행동장애 환자를 대상으로 인지행동치료(CBT)를 통해 흡연에 의한 금단증상을 완화하는 소프트웨어

③ 양극성 정동장애 환자를 대상으로 인지행동치료(CBT)를 통해 양극성 정동장애 증상을 경감하는 소프트웨어

④ 파킨슨병 환자를 대상으로 증상을 분석하여 약물(레보도파) 용량조절을 통해 떨림 증상을 완화하는 소프트웨어

⑤ 천식/만성 폐쇄성 폐질환(COPD) 환자를 대상으로 가상현실 프로그램을 통해 증상(호흡곤란, 기침 등) 빈도를 경감하는 소프트웨어

⑥ 알코올 중독에 의한 정신 및 행동장애 환자를 대상으로 인지행동치료(CBT)를 통해 알코올 중독을 치료하는 소프트웨어

⑦ 만성 불면증 환자를 대상으로 인지행동치료(CBT)를 통해 만성 불면증을 치료하는 소프트웨어

⑧ 우울증성 행동장애 환자를 대상으로 심리교육, 인지행동교정요법을 통해 만성 주요우울장애(MDD)를 치료하는 소프트웨어

⑨ 조현병 환자를 대상으로 인지행동치료(CBT)를 통해 조현병을 치료하는 소프트웨어

⑩ 외상후 스트레스장애 환자를 대상으로 가상현실 기법을 이용한 노출요법을

통해 회피 증상을 치료하는 소프트웨어

⑪ 신경성 폭식증 환자를 대상으로 인지행동치료(CBT)를 통해 폭식증을 치료하는 소프트웨어

⑫ 과민대장증후군 환자를 대상으로 인지행동치료(CBT)를 통해 배변 장애를 치료하는 소프트웨어

10-3 디지털 치료기기의 허가 · 심사 방안

1. 기술문서 작성

의료기기의 기술문서는 규정 제8조 내지 제18조에 따라 아래와 같은 기재사항을 작성해야 한다.

번 호	기재사항
1	명칭(제품명, 품목명, 모델명)
2	분류번호(등급)
3	모양 및 구조-작용원리, 외형, 치수, 특성
4	원재료
5	제조방법
6	성능
7	사용목적
8	사용방법
9	사용 시 주의사항
10	포장단위
11	저장방법 및 사용기간
12	시험규격
13	제조원(수입 또는 제조공정 전부 위탁인 경우)
14	허가조건
15	비고

디지털 치료기기는 소프트웨어 의료기기(SaMD)에 해당되어 기술문서 작성에 대한 사항은 「의료기기 소프트웨어 허가 · 심사 가이드라인」에서 제시하는 'V. 의

료기기 소프트웨어 기술문서 작성방법'을 참고하여 작성할 수 있다.

다만 디지털 치료기기의 특성에 따라 추가적으로 고려해야 할 기재 사항은 다음과 같다.

1) 모양 및 구조-작용원리

규정 제9조(모양 및 구조)의 '작용원리'는 디지털 치료기기의 사용목적 (효능 · 효과)을 달성하기 위해 적용된 과학적(임상적) 원리를 작성하며, 과학적(임상적) 원리는 근거를 기반으로 작성하되, 작성하는 근거자료는 가이드라인에서 제시한 'Ⅱ. 디지털 치료기기의 판단기준-(3)작용 기전의 과학적(임상적) 근거의 종류'의 어느 하나에 해당하여야 한다.

또한 제시한 근거자료에서 설명하지 않은 임상적 효능 · 효과 및 이와 관련된 용어를 기재하지 않도록 주의한다.

Tip 작용원리에 대한 과학적(임상적) 근거의 종류

- 대한의학회에서 인정한 임상진료지침(Clinical Pratice Guideline, CPG) 등
- 전문가 검토를 통해 출판하는 학술지(Peer-reviewed Journal)에 게재된 임상 논문
- 탐색, 연구자 임상시험 자료

Tip 작성예시

본 예시는 '모양 및 구조-작용원리'에 대한 기재방법의 이해를 돕기 위하여 작성된 것으로 실제 신청하려는 제품의 내용과 상이할 수 있다. 본 예시는 대표적인 예를 작성한 것으로 실제 기술문서 작성 시에는 해당 제품의 작용원리를 고려하여 작성하여야 한다.

〈예시〉 본 의료기기는 서서히 근육량이 줄어드는 것이 아니라 급격히 근육량이 줄어드는 증상을 경감하고 근육 조절을 회복하기 위해 근감소증 환자에게 운동 치료를 제공하기 위한 환자용 어플리케이션 및 의료진용 환자관리 웹프로그램으로 구성된 소프트웨어 의료기기이다. 본 의료기기의 치료기전인 운동 치료는 일반적인 운동과 달리 치료로서의 운동으로 정상적인 일상생활의 요소를 방해하는 조건과 각종 질환에서 환자를 빨리 회복시키고자하는 목적으로 한다. 운동 치료의 종류 중 가동성 운동인 근력 강화 운동은 조직이 적응되어 있는 상태보다 더 큰 부하를 조직이 피로해질 때까지 가하면 근력이 증가한다는 헬리브랜드(Hellebrand)의 과부하 원리에 따라 근감소증의 원인인 근육량 감소 및 근력 감소를 개선시킨다.

2) 사용목적

규정 제12조(사용목적)의 '사용목적'은 치료, 예방, 관리의 대상 질병과 대상 환자에 대한 내용을 작성한다.

> **Tip** 작성예시
>
> 본 예시는 '사용목적'의 기재방법에 대한 이해를 돕기 위하여 작성된 것으로 실제 신청하려는 제품의 내용과 상이할 수 있다. 본 예시는 대표적인 예를 작성한 것으로 실제 사용목적 작성 시에는 해당 제품의 임상시험 결과 등을 고려하여 작성하여야 한다.
>
> 〈예시〉 근감소증 환자를 대상으로 운동 부하 조절 요법을 통해 근감소증을 관리하는 소프트웨어

3) 성 능

규정 제12조의2(성능)의 '성능'은 운영체제(OS), 지원 중앙처리장치(CPU), 메모리(RAM), 하드디스크(HDD), 통신방법 등의 소프트웨어 운영(구동)환경 및 하드웨어 요구사항과 암호화 방식(표준)을 기재한다.

주요 기능은 의학적 장애나 질병을 치료하기 위해 적용되는 관리, 예방, 치료법 항목 등 제품에 대한 유효성을 확인할 수 있는 항목을 기재한다.

> **Tip** 작성예시
>
> 본 예시는 '성능'의 기재방법에 대한 이해를 돕기 위하여 작성된 것으로 실제 신청하려는 제품의 내용과 상이할 수 있다. 본 예시는 대표적인 예를 작성한 것으로 실제 성능에 대해 작성 시에는 해당 제품의 특성 및 주요기능 등을 고려하여 작성하여야 한다.
>
> 〈예시〉 1. 소프트웨어 운영(구동)환경 및 하드웨어 요구사항
>
> ① 소프트웨어 운영환경
>
> ㉠ Client-OS: Android Ver 6.0 이상
>
> ㉡ Web
>
> - OS : Windows Ver 7 이상
> - Web browser : Chrome 68 이상, Explorer 10 이상
>
> ② 통신 인터페이스
>
> ㉠ Client Client는 와이파이(WiFi)를 통하여 http(hypertext transfer protocol) 통신규약을 이용하여 데이터 서버에 접속
>
> ㉡ Web : Web은 접속 환경에 따라 LAN 또는 와이파이를 통하여 http(hypertext transfer protocol) 통신 규약을 이용하여 데이터 서버에 접속

2. 주요기능

항 목	설 명
근력강화 운동기능	근력강화운동에 도움이 되는 기술을 사용자에게 가르치기 위한 여러 가지 치료 수업(모듈)으로 구성
	처방에 따른 유산소운동 및 저항운동 제공
	치료 수업(모듈)에 효율적인 세션(Session), 세트(Set), 반복횟수(Repetition) 제공
	처방된 운동에 따른 치료 수업에서 사용자의 응답에 따라 운동 피드백이 다르게 제공
	치료 수업 중 사용자의 수행결과에 따라 운동기간 및 횟수는 알고리즘에 맞춰 자동으로 변경

3. 암호화
- TLS 적용

4) 사용 시 주의사항

규정 제14조(사용 시 주의사항)의 '사용 시 주의사항'은 해당 제품을 안전하고 합리적으로 사용할 수 있도록 필요한 최신의 안전성 관련 사항을 모두 기재한다.

또한 제품의 특성에 따라 의사의 처방에 따른 사용 및 단독 사용에 대한 주의사항과 안전성 및 유효성이 평가되지 않은 정보 등은 반드시 기재가 필요하다.

Tip 작성예시

본 예시는 '사용 시 주의사항'의 기재방법에 대한 이해를 돕기 위하여 작성된 것으로 실제 신청하려는 제품의 내용과 상이할 수 있다. 본 예시는 대표적인 예를 작성한 것으로 실제 사용 시 주의사항 작성 시에는 해당 제품의 특성을 고려하여 작성하여야 한다.

① 경 고
- 본 제품의 근감소증 치료에 대한 유효성은 임상시험에서 치료 OO주까지 평가되었습니다.
- 치료 중단 후 잠재적 재발을 예방하는 효과는 연구되지 않았습니다.

② 금기 : 근감소증의 임상 양상의 진단이 명확하지 않을 경우

③ 부작용 : 본 제품을 사용한 후 제품에 대한 부적합 반응이 전부 배제될 수는 없으며, 급격한 체중감소 등 이상반응 문제가 생길 수 있습니다.

④ 일반적 주의 : 의사의 처방에 따라 사용 하십시오.
- 본 제품을 단독으로 사용하거나 약물을 대체하여 사용하지 않습니다.
- 사이버 보안과 관련된 사고 발생 시 제조사 긴급 번호(OOO-OOOO)로 연락하고 관리자가 조치 할 때까지 기다리십시오.

⑤ 임산부 및 수유부, 유아, 어린이 : 임산부와 수유기 여성에 대한 임상자료가 없으므로 안전

학습 10

상의 이유로 임산부와 수유부에게는 본 제품을 사용하지 않도록 합니다. 신체적 발달이 미성숙한 어린이의 경우에도 사용하지 않도록 합니다.

⑥ 상호작용 : 성장호르몬제와 병용할 경우 약물의 작용을 증강시키는 효과를 일부 보일 수 있으나 내장지방 증가, 근육량 감소, 골밀도 감소 등 부작용을 나타내는 사례가 임상시험 시 확인되었습니다.

⑦ 적용상의 주의 : 사용시간, 사용 횟수, 결과 작성 등 의사의 처방에 따라 요구된 사용방법을 준수하여야 합니다.

5) 시험규격

규정 제17조(시험규격)의 '시험규격'은 제품에 대한 성능 및 암호화 방식(표준)에 대한 시험항목, 시험기준, 시험방법을 기재한다.

해당 제품의 성능 시험항목은 제품의 주요 기능을 근거로 설정하며, 시험기준 및 시험방법은 제품의 특성을 고려하여 기재 가능하다.

Tip 작성예시

본 예시는 '시험규격'의 기재방법에 대한 이해를 돕기 위하여 작성된 것으로 실제 신청하려는 제품의 내용과 상이할 수 있다. 본 예시는 대표적인 예를 작성한 것으로 실제 시험규격에 대해 작성 시에는 해당 제품의 특성 및 주요 기능을 고려하여 작성하여야 한다.

번호	시험항목	시험기준	시험방법
1	근력강화 운동기능	근력강화운동에 도움이 되는 기술을 사용자에게 가르치기 위한 여러 가지 치료 수업(모듈)으로 구성	각각의 기능이 수행되는지 확인한다.
		처방에 따른 유산소운동 및 저항운동 제공	
		치료 수업(모듈)에 효율적인 세션(Session), 세트(Set), 반복횟수(Repetition) 제공	
		처방된 운동에 따른 치료 수업에서 사용자의 응답에 따라 운동 피드백이 다르게 제공	
		치료 수업 중 사용자의 수행결과에 따라 운동기간 및 횟수는 알고리즘에 맞춰 자동으로 변경	
2	데이터 암·복호화	개인의료정보(환자데이터, 인증정보 등)를 처리하는 Recover 앱과 의료기관 서버는 개인의료정보를 암호화 및 복호화하여 전송, 저장하여야 한다.	개인의료정보(환자 데이터, 인증 정보 등)는 보안 프로토콜을 이용하여 암·복호화 되어 전송 및 저장되는지 데이터의 패킷의 암호화를 확인한다.

2. 허가/심사 첨부자료

의료기기의 허가·심사 시 제출되는 첨부자료는 규정 제26조(심사 자료의 종류 및 범위 등) 및 제29조(첨부자료의 요건)에 따르며, 〈표 10-1〉처럼 첨부자료를 제출해야 한다.

〈표 10-1〉 허가·심사 첨부자료

번 호	첨부 자료
1	이미 허가·인증받은 제품과 비교한 자료
2	사용목적에 관한 자료
3	작용원리에 관한 자료
4	전기·기계적 안전에 관한 자료
5	생물학적 안전에 관한 자료
6	방사선에 관한 안전성 자료
7	전자파 안전에 관한 자료
8	성능에 관한 자료
9	물리·화학적 특성에 관한 자료
10	안정성에 관한 자료
11	기원 또는 발견 및 개발경위에 관한 자료
12	임상시험에 관한 자료
13	외국의 사용현황에 관한 자료

디지털 치료기기는 소프트웨어 의료기기로써 허가·심사 시 이미 허가· 인증받은 제품과 비교한 자료, 사용목적에 관한 자료, 작용원리에 관한 자료, 성능에 관한 자료, 기원 또는 발견 및 개발경위에 관한 자료, 임상시험에 관한 자료, 외국의 사용현황에 관한 자료를 제출하면 된다.

디지털 치료기기의 특성에 따라 추가적으로 고려해야 할 첨부자료는 다음과 같다.

1) 작용원리에 관한 자료

디지털 치료기기의 '작용원리에 관한 자료'는 해당 제품의 사용목적을 달성하기 위하여 환자에게 과학적(임상적) 근거가 어떻게 적용되어 구현되는지를 설명한 자료이다.

학습 10

또한 동 자료는 'Ⅱ.디지털 치료기기 판단기준-(3)작용기전의 과학적(임상적) 근거의 종류'의 어느 하나에 해당하는 자료이어야 한다.

Tip 작용원리에 대한 과학적(임상적) 근거의 종류

- 대한의학회에서 인정한 임상진료지침(Clinical Pratice Guideline, CPG) 등
- 전문가 검토를 통해 출판하는 학술지(Peer-reviewed Journal)에 게재된 임상 논문
- 탐색, 연구자 임상시험 자료

2) 성능에 관한 자료

디지털 치료기기는 소프트웨어로써 규정 별표 13에 따른 별지 제13호 서식의 '소프트웨어 적합성 확인보고서'와 '소프트웨어 검증 및 유효성 확인자료'를 제출하여야 한다.

또한 해당 제품이 유·무선 통신이 가능한 경우 '소프트웨어 검증 및 유효성 확인 자료'는 정보의 위변조, 승인되지 않은 접근으로 부터 방지하기 위한 대책 등의 사이버 보안에 대한 내용이 포함되어야 한다.

사이버 보안과 관련하여서는 「의료기기의 사이버 보안 허가·심사 가이드라인」을 참고하고, 해당 가이드라인의 '표 3. 의료기기 사이버 보안 요구사항'을 적용한 문서를 제출하여야 한다.

3) 임상시험에 관한 자료

디지털 치료기기의 안전성·유효성을 입증하기 위한 '임상시험에 관한 자료'는 규정 제29조(첨부자료의 요건)의 제12호(임상시험에 관한 자료)에 적합한 자료로서, 해당 제품에 대해 전향적 임상시험(Prospective Clinical Study)으로 입증한 자료를 제출해야 한다.

다만 해당 제품이 개발단계에 있고 치료 기전에 대한 과학적(임상적) 근거의 유무에 따라 확증 임상시험 전에 탐색 임상시험이 필요할 수도 있다.

탐색 임상시험이 치료 기전의 근거를 생성하기 위한 목적이라면 임상시험계획 승인 시 제출되는 '작용원리에 관한 자료'는 앞에서 언급한 '작용기전의 과학적(임상적) 근거의 종류' 요건에 해당하는 자료가 아닌, 유사제품에 대한 논문이나 문헌 등을 발췌하여 제출이 가능하다.

결과적으로 디지털 치료기기에 대한 확증 임상시험을 수행하기 위해서는 치료 기전에 대한 과학적(임상적) 근거인 임상논문이나 임상 진료지침, 또는 탐색 임상

시험 등의 자료가 반드시 필요하다.

또한 디지털 치료기기는 허가 이후에도 제품의 잠재적 유익성과 위해성을 모니터링하기 위한 목적으로 실제 임상환경에서의 실사용 데이터(RWD)를 수집 · 활용한 실사용증거(RWE) 자료를 마련하고 필요 시 식약처에 제출할 것을 권고할 수 있다.

실사용증거(RWE) 자료 작성 등에 대한 사항은 기 발간된 '의료기기 실사용증거(RWE) 적용에 대한 가이드라인'을 참고할 수 있다.

Tip 임상시험에 관한 자료 내에 포함되어야 하는 사항

1. 임상시험 방법

   임상시험 방법은 다음의 사항을 포함해야 한다.

   ㉠ 피험자의 선정기준, 제외기준 및 목표한 피험자의 수 : 원칙적으로 하나의 적응증마다 해당 의료기기의 특성과 임상시험 방법 등을 종합적으로 고려하여, 통계적으로 타당하게 임상시험 예수가 결정되었음을 입증하는 자료. 다만 적응질환의 발생 증례 자체가 적어 임상시험 예수의 확보가 현실적으로 곤란한 경우에는 이를 입증할 수 있는 자료를 추가로 첨부하여야 한다.

   ㉡ 조작방법 또는 사용방법과 그 설정사유

   ㉢ 비교시험용 의료기기를 사용하는 경우 그 선택사유

   ㉣ 병용사용의 유무

   ㉤ 관찰항목, 측정항목, 임상검사항목, 측정기준 및 검사방법

   ㉥ 유효성 평가기준, 평가방법 및 해석방법

   ㉦ 부작용을 포함한 안전성의 평가기준 및 시험방법

2. 임상결과

   임상결과는 다음의 사항을 포함해야 한다.

   ㉠ 임상시험의 성적(임상례에 대한 계획된 수, 실제 대상수, 완료된 수, 중도탈락자 수 및 이유 등을 포함하며, 이 경우 피험자별 부작용 등에 대한 사항이 포함되어야 한다)

   ㉡ 증례기록 요약

   ㉢ 기타 임상시험성적의 확인에 필요한 자료

3. 임상평가

   해당 적응증에 대한 의료기기의 유효율이 의학적 · 한의학적 원리에 기준하여 임상적 유의성이 있음을 입증하는 자료로 그 타당성이 판단되는 경우 이를 인정할 수 있다.

   ※ 민족적 요인의 차이가 있어 외국 임상시험에 관한 자료를 그대로 적용하기가 어렵다고 판단되는 경우, 식약처장은 국내에서 우리나라 사람을 대상으로 한 자료를 추가 제출할 것을 요구할 수 있다.

3. 변경 허가/심사 대상

디지털 치료기기는 「의료기기법」 제6조에 따라 제품의 변경이 발생한 경우 「의료기기법」제12조에 따른 변경 허가 대상이 될 수 있다.

변경 허가 신청 시 제품의 특성 및 주요기능, 사용목적 등 안전성이나 유효성에 영향을 미치는 사항이 변경되었을 때에는 변경사항에 따라 '임상자료 심사대상'이나 '기술문서 심사대상'이 될 수 있다.

1) 임상자료 심사 대상

① 허가받은 제품의 사용목적을 변경(적응증 추가 또는 변경) 하는 경우

㉠ (예시) 적응증 추가 : (변경 전) 치매 → (변경 후) 치매와 인지기능장애

㉡ (예시) 적응증 변경 : (변경 전) 치매 → (변경 후) 뇌전증

② 치료 작용기전의 변경(추가 또는 변경) 하는 경우

③ 기타 안전성 및 유효성에 영향을 미치는 경우

2) 기술문서 심사 대상

① 의료기기 소프트웨어의 개발언어 및 운영환경 등이 변경된 경우

(예시) Android → iOS

② 소프트웨어 변경, 추가, 삭제로 사용목적 또는 작용원리 등에 영향을 주지 않는 경우

수행 내용

재료 · 자료

• 디지털 치료제 관련 자료

기기(장비 · 공구)

• 컴퓨터, 문서작성 프로그램, 프린터, 주변기기

안전 · 유의사항

• 디지털 치료제 관련 장비의 안전 및 유의사항을 숙지한다.

수행 순서

01 모바일 의료용 앱의 배경과 용어정리에 대하여 분석하라.

1. 배 경

최근 스마트폰, 태블릿PC 등 모바일 기기들이 대중화되고 이를 이용한 모바일 앱 시장 규모가 확대됨에 따라 사용자 편의성 및 소비자 접근성을 고려한 다양한 분야의 모바일 애플리케이션(이하 앱)이 출시되고 있다.

이러한 모바일 앱에는 자체 또는 구성품을 이용한 질병의 진단, 치료 등 의료목적으로 사용되는 앱이 포함되어 있으며, 이는 스마트기기 및 구성품의 개발 · 보급과 더불어 날로 다양화, 세분화되고 있다.

그러나 의료목적에 사용되는 앱의 경우, 일반적인 모바일 앱과 달리 제품의 미세한 오류 등에 따른 진단 및 측정값의 변화로 불특정 다수의 모바일 앱 사용자에게 의학적 오류 등 잠재적 위해요소가 내재되어 있으므로 위해요소 사전 예방 차원의 관리 필요성이 대두되고 있다.

이에 제품의 특성에 따라 합리적이고 안전하게 관리하기 위하여 의료 목적에 사용되는 앱 중에서 의료기기로서의 안전관리가 필요한 모바일 의료용 앱과 의료기기에 해당되지

학습 10

않는 모바일 앱을 구분하는 등 관리 대상 및 범위를 명확히 하고 모바일 앱 특성에 맞는 허가, 품질 및 사후 관리 방안을 제시하여 모바일 의료용 앱 개발 활성화 및 안전관리를 확보하고자 한다.

2. 용어의 정의

'모바일 플랫폼', '모바일 앱', '모바일 의료용 앱'의 정의는 동 가이드라인에 한해 적용되며, 동일한 용어에 대해 다른 법률 또는 가이드라인에서 정한 바가 있는 경우에는 해당 법률 또는 가이드라인에서 정한 바에 따른다.

1) 모바일 플랫폼(Mobile Platform)

'모바일 플랫폼'이란 통신 접속 기능 유무와 관계없이 휴대용으로 설계된 '상업용 컴퓨팅 플랫폼'을 의미하며, '스마트 폰', '태블릿 컴퓨터' 또는 이와 유사한 형태의 컴퓨터가 이에 해당한다.

① Commercial Off-The-Shelf(COTS) Computing Platform
다만 의료기기 사용목적으로 설계된 신체착용형(Body-worn) 또는 수지형(Hand-held) 모바일 플랫폼은 제외한다.

② 의료기기 전기 · 기계적 안전에 관한 기준규격[별표1] 중 3.37, 3.144를 참조한다.

2) 모바일 앱(Mobile Application)

'모바일 앱'이란 모바일 플랫폼에 설치 · 실행되거나 또는 서버를 통해 웹 기반으로 전송되어 모바일 플랫폼에서 실행되는 소프트웨어를 의미한다.

3) 모바일 의료용 앱(Mobile Medical Application)

사용목적, 성능 등이 의료기기법 제2조에 규정된 '의료기기' 정의에 해당하는 '모바일 앱'을 의미한다.

02 모바일 앱의 의료기기 관리 대상의 범위에 대하여 분석하라.

1. 의료기기 해당여부 및 품목 · 등급 분류 판단기준

(해당 자료 참고)'

2. 의료기기에 해당하는 모바일 의료용 앱

'모바일 의료용 앱'은 사용목적, 성능 및 사용방법 등에 따라 다양하며, '모바일 의료용 앱'이 설치된 '모바일 플랫폼'은 허가 대상에서 제외될 수 있으나, 모바일 의료용 앱의 의료기기 안전성 · 유효성 확인을 위한 시험검사 등에는 함께 포함되어 사용될 수 있다.

제품 예시는 그간 의료기기 해당여부 회신 및 국내외 가이드라인을 참고하여 작성된 것으로 의료기기 해당여부는 개별 제품의 사용목적 및 성능 등에 따라 달라질 수 있다.

1) 의료기기를 무선으로 제어하는 모바일 앱

의료기기와 연동되어 무선으로 의료기기를 제어하는 모바일 앱을 말한다. 이에 해당하는 모바일 앱은 특정 의료기기와 연동되어 사용하는 것으로 제어 대상인 특정 의료기기의 부분품에 해당된다.

예를 들어 무선으로 제어되는 의료기기를 제어하기 위해 모바일 플랫폼에 설치하여 사용하는 모바일 앱이 여기에 해당한다. 이러한 모바일 의료용 앱은 특정 의료기기 허가 신청서에 함께 기재되어 심사 후 허가된다.

〈의료기기〉
(예 인슐린 주입기)

〈모바일 플랫폼〉
(예 스마트폰)

학습 10

Tip 제품 예시

- 인슐린 펌프로 신호를 전송하여 인슐린 분비를 제어하는 모바일 앱
- 혈압계의 커프 압력을 제어하는 모바일 앱
- CT, X- Ray 촬영 시 기기를 제어하는 모바일 앱
- 이식형근육 · 신경자극기를 세팅하고 제어하는 모바일 앱
- 임플란트 달팽이관을 세팅하고 제어하는 모바일 앱

2) 질병의 진단 또는 환자 모니터링 등을 위해 의료기기에서 측정된 데이터 등을 받아 표시 또는 분석하는 모바일 앱

의료기기에서 측정된 각종 데이터, 촬영된 의료영상 등을 전송받아 진단하거나 환자 모니터링 등 의료 목적으로 표시 · 분석하는 모바일 앱은 의료기기에 해당한다.

특정 의료기기의 구성품으로 제조되어 사용되는 모바일 앱은 함께 사용하는 의료기기의 부분품에 해당하여 특정 의료기기와 함께 심사하여 허가될 수 있다. 반면 특정한 의료기기를 정하지 않고 통신환경, 운영체제 등이 호환되어 범용으로 사용될 수 있거나, 원격으로 환자의 영상 또는 데이터를 전송하는 앱 등은 그 자체가 의료기기 해당하여 단독으로 심사되어허가될 수 있다.

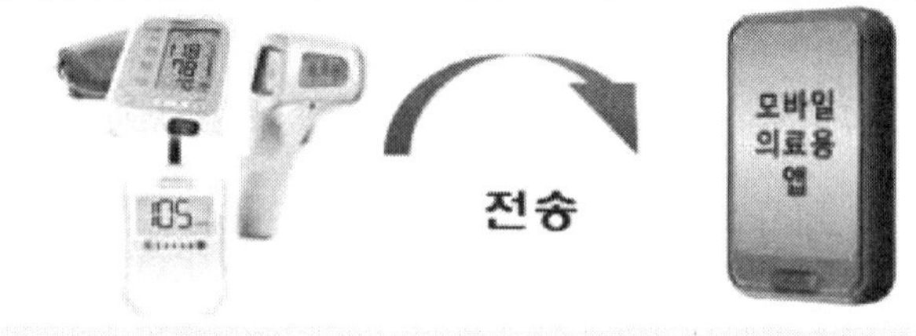

〈의료기기〉 (예 혈당측정기) 〈모바일 플랫폼〉 (예 스마트폰)

Tip 제품 예시

- 의료기기에서 측정한 데이터를 전송받아 표시하고 이상이 발생할 경우 알람을 발생시키는 등 환자 모니터링 목적의 모바일 앱
- 태아의 심장 박동 데이터와 자궁 수축정도를 전송받아 분만 과정 모니터링이 가능하도록 표시하는 모바일 앱
- 의료영상저장전송장치에서 전송 받은 의료영상을 확대, 축소, 조회하는 모바일 앱
- 혈당측정기, 혈압계 등에서 측정된 값을 전송받아 분석하는 모바일 앱
- 의료기기에서 측정된 데이터를 전송받아 분석한 후 수면무호흡증을 평가하는 모바일 앱
- 혈당측정기, 혈압계 등의 의료기기에서 측정된 데이터를 전송받아 원격으로 서버에 전송하는 모바일 앱

3) 모바일 플랫폼에 별도의 전극, 프로브 등이 연결되어 의료기기로 동작할 수 있도록 하는 모바일 앱

모바일 플랫폼에 별도의 전극, 프로브, 센서 등(이하 전극 등)을 연결하여 의료기기로 사용할 수 있도록 하는 기능을 갖는 모바일 앱은 의료기기에 해당한다.

이에 해당하는 모바일 의료용 앱은 전극 등과 함께 구성되어 사용하도록 제조된 것으로 허가 시 함께 사용하는 전극 등과 같이 심사 후 허가된다.

특정한 전극 등이 정해지지 않고 기 허가된 전극 등을 사용할 수 있으며, 이 경우 사용 가능한 전극 등을 허가신청서에 기재하고 시험검사 등을 통해 안전성 · 유효성에 대한 자료를 제출 · 입증하는 경우에는 모바일 의료용 앱 단독으로 심사 후 허가될 수 있다.

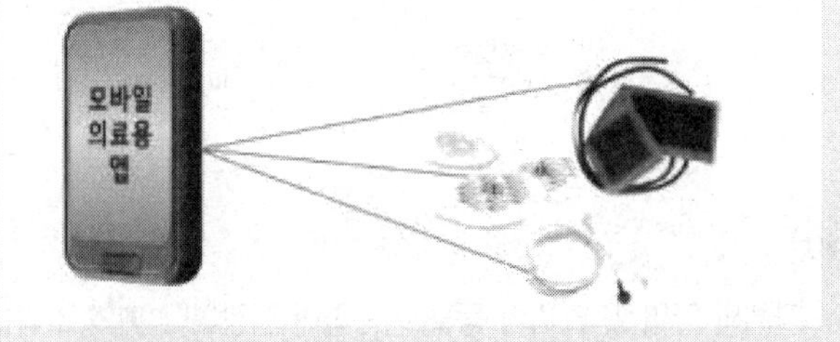

〈모바일 플랫폼〉
(예 스마트폰)

〈전극, 커프, 센서 등〉

Tip 제품 예시

- 혈당측정기가 연결되어 혈당 값을 측정하고 표시하는 모바일 앱
- ECG 전극을 연결하여 심전도 등을 측정하고 표시하는 모바일 앱
- 모바일 플랫폼에 전극 등을 연결하여 심장 등 내부기관과 연관된 소리를 듣기 위해 전기적으로 증폭시키는 모바일 앱
- 모바일 플랫폼에 전극 등을 연결하여 안구진탕을 진단하기 위해 눈의 움직임을 기록하고 분석하는 모바일 앱
- 모바일 플랫폼에 전극 등을 연결하여 특정 질병의 원인이 되는 떨림 정도를 측정하는 모바일 앱
- 진단 등 의료 목적으로 모바일 플랫폼에 전극 등을 연결하여 혈액 내 산소포화도를 측정하는 모바일 앱

4) 모바일 플랫폼에 내장된 센서 등을 이용하여 의료기기로 사용하는 모바일 앱

모바일 플랫폼에 내장(또는 별도로 추가된)된 센서 등을 이용하여 모바일 플랫폼을 의료기기로 사용하는 모바일 앱이다.

예를 들어 모바일 플랫폼의 광원, 마이크 등과 같이 기본으로 내장된 센서 또는 의료기기 성능을 구현하기 위해 별도로 장착된 센서 등을 이용하여 질병 진단 등을 목적으로

학습 10

혈류량, 산소포화도, 심전도 등을 측정·분석하는 모바일 앱이 이에 해당한다.

이 경우 모바일 플랫폼에서 측정되는 신호의 정확성, 인체 접촉시 안전성 등 의료기기 안전성·유효성은 관련 국내외 기준규격에 따른 시험검사 등 기술문서 심사 등에 관한 자료를 제출하여 심사하되, 허가신청서에는 모바일 앱만을 기재하여 허가될 수 있다.

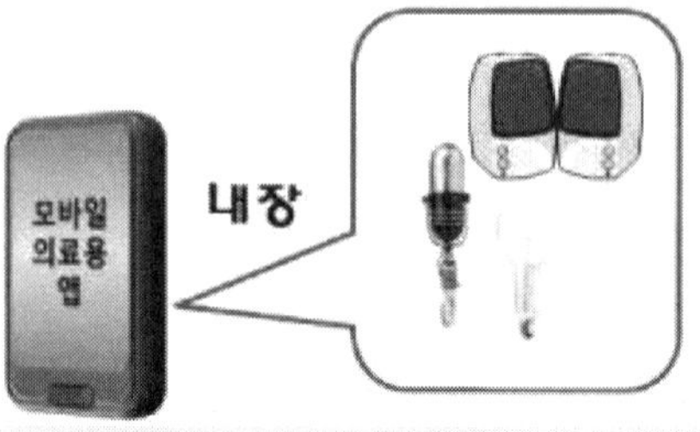

〈모바일 플랫폼〉
(예 스마트폰)

〈플래쉬(광원), 스피커,
마이크 등〉

Tip 제품 예시

- 모바일 플랫폼 자체의 마이크, 스피커 등을 이용하여 심장이나 폐의 소리를 증폭하고 이를 진단에 사용하는 모바일 앱
- 모바일 플랫폼의 광원을 이용해 혈류량, 산소포화도 등을 측정하여 진단 등 의료목적으로 활용하는 모바일 앱
- 모바일 플랫폼의 가속도센서를 이용해 신체 떨림을 측정하여 파킨슨병의 정도를 진단하는 모바일 앱
- 모바일 플랫폼 자체의 마이크, 스피커 등을 이용하여 심장이나 폐의 소리를 증폭하고 이를 진단에 사용하는 모바일 앱
- 모바일 플랫폼에 장착된 센서, 전극 등을 이용하여 심전도, 혈압 등을 측정하고 이를 저장, 분석하여 진단에 사용하는 모바일 앱

5) 환자에 대한 분석·질병 진단 또는 치료법을 제공하는 모바일 앱

의료기기에서 나온 데이터를 입력하거나 전송받아 환자 특이적 분석을 수행하는 모바일 앱 또는 데이터를 해석하여 진단 또는 치료법을 제공하는 모바일 앱을 말한다.

예를 들면 유전자검사 결과를 입력하여 분석하고 환자의 특정 암 발병확률, 병기 등을 진단하는 모바일 앱이 여기에 해당한다.

이 경우 모바일 의료용 앱이 단독으로 의료기기적 성능을 발휘하는 것으로 모바일 의료용 앱 단독으로 심사 후 허가될 수 있다.

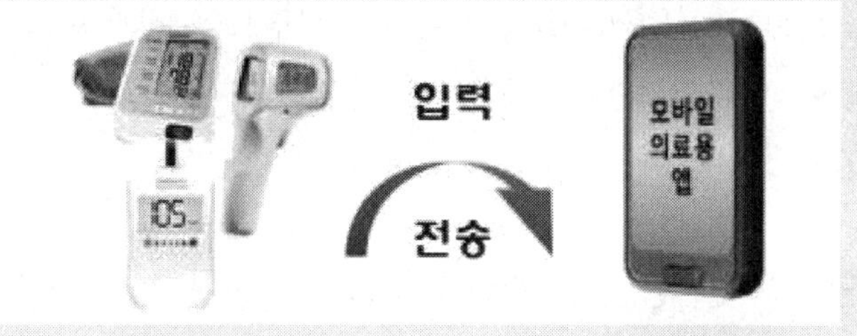

〈의료기기〉
(예 혈액검사용기기)

〈모바일 플랫폼〉
(예 스마트폰)

Tip 제품 예시

- 유전자검사 결과를 분석하여 특정 암의 발병확률 등을 진단하는 모바일 앱
- 조직검사 결과 등 병리검사 또는 진단검사 결과를 입력하여 암 발병 확률, 전이 확률, 병기 등을 분석하여 진단하는 모바일 앱
- 환자의 개인별 데이터를 해석하여 방사능 치료를 위한 투여량 계획을 세우거나 투여량을 계산하는 모바일 앱
- 질병의 예방, 처치 또는 치료 목적으로 사용되는 모바일 앱(소프트웨어 프로그램)으로 독립적으로 사용될 수도 있고, 치료효과를 높이기 위해 다른 의약품이나 의료기기와 함께 사용될 수 있는 디지털 치료기기(Digital Therapeutics)
- 처방전달시스템(OCS), 전자의무기록시스템(EMR)과 상호작용하여 해당 시스템의 데이터를 시각화함으로써 임상적 감시체계를 구축하여 질병의 예방, 처치 또는 치료 목적의 기능을 갖는 모바일 앱

3. 의료기기에 해당되지 않는 모바일 앱

1) 일반적 의료정보를 제공하는 모바일 앱

의학도서나 의료정보 관련 자료에 접근성을 높이기 위해 사용하는 모바일 앱이다.

2) 특정 환자를 위한 진단 · 치료법 제공 없이 자가 건강관리를 돕는 모바일 앱

환자 맞춤형 진단 · 치료법 제공 없이 스스로 질병이나 상태를 자가 관리할 수 있도록 돕는 모바일 앱으로 비만, 당뇨 환자들의 영양섭취 및 생활습관 등을 관리할 수 있도록 돕는 모바일 앱이다.

3) 환자정보관리, 전자기록시스템 등 의료기관 내의 업무를 자동화하여 보조하는 모바일 앱

환자와 의료인 등의 의무기록시스템 접근성을 높이기 위해 제공되는 모바일 앱을 말한다. 예를 들면 처방전달시스템(Order Communication system) 또는 전자의무기록시스템(Electronic Medical Record)에 저장된 의료정보에 전자적 접근을 할 수 있도록 하는 모바일 앱으로, 이러한 모바일 앱은 일반적으로 환자의 의료정보 관리나 기록 보관 목적으로 사용된다.

4) 의료인과 환자의 문진을 위한 화상지원 등의 통신시스템을 제공하기 위해 사용되는 모바일 앱

환자의 문진을 위한 화상지원 등의 통신시스템으로 질병의 진단·치료 등의 기능 없이 단순히 환자와 의료인 또는 의료기관을 연결하여 주기 위한 모바일 앱이다.

5) 객관적 정보를 분석·제공하는 모바일 앱

① 건강지표 상태에 따른 동 연령 성별군 중 질환 발생비율 등 객관적인 통계 결과를 제시해주는 모바일 앱

② 건강검진결과 등 개인의 건강정보를 분석하고, 통계적 결과 값에 따른 건강나이(생체나이) 등을 산출해 주는 모바일 앱

* 통계결과는 과학적 의학적으로 검증되거나 공신력 있는 기관의 발표자료 등을 활용

6) '의료기기와 개인용 건강관리(웰니스)제품 판단기준(지침)'(식약처 가이드라인) 등 기타 관련 가이드라인에서 제시되는 비 의료기기 판단예시

03 모바일 앱의 허가·심사 및 품질관리 방안에 대하여 분석하라.

1. 허가 심사

모바일 의료용 앱은 제품의 기술적 특성, 사용목적과 사용 시 인체에 미치는 잠재적 위해성 등을 고려하여 품목과 등급을 분류하고, 이에 따른 허가·신고 절차를 따라야 한다.

모바일 의료용 앱은 제품의 안전성과 성능 및 사이버 보안 등이 확보되어야 하고 측정된 환자정보에 대한 보안이 요구된다.

제품 허가신청 시 기술문서 작성은 의료기기 허가·신고·심사 등에 관한 규정(식약처 고시) 제8조 내지 제18조에 따라 작성하고, 제29조(첨부자료의 요건)에 적합한 자료를 제출하여야 한다.

[의료기기 등급별 허가심사 절차]

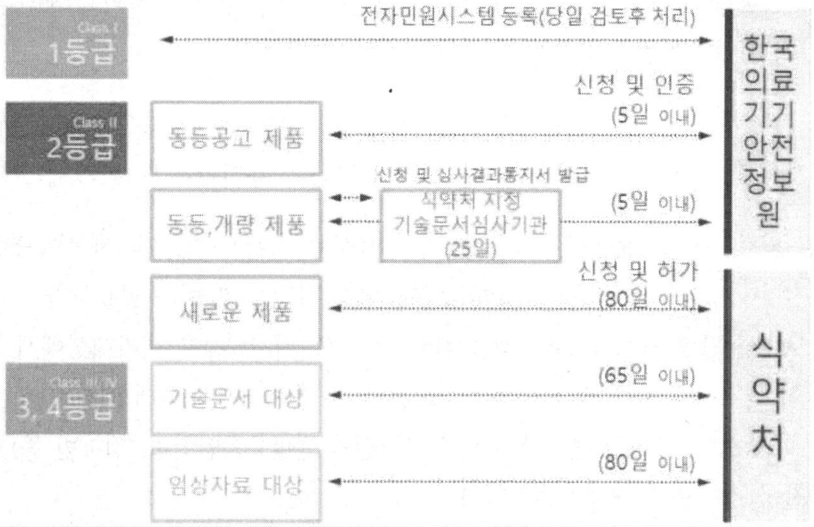

1) 기술문서 기재사항

아래 〈표 10-2〉는 의료기기 허가 · 신고 · 심사 등에 관한 규정 에 따라 기술 문서 각 항목별 기재사항을 설명한 것이다.

〈표 10-2〉 모바일 의료용 앱의 기술문서 기재내용

항 목			기 재 내 용
모양 및 구조	외형	모양 · 구조 및 각 부분의 기능	모바일 의료용 앱 사용자 화면 내의 주요 항목 및 기능에 대한 설명
	특성	구 조	기능 모듈단위로 구분하여 도식화하고 각각의 설명
		주요기능	모바일 의료용 앱의 주요기능에 대한 설명
원재료	명 칭		모바일 의료용 앱의 명칭
	버 전		모바일 의료용 앱의 버전 ※ 회수 보고 대상 소프트웨어 버전 제외하고 복수로 기재 가능
	운영환경		모바일 의료용 앱이 정상적으로 작동될 수 있는 모바일 플랫폼의 하드웨어 성능 요구사항
성 능			모바일 의료용 앱 특성, 모바일 플랫폼 종류, 운영체제 등
사용목적			적응증, 효능 · 효과
사용방법			사용자 화면 내의 주요 항목(결과 출력 요소)들에 대한 설명을 포함하여, 사용자 화면 사진과 함께 주요기능에 대한 사용방법
사용 시 주의사항			경고, 주의사항, 부작용, 적용상 주의 등에 대한 내용
시험규격			해당 제품의 안전성 및 성능을 검증하기 위하여 필요한 시험항목, 시험기준 및 시험방법

2) 안전성 요구사항

전기를 사용하는 의료기기는 아래의 식약처 고시 또는 동등 이상의 국제규격에 따라 전기·기계적 안전성 및 전자파 안전성이 확보되어야 한다.

① 전기·기계적 안전성 : 의료기기 전기·기계적 안전에 관한 공통기준규격(식약처 고시)

② 전자파 안전성 : 의료기기 전자파 안전에 관한 공통기준규격 (식약처 고시)

모바일 의료용 앱을 실행하기 위한 모바일 플랫폼 또한 전기 사용 제품이므로 인체에 미치는 전기·기계적 및 전자파 위해요인에 대한 안전성 확보는 필요하다.

다만 모바일 플랫폼(스마트폰, 태블릿PC, 스마트 워치 등)이 허가대상에서 제외되는 경우, 식약처 고시에 따른 전기·기계적 안전성 및 전자파 안전성에 대한 시험은 실시하지 않을 수 있으며, 모바일 플랫폼 관련 법령*(전기 생활용품안전법, 전파법 등)에서 요구되는 안전성 검증으로 대체할 수 있다.

모바일 플랫폼에 별도 센서 등이 부착 또는 연결되어 의료기기 성능이 구현되는 경우, 관련된 국내외 개별(공통) 기준규격에서 인체 안전성에 대한 제품별 요구사항이 규정될 수 있으며, 이러한 경우 허가대상 제외여부와 관계없이 개별(공통) 기준규격을 검토하여 인체에 직접 위해를 가할 수 있는 항목에 대한 안전성 입증 자료 제출이 요구될 수 있다.

3) 성능 요구사항

모바일 의료용 앱은 제품의 기술적 특성과 표방하는 기능에 따라 해당 제품의 성능에 대한 검증이 필요하다.

특히 모바일 의료용 앱은 제품의 특성상 소프트웨어에 해당되며, 이러한 의료용 소프트웨어는 제품의 개발 생명주기(Life Cycle) 동안 개발 단계에서 출시 후 유지보수 과정에 이르기까지 소프트웨어가 어떻게 설계되었는지, 설계의도에 따라 어떻게 시험되었는지, 적절한 위해 요인을 식별하고 위험관리가 효과적으로 이행되었는지 등을 확인하여 이를 문서화해야 한다.

제조업자는 모바일 의료용 앱에 대하여 식약처에서 발간한 '의료기기 소프트웨어 밸리데이션 가이드라인('07.3월)'을 참조하여 문서화하고, 허가심사 신청 시에는 '의료기기 소프트웨어 허가·심사 가이드라인('19.9월)' 및 '의료기기의 사이버 보안 허가·심사 가이드라인('19.11월)', '의료기기의 사이버 보안 적용방법 및 사례집('19.11월)'을 참고하여 성능에 관한 자료를 작성·제출해야 한다.

혈압, 산소포화도 등의 성능을 표방하는 경우에는 의료기기 기준규격(식약처 고시) 또는 이와 동등이상의 국제규격(IEC) 등에서 정확도를 평가하기 위한 성능시험이 요구될 수 있다.

의료기기 허가 · 신고 · 심사 등에 관한 규정 (식약처 고시) 제29조(첨부자료의 요건)에 따라 모바일 의료용 앱의 성능에 대한 첨부자료는 다음과 같다.

> 제29조(첨부자료의 요건) ① 기술문서 등의 심사를 위한 첨부자료의 요건은 다음 각 호와 같다.
> 8. 성능에 관한 자료
> 가. 소프트웨어가 내장되어 있거나 단독으로 사용되는 경우에는 별표 13에 따른 별지 제13호 서식의 적합성 확인보고서와 소프트웨어 검증 및 유효성 확인 자료를 제출하여야 하고, (이하 생략)

의료기기 소프트웨어 적합성 확인보고서는 의료기기 소프트웨어 개발 당시 작성된 문서를 확인하기 위한 보고서이며, 적합성 확인보고서를 통해 해당 소프트웨어가 요구사항을 충족하며 개발 프로세스 동안 적합하게 설계되었는지를 확인할 수 있다.

모바일 의료용 앱 허가 · 심사 신청 시 적합성 확인보고서 양식을 활용해 작성하여 제출하여야 하며, 소프트웨어의 검증 및 유효성확인 항목은 첨부자료 형태로 별도 제출해야 한다.

유 · 무선 통신이 가능한 모바일 의료용 앱은 '소프트웨어 검증 및 유효성 확인 자료' 제출 시 정보의 위변조, 오작동 또는 의료기기에 승인 되지 않은 접근 등으로 부터 방지하기 위한 대책으로 의료기기 사이버 보안 요구사항을 적용하여 제출하여야 한다.

다만 제조사의 위험 분석을 통해 요구사항 일부를 제외하거나 수정하여 적용하는 경우에는 의료기기 허가 · 신고 · 심사 등에 관한 규정 제26조제1항제4호에 따른 시험규격 및 그 설정근거를 제출하여야 하며 해당 자료로 '사이버 보안 위험관리문서'와 '의료기기 사이버 보안 필수 원칙 체크리스트'를 제출할 수 있다.

4) 임상자료 요구사항

모바일 의료용 앱이 기 허가된 제품과 사용목적 또는 작용원리 등이 본질적으로 동등하지 않거나, 환자 생체정보(생체신호, 영상 등)를 이용하여 추론 알고리즘*을 통해 자동진단을 하거나, 질환의 유무 및 변화를 예측하는 모바일 의료용 앱 등은 허가신청 시 임상자료 제출이 필요할 수 있다.

임상시험에 관한 자료는 의료기기의 임상적 유효성 확인을 위해 의료기기 허가 · 신고 · 심사 등에 관한 규정 제29조(첨부자료의 요건)의 '12. 임상시험에 관한 자료' 나목에 따라 임상시험방법, 임상결과, 임상평가의 기준을 고려한 자료이어야 한다.

---

* 추론 알고리즘 : 의료기기로부터 획득한 데이터를 추론, 선별검사, 모니터링하기 위한 분석방법 및 절차

다만 질병을 진단 또는 관리하거나 예측하는 독립형 소프트웨어는 인체에 직접 접촉하지 않고, 기존의 환자데이터 등을 이용하여 분석할 수 있는 등의 특성이 있어, 전향적 임상연구방법뿐만 아니라 후향적 임상연구 방법도 적용할 수 있다.

독립형 소프트웨어의 후향적 연구에 따른 임상적 유효성 확인은 '빅 데이터 및 인공지능 기술이 적용된 의료기기 허가 · 심사 가이드라인('19.10월)'과 '인공지능 기반 의료기기의 임상 유효성 평가 가이드라인('19.10월)'을 참고하여 적용할 수 있다.

2. 의료기기 제조 및 품질관리 기준(GMP) 적용

의료기기 제조 및 품질관리 기준(GMP)은 의료기기 제조업자가 생산하는 의료기기가 안전하고 유효하며, 의도된 용도에 적합한 품질로 일관성 있게 생산됨을 보장하기 위한 품질보증체계이다.

설계 · 개발, 생산 및 서비스를 제공함에 있어 제조시설, 생산 및 공정관리, 장비관리, 설계 · 개발 이력, 품질시험, 판매 후 부작용 모니터링 및 관련 기록 등에 대한 품질관리 시스템의 요구사항을 만족해야 한다.

모바일 의료용 앱과 같은 소프트웨어 의료기기는 무형의 제품으로 자재 및 공정관리 등 일부 제조 · 시험공정이 일반적인 의료기기와 관리 · 운영방법이 다를 수 있으므로 국내외에서 발간된 소프트웨어 의료기기 관련 가이드라인을 고려하여 품질관리를 실시할 수 있다.

의료기기 제조 및 품질관리 기준에서는 제품의 특성을 고려한 운영이 가능하도록 되어 있으므로 GMP 적용은 가능하며, 소프트웨어 의료기기와 같은 무형의 제품이라도 의료기기로써 동일한 GMP 기준을 적용하되 해당 업체 인증심사 시에는 소프트웨어 의료기기로서의 제품특성 및 품질관리에 적용된 국내외 가이드라인을 고려하여 심사한다.

① 적용기준 : 모바일 의료용 앱 제조업체의 제조 및 품질관리체계에 대한 사항은 의료기기 제조 및 품질관리 기준(식약처 고시)을 적용한다.

② 요구사항 : 모바일 의료용 앱을 포함하여 의료기기 제조업자에게 적용되는 품질 관리체계에 대한 요구사항은 다음과 같다.

㉠ 품질경영시스템
- 품질경영시스템을 수립 · 문서화 · 실행 및 유지, 효과성 유지
- 품질매뉴얼, 제품표준서, 절차서, 작업지침서 등 작성 · 유지
- 문서관리, 기록관리 등

㉡ 경영책임 : 품질방침, 품질목표, 책임과 권한, 경영검토 등

㉢ 자원관리 : 교육훈련, 기반시설, 작업환경 등

㉣ 제품실현 : 계약검토, 설계 및 개발, 위험관리, 구매관리, 생산 및 서비스 제공, 서비스활동, 소프트웨어 밸리데이션, 식별 및 추적성, 제품 상태 식별, 제품의 보존, 모니터링 및 측정 장비의 관리 등

- 모바일 의료용 앱 제조업체는 제품실현과 관련된 항목 중 일부(완제품 시험검사 등)에 대해서는 소프트웨어 의료기기 특성에 맞는 기준을 설정하여 시행

㉤ 측정, 분석 및 개선 : 피드백, 내부감사, 시험검사, 부적합제품 관리, 데이터분석, 시정 및 예방조치 등

- 의료기기 소프트웨어 밸리데이션 가이드라인 참조
  식품의약품안전처 홈페이지(http://www.mfds.go.kr) ⇒ 법령/자료 ⇒ 법령정보 ⇒ 공무원지침서/민원안내서 ⇒ '의료기기 소프트웨어 밸리데이션 가이드라인'

04 모바일 앱의 유통판매 및 사후관리 방안에 대하여 분석하라.

1. 유통판매

1) 모바일 의료용 앱 판매업 신고여부

의료기기를 판매 · 유통하기 위해서는 의료기기 판매업 신고를 하도록 규정되어 있으나, 현재 자가진단용 모바일 의료용 앱 및 이를 탑재한 모바일 플랫폼은 판매업 신고가 면제되어 있다.

① 자가진단용이 아닌 그 외 사용목적으로 허가된 모바일 의료용 앱을 앱 스토어를 통해 판매 · 유통하는 경우 앱 스토어는 의료기기 판매업 신고대상에 해당하지 않는다.

② 앱 스토어에 모바일 의료용 앱을 등록하거나 그 외 방법으로 판매 · 유통하기 위해서는 의료기기 판매업 신고가 필요하다.

2) 기 판매된 모바일 플랫폼에 모바일 의료용 앱 설치가능 여부

모바일 의료용 앱 허가 이후에는 기판매된 모바일 플랫폼에 이를 설치하여 의료기기 성능이 발휘되도록 활성화하는 것도 가능하다.

허가심사 시에는 모바일 의료용 앱이 기 판매된 모바일 플랫폼에 설치되었을 때 안전

학습 10

성 · 유효성이 확보되는지 여부를 확인될 수 있도록 이에 관련된 입증자료를 제출하여야 하며, 설치 가능한 모바일 플랫폼 범위(종류)를 허가사항에 기재하여야 한다.

3) 모바일 의료용 앱의 중고거래 가능 여부

중고 모바일 플랫폼 구매시에는 사용자 정보, 모바일 앱 등이 초기화 되어 있으며, 구매자가 모바일 의료용 앱 사용을 위해서는 모바일 의료용 앱을 별도로 설치하거나 새로이 사용자 인증 등의 절차를 거쳐야 한다.

따라서 모바일 플랫폼이 허가 대상에서 제외되는 경우, 모바일 의료용 앱이 탑재된 중고 모바일 플랫폼의 거래는 의료기기법에 규정된 중고 의료기기 거래로 보지 않는다.

2. 광고 심의

1) 의료기기 광고 사전심의

의료기기 광고는 사전심의를 받아야 하며, 심의결과를 해당 광고에 표시하도록 규정하고 있다.

따라서 모바일 의료용 앱도 광고를 위해서는 식약처장이 지정한 바에 따라 광고사전심의를 받아야 한다.

의료기기 광고사전심의 결과는 해당 광고 또는 앱 스토어 판매 정보를 통해서도 표시 가능하다.

〈광고사전 심의 면제 대상(의료기기 광고사전심의 규정 제2조제2항)〉

1. 의료인, 의료기관, 의료기사, 의무기록사, 안경사를 대상으로 전문적인 내용 전달목적으로 신문, 잡지를 이용하는 광고
2. 의료인 등만 회원으로 하여 전문적인 내용 전달을 목적으로 인터넷을 이용하는 광고
3. 허가 또는 인증 받거나 신고한 당해 의료기기의 허가 신고사항(제품명, 모양 및 구조, 원재료, 제조방법, 사용목적, 사용방법, 사용 시 주의사항, 포장단위, 저장방법 및 사용 기한, 시험규격, 제조 수입업자 정보, 허가조건, 비고)만을 제공하는 광고
4. 수출용으로만 허가 또는 인증 받거나 신고한 의료기기의 외국어 광고
5. 심의 받은 내용과 동일한 외국어 광고
6. 의료인 등만이 사용하는 것으로 식품의약품안전처장이 지정한 의료기기에 한하여 허가 또는 인증을 받거나 신고한 제조업자 · 수입업자가 자사에서 운영하는 홈페이지 또는 인터넷 카페 · 블로그를 이용한 광고

* 의료인 등만이 사용하는 품목으로서 의료기기 광고사전 심의 면제대상 품목 공고 (식약처 공고 제2016-251호, '16.6.28)

3. 표시기재

1) 용기 · 외장 및 첨부문서 기재사항 표시

① 의료기기 기재사항은 의료기기법 제20조부터 제24조제1항까지, 의료기기법 시행규칙 제43조, 제44조의 규정을 준수하여야 하며,

㉠ 소비자에게 정확하고 이해하기 쉬운 의료기기 정보를 제공하기 위한 세부사항은 의료기기 표시 · 기재 등에 관한 규정(식약처 고시)에 규정되어 있다.

㉡ 의료기기의 용기나 외장에 기재하여야 하는 의료기기 표준코드의 표시 및 관리에 관한 세부사항은 의료기기 표준코드의 표시 및 관리요령(식약처 고시)에 규정되어 있다.

② 의료기기의 용기나 외부포장에 기재하도록 규정되어 있는 항목을 모바일 의료용 앱에 적용하는 경우에는 앱 구동 시 최초 화면, '앱 스토어' 판매정보 등을 통해 소비자에게 제공할 수 있으며, 첨부문서의 기재사항은 모바일 의료용 앱이 모바일 플랫폼에 설치된 이후 소비자가 해당 모바일 의료용 앱 내에 설치된 정보를 통해 확인할 수 있도록 제공하는 것도 가능하다.

③ 의료기관에서 사용될 목적으로 제조 수입된 의료기기로 식약처장이 별도로 지정한 품목은 인터넷 홈페이지 형태로 사용자에게 첨부 문서를 제공할 수 있다.
인터넷 홈페이지를 통해 첨부문서를 제공할 수 있도록 지정된 품목은 해당 규정*을 통해 확인이 가능하다.

4. 생산(수입) 실적보고

1) 의료기기 생산(수입) 실적보고

의료기기 제조 · 수입업체는 전년도 생산 · 수입실적을 당해 연도 1월말까지 한국의료기기산업협회에 보고하도록 규정하고 있다.

따라서 모바일 의료용 앱 허가업체의 경우도 해당 규정에 따라 매년 생산 · 수입실적을 보고하여야 한다.

모바일 플랫폼에 모바일 의료용 앱이 설치된 상태로 제조 · 수입하거나 별도로 앱 스토어 등을 통해 배포된 경우라도 사용자 인증(등록) 과정에 따라 의료기기 기능의 활성화(생산 · 수입 · 판매)여부가 달라질 수 있으므로 허가된 모바일 의료용 앱의 생산 · 수입실적은 모바일 플랫폼과 일치하지 않을 수 있으며, 이 경우 품목별 생산(수입)량, 생산(수

* 인터넷 홈페이지 형태 첨부문서 제공 가능 의료기기의 지정에 관한 규정(식약처 고시)

학습 10

입) 금액 등은 국내 사용자 등록 현황, 앱 스토어판매(다운) 횟수 등을 고려하여 해당 업체가 제시한 적절한 방법을 통해 산출한 실적으로 보고할 수 있다.

5. 수리, 변개조

1) 모바일 의료용 앱 수리

모바일 플랫폼이 허가대상에서 제외되는 경우 기존 모바일 플랫폼 서비스(수리) 센터 등은 의료기기 수리업 신고대상에 해당하지 않으며, 모바일 플랫폼을 수리하는 과정에서 모바일 의료용 앱을 최초 설치 상태로 복원하거나 최신 허가된 모바일 의료용 앱으로 설치하는 등의 행위는 의료기기 수리 또는 변개조 행위로 보지 않는다.

05 모바일 앱의 관련 규정 및 가이드라인에 대하여 분석하라.

1. 관련 규정

① 「의료기기법」, 「의료기기법 시행령」, 「의료기기법 시행규칙」
② 「의료기기 허가 · 신고 · 심사 등에 관한 규정」(식약처 고시)
③ 「의료기기 품목 및 품목별 등급에 관한 규정」(식약처 고시)
④ 「의료기기 기준규격」(식약처 고시)
⑤ 「의료기기 전기 · 기계적 안전에 관한 공통기준규격」(식약처 고시)

2. 관련 가이드라인(지침)

① 빅데이터 및 인공지능 기술이 적용된 의료기기 허가심사 가이드라인(식약처, '19.10월)
② 인공지능 기반 의료기기의 임상 유효성 평가 가이드라인(식약처, '19.10월)
③ 의료기기 사이버 보안 적용방법 및 사례집(식약처, '19.11월)
④ 의료기기 사이버 보안 허가심사 가이드라인(식약처, '19.2월)
⑤ 의료기기 소프트웨어 허가심사 가이드라인(식약처, '19.9월)
⑥ 의료기기 소프트웨어 기재관련 개선방안(식약처, '18.5월)
⑦ 의료기기와 개인용 건강관리(웰니스)제품 판단기준(지침)(식약처, '15.7월)
⑧ 의료기기 허가신고심사 등에 관한 규정 해설서(식약처, '13.10월)
⑨ 의료기기 소프트웨어 밸리데이션 가이드라인(식약처, '07.3월)

06 디지털 치료제의 개발을 위한 기능검증 및 오류 수정에 대하여 분석하라.

1. 소프트웨어 테스트

소프트웨어 테스트는 명시된 요구 사항을 어느 정도 만족하는지에 대한 것으로 요구 사항에 충족하는 예상된 결과와 실제 결과가 어떤 차이를 보이는지 자동 또는 수동으로 검사하고 평가하는 작업을 의미한다. 결론적으로 소프트웨어 내에 존재는 여러 오류를 발견할 목적으로 개발에서 생성되는 문서나 프로그램에 있는 오류를 여러 가지 기술을 이용하여 검출하는 작업이다. 즉 소프트웨어가 개발자의 의도대로 올바르게 작동하지 않는 결함으로 발생하는 장애 여부를 확인하고 개발에서 일어나는 모든 과정과 문서까지도 테스트 범위에 포함된다.

1) 소프트웨어 테스트의 목적

소프트웨어의 명세서와 결과의 내용이 일치하는 지를 알아보기 위한 것으로 요구 사항을 충분히 만족시키는지를 확인하는 것이다. 개발자에 의해 제작된 소프트웨어의 원시 코드 속에 남아 있는 오류를 검출하는 것도 포함하고 있다. 따라서 소프트웨어 테스트 목적은 오동작에 의한 사고를 미연에 방지하고 개발된 소프트웨어의 신뢰성을 높여 주기 위한 것이다.

소프트웨어의 확인 및 검증 코드 요건인 IEEE-1012(IEEE standard for software verification and validation) 검증에 따르면 고유한 목적을 갖는 단계들로 구성된 수명 주기에 따라 각 단계별 특징적인 설계 활동과 확인 및 검증 활동이 수행되어야 한다.

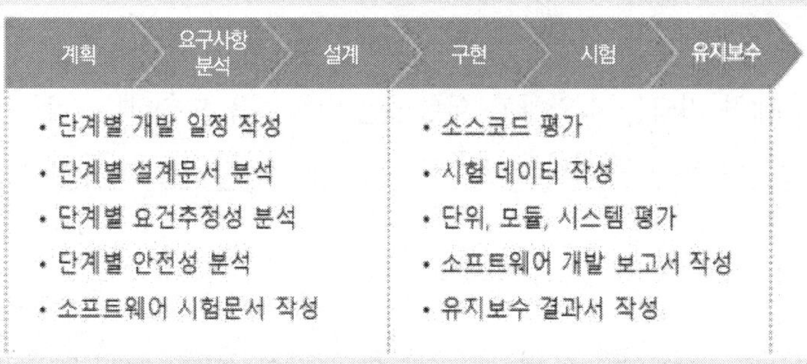

[그림 10-2] 소프트웨어 수명 주기별 활동

소프트웨어 수명 주기는 문서 작성 활동의 '계획, 요구사항 분석, 설계'와 검증·확인 활동의 '구현, 시험'으로 크게 두 부분으로 분류된다. 문서 작성 활동에서는 설계문서의 평

학습 10

가와 소프트웨어의 안정성 분석 그리고 소프트웨어 시험 문서 작성 등이 있고 검증·확인 활동에서는 소스 코드의 분석과 소프트웨어의 모듈, 유닛, 통합 시험 그리고 검증 보고서 작성 등이 있다.

2) 소프트웨어 검증에 대한 절차

검증 절차는 소프트웨어 검증 도구나 장비를 이용하여 제작된 소프트웨어가 요구 사항을 충분히 만족시키는지를 시험하는 절차로 소프트웨어 개발 단계에 포함되어 있다. 소프트웨어 검증에서는 관련자의 의견을 최대한 배제하고 결과에 따른 사실에 입각하여 객관적인 실시가 중요하다. 검증의 절차는 계획, 설계, 시행 및 평가, 결과 분석 그리고 오류 수정 등으로 구분하여 시행한다.

[그림 10-3] 소프트웨어 검증의 절차

(1) 검증의 계획

검증의 계획에서는 검증의 목표 정의와 요구 사항을 기반으로 테스트할 목표를 정의한다. 또한 테스트 항목에 대한 우선순위를 선정한다.

① 검증 대상 및 범위 결정 : 요구 사항을 분석하여 테스트할 대상(단위별, 모듈별, 시스템별 등)을 선정하고 각 대상에 대한 테스트의 범위를 결정한다.

② 검증 계획서 작성 : 계획서에는 목적과 방법에 대한 세부적인 사항을 기입하는 것으로 테스트 항목별 담당자, 테스트에 필요한 자원의 확보 방법과 일정, 테스트의 종류, 검증 기법 등을 포함하여야 한다.

(2) 검증 방법 설계

각 테스트에 대한 기법을 정의하고 세부적인 방법론을 도출한다. 방법론에 의한 시험 절차에 따라 필요한 원시 데이터를 작성한다. 또한 각 방법론에 대한 명세서와 설계서 그리고 절차서를 작성한다.

① 검증 기법 정의 : 어떠한 설계 기법을 사용하여 어떻게 테스트할 것인지를 결정하여야 한다. 이는 요구 사항을 면밀히 검토하여 가정 적합한 방법론에 대한 기법을 선정하고 수행함에 있어 필요한 사항을 정의한다.

② 방법론 도출 : 검증의 기법이 결정되는 이를 사용하여 어떻게 시행할 것인지를 결정한다. 각 시험 항목에 대하여 실시 방법론을 도출하고 이에 대한 수행 절차를 계획

한다. 또한 시험별 필요한 원시 데이터를 작성한다.

(3) 검증의 시행 및 평가

이 단계에서는 시험 항목에 대한 시험 환경을 구축하고 도출된 방법론 및 절차에 따라 시험을 시행한다. 각 시험은 절차서에 따라 실시하며 시험에 대한 결과를 기록한다.

① 시험의 환경 구축 : 검증 계획서 및 절차서에 따라 필요한 도구와 장비를 구비하여 환경을 구축한다. 또한 각 시험마다 사용할 원시 데이터를 확인하고 이를 입력한다.

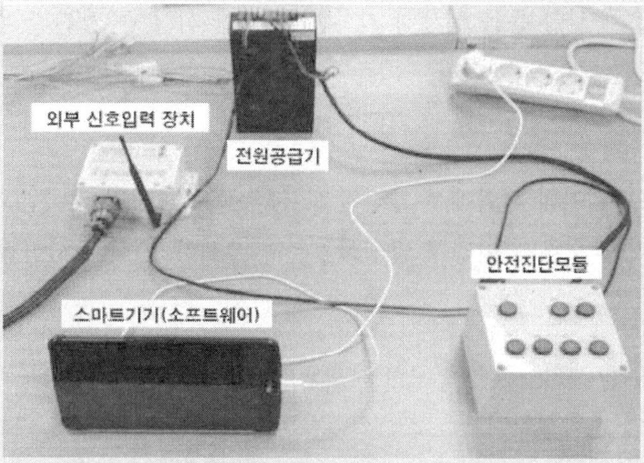

[그림 10-4] 테스트 환경의 구성

② 시험의 실시 : 각 시험은 계획 및 절차에 따라 모듈별, 유닛별, 시스템별 등으로 구분하여 시행하고 시험 요원 이외의 제3자나 책임자의 주관적인 개입을 철저히 차단한다. 시험 요원은 각 시험에서 나온 결과뿐만 아니라 시험에서 발생된 문제점이나 조치 사항을 기록한다.

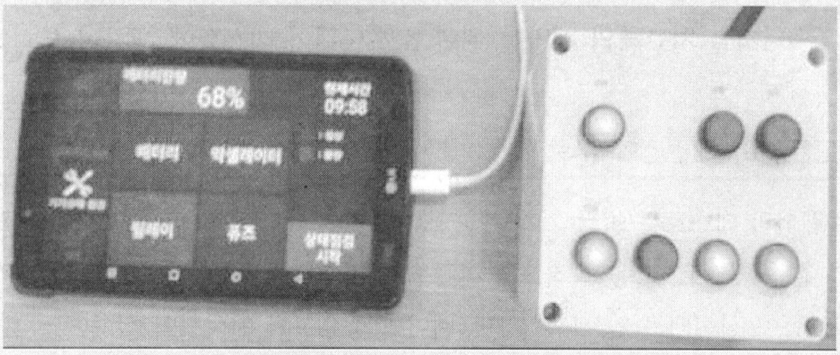

[그림 10-5] 소프트웨어 테스트

(4) 검증의 결과 분석

시험이 완료되면 수행에 대한 문제점이 없었는지 평가하고 요구 사항이나 계획에 따른 결과를 비교 분석하며, 시험 결과에 대한 보고서를 작성한다.

① 결과의 분석 : 시험의 실시에 따른 과정에서 문제점 유무를 파악하고 문제점 발생 시 이에 대한 조치사항이 타당한지를 확인한다. 시험의 결과는 계획단계에서의 요구 사항이나 계획에 따른 목표값과 비교하여 분석하여야 한다.

② 보고서 작성 : 보고서에는 시험의 결과뿐만 아니라 시험의 방법과 문제점 발생 사항 그리고 조치 사항 등을 상세히 기록한다. 또한 시험 중 발견된 추가 시험이나 권고 사항도 포함하여 작성한다.

(5) 오류의 수정

개발된 소프트웨어의 시험에서 발견된 오류와 목표값 대비 미비한 사항을 보고서에서 확인한다. 어떠한 오류가 어떻게 발생하였는지 분석하고 오류 사항별로 구분하여 이를 수정한다.

① 오류의 수정 계획 : 결과 보고서를 확인하여 오류가 발생된 항목과 위치를 파악하여 수정 방법을 작성한다.

② 오류의 수정과 검토 : 소프트웨어 시험에서 발견된 오류를 디버깅 도구 등을 이용하여 수정한다. 오류를 수정할 때에는 수정 전과 후를 비교하여 수정 사항을 파악할 수 있도록 작성하고 수정이 완료된 코드를 검토하여 오류 수정 보고서를 작성한다.

07 디지털 치료제의 개발을 위한 소프트웨어 테스트에 대하여 분석하라.

1. 소프트웨어 테스트의 분류

소프트웨어의 테스트는 여러 가지로 다양하게 실시되고 있다. 시간적으로 분류된 확인 테스트와 검증 테스트, 사용 목적으로 분류된 목적 적합성 테스트와 운용성 테스트와 상호 테스트 등이 실시되고 있으나, 소프트웨어의 중요성이 인식되어 현재에는 소프트웨어 개발 단계별로 분류되는 정적 테스트와 동적 테스트로 구분되고 있다.

일반적으로 많이 사용되는 테스팅 모델인 V-model(V-모델)은 ISTQB(International Software Testing Qualification)에서 정의한 것으로 소프트웨어의 생명 주기를 모형화한 것으로 기존의 폭포수 모형(Waterfall Model)에서 시스템의 검증과 확인 작업을 강조하고 있다.

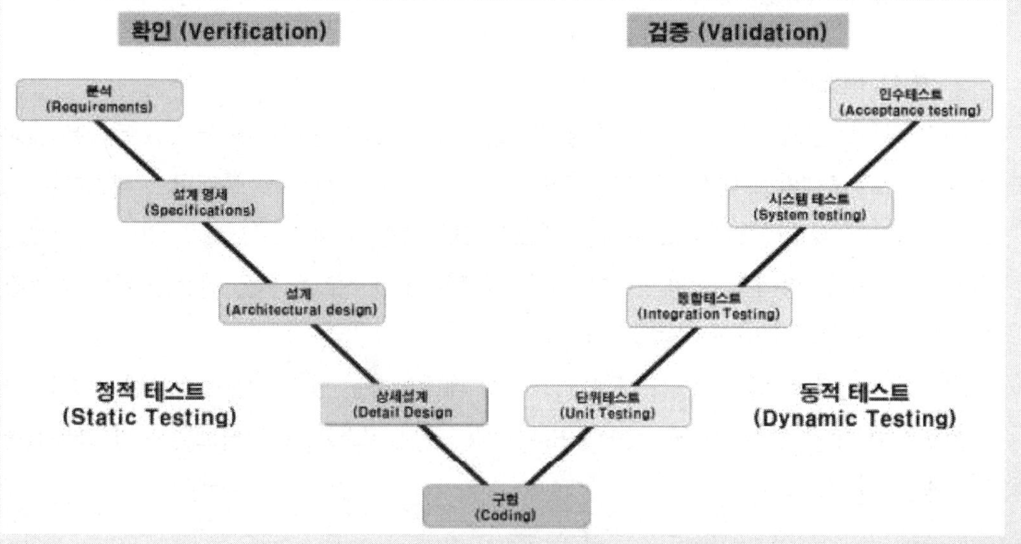

[그림 10-6] V-model

V-모델에서는 개발 부분과 테스트 부분으로 구분하고 있다. 개발 부분을 검토하는 것을 확인(Verification)이라 하고 테스트 부분을 검토하는 것을 검증(Validation)이라고 한다. 확인과 검증(V&V)의 검토를 정적 테스트와 동적 테스트라고 말한다.

1) 정적 테스트

정적 테스트는 프로그램의 코드를 실행하지 않는 것으로 여러 참여자가 모여 소프트웨어 개발 중에 생성되는 모든 명세나 코드를 검토하여 결함을 찾아내는 방법이다. 정적 테스트는 크게 비정형 방법과 정형 방법으로 구분된다. 정적 테스트는 크게 개별 검토, 동료 검토, 전문가 검토 그리고 소프트웨어 검사 등으로 구분하여 시행할 수 있다.

개별 검토는 개발자가 체크리스트를 이용하여 코드와 산출물 등을 검토하는 것으로 객관성이 결여되는 단점이 있다. 동료 검토는 개발에 참여하지 않은 동료 개발자가 개발한 원시 코드와 산출물 등으로 일정한 형식이나 격식이 없이 수행되며, 동료 개발자의 능력에 따라 완성도가 달라진다.

전문가 검토는 개발자가 여러 전문가를 소집하여 회의를 통해 수행하는 것으로 정해진 절차에 따라 요구 사항의 정확성을 검토하고 요구 사항이 적절히 반영되어 원하는 산출물을 출력하는지를 면밀히 검토하며 소프트웨어의 문제점을 찾는 데 주안점을 둔다. 소프트웨어 검사에서는 소프트웨어 개발의 전 과정에 걸쳐 요구 분석 명세서, 설계 사양서, 원시 코드, 산출물의 문서 등을 포함하여 분석하고 품질을 평가하며 개발자의 적절한 수행 방법 등도 포함한다.

2) 동적 테스트

동적 테스트는 데이터를 이용하여 실제 프로그램을 실행하여 원시 코드의 동작을 살피는 방법으로 블랙박스 테스트와 화이트박스 테스트로 세분화된다. 블랙박스 테스트는 소스 코드 없이 실행만으로 테스트하는 것으로 프로그램의 내부 구조나 알고리즘은 보지 않고 요구 사항, 명세서, 설계 사양서 등을 참조하여 테스트 항목을 만들고 기대 결과값이 산출되는지를 확인하는 방법이다.

화이트박스 테스트는 소스 코드를 이용하여 테스트하는 방법으로 프로그램 내부의 사용변수, 서브루틴 등의 오류를 찾아내며 디버깅, 유닛 테스트, 스크립트를 통한 자동실행 테스트 등이 있다.

(1) 단위 테스트

프로그램의 기본 단위인 모듈별로 테스트하는 방법으로 각 구현 단계에서 모듈의 개발이 완료된 후 개발자가 명세서의 요구 사항을 정확하게 구현되는지를 테스트한다. 즉 각 모듈별로 정확한 수행되는지를 확인한다. 코드를 중심으로 수행하며 해당 코드를 작성한 개발자가 직접 수행하기 때문에 오류에 대한 기록은 생략하고 프로그램을 수정한다.

(2) 통합 테스트

각 모듈을 통합하여 단위 모듈의 상호 작용이 정상적으로 수행되는지를 확인하는 방법으로 모듈의 통합 과정에서 발생할 수 있는 오류를 찾는 테스트이다. 통합 테스트는 단위 테스트에서 오류가 발견하지 않더라도 모듈의 통합 과정이나 실행 과정에의 공유 변수, 공유 데이터 구조 등에서 발생할 수 있는 오류를 찾아낼 수 있다.

(3) 시스템 테스트

단위 테스트와 통합 테스트를 수행한 뒤 시스템 전체의 정상작동에 대한 오류를 찾아내는 것으로 프로그램 개발 프로젝트 차원에서 전체 시스템에 대한 동작을 수행한다. 실제의 사용 환경과 유사한 환경을 구축하여 요구 분석 명세서에 명시한 기능적 요구 사항과 신뢰성, 안전성, 편의성 등의 비기능적 요구 사항을 충족하는지를 테스트한다. 개발자가 진행하는 최종 테스트이다.

(4) 인수 테스트

사용자의 입장에서 프로그램이 요구 사항을 만족시켜 정상 동작을 하는지를 검사하는 것으로 인수 테스트가 완료된 후 사용자에 인수되면 프로그램 개발 프로젝트는 종료된다. 인수 테스트는 사용자 주도로 실시되며 프로그램 오류의 발견보다는 제품의 출시에 대한 여부를 판단하는 것이 목적이다. 경우에 따라서는 일반 사용자를 대상으로 테스트를 수행할 수도 있다.

2. 소프트웨어 테스트 계획서

소프트웨어 테스트 계획서는 해당 소프트웨어에 대하여 테스트 활동의 범위, 접근 방법, 자원, 일정 등을 규정하고, 테스트 항목, 테스트할 특성, 수행할 테스트 작업, 각 작업 담당자 등을 식별하고 있다. 이러한 테스트 계획서의 목차는 테스트 계획서 식별자, 서론, 테스트 항목, 테스트 대상 특성, 테스트 대상이 아닌 특성, 접근 방법, 항목의 성공/실패 기준, 일시 중지 기준 및 재개 요구 사항, 테스트 인도물, 테스트 작업, 환경 요건, 책임, 구성원 및 교육 요건, 일정, 위험 요소 및 비상 대처 상황 등의 항목으로 구성되어 있다.

소프트웨어 테스트를 수행하기 위한 계획서로서 소프트웨어 형상항목(CSCI : computer software configuration Item)에 대한 소프트웨어 시험을 수행할 장소, 테스트할 H/W, F/W, S/W 품목, 일정, 요구 사항 명세서와의 요구 사항 추적성 등을 규정한 문서이다. 테스트 계획서에 포함하여야 할 사항은 다음과 같다(식품의약품안전처, "소프트웨어 허가 · 심사 가이드라인", 2015).

① 목적 및 범위
② 테스트 범위
③ 세부 일정
④ 실시에 따른 선행/완료 기준
⑤ 오류 및 결함의 보고 절차
⑥ 관련 문서 및 서식

학습활동.10 교수 · 학습 방법

교수 방법

- 디지털 치료제의 개발 · 허가 · 심사에 대한 관련 용어, 구성, 방식 이해 정도를 파악한 후 수업을 진행한다.
- 교수자의 주도로 디지털 치료제의 개발 · 허가 · 심사 등의 내용을 PPT 자료로 제시한 후 설명한다.
- 가능하면 사전에 개인별 학습 자료를 준비하여 모든 학생이 참여할 수 있는 문제 해결식 수업, 협력 수업이 가능하도록 한다.
- 디지털 치료제의 개발 · 허가 · 심사 전 과정을 작업의 순서에 따라 단계적으로 실습이 이루어질 수 있도록 지도한다.
- 교재를 통해 수업을 준비하는 데 있어서 필요한 모든 정보나 팁, 힌트 등 도움이 될 만한 내용을 확인할 수 있다.
- 학생들이 만들게 될 각 모델은 수업시간에 중점적으로 다뤄질 부분과 어휘, 질문, 답을 포함하고 있으며 또한 탐구할만한 추가적인 아이디어들도 포함하고 있다.

학습 방법

- 디지털 치료제의 개발 · 허가 · 심사에 대한 관련 용어를 숙지하고, 디지털 치료제의 개발, 허가, 심사에 대해 이해한다.
- 디지털 치료제의 개발 · 허가 · 심사의 각 단계별 중점 사항을 체계적으로 학습한다.
- 디지털 치료제의 개발 · 허가 · 심사의 수행순서의 전 과정을 실습한다.
- 디지털 치료제의 개발 · 허가 · 심사의 내용을 이해한다.
- 디지털 치료제의 개발 · 허가 · 심사를 이해하고 숙달이 될 때까지 학습한다.

학습활동.10 평가 및 피드백

평가 준거

- 평가자는 피평가자가 수행 준거 및 평가 내용에 제시되어 있는 내용을 성공적으로 수행할 수 있는지를 평가해야 한다.

학습내용	평가항목	성취수준		
		상	중	하
디지털 치료제의 개발 · 허가 · 심사	디지털 치료제의 개발 · 허가 · 심사를 이해할 수 있다.			

평가 방법

• 작업 포트폴리오

학습내용	평가항목	성취수준		
		상	중	하
디지털 치료제의 개발 · 허가 · 심사	디지털 치료제의 개발 · 허가 · 심사를 이해할 수 있다.			

• 필기시험

학습내용	평가항목	성취수준		
		상	중	하
디지털 치료제의 개발 · 허가 · 심사	디지털 치료제의 개발 · 허가 · 심사를 이해할 수 있다.			

• 체크리스트를 통한 관찰

학습내용	평가항목	성취수준		
		상	중	하
디지털 치료제의 개발 · 허가 · 심사	디지털 치료제의 개발, 허가, 심사를 이해할 수 있다.			

• 피드백

1. 작업 포트폴리오
   - 제출한 보고서를 평가한 후 주요 사항에 대하여 표시하여 돌려준다.
2. 필기시험
   - 평가 결과 성적이 저조한 학생은 보고서 제출 기회를 부여한다.
3. 체크리스트를 통한 관찰
   - 실습 과정에서 평가한 후 개선해야 할 사항 등을 정리하여 돌려둔다.

참 | 고 | 문 | 헌

1. 식약처, 디지털치료기기 허가, 심사 가이드라인, 2020.8.
2. 식약처, 의료기기 사이버 보안 허가 · 심사 가이드라인, 2019.11.
3. 식약처, 빅데이터 및 인공지능 기술이 적용된 의료기기의 허가심사 가이드 라인, 2019.10.
4. 식약처, 인공지능 기반 의료기기의 임상 유효성 평가 가이드라인, 2019.10.
5. 식약처, 의료기기 소프트웨어 허가 · 심사 가이드라인, 2019.9.
6. 식약처, 의료기기의 실사용증거 적용에 대한 가이드라인, 2019.2.
7. 식약처, 가상 · 증강현실 기술 적용 의료기기 허가 · 심사 가이드라인, 2018.6.
8. Digital Therapeutics Alliance(DTA) 홈페이지 https://www.dtxalliance.org/
9. 손정만 외, "05 의료기기 소프트웨어 설계제작", 의료기기연구개발 NCS 학습모듈, www.ncs.go.kr

학습 1	디지털 치료제의 개요
학습 2	디지털 치료제의 종류와 분류
학습 3	디지털 치료제의 빅데이터 기술활용
학습 4	디지털 치료제의 인공지능 기술활용
학습 5	디지털 치료제의 블록체인 기술활용
학습 6	디지털 치료제의 사물인터넷 기술활용
학습 7	디지털 치료제의 디지털 트윈 기술활용
학습 8	디지털 치료제의 XR 기술활용
학습 9	디지털 치료제의 디지털 콘텐츠 기술활용
학습 10	디지털 치료제의 개발 · 허가 · 심사
학습 11	**디지털 치료제의 응용**
학습 12	디지털 치료제의 시장동향
학습 13	디지털 치료제의 미래

학습 목표	1. 디지털 치료제의 응용을 이해할 수 있다.

11-1 디지털 치료제의 개발과 채택 영역

1. 디지털 치료제의 개발에서 판매

디지털 치료제(DTx)를 시장에 출시할 때는 시간이 중요하다. 플랫폼 지원 서비스를 활용하여 모든 개발 단계를 가속화하고 디지털 치료제(DTx)를 더 많은 시장에 더 빠르게 배포해야 한다.

[그림 11-1] 디지털 치료제의 개발에서 판매 사례

1) 발견단계

3백만명 이상의 사용자와 10억개 이상의 데이터 포인트의 통찰력을 통해 환자의 실제 요구 사항을 정확히 파악하고, 디지털 바이오 마커를 식별할 수가 있어야 한다. 디지털 치료제 관련 치료 분야의 환자에게 설문 조사를 발송함으로써 디지털 치료제(DTx)의 입증 및 제안을 더욱 검증할 수 있다.

2) 개념의 증거

행동 변화 방법론에 기반한 중재 설계에 대한 경험을 활용한다. 설계 단계 청사진을 적용하여 기술 문서 및 초기 버전을 신속하게 생성하고 형성 연구에서 테스트한다.

3) 임상평가

혁신적인 연구 설정을 통해, 그리고 운영체제(예 MyTherapy) 사용자 기반에서 환자를 모집하여 임상 평가를 가속화한다. 디지털 치료제 및 의학 관련 의료/헬스 및 과학자의 연구 설계 및 관리에 대하여 고려해야 한다.

4) 의료기기 등록

디지털 치료제(DTx) 제조업체가 되려면 국내외 관련 인증기관(식약처, FDA) 등에 제출에 필요한 관련 기술 문서를 고려해야 한다. 디지털 치료제(DTx) 제조업체인 경우 반드시 제출 프로세스와 서리를 고려하여 처리해야 한다.

5) 시장 접근

디지털 치료제의 시장 접근 고려 사항 및 검토는 일반적으로 처음 발견단계에서 검토, 형성해야 한다. 시장 승인을 받으면 지불자에 대한 디지털 치료제(DTx)의 가치를 입증하기 위한 실제 데이터 및 분석을 고려해야 한다.

6) 디지털 치료제 작동

디지털 치료제가 의료기기로써 구현하려면 전문성과 지속적인 노력이 필요하다. 기술 운영 외에도 피드백 및 불만 처리는 물론 시판 후 모니터링 활동을 지속적으로 고려해야 한다.

7) 마케팅 및 판매

디지털 치료제(DTx)의 성공에는 뛰어난 과학과 공학 이상의 것이 필요하다. 정확한 정보와 규정을 준수하는 메시징 및 자료를 고려해야 한다. 특히 유통/판매에 대한 어려움을 피하기 위하여 관련 파트너에게 정책적인 파트를 맡기면 사전 문제에 대한 이해 상충을 피할 수 있다.

디지털 치료제는 의료기기 소프트웨어이기 때문에 디지털 치료제(DTx)는 ISO 13485에 따른 품질 관리가 필요하다. 민첩성 저하를 방지하기 위해 샌드 박스 접근 방식을 사용하여 디지털 치료제의 의료기기가 검증된 환경에서 전용 모듈로 실행되어야 한다.

2. 디지털 치료제의 채택 영역

디지털 치료제는 현재의 치료 방법이 개선된 결과를 끌어내지 못하거나 환자가 약물치료 또는 자가 관리에 대한 순응도가 낮은 만성질환에 엄청난 이점을 제공한다. 예를 들면 당뇨병, 정신 건강, 물론 천식 및 COPD가 포함되며, 이는 약물 준수율이 낮고 치료 결정을 알리기 위해 환자 회상에 과도하게 의존한다.

[그림 11-2] 디지털 치료제의 혁신 사례

학습 11

거의 모든 의료부문이 디지털 치료제(DTx) 혁신에 적합하다. 그러나 당뇨병, 정신 건강, 중독, MSK, 행동 건강, 천식, IDS 및 비만 예방에는 이미 상당한 견인력이 있다. 이들 중 많은 부분이 코칭과 향상된 제공자 - 환자 상호 작용을 통해 만성 및 장기적 상태를 관리하는 디지털 치료제(DTx)의 핵심 강점으로 작용한다.

디지털 치료제(DTx)는 또한 기존 치료 방식에 잘 통합된다. 디지털 분류, 원격 환자 모니터링, 임상 후 후속 조치 및 평가를 포함한 광범위한 새로운 서비스를 제공하여 종단 간암 치료 요구를 충족하고 있다. 암 치료에서 디지털 치료제(DTx)의 이러한 역할은 새로운 치료 방식과 기존 중재에 대한 보완으로서의 유연성을 보여준다.

대부분 사람들은 디지털 치료제가 도래했다는 사실을 깨닫지 못한다. 사람들이 지금 바로 사용할 수 있는 가장 흥미로운 획기적인 채택 분야의 일부는 다음과 같다.

1) 가상 코치

우리는 모두 온라인에서 제품 및 서비스에 대한 도움이나 정보를 구할 때 AI 챗봇을 경험했다. 가상 코치는 특정 프로그램을 통해 환자를 안내하여 기술의 잠재력을 최대한 활용한다.

더 강력한 연결을 구축하고 환자와의 높은 수준의 상호 작용을 촉진하는 디지털 치료제(DTx) 제품에 음성 및 아바타를 통합한 회사가 이미 있다.

운동을 시연하고 컴퓨터 비전을 결합하여 MSK 상태로 고통받는 환자에게 교정 피드백을 제공할 수 있는 제품인 Kaia Health와 같은 플레이어에게 주의를 기울인다.

2) 만성질환 관리

당뇨병 및 천식을 포함한 만성질환 관리를 위한 디지털 치료제(DTx) 애플리케이션은 임상시험을 넘어서서 몇 년 동안 환자에게 제공되었다.

Propeller의 디지털 플랫폼은 약물 순응도를 최대 58% 개선하여 구조용 흡입기 사용을 최대 78%, 천식 및 COPD 관련 방문 및 입원을 각각 최대 57% 및 35% 줄였다.

3) 간병 동반자

이러한 앱과 장치는 간병 여정에서 다양한 역할을 한다. 인지 AI 기술은 사람들이 기계와 상호 작용하는 방식을 변화시켜 신뢰를 바탕으로 개인화된 관계를 구축한다. 치료 동반자에는 개인 치료 계획에 따라 일일 의료 복용량을 관리하기 위해 컴퓨터 비전과 음성 AI를 결합한 감정 UI가 있는 치료 동반자 Pilo와 같은 디지털 솔루션이 포함된다.

(a) 가상코치 (b) 치료동반자 Pilo

[그림 11-3] 디지털 치료제의 흥미로운 획기적인 채택 분야 사례

11-2 디지털 치료제 적용에 따른 장애와 진화

1. 디지털 치료제의 의료 응용 분야에서 장애

원래 종이와 연필, CBT 도구는 수십 년 전에 만들어졌으며 21세기 생활에 잘 맞지 않는다. 도구의 모든 CBT 효과를 유지하지만, 앱 내에서 쉽게 사용할 수 있는 앱을 사용하면 환자가 도구를 사용하고 잃지 않고 더 빠른 속도로 진행할 가능성이 훨씬 커진다.

디지털 치료제는 환자, 제공자나 지불인에게 부인할 수 없는 혜택을 제공하지만, 보편적인 채택으로 가는 길에서 다음과 같은 심각한 문제를 해결해야 한다.

1) 디지털 건강 프로그램에 대한 인식 부족

DTx는 초기 단계이다. 수요가 증가하는 동안 소비자 대부분은 이러한 유형의 치료 옵션이 존재한다는 사실을 모른다. 교육은 소문을 전파하고 환자가 DTx 솔루션을 채택해야 하는 이유를 보여주는 데 필수적이다.

2) 데이터 프라이버시 문제

디지털 치료제(DTx)는 데이터 기반이다. 이 데이터는 고도로 개인화되어 있으며 엄청난 양이 있다. 더 많은 데이터 수집에 따른 디지털 치료의 미래에 따라 제공 업체는 지금 개인 정보 보호 및 보안을 보장하기 위한 견고한 기반을 구축해야 한다.

3) 규제 승인

디지털 치료제(DTx)는 의료에 대한 많은 기본 가정에 도전한다. 약물은 USP 프로토콜을 따르지만, 디지털 치료제(DTx)에 대한 글로벌 표준은 없다. 디지털 치료제(DTx) 제품은 매우 다양하므로 규제 기관이 제품을 평가하고 승인을 더 빨리 관리할 수 있는 보편적인 프레임 워크를 만드는 것이 몇 년 후에 더 어렵다.

4) 데이터 수집 도구 구축

간단히 말해, 사용 가능한 데이터가 많을수록 더 많은 개발자가 기존 제품을 개선하면서 시간이 지남에 따라 더 우수하고 포괄적인 솔루션을 구축할 수 있다.

디지털 치료제(DTx)의 성공은 주로 이 데이터에 달려 있다. 그러나 현재 수집은 데이터를 수동으로 기록하려는 사용자의 의지에 따라 다르다. 이것이 없으면 데이터는 디지털 치료제(DTx) 공급자에게 유용하기 위해 필요한 무결성을 갖지 못한다.

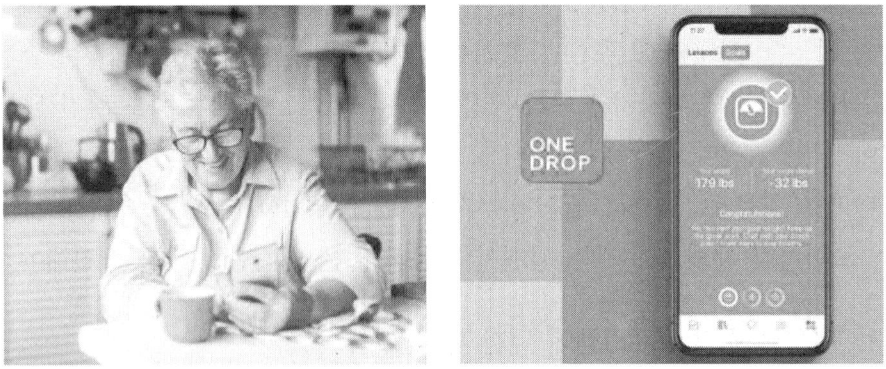

[그림 11-4] 디지털 치료제의 데이터 수집도 구 구축 사례

디지털 치료제(DTx)가 더욱 발전하려면 사용자가 데이터를 쉽고 자동으로 기록할 수 있어야 한다. 이는 수동으로 데이터를 입력해야 하는 최소한의 요구 사항으로 수동 추적을 의미한다. Apple Watch 또는 Fitbit에서 걸음 수를 계산하기는 쉽지만 혈당 수치를 추적하는 것은 또 다른 이야기이다. BlueStar 및 One Drop과 같은 제품 이 그 방향으로 향하고 있다.

다행히 디지털 치료제(DTx) 제공 업체는 데이터 수집 프로세스를 향상시키기 위해 음성을 통합하는 방법을 이미 찾고 있다. 곧 Siri 및 Alexa와 같은 가상 비서와 상호 작용하여 건강 정보를 직접 기록할 수 있다. 이것은 수동 추적만큼 효과적이지 않지만, 디지털 치료제(DTx) 회사가 새로운 데이터 수집 도구를 구축하는 동안 현재 데이터 수집 장벽 중 일부를 낮춘다.

2. 디지털 치료제의 진화

프로펠러의 센서는 환자의 기존 약물에 부착되고 약물 사용에 대한 데이터를 환자의 스마트폰과 제공자 포털로 전송한 다음 치료 결정을 알리는 데 사용할 수 있다. 이 객관적인 데이터를 통해 제공자는 질병 진행을 이해하기 위해 환자 회상에 의존할 필요가 없다.

디지털 치료제(DTx) 제품에 대한 추가 음성 통합은 사용자 참여를 구축하고 장치와의 관계를 구축하는 데 혁신적이다. 디지털 치료제(DTx)는 더 다양한 물리적 장치가 출시되는 만큼 화면에 묶여 있지 않다.

치료 동반자는 가상 비서에서 다양한 요구 사항을 충족할 수 있는 독립형 장치로 계속 진화할 것이다.

간병 로봇은 이미 노인 지원 생활 시설을 포함하여 다양한 환경에서 데뷔했다. 고령자 지원 시설에서 동반자 관계를 제공하고 고난에 처한 주민들에게 경고하는 직원의 능력이 심각한 의료 종사자 부족을 완화할 수 있다.

인구 건강 관리는 디지털 치료제(DTx)가 진정으로 혁명적인 또 다른 분야이다. 방대한 양의 환자 데이터를 통해 의료 전문가는 새로운 치료 모델이 지원하는 개선된 치료 조정 및 환자 참여를 통해 더 많은 정보에 입각한 결정을 내릴 수 있다.

디지털 트윈에 대한 관심이 커지고 있다. IBM 및 Siemens와 같은 주요 업체는 신규 진입자와 함께 물리적 옵션 및 서비스의 디지털 복제본을 생성할 수 있다. 제공자는 환자의 디지털 트윈을 통해 데이터를 가져오고 분석을 사용하여 사람들의 건강과 최상의 치료과정을 예측할 수 있다.

이러한 통찰력은 전체 인구에 적용되어 다음 대유행 예방부터 새로운 약물의 대규모 테스트 모델링에 이르기까지 모든 작업을 수행할 수 있다.

수많은 다른 디지털 치료제(DTx) 애플리케이션도 등장할 것이다. 환자의 요구와 공급자와 플레이어가 직면하는 도전에 가장 잘 맞춰진 것들은 의료 기술의 새로운 시대를 정의할 것이다.

(a) 가상 비서

(b) 간병로봇

[그림 11-5] 디지털 치료제의 진화 사례

3. 디지털 치료제의 비즈니스 모델

디지털 치료제(DTx) 회사가 직면하는 가장 큰 질문은 FDA 승인을 목표로 할 것인지 여부이다. 이를 획득하는 경로는 복잡하고 길며 비용이 많이들 수 있다. 수면 장애를 치료하는 제품과 같은 많은 OTC 제품은 반드시 승인이 필요하지 않다. Happify는 정확하게 이 작업을 수행했으며 이미 수만 건의 다운로드를 보유하고 있다.

그럼에도 불구하고 가장 장기적인 시장 진입 경로는 FDA 승인을 확보하는 것이다. 성공한 Happify조차 이제 FDA를 통해 허가를 받고 있다.

이것은 디지털 치료제(DTx) 제품을 프린지에서 주류로 옮기는 데 필수적이다. 디지털 치료제(DTx) 제품은 의사의 동의를 얻고 플레이어를 참여시키는 데 필수적인 부분이기 때문이다. 그것 없이는 제품이 틈새 생태계에서 벗어날 수 없을 것이다.

디지털 치료제(DTx) 회사는 이를 하나의 질문으로 보기보다는 처음부터 규제 환경을 이해하고 가능한 한 해당 파이프라인을 따라 제품을 출시해야 한다. Happify와 다른 디지털 치료제(DTx) 회사는 훌륭한 모델이 될 수 있다. OTC 제품으로 시작하여 제품을 계속 빌드하고 반복하며 승인을 위해 노력하면서 수익을 얻는다.

[그림 11-6] 디지털 치료제의 비즈니스 모델 사례

4. 성공적인 디지털 치료제 솔루션 구축

의료는 빠르게 변화하고 있다. 디지털 의료, 원격 의료 및 디지털 치료제는 새로운 패러다임을 만들고 업계에서 가장 시급한 요구 사항을 해결한다.

환자 중심의 증거 기반 및 FDA 승인 디지털 치료제를 개발함으로써 의료 회사는 개인화되고 준수를 주도하는 의료 혁신을 구축하고 시장 리더로 자리매김할 것이다.

디지털 치료제의 전략가, 디자이너 및 제품관리자들은 디지털 건강에 대한 깊은 전문 지식과 고객이 디지털 혁신을 극복하는 데 필요한 전체적이고 미래 지향적인 전략과 제품을 구축하는 데 도움이 되는 고유한 교차 시장 및 글로벌 관점을 보유하고 있다.

학습 11

수행 내용

재료 · 자료

- 디지털 치료제 관련 자료

기기(장비 · 공구)

- 컴퓨터, 문서작성 프로그램, 프린터, 주변기기

안전 · 유의사항

- 디지털 치료제 관련 장비의 안전 및 유의사항을 숙지한다.

수행 순서

01 디지털 헬스, 디지털 신약, 디지털 치료제를 구분하여 분석하라.

1. 디지털 헬스(Digital Health)

디지털 헬스는 정보통신기술(ICT)과 헬스케어를 융합한 넓은 개념으로 의료서비스의 개인화, 비효율성 감소, 환자 접근성 증진, 비용 감소, 질적 향상을 추구하며 임상적으로 검증 및 미검증 서비스를 모두 포함한다.

2. 디지털 신약(Digital Medicine)

디지털 신약은 환자의 복약순응도를 높여 약물 요법의 효과를 개선하는 것을 목표로 하며, 좁게는 제약 분야에서 의약품에 섭취 가능한 센서를 삽입해 애플리케이션으로 복약상태를 모니터링하는 것을 뜻한다. 넓게는 모니터링, 관리, 진단, 치료에 모두 적용되는 서비스를 의미한다.

3. 디지털 치료제(Digital Therapeutics)

디지털 치료제는 디지슈티컬(Digiceuticals) 또는 디지털 신약과 혼용되기도 하나, 임상적 엄밀성을 반영한 독립적 치료효과를 기준으로 디지털 치료제 유형상 대체재를 디지털 치료제로, 보완제를 디지털 신약으로 구분 가능하다.

02 디지털 치료제의 규제 기관 승인에 대하여 분석하라.

짐작할 수 있는 것처럼 질병(혹은 상태) 관리에 해당하는 제품은 FDA 승인을 받지 않은 경우가 많다. 정의상 'therapeutics'라는 말이 붙을 정도면 FDA 승인을 받는 것이 맞을 것 같지만 디지털 치료제(DTx)의 개념에 'Manage or Prevent~'라는 항목을 포함하게 되면 FDA 승인을 받기 애매한 영역이 있게 된다.

WellDoc의 BlueStar와 같이 당뇨병을 대상으로 한다면 FDA 승인을 받는 것이 필요해 보이지만 Noom이나 Omada Health와 같이 체중 감량, 전당뇨 관리가 대상이 된다면 굳이 FDA 승인을 받을 필요가 있나 싶다(Omada Health는 전당뇨로 시작해서 현재 당뇨, 고혈압, 고지혈증까지 영역을 확대했다).

다만 이렇게 되면 제대로 된 제품임을 어떻게 인증할 것인가가 이슈가 된다.

Noom과 Omada 전당뇨 프로그램의 경우 미국 질병 관리본부(CDC)의 당뇨 예방 프로그램(DPP) 인증을 받았기 때문에 제품에 대한 이슈가 제기되지는 않는다.

하지만 이런 인증 프로그램이 없는 적응증의 경우에는 어떻게 할 것인지가 문제가 된다. 다양한 분야에서 인증 프로그램이 생겨나도 어느 기관의 인증을 공인된 것으로 받아들일 것인지가 문제가 될 수 있다.

인증까지는 아니라도 Peer Review 저널에 실린 논문이 있는지를 기준으로 삼을 수도 있겠지만 워낙 저널의 종류와 그 수준이 천차만별이기 때문에 이를 기준으로 삼기도 쉽지 않다. 논문에 실린 내용과 그 제품이 주장하는 바가 일치하지 않는 경우도 있을 수 있다. 이런 상황에서 환자는 물론 심지어 의사도 혼란스러울 수 있다. 이런 관점에서 보면 FDA 같은 곳에서 일괄적으로 승인을 받도록 하는 것이 수월한 방법이 아닐까 싶다.

참고로 좋은 사례가 영국의 NHS이다. NHS는 홈페이지에서 검증을 거친 앱들을 소개하고 있다. NHS에서는 이들 앱 라이브러리에 대하여 '사용자들이 믿을만한 임상적으로 안전하고 사용하기에 안정된 건강, 웰빙 앱을 찾는 것을 돕는다'고 이야기한다.

그리고 앱을 평가하는 기준을 공개하고 있다. 어차피 질병 치료를 대상으로 하는 경우에는 규제 기관의 승인을 받는 것이 필요한 만큼 국가 기관에서 건강, 웰빙 앱에 대해서 검증을 하는 것은 한번 고려해볼 만하다.

또 하나의 흥미로운 경우는 PBM(Pharmacy Benefit Manager)인 Express Scripts이다. 이 회사는 내년에 디지털 헬스(Digital Health) 제품에 대한 처방 목록(Formulary)을 내놓겠다고 발표했다. 보통 의사들은 계약된 PBM의 처방 목록에 올라와 있는 약물을 처방한다.

Express script에서는 의사, 약사, 의학 연구자, UX 전문가들의 감독하에 임상적 결과와 치료 효과 데이터를 분석해서 처방 목록에 올릴지를 결정할 것이라고 한다. 이외에 보안, 프라이버시, 비용 효과성에 대한 자료를 검토할 것이라고 언급했다. 다만 현실적으로 비용 효과성 데이터를 가진 디지털 치료제(DTx) 회사가 많지 않아서 이를 반영하기는 쉽지 않을 것이다. 이렇게 PBM이 나서서 '처방할만한' Digital Health를 선정하는 것도 한 가지 흐름이 될 수 있다.

단, PBM이 일반 약물 처방 목록을 만들 때 가격 할인, 리베이트 책정 등의 조건을 협상하고 이를 반영하기 때문에 일정 수준 이상의 제품이 모두 반영되는 것은 아니다. 즉 처방 목록 등재 여부만으로 디지털 치료제(DTx)의 수준을 파악하기 힘들 수도 있다.

미국을 기준으로 많은 돈과 시간을 들여서 FDA 승인을 받는 것이 디지털 치료제(DTx)회사에게 어떤 점에서 좋을 것인가 하는 점을 생각해 볼 필요가 있다.

예를 들어 보험 적용을 염두에 둔다면 FDA 승인을 받는 것이 필요하겠지만, 고용주(Employer) 혹은 소비자 (B2C) 시장을 목표로 하는 경우 FDA 승인은 큰 의미가 없을 수 있다. 미국 최대 고용주라고 할 수 있는 미 연방정부 공무원을 대상으로 제공되는 제품의 경우 FDA 승인을 필수로 요구한다는 방식의 대책이 있어야 이런 승인 제도가 의미가 있을 것 같다.

거꾸로 FDA 승인만 받으면 다 좋은 제품이냐 하는 관점도 필요하다. 앱 기반 제품의 경우 FDA 승인 못지 않게 사용성이 중요하기 때문이다.

약도 제대로 안먹는 환자가 앱은 제대로 쓸 것이 이슈이다. 임상시험에서 높은 사용성(Engagement)를 보여주는 경우가 많은데 임상시험은 관심 많은 사람이 참여하고 사용하는 상황 자체를 모니터링하는 등 통제된 환경에서 이루어지기 때문에 실제 사용 환경은 다를 수 있다. 그렇기 때문에 Outcome-based로 계약을 맺는 경우가 있다.

'Manage or Prevent~'에 속하는 제품 가운데 당뇨 관련 제품인 WellDoc의 BlueStar와 Livongo Health를 제외하면 대부분 FDA 승인을 받지 않았다.

예외가 Voluntis의 Oleena와 Palo Alto Health Sciences의 Freespira이다.

Oleena의 경우(주로 항암 치료를 받는) 암환자들이 각종 증상을 관리하는 것을 돕는 앱이다.

FDA 데이터베이스에서는 검색이 안되는데 회사 홈페이지에 나온 내용을 보면 '환자에게 실시간으로 개인화된 추천을 제공하는데 추천에는 환자별 치료 계획에 따라서 Supportive Therapy의 시작 여부 및 용량에 대한 정보 및 증상 관리를 위한 개인별 코칭을 포함한다'라고 되어 있다.

Supportive Therapy의 시작 여부 및 용량에 대한 내용 때문에 FDA 승인을 받은 것으로 보인다. 어떤 제품 분류(Product Classification)에 속하는지 궁금하다.

Freespira의 FDA 승인 서류에는 '공황 장애 및 PTSD 환자에서 추가적인 치료로서 스트레스를 줄이기 위한 이완 치료로 사용하는 용도'로 나온다. 제품 분류상으로는 Biofeedback Device에 속한다. 별도로 승인을 받은 CO2 농도 측정 장비와 함께 사용하도록 되어 있다. 이 두 제품은 FDA 승인을 꼭 받을 필요는 없지 않나 하는 생각이 드는데, 의사의 처방과 함께 보험 급여를 노리면서 받은 것으로 볼 수 있다.

FDA 적응증과 관련해서 Pear Therapeutics의 reSET이 흥미로운 부분이 있다. reSET 및 reSET-O는 기존 외래 진료 혹은 약물 치료에 더한 병행 요법으로 허가를 받았다. 이를 뒷받침하는 연구도 당연히 병행 요법 환경에서 이루어졌다. 그런데 reSET을 사용한 연구 중에 단독 요법으로 기존 치료법(Standard Care)과 일대일로 비교해서 효과가 비슷하다는 것을 보여준 것이 있다.

감옥 수감자를 대상으로 한 연구이기 때문에 일반화하기는 힘들겠지만, Pear Therapeutics의 전략에 따라서는 단독 요법 적응증을 고려할 수 있었을 것 같다.

흥미롭게도 이 연구가 실린 학술지의 이름이 'The Prison Journal'이다.

물론 디지털 치료제(DTx)와 같은 신기술 치료법을 의료계에서 처음부터 단독 요법으로 받아들이기는 쉽지 않을 것이라는 점을 염두에 두고 안전하게 병행 요법 적응증을 택했을 것이다.

출처 : 김재원, Digital therapeutics에 대한 고찰(1), http://www.chiweon.com/

학습 11

03 디지털 치료제 회사의 파트너십에 대하여 분석하라.

다수의 회사가 제품 단위로 제약회사 파트너를 두고 있다. 다소 예외적으로 삼성전자와 같은 IT 회사, Magellan Health와 같은 건강관리회사+ PBM, Eversana와 같은 제약 서비스 회사(환자 서비스, 복약 지원 서비스 제공)를 파트너로 둔 경우도 있다.

파트너 선택은 비지니스 모델에 따른 것으로 볼 수 있다. 제약회사를 파트너로 두는 것은 '디지털 신약'이라는 이름에 걸맞게 제약회사의 조직을 통해 유통하고 처방-보험으로 연결되거나, 해당 제약사 약물의 동반 앱으로 내놓는 것을 목표로 삼는 경우일 것이다.

1. Voluntis의 당뇨 제품

Voluntis의 당뇨 제품은 인슐린 용량조절에 대한 것이기 때문에 인슐린을 만드는 Sanofi와의 협력이 줄 수 있는 혜택이 뚜렷해 보인다.

Pear가 처음 내놓은 reSET의 경우 치료 대상인 약물 사용 장애(Substance Abuse Disorder)에 대한 기존 치료법이 약물 사용보다는 행동 치료가 중심이 되기 때문에 제약회사와의 연계 가능성은 떨어진다.

마약 사용 장애를 대상으로 하는 reSET-O의 경우는 다르다. 이때는 원래 buprenorphine이라는 약물을 사용했기 때문이다. 그리고 예상할 수 있을 것처럼 reSET-O의 파트너인 Sandoz는 지난해에 buprenorphine이 포함된 제네렉 약품을 출시했다.

단, Voluntis의 당뇨 제품과 Pear의 reSET-O가 파트너 제약사의 약물과만 연결되지는 않은 것으로 보인다.

이 경우 약물의 동반 앱으로 포지셔닝하기는 힘들 수 있다. 당분간 제약회사와 파트너십을 맺은 디지털 치료제(DTx) 제품들은 제약회사가 가진 약물 판촉 채널을 통하여 약물과의 연계 없이 독자적인 확산을 목표로 삼을 것으로 짐작할 수 있다.

이렇게 독자적으로 확산되기 위해서는 보험 적용 - 의사처방에 이르는 과정이 필요하다. 그런데 디지털 치료제(DTx)와 같은 새로운 개념의 제품에 대한 보험 적용에는 오랜 시간이 걸린다.

주류 의료계로 편입되는 속도가 빠른 편인 전당뇨 관리 및 당뇨병 관리도 아직 앱과 같은 디지털 기반 제품에 대한 보험 적용이 본격적으로 이루어지지 않고 있다는 점을 감안하면 나머지 제품들은 아직 요원한 일이다.

주류 의료계에서 받아들인다고 해도 실제 의사가 처방에 나서는 것은 다른 문제일 수 있다. 기존의 의사 업무에 변화를 주어야 하는 경우 의사들이 적극적으로 처방에 나서지 않을 수 있다.

의사 입장에서 기존 약 처방 하듯이 디지털 치료제(DTx) 처방을 하는 것은 어렵지 않다. 하지만 처방용 디지털 치료제(DTx, 이후 Rx-DTx.) 제품의 경우 환자가 제품을 사용한 데이터를 의사가 사후에 점검하는 형태로 설계되어 있는 경우가 많은데, 이는 의사가 기존에 하지 않았던 일이라 부담으로 느낄 가능성이 높다.

수가와 같은 방식으로 보상할 수 있지만, 수가만으로 하루아침에 업무 방식을 바꿀 가능성은 낮다. 또 현재의 제품들은 의사가 별도의 사이트에서 데이터를 확인하도록 하고 있는데, 이 또한 의사의 업무 방식에 방해가 된다. 데이터가 전자의무기록에 통합되기 전에는 의사들이 본격적으로 처방에 나서지 않을 가능성이 높다.

디지털 치료제(DTx)-제약회사 간의 협력에 대해서 최근에 Sandoz가 Pear의 reSET, reSET-O와의 파트너십 계약을 해지한다는 소식이 나왔다.

양측이 함께 발표한 내용에 따르면 '회사의 변화와 그에 따른 경영진 변화'로 인한 결정인데 이의 중요한 부분이 핵심 비지니스에 집중하는 것이라고 한다.

reSET, reSET-O와의 파트너십이 체결된 이후인 지난 연도에 Sandoz에 새 CEO가 임명된 것과 관련이 있어 보인다. 그런데 Sandoz의 새 CEO인 Richard Saynor는 직전까지 GSK에서 'SVP of classic and established products as well as commercial and digital platforms'를 맡는 등 GSK의 digital-lead로 불리던 인물이다.

제약 디지털 전문가가 아닌 인물이 새롭게 CEO가 되면서 이 계약을 하지된다면 정통 제약맨이 역시 보수적이구나 하는 정도로 생각할 수 있을 것이다. 그런데 디지털을 잘 아는 인물이 CEO가 되면서 이런 변화를 준다면 이는 의미가 달라진다.

독자 처방, 판매 디지털 치료제(DTx)는 시장에서 받아들여지기 쉽지 않을 것이라고 보고 있었고 제약회사들은 혹시 하는 생각에 보험 성격으로 디지털 치료제(DTx) 회사들과 파트너십을 맺는다고 생각했는데 제약회사들의 입장이 생각보다 빠르게 바뀌는 것이 아닌가 싶다.

또 Sandoz의 모회사인 Novartis가 Pear와 맺은 계약이 어떻게 될지 지켜볼 일이다. 아직 FDA 승인이나, 시판까지 되지 않았기 때문에 당장 계약을 파기하지는 않을 것으로 보이나 결국 Sandoz와 같은 수순을 밟게 될 가능성이 있다. Sandoz의 CEO가 Novartis의 이사회 멤버이기 때문에 더욱 그렇다.

제약회사가 아닌 파트너를 가진 경우를 보면 Click Therapeutics의 금연 앱인 Clickotine이 환자 관리 서비스 회사 겸 PBM인 Magellan Health를 파트너로 두고 있다.

Magellan Health 회사의 성격을 어떻게 보는지에 따라서 포지셔닝이 달라질 것으로 보이는데 PBM으로 보는 경우 Rx-DTx로, 환자 관리 서비스 회사인 경우 처방 없이 사용하는 제품(이후 OTC-DTx로)으로 포지셔닝 하는 것으로 볼 수 있다.

이때 대상 시장은 보험회사와 고용주 모두가 될 수 있다. 아직 Medicare는 원격 진료 금연 프로그램 가운데 실시간 상담 위주로 보험 적용을 해주고 있기 때문에 Clickotine과 같은 DTx는 아직 해당이 되지 않는다. 아무래도 향후 상당 기간은 고용주가 제공하는 직원 복지서비스로 제공될 가능성이 높다.

환자 서비스를 제공하는 Eversana 회사와 파트너십을 맺은 Cognoa의 경우 자폐를 대상으로 한 제품은 Rx-DTx를 지향하는 것이다.

2. 수면 제품

수면 제품은 제품 컨셉에 따라서 Rx-DTx, OTC-DTx가 모두 가능할 것 같은데 아직 보험 적용이 요원하다는 점을 감안하면 OTC-DTx로 가지 않을까 싶다.

수면 제품 가운데 Big Health의 Sleepio는 무려 NHS와 협력하고 있다. 이 제품은 FDA 허가는 안받고 CE 허가는 받은 것으로 보이는 제품이다.

NHS의 app library에 올라가 있으며 NHS 일부 지역 거주자들로 하여금 사용하도록 하는 파일럿 프로그램을 운영하고 있다. 이 프로그램이 확대되는 경우 OTC-DTx이면서 보험자인 NHS가 커버하는 형태가 될 수 있다.

Akilli의 경우 Shinogi라는 일본 제약회사를 파트너로 하고 있는데 이 파트너십은 일본과 대만을 대상으로 한다. Akilli는 기본적으로 자체 판매 플랫폼을 구축하는 것을 원칙으로 한다고 표방했기 때문에 Shinogi와의 파트너십은 만약에 대비한 보험 성격이 강하다.

이와 비슷하게 독자적으로 판매에 나설 가능성이 있어 보이는 것이 Pear Therapeutics의 불면 치료제인 Somryst이다.

Pear는 Sandoz, Novartis 각각 두 개의 제품에 대해 파트너십을 맺고 있다(MS 대상 제품은 초기 단계라서 나와 있지 않다).

그런데 유독 이미 FDA filing이 들어간 Somryst는 파트너가 없다. 다른 적응증에 비해서 가벼운 편이라 직접 판매하거나 PBM과 같은 파트너를 확보해서 판매할 가능성이 있다. 디지털 치료제(DTx)가 '디지털 신약'을 표방하고 있지만, 기존의 약과 성격이 달라서 제약회사와의 파트너십이 현실적으로 큰 도움이 되지 않을 가능성이 있기 때문에 이런 방식도 유효한 접근이다.

출처 : 김재원, Digital therapeutics에 대한 고찰(1), http://www.chiweon.com/

04 디지털 치료제 회사 제품의 현황에 대하여 분석하라.

몇몇 디지털 치료제(DTx) 회사 제품들의 현황을 몇 가지 축으로 분석한 내용이다.

1. Intended use

3가지로 분류한 것을 여기서는 4가지로 분류하고 있다.

분류 기준이 다소 애매한데 'Critical Condition', 'Serious Condition', 'Non-serious Condition', '치료 정보 전달'로 나누었다.

2. Demonstrated Efficacy

어느 정도의 임상시험을 거쳤는지를 의미한다. RCT 여부가 중요하게 나와 있다.

3. Regulatory Clearance

FDA/ CE 승인 여부와 함께 '유효성 인정 여부'를 별도로 표시하고 있다.

4. Incorporation into Standard of Care

의사들의 진료 가이드라인에 해당 제품이 어느 정도 포함되어 있는지를 의미하는 것이다.

BlueStar나 Insulia 같은 당뇨 관련 제품은 이미 가이드라인에 나오고 있고, Akili 같은 소아정신과 영역의 게임은 아직 크게 받아들여지지 않고 있다.

5. Demonstrated Cost-Effectiveness

보험 적용을 받기 위해서는 결국 비용효과성을 입증해야 할 가능성이 높다. 이 부분에서는 체중 조절과 전당뇨 관리 영역에 있는 Omada Health가 Peer Reviewed Models을 가지고 있어 가장 앞서간다. 이 가운데 비용 효과성은 크게 다루지 않았는데 그 이유는 디지털 치료제(DTx)의 경우 디지털 제품의 특성상 가격을 낮출 여지가 많다고 보기 때문이다.

예를 들어 스마트 알약 센서를 만드는 Proteus의 경우 이를 탑재한 첫 번째 약물인 조현병 약 Abilify Mycite의 한 달치 가격이 1,650달러에 달해서 제네릭의 한 달치 약값

학습 11

인 20달러보다 훨씬 비싸서 제대로 된 비용효과성 검증(Abilify Mycite 복용 시 복약 순응도가 xx% 향상되며 이는 의료비 $xx 절감 효과에 해당한다) 없이는 보험회사가 받아들이기 힘들 것이다.

하드웨어 없는 소프트웨어 기반 디지털 치료제(DTx)는 아무래도 가격 부담이 적을 것이다. 하지만 다수의 디지털 치료제(DTx)가 그런 것처럼 기존에 보험 적용을 받는 유사한 제품이 없는 상태에서 제품 가격을 제대로 받기 위해서는 비용 효과성을 증명할 필요가 있다.

출처 : 김재원, Digital therapeutics에 대한 고찰(1), http://www.chiweon.com/

05 디지털 치료제의 수가 사례에 대하여 분석하라.

보험 수가 적용과 관련된 내용을 살펴보겠다. 미국 내에 출시된 reSET, reSET-O, Diabeo의 경우 본격적으로 보험 적용을 받지는 못하고 있는 것으로 보이며 보험자와 관련된 디지털 치료제(DTx)와 같은 새로운 종류의 제품이 주류 의학계에 받아들여지고 수가를 받는 데에는 오랜 시간이 걸릴 것이다.

우선 American Lung Association에서 발표한 'Telehealth as a vehicle to support tobacco cessation' 자료가 있다. 여기서 금연 치료의 원격 진료를 4가지 형태로 제시한다.

① Live Videoconferencing(동기적) : 실시간 원격 진료
② Store-and-forward(비동기적) : 녹음, 저장된 정보를 전송하여 의료진이 평가하거나 서비스를 제공
③ Remote Patient Monitoring(RPM) : 정보를 의료진에 전송하여 관리 또는 지원을 제공하도록 한다.
④ mHealth : 스마트폰, 태블릿 등의 모바일 커뮤니케이션 도구를 사용. 반드시 의료진을 포함하지는 않는다.

이 가운데 Live Videoconferencing이 Medicare와 Medicaid에서 가장 널리 수가 적용을 받고 있으며 Store-and-forward, RPM의 경우 제한적으로 적용받고 mHealth는 'the Least Consistently Reimbursed Modality of Telehealth'라고 한다. 아직은

순수 기술 기반보다는 원격 대면 진료 기반 진료 위주로 수가 적용이 이루어지고 있다.

다음은 프랑스의 디지털 치료제(DTx) 회사로 주식 시장에 상장한 Voluntis의 2018년 Annual Report이다.

수가 관련 두 가지 흥미로운 내용이 있다.

첫번째는 미국 CMS(Centres for Medicare and Medicaid Services)에서 만든 원격 환자 모니터링(RPM) 수가(CPT 99453, CPT 99454 and CPT 99457)를 통해서 미국에서 1차 비지니스 기회를 찾겠다는 것이다. FDA 허가를 받은 인슐린 용량조절 앱인 Diabeo와 암환자 증상 관리 앱인 Oleeno이 해당될 것이다. 수가 관련 내용은 여기서 확인할 수 있다. 확실하지는 않지만, 환자가 검사 수치나 증상을 기록하고 이를 의사가 확인하는 경우 RPM에 해당될 수 있는 게 아닌가 싶다.

두번째는 프랑스 내의 당뇨 RPM 시범 수가에 대한 내용이다. ETAPES라는 프로그램으로 '소프트웨어 솔루션, 원격 모니터링, 치료적 지원' 제공에 대해서 수가를 적용받는다고 한다. 다음과 같이 구성된다.

① 기본 수가
  ㉠ T2 DM 하루 1회 Basal 인슐린 주사 치료받는 환자 6개월에 300유로
  ㉡ T1, 2 DM 하루 수차례 Basal-bolus 인슐린 주사 치료 받는 환자 6개월에 375유로
② 추가 인센티브 : 정해진 금액 이상으로 절감한 액수를 회사와 의료진에게 인센티브로 제공

아직 일반화하기는 힘들고 Voluntis 회사 입장에서 자사에 해당되는 수가만을 언급했을 가능성이 높기는 하다. 하지만 미국 CMS가 앱과 같은 모바일 헬스케어에 적용하는 수가가 많지 않은 상황에서 RPM에 전향적으로 수가를 적용한다는 점은 분명하다. 수가 적용을 받기 위한 구체적인 조건은 잘 모르겠지만 제품 설계 시에 참고로 할 필요는 있다.

디지털 치료제(DTx)가 기존의 약처럼 처방되고 보험 적용되기에는 많은 시간이 걸릴 것이다.

현실적인 모델은 (당뇨병 영역에서, 많은 것처럼) 기존 약물에 대한 동반 앱과 고용주나 경우에 따라서는 소비자가 직접 돈을 낼 만한 소위 웰니스에 가까운 앱(수면, 스트레스, 경미한 기분 장애, 금연)들이 비지니스를 선도할 가능성이 높다.

Pear Therapeutics가 디지털 치료제(DTx)를 차세대 신약으로 포지셔닝 하는 것은 꿈에 가까운 것 같다.

출처 : 김재원, Digital therapeutics에 대한 고찰(1), http://www.chiweon.com/

06 디지털 치료제의 용량-반응 관계에 대하여 분석하라.

1. 용량 - 반응 관계(Dose-response Relationship)

제약 산업에서는 약물 용량을 늘림에 따라서 반응이 어떻게 달라지는지를 보는 것을 의미한다. S자 곡선을 그리는 경우가 많은데 초기 용량에서는 용량을 높여도 반응이 별로 달라지지 않다가 어느 정도를 넘어서면 용량에 따라 반응이 강해지고 고용량에서는 다시 용량에 따른 반응이 적어진다.

디지털 치료제(DTx) 선도 회사라고 할 수 있는 Pear Therapeutics의 경우 물질 중독 치료 앱인 reSET에 대한 연구 결과에서 용량-반응 관계를 발표한 바 있다. reSET 앱을 많이 쓸수록 결과가 좋다는 것이다. 두 건의 포스터가 발표된 것으로 나오는데 내용은 거의 같다.

① Abstracts for the Ninth American Conference on Pharmacometrics (ACoP9) (2018). Journal of Pharmacokinetics and Pharmacodynamics, 45(S1), S84-S85

② Poster Presentation Abstracts(n = 71). (2019). The American Journal on Addictions, 28(3), 214-215. 내용을 보면 다음과 같다.

㉠ 연구 참가자는 매주 4개 모듈씩 12주간 총 48 모듈을 사용할 것을 요청받음

㉡ 모듈 종료 시마다 보상이 있고, 48모듈 이상 사용할 수 있어 보임

㉢ 참가자는 평균 48개 중 38 모듈을 완료함(80%)

㉣ 용량 - Abstinence 관계 : $R2 = 0.21$, $P < 0.001$

50~62 모듈 사용	Total abstinence 84%
30~49 모듈 사용	Total abstinence 71%
30 모듈 사용	Total abstinence 36%

㉤ 용량 - 외래 방문 관계 : $R2 = 0.63$, $P < 0.001$

처음 6주 동안 24개 모듈 이상 사용한 사람은 18개 모듈 미만을 사용한 사람보다 12주 프로그램을 완수할 가능성이 3배 이상 높다.

환자가 reSET 앱을 많이 쓸수록 치료 결과가 좋아진다고 해석하는 경우가 있을 수 있

는데 그리 간단치 않다.

약물의 경우 환자나 의사의 자의적인 개입 없이 복용 용량이 결정된다. reSET의 연구는 환자의 선택에 따라서 사용한 모듈 개수가 달라진다는 점이 다르다.

약물 중독을 끊을 의지가 많은 환자일수록 reSET 앱을 더 많이 사용하고, 자연스럽게 치료 결과가 좋아졌을 가능성이 높다.

제약에서 이야기하는 용량-반응과는 다른 이야기가 된다. 포스터 초록 내용을 보면 '(용량-반응 관계에 대한 연구 결과) 데이터는 reSET의 Neurobehavioral Impact를 보여주었다'고 되어 있는데, 이는 그대로 받아들이기 힘들다.

이 내용 뒤에는 'reSET의 용량/참여도는 치료성과를 예상할 수 있을지도 모른다'라고 되어 있는데 이는 타당한 이야기일 수 있다.

초기에 reSET 앱을 사용하는 양상을 보고 치료 의지가 높은 (따라서 중독을 끊을 가능성이 높은) 환자를 선별할 수 있다는 의미가 된다. 이 경우 치료 초기에 reSET 앱을 잘 안 쓰는 사람을 특별 관리한다던 지 할 수 있다.

다만 reSET이 단독 요법이 아니고 기존 치료(TAU : Treatment As Usual)에 병행해서 사용하며, 기존 치료가 상담 치료라는 점을 감안하면 상담사도 환자를 한 두번 만나보면 치료가 될 환자인지 어느 정도 감이 오지 않을까 싶다.

임상시험을 통해서 디지털 치료제(DTx)의 용량-반응을 입증하려면 환자군을 나누어 DTx 용량을 다르게 적용해야 한다. 이렇게 되면 임상시험 비용이 매우 비싸질 것이다. 그럼에도 불구하고 장기적으로 이런 임상시험을 고려하는 것이 필요할 수 있다.

보수적인 보험회사 입장에서 환자들이 앱을 얼마나 사용할지 의구심을 가질 수 있기 때문이다. 용량-반응 임상시험을 통해서 어느 용량(모듈수, 앱 사용 시간 등) 이상 사용한 환자에서 좋은 치료 결과가 나오는지를 입증하고 그 용량을 달성한 환자에 대해서만 보험 적용을 하는 것을 고려할 수도 있다. 물론 현실적으로는 이렇게 복잡한 방법보다는 value-based reimbursement를 통해서 치료 결과(예 reSET의 경우 12주 종료 시점에서 소변 검사에서 약물이 검출되지 않는 환자 비율이 xx% 이상일 것)에 따라서 보상하게 될 가능성이 높다.

출처 : 김재원, Digital therapeutics에 대한 고찰(2), http://www.chiweon.com/

07 디지털 치료제의 개발을 위한 소프트웨어 검증에 대하여 분석하라.

1. 소프트웨어 검증

1) 소프트웨어 검증의 필요성

소프트웨어는 하드웨어와 달리 제품의 오류나 결함이 물리적으로 드러나지 않는 특징이 있다. 따라서 제품의 잠재적 결함은 기획에서부터 개발 단계에 이르기까지 제거하는 것이 매우 중요한 요소라 할 수 있다. 특히 소프트웨어에서의 결함은 1:10:100의 법칙에 따라 해결에 필요로 하는 비용은 소프트웨어 개발 중에 발생할 경우를 '1'이라 하면, 개발 후 테스트에서 발견된 오류를 수정하기 위해 발생하는 비용은 '10' 그리고 소비자의 사용 중에 발생하는 오류를 해결하기 위해서는 '100'이라는 비용이 발생하게 된다. 즉 소프트웨어는 개발단계에서부터 테스팅을 수행하여야 한다. 최근에는 소프트웨어 개발에서부터 테스팅 코드를 함께 개발하는 "테스트 위주 개발(TDD, Test Driven Development)" 방법을 사용하기도 한다. 소프트웨어는 기획과 개발 단계에서부터 개발이 완료된 이후 반드시 테스트를 거쳐야 한다. 기획단계에서는 고객이나 사용자가 원하는 제품인지를 검증하고 소프트웨어 개발 시에는 시장성 확인 테스트를 수행하여야 한다. 즉 시장에서 필요로 하고 사용하기에 오류가 적게 발생하는 것이 고객이나 사용자의 만족도가 향상된다.

2) 소프트웨어 제품의 특성

국제표준에서 정의하고 있는 소프트웨어 제품의 특성과 부특성들에 대해서는 기본적으로 소프트웨어 테스팅 수행 시 테스트 케이스를 만들어 테스트를 수행하여야 한다. ISO/IEC9126과 ISO/IEC 25010에서는 소프트웨어 제품 특성과 부특성들에 대하여 다음과 같이 정의하고 있다(소프트웨어 공학센터, "소프트웨어 테스팅도구 지표 가이드", 2016).

① 기능성 : 적합성, 정확성, 상호운용성, 보안성, 기능 준수성
② 신뢰성 : 성숙성, 결함 허용성, 회복성, 신뢰 준수성
③ 사용성 : 이해성, 학습성, 운용성, 친밀성, 사용 준수성
④ 효율성 : 시간 반응성, 자원 효율성, 효율 준수성

⑤ 유지 보수성 : 분석성, 변경성, 안정성, 시험성, 유지 보수 준수성

⑥ 이식성 : 적응성, 설치성, 공존성, 대체성, 이식 준수성

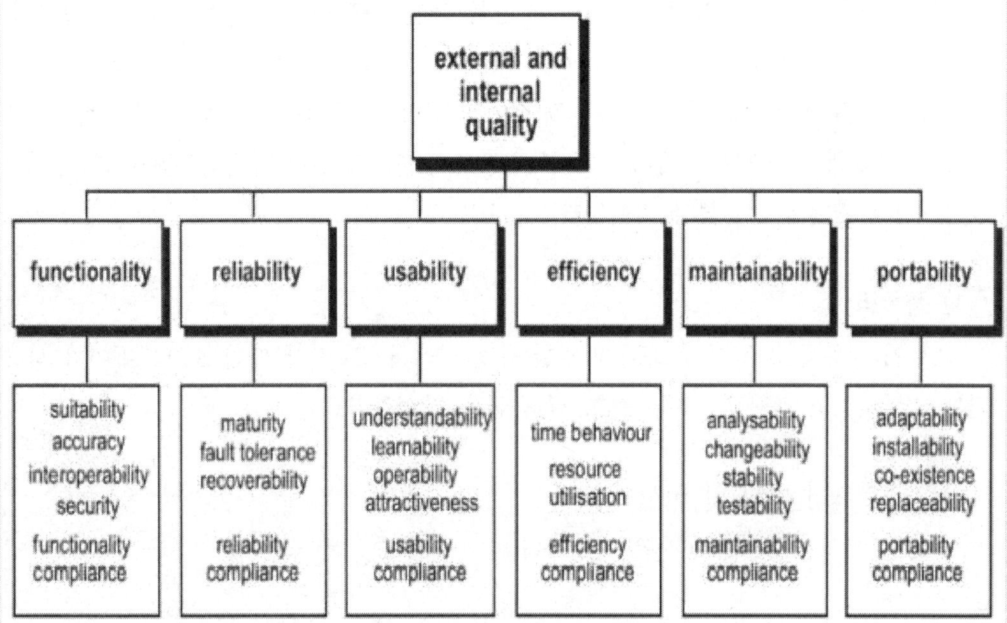

출처 : 소프트웨어공학센터, "소프트웨어 테스팅도구 지표 가이드", 2016

[그림 11-7] ISO/IEC 9126에서 정의한 소프트웨어제품 특성과 부특성

3) 소프트웨어 검증 관련 국제 표준

ISO/IEC/IEEE 29119에서는 소프트웨어 검증에 내용을 기술하고 있다. 소프트웨어 테스트의 정의와 개념, 프로세스, 문서화, 기법, 키워드 중심의 테스트 등으로 구성되어 있다.

〈표 11-1〉 소프트웨어 테스트 국제표준

규 격	주요내용	년 도
ISO/IEC 29119-1	Concepts & Definitions	2013
ISO/IEC 29119-2	Test Processes	2013
ISO/IEC 29119-3	Test Documentation	2013
ISO/IEC 29119-4	Test Techniques	2015
ISO/IEC 29119-5	Keyword Driven Testing	2015

2. 의료기기 소프트웨어 적합성 확인 보고서

의료기기의 소프트웨어를 개발 중에 작성된 문서를 확인하기 위한 보고서로, 적합성 확인 보고서를 통해 소프트웨어가 요구 사항을 충분히 충족하고 개발 전 과정에서 적합하게 설계되었는지 확인할 수 있다. 의료기기 소프트웨어 허가 · 심사 시 적합성 확인보고서 양식을 활용해 해당 내용을 다음과 같이 작성한 후 제출하여야 하며, 소프트웨어의 검증 및 유효성 확인 항목은 첨부 자료를 별도로 제출해야 한다(식품의약품안전처, "의료기기 소프트웨어 허가 · 심사 가이드라인", 2015).

1) 품목명

「의료기기 품목 및 품목별 등급에 관한 규정(식약처 고시)」에 따라 소프트웨어가 사용되는 의료기기의 품목명, 분류 번호 및 등급을 작성한다.

2) 소프트웨어 명칭 및 버전

소프트웨어의 명칭 및 버전을 작성한다.

3) 소프트웨어 사용 형태

의료기기 소프트웨어 사용 형태에 따라 내장형, 독립형으로 구분하여 표시한다.

4) 소프트웨어 기능적 특성

의료기기 소프트웨어의 해당되는 기능적 특성에 따라 표시한다.

5) 소프트웨어 안전성 등급

의료기기 소프트웨어 안전성 등급은 소프트웨어의 고장, 설계 결함 또는 사용 시 발생할 수 있는 잠재적 결함으로부터 환자, 사용자 또는 기타 사람에게 영향을 끼칠 수 있는 위해의 정도에 따라 A등급, B등급, C등급으로 구분할 수 있으며, 적합성 확인 보고서에는 해당 소프트웨어의 안전성 등급 및 안전성 등급 판단에 대한 제조사의 해당 문서 관리 번호를 기재한다.

6) 소프트웨어의 사용 목적

해당 의료기기 소프트웨어의 사용 목적을 작성한다.

7) 소프트웨어 운영 환경

해당 소프트웨어의 운영 환경을 작성해야 하며, 의료기기에 상용 소프트웨어(SOUP,

Software of Unknown Provenance)가 포함될 경우 해당 소프트웨어의 운영 환경을 작성한다.

8) 소프트웨어 개발

소프트웨어 개발 당시 작성된 소프트웨어 개발 계획, 요구 사항 분석, 소프트웨어 구현, 소프트웨어 검증 및 유효성 확인, 소프트웨어 배포에 관한 사항이 포함되어야 하며 해당 내용은 아래의 내용을 참고하도록 한다.

(1) 소프트웨어 개발 계획

해당 문서는 소프트웨어 개발 규격, 방법 및 개발 툴을 포함한 소프트웨어 개발, 검증, 위험 관리, 형상 관리, 문서화 등 전반적인 소프트웨어 개발 계획과 관련된 내용을 포함하여야 한다. 소프트웨어 적합성 확인 보고서에는 해당 문서에 대한 개요를 기재하고 제조사의 해당 문서 관리 번호를 함께 기재한다.

(2) 소프트웨어 요구 사항 분석

해당 문서는 소프트웨어 요구 사항 수립, 위험 통제 수단 수립, 소프트웨어 요구 사항 검증 방법 등을 포함하여 소프트웨어 요구 사항과 관련된 내용을 포함하여야 한다. 소프트웨어 적합성 확인 보고서에는 해당 문서에 대한 개요를 기재하고 제조사의 해당 문서 관리 번호를 함께 기재한다.

(3) 소프트웨어 구현

해당 문서는 소프트웨어 요구 사항을 구현하기 위한 각 아키텍처 설계와 이에 대한 상세 설계 등에 관한 내용을 포함하여야 한다. 소프트웨어 적합성 확인 보고서에는 해당 문서에 대한 개요를 기재하고 제조사의 해당 문서 관리 번호를 함께 기재한다.

(4) 소프트웨어 검증 및 유효성 확인(V&V : Verification & Validation)

해당 문서는 소프트웨어의 유닛 구현 및 검증, 유닛 통합 및 통합 시험, 소프트웨어 시스템 시험에 대한 내용을 포함하여야 하며 시험 및 검증 절차, 이상 현상(Anomalies) 목록을 포함한 시험 결과, 시험 및 검증 도중 소프트웨어 변경이 발생한 경우 재시험 결과를 포함하여야 한다. 또한 이상현상 목록을 포함한 시험 결과가 있을 시 잠재 영향 평가 결과에 대한 내용을 포함하여야 한다. 해당 문서는 필수적으로 검토되어야 하는 문서로 허가·심사 시 소프트웨어 적합성 확인 보고서와 함께 제출한다.

(5) 소프트웨어 배포

해당 문서는 소프트웨어 검증 결과, 잔여 이상 목록 평가 결과를 포함하여 소프트웨어 배포 버전, 소프트웨어 개발 환경, 소프트웨어 보관/관리 등의 내용을 포함하여야 한다. 소프트웨어 적합성 확인 보고서에는 해당 문서에 대한 개요를 기재하고 제조사의 해당 문서 관리 번호를 함께 기재한다.

9) 소프트웨어 유지 보수 및 문제 해결

해당 문서는 소프트웨어 유지 보수 프로세스, 소프트웨어 문제 해결 프로세스에 따라 유지 보수 계획 수립, 문제 보고 및 수정 분석, 구현 내용, 문제 해결 검증 등에 관한 내용을 포함하여야 한다. 소프트웨어 적합성 확인 보고서에는 해당 문서에 대한 개요를 기재하고 제조사의 해당 문서 관리 번호를 함께 기재한다.

10) 소프트웨어 위험 관리

해당 문서는 소프트웨어 위험 관리 프로세스에 따라 위해 상황, 위험 통제 수단, 위험 통제 수단의 검증, 소프트웨어 변경의 위험 관리 등에 관한 내용을 포함하여야 한다. 소프트웨어 적합성 확인 보고서에는 해당 문서에 대한 개요를 기재하고 제조사의 해당 문서 관리 번호를 함께 기재한다.

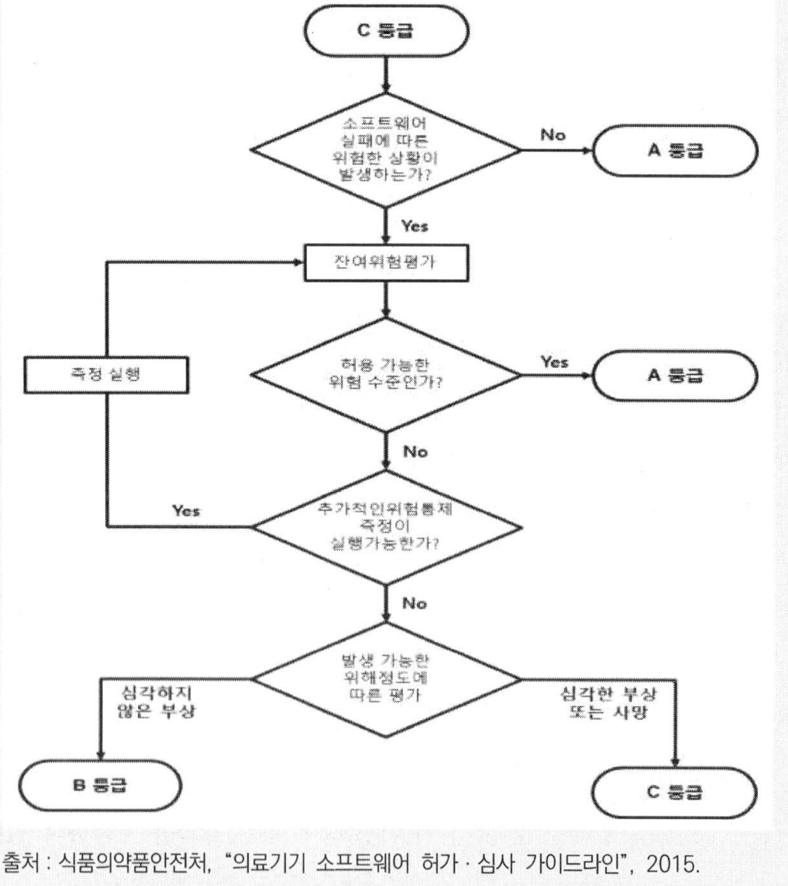

출처 : 식품의약품안전처, "의료기기 소프트웨어 허가 · 심사 가이드라인", 2015.

[그림 11-8] 의료기기 소프트웨어 안전성 등급판단 절차

11) 소프트웨어 형상관리

해당 문서는 소프트웨어 형상 관리 프로세스에 따라 소프트웨어 식별, 변경 관리, 상태 기록 등에 관한 내용을 포함하여야 한다. 소프트웨어 적합성 확인 보고서에는 해당 문서에 대한 개요를 기재하고 제조사의 해당 문서 관리 번호를 함께 기재한다.

3. 소프트웨어 검증 및 유효성 확인 보고서

소프트웨어 검증 보고서에는 소프트웨어의 목적 및 사용에 대한 개요와 시스템의 정보 그리고 검사장비나 도구가 명시되어야 한다.

1) 품목명

「의료기기 품목 및 품목별 등급에 관한 규정(식약처 고시)」에 따라 소프트웨어가 사용되는 의료기기의 품목명, 분류 번호 및 등급을 포함한다. 또한 검증 보고서의 개정에 따른 개정 이력을 포함하여야 한다.

2) 시스템 정보(System Information)

해당 의료기기의 하드웨어 제작에 대한 각 모듈별 주요 하드웨어의 제작 버전을 명시한다. 그리고 각 단위 설계에 대한 구현된 소프트웨어의 버전을 명시한다.

3) 검사장비 & 도구(Test Equipments & Tools)

테스트 명 또는 테스트 도구를 명시하고 각 테스트에 대한 목적과 장비의 관리 번호를 기입한다.

4) 검증 & 유효성 확인(Verification & Validation)

각 요구 사항과 시험 방법에 대한 설명을 자세히 명시하고 시험 결과에 대하여 기입한다.

5) 미해결 오류(Unresolved Anomalies)

이상 현상에 대한 오류를 명시하고 그에 대한 상태를 기입한다.

4. 소프트웨어 테스트의 결과서

표지 및 목차, 테스트의 개요 및 결과를 한 면에 구성해야 한다. 소프트웨어 테스트 결과서에는 다음의 항목을 포함하여야 한다.

CIDI Convergence of IT Devices Institute Busan	소프트웨어 검증 결과서	부산IT융합부품연구소

1. 검증 개요

제품명	환자감시장치 (BIO-SIGMA)						
검증 목표	rkr 모듈별 성능 검증 및 측정의 상한값과 하한값 검증						
제품버전	Ver. 1.0	의뢰인	(주)OOOOO	작성일자	2016.08.05	작성자	O O O

2. 모듈별 검증 결과의 요약

테스트종류	검증단계	검증범위	검증기간	검증결과	TC실행결과					테스트 커버리지	Issues				담당	테스터
					Failed	Passed	Not Test	NA	총		UI	Interface	Module	기타		
단위 테스트	DVT	FULL	2016.08.01	Failed	2	77	0	3	82	97.58	0	0	0	0		
시스템 테스트	DVT	FULL	2016.08.01	Failed	1	24	0	0	25	96.00	0	0	0	0		
시험결과	DVT	FULL	2016.08.01	Failed	3	101	0	3	107	97.20	0	0	0	0		

[그림 11-9] 소프트웨어 검증 결과서 예제

1) 테스트 종류

모듈별, 유닛별, 시스템별, 데이터별, 외부 테스트 등으로 테스트의 종류를 명시한다.

2) 검증 단계

Development Verification Test, Customer Verification Test, User Acceptance Test, Synthetic Validation Test 등 테스트 단계를 명시한다.

3) 검증 범위

FULL TEST, REGRESSION TEST, CONFIRMATION Test 등 검증 범위를 명시한다.

4) 검증 기간

테스트를 수행한 일자 또는 기간을 명시한다.

5) 검증 결과

실패, 성공 등 테스트 결과를 명시한다.

6) TC 실행 결과

통과, 실패, 해당 사항 없음 등 테스트 케이스 실행 결과를 숫자로 나타내고, 전체/통합/세부의 총 테스트 시도 횟수를 명시한다.

7) 테스트 커버리지

테스트 케이스가 코드의 구조나 기능, 요구 사항 등을 얼마나 테스팅 하는지 측정하는 지표인 테스트 커버리지를 명시

8) 이슈 발생건수

UI, Interface, Module, 기타 등 테스트 결과 이슈건수를 관련된 모듈별로 표현한다.

9) 담당자

전체/통합/세부 테스트 별 해당 테스트를 수행한 테스트 담당자를 기술한다.

학습활동.11 교수 · 학습 방법

교수 방법

- 디지털 치료제의 응용 및 사례에 대한 관련 용어, 구성, 방식 이해 정도를 파악한 후 수업을 진행한다.
- 교수자의 주도로 디지털 치료제의 응용 및 사례 등의 내용을 PPT 자료로 제시한 후 설명한다.
- 가능하면 사전에 개인별 학습 자료를 준비하여 모든 학생이 참여할 수 있는 문제 해결식 수업, 협력 수업이 가능하도록 한다.
- 디지털 치료제의 응용 및 사례 전 과정을 작업의 순서에 따라 단계적으로 실습이 이루어질 수 있도록 지도한다.
- 교재를 통해 수업을 준비하는 데 있어서 필요한 모든 정보나 팁, 힌트 등 도움이 될 만한 내용을 확인할 수 있다.
- 학생들이 만들게 될 각 모델은 수업시간에 중점적으로 다뤄질 부분과 어휘, 질문, 답을 포함하고 있으며 또한 탐구할만한 추가적인 아이디어들도 포함하고 있다.

학습 방법

- 디지털 치료제의 응용 및 사례에 대한 관련 용어를 숙지하고, 디지털 치료제의 응용 및 사례에 대해 이해한다.
- 디지털 치료제의 응용 및 사례의 각 단계별 중점 사항을 체계적으로 학습한다.
- 디지털 치료제의 응용 및 사례의 수행순서의 전 과정을 실습한다.
- 디지털 치료제의 응용 및 사례의 내용을 이해한다.
- 디지털 치료제의 응용 및 사례를 이해하고 숙달이 될 때까지 학습한다.

학습활동.11 평가 및 피드백

평가 준거

- 평가자는 피평가자가 수행 준거 및 평가 내용에 제시되어 있는 내용을 성공적으로 수행할 수 있는지를 평가해야 한다.

학습내용	평가항목	성취수준		
		상	중	하
디지털 치료제의 응용 및 사례	디지털 치료제의 응용 및 사례를 이해할 수 있다.			

평가 방법

• 작업 포트폴리오

학습내용	평가항목	성취수준		
		상	중	하
디지털 치료제의 응용 및 사례	디지털 치료제의 응용 및 사례를 이해할 수 있다.			

• 필기시험

학습내용	평가항목	성취수준		
		상	중	하
디지털 치료제의 응용 및 사례	디지털 치료제의 응용 및 사례를 이해할 수 있다.			

• 체크리스트를 통한 관찰

학습내용	평가항목	성취수준		
		상	중	하
디지털 치료제의 응용 및 사례	디지털 치료제의 응용 및 사례를 이해할 수 있다.			

• 피드백

1. 작업 포트폴리오
   - 제출한 보고서를 평가한 후 주요 사항에 대하여 표시하여 돌려준다.
2. 필기시험
   - 평가 결과 성적이 저조한 학생은 보고서 제출 기회를 부여한다.
3. 체크리스트를 통한 관찰
   - 실습 과정에서 평가한 후 개선해야 할 사항 등을 정리하여 돌려둔다.

참 | 고 | 문 | 헌

1. 남상엽 외, 인공지능기술, 상학당. 2016.3.10.
2. 박종일, 스마트헬스케어와 의료AI, 2018년 주오기업전략기술로드맵 issue report, 2019.1.
3. 이준기 기자, R&D 데이터 통합 수집 · 공유… 신약개발 3년으로 대폭 단축, 디지털타임스, 2020.12.15.
4. 김태형, 데이터가 생명을 살린다, 한국바이오 협회, 2020.9.1.
5. 개인정보보호위원회, 가명정보 처리 가이드라인, 2020.9.
6. 관계부처합동, 신산업 네거티브 규제 발굴 가이드라인, 2018.2.
7. 이진면 외, 중국의 빅데이터산업 육성과 정부의 역할, KIET, 2018.4.
8. NCBI Data and User Services, https://www.nlm.nih.gov/about/2019CJ.html)
9. Genomics in healthcare: GA4GH looks to 2022, https://www.biorxiv.org/content/10.1101/203554v1
10. 바이오스펙테이터, 英 국민 유전체검사 시행의 의미, http://www.biospectator.com/view/news_view.php?varAtcId=5872
11. 바이오스펙테이터, "100만명 바이오 빅데이터 구축 · 연 4조 R&D 투자", http://www.biospectator.com/view/news_view.php?varAtcId=7684
12. DNA.Land is a framework to collect genomes and phenomes in the era of abundant genetic information, Nature Genetics 50, 160-165, https://www.nature.com/articles/s41588-017-0021-8, 2018.
13. [메디게이터] GSK와 23앤드미의 신약개발을 위한 개인 유전체 데이터 빅딜, https://www.medigatenews.com/news/1059961358
14. [메디게이터] 유전체 빅데이터 마이닝 기술 기반의 신약 개발, http://www.medigatenews.com/news/2320049700
15. Deep learning in biomedicine, Nat Biotechnol. 2018 Oct;36(9):829-838, https://www.nature.com/articles/nbt.4233
16. Combining genomics and epidemiology to track mumps virus transmission in the United States, PLOS Biology, https://doi.org/10.1371/journal.pbio.3000611, 2020.
17. Public health surveillance and data collection: general principles and impact on hemophilia care, Hematology, https://doi.org/10.1179/102453312X13336169156537, 2012.
18. Mayo Clinic to sequence 100K participants to build genomic database for improved care and research in collaboration with Helix, https://newsnetwork.mayoclinic.org/discussion/mayo-clinicto-sequence-100k-participants-to-build-genomic-database-for-improved-care-and-research-incollaboration-with-helix/
19. Through partnership with Color, 10K NorthShore patients will get whole genome sequencing, https://medcitynews.com/2019/01/color-northshore/

20. Data-sharing brings hope to rare disease patients around the globe, https://www.ga4gh.org/news/data-sharing-brings-hope-to-rare-disease-patients-around-the-globe/
21. 김재원, Digital therapeutics에 대한 고찰(1), http://www.chiweon.com/
22. https://star.global/posts/digital-therapeutics-solutions/
23. 손정만 외, "05 의료기기 소프트웨어 설계제작", 의료기기연구개발 NCS 학습모듈, www.ncs.go.kr

학습 11

학습 목표

1. 디지털 치료제의 시장동향을 이해할 수 있다.

12-1 디지털 치료제의 시장동향의 개요

1. 디지털 치료제의 시장 현황

1) 미국의 디지털 치료제 시장

세계 디지털 치료제 시장은 [그림 12-1]처럼 미국을 중심으로 성장하고 있는 디지털 치료제의 미국 내 시장 연평균 성장률은 30%를 상회하여 2023년 44.2억달러(약 5조4150억원) 규모로 확대될 전망이다.

디지털 치료제 시장의 주요 성장 요인은 건강관리를 위한 정부 이니셔티브, 스마트 헬스케어산업의 발전 및 벤처캐피탈 투자의 현저한 증가를 꼽을 수 있다.

스마트 무선 기술, 소셜 네트워킹, AI, 센서 기술이 보편화되고 의료 소비가 증가하는 요인 등이 디지털 치료제 시장의 긍정적인 영향요인으로 작용하고 있다.

디지털 치료제는 질병 및 장애 예방, 관리 및 치료하기 위한 고품질 소프트웨어 프로그램을 기반으로 환자에게 근거 중심 치료(Evidence-based Therapeutic)를 제공하는 것으로 환자의 치료 및 건강결과를 최적화하기 위해 독립적으로 사용되거나 의약품, 의료기기 및 기타 치료법들과 병행하여 사용이 가능하다.

디지털 치료제라는 새로운 범주의 의약품은 헬스케어 생태계 전반에 걸쳐 지속적으로 통합됨에 따라 전 세계적으로 헬스케어의 전달방식에 더 많은 영향을 미칠 것으로 예상된다.

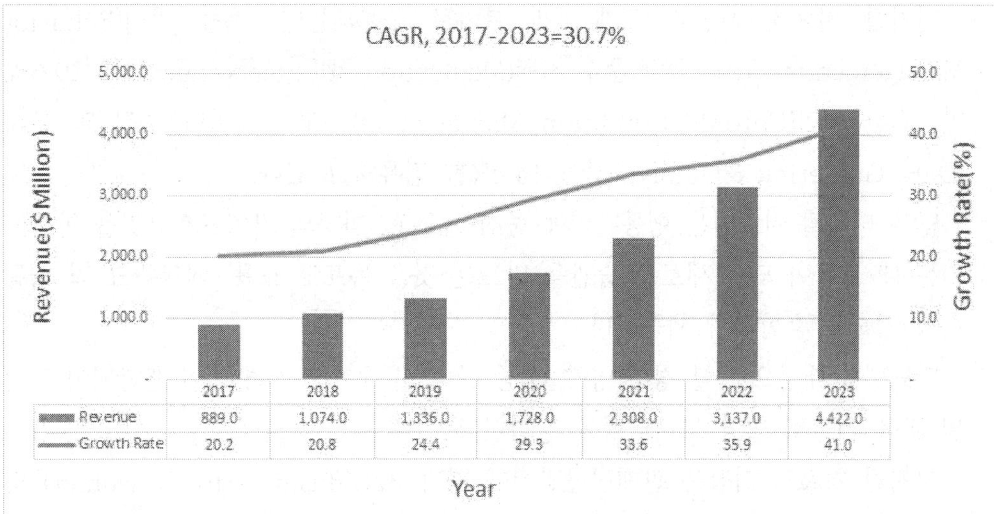

출처 : 프로스트앤설리번, Global Digital Health Outlook(2020), 2019.8

[그림 12-1] 미국의 디지털 치료제 시장 현황 및 전망(2017-2023년, 단위 : 백만달러)

2019년에 북미지역이 디지털 치료제 분야에서 가장 큰 시장점유율을 차지했으며, 그 뒤를 유럽이 잇고 있다. 특히 새로운 스타트업 기업들이 유입이 지속적으로 증가와 만성질환 발병률 및 의료비 지출 증가로 가파른 성장세는 지속될 것으로 전망된다.

〈표 12-1〉 미국의 디지털 치료제 시장현황 및 전망(단위 백만달러)

	2020	2021	2022	2023
시장규모	1,728	2,308	3,137	4,422
전년대비성장률(%)	29.3	33.6	35.9	41.0

미국을 중심으로 새로운 산업군으로 형성되고 있는 디지털 치료제의 미국 내 시장 규모는 2020년 17.2억 달러에서 연평균 29.3%의 높은 성장률로 증가하여 2023년에는 44.2억 달러를 형성할 전망이다.

Frost & Sullivan의 최근 자료에 따르면 디지털 치료제 산업은 매우 초기 단계에 있으나, 성장이 매우 높은 산업으로 평가한다. 시장이 발전하고 규제 모델이 가치 기반 및 위험 공유 모델로 전환됨에 따라 성장이 가속화될 전망이고, 전년대비 성장률은 2020년 29.3%에서 2023년 41%로 상승한다.

디지털 치료제 시장은 크게 4개 분야로 구분되는데, 행동 관리(Behavior Management)가 31%, 처방 준수 지원(Medication Adherence Support) 29.6%, 만성질환 관리(Chronic Condition Management) 25%, 데이터 수집 및 분석(Data Gathering & Analytics)이 14.4%를 점유하고 있다.

많은 디지털 치료법은 행동관리에 중점을 두고, 환자의 라이프스타일을 향상시키는 데 도움이 되는 새로운 습관을 만드는 것을 목표로 교육, 네트워크 및 행동수정 기술을 혼합하여 제공한다.

당뇨병을 대상으로 할 경우 영양, 체중 관리 및 데이터 입력 앱이 혼합되어 코칭 및 교육 기술로 혈당 모니터링을 강화한다.

디지털 치료제 시장은 판매접근방식에 따라 B2C(Business-to-Consumer) 및 B2B(Business-to-Business)로 구분되는데 디지털 치료제의 장점과 이를 의약품에 통합하려는 제약회사의 성향에 따라 B2B 채널이 크게 성장하고 있는 추세이다.

또한 만성질환관리, 행동교정, 복약순응지원, 데이터 수집 및 분석 등 4개 분야로 시장 구분 가능하며 질환별로는 심혈관질환, 호흡기질환, 신경정신과질환 등 주요 질환에서 높은 성장이 예상된다.

2) 유럽의 디지털 치료제 시장

지난 12개월 동안 디지털 치료(DTx)를 가리키는 모든 징후가 의료 주류로 이동하면서 유럽 의료 시스템의 디지털 혁신에 대한 스포트라이트를 받았다.

(1) 독일의 디지털 건강 변화

독일은 특히 2019년 국가 디지털 의료비 환급을 변경하면서 이러한 발전을 주도하고 있다.

2019년 12월 독일 보건부가 시행한 디지털 의료법(DGV)은 많은 사람의 상상력을 건강 기술의 미래에 대한 이정표로 포착했다. 디지털 건강 애플리케이션은 이제 의료 제품으로 간주되어야 하며, 따라서 의사가 처방할 수 있을 뿐만 아니라 국가의 법정 건강 보험 기금에 의해 상환될 수 있다고 규정하고 있다.

이 법은 독일이 국가 차원에서 디지털 치료제의 환급 및 처방을 가능하게 하는 최초의 국가임을 의미한다. 법적 변경 이전에 독일에서는 디지털 치료법이 사례별로 상환되었다. 이제 국가의 새로운 법안은 전체 법적 건강 보험 시스템에 대한 증거 및 가격 협상을 평가하기 위한 틀을 마련하였다.

이러한 변화가 시장 접근 및 건강 경제 성과 연구(HEOR)에 관련된 제약 업계의 사람들에게 미치는 중요한 의미 외에도, 이러한 변화는 독일을 혁신의 선두 주자로 만들려는 독일 당국의 명확한 의도를 보여준다.

환자가 이러한 새로운 개입에 접근할 수 있도록 한다. 전체적으로 볼 때 이 법안은 전체 의료 시장에서 새로운 시장을 창출하고 혁신을 촉진하기 위한 큰 진전이다.

그러나 독일의 변화를 위한 토대가 마련되었음에도 불구하고 법률의 세부적인 의미와 실제로 어떻게 적용되는지에 대해서는 여전히 불확실성이 있다. 시스템이 성숙해짐에 따라 배우고 필요한 경우 연방 보건부의 DGV(연방 마약 및 의료기기 연구소)에서 개발 관련 디지털 건강 애플리케이션 법령(DiGAV) 또는 개발된 제조업체 가이드를 업데이트하려는 의도를 가진 매우 간결한 입법 프로세스였다.

그럼에도 불구하고 이러한 변화는 최근 20개국 이상에서 약 1,500명의 참석자가 모인 최근 Digital International Health Summit에 참석한 강력한 국제적 참석에서 알 수 있듯이 큰 관심을 끌었다.

그래서 독일에서 일어나고 있는 일에 대해 시장 전반에서 엄청난 관심이 있다. 다른 나라들이 독일의 접근 방식에서 배우려고 노력하는 것처럼 그것이 매우 광범위한 지리적 영향을 미칠 것이라는 징후가 있다.

(2) 영국 및 유럽 국가

2020년 7월부터 12월까지 진행되는 유럽연합평의회(EU) 의장 기간 동안 더 많은 추진력을 제공할 것이며 포르투갈 및 슬로베니아의 후속 대통령들과 긴밀히 협력할 것이다.

각국은 18개월 의제를 형성하기 위해 한 EU 회원국의 대통령직에서 다음 국가로의 유동적 전환으로 이익을 얻을 수 있는 문제를 파악하는 '트리오 프로그램'에 동의했으며, 디지털 건강의 진전은 계획의 하이라이트 중 하나이다.

디지털 치료제가 의약품 자체를 대체할 것으로 기대하지는 않지만, 환자와 처방자에게 막대한 보완적 혜택을 제공할 수 있으며, 그렇게 함으로써 제약회사가 전통적으로 생산하는 의약품만큼의 가치를 가져올 수 있다.

또한 이러한 디지털 개입이 환자의 건강 또는 삶의 질을 개선하기 위해 노력할 때 치료에 대한 더 많은 데이터와 증거를 제공할 수 있는 방식 덕분에 지불인의 디지털 치료에 상당한 관심이 있다.

이 새로운 유형의 개입에 대한 환급 및 가격 책정에 대한 접근 방식 및 요구 사항은 현재 국가별로 개발되고 있으며, 이는 불균일한 환경으로 이어진다. 제약회사의 경우 이 모든 것이 시장 접근을 자극하는 도전 과제가 된다. 또한 최근 유럽의 디지털 치료환경 백서에서 언급했듯이 독일은 디지털 건강 의제를 추진하는 유일한 유럽 국가가 아니다.

영국은 의료 분야의 디지털 전환의 최전선에 있다. NHS Digital 및 혁신기구와 같이 최근에 형성된 기구 NHSX는 영국에서 의료의 디지털 전환을 가속화하는 데 도움을 주고 있으며 이러한 노력에 통합된 것이 디지털 치료를 위한 국가의 프레임 워크이다. 그러나 영국과 독일에서 의료 시스템의 디지털화를 진전시키려는 노력의 원동력 사이에 제약사가 주목해야 할 중요한 차이점이 있다.

독일에서는 혁신을 촉진하고 환자에게 새로운 의료 솔루션을 제공하려는 강력한 정치적 욕구가 있는 것처럼 보이지만, 영국에서는 보다 '행정적' 수준에서 프로세스를 이끄는 효율성 동인이 더 많은 것 같다.

제약 내에서 우리는 또한 디지털 치료제를 개발하는 기술 신생 기업과 협력하기 시작하는 다양한 회사를 볼 수 있으며, 이 분야에 대한 인식이 높아짐에 따라 이러한 새로운 유형의 제품과 그 제품을 사용하는 회사에 투자하려는 업계의 의지가 커질 것이다.

현재 유럽의 디지털 치료 시장은 매우 단편화되어 있으며 독일에서도 프레임 워크가 진화하고 성숙함에 따라 어떤 증거가 필요할지에 대한 질문이 있다.

독일의 2019년 디지털 의료법(Digital Healthcare Act)의 많은 측면은 여전히 불분명하며 의료 관행 전반에 걸친 구조적 통합, 독점 문제 및 특허/지적 재산권을 추가 개발을 위해 지켜봐야 할 영역으로 다루는 방법과 같은 영역을 강조할 것이다. 또한 디지털 치료에 대한 첫 번째 환급 제출 물결이 이제 DiGA 디렉토리에 첫 번째 DTx를 등록하게 되었으므로 다음으로 주목해야 할 중요한 이정표는 첫 번째 가격 협상의 결과가 될 것이다.

첫번째 협상이 완료되면 디지털 치료제에서 기대할 수 있는 가격에 대한 이해를 쌓을 수 있다. 그러나 현재 유효한 것은 6개월 이내에 더 이상 유효하지 않을 수 있으며, 그때 유효한 것은 학습 시스템 또는 반복적 프레임 워크와 관련하여 18개월 동안 더 이상 유효하지 않을 수 있다.

계속해서 새로운 개발이 진행되고 프로세스와 요구 사항이 진화할 것이다. 이는 제약사가 최신 상태로 유지해야 하는 사항이다. 그 일환으로 시장 접근 및 HEOR 경영진은 독일과 다른 유럽 국가에서 시장 변화를 예상하고 계획하고 내부적으로 인식을 제고해야 한다.

변화를 예측하기 시작하려면 기업은 시장과 환자, 의료 전문가 및 지불인을 포함한 이해 관계자를 이해해야 한다.

독일에는 디지털화를 매우 많이 추진하는 2~3개의 대형 보험사가 있으며, 일부 다른 의료 보험사는 디지털 의료 채택에 있어 다소 느린 것으로 나타났다.

일부 의사는 DTx의 이점을 이해하고 환자에게 새로운 치료를 제공하는 데 관심이 있는 의사도 마찬가지이며, 다른 의사는 DTx의 효과, 안전성 및 데이터 보안에 더 주의를 기울인다.

마지막으로, 환자들은 일반적으로 자신의 건강과 치료를 개선하기 위해 새로운 기술을 채택하기를 열망한다. 특히 환자 연합을 통해 직접 또는 간접적으로 개발에 참여한 경우 더욱 그렇다.

업계에서는 디지털 개입이 의약품 치료를 대체할 수 있다고 우려하면서 이러한 발전을 어느 정도 의심하며 보는 사람이 있을 수 있지만, 우리는 이를 업계에 대한 위협으로 보지 않을 것이다.

결국 제약회사는 시장을 알고 연결되어 있으며 어떤 신생 기업보다 환자, 처방자 및 지불인을 훨씬 더 잘 알고 있다.

또한 새롭고 혁신적인 제품에 투자할 자원도 있다. 이 세상의 Google, Apple 및 IBM이 기술 분야에서 의료 분야로 이동할 수 있다면 제약회사가 적어도 부분적으로는 기술 회사로 전환할 수 없는 이유는 무엇일까?

우리는 이미 데이터 과학과 생명 과학이 점점 더 얽혀있는 것을 보고 있다. 많은 신약이 매우 구체적이고 일반적으로 매우 적은 환자 집단으로 시장에 진입하기 때문에 시장 진입시 이용 가능한 증거는 매우 적을 수 있다. 이로 인한 결과 중 하나는 위험 분담 계약에 대한 수요가 증가한 것이며, 이는 기업이 지불인에게 제품의 사례를 증명할 수 있는 충분한 데이터를 생성할 수 있을 때만 장기적으로 업계에 성공할 수 있다.

궁극적으로 디지털 치료제는 치료 방식의 차이를 고려할 때뿐만 아니라 직접적인 결과 데이터 수집을 통해 의약품 및 (비 디지털) 의료기기에 부가 가치를 추가할 수 있는 중요한 기회를 제공한다.

RCGP는 University of Oxford, Universidad de Navarra, Hospital Sant Joan de Déu, Universite Grenoble Alpes 및 Smarter Futures EESV와 협력하여 Prescribing Digital Therapeutics(PreDiGiT)라는 디지털 치료학 교육 과정의 콘텐츠를 공동 개발하고 있다.

PreDiGiT는 유럽 전역의 GP 및 임상 팀이 환자와 환자 및 인구의 건강을 개선하기 위해 적절한 시기에 안전한 방식으로 이러한 새로운 개입에 접근하고 사용할 수 있도록 지원하는 것을 목표로 한다.

코스 내용은 환자 및 DTx 개발자와 함께 포커스 그룹을 통해 정보를 제공한다. 이것은 건강 스펙트럼의 모든 이해 관계자를 고려하는 DTx의 유일한 과정이다.

이 프로젝트에는 의료 전문가, 환자 및 디지털 치료(DTx) 개발자가 세가지 아이디어 이벤트에 참여할 것이다. 각 세션에서 환자와 협력하여 DTx와 관련된 필요, 선호도, 레버 및 장벽을 식별한다.

이 프로그램은 EIT(European Institute of Technology) Health에서 자금을 지원한다.

12-2 디지털 치료제의 시장 전망

1. 디지털 치료제 시장 전망

1) 디지털 치료제의 시장 성장 요인

디지털 치료(DTx) 시장의 글로벌 시장 성장은 주로 다음 요인에 의해 영향을 받는다.

① 예방 가능한 만성질환 발생률 증가
② 예방 의료에 대한 관심 증가
③ 의료 비용 통제 필요성
④ 벤처 캐피탈 투자 대폭 증가
⑤ 디지털 치료의 이점 : 행동 변화 유도 능력, 약물 순응도 향상 및 환자 편의성 및 사용자 친근성

판매 채널을 기반으로 디지털 치료제 시장은 B2C와 B2로 구분된다. 2019년에는 B2B 부문이 가장 큰 시장점유율을 차지했다.

디지털 치료제 시장의 가장 높은 CAGR, 디지털 치료제가 제공하는 혜택과 사용으로 인한 의료비용 절감에 대한 제공자, 지불자 및 고용주 사이의 인식이 높아지고 있다.

구매자 유형에 따라 B2C 판매 채널 시장은 환자와 간병인으로 더 세분화된다. 간병인 세그먼트는 예측 기간 동안 시장을 지배하고 가장 높은 CAGR을 등록할 것으로 예상된다. 이 부문의 높은 성장은 간병인을 위한 제품 개발을 위한 회사 이니셔티브와 디지털 치료가 간병인이 환자를 더 잘 관리하는 데 도움이 된다는 사실에 기인한다.

글로벌 디지털 치료 시장은 북미, 유럽, 아시아 태평양 및 RoW로 분류된다. 2019년에는 북미 (미국 및 캐나다)가 시장에서 가장 큰 점유율을 차지했으며 유럽이 그 뒤를 이었다.

시장 성장을 지원하는 주요 요인으로는 디지털 치료제에 대한 투자 증가, 신규 신생 기업 유입, 디지털 치료제에 대한 환급 구조 개선, 기술 발전을 지원하기 위한 정부 이니셔티브 등이 있다.

2) 디지털 치료제의 시장 투자

유행성 불안과 우울증이 계속해서 사람들의 정신 건강을 해치면서 디지털 치료(DTx)가 그 어느 때 보다 중요해졌다. 이는 185억 달러 규모의 Teladoc-Livongo 합병과 결합되어 가상진료 공간에서의 경쟁을 가열하고 향후 5년 동안 560억 달러에 이르는 글로벌 DTx 시장에 도달했다.

DTx 공급업체는 미국 의료 지출에서 가장 큰 비중을 차지하는 만성질환을 치료하기 위해 기술을 활용한다. 전염병의 장기적 영향과 결합된 만성질환의 급증은 글로벌 DTx 시장의 성장을 가속화하고 있다.

DTx 시장은 지속적인 [그림 12-2]처럼 디지털 건강 자금 지원으로 부풀어 오를 것이다. 작년에 Insider Intelligence는 DTx 공간이 2025년까지 거의 90억 달러에 이를 것으로 예상했지만, 새로운 예측에 따르면 DTx는 2025년까지 560억 달러의 글로벌 기회가 될 것으로 예상한다.

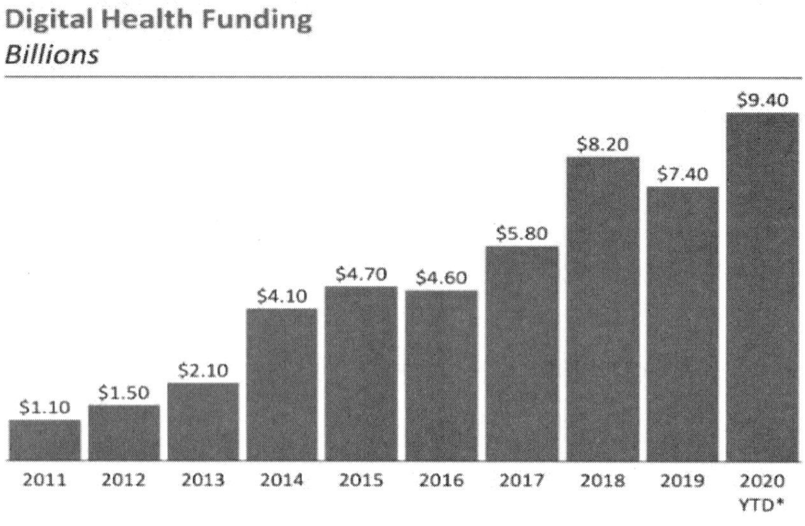

[그림 12-2] 디지털 헬스 자금투자

향후 5년 동안 디지털 치료제(DTx)기업 간의 인수 합병(M&A) 활동과 폐쇄가 증가할 것이다. 제약회사도 디지털 치료제(DTx) 제공 업체의 적극적인 인수자가 될 가능성이 높으며 대규모 M&A는 시장 성숙도와 미래 성장의 핵심 신호이다.

DTx의 유행을 따르지 않기로 선택한 사람들은 엄청난 기회를 놓칠 수 있다. 그리고 DTx 공급자와 연결될 기회에 뛰어들지 않는 제약회사와 의료기기 제조업체는 신흥 경쟁 업체에 대한 시장점유율을 잃을 위험이 있다.

Teladoc-Livongo는 디지털 치료와 가상치료 시장의 힘에 주목했다. 결과적으로 다른 원격 의료 업체들은 서비스의 가치를 높이기 위해 디지털 치료제(DTx) 플랫폼을 주목하고 있다.

시장이 계속 성장함에 따라 더 많은 원격 의료 공급업체가 디지털 치료제(DTx) 스타트 업을 구매할 수 있다.

제약회사는 성장하는 디지털 치료제(DTx) 시장의 일부를 점령하기 위해 전략적으로 디지털 치료제(DTx) 회사에 현금을 쏟아붓고 있다. 그리고 FDA가 여러 디지털 치료제(DTx)를 승인함으로써 제약회사는 투자 수익(ROI)을 보게 될 것이라는 확신을 가지고 디지털 치료제(DTx) 솔루션에 투자할 수 있다.

원격 의료 공급업체는 코로나 전염병이 확산되는 가운데 전례없는 성장을 보이고 있으며, 이제 재정적으로 안정적이고 포트폴리오를 확장할 수 있다.

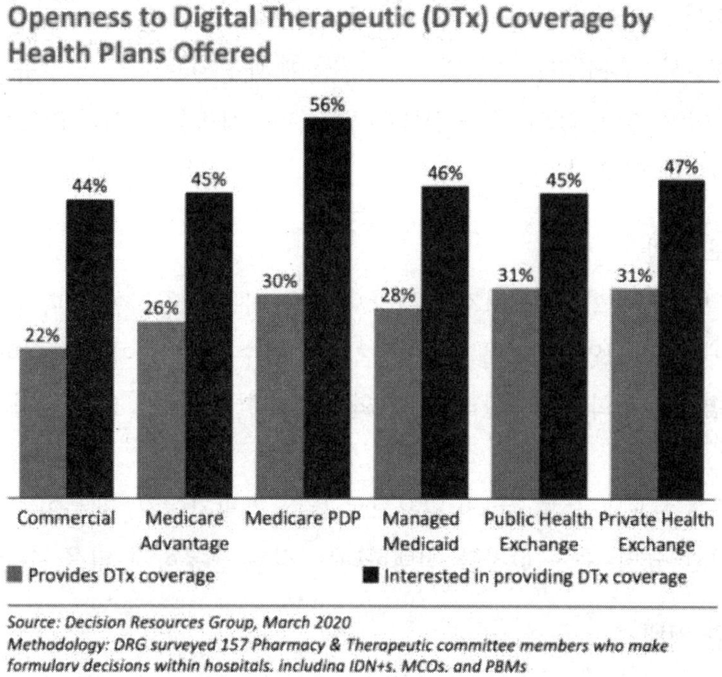

[그림 12-3] 디지털 치료제 Coverage by Health Plans Offered

디지털 치료제(DTx) 시장이 디지털 헬스 붐과 함께 성장함에 따라 더 많은 현금이 풍부한 원격 의료 공급 업체가 디지털 치료제(DTx)스타트 업을 구매하거나 자체 디지털 치료제(DTx)솔루션을 사내에서 개발할 수 있다.

3) 디지털 치료제(DTX) 커뮤니티의 중요한 요소

두 가지 사실이 디지털 건강 커뮤니티에서 DTx에 대한 현재의 관심을 불러일으킨다. DTx가 의료서비스 제공, 위험 관리 및 질병 예방 방식을 진정으로 변화시키고 있다는 증거이다.

잠재력은 첫걸음을 내딛고 있는 이 디지털 건강 부문 앞에 놓여 있다. 따라서 잠재력을 최대한 발휘하려면 DTx 커뮤니티가 중요한 요소에 계속 집중해야 한다.

(1) 과학 기반 혁신

DTx 애플리케이션 도메인은 과학적 증거로부터 지침을 받아야 하며 독립적인 동료 검토 프로세스에 의해 검증되어야 한다. 초기 검증에 이어 대규모 비용 효율성 연구는 항상 그리고 주로 환자의 최선의 이익을 위해 우수한 DTx 개입을 식별하는 데 도움이 된다.

(2) 데이터 프라이버시

DTx 솔루션(GDPR, HIPAA 및 기타 규정)에 내장된 프라이버시 규정 준수는 표준 기능이어야 한다. DTx 제공 업체는 법적 변경사항을 주시하고 그에 따라 제품을 업데이트해야 한다.

(3) 정보 보안

사이버 범죄자들이 빠른 디지털 건강 확장을 이용하려고 함에 따라 DTx 개발자는 '설계에 의한 보안' 원칙을 채택하는 것이 필수적이다. 이는 철저한 테스트, 보안 위험 평가 문서화, 위험 관리, 운영 환경에 대한 IT 보안 요구 사항 부과를 의미한다.

규정 준수는 보안을 보장하지 않으므로 DTx 개발자이고, 제품이 통과하기 위해 사이버 보안 규정 준수 상자를 선택하려는 경우 충분하지 않을 수 있다.

(4) 통합 정책

여전히 진화하고 있지만, 독일 규제 기관이 만든 새로운 DTx 시장 역학은 경쟁의 장을 평준화하는 매우 고무적인 새로운 벤치마크를 나타낸다.

(5) 임상 및 비용 효율성

2007년과 2017년 사이에 전 세계적으로 571개가 넘는 효과 연구가 발표되었고, 현재 추세는 기하급수적이다. 또한 UK-NICE에서 개발한 디지털 건강 기술에 대한 증거 표준 프레임 워크는 디지털 개발자, 연구 자금 제공자 및 평가자(보험, 커미셔너 등)를 위한 완전한 지침을 나타낸다.

DTx 효능 및 효과의 증거는 메타 분석, 체계적인 검토, 무작위 대조 시험 또는 관찰 연구의 형태를 취할 수 있다. 이 모든 것은 DTx를 Standards of Care 프로세스에 채택하기 위한 필수 기준 중 일부인 클레임 및 비용 효율성 검증에 필수적이다.

(6) 임상의에 의한 채택

처음에는 표준 치료 지침에 통합되어 이 채택을 확장하려면 효과 연구에서 제공하고 가치 기반 치료 시스템으로 보상을 받는 증거에 기반을 둔 강력한 인센티브와 캠페인이 필요하다. 서비스 케어 모델당 요금은 장기적으로 DTx 의사 채택에 역효과를 줄 것이다.

(7) 환자의 입양

고무가 도로와 만나는 곳이기 때문에 고려해야 할 가장 중요한 요소일 것이다. 환자의 수용 및 궁극적인 채택은 사용자 인터페이스(수동으로 데이터를 입력하기 위한 최소한의 요구 사항)에서 정서적 활성화 및 측정 가능한 결과에 이르기까지 다양한 요인에 따라 달라진다. 분명히 스마트폰 및 인터넷 보급은 이러한 채택을 더 지원하고 가속화 할 것으로 예상된다.

4) 디지털 치료제의 성공 요인

(1) 가치 기반 치료(VBC) 체계와의 통합

디지털 치료의 성공 여부는 데이터 흐름에 크게 좌우된다. 치료의 연속성과 데이터 무결성을 이유로 DTx는 궁극적으로 의료 시스템의 VBC 프로세스의 일부가 되기 전에 의료 제공자 워크 플로와의 통합을 모색해야 한다. 이 표준 기반의 보안 단계는 오늘날 쉽게 이루어지며 One Drop 및 BlueStar와 같은 제품은 이미 그 방향으로 나아가고 있다.

(2) 환 급

DTx 개입의 확장 성과 지속 가능성의 초석은 보험을 통해 환급을 생성할 수 있는 능력이다. 이는 독일과 미국과 같은 일부 국가에서 긍정적인 추세를 보이고 있지만, DTx의 보험 채택 속도는 다른 많은 국가에서 둔화될 만큼 존재하지 않는다. 이러한 채택은 임상 효과 연구와 명확한 규정 세트에 의해 지원되고 가속화될 수 있다.

(3) 산업 통합

DTx 공급자 분야에 진입하기 위한 장벽은 약물 연구 및 개발에 비해 현저히 낮다. 이것은 혁신을 민주화하고 무수한 디지털 건강 스타트 업과 매우 예리한 투자자 커뮤니티와 함께 활기찬 새로운 생태계를 만들었다.

이것은 혁신 품질과 양에 있어서는 좋지만 빠르게 진행되는 시장 조각화를 만들고 있다. 또한 디지털 건강 역량 구축에 대한 대규모 제약 및 Med Tech 회사의 대규모 신규 투자와 특히 DTx 개발(소위 '비약을 넘어서' 솔루션)은 여전히 취약한 시장에 대해 불일치하는 시장 지배력을 생성할 것이다.

DTx 스타트 업, 노후화에 대한 두려움 때문에 이 신생 기업은 서로를 중심으로 재편성하고 B2B와 B2C라는 두 가지 주요 비즈니스 채널을 따라 새롭고 전략적 파트너십과 동맹을 구축해야 한다.

2. 디지털 치료제의 미래

디지털 의학의 출현은 전체 의료 가치 사슬을 재편할 것이다. 약물은 거의 모든 의료 이해 관계자와 상호 작용하기 때문에 디지털 치료제(DTx)솔루션은 다양한 플레이어가 디지털 솔루션을 위한 공간을 마련하도록 이끌고 있다.

미국의 정신 건강 위기는 전염병으로 인해 악화되고 있으므로 지불인과 고용주 파트너에게 가장 매력적으로 남아 있기를 원하는 디지털 치료제(DTx)플레이어는 행동 건강 관리로 나아가야 한다.

향후 몇 년 동안 이 분야의 활동이 강화될 것으로 예상되지만 성장에 대한 몇 가지 장애물이 남아 있다.

① Medicare와 같은 정부 기반 보험사는 오래된 규제 프레임 워크로 인해 디지털 치료제(DTx)를 보장하는 속도가 느리다.

② 디지털 치료제(DTx) 공급업체는 플랫폼이 의사가 이미 작업 중인 전자건강록(EHR) 또는 소프트웨어 내에 통합되도록 해야 한다.

1) 시 장

DTx 시장이 성숙함에 따라 시너지 제휴(주로 DTx 회사 간)와 합병 및 인수를 통한 통합을 기대해야 한다. 또한 웰빙 앱과 예방 DTx 간의 경계가 흐려지면 두 분야의 플레이어 간의 통합이 촉진될 것이다.

북미는 DTx 사용자 채택에 따른 폭발적인 투자 흐름으로 2019년 DTx의 글로벌 리더로 부상했지만, 유럽은 규제로서 안정적인 2위를 차지하고 투자 인센티브 롤아웃을 장려한다. 그럼에도 불구하고 아시아 태평양 지역은 증가하는 노인 인구와 높은 디지털 문해력 수준과 함께 광범위한 소비자 기반 덕분에 2027년까지 가장 빠른 성장을 목격할 준비가 되어 있다.

2) 기 술

DTx에 대해 감시해야 할 두 가지 흥미로운 기술 관련 영역이 있다.

(1) DTx 개발 및 큐 레이션 플랫폼

이는 시장 출시 속도와 확장 모두에 중요하다. 이러한 플랫폼을 채택하면 DTx 회사가 핵심 비즈니스(과학)에 계속 집중하고 목적에 맞는 인프라 및 보안 기능을 활용할 수 있다. Accenture의 Intient DTx 플랫폼은 확실히 앞으로 나올 많은 플랫폼 중 하나이다.

(2) 신흥 기술

DTx 솔루션의 발전은 이러한 접근 방식이 성숙함에 따라 새로운 기술의 힘을 활용할 수 있는 능력에 크게 좌우될 것이다.

Smart Advisors, Affective Computing, Cognitive Computing, Biochips, Haptics, Volumetric and Holographic Display, Natural Language Questions Answering은 DTx 로드맵에서 특별한 위치를 요구하는 몇 가지 유망한 기술이다.

3) 개입 스펙트럼(필드 범위)

지금까지 새로운 기술과 새로운 과학적 증거가 합쳐지면서 DTx가 다루는 질병 및 장애 목록은 기하급수적으로 확장될 것이다. 또한 정신 건강은 여전히 DTx에게 최적의 장소이며 앞으로도 계속해서 더 많은 개입을 제공할 것이다.

DTx 다음으로 큰 영향을 미치는 영역은 만성질환 및 비만 및 흡연과 같은 관련 위험 요소가 될 것이다.

참고로 DTx Alliance는 웹 사이트에서 치료 도메인에 대한 업데이트된 개요를 유지한다. 새로운 개입 영역을 정복하는 동안 디지털 치료는 다양한 문화와 언어에 적응하고 개인화되고 정확하며 예측 가능한 알고리즘 기능을 개발하기 시작하면 새로운 수준의 성숙도에 도달할 것이다.

4) 다중 조건 관리(필드 깊이)

의료 분야의 현실은 만성질환 환자가 공동 이환 및 기타 위험 요소를 매우 자주 가지고 있음을 시사한다. 실제로 본태성 고혈압, 제2형 당뇨병, 양측 녹내장 및 만성 요통을 동반한 비만 62세 흡연자는 오늘날 모든 GP 대기실에서 볼 수 있는 거의 고정 관념에 해당한다.

말할 필요도 없이 일부 디지털 치료법이 오늘날까지 발전했더라도 주어진 환자에 대해 한 번에 하나의 상태만 관리할 수 있다.

그의 약물 외에도 62세 환자가 각 상태를 개별적으로 관리하기 위해 4가지 DTx 앱 사이를 저글링하는 것은 비생산적일 것이다.

금연을 위한 SmokeFree, 간헐적 단식을 통해 체중을 관리하는 Fastic, 관리를 위한 MySugr 그의 당뇨병, 그리고 그의 MSK 상태에 대한 Kaia Health의 모션 코치, 차세대 DTx의 진정한 잠재력은 새로운 기술의 힘을 활용하고 예측 가치의 높은 신뢰성과 동시에 여러 조건을 관리하는 능력을 개발할 수 있는 능력에 있다.

수행 내용

재료 · 자료

• 디지털 치료제 관련 자료

기기(장비 · 공구)

• 컴퓨터, 문서작성 프로그램, 프린터, 주변기기

안전 · 유의사항

• 디지털 치료제 관련 장비의 안전 및 유의사항을 숙지한다.

수행 순서

01 디지털 치료제 치료영역의 특징과 신규 시장영역 등에 대하여 분석하라.

결과를 개선하기 위해 단독으로 또는 다른 표준 치료와 결합하여 임상 조치 메커니즘을 제공하는 소프트웨어인 디지털 치료제(DTx)는 의료 시스템에 대한 많은 의문을 제기하는 새로운 종류의 치료 중재이다.

DTx는 디지털 건강 제품의 한 부분을 나타내며 모바일 건강(mHealth) 제품 또는 웨어러블 장치와 같은 다른 제품과 구별될 수 있다.

특히 측정 가능한 임상 결과에 미치는 영향이 입증되었다. 독립형 제품 또는 다른 치료와 함께 사용하기 위한 DTx는 다양한 건강 상태에 대한 새로운 치료 방법으로 부상하고 있다.

미국식품의약국(FDA)에서 당뇨병, 천식, 우울증, 및 물질 사용 장애의 치료제인 reSET는 물질 사용 장애 치료를 위해 FDA의 승인을 받았다.

DTx 제품은 의약품 사용 수정, 의약품 사용과 무관하게 환자 행동 수정, 의학적 상태 치료 또는 환자의 근본적인 생리적 반응에 영향을 미치는 등 다양한 잠재적 기능을 가지고 있다.

또한 많은 사람이 의료서비스 제공자에게 데이터를 제공할 능력이 있다.

일반적으로 DTx의 좋은 표적이 되는 치료 영역의 특징은 다음과 같다.

① 빈번한 고접촉 치료가 필요한 만성질환
② 부작용 위험이 높은 기존 치료법 또는 치료법이 없는 질병(미충족 의료 요구 사항)
③ 소프트웨어로 기존 치료법을 강화할 수 있는 복잡한 질병 및 질병)
④ 증가된 상호작용으로부터 이익을 얻을 수 있는 질병(예 치료-모니터-치료 루프를 가능하게 하는 환자 데이터 추적 또는 순응도 지원)
⑤ 의료 제공자와 상호 작용하려는 환자의 의지에 영향을 미칠 수 있는 낙인과 관련된 질병

제공자 및 기타 이해 관계자는 비효율성을 줄이고, 접근성을 높이고, 비용을 절감하고, 품질을 높이고, 환자에게보다 개인화된 의약품을 만들기 위해 디지털 건강 기술을 사용하고 있다.

DTx는 원격 환자 참여, 더 나은 결과 캡처 및 추적, 치료 정보를 제공하는 가상 건강 모니터링 및 코칭을 허용하여 의료서비스 제공을 혁신할 수 있는 잠재력을 가지고 있다.

또한 여러 시장 세력이 DTx의 개발 및 사용을 지원하고 있다. 예를 들어 환자는 건강에 영향을 미치도록 설계된 스마트폰 앱에 대한 높은 수준의 환자 및 간병인의 관심과 함께 점점 더 디지털 채널을 사용하여 의료 및 의료 제공자와 소통하고 있다.

의료 시스템이 가치와 결과에 점점 더 초점을 맞추면서 DTx를 통해 제공자는 방문 사이에 환자를 모니터링하고 개입할 수 있으며, 결과를 평가하는 데 사용할 수 있는 데이터를 캡처하고 추적할 수 있다.

이 신흥 제품 범주가 발전함에 따라 의료 시스템에 많은 도전과 기회가 있고, DTx의 최적 활용을 촉진하는 프레임 워크를 구축하려면 건강 관리 제품 및 서비스 제공을 위한 기존 인프라의 조정이 필요하다.

① DTx는 의료 분야의 기존 디지털 제품과 어떻게 다릅니까?
② DTx는 의학적 상태 관리, 장애 또는 질병 예방, 약물 사용 최적화 또는 질병 또는 장애 치료에 어떤 역할을 합니까?
③ 제3자 지불인이 디지털 치료를 받는 데 필요한 증거 기준은 무엇입니까?
④ 어떤 유형의 환급 및 계약이 적절합니까?
⑤ 약국 및 의료 혜택 내에서 어디에 적합합니까?

출처 : https://www.jmcp.org/doi/full/10.18553/jmcp.2020.19418

학습 12

02 어플리케이션 별 디지털 치료 시장 예측에 대하여 분석하라.

글로벌 디지털 치료제 시장은 예측 기간(2020-2025) 동안 CAGR 26.7 %로 2020년 21억 달러에서 2025년 69억 달러에 이를 것으로 예상된다. 디지털 치료 시장의 성장은 주로 예방 의료를 위한 정부 이니셔티브, 모바일 의료의 기술 발전, 벤처 자본 투자의 상당한 증가, 행동 변화를 유도하는 능력과 같은 디지털 치료의 이점과 같은 요인에 의해 주도된다.

의료 분야의 주요 과제는 사용자 친화성, 환자 편의성 및 개선된 약물 준수이고, 반면에 개발 도상국의 디지털 치료 프로그램에 대한 인식 및 접근 부족, 환자 데이터 프라이버시 문제, 불안정한 지불 모델이다.

B2B 세그먼트는 예측기간 동안 가장 높은 CAGR로 성장할 것으로 예상된다.

판매 채널을 기반으로 디지털 치료 시장은 B2C(Business-to-Customer)와 B2B (Business-to-Business)로 구분된다.

2019년에는 B2B 부문이 가장 큰 시장점유율을 차지했다. 또한 디지털 치료제 시장에서 가장 높은 CAGR로 성장할 것으로 예상된다.

공급자, 지불자 및 고용주 사이에서 디지털 치료법이 제공하는 혜택과 그 사용으로 인한 의료비용 절감에 대한 인식이 높아지고 있다. 또한 의약품과 함께 준수 서비스를 제공하기 위해 디지털 치료제와 의약품을 통합하려는 제약회사의 성향이 증가하고 있다. 이들은 이 시장 부문의 높은 점유율을 담당하는 몇 가지 요인이다.

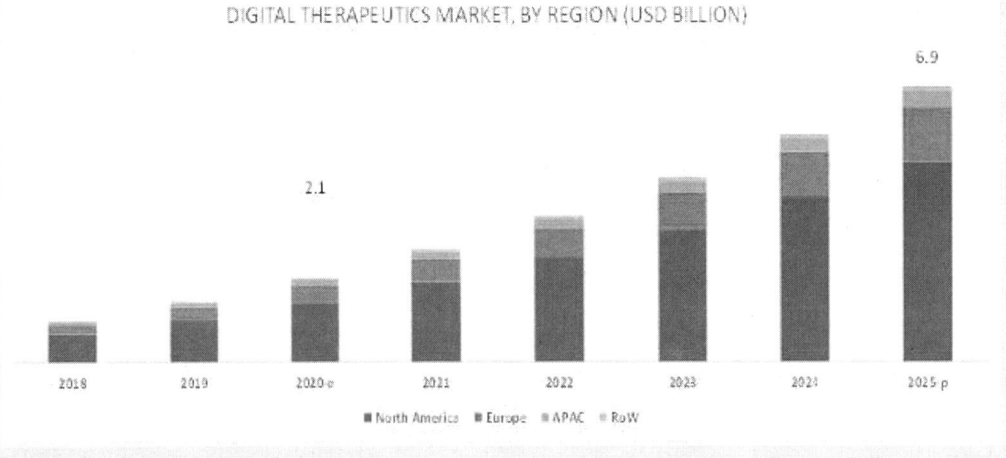

글로벌 디지털 치료 시장은 북미, 유럽, 아시아 태평양 및 RoW로 분류된다. 2019년에는 북미(미국 및 캐나다)가 시장에서 가장 큰 점유율을 차지했으며 유럽이 그 뒤를 이었다. 시장 성장을 지원하는 주요 요인에는 디지털 치료에 대한 투자 증가, 신규 신생기업 유입, 디지털 치료에 대한 환급 구조 개선, 기술 발전을 지원하기 위한 정부 이니셔티브 등이 있다.

03 디지털 치료제 시장의 주요 업체에 대하여 분석하라.

디지털 치료제 시장은 본질적으로 분열되어 있으며, 1차 및 중급 기업을 포함하여 시장점유율을 놓고 경쟁하는 많은 플레이어가 있다.

글로벌 디지털 치료 시장의 저명한 업체로는 Noom(미국), Livongo Health(미국), Omada Health(미국), WellDoc(미국), Pear Therapeutics(미국), Proteus Digital Health(미국), Propeller Health(미국), Akili Interactive Labs(미국), Better Therapeutics(미국), Happify(미국), Kaia Health(독일), Mango Health(미국), Click Therapeutics(미국), Canary Health(미국), Wellthy Therapeutics(인도), Cognoa(미국), Ayogo Health(캐나다), Mindstrong Health(미국), 2Morrow(미국), Ginger(미국)가 있다.

Omada(미국)은 Omada Health는 디지털 치료 분야의 선구자이다. 이 회사는 솔루션, 특히 디지털 당뇨병 전증 프로그램 '예방'을 개선하기 위해 상당한 투자를 유치했다. 2019년 6월, 회사는 예방 가능한 만성질환에 초점을 맞춘 디지털 의료건강 프로그램 개발을 위해 투자자로부터 7,300만 달러를 확보했다. 유기적 성장을 지원하기 위해 회사는 제품을 지속적으로 개선하고 업그레이드하기 위한 R&D에 집중하고 있다. 이와 관련하여 2016년 2월 Omada는 증가하는 고객의 요구 사항을 충족하도록 설계된 추가 기능이 포함된 새로운 버전의 Prevent 프로그램을 출시했다.

또한 회사는 당뇨병을 넘어서 제품 제공 범위를 넓히는 데 초점을 맞추고 있다. 2019년 1월에는 불안과 우울증을 위한 정신 건강 프로그램인 mHealth Platform을 시작했다.

04 디지털 치료제 제품 및 시장에 대한 3가지 오해에 대하여 분석하라.

디지털 치료제(DTx) 시장과 제품은 건강헬스 산업의 유행어 중 높은 순위를 차지한다. 이는 질병 또는 상태를 예방, 관리 또는 치료하기 위해 환자 경로 전체에 증거 기반 치료 개입을 제공하는 디지털 솔루션으로 정의할 수 있다.

2013년 미국 식품의 약국(FDA)에서 제2형 당뇨병 환자를 위한 디지털 비서 BlueStar의 승인을 받은 이래 디지털 치료제(DTx) 시장 및 제품은 점점 더 빠른 속도로 발전해 왔다.

향후 몇 년 동안 예상되는 디지털 치료제(DTx) 글로벌 시장은 연간 성장률이 약 20%를 끌어 올렸다. 이러한 빠른 개발은 의료 시스템에서 디지털 치료제의 위치와 제약 업체에 대한 관련 기회에 관한 모호한 질문을 유발한다.

■ **오해 # 1 : 모든 디지털 치료제(DTx)는 거의 비슷하다.**

디지털 치료제(DTx)가 진화함에 따라 이들과 시장에 존재하는 수많은 웰빙 앱 사이의 경계선이 더 명확하다. 본질적으로 구별은 디지털 치료제(DTx)에 대한 임상적 증거의 존재에 있다. 그러나 디지털 치료제가 동질적이라고 생각하는 것은 너무 단순하다.

사실 디지털 치료제(DTx) 시장은 환자 관리 최적화를 목표로 하는 솔루션(때때로 디지털 케어라고도 함)과 가시적인 생리적 또는 임상적 효과를 산출하여 순수한 디지털 치료제(DTx)로 자격을 부여할 수 있는 솔루션 사이에서 점점 더 양극화되고 있다. 이러한 각 그룹에는 고유한 특성과 기회가 있다.

이 스펙트럼의 한쪽 끝에서 당뇨병 및 심혈관질환과 같은 만성질환의 예방 및 관리를 위한 수많은 솔루션은 삶의 질 향상 또는 관련 의료비용 절감을 입증하고자 한다.

이 디지털 치료제(DTx) 유형의 임상적 검증은 (특히 약물에 비해) 다소 간단하다고 간주될 수 있으며, 일반적으로 1-2개의 간단한 평가 변수를 기반으로 한다.

예를 들어 만성질환의 예방 및 치료를 위한 디지털 라이프 스타일 중재 프로그램의 미국 기반 개발자인 Omada Health는 체중 감량을 위한 디지털 행동 상담 프로그램이 당뇨병, 뇌졸중 및 심장병 등이다.

종종 이러한 솔루션의 개발자는 개인 지불자로부터 상환을 확보하는 것을 목표로 한다. 따라서 만성질환 환자를 위한 디지털 플랫폼의 또 다른 미국 개발업체인 Livongo는 4개의 주요 국가 건강 계획 및 혁신적인 건강 시스템과 파트너십을 맺고 있다.

이 시장의 명백한 단순성은 치열한 경쟁과 매우 높은 고객 확보 비용(때로는 수백 달러에 가까운)으로 점차 레드 오션으로 변모하고 있음을 언급하는 것이 중요하다.

반면 순수 DTx는 의료 규제 당국의 승인을 얻고 보상을 청구하는 데 필요한 임상 관련성을 입증하기 위해 임상시험에 들어간다.

이러한 임상시험은 본질적으로 약물에 대한 기존의 임상시험에 더 가까운 경향이 있으며 매우 구체적인 평가 변수를 목표로 한다. 따라서 벨기에의 통증 및 불안 완화를 위한 가상 현실 기반 최면 솔루션 개발사인 Oncomfort는 센서와 체포자가 등록한 생리적 및 신경 생리 학적 변화를 추적하여 통증 자극의 효과를 솔루션 유무에 따라 비교하는 임상 연구를 후원하고 있다. 최근 성공한 또 다른 예는 Pear Therapeutics가 개발하고 2020년 의료기기에 대한 전통적인 경로에 따라 FDA의 승인을 받은 만성 불면증 환자를 위한 처방 디지털 치료제인 Somryst이다.

Somryst 맞춤형 신경 행동 중재는 임상적으로 불면증의 심각성을 개선하는 것으로 입증되었다. 뿐만 아니라 수면 시작 대기 시간과 수면 시작 후 깨어난다.

임상적 가치에 대한 확실한 증거와 환급을 목표로 하는 것의 단점은 DTx 플레이어가 번거로운 절차를 따르고, 엔드 포인트 선택에 대한 높은 수준의 과학 및 의학 토론에 참여하고, 규제 기관 및 지불인과 협상해야 한다는 것이다.

■ **오해 # 2 : 모든 DTx는 약물과 경쟁하는 독립형 솔루션이다.**

DTx는 기존 약리학 솔루션의 대안으로 자리매김할 수 있다. 그러나 Oncomfort와 같은 드문 예를 제외하고 디지털 치료제는 약리학적 치료를 대체하도록 설계되지 않고 오히려 약물치료에 앞서 행동(예 질병 예방)하거나 보완 및 향상시키기 위해 설계되었다.

따라서 다양한 DTx 솔루션은 디지털 개입 덕분에 환자의 치료 순응도를 향상시킨다. 특정 환자 평가 변수를 개선하기 위한 DTx의 경우 종종 조합으로 사용된다. 마약으로 예를 들어 미국에 기반을 둔 또 다른 처방 디지털 의학 회사인 Akili는 장애에 따른 전반적인 장애의 변화를 추적하여 주의력 결핍 과잉 행동 장애가 있는 환자에서 각성제와 함께 소프트웨어의 영향을 입증하는 임상 연구를 후원하고 있다.

이러한 관점에서 DTx의 비즈니스 모델 딜레마 중 하나는 특정 약물과 함께 번들로 제공하여 포괄적인 환자 중심 솔루션을 제공할지 아니면 다음과 결합하여 환자의 결과를 개선할 수 있는 독립형 제품으로 마케팅할지를 선택하는 것이다.

■ **오해 # 3 : DTx는 순수 기술기업을 위한 놀이터이다.**

실제로 DTx 생성에는 탁월한 디지털 기술과 반복적인 방식으로 사용자 친화적인 솔루션을 개발하는 데 필요한 민첩성이 필요하며, 기존 제약회사보다 디지털 스타트 업에서

학습 12

더 자주 발생한다.

그러나 DTX-전문 기업은 연구 전문 지식, 폭넓은 경험 규제 승인 및 보상 절차의 이해, 지불 그리고 임상 사례 등에 대하여 제약 플레이어들과 협력한다.

이러한 공생의 이점은 앞서 언급한 처방 DTx 개발자인 Novartis와 Pear Therapeutics 간의 파트너십을 통해 알 수 있듯이 협업을 계속할지를 결정하기 위해 자주 재평가되어야 한다. 두 회사는 2018년부터 조현병 및 다발성 경화증 치료를 위한 DTx 솔루션을 공동 개발하고 있다. 이 협업은 여전히 진행 중인 것으로 보이지만 2019년 말에 Sandoz(Novartis 회사)는 약물 사용 장애 치료를 위한 처방 DTx인 reSET의 공동 프로모션 계획에서 벗어났다.

DTx 개발자와 제약회사는 보완적인 역량 집합의 혜택을 누리지만 더 연결된 환자 데이터 공간을 구축하여 시너지 효과를 찾을 수도 있다. 좋은 예는 Roche와 세계에서 가장 인기 있는 디지털 당뇨병 플랫폼 중 하나인 mySugr 간의 파트너십이다.

Roche의 연결된 혈당 측정기 Accu-Chek에는 FDA 승인 당뇨병 관리 앱 Accu-Check Connect가 함께 제공되어 환자가 혈당 수준을 추적할 수 있고 포괄적인 mySugr 당뇨병 관리 플랫폼과 동기화된다.

결론적으로 제약회사의 질문은 "디지털 치료에 참여할지 여부"에서 "DTx가 계속해서 치료 계획의 통합 부분이 될 환경에서 성공하는 방법"으로 바뀠다. 이러한 맥락에서 제약회사는 개발할 DTx에 대한 가장 관련성이 높은 가치 제안을 해독하고 이를 기존 약물 포트폴리오(조합 또는 독립형)에 통합하는 방법을 선택하고 진행할 올바른 파트너를 선택해야 한다.

학습활동.12 교수 · 학습 방법

교수 방법

- 디지털 치료제의 시장동향에 대한 관련 용어, 구성, 방식 이해 정도를 파악한 후 수업을 진행한다.
- 교수자의 주도로 디지털 치료제의 시장동향 등의 내용을 PPT 자료로 제시한 후 설명한다.
- 가능하면 사전에 개인별 학습 자료를 준비하여 모든 학생이 참여할 수 있는 문제 해결식 수업, 협력 수업이 가능하도록 한다.
- 디지털 치료제의 시장동향 전 과정을 작업의 순서에 따라 단계적으로 실습이 이루어질 수 있도록 지도한다.
- 교재를 통해 수업을 준비하는 데 있어서 필요한 모든 정보나 팁, 힌트 등 도움이 될 만한 내용을 확인할 수 있다.
- 학생들이 만들게 될 각 모델은 수업시간에 중점적으로 다뤄질 부분과 어휘, 질문, 답을 포함하고 있으며 또한 탐구할만한 추가적인 아이디어들도 포함하고 있다.

학습 방법

- 디지털 치료제의 시장동향에 대한 관련 용어를 숙지하고, 디지털 치료제의 시장동향에 대해 이해한다.
- 디지털 치료제의 시장동향의 각 단계별 중점 사항을 체계적으로 학습한다.
- 디지털 치료제의 시장동향의 수행순서의 전 과정을 실습한다.
- 디지털 치료제의 시장동향의 내용을 이해한다.
- 디지털 치료제의 시장동향을 이해하고 숙달이 될 때까지 학습한다.

학습활동.12 평가 및 피드백

평가 준거

- 평가자는 피평가자가 수행 준거 및 평가 내용에 제시되어 있는 내용을 성공적으로 수행할 수 있는지를 평가해야 한다.

학습 12

학습내용	평가항목	성취수준		
		상	중	하
디지털 치료제의 시장동향	디지털 치료제의 시장동향을 이해할 수 있다.			

평가 방법

- 작업 포트폴리오

학습내용	평가항목	성취수준		
		상	중	하
디지털 치료제의 시장동향	디지털 치료제의 시장동향을 이해할 수 있다.			

- 필기시험

학습내용	평가항목	성취수준		
		상	중	하
디지털 치료제의 시장동향	디지털 치료제의 시장동향을 이해할 수 있다.			

- 체크리스트를 통한 관찰

학습내용	평가항목	성취수준		
		상	중	하
디지털 치료제의 시장동향	디지털 치료제의 시장동향을 이해할 수 있다.			

- 피드백

1. 작업 포트폴리오
   - 제출한 보고서를 평가한 후 주요 사항에 대하여 표시하여 돌려준다.
2. 필기시험
   - 평가 결과 성적이 저조한 학생은 보고서 제출 기회를 부여한다.
3. 체크리스트를 통한 관찰
   - 실습 과정에서 평가한 후 개선해야 할 사항 등을 정리하여 돌려둔다.

참 | 고 | 문 | 헌

1. 남상엽 외, 인공지능기술, 상학당, 2016.3.10.
2. 박종일, 스마트헬스케어와 의료AI, 2018년 주오기업전략기술로드맵 issue report, 2019.1.
3. 이준기 기자, R&D 데이터 통합 수집 · 공유… 신약개발 3년으로 대폭 단축, 디지털타임스, 2020.12.15.
4. 김태형, 데이터가 생명을 살린다, 한국바이오 협회, 2020.9.1.
5. 개인정보보호위원회, 가명정보 처리 가이드라인, 2020.9.
6. 관계부처합동, 신산업 네거티브 규제 발굴 가이드라인, 2018.2.
7. 이진면 외, 중국의 빅데이터산업 육성과 정부의 역할, KIET, 2018.4.
8. NCBI Data and User Services, https://www.nlm.nih.gov/about/2019CJ.html)
9. Genomics in healthcare: GA4GH looks to 2022, https://www.biorxiv.org/content/10.1101/203554v1
10. 바이오스펙테이터, 英 국민 유전체검사 시행의 의미, http://www.biospectator.com/view/news_view.php?varAtcId=5872
11. 바이오스펙테이터, "100만명 바이오 빅데이터 구축 · 연 4조 R&D 투자", http://www.biospectator.com/view/news_view.php?varAtcId=7684
12. DNA.Land is a framework to collect genomes and phenomes in the era of abundant genetic information, Nature Genetics 50, 160–165, https://www.nature.com/articles/s41588-017-0021-8, 2018.
13. [메디게이터] GSK와 23앤드미의 신약개발을 위한 개인 유전체 데이터 빅딜, https://www.medigatenews.com/news/1059961358
14. [메디게이터] 유전체 빅데이터 마이닝 기술 기반의 신약 개발, http://www.medigatenews.com/news/2320049700
15. Deep learning in biomedicine, Nat Biotechnol. 2018 Oct;36(9):829-838, https://www.nature.com/articles/nbt.4233
16. Combining genomics and epidemiology to track mumps virus transmission in the United States, PLOS Biology, 2020, https://doi.org/10.1371/journal.pbio.3000611
17. Public health surveillance and data collection: general principles and impact on hemophilia care, Hematology, https://doi.org/10.1179/102453312X13336169156537, 2012.
18. Mayo Clinic to sequence 100K participants to build genomic database for improved care and research in collaboration with Helix, https://newsnetwork.mayoclinic.org/discussion/mayo-clinicto-sequence-100k-participants-to-build-genomic-database-for-improved-care-and-research-incollaboration-with-helix/
19. Through partnership with Color, 10K NorthShore patients will get whole genome sequencing, https://medcitynews.com/2019/01/color-northshore/

20. Data-sharing brings hope to rare disease patients around the globe, https://www.ga4gh.org/news/data-sharing-brings-hope-to-rare-disease-patients-around-the-globe/
21. https://deep-dive.pharmaphorum.com/magazine/digital-health-innovation-2020/germanys-digital-health-changes-will-boost-digital-therapeutics/
22. 손정만 외, "05 의료기기 소프트웨어 설계제작", 의료기기연구개발 NCS 학습모듈, www.ncs.go.kr

학습 1	디지털 치료제의 개요
학습 2	디지털 치료제의 종류와 분류
학습 3	디지털 치료제의 빅데이터 기술활용
학습 4	디지털 치료제의 인공지능 기술활용
학습 5	디지털 치료제의 블록체인 기술활용
학습 6	디지털 치료제의 사물인터넷 기술활용
학습 7	디지털 치료제의 디지털 트윈 기술활용
학습 8	디지털 치료제의 XR 기술활용
학습 9	디지털 치료제의 디지털 콘텐츠 기술활용
학습 10	디지털 치료제의 개발 · 허가 · 심사
학습 11	디지털 치료제의 응용
학습 12	디지털 치료제의 시장동향

학습 13 디지털 치료제의 미래

학습 목표	1. 디지털 치료제의 미래를 이해할 수 있다.

13-1 디지털 치료제 미래의 개요

1. 디지털 치료제의 혁신 과제

디지털 치료법 또는 디지털 기술을 포함하는 치료 옵션은 기존 약물을 향상시키고 경우에 따라 대체 할 잠재력이 있다. 암 환자가 화학 요법을 받거나 당뇨병 환자가 처방된 치료를 준수하는 방식을 최적화하기 위한 디지털 기술이 그 예이다. 일반적으로 디지털 치료는 소프트웨어, 모바일 솔루션 또는 연결된 솔루션의 형태로 제공되며 연결된 의료기기, 질병 예방 앱 및 기기를 통한 원격 모니터링과 같은 범주에 속한다.

대체로 디지털 치료의 혁신은 환자에게 희소식이 된다. 이는 제약회사에게도 희소식이다. 우리는 이미 오늘날 디지털 치료제(DTx)를 통해 글로벌 제약 시장 가치의 5%를 처리할 수 있다고 계산했다.

그러나 기업은 새롭게 떠오르는 디지털 건강 생태계의 틈새시장에 대한 소유권을 주장하기 위해 네 가지 주요 과제를 해결해야 한다. 우리는 성공한 제약회사가 기존 역량을 최대한 활용하고 필요한 새로운 기능에 선택적으로 접근할 수 있는 기업이 될 것이라고 믿는다.

일부 제약회사에는 완전히 새로운 영역인 DTx에 필요한 서로 다른 접근 방식을 지적하면서 네 가지 과제를 살펴보고자 한다.

과제는 핵심 기회를 식별하는 것이다. 고유한 가치 제안을 제시한다. 더 광범위한 환자 인구와 시장에 접근, 현재 운영 모델을 빠르게 변경하고 기능 격차를 메운다.

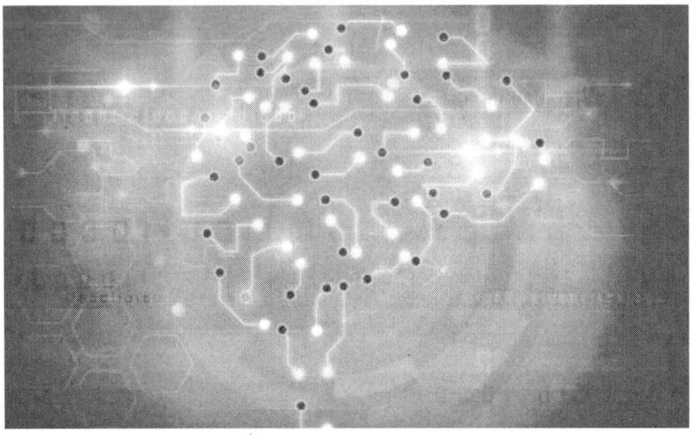

[그림 13-1] 디지털 치료제의 혁신

1) 올바른 기회 식별

회사는 가장 매력적인 치료 영역과 디지털화 가능성에 대한 철저한 평가부터 시작하는 것이 좋다. 특히 기업은 다음을 살펴봄으로써 각 치료 영역 내에서 DTx 잠재력을 고려해야 한다.

① 질병의 현재 고통
② DTx 시장 및 확장 가능성
③ 현재 비즈니스 및 필요한 투자로부터의 접근성

예를 들어 종양학에서 환자와 의사는 늦은 진단, 치료를 개인화할 수 있는 제한된 능력 및 화학 요법의 엄청난 부작용을 처리해야 한다.

더욱이 매우 강력한 화학 요법 약물을 경구로 복용하고 환자가 약물 투여를 담당하게 되면 의사의 지시를 따르는 것이 중요하다.

DTx는 미국에 기반을 둔 디지털 알약 개발자인 Proteus Digital Health가 보여준 것처럼 이러한 문제점을 해결할 수 있다. 새로운 종양학 제품은 환자가 웨어러블 몸통 패치를 통해 환자의 위장에서 데이터를 환자용 앱과 의료 제공자 포털에 제출하는 센서를 섭취할 때 작동한다.

이것은 DTx가 환자와 의사가 약물 및 치료 요법을 보다 효과적으로 관리하도록 지원하여 환자 결과에 가치를 더할 수 있는 방법을 확인한 회사의 예이다.

막 시작하는 기업은 환자의 관점에서 특정 적응증을 분석해야 한다. 또한 모든 의학적으로 관련된 치료법이 수익성이 있는 것은 아니므로 가격 벤치마크와 DTx 솔루션 확장 가능성을 고려해야 한다. 그리고 현재 제품 포트폴리오와 기존 기능을 어디에 적용할 수 있는지 보기에는 아직 이르지 않다

2) 고유한 가치 제안 개발

DTx 시장은 점점 더 전통적인 제약회사가 디지털 플레이어와의 협력을 통해 진입함에 따라 점점 더 경쟁이 치열해지고 있다. 치열한 경쟁으로 인해 처음부터 강력한 가치 제안을 얻는 것이 중요하며, 그 가치 제안은 환자와 의사 및 지불인과 같은 다른 그룹을 다루어야 한다.

제약회사는 솔루션을 마케팅할 새로운 방법을 준비해야 한다. 의약품을 마케팅할 때 회사는 의사와 환자에게 제품에 대해 알리는 데 중점을 둔다. 그러나 디지털 치료 분야에서는 고객 상호작용의 범위와 고객과의 접점 수가 증가하고 있기 때문에 브랜딩과 사용자 경험이 중요한 차별화 요소이다.

즉 디지털 솔루션이 충족되지 않은 의료 요구 사항을 해결하는 데 국한되어서는 안된다. 또한 디지털 솔루션은 환자 여정에 관련된 모든 이해 관계자의 요구를 충족해야 한다.

3) 환자와 시장에 대한 폭넓은 접근확보

세번째 과제는 더 많은 환자 집단과 시장에 접근할 수 있는 혁신적이면서도 실용적인 방법을 찾는 것이다. 여기서도 DTx의 땅은 전통적인 제약의 땅과 다릅니다. 두 가지 전략이 있다.

① 환급을 통해 DTx 채택 증대
② 디지털 수익화 체계를 통해 DTx 채택 증대

학습 13

임상 검증 및 규제 승인이 디지털 치료의 광범위한 채택에 핵심이 될 것으로 기

대한다. 시장 승인은 검증된 건강 청구, 처방 및 궁극적으로 환급을 통해 시장에 진출하는 길을 열어준다. 이는 환자 채택을 유도하고 제약회사의 확장성을 확보한다. 기업이 지불인과 협상 할 때 시장 출시 시간이 단축되고 지속적으로 판매 후 버전 업데이트가 필요하므로 DTx를 통해 새로운 과제에 직면하고 새로운 기회를 찾을 수 있다.

새로운 유료 모델도 가능하다. 예를 들어 Virta Health 앱을 운영하는 회사는 다른 기능 중에서도 개인 데이터 분석을 기반으로 한 개별화된 코칭을 통해 환자에서 임상적으로 관련된 당뇨병 회복을 달성할 수 있는 능력을 기반으로 유료 모델에서 청구로 전환할 것이라고 발표했다. 성공은 HbA1c 수준과 같은 당뇨병 역전 지표로 측정된다.

환급되지 않는 제품의 경우 기업은 수익화를 위해 다른 산업의 옵션을 탐색할 수 있다. 두통 유발 인자에 대한 의료 문서를 제공하는 온라인 치료 보조인 M-Sense가 채택한 '프리미엄'모델이 그 예이다.

익명으로 집계된 환자 데이터를 아웃 라이센스 또는 판매하는 것도 옵션이 될 수 있다.

4) 성공적인 운영 모델 설계

신규 진입자는 새로운 디지털 게임에서 승리하는 데 필요한 기능과 현재 운영 모델에 필요한 변경 사항을 식별해야 한다. 또한 새로운 시장에 맞게 기존의 많은 역량을 조정해야 한다.

변화는 전반적으로 올 것이다. R&D에서 기업은 디지털이 제품에서 환자 중심의 관점으로 초점을 이동한다는 사실을 이해해야 한다. 즉 환자의 피드백을 지속적으로 디지털 제품이나 치료법에 통합해야 한다는 의미이다. 다른 중요한 점은 환자와 의사에게 치료를 제공하기 위한 디지털 인프라의 필요성과 같은 기술 제공 및 배포에 대한 요구 사항을 변경하는 것이다.

마지막으로 거버넌스 및 기업 구조는 치료 분야에서 벗어나 디지털 치료에 더 적합한 모델로 이동해야 할 수 있다.

대체로 우리는 전통적인 제약회사가 DTx로 성공하는 데 필요한 모든 기능을 보유하는 것은 비현실적이라고 믿는다.

따라서 그들은 격차를 좁히기 위해 사내 역량 구축에서 M & A에 이르는 옵션을 신중하게 고려해야 한다.

2. 디지털 치료제의 융합을 통한 미래

디지털 치료제는 AI, 앱, 게임, XR(VR/AR/MR/HR), 챗봇 등의 형태를 가진 고도의 소프트웨어 프로그램에 기반하며 질병이나 장애를 치료, 예방 및 관리하는 제품으로 의약품과 마찬가지로 엄격한 치료 효과 검증과 규제 기관의 인허가를 거친 후 출시 한다.

보통 디지털 치료제는 과거의 치료제를 구분하여 분류하면 1세대 치료제인 합성화합물, 2세대 치료제인 생물제제(항체, 단백질, 세포)에 이은 제3세대 치료제로 디지털 치료제로 분류되기도 하며 인공지능의 발전 및 디지털 기기의 일상화와 맞물려 그 성장 가능성이 높을 것으로 주목받고 있다.

디지털 치료제의 형태 기술별 미래를 다음과 같다.

1) 빅데이터와 인공지능을 활용한 미래

한 여성은 직장에 출근하는 중 자신의 휴대폰으로 약국에 들러 혈액과 소변 검사를 하라는 알람을 받는다. 이 알람은 그녀의 건강관리 기록, 의료영상 이미지, 유전체 데이터, 혈액 기반의 전사체, 대사체 및 그녀의 심박수, 혈압, 근력, 및 기타 정신적 상태 데이터들을 프로파일링하는 인공지능 시스템을 통해 전달되었다. 이 권고안들은 엄청난 빅데이터를 트레이닝해서 나온 것이다. 즉 공개된 수백만 개의 바이오 빅데이터 셋뿐만 아니라 자신과 가까운 혈연관계의 친척뿐만 아니라 비슷한 임상적 소견을 보이는 사람들과 수억 명에 해당하는 일반인들 데이터를 비교 분석을 통해 도출된 근거 기반의 권고안이라고 볼 수 있다.

이 여성은 약국에서 혈액검사에 기반한 전사체의 변화 및 소변검사를 통한 대사체의 변화를 통해 신경근 퇴행성 질환 가능성이 발생했음을 알게 되었다. 이러한 결과에도 이 여성은 그렇게 놀라지 않았다. 그 이유는 이 여성은 이미 오래전부터 데이터를 통해 이러한 일이 내년 언제쯤에는 일어나리라는 것을 예상하고 있었기 때문이다.

사실 자신의 어머니가 자신을 임신해 있을 때부터 신경근 퇴행성 질환 관련 병원성 유전 변이를 가지고 있다는 것을 알고 있었고, 그 변이에 대해 편집을 해서 복구할 수 있었지만 인공지능 시스템이 이 변이로 인해 자신의 딸이 살면서 그 질병이 발병할 가능성에 대해서 아주 낮게 평가함으로써 그녀의 어머니는 유전적 치료를 선택하지 않고 자신의 딸을 낳기로 결정했었다.

아무튼 현재 자신의 건강 상태를 알게 된 이 여성은 자신의 유전체와 전사체를 포함한 그녀의 모든 데이터를 분석해 그녀에게 최적화된 개인 맞춤식 유전체 의학 서비스(치료제)를 제공받게 되었다. 인공지능 시스템의 도움을 받아 설계된 치료제에 대해 걱정하는 사람들이 아직 많을 수는 있지만, 결론부터 말하자면 미래에는 시원한 바람이 부는 가을 저녁에 산책하는 것만큼 안전하다. 게다가 100번 적용하면 99번 정도가 높은 수준의 효능까지 보여주고 있다.

이 치료제의 인체 내 안전성을 예측하기 위해 인공지능 기술을 이용해 예측하게 되는데 영장류 또는 동물을 통해 전임상시험을 통해 예측하는 것보다도 인공지능 시스템을 통해 안전성을 예측하는 것이 더 정확하다는 것도 증명되어 그 인공지능 시스템은 이미 규제 기관의 승인을 받은 상태이다.

다시 그 여성의 이야기를 마저 해보자면, 그 여성은 다음날 바로 약을 선택하고 또 근처 자신의 치료를 담당하는 카운슬러를 만나게 된다. 그리고 그 카운슬러와의 대화를 통해 치료법에 관해 이야기를 나눈다.

그리고는 1년 넘게 그녀 자신이 직접 약 처방 및 치료 결정에 관여하면서 그녀가 가지고 있는 스마트폰이나 웨어러블 장치 및 생체 정보를 측정할 수 있는 다양한 장치 등을 통해 걷는 속도나 팔을 흔드는 강도 등을 포함해 그녀가 하는 모든 신체 활동 및 모든 신체 지표를 계속해서 수집하고 기록하며, 그녀는 2주마다 한 번씩 약국을 들러 그녀의 전사체 및 대사체를 지속적으로 모니터링하게 되었다.

치료 후 1년 만에 그녀의 신경근 퇴화 증상이 완전히 멈추었다는 결론을 자신의 데이터를 통해 도출하게 되었으며 그녀 자신의 질병도 효율적으로 치료해냈을 뿐 아니라, 그녀의 모든 데이터는 본인 개인의 동의하에 비식별화 및 익명화를 거쳐 미래의 자신과 같이 고통받을 사람들에게 더 나은 치료를 제공할 수 있게 되기 위해 인공지능 시스템에 입력되었다.

2) 스마트폰 앱에서 다양한 분야의 SW 형태로 진화

과거에는 미 FDA가 시판을 허가한 리셋처럼 알코올이나 마약 등에 의존하는 중독성을 치료하기 위해 개발된 스마트폰 앱과 같은 SW 형태의 의약품이 개발되었다면 미래에는 PC, 전용의료기 형태 등과 같이 하드웨어 관계없이 다양한 소프트웨어 형태로 다양하게 진화할 것이다.

중독 증상을 치료할 수 있는 정신의학적 치료 방법인 '인지행동 치료(CBT : Cognitive Behavioral Therapy)'를 제공하는 애플리케이션이어서 스마트폰, 간단한 의료기기 등으로 사용할 수 있을 것이다.

가령 혈압 관련 먹는 신약이 고혈압 환자들의 혈압을 안정적으로 낮추는 효과를 통해 허가를 받은 것처럼, 새로운 소프트웨어를 통하여 혈압이 낮아지고 이것을 반복적으로 치료하는 형태이다. 즉 특정한 혈압을 낮춰주는 디지털 치료제를 선보이며 해당 시장의 선두주자로 떠오르고 있다.

3) 과다복용, 치매, 우울증 및 중독 등에서 해방

오피오이드(Opioid), 즉 아편의 주성분인 모르핀(Morphine) 중독을 치료해 주는 기능을 갖고 있다.

미국의 경우, 모르핀 중독은 주로 말기암환자에게서 많이 발생하고 있다. 극한의 고통으로 고생하는 말기 암 환자의 통증을 줄여주는 진통제로 많이 사용되다 보니, 사용 빈도수가 늘수록 약물에 대한 중독성이 강해지기 때문이다. 특히 오피오이드의 과다복용으로 사망자가 생겨나자, 부작용이 없으면서도 기존의 치료제를 대체할 수 있는 제품이 탄생할 것이다.

4) XR 게임을 통해 다양한 효과

디지털 XR 기술을 통해 통증 치료, 환각치료, 음주, 흡연 등 요구에 대한 치료 등에 다양한 효과가 있는 컴퓨터 XR게임을 통해 극심한 통증 등을 가상현실 기술이 환자의 주의를 다른 곳으로 돌리도록 만들어 통증을 잠시 잊도록 하는데 효과적인 것이다.

대부분의 사람은 신체의 어느 부위에 통증이 발생하면 거기에 신경을 쓰느라 아무것도 할 수 없는 존재다. 따라서 모든 것을 잊어버릴 정도의 관심사가 생기게 되면 물리적 통증의 정도를 상당 부분 줄일 수 있다.

13-2 디지털 치료의 진화

1. 소프트웨어 의약품으로 진화

디지털 기술의 고도화에 따른 디지털 치료제의 등장과 서비타이제이션 테크의 트렌드화로 헬스케어 시장에서 의약품(Drug), 의료기기(Device), 헬스케어 앱(Application)간 경계는 허물어지고, 소프트웨어 의료기기(Software as a Medical Device)는 소프트웨어 의약품(Software as a Medical Drug)으로 진화한다.

2. 중증질환에서 기술적 진전

현대사회에서 급증하는 만성질환과 신경정신과 질환 등 그동안 불충분했던 치료 영역에 대한 의료수요를 디지털 치료제가 충족시켜줄 수 있을 것으로 기대된다. 특히 국내 의료수요와 중증질환자의 의료접근성이 떨어지는 의료문화를 고려했을 때 자가 점검을 통한 예후 관리가 절실한 암, 뇌졸중 등 중증질환에서 디지털 치료제의 기술적 진전이 예상된다.

3. 사회경제적 가치 창출 필요

데이터와 인공지능, 플랫폼을 활용한 디지털 치료제 관련 정부과제를 지속적으로 발굴해 다양한 제품 개발은 물론, 임상적 성능 및 유효성 확보가 요구된다. 또한 디지털 치료제의 사업화를 적극적으로 지원해 민관협력을 통한 한정된 의료자원의 효율적 통제와 신성장 동력 확보 등 사회경제적 가치 창출이 필요하다.

4. 규제에 대한 단계별 그레이존 해소

디지털 치료제 시장은 고도의 규제과학과 적극 행정이 맞물려야 하는 규제산업 분야로, 국내 도입을 위해서는 다음과 같은 단계별 그레이존 해소가 급선무이다.

① 명확한 개념 정립
② 임상적 유효성 검증
③ 기술적 특성에 맞는 규제체계 정립

④ 수가체계 확립 등

5. 디지털 치료제 시장의 급성장

세계 각국의 디지털 헬스 관련 규제개선과 정책 지원을 통해 세계적으로 디지털 치료제 시장의 지속가능한 성장이 예고돼 있으며, 국내의 경우 최근에 의료기기산업법 시행을 위해 디지털 치료제 관련 맞춤 규제체계를 마련해 고시하고 디지털 치료제 시장은 본격 형성돼 수가화를 기점으로 급성장할 전망이다.

6. 미래를 위한 합리적 다각적인 준비

디지털 치료제 급성장에 대비를 다음과 같은 주제를 준비할 필요가 있다.

① 디지털 헬스 표준산업분류
② 사업모델 다변화
③ 건강보험 제도권 진입
④ 의료계 표준치료 적용
⑤ 가치기반 지불체계 개선 등

산 · 관 · 학 · 연 · 병의 합리적이고 다각적인 사전준비가 요망된다.

수행 내용

재료 · 자료

- 디지털 치료제 관련 자료

기기(장비 · 공구)

- 컴퓨터, 문서작성 프로그램, 프린터, 주변기기

안전 · 유의사항

- 디지털 치료제 관련 장비의 안전 및 유의사항을 숙지한다.

수행 순서

01 디지털 치료제 채택의 2가지 장애물에 대한 이해를 통하여 극복방법에 대하여 분석하라.

디지털 치료법은 지난 10년 동안 기술을 활용하여 전통적인 임상 치료를 보완하거나 잠재적으로 대체함으로써 많은 진전을 이루었다. 일부 장치는 약물 복용시기와 양을 알려주는 등 환자가 자신의 상태를 관리하도록 도와줌으로써 전통적인 치료를 보완하였다. 일부는 불면증이나 우울증을 관리하기 위해 태블릿 컴퓨터를 통해 전달되는 감각 자극과 같은 약물에 대한 대체 치료법을 제공하였다.

중요한 것은 디지털 치료법이 만성질환이나 신경 장애와 같이 오늘날 의료 시스템에서 제대로 다루지 못하는 상태를 표적으로 삼는 경향이 있다는 것이다.

또한 임상의의 시간을 줄여 기존 요법보다 더 저렴하게 치료를 제공할 수 있다. 그리고 그동안 임상적으로 그 가치를 입증하기 위해 더 많은 증거가 등장하고 있다.

예를 들어 미국 식품의약청(FDA)은 최근 알코올, 마리화나 및 코카인 중독 치료에 도움이 되는 모바일 애플리케이션을 승인했다. 이는 환자의 40%가 앱을 3개월 동안 사용한 것으로 나타났다. 표준 요법만을 사용한 사람의 17.6%이다

① 디지털 치료의 가치는 무엇일까?

② 그렇다면 왜 디지털 치료법이 아직 의료 분야의 주류에 합류하지 않았을까?

③ 왜 더 많은 의사가 디지털 요법을 처방하지 않고 더 많은 환자가 이를 사용하지 않는가?

④ 제약회사는 왜 디지털 치료를 위한 R & D에 더 많은 투자를 하지 않고 파트너십과 인수에 상대적으로 적은 투자로 물을 테스트하는 것을 선호하나?

우리는 이러한 새로운 치료법의 잠재력이 두 가지 장애물에 의해 제한되고 있다고 믿는다.

① 디지털 치료는 수면 추적기에서 피트니스 앱에 이르기까지 모든 것을 포함하는 디지털 건강 및 웰빙 시장과 구분되지 않는 경우가 많다.

② 공급자, 지불자 및 제약회사가 디지털 치료를 채택하도록 유도하는 인센티브가 제대로 조정되지 않았다.

이러한 장애물을 이해하는 것은 이를 극복하고 디지털 치료가 현대 의학의 필수적인 부분으로 자리를 잡을 시기를 측정하는 데 중요하다.

■ 장애물 1 : 건강 및 웰빙 시장에서 디지털 치료제 구별

수억 달러가 디지털 웰빙 기술에 투자되었으며 현재까지 318,000개 이상의 건강 관련 앱을 사용할 수 있다. 그러나 앱 스토어에서 다운로드할 수 있는 최소한의 기술 요구 사항을 통과하는 것과 안전할 뿐만 아니라 치료적 가치가 입증된 제품을 구분하기는 어렵다.

실제로 일부 앱은 임상적 이점에 대한 입증되지 않은 주장으로 인해 규제 기관에 속지 않았으며, 소비자와 의료 전문가 모두에게 디지털 치료법에 대한 의구심을 심어준다.

디지털 의학 회사인 Big Health의 CEO인 Peter Hames는 이렇게 말한다. 아직 정해진 기준이 없다." 따라서 임상 증거에 근거하고 규제 기관의 표준을 충족하기에 충분한 디지털 치료제의 정의는 의약품이 보충제와 분리되는 것과 같은 방식으로 일반 디지털 웰니스와 분리되어 기술에 대한 신뢰를 구축하는 데 도움이 될 것이다.

디지털 치료제로서의 정의에는 다음 요구 사항이 포함될 수 있다.

① 독립적인 주요 연구자가 수행하고 여러 사이트에서 또는 다른 연구자들과 복제하여 대상 집단 사이에서 여러 연구를 완료하고 임상적으로 의미있는 결과를 포함한 임상시험 결과를 동료 심사 저널에 발표

② 하나 이상의 다기관, 무작위, 대조 시험

③ 안전과 효과를 평가하기 위해 실제 증거의 수집 및 분석을 포함하는 대상 집단에 대한 지속적인 임상 연구

이러한 디지털 치료제의 정의는 앱 판매뿐만 아니라 의료 발전을 지원하고자 하는 옹호 그룹, 환자, 실무자 및 투자자를 포함한 모든 이해 관계자가 디지털 치료라고 하는 장치가 높은 수준의 안전, 효과 및 가치를 충족하도록 보장해야 한다.

또한 규제 기관이 중요한 역할을 할 것이다. 제품에 대한 평가는 소비자와 업계에 안전하고 효과적인 것과 그렇지 않은 것을 알려야 한다.

FDA의 기기 및 방사선 건강 센터는 혁신을 장려하고 소비자에게 정보를 제공하기 위해 신중하게 조치를 취하고 있다.

Digital Health Unit의 창설은 중요한 단계였다. 부서의 리더십 아래 FDA는 디지털 건강 기술의 고유한 특성과 상업 혁신의 압축된 주기를 수용하기 위해 기존 의약품 및 의료기기의 품질을 판단하는 방식과 다르게 소프트웨어의 품질을 판단해야 하는 방식을 생각하기 시작했다. 이후 소프트웨어 파일럿 프로그램에 대한 사전 인증이 발표되었다.

3.2 프로그램은 FDA가 완제품이 나타날 때까지 기다릴 필요없이 기술 개발자를 검토할 수 있는 프레임 워크를 만드는 데 도움이 될 것이며 이는 설계, 개발, 검증 및 유지관리에서 특정 기준을 충족하는 회사를 인증하는 것을 목표로 한다.

파일럿의 성공은 FDA가 규제하는 소프트웨어 개발자에 대한 추가 지침으로 이어질 것이며, 그렇게 함으로써 디지털 건강의 "나도" 소음과 차별화 할 수 있는 제품에 대한 더 빠른 혁신 속도를 가능하게 할 것이다.

■ 장애물 2 : 의료 생태계의 잘못 정렬된 인센티브

디지털 치료제 회사는 현재 인센티브가 잘못 정렬되어 있기 때문에 의료서비스 제공자, 지불인 및 제약회사의 전통적인 가치 사슬에서 작업하는 데 어려움을 겪고 있다.

1) 제공자

디지털 치료제의 힘을 믿는 사람들은 언젠가는 앱 처방이 약만큼 널리 퍼질 것으로 생각한다. 그러나 앱이 널리 채택되려면 환자만큼이나 공급자를 지향해야 한다.

또한 많은 디지털 치료제는 현재 제공자 프로세스를 변경해야 한다.

예를 들어 앱이 복용량과 환자가 보고한 증상을 추적하는 경우 공급자는 일반적으로 생성된 데이터로 작업을 수행해야 한다. 데이터에는 분석이 필요하고 분석에는 시간이 필요하다. 용량이 제한되어있는 경우 의사는 추가 데이터를 보조 자료가 아닌 성가신 것

으로 간주할 수 있다.

환자와 15분밖에 없는 일반의는 어떻게 일일 기록을 살펴볼 수 있을까?

United Healthcare의 Excellence 혁신 센터 전 책임자인 Vidya Raman-Tangella가 최근 경고했듯이 "[임상의]에게 적절한 목적에 맞는 적절한 정보를 적시에 제공해야 한다. 정보로 넘치지 마라." 4,500명의 환자가 있는 일반적인 일반의는 다양한 상태와 환자에 대해 수십 개의 동등한 데이터 스트림을 가질 수 있다. 많은 양의 데이터를 처리하고 실행 가능하게 하려면 분석적 토대가 있어야 한다.

WellDoc의 당뇨병 관리 시스템인 BlueStar와 같은 일부 앱은 이미 서비스 제공자의 삶을 편하게 만들기 위해 발전했다. 기술이 의사가 데이터 수집에 소요되는 시간을 줄이고 환자와 솔루션을 논의하는 데 더 많은 시간을 할애하는 데 도움이 된다면 채택을 유도할 가능성이 높다.

예를 들어 영국에서는 서비스에 대한 과도한 수요로 인해 일반 진료의에 대한 제약으로 인해 임상 커미셔닝 그룹이 의사의 시간을 절약하거나 수요를 다른 의료 전문가로 전환하는 디지털 치료의 우선순위를 정하고 있다.

그러나 시장 진입 모델은 의료 시스템 내에서 인센티브 구조가 다르다는 사실로 인해 복잡하다. 일반적인 관행이 개인이거나 개인 공급자와 계약하는 공공 지불 시스템에서 의사는 수요를 다른 곳으로 이동하거나인지 행동 치료를 사용하여 불면증을 대상으로 하는 Big Health 앱인 Sleepio와 같은 디지털 도구를 추천하는 데 관심이 적을 수 있다.

중개하지 말라고 Hames가 말했듯이 "행동 중재는 임상 위험이 매우 낮을 수 있으며 의사나 의료 전문가가 반드시 필요하지 않고 대신자가 의뢰에 의존할 수 있는 전달 메커니즘의 새로운 치료 경로를 의도적으로 열 수 있다."

2) 지급인

모든 현대 치료법과 마찬가지로 디지털 치료제가 주류가 되려면 환급이 중요하다. 즉 디지털 치료제의 채택을 향한 진전은 지불인의 인센티브와 우선순위에 따라 달라진다.

예를 들어 민간 건강 보험사는 새로운 치료법을 적용하면 품질 결과가 분명하게 개선된다는 사실을 알고 싶어 할 것이다. 더 나은 상태 관리로 이어지고, 관리되지 않는 만성 상태의 부작용을 제어하고, 간병의 격차를 줄이는 등의 도움을 줄 수 있다면 비용 지불을 고려할 것이다.

문제는 새로운 접근 방식과 명확하게 연결되어 있고 적절한 기간 내에 보험사가 포착할 수 있는 측정 가능하고 중요한 결과를 입증하는 것이다.

디지털 치료 회사가 목표로 하는 일부 만성질환은 비용이 많이 드는 치료를 요구하기

전에 수년 동안 훼손된다. 제2형 당뇨병의 경우, 뇌졸중, 절단 및 투석 필요성과 같은 비용의 실제 동인은 질병 발병 후 20년 후에 발생할 수 있는 장기적인 결과이다.

그러나 미국의 개인은 일반적으로 5년에서 10년 동안 개인 건강 보험사에 남아 있다. 수익이 다른 조직에 의해 포착될 가능성이 있는 비교적 새로운 디지털 치료법은 말할 것도 없고 당뇨병을 예방하기 위한 치료법에 지불자가 투자할 인센티브는 낮을 수 있다.

디지털 치료를 제공하는 회사의 경우 고용주 건강보험 또는 단일 지불 시스템이 더 나은 목표가 될 수 있다. 고용주의 인센티브에는 결근과 직원 사기의 영향을 받는 생산성 손실로부터 보호하는 것이 포함되므로 고용주는 저축을 확보할 수 있는 더 큰 그물을 가지고 있다.

한편, 생명 보험을 제공하는 정부 제도와 같은 단일 지불 시스템은 환자의 장기적인 위험을 흡수하고 이를 완화 할 수 있는 치료 비용을 지불할 인센티브를 가지고 있다. 하지만 대체 결제 방법을 실험한 결과 약간의 성공이 있었다.

Omada Health는 결과 기반 지불 모델을 사용하는 만성질환을 예방하기 위해 온라인 코칭 프로그램을 제공한다. 그러나 일반적으로 불면증과 같은 상태를 표적으로 하는 치료법(영향이 비교적 즉각적이고 비용을 수면제와 같은 대체 치료법과 직접 비교할 수 있음)은 환급을 받기가 더 쉬운 경로를 가지고 있다.

보험 수리적 청구를 뒷받침할 실제 증거가 거의 없는 치료법은 그 가치를 입증하는 데 시간과 상당한 투자가 필요하다. 만성질환의 경우 필요한 종단 연구를 완료하는 데 수십 년이 걸릴 수 있다

3) 전통적인 제약회사

제약회사가 투자를 늦추는 한 가지 이유는 R&D 접근 방식의 차이 때문이다. 평균적으로 의약품이 발견에서 시장으로 향하는 여정을 완료하는 데는 최소 10년이 걸리며 이 과정을 통해 제품을 보호하는 데 드는 평균 비용은 26억 달러이다.

디지털 솔루션 혁신가는 더 빠르게 움직인다. 이들의 장치는 사용자 중심의 반복적인 설계 프로세스와 결합 된 최신 기술을 필요로 한다. 즉 R&D 팀은 끊임없이 진화하는 사용자 선호도에 대한 새로운 피드백을 환영하고 통합하는 민첩한 접근 방식을 채택해야 한다. 이러한 방식으로 R&D에 접근하는 것은 많은 제약회사가 디지털 치료를 제공하기 위해 경쟁하기 위해 구축해야 하는 기술이다.

또 다른 단점은 제약 모델 자체이다. 대부분 국가에서 특허는 의약품 제조업체에 제네릭 경쟁으로부터 20년 이상의 보호를 제공한다.

레귤레이터는 장치에 대해 동일한 보호를 제공하지 않는다. 경쟁 업체는 사용하는 기

술을 점진적으로 변경하여 디자인 특허 침해를 방지하고 시장에 빠르게 진입할 수 있다. 이러한 요소에 제조 및 유통의 엄청난 차이를 더하면 디지털 치료제 생산은 의약품 생산과 매우 다르게 보이기 시작한다.

그럼에도 불구하고 디지털 치료법은 제약회사가 제품을 개발하거나 마케팅하는 방식을 변화시켜 엄청난 기회를 제공할 수 있다. 환자 결과와 경제적 가치를 뒷받침하는 실제 증거를 수집하는 것은 제품에 대한 시장 접근을 원하는 사람들에게 오랫동안 도전이었다. 그러나 디지털 치료법은 의약품이 어떻게 소비되는지에 대한 통찰력과 그 영향에 대한 실시간 데이터를 제공한다.

동반 센서는 제약회사에 환자가 R & D에 영향을 미칠 수 있는 약에 반응하는 방식을 알려주거나 상대적으로 낮은 등급의 치료가 효과가 없는 경우를 표시하여 의사와 지불인에게 더 강력한 치료가 필요함을 증명할 수 있다.

많은 제약회사에서 이러한 사용 사례가 곧 나타나고 있다고 보고 있다. 이러한 이유로 대부분은 아니지만 많은 진정한 디지털 치료 회사가 해당 부문에서 적어도 한 명의 투자자 또는 파트너를 유치했다.

예를 들어 Roche는 최근 당뇨병 치료를 위해 mySugr을 구입했다. 장기적으로 더 많은 제약회사가 자체 디지털 치료 라인을 보유할 수 있다. 그러나 단기적으로는 파트너십이 가장 발전하는 방법이 될 수 있다. 특히 데이터와 환자 참여를 사용하여 이러한 치료법의 효과에 대한 통찰력을 제공함으로써 확장 치료법 역할을 하는 디지털 장치의 경우 더욱 그렇다.

디지털 치료 회사인 Propeller Health와 제휴하여 천식 및 만성 폐쇄성 폐 질환 치료를 위한 '스마트' 흡입기를 제조한 Glaxo Smith Kline은 디지털 치료법이 중요한 건강 상태를 해결할 기회는 분명하지만, 디지털 치료법을 널리 채택하는 길은 어렵고 업계의 많은 사람이 기대했던 것보다 길어질 것이다.

그러나 주요 과제에 대한 해결책은 정의된 안전 및 효능 표준에 대한 필요성에 대한 이해가 증가함에 따라 발전하기 시작했다. 디지털 혁신가 및 지불인, 공급자 및 제약회사 간의 협력보다 신속한 규제 승인을 위해 그러면 잠재적으로 강력한 현대 의학의 새로운 동인이 드러날 수 있다.

02 미래의 치료법으로 디지털 치료제의 채택을 통한 치료의 개선에 대하여 분석하라.

증거 기반 앱은 다양한 정신 건강 장애를 치료하기 위한 약물을 향상시키고 경우에 따라 대체할 수 있다.

정신 건강 및 행동장애 치료와 관련하여 전통적으로 약물과 심리 치료/행동 중재의 두 가지 선택이 있었다.

세 번째 옵션인 '디지털 치료제'로 통칭되는 디지털 의료기기, 소프트웨어 및 애플리케이션이다.

이러한 치료법은 천식 및 당뇨병에서 우울증 및 주의력 결핍 과잉 행동 장애에 이르기까지 다양한 질병 및 장애를 치료하는 것을 목표로 한다.

일부 디지털 치료제는 약물 또는 행동 중재와 함께 사용하도록 설계되었다. 다른 사람들은 전통적인 치료법을 완전히 대체하는 것을 목표로 했다. 예를 들어 웹 기반인지 행동치료(CBT) 프로그램, 환자와 공급자가 건강지표를 면밀히 추적할 수 있는 디지털 대시보드, 심지어 게임 기반 개입까지 포함된다.

치료의 공통점은 증거 기반 의학에 대한 헌신이다. 소비자에게 직접 판매되는 대부분의 웰빙 앱과 달리 디지털 치료제는 약물 개발과 유사한 R&D 경로를 따른다.

도구는 임상 연구에서 평가되고 의료 제공자가 처방한다. 그리고 디지털 치료제를 생산하는 많은 회사가 규제 승인을 찾고 있다.

정신 및 행동장애는 특히 디지털 개입에 적합하다고 옥스퍼드 대학의 수면 의학 교수이자 디지털 치료 회사인 Big Health의 공동 창립자이자 최고 의료 책임자인 심리학자 Colin Espie 박사는 말한다. "디지털 의학은 정말 개인화된 행동 의학"이라고 그는 말한다.

03 디지털 치료제의 모바일 CBT에 대하여 분석하라.

Big Health는 불면증에 CBT 또는 CBT-I를 사용하는 증거 기반 중재인 Sleepio라는 웹 기반 프로그램을 제공한다. 심리학자가 사무실에서 전달하는 대신 Sleepio의 6주 개입은 The Prof라는 애니메이션 가상 수면 전문가와 그의 기면증인 개 Pavlov가 주도한다.

"즐겁게 느껴지도록 설계되었지만 실제로는 완전한 CBT이다."라고 Espie는 말한다. 그와 그의 동료들은 만성 불면증을 가진 사람들을 대상으로 한 무작위 위약 대조 시험에서 개입을 테스트했다.

온라인 CBT 중재를 완료한 참가자의 70% 이상이 프로그램 종료 후 8주에 건강한 수면을 취한 반면, 시각화 운동의 형태로 위약을 받은 참가자는 30% 미만이다(Sleep, Vol. 35, No. 6, 2012). 그 이후로 3,700명 이상의 참가자를 대상으로 수면 개선이 정신 건강도 개선된다는 연구를 포함하여 추가 무작위 대조 시험이 발표되었다(The Lancet Psychiatry, Vol. 4, No. 10, 2017).

Big Health는 직원들에게 Sleepio를 제공하기 위해 미국의 24개 이상의 자가 보험 기업과 협력하고 있다. 목표는 치료 격차를 줄이는 것이다. American College of Physicians와 같은 그룹의 지침에 따르면 CBT-I는 만성 불면증 환자를 위한 1차 치료가 되어야 하지만 수요를 충족할 수 있는 공급자가 충분하지 않다. "만성 불면증이 있는 미국의 모든 사람은 의사에게 가서 수면제를 얻을 수 있지만, CBT에 접근할 수 있는 경우는 거의 없다."라고 Espie는 말한다.

"우리의 목표는 수면제를 대체할 수 있는 새로운 디지털 의약품을 만드는 것이다." 다른 회사들은 환자와 의료 제공자가 공동으로 사용할 도구를 설계하고 있다.

예를 들어 보스턴과 샌프란시스코에 본사를 둔 회사인 Pear Therapeutics는 약물 사용 장애, 외상 후 스트레스 장애, 범 불안 장애 및 정신 분열증에 대한 처방 기반 디지털 치료법을 개발하고 있다.

2017년에 Pear의 약물 사용 장애 치료를 위한 reSET 요법은 FDA(Food and Drug Administration)에서 승인한 질병 치료를 위한 최초의 처방 디지털 치료제가 되었다. 오피오이드 사용 장애 환자의 치료를 위한 유사한 제품인 reSET-O가 buprenorphine 약물과 함께 사용되며 현재 FDA에서 검토 중이다. 지난해 Pear는 헬스 케어 회사 노바티스의 산도스와 두 제품을 상용화하기로 계약을 발표했다.

reSET은 CBT 기반 도구를 통해 알코올, 코카인, 마리화나 및 각성제 사용 장애 환자를 이끌고 약물 사용, 갈망 및 사회적 압력 및 외로움과 같은 유발 요인을 추적할 수 있는 모바일 앱을 중심으로 한다. 이 시스템은 의사의 처방이 필요하지만 약물 사용 장애 치료를 위해 외래 치료를 받고 있는 환자를 위해 설계되었다. 이러한 환자와 함께 작업하는 심리학자 또는 정신과 의사와 같은 임상의는 대시 보드에 로그온하여 환자의 데이터에 액세스하고 환자의 진행 상황을 모니터링할 수 있다. 이 애플리케이션에는 처방약 라벨과 유사한 라벨이 함께 제공되며, 여기에는 이 도구를 치료 실무에 통합하는 방법에 대한 임상의를 위한 지침이 포함되어 있다고 Pear의 최고 의료 책임자인 Yuri Maricich, MD, MBA는 말한다.

H 약물 남용 치료를 위한 고등학교 수준의 CBT는 시간이 많이 의도적으로 반복 그래서 환자가 오용 물질 저항에 관여하는 신경 회로를 강화할 수 있다는 것이라고 Maricich는 말한다. reSET을 통해 환자는 치료의 간단한 구성 요소를 스스로 수행하고 특정 설정이 갈망을 유발하는 이유를 탐색하는 것과 같은 더 복잡한 문제에 대한 대인 치료에 집중할 수 있다. "임상 의사는 치료의 더 암기적인 측면에 초점을 맞추기보다 환자가 어려움을 겪고 있는 영역에서 환자와 협력할 수 있습니다."라고 Maricich는 말한다.

"reSET은 정신 교육이나 자조가 아니다. 결과를 개선하고 환자와 임상의 사이의 치료적 제휴를 강화하기 위한 실제 치료이다."

04 디지털 치료제에 대한 승인 관련 내용을 분석하라.

디지털 치료제 및 기타 신기술이 인기를 얻으면서 FDA는 이를 가장 잘 평가하는 방법을 결정해야 한다. 의학적 상태를 진단하거나 치료하는 것을 목표로 하는 소프트웨어는 의료기기 범주에 속한다. 그러나 이러한 소프트웨어는 기존 장치와 너무 다르기 때문에 승인 경로가 간단하지 않다.

reSET 시스템은 매우 새롭고 시장에서 동등한 제품이 없는 일부 저 위험 및 중간 위험 장치에 대한 규제 경로인 'de novo'사전 시장 검토 경로를 통해 평가되었다.

더 나은 접근 방식의 필요성을 인식한 FDA는 2017년 디지털 건강 혁신 실행 계획을 발표하고 소프트웨어 기술에 대한 규제 모델을 개발하기 위해 새로운 소프트웨어 사전 인증 파일럿 프로그램을 시작했다.

파일럿 프로그램은 디지털 치료제 제조업체를 포함한 디지털 건강 회사를 평가하고 회사가 보다 간소화된 검토를 거치도록 인증한다. 사전 인증을 받은 회사는 특정 제품 검토 없이 저 위험 제품을 시장에 보낼 수 있다.

"이 파일럿 프로그램은 FDA가 디지털 건강 제품을 규제하는 방법을 재설계하는 첫 번째 단계이다."라고 FDA의 기기 및 방사선 건강 센터의 디지털 건강 부국장인 Bakul Patel은 말한다.

"처방을 요구하고 FDA 승인을 받으려면 디지털 치료제 개발자를 위한 추가 노력이 필요하지만 이러한 노력은 환자의 안전을 보장하는 데 그만한 가치가 있다"고 Maricich는 말한다. 약물 사용 장애와 같은 고위험 상태를 치료할 때 환자는 자신이 주장하는 바를 수행하지 않는 치료로 인해 심각한 피해를 입을 수 있다고 그는 덧붙였다.

공식 승인 스탬프는 디지털 치료법이 엄격하게 평가되었음을 나타낸다. Maricich는 "모든 약물과 장치는 안전하고 효과적인지 확인하기 위해 평가되어야 한다. 소프트웨어가 다르다고 가정할 이유가 없다."라고 말한다. "환자와 임상의는 그 이상을 받을 자격이 있다." 규제 승인은 보험회사가 디지털 치료 비용을 충당하도록 하는 중요한 단계라고 그는 덧붙인다.

"제품이 FDA에 의해 승인되면 규제 및 보험 주름은 여전히 해결해야 하지만 디지털 의학 선구자들은 의사가 정기적으로 디지털 치료제를 처방하는 것은 시간문제"라고 말한다. Espie는 "디지털 의학이 최우선 옵션인 환경에서 멀지 않다고 생각한다."라고 말한다. 기술은 현대 의학의 일부이자 미래의 일부이다.

05 디지털 치료제의 5~10년 동안 변화에 대하여 분석하라.

향후 5~10년 동안 우리는 디지털 치료제가 다양한 예상 및 예상치 못한 방식으로 의학을 변화시킬 것이다.

1. 기술 통합

디지털 치료제의 이식형 장치, 웨어러블 장치 및 소프트웨어의 잠재적 조합을 포함하여 오늘날 존재하지도 않는 기술을 통해 디지털 치료가 우리를 얼마나 기쁘게 하고 놀라게 할 것이다.

2. 치료보다는 예방

모든 고객의 건강 관리가 예방 치료에 초점을 맞추기 위해 기어를 바꿀 것이다. 예를 들어 우리는 여러분들이 부족할 때 이미 음식을 주문할 수 있는 오늘날의 스마트 냉장고의 진화를 상상할 수 있다.

기술이 앞으로 나아갈 수 있도록 가속화한다. 디지털 치료제(DTx)는 사람들의 생활 전반에 걸쳐 다양한 제품에 걸쳐서 이를 수행하여 모든 사람을 위한 보다 포괄적인 예방 치료를 제공할 것이다.

3. 부작용이 적은 치료

현재 임상의는 종종 환자를 위한 1차 치료로 약물을 사용하지만 모든 약물에는 고유한 부작용이 있고, 실행 가능한 대안이 없으므로 이러한 부작용을 용인한다. 디지털 치료제(DTx)가 임상의가 먼저 약물(바이오 제약)을 시험하는 대신 디지털 치료제를 시험할 수 있는 새로운 채널을 열어 이 패러다임을 어떻게 바꿀 것이다. 따라서 그 결과 전통적인 약물로 인한 부작용이 없는 환자를 위한 효과적인 1차 치료가 가능하다.

4. 인지 및 정신 건강에 대한 강조

Headspace와 같은 OTC 제품과 함께 Constant Therapy와 같은 디지털 치료제(DTx) 개입의 엄청난 성공은 의료 커뮤니티에서인지 및 정신 건강에 대한 관심이 증가하고 있음을 나타낸다. 이러한 새로운 추세와 '현명한 보험사 및 지불인이 이미 이것을 알고', 어떻게 '우리의 건강을 위해 배당금을 지불'할 것이라고 믿고 있는지 설명했다.

학습활동.13 교수 · 학습 방법

교수 방법

- 디지털 치료제의 미래에 대한 관련 용어, 구성, 방식 이해 정도를 파악한 후 수업을 진행한다.
- 교수자의 주도로 디지털 치료제의 미래 등의 내용을 PPT 자료로 제시한 후 설명한다.
- 가능하면 사전에 개인별 학습 자료를 준비하여 모든 학생이 참여할 수 있는 문제 해결식 수업, 협력 수업이 가능하도록 한다.
- 디지털 치료제의 미래 전 과정을 작업의 순서에 따라 단계적으로 실습이 이루어질 수 있도록 지도한다.
- 교재를 통해 수업을 준비하는 데 있어서 필요한 모든 정보나 팁, 힌트 등 도움이 될 만한 내용을 확인할 수 있다.
- 학생들이 만들게 될 각 모델은 수업시간에 중점적으로 다뤄질 부분과 어휘, 질문, 답을 포함하고 있으며 또한 탐구할만한 추가적인 아이디어들도 포함하고 있다.

학습 방법

- 디지털 치료제의 미래에 대한 관련 용어를 숙지하고, 디지털 치료제의 미래에 대해 이해한다.
- 디지털 치료제의 미래의 각 단계별 중점 사항을 체계적으로 학습한다.
- 디지털 치료제의 미래의 수행순서의 전 과정을 실습한다.
- 디지털 치료제의 미래의 내용을 이해한다.
- 디지털 치료제의 미래를 이해하고 숙달이 될 때까지 학습한다.

학습활동.13 평가 및 피드백

평가 준거

- 평가자는 피평가자가 수행 준거 및 평가 내용에 제시되어 있는 내용을 성공적으로 수행할 수 있는지를 평가해야 한다.

학습내용	평가항목	성취수준		
		상	중	하
디지털 치료제의 미래	디지털 치료제의 미래를 이해할 수 있다.			

평가 방법

- 작업 포트폴리오

학습내용	평가항목	성취수준		
		상	중	하
디지털 치료제의 미래	디지털 치료제의 미래를 이해할 수 있다.			

- 필기시험

학습내용	평가항목	성취수준		
		상	중	하
디지털 치료제의 미래	디지털 치료제의 미래를 이해할 수 있다.			

- 체크리스트를 통한 관찰

학습내용	평가항목	성취수준		
		상	중	하
디지털 치료제의 미래	디지털 치료제의 미래를 이해할 수 있다.			

- 피드백

1. 작업 포트폴리오
   - 제출한 보고서를 평가한 후 주요 사항에 대하여 표시하여 돌려준다.
2. 필기시험
   - 평가 결과 성적이 저조한 학생은 보고서 제출 기회를 부여한다.
3. 체크리스트를 통한 관찰
   - 실습 과정에서 평가한 후 개선해야 할 사항 등을 정리하여 돌려둔다.

참 | 고 | 문 | 헌

1. 남상엽 외, 인공지능기술, 상학당, 2016.3.10.
2. 박종일, 스마트헬스케어와 의료AI, 2018년 주오기업전략기술로드맵 issue report, 2019.1.
3. 이준기 기자, R&D 데이터 통합 수집 · 공유… 신약개발 3년으로 대폭 단축, 디지털타임스, 2020.12.15.
4. 김태형, 데이터가 생명을 살린다, 한국바이오 협회, 2020.9.1.
5. 개인정보보호위원회, 가명정보 처리 가이드라인, 2020.9.
6. 관계부처합동, 신산업 네거티브 규제 발굴 가이드라인, 2018.2.
7. 이진면 외, 중국의 빅데이터산업 육성과 정부의 역할, KIET, 2018.4.
8. NCBI Data and User Services, https://www.nlm.nih.gov/about/2019CJ.html)
9. Genomics in healthcare: GA4GH looks to 2022, https://www.biorxiv.org/content/10.1101/203554v1
10. 바이오스펙테이터, 英 국민 유전체검사 시행의 의미, http://www.biospectator.com/view/news_view.php?varAtcId=5872
11. 바이오스펙테이터, "100만명 바이오 빅데이터 구축 · 연 4조 R&D 투자", http://www.biospectator.com/view/news_view.php?varAtcId=7684
12. DNA.Land is a framework to collect genomes and phenomes in the era of abundant genetic information, Nature Genetics 50, 160-165, https://www.nature.com/articles/s41588-017-0021-8, 2018.
13. [메디게이터] GSK와 23앤드미의 신약개발을 위한 개인 유전체 데이터 빅딜, https://www.medigatenews.com/news/1059961358
14. [메디게이터] 유전체 빅데이터 마이닝 기술 기반의 신약 개발, http://www.medigatenews.com/news/2320049700
15. Deep learning in biomedicine, Nat Biotechnol. 2018 Oct;36(9):829-838, https://www.nature.com/articles/nbt.4233
16. Combining genomics and epidemiology to track mumps virus transmission in the United States, PLOS Biology, https://doi.org/10.1371/journal.pbio.3000611, 2020
17. Public health surveillance and data collection: general principles and impact on hemophilia care, Hematology, https://doi.org/10.1179/102453312X13336169156537, 2012.
18. Mayo Clinic to sequence 100K participants to build genomic database for improved care and research in collaboration with Helix, https://newsnetwork.mayoclinic.org/discussion/mayo-clinicto-sequence-100k-participants-to-build-genomic-database-for-improved-care-and-research-incollaboration-with-helix/
19. Through partnership with Color, 10K NorthShore patients will get whole genome sequencing, https://medcitynews.com/2019/01/color-northshore/

20. Data-sharing brings hope to rare disease patients around the globe, https://www.ga4gh.org/news/data-sharing-brings-hope-to-rare-disease-patients-around-the-globe/
21. https://www.mckinsey.com/industries/pharmaceuticals-and-medical- products/our-insights/digital-therapeutics-preparing-for-takeoff
22. https://www.rolandberger.com/sv/Insights/Publications/Digital-therapeutics-An-exci-ing-innovation-but-not-without-challenges.html
23. 손정만 외, "05 의료기기 소프트웨어 설계제작", 의료기기연구개발 NCS 학습모듈, www.ncs.go.kr

저자약력

남 상 엽
- 공학박사
- 삼성종합기술원 정보시스템연구소 근무
- 모토로라반도체통신 기술연구소 근무
- 국제대학교 교수(현재)

강 민 구
- 공학박사(연세대 전자공학과)(1994)
- 삼성전자연구소 근무(1995~1987)
- 한신대학교 교수(2000~현재)

서 정 욱
- 공학박사(연세대학교 전기전자공학과)
- 한국전자기술연구원 책임연구원 근무 (2001~2014)
- 남서울대학교 교수 근무(2014~2020)
- 한신대학교 교수(2020~현재)

김 낙 일
- 공학박사
- 방송통신기술산업 NCS개발 전문위원
- 정보통신산업진흥원 정보기술 자문위원
- 와이즈프라임 대표(현재)

김 현 식
- 공학박사(연세대 전기전자공학과)
- 한국전자기술연구원 책임연구원(현재)

고 대 화
- KPMG 근무(한국공인회계사)
- SBSi 총괄상무이사 근무
- 올리브나인 대표이사 근무
- 코탑미디어 대표이사(현재)

이 영 신
- 한국전자기술연구원 근무(책임연구원)
- 삼영전자공업 근무(연구소장)
- 씨어스테크놀러지 대표이사(현재)

정 득 영
- 서울대학교 (박사과정)
- 한국방송통신전파진흥원 R&D기획본부 주임연구원 근무(2011~2014)
- 정보통신기획평가원 R&D기획본부 책임연구원(2014~현재)

디지털 테라피

2021년 4월 15일 1판 1쇄 발행

저 자 남상엽 · 강민구 · 서정욱 · 김낙일
김현식 · 고대화 · 이영신 · 정득영

발행인 남 승 우

발행처 도서출판 상尙 학學 당堂

서울특별시 동작구 사당로9가길 6
TEL : 02) 595-1692~4
FAX: 02) 595-1394
E-mail : namdoo6@unitel.co.kr
신고 : 2-155호 (1968. 11. 29)

정가 34,000원

ISBN 978-89-6587-210-8 93510

〈디자인〉 편집 엄해숙 / 표지 토틀컴